新编“信息、控制与系统”系列教材

国家级教学成果奖建设教材 | 国家精品课程建设教材

清华大学精品课程建设教材

北京高校优质本科教材课件

模式识别

模式识别与机器学习

第4版

张学工　汪小我　编著

清华大学出版社

北京

内 容 简 介

本书是清华大学自动化系国家精品课程“模式识别基础”和“模式识别与机器学习”的教材，在清华大学出版社 1988 年出版的《模式识别》第 1 版、2000 年出版的《模式识别》第 2 版和 2010 年出版的《模式识别》第 3 版的基础上重写而成。由于模式识别和机器学习在近十年来有非常大的新发展，同时读者对内容深度和广度的需求也大幅提高，第 4 版在原有基础上增加了大量新内容，从原来的 10 章增加为 15 章，总篇幅增加了约 1/3。本书系统地介绍了模式识别与机器学习的基本概念和代表性方法，既包括贝叶斯决策理论、概率密度函数估计、贝叶斯网络与隐马尔可夫模型、线性判别函数、非线性判别函数、人工神经网络、支持向量机与统计学习理论、近邻法、决策树与随机森林、集成学习、特征选择提取与特征工程、非监督学习等各种经典方法与理论，也包括卷积神经网络、循环神经网络与 LSTM、深度信念网络、深度自编码器、限制性玻尔兹曼机、生成对抗网络等代表性的深度学习方法，还包括了对常用机器学习软件平台的介绍。教材整体安排力求系统性与实用性相结合，兼顾机器学习与模式识别领域各种主要流派，覆盖学科发展最前沿，并在各章节中加入了作者对相关理论与方法的思考和讨论。

本书可以作为高等院校信息类、智能类、数据科学类专业的研究生和高年级本科生学习模式识别与机器学习的教材，也可以供各行各业学习和应用机器学习与模式识别的研究者、学生和工程技术人员参考。

图书在版编目(CIP)数据

模式识别：模式识别与机器学习/张学工，汪小我编著. —4 版. —北京：清华大学出版社，2021.9 (2024.10 重印)
新编《信息、控制与系统》系列教材
ISBN 978-7-302-58775-0

Ⅰ. ①模… Ⅱ. ①张… ②汪… Ⅲ. ①模式识别－高等学校－教材 ②机器学习－高等学校－教材 Ⅳ. ①TP391.4 ②TP181

中国版本图书馆 CIP 数据核字(2021)第 143949 号

责任编辑：王一玲　曾　珊
封面设计：李召霞
责任校对：郝美丽
责任印制：杨　艳

出版发行：清华大学出版社
网　　址：https://www.tup.com.cn，https://www.wqxuetang.com
地　　址：北京清华大学学研大厦 A 座　　**邮　　编**：100084
社 总 机：010-83470000　　**邮　　购**：010-62786544
投稿与读者服务：010-62776969，c-service@tup.tsinghua.edu.cn
质量反馈：010-62772015，zhiliang@tup.tsinghua.edu.cn
课件下载：https://www.tup.com.cn，010-83470236
印 装 者：天津安泰印刷有限公司
经　　销：全国新华书店
开　　本：185mm×260mm　　**印　　张**：26　　**字　　数**：623 千字
版　　次：1988 年 6 月第 1 版　2021 年 9 月第 4 版　　**印　　次**：2024 年10月第10次印刷
定　　价：79.00 元

产品编号：059316-01

序

本书自从2021年9月正式发行以来已多次重印,感谢广大读者的厚爱！也感谢读者尤其是在清华大学选修我们课程的多位研究生和本科生同学对前几次印刷中个别错误的指正。这些错误均已在新的印刷中更正。

在这半年里,我们也收到了来自一些来自多个学校的教师反馈,部分教师跟我们探讨这门课的内容和学时安排。由于教材内容比第3版有大幅增加,按照很多学校原有"模式识别"课或"模式识别与机器学习"课的学时安排,难以覆盖教材全部内容,需要进行内容或学时调整。我们在清华大学以本教材为基础开设"机器学习"(研究生课)和"模式识别与机器学习"(本科生课)中也有类似的体会。因此,我们在本序言中探讨教师使用本书进行教学或学生自学时一些可能的做法,供广大读者参考。

1. 内容全覆盖的教学安排

模式识别与机器学习是从多个不同视角发展起来的多种方法体系汇聚成的学科,内容涉及面广。我们在编写本书时力求能较全面反映本学科内容,但这也为在一门课中完整讲授本书内容带来了一定挑战。

我们最近几年在清华大学开设的研究生和高年级本科生"机器学习"课和本科生"模式识别与机器学习"课上,尝试用48学时(即每周3个课内教学学时)讲授本书全部内容,并略微扩展一些书中未能包括的最新进展,感觉内容非常充实,强度比较大,对选课学生的数学基础、计算机编程基础和课外学时投入都要求较高,很多学生需要课外每周至少花约10小时用于本课学习和练习。但经过几年的教学实践,同学们反映从本课收获很大,知识和能力都有较大提高。

在48学时的教学安排中,书中涉及的大部分数学推导内容是无法在课堂上详细讲授的,只能讲授思路和结论。这种安排适用于以理解方法基本原理和使用为目的的同学,对于希望更深入掌握主要方法背后的数学推导的同学,需要在课外自己学习相关内容。另外,在48学时教学中,我们没有讲授关于机器学习编程方面的内容,而是把这部分内容布置为课外作业,让同学们自己在练习中学习,即课堂上只讲授理论和方法,动手技能训练通过课外作业和大作业完成，这对同学们也是一个很好的锻炼。

我们了解到，有的大学针对数学系本科同学讲授本课，是安排了两学期共 64 学时或 96 学时。这种安排可以有更充裕的时间在课堂上讲授基础的数学推导，或者提供更多的编程讲解。如果教学计划允许的话，这种安排对于同学打下更坚实的基础是有好处的。

在内容编排顺序上，新版继承了自第一版以来的基本框架。一种教学安排是基本按照本书的章节顺序组织教学，这可能也是大部分同学习惯的教学安排。在具体安排上，根据具体的学时安排和同学的数学基础，建议教师可以对部分内容进行适当简略，比如对第 4 章“隐马尔可夫模型与贝叶斯网络”、第 7 章“统计学习理论概要”的内容可以缩减成概论性介绍，对第 12 章“深度学习”内容可以根据学时情况适当取舍，或对最新进展进行补充。我们也建议把第 13 章“模式识别系统的评价”的部分内容拆分到前面几章中讲授，因为在前面进行课外实验的话已经需要用到一些评价方法。同样，如果需要在课上介绍模式识别与机器学习的软件平台，则应该把第 14 章内容提到前面讲授，或者安排同学们自学。第 15 章的讨论可以在绪论部分讲，也可以作为学完所有内容后的回顾和总结，或者留给同学们自学。根据我们在清华大学多年教学实践的体会，这种安排基本上可以做到在 48 学时的课程中较合理地兼顾本书大部分内容的深度和广度。

我们最近几年也在不断尝试新的内容安排顺序。例如，2021 年秋季张学工给清华大学研究生、高年级本科生和清华大学深圳国际研究生院开设的“机器学习”课，按照以下五大版块对内容进行了重组。

表 0.1 对教材章节进行重组的一种教学内容安排举例

分块	顺序	标题	主要内容
版块 0：引言部分	第 1 讲	绪论：基本概念	第 1 章和第 15 章部分内容
	第 2 讲	模式分类	介绍模式识别的基本概念及模式识别系统的性能评价方法，包括了第 1 章部分内容和第 2.4 节、第 13.2 节
版块 1：确定性监督学习机器	第 3 讲	经典线性学习机器	第 5 章大部分内容(第 5.1～5.7 节)
	第 4 讲	多类分类与非线性分类	第 5.9 节、第 6.1～6.3 节和第 8.2 节
	第 5 讲	经典人工神经网络	第 6.4 节及部分补充内容
	第 6 讲	支持向量机与核函数机器	第 5.8 节和第 6.5、6.6 节
	第 7 讲	统计学习理论概要	第 7 章
	第 8 讲	用于分类的特征选择与提取	第 9 章、第 10.1、10.2、10.4 节和第 13.4 节
	第 9 讲	决策树、随机森林与集成学习	第 8.3、8.4 节
版块 2：概率学习机器	第 10 讲	贝叶斯分类器	第 2 章
	第 11 讲	概率密度估计	第 3 章
	第 12 讲	隐马尔可夫模型与图模型简介	第 4 章及部分补充内容
版块 3：非监督学习机器	第 13 讲	聚类：非监督模式识别	第 11.1、11.4～11.6 节和第 13.6 节
	第 14 讲	基于模型的聚类与 EM 算法	第 11.2、11.3 节及部分补充内容
	第 15 讲	流形学习、降维与可视化	第 10.3、10.5～10.10 节
	第 16 讲	非监督学习神经网络：自组织映射 SOM 与限制性玻尔兹曼机 RBM	第 11.7 节和第 12.6 节部分内容

续表

分块	顺序	标题	主要内容
版块 4：深度学习及其他	第 17 讲	深度神经网络	第 12.6 节
	第 18 讲	卷积神经网络	第 12.1～12.3 节
	第 19 讲	循环神经网络、长短时记忆模型与注意力模型	第 12.4、12.5 节及部分补充内容
	第 20 讲	深度生成模型及其他	第 12.7 节及部分补充内容
	第 21 讲	机器学习与人工智能中的伦理问题	补充内容

这种教学内容安排，任课教师感觉逻辑体系更连贯，部分同学通过这种安排能更好地体会各种方法之间的内在关系，但也有部分同学反映内容过于拥挤，难度偏大，有些内容无法足够深入。这也提示在 48 个学时的教学中还需要对内容进行更多精简，我们将在今后的教学实践中继续不断探索。

欢迎广大同行教师与我们分享教学经验，共同优化内容体系。

2. 内容部分覆盖的几种教学安排

如果学时数或课程定位不适于覆盖本书全部内容，我们也在探索如何进行教学内容安排。我们初步设想了几种可能的定位和方案举例，希望能以此抛砖引玉，收集同行教师在教学安排上的宝贵经验，将来与更多读者分享。

定位举例 1：以统计模式识别为主组织课程

这样的课程定位可以基本采用本书章节顺序来组织教学内容，可以略过第 4 章、第 7 章和第 12 章的内容，如果时间允许可在最后增加对略过内容的概论性介绍，尤其是讨论一下深度学习与经典模式识别方法间的联系。这样的安排比较适合 32 学时课程。如果把内容涉及的数学推导讲解得比较详细，则按 48 学时组织更充裕。

定位举例 2：以各种神经网络为主的机器学习或深度学习课程

这样的课程定位，可以略过本书第 2～4 章和第 7、8 章，用其余章节基本按教材顺序组成教学内容，第 9～11 章内容也可以部分缩减。这样的内容安排也比较适合一门 32 学时或 48 学时课程。需要注意的是，在非监督学习和深度学习中有部分内容与概率学习有关，需要从跳过的章节中提取出部分相关内容来加以补充。

在这个定位下，还有一种可能的内容组织方式是以突出实操能力为主，由教师以第 14 章中提到的某个机器学习软件平台为依托来组织教学内容。也就是说，参照上述顺序从软件平台上提取出代表性的方法软件包，以讲授和练习软件包使用作为教学主线，而把本教材作为讲解软件包原理的参考。这种教学组织，更有利于集中训练学生使用各种模式识别与机器学习方法的能力，对大部分同学只要求了解方法基本原理和掌握使用方法，感兴趣深入学习的同学可通过教材自学其中涉及的数学内容。

定位举例 3：模式识别与机器学习的概论性课程

这种做法是基本保留本书的全部内容，但对所有内容都只讲授基本思想，大部分数学推导都不引入，这样也是可以在 32 学时内完成本书大部分内容的，但每一部分都无法深入，需要深入学习的同学可以通过本书进行自学。如果按照这个定位，具体内容安排可以基本采用本教材的章节顺序，也可以采用类似表0.1中重组的顺序，或者由任课教师根据自己的理解设计自己的框架。

这种安排适合于更广泛背景的同学，这种深入浅出的课程应该在很多学校都会大受欢迎。但对于在本领域有较好基础的同学和有较高追求的同学，他们可能不满足于这种概论，可以在此基础上通过本教材进行深入自学。

3. 对利用本书进行自学的建议

我们在编写本教材几个版本时，一直努力使内容安排能兼顾教学使用、自学使用和作为平时研发工作中的参考书使用。在此，我们也对自学读者提出一些建议供参考。

如果读者具有理工科大学的数学和计算机基础，之前没有学习过机器学习和模式识别内容，又有相对充裕的时间，完全可以通过自学本教材对模式识别和机器学习进行比较全面和深入的掌握。建议这类读者可以采用"两遍法"学习，第一遍是用较短时间从头到尾阅读一遍全书，但对其中涉及的数学内容只了解定性结论而不追究其中的数学细节。通过这一遍阅读，可以对模式识别与机器学习的全貌有一个粗略但较完整的认识。然后再花较多时间重新研读一遍，对其中重点内容进行深入学习。在第二遍中，读者可以在对全书内容有了宏观掌握的基础上，按照自己的关注点设计研读章节顺序，也可以参考上面给教师授课提供的建议。

更多的自学读者可能是在之前某个阶段学习中已经掌握了模式识别和机器学习的部分内容，或者通过一些网络资源进行了一定的自学。对于这类读者，可以用上述第一遍阅读的方式把自己原来已经掌握的内容连接起来，提升知识掌握的系统性，发现其中的薄弱点或新知识点进行深入研读，也可能会发现自己之前理解中可能存在的片面性。

不管是哪类读者，如果对一些基本内容的数学推导非常感兴趣，可能会发现本书中有不少细节并没有充分展开，这是本书在编写过程中的一种取舍，目的是希望能在保持教材总篇幅适中的前提下尽量涵盖模式识别与机器学习的各主要方面。对于没有展开的细节内容，大多数情况下读者可以通过自己的推导把细节补上，或者查阅相关文献或其他更关注细节的教材。那些包含更多细节的教材往往在内容覆盖面上有所偏倚，可能需要多种这样的教材才能完全涵盖本书全部内容。

我们还考虑了另外一种类型的读者，就是由于精力所限、专业背景差异或目前较高的岗位定位，并不需要掌握模式识别与机器学习的技术内容，而只是希望能在技术思想和方法论层面上理解这一领域的来龙去脉和基本原理。我们从第三版开始就努力使本书也能为这部分读者所用。在第4版中，希望这部分读者能通过阅读第1章、每章开头和结尾、各小节条目和开场文字以及最后的第15章等内容，基本达到上述目的。我们也非常希望得到这一部分读者的反馈，以便今后进一步改进。

4. 对用本书进行考研准备的建议(仅供参考)

我们了解到，从前几个版本开始，很多高校和科研院所的相关专业就把本教材作为研究生专业考试的指定教材或参考教材。这是广大同行教师对本书的高度肯定，是对我们的极大鼓舞和鞭策，我们对广大同行深表感谢！

针对使用本教材进行考研准备的同学，我们也希望能提供一些有益的建议和帮助，但由于各高校和科研院所对考生的专业要求和考查重点可能不同，我们无法给出特别具体的建议，只给出一些我们认为重要的基本原则供考生们参考，祝各位考生能如愿实现心中的理想。

第一个原则性建议是要端正学习的"初心"。虽然是应试备考，但也要抱着学习掌握这门学问的态度来学习，不要死记硬背，而要追求对内容及内容背后数学原理的理解。

第二个建议是要学会找到和抓住主要矛盾。模式识别与机器学习是一门涉及较多应用数学内容的学科，对于研究生入学考试来说，可能数学相关的内容也是比较容易被考到的地方。但是，并不是所有的数学内容都同等重要，同学应该在对方法原理、思想充分理解的基础上，学会在有限精力下抓住更关键的内容，抓大放小。即使时间比较充足，有条件掌握所有内容，也要对内容的层次有把握，不能平铺用力。

第三个建议是要学会找到各种方法之间的内在联系，融会贯通，而不只是学习一个个孤立的知识点。虽然模式识别与机器学习包含了多个不同流派和不同发展历史的分支，但其中很多内容还是有不同层次上的共性和联系的。设计机器学习方法时需要防止过学习，需要有推广能力，我们学习模式识别和机器学习这门课程，也需要有推广能力。

张学工　汪小我

2022年1月11日

前　言

一转眼十年又过去了，十年前在出版本书第 3 版时，我曾经感慨信息时代的到来，而从那以后的这十年，我们则深刻感受到了智能时代的来临。清华大学出版社的老师告诉我，《模式识别》第 2 版和第 3 版到目前已经共印刷了 38 次，总发行量超过 10 万册。在我平时的工作中，时常收到采用本教材授课的高校教师的问题和建议，也收到一些读者反馈。我要特别感谢这些老师和读者对本教材长期的支持和关爱，也很高兴看到这本教材为这个蓬勃发展的学科贡献了一份力量。

21 世纪的前 20 年，见证了模式识别、机器学习和人工智能学科的飞速发展。这一点从本教材各个版本使用情况的演化也可见一斑。从边肇祺先生主持编写的《模式识别》第 1 版到边肇祺、张学工共同编写的《模式识别》第 2 版，当时的读者主要是直接从事本领域研究的教师、研究生和科技工作者，而《模式识别》第 3 版的读者已经扩展到各个专业对本领域感兴趣的教师、研究生、本科生和科技工作者。模式识别类的课程最开始是少数院校在自动化系、计算机系等开设的研究生专业课，现在已经成为很多院系的研究生专业基础课，很多学校和院系开始把模式识别和机器学习类课程作为本科生专业必修课和全校性选修课。在我自己这些年的本科生课堂上，选课同学不但来自计算机、自动化、电子、软件等信息类专业，还有大量同学来自数学、物理、生物、医学以及各种工程类、机械类、管理类专业，也有同学来自建筑学院、美术学院和心理学、社会学、语言学等专业。这一方面说明了各专业同学数理基础和计算机基础的普遍提高，另一方面更从一个侧面映射出了这一学科受欢迎的程度。

从学科本身看，最近十年最大的发展当属深度学习和机器学习与人工智能结合产生出的大量成功应用。在十年前编写第 3 版教材时刚刚显露头角的深度神经网络和在较小范围内研究的概率图模型等，已经成为最受关注的热点。同时，大量机器学习软件平台的出现和发展，也改变了人们以往学习和利用模式识别与机器学习方法的方式。这些日新月异的发展，使我强烈感受到这本教材的内容需要很多更新和补充，但因为其他各种工作太繁忙，早就答应出版社的教材编写计划几次被拖延。2019 年底，在与汪小我老师共同准备“模式识别与机器学习”课程时，我邀请汪老师与我共同进行这本书的写作。

2020 年初，突如其来的新冠肺炎疫情改变了所有人的生活和工作，也促使每个人更清楚地认识自己对社会和历史的责任。于是，我和汪老师商量决定，与疫情赛跑，在春季学期的远程授课中就采用新版教材的内容，迫使自己在春季学期授课的同时完成本书新版的写作，力争在年内出版。2020年7月19日，我们完成了新版的全部写作，与第3版相比，增加了5章新内容，对原有内容也进行了必要的调整和补充。

对于业内学者来说，"模式识别"与"机器学习"是非常接近和高度相关的概念，但对于尚未学习这些内容的读者，可能会对这两个名词有不同的认识。为了更全面地反映本书的内容范围，我们增加了副标题"模式识别与机器学习"，也据此对很多内容进行了补充和调整。近年来，很多人尤其是产业界和投资界把模式识别和机器学习都放在人工智能的大框架下，因此，我们也在新版第15章专门对"模式识别""机器学习""人工智能"三个概念的关系、演化和背后的学术思想进行了讨论。

新版内容的编写得到了很多老师和同学的帮助，尤其是2020年春季学期清华大学自动化系本科生课程"模式识别与机器学习"的助教研究生王昊晨、颜钱明、张威、乔榕，和2019年秋季学期清华大学自动化系研究生英文课程"机器学习"的助教研究生花奎、陈斯杰、马天行、孟秋辰、李嘉骐。在新版的具体内容编写中，第4章隐马尔可夫模型和贝叶斯网络、第10章10.9节的t-SNE降维可视化方法、第11章11.8节的一致聚类方法和第12章12.8.2节的实例主要由汪小我负责起草，其中颜钱明帮助计算了10.9节和11.8节的例子；张威起草了第14章机器学习软件平台的介绍和计算机代码示例；其他新增章节(第7章、第12章、第15章)和其他章节调整内容均由张学工负责起草，其中王昊晨帮助起草了12.7节生成模型的初稿，第7章采用了《模式识别》第2版中的部分原稿，第12章中采纳了胡越、罗东阳同学之前准备的部分素材。张学工负责了新版的统稿。第12章深度学习的前半部分草稿得到了清华大学自动化系黄高老师的很多建议和指正。马天行、李嘉骐、陈斯杰、孟秋辰、王昊晨、颜钱明、张威、乔榕、张嘉惠等同学帮助对部分书稿进行了文字和公式检查。厦门大学王颖教授对部分公式错误给出了更正。本次主要新增章节草稿在2020年春季清华大学自动化系本科生课程"模式识别与机器学习"中进行了试用。本书的编写也得到了清华大学自动化系古槿、闾海荣、江瑞等老师的帮助，并得到了福州数据技术研究院的大力帮助和支持。

本教材编写得到了清华大学历年来多个教学改革和学科建设项目的支持，教材中涉及的很多科学研究内容，得到了国家自然科学基金创新研究群体项目、杰出青年基金项目和优秀青年基金项目等的支持。

张学工

2020年7月20日

第3版前言

从本书第2版出版到现在已经又是十年了。在这十年里，我们真切地感受到了信息时代的到来。对信息的处理和分析，已经不仅仅是信息科学家所关心的问题，也不仅仅是信息技术产业所关心的问题，而是为很多学科和很多领域共同关心的问题。作为信息处理与分析的重要方面，模式识别也开始从一个少数人关心的专业，变成一个在工程、经济、金融、医学、生物学、社会学等各个领域都受到关注的学科。

模式识别学科的发展，可以从笔者所在的清华大学自动化系在模式识别专业教学和教材上的沿革窥见一斑。早在1978年，在已故中科院学部委员常迵教授的领导下，自动化系成立了信号处理与模式识别教研组，后更名为信息处理研究所，1981年获准成立"模式识别与智能系统"学科(当时称"模式识别与智能控制")的第一个硕士点、博士点。从那时起，边肇祺等教授就开始为研究生开设模式识别课程，后逐渐包括进少部分五年级本科生(当时清华大学本科学制为五年)。20世纪80年代中期，边肇祺、阎平凡、杨存荣、高林、刘松盛和汤之永等老师组成了教材编写小组，开始编写模式识别教材，这就是1988年出版的《模式识别》。该教材的出版，为我国模式识别学科的发展做出了历史性的贡献，被很多高校和科研院所作为教材或参考书。十年以后，模式识别学科的内容有了很多更新和发展，我们成立了由边肇祺、阎平凡、赵南元、张学工和张长水组成的改写小组，由笔者与边肇祺老师共同组织编写了本书的第2版，2000年正式出版。此时的模式识别课程，已经由最初只有十几位研究生参加的小课，发展为由上百名研究生和高年级本科生参加的大课。第2版教材也得到了国内同行的欢迎，9年内已经重印15次。

随着模式识别学科的日益发展，我们很快认识到，对模式识别课程的需求已经超出了本专业研究生的范围。于是我们将模式识别课程分为两门：面向研究生的"模式识别"和面向本科生的"模式识别基础"。到今天，本科生"模式识别基础"每年的选课人数也已达到100～150人，除了来自本系的学生，每年还有多位来自其他院系的学生选课。2007年，该课程荣幸地被评为国家精品课程。

在近几年的教学实践中，我们体会到，原来的教材有些地方不太适应大范围教学的需要，而且近十年来模式识别自身以及它在很多领域中的应用又有了很多新发展。因此，笔者从两年前开始着手编写新版教材。新版教材的出发点是：一方面，结合当前的最新发展，精炼传统内容，充实新内容，进一步增强实用性，接触学科前沿；另一方面，在教材的深度和广度上兼顾广大本科生学习的特点和本专业研究生的需求，力求达到使非本专业学生通过本教材能学到足够系统的基本知识，而本专业学生又能以本教材作为其专业研究的重要起点。

编写新版教材所需要的时间超出了我的预想，很高兴她今天终于能和读者见面了。在此要感谢在本书编写过程中给了我很多帮助的同事和同学们，尤其是：美国南加州大学的Jasmine X. Zhou教授在2007年给我提供了短期访问机会，使我能够有一段相对完整的时间集中开始本书的写作；蒋博同学通读了本书三分之二的初稿并做了多处补充；现在已经分别是电子科技大学和北京大学教师的凡时财、李婷婷同学帮助准备了本书部分素材。我还要感谢清华大学出版社王一玲编辑在本书编写过程中的一贯支持。当然，最重要的，我要感谢参加本书第1版和第2版编写的所有老师，这不但是因为在这一版中仍使用了前两版的一些内容，更是因为，是这些老师们把我带进了模式识别的大门，使我受益至今。

由于时间仓促和个人水平所限，教材中难免有错误或不足之处，敬请广大同行和读者批评指正，以便在再版时补充和修改。

在本书最终完稿的时候，我十岁的女儿以极大的兴致看完了我讲“模式识别基础”第一课的录像，并说将来长大了要听我讲课。谨以此书献给我的妻子和女儿。

张学工

2009年11月29日

目　　录

第1章 概　　论

1.1 模式与模式识别

人类智慧的一个重要方面是其认识外界事物的能力。这些能力可能是从一个人的孩童时期就具备并且不断增强的,并且这种能力在很多动物身上也不同程度地存在。人们往往对这种能力习以为常,并意识不到它是复杂的智能活动的结果。但是,如果仔细分析我们日常所进行的很多活动,就会发现,几乎每一项活动都离不开对外界事物的分类和识别。

例如,当看到图1-1的照片时,很可能会得出这样的印象或结论:这是一幅风景照片,表现的是中国某一江南水乡的景色。这一看似简单的认知过程实际上是由一系列对事物类别的识别构成的,例如,我们会识别出这是一幅照片(而不是绘画),是一幅风景照片(而不是人物或其他照片),照片中有小河、房屋、游船等。进一步,这种傍水而建的民居建筑风格让我们在这些具体的观察之上形成了"这是江南水乡"的判断。在整个过程中,照片、风景照片、小河、房屋、游船、江南水乡等都是代表着客观世界中的某一类事物的概念,人们对这些概念的识别并不是依靠对每一个具体对象的记忆,而是依靠在以往对多个此类事物的具体实例进行观察的基础上得出的对此类事物整体性质和特点的认识。例如,这幅照片中的游船或许和我们以前见过的任何游船都不完全一样,但是由于我们见过很多游船,在头脑中已经形成了对"游船"这一类事物所具有的特征的认识,因此,尽管这些游船我们并没有见过,我们仍然能毫不困难地识别出它们是游船。换句话说,我们已经通过以往看到的很多游船在头脑中形成"游

图1-1　一幅风景照片

船”这一类事物的一种模式，当看到新的游船时，我们能把这种模式识别出来。这就是每个人每天都在大量进行的模式识别活动的一个简单例子。同样地，我们从这幅照片中看到小河、房屋，是对“小河”“房屋”模式的识别；而对于这是一张风景照片、照片中的风景是江南水乡这种更抽象的判断，则是在对具体物体的识别的基础上形成的更上一层的模式识别。

图 1-2 是一段心电图信号的片段。多数读者可能只能认出这是心电图，而有一定医学知识的读者则能从这个信号片段中找到所谓的 T 波、P 波、U 波等不同的部分，这些都是心电图信号中的特殊模式。根据这些模式，有经验的医生还可以通过心电图判断病人的心脏健康状况，进行更高层次的模式识别。现代生物医学的发展为临床医生提供了大量的检验手段，从宏观到微观，从医学影像到基因和蛋白质标记物的表达，应有尽有，而医生根据这些结果对疾病进行诊断就是在进行对疾病的模式识别。

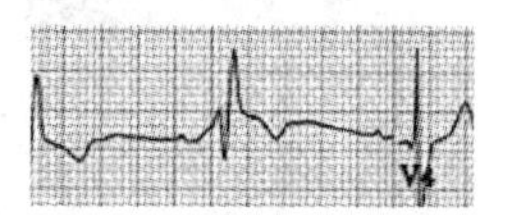

图 1-2 一段心电图信号的片段

人们对外界事物的识别，很大部分是把事物按分类来进行的。例如，看到一幅照片，我们很自然地就会知道这是一幅风景照片还是人像照片，这实际上是把各种照片分成了若干类，包括风景、人像、体育、新闻等，在看到一幅具体的照片时我们就把它归到其中的某一类(或同时归属某几类)。事实上，我们对外界对象的几乎所有认识都是对类别的认识，在我们的心目中，“房子”的概念代表的是一类对象而不是一座座具体的房子，“人”“大人”“小孩”“男生”“女生”“树”“花”“草”“桌子”“椅子”“床”等，都是类别的概念。极端来说，我们认识每一个人其实也都是作为一个类别来认识的，因为我们此时看到的张三(即他在我们视网膜上的成像)与彼时他的模样是不完全一样的，此时听到的他的声音和彼时听到的他的声音也是不完全一样的，之所以我们能够把这些不同的图像、不同的声音都识别为张三，就是因为我们在大脑中已经形成了关于他的一种模式，只要符合这种模式的图像和声音就会被划分为“张三”这一类。

我们对外界对象的类别判断并不限于直接从五官获得的信号，也存在于很多更高级的智能活动中。

我们在与人交往的过程中，会通过对每个人多方面特点的观察逐步形成一些对他们的看法，例如觉得某个人很聪明，某个人很可亲，某个人很难相处等，这也是一种对模式的识别，只不过这些模式的定义更模糊、更抽象。

在金融行业，一个成功的信用卡公司往往需要通过认真分析客户的信用资料和消费习惯等将用户分类，以便更好地判断用户的信用程度，并且可以通过消费模式的突然变化检测可能的信用卡盗用等行为；一个好的保险公司也需要根据客户的收入、职业、年龄、受教育程度、健康状况、家庭情况、行为记录等将客户细分，以便更有针对性地对客户提供最恰当的保险产品。

在人来人往的公共场所，训练有素的反扒警察可以很准确地发现正在伺机作案的扒手，靠的正是对这些人与常人不同的行为模式的识别。

模式识别一词的英文是 pattern recognition。在中文里，“模”和“式”的意思相近。根据《说文》，模，法也；式，法也。因此，模式就是一种规律。英文的 pattern 主要有两重含义：一是代表事物(个体或一组事物)的模板或原型；二是表征事物特点的特征或性状的组合。在模式识别学科中，模式可以看作对象的组成成分或影响因素间存在的规律性关系，或者是因素间存在确定性或随机性规律的对象、过程或事件的集合。也有人把模式称为模式类，模式识别也被称作模式分类(pattern classification)。

在《说文》中,识,知也;别,分解也。识别就是把对象分门别类地认出来。在英文中,识别(recognition)一词的主要解释是对以前见过的对象的再认识(re-cognition)。因此,模式识别就是对模式的区分和认识,把对象根据其特征归到若干类别中适当的一类。

从前面的举例我们可以看到,人类智能活动中包含大量的模式识别活动。作为一门学科,模式识别研究的目标并不是人类或动物进行模式识别的神经生理学或生物学原理(但对这些原理的研究对模式识别研究提供了重要启示),而是研究如何通过一系列数学方法让机器(计算机)来实现类似人的模式识别能力。对于人和动物来说,这种能力有一部分是生来即有的,但更多的是在生长发育和生活工作中通过后天实践获得的。对于机器,对于某些人们非常确知的目标可以通过专门的设计让机器能够识别,而更多的目标则也需要通过一定的数据来"训练"机器,让机器"学习"到模式识别的能力,这就是机器学习。

为了在本书后面章节中讨论方便,我们在这里把一些基本术语的含义约定一下。这些术语在其他文章或书籍中的含义和用法可能会略有不同,但只要参考上下文就不难明确其确切含义。

样本(sample):所研究对象的一个个体。注意,这与统计学中通常的用法不同,相当于统计学中的实例(example 或 instance)。

样本集(sample set):若干样本的集合。统计学中的"样本"通常就是指样本集。

类或类别(class):在所有样本上定义的一个子集,处于同一类的样本在我们所关心的某种性质上是不可区分的,即具有相同的模式。习惯上,我们经常用 ω_1、ω_2 等来表示类别,在两类分类问题中也有时用{−1, 1}或者{0, 1}等来表示。

特征(feature):指用于表征样本的观测,通常是数值表示的某些量化特征,有时也被称作属性(attribute)。如果存在多个特征,则它们就组成了特征向量。样本的特征构成了样本的特征空间,空间的维数就是特征的个数,而每一个样本就是特征空间中的一个点。某些情况下,对样本的原始描述可能是非数值形式的,此时通常需要采用一定的方法把这些特征转换成数值特征。在本书中,除特别说明外,特征都是指取值为实数的数量特征。

已知样本(known sample):指事先知道类别标号的样本。

未知样本(unknown sample):指类别标号未知但特征已知的样本。

所谓模式识别的问题就是用计算的方法根据样本的特征将样本划分到一定的类别中去。

1.2 模式识别的主要方法

解决模式识别问题的方法可以归纳为基于知识的方法和基于数据的方法两大类。

所谓基于知识的方法,主要是指以专家系统为代表的方法,一般归在人工智能的范畴中,其基本思想是,根据人们已知的(从专家那里收集整理的)关于研究对象的知识,整理出若干描述特征与类别间关系的准则,建立一定的计算机推理系统,对未知样本通过这些知识推理决策其类别。

句法模式识别(syntax pattern recognition)也可以看作一种特殊的基于知识的模式识

别方法。它的基本思想是，把对象分解描述成一系列基本单元，每一个基本单元表达成一定的符号，而构成对象的单元之间的关系描述成单元符号之间的句法关系，利用形式语言、句法分析的原理来实现对样本的分类。

另一大类模式识别方法是基于数据的方法。

在确定了描述样本所采用的特征之后，这些方法并不是依靠人们对所研究对象的认识来建立分类系统（在很多情况下人们是不具备这样的认识的），而是收集一定数量的已知样本，用这些样本作为训练集（training set）来训练一定的模式识别机器，使之在训练后能够对未知样本进行分类。这种模式识别方法可以看作是基于数据的机器学习（machine learning）的一种特殊情况，学习的目标是离散的分类，这也是机器学习中研究最多的一个方向。

图1-3给出了这种机器学习系统的基本思想。

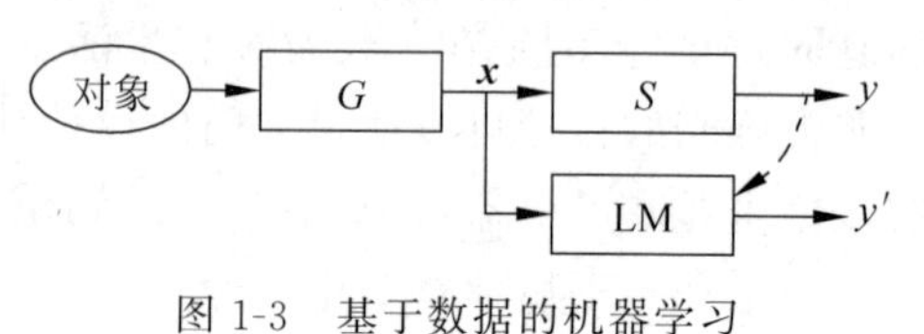

图1-3 基于数据的机器学习

在图1-3中，G 表示从对象观测特征的过程，特征用向量 $\boldsymbol{x}$ 表示，y 表示我们所关心的对象的性质，在模式识别中就是分类。S 表示决定 $\boldsymbol{x}$ 和 y 之间关系的系统，它存在但我们不知道其内部机理（如果知道就可采用基于知识的方法）。我们可以得到一定数量的已知样本，即一定数量的 $\boldsymbol{x}$ 和对应的 y 的数据对 $\{(\boldsymbol{x},y)\}$。基于数据的模式识别就是利用这样的训练样本来训练学习机器LM，也就是建立实现从特征向量 $\boldsymbol{x}$ 判断类别 y' 的一个数学模型，用来对未知样本计算（预测）其类别。

进入21世纪，机器学习越来越受到各个领域的重视和追捧。其中，模式识别是机器学习最核心也是研究最多的方面。在模式识别和机器学习发展的历史中，这个领域和人工智能（AI）研究是并行的两个领域，进入21世纪后，在多方面因素的共同推动下，以深度学习为代表的机器学习方法取得了更突飞猛进的发展，人们才开始把机器学习与人工智能看作是同一个领域，而且机器学习与模式识别在很多人心目中很快成为人工智能的主要内容。同时，模式识别与机器学习这两个术语在很多问题中也被越来越多地混用。

基于数据的方法是模式识别最主要的方法，在无特别说明的情况下，人们说模式识别通常就是指这一方法，其任务可以描述为：在类别标号 y 与特征向量 $\boldsymbol{x}$ 存在一定的未知依赖关系、但已知的信息只有一组训练数据对 $\{(\boldsymbol{x},y)\}$ 的情况下，求解定义在 $\boldsymbol{x}$ 上的某一函数 $y'=f(\boldsymbol{x})$，对未知样本的类别进行预测。这一函数叫做分类器（classifier）。这种根据样本建立分类器的过程也称作一种学习过程。

基于数据的模式识别方法，基础是统计模式识别，即依据统计学原理建立分类器，这是模式识别学科最初的主要内容。基于人工神经网络模型的模式识别方法从最初的思路并不是从统计学开始，但其本质上与统计学有密切联系，人们也大量采用统计学思想来对它们进行研究。现在各类方法互相借鉴、互相融合，了解各种方法的来龙去脉对于深刻认识方法的核心思想和未来发展非常有意义，但从名称和归类上去割裂各种细分方法学分支不但没有意义，也对学科未来的发展没有好处。

统计模式识别方法中的线性判别函数等内容诞生于20世纪30年代，而整个模式识别学科从20世纪60年代起得到了很大的发展，逐渐形成比较完整的体系。这是一个很年轻的学科，其发展与现代计算机技术的发展相辅相成，近二十年来仍然不断有新的方法和理论涌现出来，并且应用领域日益扩大。同时，这也是一个学科高度交叉的领域，一大批来自统计学、数学、自动化与计算机科学、工程技术以至心理学和神经生理学领域的科学家活跃在其理论、方法和应用研究的各个方面。

20 世纪 80 年代开始迅速发展的人工神经网络方法，和 20 世纪 90 年代开始快速发展的支持向量机方法与统计学习理论，都植根于 20 世纪 50 年代感知器类机器学习和模式识别方法。其中神经网络方法从 2010 年前后开始又一次取得了巨大的发展，产生出来当前各种深度学习方法。这些都是传统模式识别方法的延伸和升华，它们虽然有相对独立的理论或方法体系，但与传统的统计模式识别有非常密切的联系。

在本教材这次改版中，我们大幅度扩展了原《模式识别》教材的内容，把机器学习领域大量最新的发展都纳入进来，使之成为一本更完善的《模式识别与机器学习》教材。

基于数据的模式识别方法(以后就简称模式识别方法)，适用于我们已知对象的某些特征与我们所感兴趣的类别性质有关系，但无法确切描述这种关系的情况。图 1-4 示意了模式识别研究的范畴。之所以无法确切地描述这种关系，一方面可能是因为目前对相关机理的研究还比较初步，不足以揭示所研究类别的内在规律；另一方面则可能是由于问题本身的不确定性、样本间的异质性和观测数据的不准确等造成的。如果分类和特征之间的关系可以完全确切地描述出来，那么采用基于知识的方法可能会更有效；而如果二者的关系完全随机，即不存在规律性的联系，那么应用模式识别也无法得到有意义的结果。(需要说明的是，在一些自然科学领域的问题中，我们事先并不知道特征和分类之间是否有联系，运用模式识别技术也可以帮助确定这一联系是否存在。我们将在第 10 章讨论这一问题。)

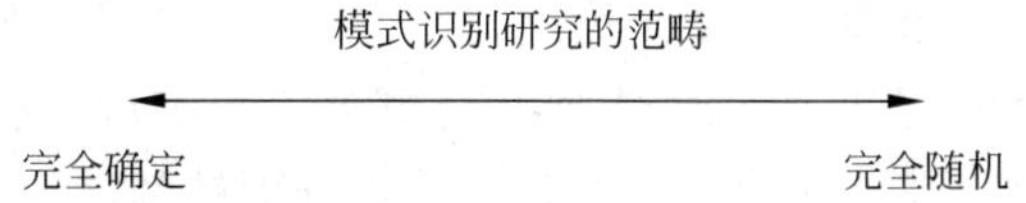

模式识别研究的范畴

完全确定 ←——→ 完全随机

图 1-4 模式识别研究的范畴

1.3 监督模式识别与非监督模式识别

在上面的介绍中，我们有一个基本假定，就是在要解决的模式识别问题中，我们已知要划分的类别，并且能够获得一定数量的类别已知的训练样本，这种情况下建立分类器的问题属于监督学习问题，称作监督模式识别(supervised pattern recognition)，因为我们有训练样本来作为学习过程的“导师”。

在人们认知客观世界的过程中，还经常有另外一种情况的学习。在面对一堆未知的对象时，我们自然要试图通过考查这些对象之间的相似性来把它们区分开。例如，在一些儿童智力游戏中，我们经常会看到类似图 1-5(a)的问题，要求从这些图像中寻找规律，把图像划分成最合理的几组。这种类别发现的问题也是一种模式识别问题，只是我们事先并不知道要划分的是什么类别，更没有类别已知的样本用作训练，很多情况下我们甚至不知道有多少类别。我们要做的是根据样本特征将样本聚成几个类，使属于同一类的样本在一定意义上是相似的，而不同类之间的样本则有较大差异。这种学习过程称作非监督模式识别(unsupervised pattern recognition)，在统计中通常被称作聚类(clustering)，所得到的类别也称作聚类(clusters)。

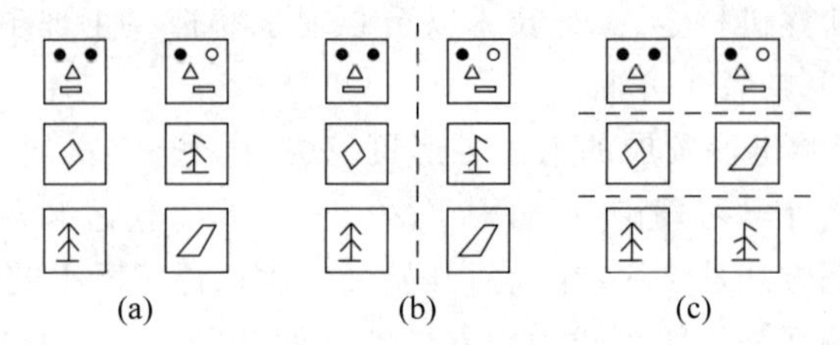

图 1-5 类别发现的例子

需要说明的是，在很多非监督模式识别问题中，答案并不一定是唯一的。例如，在图 1-5(a)的例子中，要求在 6 张小图片间寻找合理的类别划分。考查这 6 张图片的特点，我们会发现，一部分图片基本是左右对称的，而另几张图片则都不是对称的，这就是一种划分方案，如图 1-5(b)所示；但是，我们也会发现其他的分类方案，如图 1-5(c)所示的方案：图片分为三类，第一类是由圆形、三角形、长方形等多种小图形元素组成的复杂图案，第二类是单个的封闭图形，而第三类则是由一些线条组成的单一图形。在没有特别目的的情况下，很难说哪种分类方案更合理。

这个例子说明的正是非监督模式识别的一个特点：由于没有类别已知的训练样本，在没有其他额外信息的情况下，采用不同的方法和不同的假定可能会导致不同的结果，要评价哪种结果更可取或者更符合实际情况，除了一些衡量聚类性质的一般准则外，往往还需要对照该项研究的意图和在聚类结果基础上进行后续的研究来确定。另外，用一种方法在一个样本集上完成了聚类分析，得到了若干个聚类，这种聚类结果只是数学上的一种划分，对应用的实际问题是否有意义、有什么意义，需要结合更多的专业知识进行解释。

在国内的某些文献中，监督学习和非监督学习也分别被翻译为“有导师学习”和“无导师学习”。

需要指出的是，非监督类别划分即聚类分析是最常见的非监督学习问题，还有很多其他场景下的非监督学习问题。一般来说，机器学习就是从数据中学习规律进行某种预测。如果对需要预测的目标有明确预期并且有已知目标的训练样本，那就是监督学习问题，包括分类问题和对连续特性的预测问题等。如果实现对学习的目标并没有确切预期，或者虽然有预期但并没有已知目标的训练样本，则学习问题就是非监督学习，包括从样本中发现类别即聚类，也包括发现数据中存在的线性或非线性的结构关系，例如高维数据中存在的某种低维结构，或者能够体现数据间某种内在关系的低维表示。

1.4 模式识别系统举例

从 20 世纪末到 21 世纪初，随着模式识别理论和技术自身的发展及计算机数据处理能力的飞速提高，模式识别技术的应用已经开始进入各行各业。这里，我们列举几个典型的例子来说明模式识别系统的一般构成，同时从这些例子也可以看到模式识别技术广阔的应用前景。这些例子主要还是本教材上一版中的例子，反映了 2010 年之前相关领域的情况。最近这十年中，模式识别与机器学习有了非常大的新发展，很多当年仍在实验室阶段的技术现在已经通过很多智能设备走入千家万户。这里举例的目的是帮助读者了解模式识别系统的基本构成而不是最新进展，读者可以从当前互联网上获取大量的关于各领域最新进展的信息。

1. 语音识别

计算机语音识别是模式识别技术最成功的应用之一。也许是从“芝麻开门”的传说开始，人们就一直幻想着非生命的东西能够听懂人类的指令，模式识别技术已经使这种幻想成为了现实。不但如此，当前语音识别技术已经大量进入日常生活，包括在手机上进行语音识别、在汽车里用说话的方式操作各种设备等。

图 1-6 给出了一个十分简化的语音识别系统的简单框架。首先，语音通过信号采集系统进入计算机，成为数字化的时间序列信号。这种原始语音信号须经过一系列预处理，按照一定的时窗分割成一些小的片段(帧)，例如每帧 25ms，两帧之间间隔 10ms。这样做的目的是把连续的语音分成相对孤立的音素，以这样的音素作为识别的基本单位。每一帧语音信号经过一定的信号处理后被提取成一个特征向量，就是要进行模式识别的样本，我们要识别的是这个样本对应哪个音素。一种语言虽然内容和发音都丰富多彩、变化无穷，但其中的基本音素数目是很有限的，每一个音素就是一个类，音素识别就是把样本分到多类中的一类。

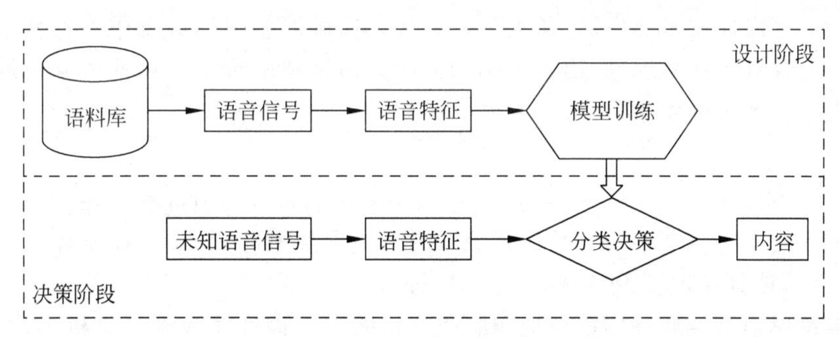

图 1-6 一个十分简化的语音识别系统的简单框图

对语音样本的识别由分类器来实现。语音识别最经典的分类器是建立在语音的一种概率模型——隐马尔可夫模型上的。分类器有两个工作阶段：设计阶段与决策阶段。在设计阶段，用大量已知的语音信号来确定分类器模型中的一系列参数，这一过程称作训练，这种语音训练样本集通常被称作语料库。在决策阶段，未知的语音信号经过与设计阶段同样的预处理后进入训练好的分类器，分类器给出对语音的识别结果。对于普通用户来说，所购买的语音识别系统已经是经过训练之后的，有些产品提供了让用户用自己的口音对分类器进行一定的再训练的功能。

与其他模式识别系统不同的是，一段自然的语音是由一系列连续的音素构成的，而不是一个个相互独立的因素，因此，在语音识别系统中并不是单独对每一个音素样本进行分类，而是用一个更高一层的隐马尔可夫模型把相邻的音素联合起来考虑。在对音素识别的基础上还要对一定的语言模型进行后处理才能最终识别出语音的内容。

根据所针对的应用场景，目前存在的语音识别系统有多种类型：从对说话人的要求考虑可分为特定人和非特定人系统，从识别内容考虑可分为孤立词识别和连续语音识别、命令及小词汇量识别和大词汇量识别、规范语言识别和口语识别，从识别的速度考虑还可分为听写和自然语速的语音识别等。其中，非特定人、小词汇量的识别已经有很多实际应用，最常见的如自动语音识别的电话总机、航空公司等的语音识别自动电话服务等专用系统；目前市场上常见的语音识别软件或者某些操作系统中内嵌的语音识别软件多是针对规范文本的听写识别的，已经能够达到相当准确的识别率，用户经过一定的适应就可以利用语音识别软件进行文本录入。最近十年中，复杂环境下口语化语言的语音自动识别也取得了非常大的进展，例如人们在手机上发送语音短消息，手机软件已经能以很高的识别率把语音转换成文本显示出来，即使说话者有一定的口音。这使我们在无法播放语音消息的场合中也可以通过文本显示大致了解对方语音消息的内容。

2. 说话人识别

说话人识别与语音识别关系十分密切，目的是通过语音来确定说话者的身份，而不是识别说话的内容。说话人识别的基本原理和语音识别基本相同，只是分类目标从语音变成了说话人，而为此采用的信号特征也会有所不同。在这里，每个要区分的人就成为一类。

说话人识别与指纹识别、人脸识别、签字/笔迹识别等一样，是现代身份鉴别技术的一个重要方面，可用于远程说话人核对、语音命令系统权限管理、现场说话人鉴别等。随着信息时代的来临和多媒体技术的发展，从大量带有音频信号的多媒体数据中搜索特定的内容成为当前一个很具挑战性的课题，语音识别和说话人识别技术也可以在此类基于内容的多媒体信息检索中发挥关键作用。

3. 字符与文字识别

各种形式的字符与文字识别是模式识别的另一项典型应用，包括印刷体的光学字符识别（OCR）、手写体数字识别、手写体文字识别等。

光学字符识别是指通过扫描仪把印刷或手写的文字稿件输入到计算机中，并且由计算机自动识别出其中的文字内容。OCR 的名字是由于早期强调光学输入手段而得名。目前已经有很多实用的 OCR 系统，能够对印刷体文字实现非常准确的自动识别，对手写数字的识别也已经达到很高的精度。

单字的识别是 OCR 的基础。汉字是有复杂结构的图像，与其他模式识别系统一样，汉字识别的第一步也是特征的提取。通常有两类特征，一是将汉字图像进行统计计算后得到的数量特征，例如将图像向多个方向投影，以投影后的像素密度作为特征；二是将汉字的笔画分解，根据对汉字结构的认识提取有效的特征点，再编码成数字特征。在提取特征以后，每个字就成了一个由特征向量代表的样本，识别一个字就是要在所有可能的字中判断当前的样本是哪个字，属多类分类问题。分类器的建立除了要利用样本训练，还需要结合对文字结构的认识（例如旋转和尺度不变性）才能得到更好的识别效果。与语音识别类似，OCR 在单字识别后往往还需要根据语言模型进行上下文匹配等后处理，才能达到更理想的识别效果。而在单字识别前，对扫描稿件的版面分析、字符分隔等是重要的预处理步骤。

与离线的手写文稿识别相比，联机的手写文字识别能有效地提取和利用笔画信息，因而可以取得更好的识别效果，目前已经发展为很多手机和掌上计算机的基本配置。

4. 复杂图像中特定目标的识别

从复杂背景中识别特定的目标是一类很常见的模式识别问题，例如在对交通的智能监测中，从道路的静态图像中自动识别出汽车是一个基本问题。由于汽车多种多样，在图像中的颜色、角度和尺寸很不相同，因此要有效地自动识别出汽车并不是一件轻而易举的事。一种策略是用不同大小的窗口去扫描整个图像，每固定一个窗口就获得一个子图像，用图像处理方法获得用于识别的特征，用模式识别方法判断每个子图像是汽车还是背景，再经过一定的后处理就能识别出画面上的每一辆汽车。这就是一个典型的两类分类问题，图 1-7 中给出的就是我们用一种模式识别方法进行试验的几个例子，所采用的方法是基于主成分分析（第 10 章）设计的一种分类器。

图 1-7 道路图像中汽车的检测可以看作是汽车与背景的分类问题

在实际应用中，经常使用的是用摄像机拍摄的动态图像序列而不是单幅静态图像。这种情况下，画面中汽车的检测问题就变得相对简单一些，因为通过用相邻帧图像间的差来提取出画面中的运动物体，可以更容易地检测出汽车。当然，在连续堵车的情况下检测这种运动信息就会遇到困难了。

在检测出汽车后，可以追踪汽车在连续图像间的运动轨迹，把汽车在这一时间段内的运动作为对象，从运动轨迹中提取特征，可以再次运用模式识别方法来识别汽车是否有违章行为等。如果发现有违章行为，还可以进一步从汽车图像中识别出车牌的位置，再在车牌上识别出每个数字。我们看到，由这一系列的模式识别技术构成了一套完整的智能交通监控系统。当前，通过图像和视频识别进行交通执法已经在很多城市大量使用。

在各种场景下从图像或视频中检测人脸和检测行路人的问题与上述汽车图像检测的问题有很大相似性。这个领域是机器学习与模式识别发展最快也是应用最广泛的领域，从相机和手机拍照时的人脸自动识别，到各种场景下的视频监控，到刷脸解锁、刷脸支付等，模式识别和基于模式识别的各种智能系统已经几乎随处可见。

5. 根据地震勘探数据对地下储层性质的识别

模式识别技术在工业上有很广泛的应用，这里仅列举一个在石油勘探中应用的例子。我们知道，石油往往是储藏在地下数千米深的岩层中的，由于钻探成本很高，人们大量依靠人工地震信号来对储层进行探测，这就是地震勘探。地震勘探的原理与医学上用超声波进行人体内脏的检查非常相似，人们在地面或海面设置适当的爆炸源，通过爆炸产生机械波（声波），频率较低的声波能够穿透很深的地层，而在地下地层界面处会有一部分能量被反射回来，人们在地面或海面接收这些反射信号，经过一定的信号处理流程后就能够勾画出地下地层的基本结构。

现代地球物理研究已经能较好地描述反射地震信号到达接收器的时间与地层深度的关

系，但是，这种关系只能用来推算地下岩层的构造，而对于岩层的性质尤其是是否含有油气的性质却不能有很好的反映。人们已经知道，地震波穿过不同性质的岩层时会受到不同的作用，地层含油气情况的不同会对信号的能量和频谱有不同的影响，但是，人们目前尚不能认识其中的理论规律。我们早期提出的一种研究方法是，如果在同一地区有已经钻探的探井，我们可以把可能的储层性质近似成几个类别，用探井附近的地震信号提取特征作为训练样本，建立分类器，用它将其他位置上的储层进行分类；如果该地区没有探井或者探井不足以进行训练，我们仍然可以用非监督模式识别的方法对目标地层的地震勘探信号特征进行聚类，将地层进行划分，然后可以与地质学家共同讨论这种划分在地质上的合理性，结合对该地层构造、古地貌和油气运移规律等的分析对储层进行预测，指导进一步的勘探方向。我们和地质学家合作应用这一策略，以自组织映射（第9章）和多层感知器神经网络（第6章）为核心方法，在多个油田的实际预测应用中都取得了很好的效果。

6. 利用基因表达数据进行癌症的分类

随着人类基因组计划的完成和一系列高通量生物技术的发展，在生物领域涌现出了一大批模式识别问题，模式识别方法的大量应用成为生物信息学这一新兴交叉学科的一个特点，但同时这些生物学问题也对模式识别的理论和方法提出了很多新的挑战。其中，利用基因芯片测得的基因表达数据进行癌症的分类研究是一个典型的例子。

人的一个细胞中包含着2万～3万个基因，但是这些基因并不是总在发挥作用，而是在不同时刻、不同的组织中由不同的基因按照不同的数量关系起作用。存储于DNA上的基因转录成mRNA再翻译成蛋白质的过程称作基因的表达，而同一个基因转录出的mRNA的多少称作基因的表达量。众多的基因是在复杂的调控系统支配下按照一定规律进行协调表达的。基因芯片就是借鉴了计算机芯片的加工原理，能够在一个很小的芯片上同时测量成千上万个基因的表达量，为人们研究基因表达和调控规律提供了重要手段。随着新一代测序技术的快速发展和成本的大大降低，人们发展了通过RNA测序对基因表达进行高通量检测的更精准的方法，并发展出了能够检测单个细胞基因表达的单细胞RNA测序方法等，使得对生物系统进行信息获取的手段越来越精细和准确，为我们通过机器学习和模式识别方法对各种复杂疾病的分子和细胞机理进行深入研究奠定了重要基础。

癌症是威胁人类健康的重要疾病，但是多数癌症并不是由单个基因的变化引起的，而是与多个基因有关系，人们希望借助基因芯片或测序来揭示这些关系。一种典型的情况是，研究者收集了一批病人的癌细胞样品，或者是既有癌细胞样品又有正常对照细胞样品，用基因芯片或测序来观测每个样品上大量基因的表达。这样，对于每个病人就获得了成千上万个基因表达特征，而对每个基因也获得了它们在各个病人细胞中的表达特征。把这组芯片的数据集合起来，就形成了一个二维矩阵，其中一维是基因，另一维是病例。对于这样一个数据集，有多种模式识别问题可以去研究，例如，人们既可以用基因表达作为病例的特征来对病例进行分类和聚类研究，也可以用在各个病例上的表达作为基因的特征来研究基因之间的分类和聚类，并发现能够标识疾病状态的重要生物标志物。经过十几年的发展，已经有多个基于此类研究的科学发现开始被应用到临床实践中。

1.5 模式识别系统的典型构成

模式识别在各个领域中的应用非常多,通过以上几个例子我们可以看到它们的共性,那就是:一个模式识别系统通常包括原始数据的获取和预处理、特征提取与选择、分类或聚类、后处理四个主要部分。图 1-8 给出了监督模式识别系统和非监督模式识别系统的典型过程。

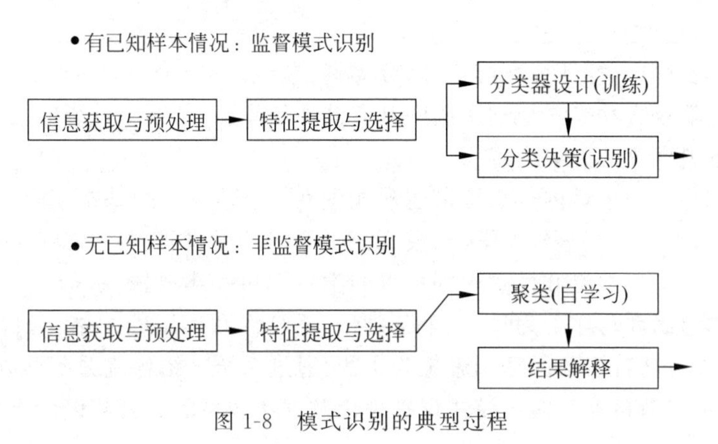

图 1-8 模式识别的典型过程

面对实际问题时,我们把应用监督模式识别和非监督模式识别的过程分别归纳为以下基本步骤:

处理监督模式识别问题的一般步骤:

- 分析问题:深入研究应用领域的问题,分析是否属于模式识别问题,把所研究的目标表示为一定的类别,分析给定数据或者可以观测的数据中哪些因素可能与分类有关。
- 原始特征获取:设计实验,得到已知样本,对样本实施观测和预处理,获取可能与样本分类有关的观测向量(原始特征)。
- 特征提取与选择:为了更好地进行分类,可能需要采用一定的算法对特征进行再次提取和选择。
- 分类器设计:选择一定的分类器方法,用已知样本进行分类器训练。
- 分类决策:利用一定的算法对分类器性能进行评价;对未知样本实施同样的观测、预处理和特征提取与选择,用所设计的分类器进行分类,必要时根据领域知识进行进一步的后处理。

处理非监督模式识别问题的一般步骤:

- 分析问题:深入研究应用领域的问题,分析研究目标能否通过寻找适当的聚类来达到;如果可能,猜测可能的或希望的类别数目;分析给定数据或者可以观测的数据中哪些因素可能与聚类有关。

- 原始特征获取：设计实验，得到待分析的样本，对样本实施观测和预处理，获取可能与样本聚类有关的观测向量（原始特征）。
- 特征提取与选择：为了更好地进行聚类，可能需要采用一定的算法对特征进行再次提取和选择。
- 聚类分析：选择一定的非监督模式识别方法，用样本进行聚类分析。
- 结果解释：考查聚类结果的性能，分析所得聚类与研究目标之间的关系，根据领域知识分析结果的合理性，对聚类的含义给出解释；如果有新样本，把聚类结果用于新样本分类。

在以上基本步骤中，特征提取与选择、分类器设计和聚类分析，以及分类器和聚类结果的性能评价方法等是各种模式识别系统中具有共性的步骤，是整个系统的核心，也是模式识别和机器学习学科研究的主要内容。

本书旨在围绕以上主要内容系统讲述模式识别与机器学习的基本概念、基础理论、典型方法和最新进展，力求为从事机器学习、模式识别研究的学者提供一本基本的教材，同时也为其他各学科应用机器学习和模式识别技术的学者提供一本既深入浅出、又比较系统的参考书。在内容的组织和写作上，我们注重基础性、系统性和实用性的结合，将多数理论推演略去，而是选择以方法背后的原理和思想为主线，通过系统介绍各流派典型方法及其相互之间的关系，加强读者对机器学习与模式识别理论及方法体系的全局认识。

1.6 本书的主要内容

全书共分15章。

第1章是概论，从比较宏观角度对模式识别和机器学习的基本概念进行介绍。

从第2章到第4章是基于模型的模式识别与机器学习方法。其中第2章是统计决策方法，介绍在已知样本的概率分布模型的情况下，利用贝叶斯公式进行最优决策的原理和方法，并介绍在后续各种分类方法研究和应用中都会用到的两类错误率和ROC曲线。第3章介绍概率密度函数估计的原理和方法，包括参数估计的最大似然估计、贝叶斯估计方法和代表性的非参数估计方法。第4章介绍隐马尔可夫模型和贝叶斯网络，包括隐马尔可夫模型中的核心算法、贝叶斯网络的基本概念和核心学习算法，并让读者可以从该章内容对概率图模型的概念建立基本了解。

第5章介绍各种经典的线性学习机器线性分类器，包括线性回归、罗杰斯特回归、Fisher线性判别、感知器及各种主要衍生的方法。各种方法以两类分类问题为主，也涉及线性回归问题和多类分类问题。

第6章介绍典型的非线性分类器，核心是多层感知器人工神经网络和支持向量机。

第7章比较概要但全面地讲述统计学习理论的框架和主要结论，也扼要介绍机器学习中不适定问题的基本概念、正则化方法的原理和主要代表性方法。限于本书的篇幅和定位，本章内容非常概要，但希望读者能通过该章建立起对机器学习方法背后的理论研究的基本认识。

第 8 章把实际中经常使用但又不在以上几章框架中的几种方法进行介绍，包括近邻法、决策树、随机森林和集成学习方法，它们共同的特点是没有事先确定的判别函数形式，所以我们统称为非参数学习方法。

第 9 章和第 10 章是关于特征选择与提取方法的介绍，现在人们习惯于统称为特征工程。第 9 章介绍了特征选择中几种常用的最优和次优方法，包括分枝定界算法、遗传算法等；第 10 章包括了监督与非监督的特征提取方法和降维方法，包括主成分分析、KL 变换、多维尺度法等经典方法和比较新的非线性降维和可视化方法。

第 11 章专门介绍非监督模式识别与机器学习方法，核心是各种聚类算法，包括混合概率密度函数估计方法、经典的 C 均值（K 均值）和分级聚类算法，以及模糊聚类方法、自组织映射神经网络、一致聚类方法等。另外，第 10 章介绍的特征提取方法中有很多也属于非监督学习范畴，在第 12 章中将看到非监督学习与监督学习在一些深度神经网络中的结合。

第 12 章用较长的篇幅介绍深度学习中最有代表性的方法，包括卷积神经网络（CNN）、循环神经网络（RNN）、长短时记忆模型（LSTM）、自编码器、限制性玻尔兹曼机（RBM）、深度信念网络（DBN）以及变分自编码器（VAE）、生成对抗网络（GAN）等。

第 13 章专门介绍模式识别系统评价中一些容易被认为显而易见的问题及方法，包括监督模式识别系统和非监督模式识别系统的评价，这些评价方法适用于前面各章介绍的模式识别方法，对于不以分类或聚类为目标的其他机器学习系统的评价也有借鉴意义。

第 14 章通过一些具体的示例，介绍了几种常见的模式识别与机器学习软件平台的使用风格。

第 15 章是一个讨论，结合历史回顾和概念梳理，讨论模式识别、机器学习和人工智能等密切关联但又容易混淆的概念，作为对全书内容的总结和读者后续学习与研究的起点。

读者如果用本书作为“模式识别”课程的教材，建议按照章节顺序使用本书。如果把本书作为参考书，则可以在看完第 1 章后就直接查阅相应的章节。需要说明的是，我们在编写本书时没有把本书和任何考试联系起来，所有内容安排都是以帮助读者更好地理解和掌握主要内容，更好地学会应用模式识别技术为出发点的。选用本书作为教学材料的老师可以根据自己专业的要求灵活选择考查方式和平时作业，这样可能会增加老师的备课负担，但我们希望这样安排对改变部分读者以准备考试为目的的学习习惯有所帮助。

第 2 章 统计决策方法

2.1 引言：一个简单的例子

分类可以看作一种决策，即我们根据观测对样本做出应归属哪一类的决策。

让我们来看一个最简单的例子。

假定我手里握着一枚硬币，让你猜是多少钱的硬币，这其实就可以看作一个分类决策的问题：你需要从各种可能的硬币中做出一个决策。如果我告诉你这枚硬币只可能是一角或者五角，这就是一个两类的分类问题。

在没有关于这枚硬币任何信息的情况下，有人可能猜这是一枚一角的硬币，因为他在最近一段时间以来接触到的一角的硬币比五角的硬币多，因此他觉得更可能是一角。这就是一种决策。

这个决策过程是有理论依据的：他实际是通过对所接触过的硬币的概率做出的粗略分析，认为出现一角硬币的概率比五角硬币的概率大，然后选择了概率较大的决策。如果把硬币记作 x，把一角和五角这两类分别记作 ω_1 和 ω_2，用 $P(\omega_1)$和 $P(\omega_2)$分别表示两类的概率，这一决策规则可以表示为

$$\text{如果 } P(\omega_1) > P(\omega_2)\text{，则 } x \in \omega_1\text{；反之，则 } x \in \omega_2 \tag{2-1}$$

在只有两类的情况下，$P(\omega_1)+P(\omega_2)=1$。如果决策 $x\in\omega_1$，那么犯错误的概率就是 $P(\text{error})=1-P(\omega_1)=P(\omega_2)$，反之亦然。很显然，采用式(2-1)的决策犯错误的概率就小。

在所有可能出现的样本上类别决策错误的概率被称作错误率。式(2-1)的准则实际就是最小错误率准则：由于对每一枚硬币都按照错误概率最小的原则进行决策，那么这种决策在所有可能出现的独立样本上的错误率就最小。

这里没有考虑两类概率相等的情况，因为这时决策对两类来说，它们的错误概率是一样

的，采用任何一种决策的效果是相同的。

由于上面说的概率是在没有对样本进行任何观测情况下的概率，所以叫做先验概率（a priori probability）。

下面假设仍然不允许看硬币，但是允许用天平来称量硬币的重量，并根据重量来做决策。

把硬币的重量仍记为 x，与上面所述的决策过程类似，现在应该考查在已知这枚硬币重量为 x 情况下硬币属于各类的概率，对两类硬币分别记作 $P(\omega_1|x)$ 和 $P(\omega_2|x)$，这种概率称作后验概率（a posterior probability）。这时的决策规则应该是

$$\text{如果 } P(\omega_1|x) > P(\omega_2|x)\text{，则 } x \in \omega_1\text{；反之，则 } x \in \omega_2 \tag{2-2}$$

在这种情况下，如果决策 $x \in \omega_1$，则错误的概率就是 $P(\text{error}) = 1 - P(\omega_1|x) = P(\omega_2|x)$，反之亦然。所以，式(2-2)仍然是最小错误率的决策。

问题是，只测了 x，如何才能知道 $P(\omega_i|x), i=1,2$？

根据概率论中的贝叶斯公式（Bayes' formula 或 Bayesian theorem），有

$$P(\omega_i|x) = \frac{p(x,\omega_i)}{p(x)} = \frac{p(x|\omega_i)P(\omega_i)}{p(x)}, \quad i=1,2 \tag{2-3}$$

其中，$P(\omega_i)$是先验概率；$p(x,\omega_i)$是 x 与 ω_i 的联合概率密度；$p(x)$是两类所有硬币重量的概率密度，称作总体密度；$p(x|\omega_i)$是第 i 类硬币重量的概率密度，称为类条件密度。这样，后验概率就转换成了先验概率与类条件密度的乘积，再用总体密度进行归一化。

注意，在遵循式(2-2)进行决策时，是对两类比较后验概率，而由式(2-3)分解的后验概率中分母部分是总体密度，对于两类没有区别，因此只需要比较分子上的两项就可以了，即比较先验概率和类条件密度的乘积，决策准则如下

$$\text{如果 } p(x|\omega_1)P(\omega_1) > p(x|\omega_2)P(\omega_2)\text{，则 } x \in \omega_1\text{；反之，则 } x \in \omega_2 \tag{2-4}$$

其中，先验概率可以根据市场上流通的一角与五角货币的比例估计，而类条件密度则需要用一定的属于本类的训练样本来进行估计。

这就是贝叶斯决策：在类条件概率密度和先验概率已知（或可以估计）的情况下，通过贝叶斯公式比较样本属于两类的后验概率，将类别决策为后验概率大的一类，这样做的目的是使总体错误率最小。

当然，硬币这个例子并不是一个典型的例子，因为通常两种硬币的重量相差很明显，而且每一种硬币自身的重量比较准确，密度函数几乎就是在其均值处的一个冲激函数，因此在这个问题里式(2-4)的比较实际上显得没有意义。这个例子只是用来直观地说明贝叶斯决策的基本思想。下面正式介绍贝叶斯决策。

贝叶斯决策理论也称作统计决策理论。

为了讨论方便，进行如下约定：

假定样本 $\boldsymbol{x} \in R^d$ 是由 d 维实数特征组成的，即 $\boldsymbol{x} = [x_1, x_2, \cdots, x_d]^{\mathrm{T}}$，其中 T 是转置符号。

假定要研究的类别有 c 个，记作 $\omega_i, i=1,2,\cdots,c$。类别数 c 已知，且各类的先验概率也都已知。另外，还假定各类中样本的分布密度即类条件密度 $p(\boldsymbol{x}|\omega_i)$也是已知的。我们所要做的决策就是对于某个未知样本 $\boldsymbol{x}$ 判断它属于哪一类。

任一决策都有可能会有错误。对两类问题，在样本 $\boldsymbol{x}$ 上错误的概率为

$$p(e|\boldsymbol{x})=\begin{cases}P(\omega_2|\boldsymbol{x}) & \boldsymbol{x}\in\omega_1\\ P(\omega_1|\boldsymbol{x}) & \boldsymbol{x}\in\omega_2\end{cases} \tag{2-5}$$

错误率定义为所有服从同样分布的独立样本上错误概率的期望，即

$$P(e)=\int P(e|\boldsymbol{x})p(\boldsymbol{x})\mathrm{d}\boldsymbol{x} \tag{2-6}$$

这里，用 $\int\cdot\,\mathrm{d}\boldsymbol{x}$ 表示在特征 $\boldsymbol{x}$（向量或标量）的全部取值空间做积分，后同。

在所有样本上做出正确决策的概率就是正确率，通常记作 $P(c)$。显然 $P(c)=1-P(e)$。下面介绍几种常用的贝叶斯决策规则。

2.2 最小错误率贝叶斯决策

正如在2.1节的例子中看到的，在一般的模式识别问题中，人们往往希望尽量减少分类的错误，即目标是追求最小错误率。从最小错误率的要求出发，利用概率论中的贝叶斯公式，就能得出使错误率最小的分类决策，称为最小错误率贝叶斯决策。

根据2.1节的定义，最小错误率就是求解一种决策规则，使式(2-6)最小化，即

$$\min \quad P(e)=\int P(e|\boldsymbol{x})p(\boldsymbol{x})\mathrm{d}\boldsymbol{x} \tag{2-7}$$

由于对所有 $\boldsymbol{x}$，$P(e|\boldsymbol{x})\geqslant 0$，$p(\boldsymbol{x})\geqslant 0$，所以上式等价于对所有 $\boldsymbol{x}$ 最小化 $P(e|\boldsymbol{x})$。而根据式(2-5)可知，使错误率最小的分类决策就是使后验概率最大的决策，因此，对于两类问题，得到如下决策规则：

如果 $P(\omega_1|\boldsymbol{x})>P(\omega_2|\boldsymbol{x})$，则 $\boldsymbol{x}\in\omega_1$；反之，则 $\boldsymbol{x}\in\omega_2$

或简记作

$$\text{如果 } P(\omega_1|\boldsymbol{x})\gtrless P(\omega_2|\boldsymbol{x})\text{，则 } \boldsymbol{x}\in\begin{cases}\omega_1\\ \omega_2\end{cases} \tag{2-8}$$

这就是最小错误率贝叶斯决策。在无特殊说明下说的贝叶斯决策通常就是指最小错误率贝叶斯决策。其中，后验概率用贝叶斯公式求得

$$P(\omega_i|\boldsymbol{x})=\frac{p(\boldsymbol{x}|\omega_i)P(\omega_i)}{p(\boldsymbol{x})}=\frac{p(\boldsymbol{x}|\omega_i)P(\omega_i)}{\sum_{j=1}^{2}p(\boldsymbol{x}|\omega_j)P(\omega_j)},\quad i=1,2 \tag{2-9}$$

在式(2-9)中，先验概率 $P(\omega_i)$ 和类条件密度 $p(\boldsymbol{x}|\omega_i)$，$i=1,2$ 都已知。

最小错误率贝叶斯决策规则可以表示成多种等价的形式，例如：

(1)
$$\text{若 } P(\omega_i|\boldsymbol{x})=\max_{j=1,2}P(\omega_j|\boldsymbol{x})\text{，则 } \boldsymbol{x}\in\omega_i \tag{2-10}$$

(2) 在式(2-9)中，因为两类分母相同，所以决策时实际上只需要比较分子，即

$$\text{若 } p(\boldsymbol{x}|\omega_i)P(\omega_i)=\max_{j=1,2}P(\boldsymbol{x}|\omega_j)P(\omega_j)\text{，则 } \boldsymbol{x}\in\omega_i \tag{2-11}$$

(3) 由于先验概率 $P(\omega_i)$ 是事先确定的，与当前样本 $\boldsymbol{x}$ 无关，因此，人们经常把决策规则整理成下面的形式，即

$$\text{若}\ l(\boldsymbol{x})=\frac{p(\boldsymbol{x}|\omega_1)}{p(\boldsymbol{x}|\omega_2)}\gtrless\lambda=\frac{P(\omega_2)}{P(\omega_1)},\quad \text{则}\ \boldsymbol{x}\in\begin{cases}\omega_1\\ \omega_2\end{cases} \tag{2-12}$$

这样,可以事先计算出似然比阈值λ,对每一个样本计算$l(\boldsymbol{x})$,与λ比较,大于阈值则决策为第一类,小于阈值则决策为第二类。概率密度值$p(\boldsymbol{x}|\omega_i)$反映了在$\omega_1$类中观察到特征值$\boldsymbol{x}$的相对可能性(likelihood),也称为似然度,$l(\boldsymbol{x})$称作似然比(likelihood ratio)。

(4) 很多情况下,用对数形式进行计算可能会更加方便,因此人们定义了对数似然比$h(\boldsymbol{x})=-\ln[l(\boldsymbol{x})]=-\ln p(\boldsymbol{x}|\omega_1)+\ln p(\boldsymbol{x}|\omega_2)$。注意,这里取的是负对数,决策规则变成如下形式

$$\text{若}\ h(\boldsymbol{x})\lessgtr\ln\frac{P(\omega_1)}{P(\omega_2)},\quad \text{则}\ \boldsymbol{x}\in\begin{cases}\omega_1\\ \omega_2\end{cases} \tag{2-13}$$

下面我们给出一个简化的识别癌细胞的例子,用来说明在一个实际问题中采用贝叶斯决策的过程。假设每个要识别的细胞的图像已做过预处理,抽取出d个表示细胞基本特性的特征,构成d维空间的向量$\boldsymbol{x}$,识别的目的是要将$\boldsymbol{x}$分类为正常细胞或者异常细胞。用决策论的术语来讲就是将$\boldsymbol{x}$归类于两种可能的状态之一,如用ω表示状态,则$\omega=\omega_1$表示正常,$\omega=\omega_2$表示异常。

对于实验者来说,细胞的类别状态是一个随机变量,我们可以估计出现某种状态的概率。例如,根据医院病例检查的大量统计资料,可以对某一地区这种类型病例中正常细胞和异常细胞出现的比例做出估计,这就是贝叶斯决策中要求已知的先验概率$P(\omega_1)$和$P(\omega_2)$。(准确估计先验概率需要按照一定的原则开展系统的流行病学调查,此处不作赘述。)对于两类问题,显然$P(\omega_1)+P(\omega_2)=1$。

先验概率只能提供对整体上两类细胞出现比例的估计,不能用于对个体的判断。想对个体样本做出判断需要根据特征$\boldsymbol{x}$计算得出的后验概率。为了讨论简单起见,这里假定只用一个特征,例如图像中细胞核总的光密度,即维数$d=1$。根据医学知识和以前的大量正常细胞和癌细胞的图像数据,我们可以分别得到正常细胞光密度值的概率密度和癌细胞光密度值的概率密度,即类条件概率密度$p(x|\omega_1)$和$p(x|\omega_2)$,如图2-1所示。

利用贝叶斯公式(2-9),我们就能通过观察x把状态的先验概率$P(\omega_i)$转化为后验概率$P(\omega_i|x)$,$i=1,2$,如图2-2所示。

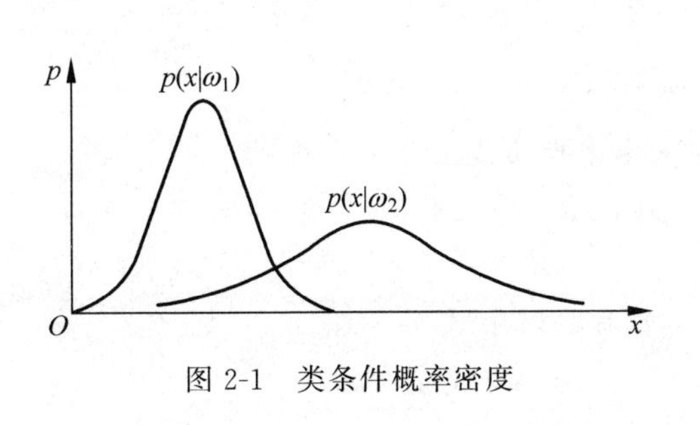

图2-1 类条件概率密度

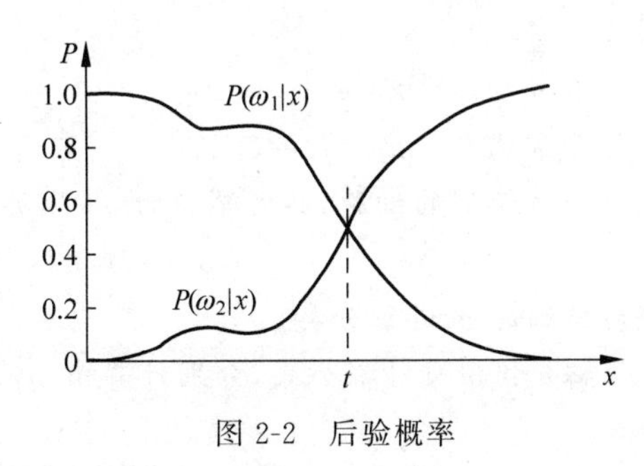

图2-2 后验概率

显然,我们也有$P(\omega_1|x)+P(\omega_2|x)=1$。最后的决策就是后验概率大的一类。

从图2-2可以看到,这种决策实际的分界线是图中的虚线位置:如果样本x落在分界

线左侧则归为第一类(正常细胞),落在右侧则归为第二类(癌细胞)。这一分界线称作决策边界或分类线,在多维情况下称作决策面或分类面,它把特征空间划分成属于各类的区域。

我们来分析一下错误率。决策边界把 x 轴分割成两个区域,分别称为第一类和第二类的决策区域 $\mathscr{R}_1$ 和 $\mathscr{R}_2$。$\mathscr{R}_1$ 为 $(-\infty,t)$,$\mathscr{R}_2$ 为 (t,∞)。样本在 $\mathscr{R}_1$ 中但属于第二类的概率和样本在 $\mathscr{R}_2$ 中但属于第一类的概率就是出现错误的概率,再考虑到样本自身的分布后就是平均错误率

$$\begin{aligned}P(e)&=\int_{-\infty}^{t}P(\omega_2|x)p(x)\mathrm{d}x+\int_{t}^{\infty}P(\omega_1|x)p(x)\mathrm{d}x\\&=\int_{-\infty}^{t}p(x|\omega_2)P(\omega_2)\mathrm{d}x+\int_{t}^{\infty}p(x|\omega_1)P(\omega_1)\mathrm{d}x\end{aligned}\tag{2-14}$$

可以写为

$$\begin{aligned}P(e)&=P(x\in\mathscr{R}_1,\omega_2)+P(x\in\mathscr{R}_2,\omega_1)\\&=P(x\in\mathscr{R}_1|\omega_2)P(\omega_2)+P(x\in\mathscr{R}_2|\omega_1)P(\omega_1)\\&=P(\omega_2)\int_{\mathscr{R}_1}p(x|\omega_2)\mathrm{d}\boldsymbol{x}+P(\omega_1)\int_{\mathscr{R}_2}p(x|\omega_1)\mathrm{d}x\\&=P(\omega_2)P_2(e)+P(\omega_1)P_1(e)\end{aligned}\tag{2-15}$$

其中

$$P_1(e)=\int_{\mathscr{R}_2}p(x|\omega_1)\mathrm{d}x\tag{2-16a}$$

是把第一类样本决策为第二类的错误率;而

$$P_2(e)=\int_{\mathscr{R}_1}p(x|\omega_2)\mathrm{d}x\tag{2-16b}$$

是把第二类样本决策为第一类的错误率。两种错误率用相应类别的先验概率加权就是总的平均错误率,如图 2-3 所示。

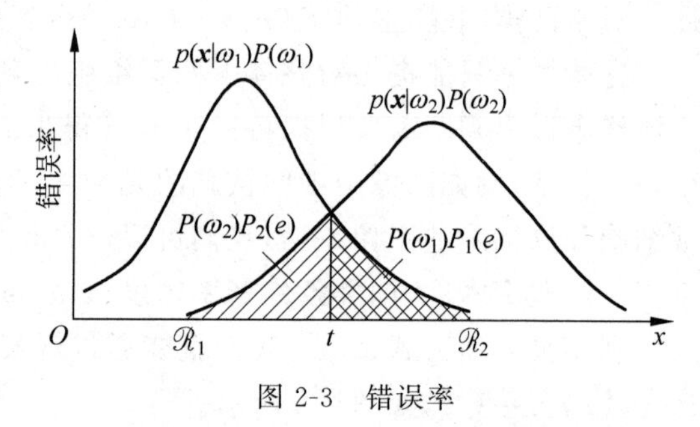

图 2-3 错误率

这里以一维特征为例来介绍基本概念。不难想象,在高维特征空间时的情况类似。

下面举一个数值的例子。

例 2.1 假设在某个局部地区细胞识别中正常(ω_1)和异常(ω_2)两类的先验概率分别为

正常状态 $P(\omega_1)=0.9$

异常状态 $P(\omega_2)=0.1$

现有一待识别的细胞,其观察值为 x,从类条件概率密度曲线上分别查得

$$p(x|\omega_1)=0.2,\quad p(x|\omega_2)=0.4$$

试对该细胞 x 进行分类。

解:利用贝叶斯公式,分别计算出 ω_1 及 ω_2 的后验概率

$$P(\omega_1|x)=\frac{p(x|\omega_1)P(\omega_1)}{\sum_{j=1}^{2}p(x|\omega_j)P(\omega_j)}=\frac{0.2\times0.9}{0.2\times0.9+0.4\times0.1}=0.818$$

$$P(\omega_2|x)=1-P(\omega_1|x)=0.182$$

根据贝叶斯决策规则式(2-8)，因为

$$P(\omega_1|x)=0.818>P(\omega_2|x)=0.182$$

所以合理的决策是把 x 归类于正常状态。

在多类情况下，最小错误率贝叶斯决策的原理是一样的，决策规则可以表示为

$$\text{若 } P(\omega_i|\boldsymbol{x})=\max_{j=1,\cdots,c} P(\omega_j|\boldsymbol{x})\text{，则 } \boldsymbol{x}\in\omega_i \tag{2-17a}$$

或者等价地

$$\text{若 } p(\boldsymbol{x}|\omega_i)P(\omega_i)=\max_{j=1,\cdots,c} p(\boldsymbol{x}|\omega_j)P(\omega_j)\text{，则 } \boldsymbol{x}\in\omega_i \tag{2-17b}$$

可以把每一类的后验概率 $P(\omega_i|\boldsymbol{x})$ 或者 $p(\boldsymbol{x}|\omega_i)P(\omega_i)$ 看作是该类的一个判别函数 $g_i(\boldsymbol{x})$，决策的过程就是各类的判别函数比较大小，如图 2-4 所示。

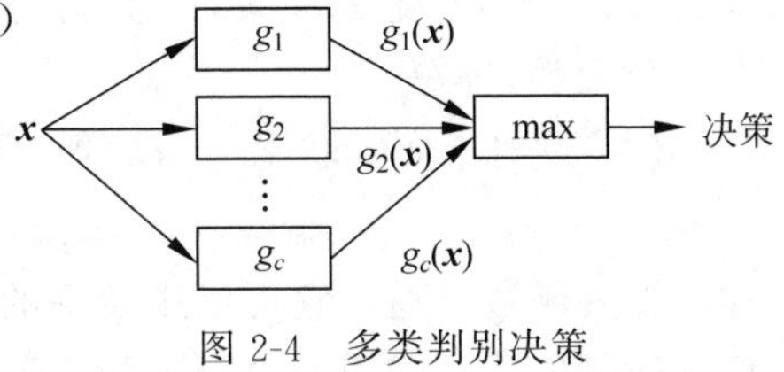

图 2-4 多类判别决策

多类别决策过程中，要把特征空间分割成 $\mathscr{R}_1$，$\mathscr{R}_2$，…，$\mathscr{R}_c$ 个区域，可能错分的情况很多，平均错误概率 $P(e)$ 将由 $c(c-1)$ 项组成，即

$$\begin{aligned}P(e)=&\underbrace{\left.\begin{aligned}&[P(\boldsymbol{x}\in\mathscr{R}_2|\omega_1)+P(\boldsymbol{x}\in\mathscr{R}_3|\omega_1)+\cdots+P(\boldsymbol{x}\in\mathscr{R}_c|\omega_1)]P(\omega_1)\\&+[P(\boldsymbol{x}\in\mathscr{R}_1|\omega_2)+P(\boldsymbol{x}\in\mathscr{R}_3|\omega_2)+\cdots+P(\boldsymbol{x}\in\mathscr{R}_c|\omega_2)]P(\omega_2)\\&+\cdots\\&+[P(\boldsymbol{x}\in\mathscr{R}_1|\omega_c)+P(\boldsymbol{x}\in\mathscr{R}_2|\omega_c)+\cdots+P(\boldsymbol{x}\in\mathscr{R}_{c-1}|\omega_c)]P(\omega_c)\end{aligned}\right\}c\text{ 行}}_{\text{每行 }c-1\text{ 项}}\\=&\sum_{i=1}^{c}\sum_{\substack{j=1\\j\neq i}}^{c}[P(\boldsymbol{x}\in\mathscr{R}_j|\omega_i)]P(\omega_i)\end{aligned}$$

该式计算量比较大，可以通过计算平均正确率 $P(c)$ 来计算错误率

$$P(c)=\sum_{j=1}^{c}P(\boldsymbol{x}\in\mathscr{R}_j|\omega_j)P(\omega_j)=\sum_{j=1}^{c}\int_{\mathscr{R}_j}p(\boldsymbol{x}|\omega_j)P(\omega_j)\mathrm{d}\boldsymbol{x} \tag{2-18}$$

$$P(e)=1-P(c)=1-\sum_{j=1}^{c}P(\omega_j)\int_{\mathscr{R}_j}p(\boldsymbol{x}|\omega_j)\mathrm{d}\boldsymbol{x} \tag{2-19}$$

2.3 最小风险贝叶斯决策

现在再回到猜硬币的那个简单的例子上来。前面给出的是在最小错误率的原则下得到的决策规则，但是，根据具体的场合不同，我们应关心的有可能并不仅仅是错误率，而是错误所带来的损失。毕竟把一角误认为是五角与把五角误认为是一角所带来的损失是不同的。

同样，在癌细胞识别的例子中，我们不但应该关心所做的决策是否错误，更应该关心决策错误所带来的损失或风险。例如，如果把正常细胞误判为癌细胞，会给病人带来精神上的负担和不必要的进一步检查，这是一种损失；反之，如果把癌细胞误判为正常细胞，则损失更大，因为这可能会导致病人丧失了宝贵的早期发现癌症的机会，可能会造成影响病人生命的严重后果。将这两种类型的错误一视同仁来对待，在很多情况下是不恰当的。

所谓最小风险贝叶斯决策，就是考虑各种错误造成损失不同时的一种最优决策。

下面用决策论的概念把问题表述一下：

(1) 把样本 $\boldsymbol{x}$ 看作 d 维随机向量 $\boldsymbol{x}=[x_1,x_2,\cdots,x_d]^{\mathrm{T}}$

(2) 状态空间 Ω 由 c 个可能的状态(c 类)组成：$\Omega=\{\omega_1,\omega_2,\cdots,\omega_c\}$

(3) 对随机向量 $\boldsymbol{x}$ 可能采取的决策组成了决策空间，它由 k 个决策组成

$$\mathscr{A}=\{\alpha_1,\alpha_2,\cdots,\alpha_k\}$$

注意，这里没有假定 $k=c$。这是更一般的情况，例如，有时除了判别为某一类外，对某些样本还可以做出拒绝的决策，即不能判断属于任何一类；有时也可以在决策时把几类合并为同一个大类，等等。

(4) 设对于实际状态为 ω_j 的向量 $\boldsymbol{x}$，采取决策 α_i 所带来的损失

$$\lambda(\alpha_i,\omega_j),\quad i=1,\cdots,k,\quad j=1,\cdots,c \tag{2-20}$$

称作损失函数。通常它可以用表格的形式给出，叫做决策表，如表2-1所示。在应用中需要根据问题的背景知识确定合理的决策表。

表2-1　给出损失函数 $\boldsymbol{\lambda(\alpha_i,\omega_j)}$ 的一般决策表

决策	自然状态					
	ω_1	ω_2	$\cdots$	ω_j	$\cdots$	ω_c
α_1	$\lambda(\alpha_1,\omega_1)$	$\lambda(\alpha_1,\omega_2)$	$\cdots$	$\lambda(\alpha_1,\omega_j)$	$\cdots$	$\lambda(\alpha_1,\omega_c)$
α_2	$\lambda(\alpha_2,\omega_1)$	$\lambda(\alpha_2,\omega_2)$	$\cdots$	$\lambda(\alpha_2,\omega_j)$	$\cdots$	$\lambda(\alpha_2,\omega_c)$
$\vdots$	$\vdots$	$\vdots$	$\cdots$	$\vdots$	$\vdots$	$\vdots$
α_i	$\lambda(\alpha_i,\omega_1)$	$\lambda(\alpha_i,\omega_2)$	$\cdots$	$\lambda(\alpha_i,\omega_j)$	$\cdots$	$\lambda(\alpha_i,\omega_c)$
$\vdots$	$\vdots$	$\vdots$	$\cdots$	$\vdots$	$\vdots$	$\vdots$
α_k	$\lambda(\alpha_k,\omega_1)$	$\lambda(\alpha_k,\omega_2)$	$\cdots$	$\lambda(\alpha_k,\omega_j)$	$\cdots$	$\lambda(\alpha_k,\omega_c)$

对于某个样本 $\boldsymbol{x}$，它属于各个状态的后验概率是 $P(\omega_j|\boldsymbol{x}),j=1,\cdots,c$，对它采取决策 $\alpha_i,i=1,\cdots,k$ 的期望损失是

$$R(\alpha_i|\boldsymbol{x})=E[\lambda(\alpha_i,\omega_j)|\boldsymbol{x}]=\sum_{j=1}^{c}\lambda(\alpha_i,\omega_j)P(\omega_j|\boldsymbol{x}),\quad i=1,\cdots,k \tag{2-21}$$

设有某一决策规则 $\alpha(\boldsymbol{x})$，它对特征空间中所有可能的样本 $\boldsymbol{x}$ 采取决策所造成的期望损失是

$$R(\alpha)=\int R(\alpha(\boldsymbol{x})|\boldsymbol{x})p(\boldsymbol{x})\mathrm{d}\boldsymbol{x} \tag{2-22}$$

$R(\alpha)$称作平均风险或期望风险。最小风险贝叶斯决策就是最小化这一期望风险，即

$$\min_{\alpha} R(\alpha) \tag{2-23}$$

在式(2-22)中，$R(\alpha(\boldsymbol{x})|\boldsymbol{x})$和 $p(\boldsymbol{x})$都是非负的，且 $p(\boldsymbol{x})$是已知的，与决策准则无关。要使积分和最小，就是要对所有 $\boldsymbol{x}$ 都使$R(\alpha(\boldsymbol{x})|\boldsymbol{x})$最小。因此，最小风险贝叶斯决策就是

$$若\ R(\alpha_i|\boldsymbol{x})=\min_{j=1,\cdots,k}R(\alpha_j|\boldsymbol{x}),则\ \alpha=\alpha_i \tag{2-24}$$

对于一个实际问题,对样本 $\boldsymbol{x}$,最小风险贝叶斯决策可以按照以下步骤计算:

(1) 利用贝叶斯公式计算后验概率

$$P(\omega_j \mid \boldsymbol{x})=\frac{p(\boldsymbol{x} \mid \omega_j)P(\omega_j)}{\sum_{i=1}^{c} p(\boldsymbol{x} \mid \omega_i)P(\omega_i)}, \quad j=1,\cdots,c \tag{2-25}$$

注意,与最小错误率贝叶斯决策一样,这里仍然要求先验概率和类条件密度已知。

(2) 利用决策表,计算条件风险

$$R(\alpha_i \mid \boldsymbol{x})=\sum_{j=1}^{c}\lambda(\alpha_i \mid \omega_j)P(\omega_j \mid \boldsymbol{x}), \quad i=1,\cdots,k \tag{2-26}$$

(3) 决策:在各种决策中选择风险最小的决策,即

$$\alpha=\arg\min_{i=1,\cdots,k} R(\alpha_i \mid \boldsymbol{x}) \tag{2-27}$$

特别地,在实际是两类且决策也是两类的情况下(没有拒绝),最小风险贝叶斯决策为

$$若\ \lambda_{11}P(\omega_1 \mid \boldsymbol{x})+\lambda_{12}P(\omega_2 \mid \boldsymbol{x}) \lesseqgtr \lambda_{21}P(\omega_1 \mid \boldsymbol{x})+\lambda_{22}P(\omega_2 \mid \boldsymbol{x}),则\ \boldsymbol{x} \in \begin{cases}\omega_1\\ \omega_2\end{cases} \tag{2-28}$$

其中,$\lambda_{12}=\lambda(\alpha_1,\omega_2)$是把属于第 2 类的样本分为第 1 类时的损失,$\lambda_{21}=\lambda(\alpha_2,\omega_1)$是把属于第 1 类的样本分为第 2 类时的损失,$\lambda_{11}=\lambda(\alpha_1,\omega_1)$、$\lambda_{22}=\lambda(\alpha_2,\omega_2)$是决策正确(把第 1 类决策为第 1 类和把第 2 类决策为第 2 类)时的损失。通常,$\lambda_{11}=\lambda_{22}=0$;不失一般性,我们可以假设 $\lambda_{11}<\lambda_{21}$、$\lambda_{22}<\lambda_{12}$。

把式(2-28)的条件进行整理,可以得到以下几种等价的表达

$$若(\lambda_{11}-\lambda_{21})P(\omega_1 \mid \boldsymbol{x}) \lesseqgtr (\lambda_{22}-\lambda_{12})P(\omega_2 \mid \boldsymbol{x}),则\ \boldsymbol{x} \in \begin{cases}\omega_1\\ \omega_2\end{cases} \tag{2-29}$$

$$若\frac{P(\omega_1 \mid \boldsymbol{x})}{P(\omega_2 \mid \boldsymbol{x})}=\frac{p(\boldsymbol{x} \mid \omega_1)P(\omega_1)}{p(\boldsymbol{x} \mid \omega_2)P(\omega_2)} \gtreqless \frac{\lambda_{22}-\lambda_{12}}{\lambda_{11}-\lambda_{21}}=\frac{\lambda_{12}-\lambda_{22}}{\lambda_{21}-\lambda_{11}},则\ \boldsymbol{x} \in \begin{cases}\omega_1\\ \omega_2\end{cases} \tag{2-30}$$

$$若\ l(\boldsymbol{x})=\frac{p(\boldsymbol{x} \mid \omega_1)}{p(\boldsymbol{x} \mid \omega_2)} \gtreqless \frac{P(\omega_2)}{P(\omega_1)} \cdot \frac{\lambda_{12}-\lambda_{22}}{\lambda_{21}-\lambda_{11}},则\ \boldsymbol{x} \in \begin{cases}\omega_1\\ \omega_2\end{cases} \tag{2-31}$$

注意,这里利用了 $\lambda_{12}>\lambda_{22}$、$\lambda_{21}>\lambda_{11}$ 的条件。与式(2-12)相同,采用式(2-31)的形式进行决策时,可以事先根据先验概率和损失表计算出似然比阈值,对于每一个待分类的样本,只需计算其似然比并与阈值比较即可做出决策。

显然,当 $\lambda_{11}=\lambda_{22}=0$,$\lambda_{12}=\lambda_{21}=1$ 时,最小风险贝叶斯决策就转化成最小错误率贝叶斯决策。可以把最小错误率贝叶斯决策看作是最小风险贝叶斯决策的特例。实际上,在多类情况下,如果采用这种 0—1 决策表,即决策与状态相同则损失为 0、不同则损失为 1,那么最小风险贝叶斯决策也等价于最小错误率贝叶斯决策。

用下面的例子来进一步体会一下最小风险贝叶斯决策与最小错误率贝叶斯决策的不同。

例 2.2 在例 2.1 给出条件的基础上,利用表 2-2 的决策表,按最小风险贝叶斯决策进行分类。

表 2-2 例 2.2 的决策表

决策	状态	
	ω_1	ω_2
α_1	0	6
α_2	1	0

解：已知条件为

$$P(\omega_1)=0.9, \quad P(\omega_2)=0.1$$
$$p(\boldsymbol{x}|\omega_1)=0.2, \quad p(\boldsymbol{x}|\omega_2)=0.4$$
$$\lambda_{11}=0, \quad \lambda_{12}=6$$
$$\lambda_{21}=1, \quad \lambda_{22}=0$$

根据例 2.1 的计算结果可知后验概率为

$$P(\omega_1|\boldsymbol{x})=0.818, \quad P(\omega_2|\boldsymbol{x})=0.182$$

再按式(2-26)计算出条件风险

$$R(\alpha_1|\boldsymbol{x})=\sum_{j=1}^{2}\lambda_{1j}P(\omega_j|\boldsymbol{x})=\lambda_{12}P(\omega_2|\boldsymbol{x})=1.092$$
$$R(\alpha_2|\boldsymbol{x})=\lambda_{21}P(\omega_1|\boldsymbol{x})=0.818$$

由于

$$R(\alpha_1|\boldsymbol{x})>R(\alpha_2|\boldsymbol{x})$$

即决策为 ω_2 的条件风险小于决策为 ω_1 的条件风险，因此我们采取决策行动 α_2，即判断待识别的细胞 x 为 ω_2 类——异常细胞。

可以看到，同样的数据，因为对两类错误所带来的风险的认识不同，这里得出了与例 2.1 中相反的结论。

需要指出，最小风险贝叶斯决策中的决策表是需要人为确定的，决策表不同会导致决策结果的不同。因此，在实际应用中，需要认真分析所研究问题的内在特点和分类的目的，与应用领域的专家共同设计出适当的决策表，才能保证模式识别发挥有效的作用。

2.4 两类错误率、Neyman-Pearson 决策与 ROC 曲线

下面进一步研究两类情况下的错误率问题。

之所以引入决策表，是因为不同情况的分类错误所带来的损失是不同的。在很多实际的两类问题中，两类并不是同等的。

在医学领域，人们通常用阳性(positive)和阴性(negative)来代表两类，阳性表示某一症状存在，或者检测到某一指标的异常，而阴性则表示所考查的症状不存在或者所监测的指标没有异常。人们在体检时，都希望所有指标都是阴性。在医学研究中，人们把采集的阳性和阴性样本也常常称作正样本和负样本(这两种说法在英文中是一样的)，而在流行病学中则经常称为病理样本(case samples)和对照样本(control samples)。

对疾病的诊断就是对阳性和阴性的一个两类决策问题。在不考虑拒绝的情况下，状态

和决策之间可能的关系如表 2-3 所示。

表 2-3 状态与决策的可能关系

决策	状态	
	阳性	阴性
阳性	真阳性(TP)	假阳性(FP)
阴性	假阴性(FN)	真阴性(TN)

这里,真阳性和真阴性都是正确的分类,而错误分类有假阳性(false positive)和假阴性(false negative)两种情况。相应地,所谓错误率就有两种:假阳性率(false positive rate)和假阴性率(false negative rate),即假阳性样本占总阴性样本的比例和假阴性样本占总阳性样本的比例。

在评价一种检测方法的效果时,人们经常用的两个概念是灵敏度(sensitivity)和特异度(specificity)。如果用 TP、TN、FP、FN 分别表示某次实验中真阳性、真阴性、假阳性、假阴性样本的个数,灵敏度 Sn 和特异度 Sp 的定义分别是

$$\mathrm{Sn}=\frac{\mathrm{TP}}{\mathrm{TP}+\mathrm{FN}} \tag{2-32}$$

$$\mathrm{Sp}=\frac{\mathrm{TN}}{\mathrm{TN}+\mathrm{FP}} \tag{2-33}$$

即 Sn 表示在真正的阳性样本中有多少比例能被正确检测出来,Sp 表示在真正的阴性样本中有多少比例没有被误判,它们分别表示了所研究的方法能够把阳性样本正确识别出来的能力和把阴性样本正确判断出来的能力。在医学应用的情景下,一种诊断方法灵敏度高表示它能把有病的人都诊断出来,而特异性高则表示它不易把无病的人误诊为有病。

灵敏度和特异性是一对矛盾,因为很显然,如果某种方法把所有来检查的人都说成是有病,那么它不会错过任何一个真正的病人,所以灵敏度是 100%,但却把所有健康人也误诊为有病;相反,如果它把所有人都说成无病,那么它自然就不会误诊,特异性为 100%,但却把真正的病人漏诊了。我们需要根据疾病的具体情况在两种极端之间取得最佳的平衡。在现实中,这种平衡有时很难取得。例如在 2003 年春,当"非典"(SARS)开始肆虐时,人们过于大意,一些重要的病例可能被漏诊,导致疾病被传播到更多的人群中;而后期人们充分意识到了这一疾病的严重危害,于是草木皆兵,采用的诊断标准非常灵敏却不足够特异,有效防止了因为漏诊而造成的疾病传播,很快控制住了 SARS 的蔓延,但也可能使一些无辜的普通感冒患者被误诊而遭受了额外的痛苦。

在统计学中,假阳性又被称作第一类错误(type-Ⅰ error),假阴性被称作第二类错误(type-Ⅱ error)。第一类错误率(假阳性率)往往用 α 表示,指真实的阴性样本中被错误判断为阳性的比例;第二类错误率(假阴性率)则用 β 表示,指真实的阳性样本中被错误判断为阴性的比例。人们还往往把一种方法从真实的阳性样本中识别出阳性的能力称作这种方法的效能(power),其实就是前面定义的灵敏度。显然,我们有

$$\mathrm{Sn}=1-\beta \tag{2-34}$$

$$\mathrm{Sp}=1-\alpha \tag{2-35}$$

在某些模式识别的文献中,假阳性也被称作误报或虚警(false alarm),假阴性则被称作漏报(missed detection)。例如在用雷达信号识别目标时,我们的任务是从雷达信号中检测

出目标。如果把噪声误当作信号就会发生误报,犯第一类错误;而如果把信号当成噪声就发生漏报,犯第二类错误。当然,这种把第一类错误与第二类错误的叫法是由把两类中的哪一类看作是阳性、哪一类看作是阴性决定的,实际应用中需要根据具体的情况决定。在2.3节的最小风险贝叶斯决策中,实际就是通过定义两类错误不同的相对损失来取得二者之间的折中。

基于对分类正确与错误的各种情况的细分,人们还定义了多个用来从不同侧面评估分类效果的指标,其中常用的有:

正确率(accuracy):$\mathrm{ACC}=\dfrac{\mathrm{TP}+\mathrm{TN}}{\mathrm{TP}+\mathrm{TN}+\mathrm{FP}+\mathrm{FN}}$,也就是所有样本中被正确分类样本的比例;

召回率(recall):Rec=TP/(TP+FN),也就是阳性样本中被正确分类为阳性的比例,即上面定义的灵敏度;

正确率(precision):Pre=TP/(TP+FP),指在分类器判定为阳性的样本中有多少比例是正确判定;

F度量(F-measure):F=2Rec·Pre/(Rec+Pre),即召回率与正确率的调和平均(harmonic mean),是对分类器两方面表现的综合评价。

在某些应用中,有时希望保证某一类错误率为一个固定的水平,在此前提下再考虑另一类错误率尽可能低。例如,如果检测出某一目标或者诊断出某种疾病非常重要,可能会要求确保漏报率即第二类错误率达到某一水平 ε_0(例如0.1%,即灵敏度99.9%),在此前提下再追求误警率即第一类错误率尽可能低(特异性尽可能高)。如果把 ω_1 类看成是阴性而把 ω_2 类看成是阳性,那么根据式(2-16),第一类错误率是 $P_1(e)=\int_{R_2} p(\boldsymbol{x}|\omega_1)\mathrm{d}\boldsymbol{x}$,第二类错误率是 $P_2(e)=\int_{R_1} p(\boldsymbol{x}|\omega_2)\mathrm{d}\boldsymbol{x}$,其中 R_1、R_2 分别是第一、二两类的决策域,上面的要求可以表示为

$$\begin{aligned}&\min P_1(e)\\&\mathrm{s.t.}\ P_2(e)-\varepsilon_0=0\end{aligned}\tag{2-36}$$

这就是模式识别中所谓“固定一类错误率、使另一类错误率尽可能小”的决策。

要解这个问题,可以用拉格朗日(Lagrange)乘子法把式(2-36)的有约束极值问题转化为

$$\min\quad \gamma=P_1(e)+\lambda(P_2(e)-\varepsilon_0)\tag{2-37}$$

其中 λ 是拉格朗日乘子,最小值是关于两类的分界面求解的。设 R_1、R_2 分别是两类的决策区域,R 是整个特征空间,$R_1+R_2=R$,两个决策区域之间的边界称作决策边界或分界面(点)t。考虑到概率密度函数的性质,有

$$\int_{R_2} p(\boldsymbol{x}|\omega_1)\mathrm{d}\boldsymbol{x}=1-\int_{R_1} p(\boldsymbol{x}|\omega_1)\mathrm{d}\boldsymbol{x}\tag{2-38}$$

将式(2-16)代入式(2-37)中并考虑到式(2-38),可以得到

$$\begin{aligned}\gamma&=\int_{R_2} p(\boldsymbol{x}|\omega_1)\mathrm{d}\boldsymbol{x}+\lambda\left[\int_{R_1} p(\boldsymbol{x}|\omega_2)\mathrm{d}\boldsymbol{x}-\varepsilon_0\right]\\&=(1-\lambda\varepsilon_0)+\int_{R_1}\left[\lambda p(\boldsymbol{x}|\omega_2)-p(\boldsymbol{x}|\omega_1)\right]\mathrm{d}\boldsymbol{x}\end{aligned}\tag{2-39}$$

优化的目标是求解使式(2-39)最小的决策边界 t。将式(2-39)分别对 λ 和分界面 t 求导，在 γ 的极值处这两个导数都应该为 0。由此可得，在决策边界上应该满足

$$\lambda=\frac{p(\boldsymbol{x}\mid\omega_1)}{p(\boldsymbol{x}\mid\omega_2)} \tag{2-40}$$

而这个决策边界应该使

$$\int_{R_1} p(\boldsymbol{x}\mid\omega_2)\mathrm{d}\boldsymbol{x}=\varepsilon_0 \tag{2-41}$$

在式(2-39)中，要使 γ 最小，应选择 R_1 使积分项内全为负值(否则可通过把这部分非负的区域划出 R_1 而使 γ 更小)，因此 R_1 应该是所有使

$$\lambda p(\boldsymbol{x}\mid\omega_2)-p(\boldsymbol{x}\mid\omega_1)<0 \tag{2-42}$$

成立的 $\boldsymbol{x}$ 组成的区域。所以，决策规则是

$$\text{若 } l(\boldsymbol{x})=\frac{p(\boldsymbol{x}\mid\omega_1)}{p(\boldsymbol{x}\mid\omega_2)}\gtrless\lambda,\quad \text{则 } \boldsymbol{x}\in\begin{cases}\omega_1\\ \omega_2\end{cases} \tag{2-43}$$

其中 λ 是使决策区域满足式(2-41)的一个阈值。这种在限定一类错误率为常数而使另一类错误率最小的决策规则称作 Neyman-Pearson 决策规则。

一般来说，使式(2-41)满足的 λ 很难求得封闭解，需要用数值方法求解。可以用似然比密度函数来确定 λ 值。似然比为 $l(\boldsymbol{x})=p(\boldsymbol{x}\mid\omega_1)/p(\boldsymbol{x}\mid\omega_2)$，似然比密度函数为 $p(l\mid\omega_2)$，式(2-41)可变为

$$P_2(e)=1-\int_0^{\lambda} p(l\mid\omega_2)\mathrm{d}l=\varepsilon_0 \tag{2-44}$$

由于 $p(l\mid\omega_2)\geqslant 0$，$P_2(e)$ 是 λ 的单调函数，即当 λ 增加时 $P_2(e)$ 将逐渐减小，当 $\lambda=0$ 时，$P_2(e)=1$，当 $\lambda\to\infty$，则 $P_2(e)\to 0$，因此，在采用试探法对几个不同的 λ 值计算出 $P_2(e)$ 后，总可以找到一个合适的 λ 值，它刚好能满足 $P_2(e)=\varepsilon_0$ 的条件，又能使 $P_1(e)$ 尽可能小。

我们再来看式(2-12)、式(2-31)和式(2-43)的决策规则。不难发现，三者的区别只是在于决策阈值的不同，采用不同的阈值，就能达到错误率的不同情况：采用式(2-12)的先验概率比作阈值，达到总的错误率最小，即两类错误率之加权和最小；在式(2-31)的阈值中考虑了对两类错误率不同的惩罚，实现风险最小；而式(2-43)中则是通过调整阈值，使一类的错误率为指定数值，而另一类的错误率求最小。

实际上，通过采用不同的阈值，可以使第一类错误率和第二类错误率连续变化。如果把灵敏度 Sn 即真阳性率($1-P_1(e)$)作为纵坐标，把假阳性率($1-$Sp 即 $P_2(e)$)作为横坐标，可以用如图 2-5 所示的曲线来反映随着阈值的变化两类错误率的变化情况。

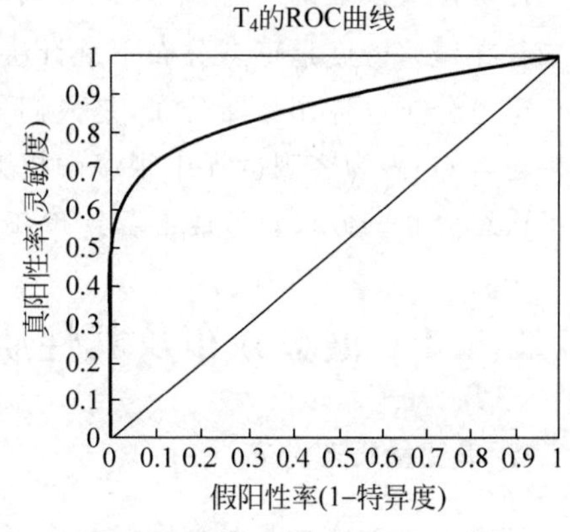

图 2-5　ROC 曲线

图 2-5 的曲线称作 ROC 曲线。ROC 是 Receiver Operating Characteristic 的缩写，这一名字是“二战”期间用于表示信号检测特性时创造的，现在人们通常就称之为 ROC 曲线而不用其原始的全名。随着调整决策的阈值，决策规则在一个极端情况下可以

把所有样本都判断为阴性，此时假阳性率为0，真阳性率也为0，在ROC曲线图上就是(0,0)点；在另一个极端情况下，如果所有样本都被判断为阳性，那么真阳性率为1，而假阳性率也成为1，对应ROC图上的右上角(1,1)点。每确定一个阈值就决定了决策的真、假阳性率，对应图中曲线上的一个点，例如(0.1，0.7)点表示在某一阈值下假阳性为10%时真阳性为70%。

在类条件概率密度已知的情况下，我们可以用式(2-16)求得不同似然比阈值情况下的两类错误率，画出ROC曲线，然后根据对两类错误率或对灵敏度和特异度的要求确定曲线上某一适当的工作点，依此确定似然比阈值。

ROC曲线还经常被用来比较两种分类判别方法的性能和被用来作为特征与类别相关性的度量。

对于一个决策方法，人们总是希望其真阳性率高、假阳性率低。如果某种方法的真阳性率总是等于其假阳性率，那么就没有任何应用价值，这就对应于ROC曲线中的对角线。任何分类方法或检测方法，其ROC曲线都必须在对角线左上方才可能有实际价值。ROC曲线越靠近左上角，说明方法性能越好。因此，人们经常用ROC曲线来全面地评价一种分类方法或比较两种分类方法的优劣，这比在固定某个阈值下单纯比较两种方法的错误率指标要更全面。

为了方便比较ROC曲线，人们发现可以用曲线下的(相对)面积即AUC(area under ROC curves)来定量地衡量方法的性能。对角线的AUC是0.5，没有任何分类能力；最理想的情况是ROC沿纵轴到(0，1)点后再沿水平直线到(1,1)点，此时AUC=1。用AUC可以定量地比较两种不同的方法。从整体上看，AUC越接近1.0，方法的性能越好。

除了可以用来比较不同的分类决策方法，ROC曲线和AUC还可以用来评价和选择与分类有关的特征，即通过设定不同的阈值画出单独用一个特征作为指标划分两类时的ROC曲线，计算AUC并通过比较不同特征间的AUC来得知哪个特征包含更多的分类信息。

2.5 正态分布时的统计决策

在统计决策理论中，类条件概率密度函数 $p(\boldsymbol{x}|\omega_i)$ 起着重要的作用。在这一节中，我们来看在概率密度是正态分布下统计决策的一些具体结论。

正态分布也称作高斯分布，是人们研究最多的分布之一。人们之所以对正态分布特别感兴趣，一是因为客观世界中很多随机变量都服从或近似服从正态分布，对很多数据都可以做出正态分布的假设；二是正态分布在数学上具有很多好的性质，十分有利于数学分析。

2.5.1 正态分布及其性质回顾

1. 单变量正态分布

单变量正态分布概率密度函数定义为

$$p(x)=\frac{1}{\sqrt{2\pi}\sigma}\exp\left\{-\frac{1}{2}\left(\frac{x-\mu}{\sigma}\right)^2\right\} \tag{2-45}$$

式中，μ 为随机变量 x 的期望，σ^2 为 x 的方差，σ 称为标准差。

$$\mu = E\{x\} = \int_{-\infty}^{\infty} x p(x) \mathrm{d}x \tag{2-46}$$

$$\sigma^2 = \int_{-\infty}^{\infty} (x-\mu)^2 p(x) \mathrm{d}x \tag{2-47}$$

由式(2-45)描述的正态分布概率密度函数 $p(x)$ 如图 2-6 所示。

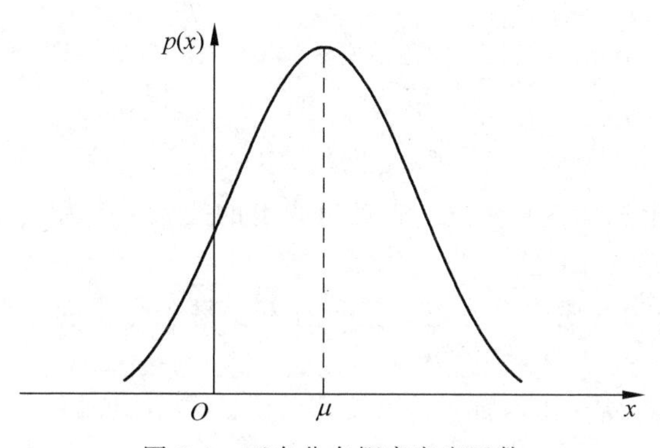

图 2-6 正态分布概率密度函数

单变量正态分布概率密度函数 $p(x)$ 由两个参数 μ 和 σ^2 就可以完全确定。为简单起见，我们常记 $p(x)$ 为 $N(\mu,\sigma^2)$，用来表示 x 是以均值 μ 和方差 σ^2 所构成的正态分布的随机变量。正态分布的样本主要都集中在均值附近，其分散程度可以用标准差来表征，σ 越大分散程度也越大。从正态分布的总体中抽取样本，约有 95%的样本都落在区间$(\mu-2\sigma,\mu+2\sigma)$（或写作 $|x-\mu|<2\sigma$）中。

2. 多元正态分布

(1) 多元正态分布的概率密度函数。多元正态分布的概率密度函数定义为

$$p(\boldsymbol{x}) = \frac{1}{(2\pi)^{d/2}|\boldsymbol{\Sigma}|^{\frac{1}{2}}} \exp\left\{-\frac{1}{2}(\boldsymbol{x}-\boldsymbol{\mu})^{\mathrm{T}} \boldsymbol{\Sigma}^{-1}(\boldsymbol{x}-\boldsymbol{\mu})\right\} \tag{2-48}$$

式中，$\boldsymbol{x}=[x_1,x_2,\cdots,x_d]^{\mathrm{T}}$ 是 d 维列向量；

$\boldsymbol{\mu}=[\mu_1,\mu_2,\cdots,\mu_d]^{\mathrm{T}}$ 是 d 维均值向量；

$\boldsymbol{\Sigma}$ 是 $d\times d$ 维协方差矩阵，$\boldsymbol{\Sigma}^{-1}$ 是 $\boldsymbol{\Sigma}$ 的逆矩阵，$|\boldsymbol{\Sigma}|$ 是 $\boldsymbol{\Sigma}$ 的行列式。

向量 $(\boldsymbol{x}-\boldsymbol{\mu})^{\mathrm{T}}$ 是向量 $(\boldsymbol{x}-\boldsymbol{\mu})$ 的转置，且

$$\boldsymbol{\mu} = E\{\boldsymbol{x}\} \tag{2-49}$$

$$\boldsymbol{\Sigma} = E\{(\boldsymbol{x}-\boldsymbol{\mu})(\boldsymbol{x}-\boldsymbol{\mu})^{\mathrm{T}}\} \tag{2-50}$$

$\boldsymbol{\mu}$，$\boldsymbol{\Sigma}$ 分别是向量 $\boldsymbol{x}$ 和矩阵 $(\boldsymbol{x}-\boldsymbol{\mu})(\boldsymbol{x}-\boldsymbol{\mu})^{\mathrm{T}}$ 的期望，更具体地说，若 x_i 是 $\boldsymbol{x}$ 的第 i 个分量，μ_i 是 $\boldsymbol{\mu}$ 的第 i 个分量，σ_{ij} 是 $\boldsymbol{\Sigma}$ 的第 i,j 个元素，则

$$\mu_i = E\{x_i\} = \int_{E^d} x_i p(\boldsymbol{x}) \mathrm{d}\boldsymbol{x} = -\int_{-\infty}^{\infty} x_i p(x_i) \mathrm{d}x_i \tag{2-51}$$

其中 $p(x_i)$ 为边缘分布

$$p(x_i) = \int_{-\infty}^{\infty} \cdots \int_{-\infty}^{\infty} p(\boldsymbol{x}) \mathrm{d}x_1 \mathrm{d}x_2 \cdots \mathrm{d}x_{i-1} \mathrm{d}x_{i+1} \cdots \mathrm{d}x_d \tag{2-52}$$

而

$$\sigma_{ij}=E\{(x_i-\mu_i)(x_j-\mu_j)\}$$
$$=\int_{-\infty}^{\infty}\cdots\int_{-\infty}^{\infty}(x_i-\mu_i)(x_j-\mu_j)p(x_i,x_j)\mathrm{d}x_i\mathrm{d}x_j \tag{2-53}$$

不难证明,协方差矩阵总是对称非负定阵,且可表示为

$$\boldsymbol{\Sigma}=\begin{bmatrix}\sigma_{11} & \sigma_{12} & \cdots & \sigma_{1d}\\ \sigma_{12} & \sigma_{22} & \cdots & \sigma_{2d}\\ \vdots & \vdots & \ddots & \vdots\\ \sigma_{1d} & \sigma_{2d} & \cdots & \sigma_{dd}\end{bmatrix} \tag{2-54}$$

x_i 的方差就是对角线上的元素 $\sigma_{ii}=\sigma_i^2$,非对角线上的元素 σ_{ij} 为 x_i 和 x_j 的协方差,这里只考虑 $\boldsymbol{\Sigma}$ 为正定阵的情况,即 $|\boldsymbol{\Sigma}|>0$。

(2) 多元正态分布的性质。多元正态分布有不少易于分析的性质,这里仅对其中几个最常用的性质予以说明。

① 参数 $\boldsymbol{\mu}$ 和 $\boldsymbol{\Sigma}$ 对分布的决定性

多元正态分布被均值向量 $\boldsymbol{\mu}$ 和协方差矩阵 $\boldsymbol{\Sigma}$ 所完全确定。由式(2-49)和式(2-50)可见,均值向量 $\boldsymbol{\mu}$ 由 d 个分量组成,协方差矩阵 $\boldsymbol{\Sigma}$ 是对称阵,其独元立素只有 $d(d+1)/2$ 个,所以,多元正态分布是由 $d+d(d+1)/2$ 个参数所完全确定。为简单起见,多元正态分布概率密度函数常记为 $p(\boldsymbol{x})\sim N(\boldsymbol{\mu},\boldsymbol{\Sigma})$。

② 等密度点的轨迹为一超椭球面

从正态分布总体中抽取的样本大部分落在由 $\boldsymbol{\mu}$ 和 $\boldsymbol{\Sigma}$ 所确定的一个区域中,如图 2-7 所示。这个区域的中心由均值向量 $\boldsymbol{\mu}$ 决定,区域的大小由协方差矩阵 $\boldsymbol{\Sigma}$ 决定。从多元正态概率密度函数式(2-48)可以看出,当指数项为常数时,密度 $p(\boldsymbol{x})$ 值不变,因此等密度点应是使式(2-48)的指数项为常数的点,即应满足

$$(\boldsymbol{x}-\boldsymbol{\mu})^{\mathrm{T}}\boldsymbol{\Sigma}^{-1}(\boldsymbol{x}-\boldsymbol{\mu})=\text{常数} \tag{2-55}$$

可以证明式(2-55)的解是一个超椭球面,且它的主轴方向由 $\boldsymbol{\Sigma}$ 阵的本征向量所决定,主轴的长度与相应的协方差矩阵 $\boldsymbol{\Sigma}$ 的本征值成正比。

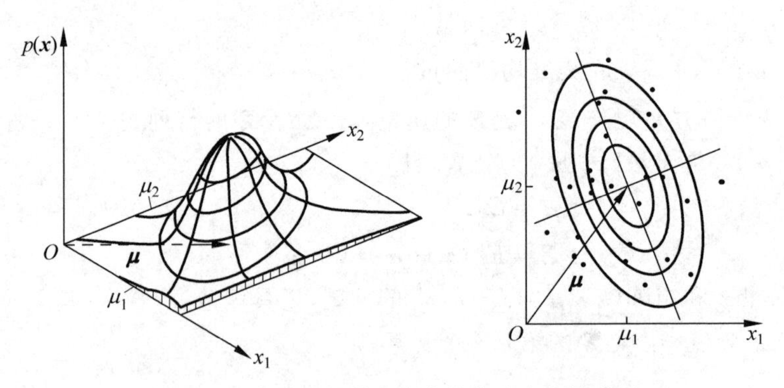

图 2-7 正态分布的等密度点的轨迹为超椭球面

在数理统计中,式(2-55)所表示的数量

$$\gamma^2=(\boldsymbol{x}-\boldsymbol{\mu})^{\mathrm{T}}\boldsymbol{\Sigma}^{-1}(\boldsymbol{x}-\boldsymbol{\mu}) \tag{2-56}$$

称为由 $\boldsymbol{x}$ 到 $\boldsymbol{\mu}$ 的 Mahalanobis 距离(马氏距离)的平方。所以等密度点轨迹是由 $\boldsymbol{x}$ 到 $\boldsymbol{\mu}$ 的 Mahalanobis 距离为常数的超椭球面。这个超椭球体大小是样本对于均值向量的离散度度量。可以推算出,对应于 Mahalanobis 距离为 γ 的超椭球体积是

$$V=V_d\,|\boldsymbol{\Sigma}|^{\frac{1}{2}}\gamma^d \tag{2-57}$$

其中 V_d 是 d 维单位超球体的体积,

$$V_d=\begin{cases}\dfrac{\pi^{d/2}}{\left(\dfrac{d}{2}\right)!}, & d\ \text{为偶数}\\[2ex] \dfrac{2^d\pi^{(d-1)/2}\left(\dfrac{d-1}{2}\right)!}{d!}, & d\ \text{为奇数}\end{cases} \tag{2-58}$$

所以,对于给定的维数,样本离散度直接随 $|\boldsymbol{\Sigma}|^{\frac{1}{2}}$ 而变。

③ 不相关性等价于独立性

在数理统计中,一般来说,若两个随机变量 x_i 和 x_j 之间不相关,并不意味着它们之间一定独立。下面给出不相关与独立的定义。

若

$$E\{x_ix_j\}=E\{x_i\}\cdot E\{x_j\} \tag{2-59}$$

则定义随机变量 x_i 和 x_j 是不相关的。

若

$$p\{x_ix_j\}=p\{x_i\}p\{x_j\} \tag{2-60}$$

则定义随机变量 x_i 和 x_j 是独立的。

从它们的定义中可以看出独立性是比不相关性更强的条件,独立性要求式(2-60)对于所有 x_i 和 x_j 都成立,而不相关性说的是两个随机变量的积的期望等于两个随机变量的期望的积,它反映了 x_i 与 x_j 总体的性质。若 x_i 和 x_j 相互独立,则它们之间一定不相关;反之则不一定成立。

对多元正态分布的任意两个分量 x_i 和 x_j 而言,若 x_i 和 x_j 互不相关,则它们之间一定独立。这就是说,在正态分布中不相关性等价于独立性。

推论:如果多元正态随机向量 $\boldsymbol{x}=[x_1,\cdots,x_d]^{\mathrm{T}}$ 的协方差阵是对角阵,则 $\boldsymbol{x}$ 的分量是相互独立的正态分布随机变量。

④ 边缘分布和条件分布的正态性

多元正态分布的边缘分布和条件分布仍然是正态分布。对均值为 $[\mu_1,\mu_2]^{\mathrm{T}}$、协方差矩阵为 $\boldsymbol{\Sigma}=\begin{bmatrix}\sigma_{11}^2 & \sigma_{12}^2\\ \sigma_{21}^2 & \sigma_{22}^2\end{bmatrix}$ 的二元正态向量 $[x_1,x_2]^{\mathrm{T}}$,有

$$p(x_1)\sim N(\mu_1,\sigma_{11}^2) \tag{2-61}$$

$$p(x_2)\sim N(\mu_1,\sigma_{22}^2) \tag{2-62}$$

而在给定 x_1 情况下 x_2 的条件分布和给定 x_2 情况下 x_1 的条件分布也都是正态分布。

⑤ 线性变换的正态性

多元正态随机向量的线性变换仍为多元正态分布的随机向量。即,设

$$\boldsymbol{x}=[x_1,x_2,\cdots,x_d]^{\mathrm{T}},\quad \boldsymbol{x}\in E^d$$

是具有均值向量为$\boldsymbol{\mu}$、正定协方差矩阵为$\boldsymbol{\Sigma}$的正态随机向量，若对$\boldsymbol{x}$作线性变换，即

$$\boldsymbol{y}=\boldsymbol{A}\boldsymbol{x} \tag{2-63}$$

其中$\boldsymbol{A}$是线性变换矩阵，且是非奇异的，则$\boldsymbol{y}$服从以均值向量为$\boldsymbol{A}\boldsymbol{\mu}$，协方差矩阵为$\boldsymbol{A}\boldsymbol{\Sigma}\boldsymbol{A}^{\mathrm{T}}$的多元正态分布，即

$$p(\boldsymbol{y})\sim N(\boldsymbol{A}\boldsymbol{\mu},\boldsymbol{A}\boldsymbol{\Sigma}\boldsymbol{A}^{\mathrm{T}}) \tag{2-64}$$

根据线性变换的正态性可以说明，用非奇异阵$\boldsymbol{A}$对$\boldsymbol{x}$作线性变换后，原来的正态分布正好变成另一参数不同的正态分布。由于$\boldsymbol{\Sigma}$是对称阵，根据线性代数知识，总可以找到某个$\boldsymbol{A}$，使变换后$\boldsymbol{y}$的协方差阵$\boldsymbol{A}\boldsymbol{\Sigma}\boldsymbol{A}^{\mathrm{T}}$为对角阵，这就意味着$\boldsymbol{y}$的各个分量间是相互独立的（正态分布性质③的推论），也就是说，总可以找到一组坐标系，使各随机变量在新的坐标系中是独立的。这一性质对解决某些模式识别问题有着重要意义。

⑥ 线性组合的正态性

若$\boldsymbol{x}$为多元正态随机向量，则线性组合$y=\boldsymbol{\alpha}^{\mathrm{T}}\boldsymbol{x}$是一维的正态随机变量

$$p(y)\sim N(\boldsymbol{\alpha}^{\mathrm{T}}\boldsymbol{\mu},\boldsymbol{\alpha}^{\mathrm{T}}\boldsymbol{\Sigma}\boldsymbol{\alpha}) \tag{2-65}$$

其中$\boldsymbol{\alpha}$是与$\boldsymbol{x}$同维的向量。

2.5.2 正态分布概率模型下的最小错误率贝叶斯决策

根据2.2节中给出的最小错误率贝叶斯判别函数和决策面的有关公式，在多元正态概率型（$p(\boldsymbol{x}|\omega_i)\sim N(\boldsymbol{\mu}_i,\boldsymbol{\Sigma}_i),i=1,\cdots,c$）下就可以立即写出其相应的表达式。判别函数为

$$g_i(\boldsymbol{x})=-\frac{1}{2}(\boldsymbol{x}-\boldsymbol{\mu}_i)^{\mathrm{T}}\boldsymbol{\Sigma}_i^{-1}(\boldsymbol{x}-\boldsymbol{\mu}_i)-\frac{d}{2}\ln 2\pi-\frac{1}{2}\ln|\boldsymbol{\Sigma}_i|+\ln P(\omega_i) \tag{2-66}$$

决策面方程为

$$g_i(\boldsymbol{x})=g_j(\boldsymbol{x})$$

即

$$-\frac{1}{2}[(\boldsymbol{x}-\boldsymbol{\mu}_i)^{\mathrm{T}}\boldsymbol{\Sigma}_i^{-1}(\boldsymbol{x}-\boldsymbol{\mu}_i)-(\boldsymbol{x}-\boldsymbol{\mu}_j)^{\mathrm{T}}\boldsymbol{\Sigma}_j^{-1}(\boldsymbol{x}-\boldsymbol{\mu}_j)]-\frac{1}{2}\ln\frac{|\boldsymbol{\Sigma}_i|}{|\boldsymbol{\Sigma}_j|}+\ln\frac{P(\omega_i)}{P(\omega_j)}=0 \tag{2-67}$$

为了进一步理解多元正态概率下的判别函数和决策面，下面对一些特殊情况进行讨论。

1. 第一种情况：$\boldsymbol{\Sigma}_i=\sigma^2\boldsymbol{I},i=1,2,\cdots,c$

这种情况中每类的协方差矩阵都相等，而且类内各特征间相互独立，具有相等的方差σ^2。下面再分两种情况讨论。

(1) 先验概率$P(\omega_i)$与$P(\omega_j)$不相等

此时各类的协方差矩阵为

$$\boldsymbol{\Sigma}_i=\begin{bmatrix}\sigma^2 & \cdots & 0\\ \vdots & \ddots & \vdots\\ 0 & \cdots & \sigma^2\end{bmatrix} \tag{2-68}$$

从几何上看，相当于各类样本落入以 μ_i 为中心的同样大小的一些超球体内。由于

$$|\boldsymbol{\Sigma}_i|=\sigma^{2d} \tag{2-69}$$

$$\boldsymbol{\Sigma}_i^{-1}=\frac{1}{\sigma^2}\boldsymbol{I} \tag{2-70}$$

将式(2-69)和式(2-70)代入式(2-66)就得出其判别函数

$$g_i(\boldsymbol{x})=-\frac{(\boldsymbol{x}-\boldsymbol{\mu}_i)^{\mathrm{T}}(\boldsymbol{x}-\boldsymbol{\mu}_i)}{2\sigma^2}-\frac{d}{2}\ln 2\pi-\frac{1}{2}\ln\sigma^{2d}+\ln P(\omega_i) \tag{2-71}$$

由于上式中的第二、三项与类别 i 无关，故可忽略，并将 $g_i(\boldsymbol{x})$ 简化为

$$g_i(\boldsymbol{x})=-\frac{1}{2\sigma^2}(\boldsymbol{x}-\boldsymbol{\mu}_i)^{\mathrm{T}}(\boldsymbol{x}-\boldsymbol{\mu}_i)+\ln P(\omega_i) \tag{2-72}$$

式中

$$(\boldsymbol{x}-\boldsymbol{\mu}_i)^{\mathrm{T}}(\boldsymbol{x}-\boldsymbol{\mu}_i)=\|\boldsymbol{x}-\boldsymbol{\mu}_i\|^2=\sum_{j=1}^{d}(x_j-\mu_{ij})^2,\quad i=1,\cdots,c \tag{2-73}$$

为由 $\boldsymbol{x}$ 到类 ω_i 的均值向量 $\boldsymbol{\mu}_i$ 的欧氏距离的平方。

(2) $P(\omega_i)=P(\omega_j)$

若 c 类的先验概率 $P(\omega_i)$，$i=1,\cdots,c$ 都相等，则可忽略式(2-72)中的 $\ln P(\omega_i)$ 项，使最小错误率贝叶斯决策规则表达得相当简单：若要对样本 $\boldsymbol{x}$ 进行分类，只要计算 $\boldsymbol{x}$ 到各类的均值向量 $\boldsymbol{\mu}_i$ 的欧氏距离平方 $\|\boldsymbol{x}-\boldsymbol{\mu}_i\|^2$，然后把 $\boldsymbol{x}$ 归于具有 $\min\limits_{i=1,\cdots,c}\|\boldsymbol{x}-\boldsymbol{\mu}_i\|^2$ 的类。这种分类器称为最小距离分类器，如图 2-8 所示。

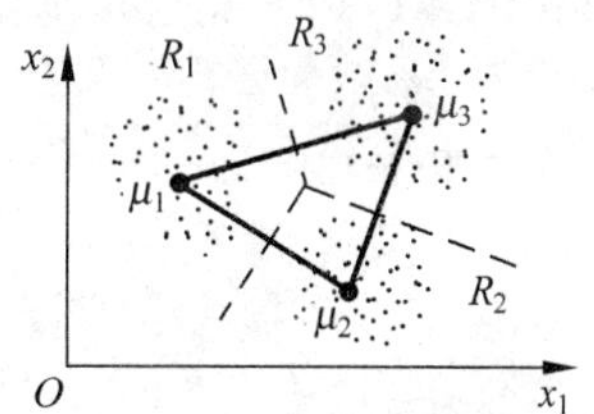

图 2-8 最小距离分类器

对于以上第一种情况，判别函数 $g_i(\boldsymbol{x})$ 还可进一步简化为

$$g_i(\boldsymbol{x})=-\frac{1}{2\sigma^2}(\boldsymbol{x}-\boldsymbol{\mu}_i)^{\mathrm{T}}(\boldsymbol{x}-\boldsymbol{\mu}_i)+\ln P(\omega_i) \tag{2-74}$$

式(2-74)是 $\boldsymbol{x}$ 的二次函数，但 $\boldsymbol{x}^{\mathrm{T}}\boldsymbol{x}$ 与 i 无关，故可以忽略，则判别函数为

$$g_i(\boldsymbol{x})=-\frac{1}{2\sigma^2}(-2\boldsymbol{\mu}_i^{\mathrm{T}}\boldsymbol{x}+\boldsymbol{\mu}_i^{\mathrm{T}}\boldsymbol{\mu}_i)+\ln P(\omega_i)=\boldsymbol{w}_i^{\mathrm{T}}\boldsymbol{x}+\omega_{i0} \tag{2-75}$$

其中

$$\boldsymbol{w}_i=\frac{1}{\sigma^2}\boldsymbol{\mu}_i \tag{2-76}$$

$$\omega_{i0}=-\frac{1}{2\sigma^2}\boldsymbol{\mu}_i^{\mathrm{T}}\boldsymbol{\mu}_i+\ln P(\omega_i) \tag{2-77}$$

决策规则就是要求对某个待分类的 $\boldsymbol{x}$，分别计算 $g_i(\boldsymbol{x})$，$i=1,\cdots,c$。

$$\text{若 } g_k(\boldsymbol{x})=\max_i g_i(\boldsymbol{x})\text{，则决策 } \boldsymbol{x}\in\omega_i\text{。} \tag{2-78}$$

由式(2-75)可以看出，判别函数 $g_i(\boldsymbol{x})$ 是 $\boldsymbol{x}$ 的线性函数。判别函数为线性函数的分类器称为线性分类器。有关线性分类器的问题在第 5 章“线性判别函数”中还要做详细讨论。这里只强调线性分类器的决策面是由线性方程

$$g_i(\boldsymbol{x})-g_j(\boldsymbol{x})=0$$

所确定的一个超平面(如果决策域 $\mathscr{R}_i$ 与 $\mathscr{R}_j$ 毗邻)。

在$\boldsymbol{\Sigma}_i=\sigma^2\boldsymbol{I}$的特殊情况下，这个方程可改写为

$$\boldsymbol{w}^{\mathrm{T}}(\boldsymbol{x}-\boldsymbol{x}_0)=0 \tag{2-79}$$

其中

$$\boldsymbol{w}=\boldsymbol{\mu}_i-\boldsymbol{\mu}_j$$

$$\boldsymbol{x}_0=\frac{1}{2}(\boldsymbol{\mu}_i+\boldsymbol{\mu}_j)-\frac{\sigma^2}{\|\boldsymbol{\mu}_i-\boldsymbol{\mu}_j\|^2}\ln\frac{P(\omega_i)}{P(\omega_j)}(\boldsymbol{\mu}_i-\boldsymbol{\mu}_j) \tag{2-80}$$

满足式(2-79)的$\boldsymbol{x}$的轨迹构成了ω_i与ω_j类间的决策面，它是一个超平面。当$P(\omega_i)=P(\omega_j)$时，超平面通过$\boldsymbol{\mu}_i$与$\boldsymbol{\mu}_j$连线中点并与连线正交，参见图2-9。

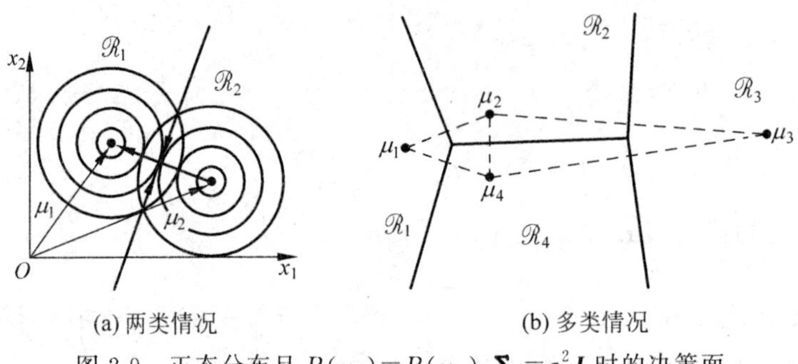

图2-9 正态分布且$P(\omega_i)=P(\omega_j)$，$\boldsymbol{\Sigma}_i=\sigma^2\boldsymbol{I}$时的决策面

如果$P(\omega_i)$，$i=1,\cdots,c$不相等，可得

$$g_i(\boldsymbol{x})=-\frac{1}{2\sigma^2}(\boldsymbol{x}-\boldsymbol{\mu}_i)^{\mathrm{T}}(\boldsymbol{x}-\boldsymbol{\mu}_i)+\ln P(\omega_i)$$

再略去与i无关的项$\boldsymbol{x}^{\mathrm{T}}\boldsymbol{x}$，整理可得线性判别函数

$$g_i(\boldsymbol{x})=\boldsymbol{w}_i^{\mathrm{T}}\boldsymbol{x}+b_i$$

其中

$$\boldsymbol{w}_i=\frac{1}{\sigma^2}\boldsymbol{\mu}_i$$

$$b_i=-\frac{1}{2\sigma^2}\boldsymbol{\mu}_i^{\mathrm{T}}\boldsymbol{\mu}_i+\ln P(\omega_i)$$

所以，决策面与先验概率相等时的决策面平行，只是向先验概率小的方向偏移，即先验概率大的一类要占据更大的决策空间。

2. 第二种情况：$\boldsymbol{\Sigma}_i=\boldsymbol{\Sigma}$

这也是一种比较简单的情况，它表示各类的协方差矩阵都相等，从几何上看，相当于各类样本集中于以该类均值$\boldsymbol{\mu}_i$点为中心的同样大小和形状的超椭球内。

由$\boldsymbol{\Sigma}_1=\boldsymbol{\Sigma}_2=\cdots=\boldsymbol{\Sigma}_c=\boldsymbol{\Sigma}$，即$\boldsymbol{\Sigma}$与$i$无关，所以，其判别函数式(2-66)可简化为

$$g_i(\boldsymbol{x})=-\frac{1}{2}(\boldsymbol{x}-\boldsymbol{\mu}_i)^{\mathrm{T}}\boldsymbol{\Sigma}^{-1}(\boldsymbol{x}-\boldsymbol{\mu}_i)+\ln P(\omega_i) \tag{2-81}$$

若c类先验概率都相等，则判别函数可进一步简化为

$$g_i(\boldsymbol{x})=\gamma^2=(\boldsymbol{x}-\boldsymbol{\mu}_i)^{\mathrm{T}}\boldsymbol{\Sigma}^{-1}(\boldsymbol{x}-\boldsymbol{\mu}_i) \tag{2-82}$$

这时决策规则为：为了对样本 x 进行分类，只要计算出 x 到每类的均值点 $\boldsymbol{\mu}_i$ 的 Mahalanobis 距离平方 γ^2，最后把 x 归于 γ^2 最小的类别。

将式(2-81)展开，忽略与 i 无关的 $\boldsymbol{x}^{\mathrm{T}}\boldsymbol{\Sigma}^{-1}\boldsymbol{x}$ 项，则判别函数可写成下面的形式

$$g_i(\boldsymbol{x})=\boldsymbol{w}_i^{\mathrm{T}}\boldsymbol{x}+\omega_{i0} \tag{2-83}$$

其中

$$\boldsymbol{w}_i=\boldsymbol{\Sigma}^{-1}\boldsymbol{\mu}_i \tag{2-84}$$

$$\omega_{i0}=-\frac{1}{2}\boldsymbol{\mu}_i^{\mathrm{T}}\boldsymbol{\Sigma}^{-1}\boldsymbol{\mu}_i+\ln P(\omega_i) \tag{2-85}$$

由式(2-83)可见，它也是 $\boldsymbol{x}$ 的线性判别函数，因此决策面仍是一个超平面，如果决策域 $\mathscr{R}_i$ 和 $\mathscr{R}_j$ 毗邻，则决策面方程应满足

$$g_i(\boldsymbol{x})-g_j(\boldsymbol{x})=0$$

即

$$\boldsymbol{w}^{\mathrm{T}}(\boldsymbol{x}-\boldsymbol{x}_0)=0 \tag{2-86}$$

其中

$$\boldsymbol{w}=\boldsymbol{\Sigma}^{-1}(\boldsymbol{\mu}_i-\boldsymbol{\mu}_j) \tag{2-87}$$

$$\boldsymbol{x}_0=\frac{1}{2}(\boldsymbol{\mu}_i+\boldsymbol{\mu}_j)-\frac{\ln\dfrac{P(\omega_i)}{P(\omega_j)}}{(\boldsymbol{\mu}_i-\boldsymbol{\mu}_j)^{\mathrm{T}}\boldsymbol{\Sigma}^{-1}(\boldsymbol{\mu}_i-\boldsymbol{\mu}_j)}(\boldsymbol{\mu}_i-\boldsymbol{\mu}_j) \tag{2-88}$$

由式(2-87)可见，$\boldsymbol{w}=\boldsymbol{\Sigma}^{-1}(\boldsymbol{\mu}_i-\boldsymbol{\mu}_j)$ 通常不在 $(\boldsymbol{\mu}_i-\boldsymbol{\mu}_j)$ 方向，$(\boldsymbol{x}-\boldsymbol{x}_0)$ 为通过 $\boldsymbol{x}_0$ 点的向量。$\boldsymbol{w}$ 与 $(\boldsymbol{x}-\boldsymbol{x}_0)$ 的点积为零表示 $(\boldsymbol{x}-\boldsymbol{x}_0)$ 与 $\boldsymbol{w}$ 正交，所以决策面通过 $\boldsymbol{x}_0$ 点，但不与 $(\boldsymbol{\mu}_i-\boldsymbol{\mu}_j)$ 正交。

若各类的先验概率相等，则式(2-88)为

$$\boldsymbol{x}_0=\frac{1}{2}(\boldsymbol{\mu}_i+\boldsymbol{\mu}_j) \tag{2-89}$$

此时 $\boldsymbol{x}_0$ 点为 $\boldsymbol{\mu}_i$ 与 $\boldsymbol{\mu}_j$ 连线的中点，根据前面的讨论，决策面应通过这一点，如图 2-10 所示。

若先验概率不相等，$\boldsymbol{x}_0$ 就不在 $\boldsymbol{\mu}_i$ 与 $\boldsymbol{\mu}_j$ 连线的中点上，而是在连线上向先验概率小的均值点偏移。

在两类情况下，决策面方程是 $\boldsymbol{w}^{\mathrm{T}}\boldsymbol{x}+\omega_0=0$，其中

$$\boldsymbol{w}=\boldsymbol{\Sigma}^{-1}(\boldsymbol{\mu}_1-\boldsymbol{\mu}_2)$$

$$\omega_0=-\frac{1}{2}(\boldsymbol{\mu}_1+\boldsymbol{\mu}_2)^{\mathrm{T}}\boldsymbol{\Sigma}^{-1}(\boldsymbol{\mu}_1-\boldsymbol{\mu}_2)-\ln\frac{P(\omega_2)}{P(\omega_1)}$$

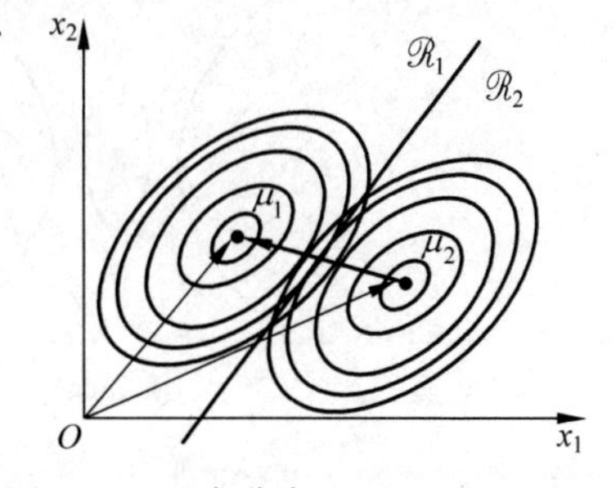

图 2-10 正态分布且 $P(\omega_i)=P(\omega_j)$，$\boldsymbol{\Sigma}_i=\boldsymbol{\Sigma}_j$ 时的决策面

3. 第三种情况：各类的协方差阵不相等

这是多元正态分布的一般情况，即

$$\boldsymbol{\Sigma}_i\neq\boldsymbol{\Sigma}_j,\quad i,j=1,2,\cdots,c \tag{2-90}$$

判别函数式(2-66)只有第二项 $\frac{d}{2}\ln 2\pi$ 与 i 无关，可忽略，简化后得

$$g_i(\boldsymbol{x})=-\frac{1}{2}(\boldsymbol{x}-\boldsymbol{\mu}_i)^{\mathrm{T}}\boldsymbol{\Sigma}_i^{-1}(\boldsymbol{x}-\boldsymbol{\mu}_i)-\frac{1}{2}\ln|\boldsymbol{\Sigma}_i|+\ln P(\omega_i)$$

$$= \boldsymbol{x}^{\mathrm{T}} \boldsymbol{W}_i \boldsymbol{x} + \boldsymbol{w}_i^{\mathrm{T}} \boldsymbol{x} + \omega_{i0} \tag{2-91}$$

其中

$$\boldsymbol{W}_i = -\frac{1}{2} \boldsymbol{\Sigma}_i^{-1} \qquad (d \times d \text{ 矩阵}) \tag{2-92}$$

$$\boldsymbol{w}_i = \boldsymbol{\Sigma}_i^{-1} \boldsymbol{\mu}_i \qquad (d \text{ 维列向量}) \tag{2-93}$$

$$\omega_{i0} = -\frac{1}{2} \boldsymbol{\mu}_i^{\mathrm{T}} \boldsymbol{\Sigma}_i^{-1} \boldsymbol{\mu}_i - \frac{1}{2} \ln |\boldsymbol{\Sigma}_i| + \ln P(\omega_i) \tag{2-94}$$

这时判别函数式(2-91)将 $g_i(\boldsymbol{x})$表示为 $\boldsymbol{x}$ 的二次型。若决策域 $\mathscr{R}_i$ 与 $\mathscr{R}_j$ 毗邻,则决策面应满足

$$g_i(\boldsymbol{x}) - g_j(\boldsymbol{x}) = 0$$

即

$$\boldsymbol{x}^{\mathrm{T}} (\boldsymbol{W}_i - \boldsymbol{W}_j) \boldsymbol{x} + (\boldsymbol{w}_i - \boldsymbol{w}_j)^{\mathrm{T}} \boldsymbol{x} + \omega_{i0} - \omega_{j0} = 0 \tag{2-95}$$

由式(2-95)所决定的决策面为超二次曲面,随着$\boldsymbol{\Sigma}_i$,$\boldsymbol{\mu}_i$,$P(\omega_i)$的不同而呈现为某种超二次曲面,即超球面、超椭球面、超抛物面、超双曲面或超平面。图 2-11 示出了在二元正态情况下决策面的形式,在图 2-11(a)~(e)五种形式中,变量 x_1 和 x_2 是类条件独立的,所以协方差矩阵为对角阵。如果再假定各先验概率相等,那么不同的决策面只是由于方差项的差异而引起的。

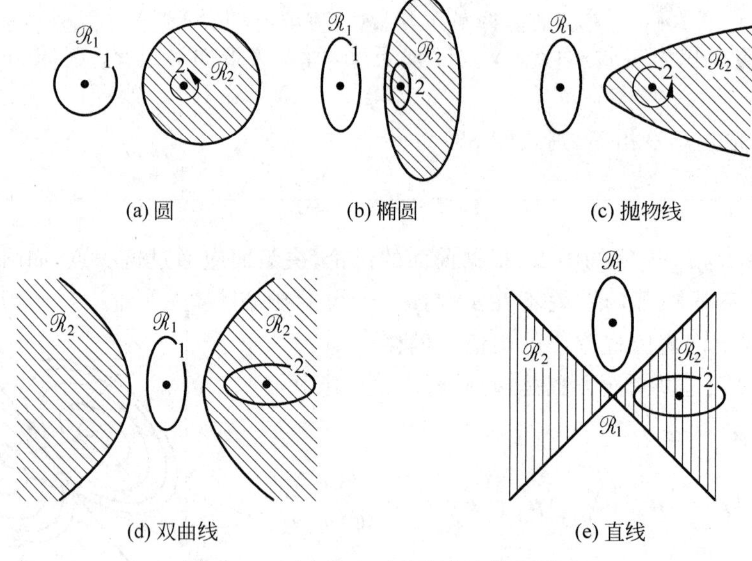

图 2-11 正态分布下的几种决策面形式

图中以标号 1,2 的等概率密度轮廓线来表征相应类别的方差,在图 2-11(a)中,$p(\boldsymbol{x}|\omega_2)$的方差比 $p(\boldsymbol{x}|\omega_1)$小。因此来自类 ω_2 的样本更加可能在该类的均值附近找到,同时由于圆的对称性,决策面是包围着 μ_2 的一个圆。若把 x_2 轴伸展,如图 2-11(b)所示,此时决策面就伸展为一个椭圆。在图 2-11(c)中两类的密度在 x_1 方向上具有相同的方差,但在 x_2 方向上 $p(\boldsymbol{x}|\omega_1)$的方差比 $p(\boldsymbol{x}|\omega_2)$的方差大,这时 x_2 值大的样本可能是来自类 ω_1 并且决策面为一抛物线。若对 $p(\boldsymbol{x}|\omega_2)$在 x_1 方向上加大其方差,如图 2-11(d)所示,则决策面就变为双曲

线。最后在图 2-11(e)中示出了特殊的对称性情况，使决策面由双曲线退化为一对直线。

2.6 错误率的计算

对观察样本进行分类是模式识别的目的之一。在分类过程中任何一种决策规则都有其相对应的错误率。当采取指定的决策规则对类条件概率密度及先验概率均为已知的问题进行分类时，它的错误率就应是固定的。错误率反映了分类问题固有复杂性的程度，可以认为它是分类问题固有复杂性的一种量度。在分类器设计出来后，通常是以错误率的大小来衡量其性能的优劣。特别是对同一种问题设计出几种不同的分类方案时，通常是以错误率大小作为比较方案好坏的标准。因此，在模式识别的理论和实践中，错误率是非常重要的参数。

我们在前面 2.2 节中已经给出了错误率的定义和计算公式。在两类情况下，最小错误率贝叶斯决策的错误率是

$$\begin{aligned}P(e) &= P(\omega_1)\int_{\mathscr{R}_2} p(\boldsymbol{x}|\omega_1)\mathrm{d}\boldsymbol{x} + P(\omega_2)\int_{\mathscr{R}_1} p(\boldsymbol{x}|\omega_2)\mathrm{d}\boldsymbol{x} \\ &= P(\omega_1)P_1(e) + P(\omega_2)P_2(e)\end{aligned} \tag{2-96}$$

从上式可以看出，当 $\boldsymbol{x}$ 是多维向量时，实际上要进行多重积分的计算。所以，虽然错误率的概念较简单，但在多维情况下，类条件概率密度函数的解析表达式较复杂时，计算错误率是相当困难的。正是由于错误率在模式识别中的重要性及计算上的复杂性，促使人们在处理实际问题时研究了一些对错误率的计算或估计的方法，可概括为以下三方面：

(1) 按理论公式计算；

(2) 计算错误率上界；

(3) 实验估计。

本节中，我们仅就在正态分布的特殊情况下如何理论计算错误率进行讨论。在更一般的情况下，很难准确计算错误率，所以人们研究了很多从理论上估算错误率的上界的方法。由于本书的范围所限，我们不在本书中介绍关于错误率上界估计的问题。实验估计错误率是实际应用中最常用到的，在第 10 章将对它进行介绍和讨论。

2.6.1 正态分布且各类协方差矩阵相等情况下错误率的计算

回顾最小错误率贝叶斯决策规则的负对数似然比形式：

$$h(\boldsymbol{x}) = -\ln l(\boldsymbol{x}) = -\ln p(\boldsymbol{x}|\omega_1) + \ln p(\boldsymbol{x}|\omega_2) \lessgtr \ln\frac{P(\omega_1)}{P(\omega_2)} \rightarrow \boldsymbol{x} \in \begin{cases}\omega_1 \\ \omega_2\end{cases}$$

$h(\boldsymbol{x})$是 $\boldsymbol{x}$ 的函数，$\boldsymbol{x}$ 是随机向量，因此 $h(\boldsymbol{x})$是随机变量。我们记它的分布密度函数为 $p(h|\omega_1)$。由于它是一维密度函数，易于积分，所以用它计算错误率有时较为方便。这样，式(2-96)可表示为

$$P_1(e) = \int_{\mathscr{R}_2} p(\boldsymbol{x}|\omega_1)\mathrm{d}\boldsymbol{x} = \int_t^{\infty} p(h|\omega_1)\mathrm{d}h \tag{2-97}$$

$$P_2(e)=\int_{\mathscr{R}_1} p(\boldsymbol{x}\mid\omega_2)\mathrm{d}\boldsymbol{x}=\int_{-\infty}^{t} p(h\mid\omega_2)\mathrm{d}h \tag{2-98}$$

其中

$$t=\ln[P(\omega_1)\mid P(\omega_2)] \tag{2-99}$$

从式(2-97)和式(2-98)可以看到，只要知道 $h(\boldsymbol{x})$ 密度函数的解析形式就可以计算出错误率 $P_1(e)$、$P_2(e)$。由于计算上的复杂性，这些计算只能在一些特殊情况下进行。考虑正态分布情况，此时负对数似然比的决策规则可以写为

$$\begin{aligned}h(\boldsymbol{x})&=-\ln l(\boldsymbol{x})=-\ln p(\boldsymbol{x}\mid\omega_1)+\ln p(\boldsymbol{x}\mid\omega_2)\\&=-\left[-\frac{1}{2}(\boldsymbol{x}-\boldsymbol{\mu}_1)^{\mathrm{T}}\boldsymbol{\Sigma}_1^{-1}(\boldsymbol{x}-\boldsymbol{\mu}_1)-\frac{d}{2}\ln 2\pi-\frac{1}{2}\ln|\boldsymbol{\Sigma}_1|\right]+\\&\quad\left[-\frac{1}{2}(\boldsymbol{x}-\boldsymbol{\mu}_2)^{\mathrm{T}}\boldsymbol{\Sigma}_2^{-1}(\boldsymbol{x}-\boldsymbol{\mu}_2)-\frac{d}{2}\ln 2\pi-\frac{1}{2}\ln|\boldsymbol{\Sigma}_2|\right]\\&=\frac{1}{2}(\boldsymbol{x}-\boldsymbol{\mu}_1)^{\mathrm{T}}\boldsymbol{\Sigma}_1^{-1}(\boldsymbol{x}-\boldsymbol{\mu}_1)-\frac{1}{2}(\boldsymbol{x}-\boldsymbol{\mu}_2)^{\mathrm{T}}\boldsymbol{\Sigma}_2^{-1}(\boldsymbol{x}-\boldsymbol{\mu}_2)+\frac{1}{2}\ln\frac{|\boldsymbol{\Sigma}_1|}{|\boldsymbol{\Sigma}_2|}\\&\lessgtr\ln\frac{P(\omega_1)}{P(\omega_2)}\rightarrow\boldsymbol{x}\in\begin{cases}\omega_1\\ \omega_2\end{cases}\end{aligned} \tag{2-100}$$

式(2-100)表明决策面是 $\boldsymbol{x}$ 的二次型，对于等协方差阵 $\boldsymbol{\Sigma}_1=\boldsymbol{\Sigma}_2=\boldsymbol{\Sigma}$ 情况，决策面就变成 $\boldsymbol{x}$ 的线性函数，其决策规则简化为

$$\begin{aligned}h(\boldsymbol{x})&=(\boldsymbol{\mu}_2-\boldsymbol{\mu}_1)^{\mathrm{T}}\boldsymbol{\Sigma}^{-1}\boldsymbol{x}+\frac{1}{2}(\boldsymbol{\mu}_1^{\mathrm{T}}\boldsymbol{\Sigma}^{-1}\boldsymbol{\mu}_1-\boldsymbol{\mu}_2^{\mathrm{T}}\boldsymbol{\Sigma}^{-1}\boldsymbol{\mu}_2)\\&\lessgtr\ln\frac{P(\omega_1)}{P(\omega_2)}\rightarrow\boldsymbol{x}\in\begin{cases}\omega_1\\ \omega_2\end{cases}\end{aligned} \tag{2-101}$$

$\boldsymbol{x}$ 是 d 维等协方差阵正态分布的随机向量，而 $h(\boldsymbol{x})$ 是一维的随机变量，且是 $\boldsymbol{x}$ 的线性函数，因此式(2-101)可看成是对 $\boldsymbol{x}$ 的各分量作线性组合 $\boldsymbol{\alpha}^{\mathrm{T}}\boldsymbol{x}$，然后再作平移，其中 $\boldsymbol{\alpha}^{\mathrm{T}}=(\boldsymbol{\mu}_2-\boldsymbol{\mu}_1)^{\mathrm{T}}\boldsymbol{\Sigma}^{-1}$。根据2.5.1节中性质⑤可知 $h(\boldsymbol{x})$ 服从一维正态分布。对于 $p(h\mid\omega_1)$，可以计算出决定一维正态分布的参数均值 η_1 及方差 σ_1^2：

$$\begin{aligned}\eta_1&=E[h(\boldsymbol{x})\mid\omega_1]=(\boldsymbol{\mu}_2-\boldsymbol{\mu}_1)^{\mathrm{T}}\boldsymbol{\Sigma}^{-1}\boldsymbol{\mu}_1+\frac{1}{2}(\boldsymbol{\mu}_1^{\mathrm{T}}\boldsymbol{\Sigma}^{-1}\boldsymbol{\mu}_1-\boldsymbol{\mu}_2^{\mathrm{T}}\boldsymbol{\Sigma}^{-1}\boldsymbol{\mu}_2)\\&=-\frac{1}{2}(\boldsymbol{\mu}_1-\boldsymbol{\mu}_2)^{\mathrm{T}}\boldsymbol{\Sigma}^{-1}(\boldsymbol{\mu}_1-\boldsymbol{\mu}_2)\end{aligned} \tag{2-102}$$

现令

$$\eta=\frac{1}{2}[(\boldsymbol{\mu}_1-\boldsymbol{\mu}_2)^{\mathrm{T}}\boldsymbol{\Sigma}^{-1}(\boldsymbol{\mu}_1-\boldsymbol{\mu}_2)]$$

则有

$$\begin{aligned}\eta_1&=-\eta\\ \sigma_1^2&=E\{[h(\boldsymbol{x})-\eta]^2\mid\omega_1\}=(\boldsymbol{\mu}_1-\boldsymbol{\mu}_2)^{\mathrm{T}}\boldsymbol{\Sigma}^{-1}(\boldsymbol{\mu}_1-\boldsymbol{\mu}_2)=2\eta\end{aligned} \tag{2-103}$$

同样可以得出 $p(h\mid\omega_2)$ 的参数均值 η_2 及方差 σ_2^2：

$$\eta_2=\frac{1}{2}(\boldsymbol{\mu}_1-\boldsymbol{\mu}_2)^{\mathrm{T}}\boldsymbol{\Sigma}^{-1}(\boldsymbol{\mu}_1-\boldsymbol{\mu}_2)=\eta \tag{2-104}$$

$$\sigma_2^2=(\boldsymbol{\mu}_1-\boldsymbol{\mu}_2)^{\mathrm{T}}\boldsymbol{\Sigma}^{-1}(\boldsymbol{\mu}_1-\boldsymbol{\mu}_2)=2\eta \tag{2-105}$$

因此，可以利用 $p(h|\omega_1)$及 $p(h|\omega_2)$计算出 $P_1(e)$和 $P_2(e)$：

$$\begin{aligned}P_1(e)&=\int_t^{\infty}p(h|\omega_1)\mathrm{d}h\\&=\int_t^{\infty}\frac{1}{(2\pi)^{\frac{1}{2}}\sigma}\exp\left\{-\frac{1}{2}\left(\frac{h+\eta}{\sigma}\right)^2\right\}\mathrm{d}h\\&=\int_t^{\infty}(2\pi)^{-\frac{1}{2}}\exp\left\{-\frac{1}{2}\left(\frac{h+\eta}{\sigma}\right)^2\right\}\mathrm{d}\left(\frac{h+\eta}{\sigma}\right)\\&=\int_{\frac{t+\eta}{\sigma}}^{\infty}(2\pi)^{-\frac{1}{2}}\exp\left(-\frac{1}{2}\xi^2\right)\mathrm{d}\xi\end{aligned} \tag{2-106}$$

$$\begin{aligned}P_2(e)&=\int_{-\infty}^{t}p(h|\omega_2)\mathrm{d}h\\&=\int_{-\infty}^{t}(2\pi)^{-\frac{1}{2}}\exp\left\{-\frac{1}{2}\left(\frac{h-\eta}{\sigma}\right)^2\right\}\mathrm{d}\left(\frac{h-\eta}{\sigma}\right)\\&=\int_{\infty}^{\frac{t-\eta}{\sigma}}(2\pi)^{-\frac{1}{2}}\exp\left(-\frac{1}{2}\xi^2\right)\mathrm{d}\xi\end{aligned} \tag{2-107}$$

其中

$$t=\ln\frac{P(\omega_1)}{P(\omega_2)},\quad \sigma=\sqrt{2\eta}$$

$h(\boldsymbol{x})$的概率密度函数如图 2-12 所示。阴影部分相当于最小错误率贝叶斯决策的错误率。式(2-106)和式(2-107)的计算值可以由标准正态 $N(0,1)$的累积分布函数表查表得出。

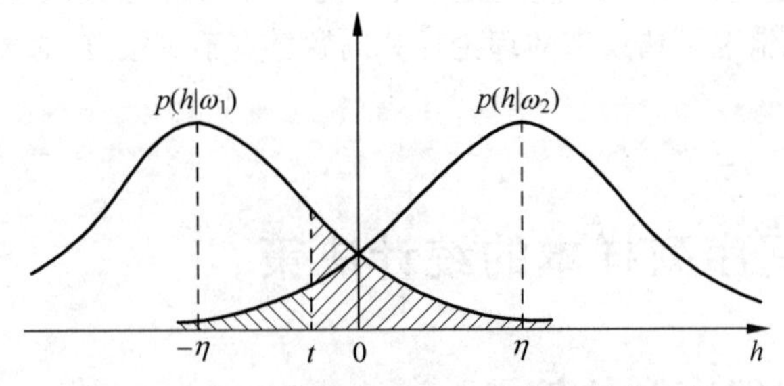

图 2-12 负对数似然比 $h(\boldsymbol{x})$的概率密度函数

2.6.2 高维独立随机变量时错误率的估计

当 d 维随机向量 $\boldsymbol{x}$ 的分量间相互独立时，$\boldsymbol{x}$ 的密度函数可表示为

$$p(\boldsymbol{x}|\omega_i)=\prod_{l=1}^{d}p(x_l|\omega_i),\quad i=1,2 \tag{2-108}$$

因此负对数似然比 $h(\boldsymbol{x})$为

$$h(\boldsymbol{x})=\sum_{l=1}^{d}h(x_l) \tag{2-109}$$

其中

$$h(x_l) = -\ln \frac{p(x_l|\omega_1)}{p(x_l|\omega_2)} \tag{2-110}$$

也就是说，随机变量 $h(\boldsymbol{x})$ 为 d 个随机变量 $h(x_l)$ 之和。根据中心极限定理，无论各 $h(x_l)$ 的密度函数如何，只要 d 较大，$h(\boldsymbol{x})$ 的密度函数总是趋于正态分布。这样，我们就可以计算出 $h(\boldsymbol{x})$ 的均值 η_i 及方差 σ_i^2

$$\eta_i = E\{h(\boldsymbol{x})|\omega_i\} = E\left\{\sum_{l=1}^{d} h(x_l)|\omega_i\right\} = \sum_{l=1}^{d} \eta_{il} \tag{2-111}$$

$$\begin{aligned}\sigma_i^2 &= E\{[h(\boldsymbol{x}) - \eta_i]^2|\omega_i\} \\ &= E\left\{\sum_{l=1}^{d}[h(x_l) - \eta_{il}]^2 + \sum_{\substack{l,j=1 \\ l\neq j}}^{d}[h(x_l) - \eta_{il}][h(x_j) - \eta_{ij}]|\omega_i\right\} \\ &= \sum_{l=1}^{d} E\{[h(x_l) - \eta_{il}]^2|\omega_i\} + \sum_{\substack{l,j=1 \\ l\neq j}}^{d} E\{[h(x_l) - \eta_{il}][h(x_j) - \eta_{ij}]|\omega_i\}\end{aligned} \tag{2-112}$$

根据独立性假设，式(2-112)中第二项必定为零，所以其方差可写为

$$\sigma_i^2 = \sum_{l=1}^{d} \sigma_{il}^2 \tag{2-113}$$

由于 η_{il} 和 σ_{il}^2 都是一维随机变量 x_l 的函数，在大多数情况下，计算这些参数相对比较容易，即使非正态情况亦是如此。所以，我们可以把 $(h(\boldsymbol{x})|\omega_i)$ 近似看成是服从 $N(\eta_i, \sigma_i^2)$ 的一维正态分布的随机变量，再利用式(2-106)和式(2-107)近似算出错误率。

最后应当指出，这种计算须在维数 d 较大时使用，否则中心极限定理不成立。在维数 d 较小及其他一些特殊情况下错误率的理论计算问题已有不少报道，必要时可参考有关文献，这里就不再论述。

2.7 离散时间序列样本的统计决策

2.7.1 基因组序列的例子

贝叶斯决策的基本思想是根据一定的概率模型得到样本属于某类的后验概率，然后根据后验概率的大小来进行决策。这种思想有着非常广泛的应用。在不同的应用中有不同的概率模型，这里举一个非常简单的基因序列分析的例子来说明贝叶斯决策的思想在离散概率模型中的应用。

我们知道，生物的基因组是由 A、T、G、C 四种核苷酸组成的序列。人的一套基因组单链是由约 30 亿个 A、T、G、C 组成的一个超长的序列，可以把它看成是一本由四个字母写成的天书。这样一个超长的字符串或其中一个子串，并不是由四个字母随机组成的，而是遵循着很多特殊的规律。例如，由于一些生物化学机制的作用，基因组同一条链上出现相连的 C 和 G 的概率要比随机情况小很多。把相连的 C 和 G 叫做一个 CpG 双核苷酸。人们已经观察到，CpG 在基因组上出现的平均频率比根据 C、G 各自出现的频率估计的组合出现频率小

很多，但是，这些有限的 CpG 在基因组上分布的位置不是均匀的，而是倾向于集中在相对较短的一些片段上，这种 CpG 相对富集的区域被称作 CpG 岛，就像大海上的小岛一样。CpG 岛在基因组上有重要的功能，研究 CpG 岛的识别是非常有意义的。

CpG 岛识别的基本问题是，给定一段 DNA 序列，判断它是否来自 CpG 岛，即判断这段序列样本是否是 CpG 岛的一部分。这可以看作是一个两类的分类问题，两类分别是 CpG 岛和非 CpG 岛，我们所能利用的特征就是序列本身。

有很多方法来预测或确定 CpG 岛，这里我们用一种简单的基于马尔可夫模型（Markov Model）的方法来说明在这种场景下用统计决策来进行分类的一种思想。

当我们独立地考虑 DNA 序列每个位置上的核苷酸时，我们可以把它当作一个有四种可能取值的离散随机变量 $x=\{A,T,G,C\}$，而前面例子中我们考虑的都是 $x\in R$ 的连续情况。在连续情况下，我们用概率密度函数来表示变量取值的分布，而在离散情况下，我们则用变量取各个值的概率来表示 $P(x)$，显然，$P(x=A)+P(x=T)+P(x=G)+P(x=C)=1$。

在连续情况下，如果我们有多个特征，则用随机向量 $\boldsymbol{x}$ 来表示，特征之间的关系反映在随机向量的联合概率密度上。在离散情况下，如果序列的每个位置上核苷酸的分布是独立同分布的，那么每个位置就是随机变量的一次实现。但是，当我们考虑在连续的位置上出现的 CpG 双核苷酸时，这种模型就不适用了，因为两个位置不再独立。

我们可以用马尔可夫模型来表示这种相邻位置之间的依赖关系。有很多专门的教材和文献讲述马尔可夫模型，我们在下面只给出一种直观的定义，并介绍在这种模型下如何用贝叶斯决策的原理对基因组序列样本进行分类决策。

2.7.2 马尔可夫模型及在马尔可夫模型下的贝叶斯决策

我们把 DNA 序列看作一串符号组成的时间序列 $x_1,x_2,\cdots,x_L$，每一时刻（位置）上的取值为 $x_i=\{A,T,G,C\}$。如果第 i 时刻上的取值依赖于且仅依赖于第 $i-1$ 时刻的取值，即

$$P(x_i|x_{i-1},x_{i-2},\cdots,x_1)=P(x_i|x_{i-1}) \tag{2-114}$$

则把这个串称作一个一阶马尔可夫链或一阶马尔可夫模型。如果第 i 时刻上的取值依赖且仅依赖于第 $i-k$ 到第 $i-1$ 时刻的取值，则这个串就是 k 阶马尔可夫链。在考虑 CpG 岛时，我们只需同时考虑相邻两个位置上的核苷酸，因此可以用一阶马尔可夫链来描述。

马尔可夫链可以用条件概率模型来描述。我们把在前一时刻某取值下当前时刻取值的条件概率称作转移概率（transition probability），记为

$$a_{st}=P(x_i=t|x_{i-1}=s) \tag{2-115}$$

对一个长度为 L 的序列，我们观察到这个序列的概率是

$$P(x)\stackrel{\text{def}}{=}P(x_1,x_2,\cdots,x_L)=P(x_1)\prod_{i=2}^{L}a_{x_{i-1}x_i} \tag{2-116}$$

对于 DNA 序列来说，每一位置的取值有四种，我们把它们称作四种状态，转移概率就是一个 4×4 的矩阵，称作转移概率矩阵或状态转移矩阵，如图 2-13 所示[①]。其中，行表示前一时

① 本小节中的例子数据来自 R. Durbin et al.，Biological Sequence Analysis，Cambridge University Press，1998.

刻的取值,列表示当前时刻的取值,例如,(2,3)位置上的 0.078 表示 $P(x_i=G|x_{i-1}=C)=0.078$。

—	A	C	G	T
A	0.300	0.205	0.285	0.210
C	0.322	0.298	0.078	0.302
G	0.248	0.246	0.298	0.208
T	0.177	0.239	0.292	0.292

图 2-13 马尔可夫模型状态转移矩阵举例

通常,为了表示方便,人们把序列的开始和结束分别设两个空的状态,这样,整个序列就可以用如图 2-14 所示的状态转移图表示。图中,B 表示起始状态,从 B 指向 A 状态的一条线表示从起始状态转移到 A 状态的概率,即序列第一个位置上是核苷酸 A 的概率,从 B 指向 C、T、G 的线的意义相同。从 A 状态指向 C 状态的连线表示从 A 状态转移到 C 状态的概率,即在前一位置是 A 的情况下当前位置是 C 的概率,从 A 状态指向自己的连线就表示前一位置是 A 当前还是 A 的概率,其余连线意义依次类推。每一个状态都有可能在序列的最后一个位置上,从每个状态指向终止状态 E 的连线就表示这个概率。这样,式(2-116)中的求和就可以从 $i=1$ 开始了。

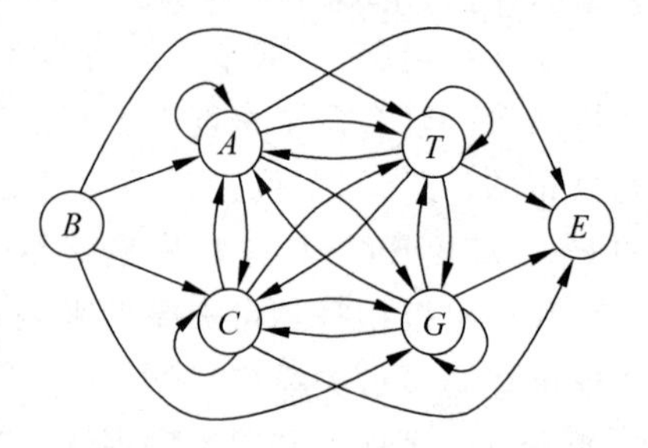

图 2-14 马尔可夫模型的状态转移图

在前面讲述连续变量的贝叶斯决策时,用类条件概率密度来描述各类样本的特征分布。对于一个特定样本 x,根据类条件概率密度计算似然比 $l(x)=\dfrac{p(x|\omega_1)}{p(x|\omega_2)}$并与一定的阈值比较来进行判别。当采用最小错误率准则且两类先验概率相等时,阈值是 1,即如果似然比大于 1 则判别为第一类,小于 1 则判别为第二类。

同样的思想也适用于离散变量情况。如果知道两类的状态转移矩阵,那么对于一个序列样本,我们就可以用式(2-116)分别计算每一类模型下观察到该特定序列的可能性或似然度 $P(x|\omega_1)$,用同样的似然比来进行类别判断。

在 CpG 岛的识别中,把 CpG 岛一类记作"+",CpG 岛情况下的马尔可夫转移概率记作 $a^{+}_{x_{i-1}x_i}$;把非 CpG 岛一类记作"−",非 CpG 岛情况下的马尔可夫转移概率记作 $a^{-}_{x_{i-1}x_i}$。为了考虑到长序列处理方便,可以采用下面的对数似然比(log likelihood ratio)来进行判别

$$S(x)=\log\frac{P(x|+)}{P(x|-)}=\log\frac{\prod_{i=1}^{L}a^{+}_{x_{i-1}x_i}}{\prod_{i=1}^{L}a^{-}_{x_{i-1}x_i}}=\sum_{i=1}^{L}\log\frac{a^{+}_{x_{i-1}x_i}}{a^{-}_{x_{i-1}x_i}} \tag{2-117}$$

在生物信息学中,这一比值通常又被称为对数几率比(log-odds ratio)。

在很多情况下,不论是连续变量情况还是离散变量情况,都很难事先得到类条件概率密度或者离散概率模型(例如马尔可夫状态转移矩阵),而是需要设法根据一定的已知样本(训练样本)进行估计。连续变量的概率密度函数估计将在下一章专门介绍。这里就以一阶马

尔可夫模型进行 CpG 岛与非 CpG 岛分类的问题分析为例，简单介绍一下离散变量的概率模型估计问题。

模型估计的第一步是确定模型形式。在上面的介绍中，用一阶马尔可夫链来描述一个DNA 序列片段，这实际上就已经确定了概率模型的形式。在很多更复杂的问题中，可能需要更复杂的概率模型。

确定了概率模型，下一步就是根据训练样本分别估计各类中这个概率模型的参数，在马尔可夫模型下就是状态转移矩阵。假设我们已经收集了充分的、有代表性的一些 CpG 岛序列的片段和一些非 CpG 岛序列的片段，用它们构成两类训练样本。在每一类样本中，统计在所有位置上出现 A、C、G、T 的次数，再统计在每个 A、C、G、T 后面出现 A、C、G、T 的次数，然后用 $a_{st}^{+}=\dfrac{c_{st}^{+}}{\sum_{t'}c_{st'}^{+}}$ 和 $a_{st}^{-}=\dfrac{c_{st}^{-}}{\sum_{t'}c_{st'}^{-}}$ 来分别估计两类的状态转移概率，其中，c_{st}^{+} 表示 CpG 岛类中从某状态 s 转移到状态 t 的出现次数，$\sum_{t'}c_{st'}^{+}$ 表示对 s 后所有可能出现的状态次数求和，即 s 本身出现的次数(不包括在序列结尾的次数)；c_{st}^{-} 定义了在非 CpG 岛上同样的量。图 2-15 就给出了在某个数据集上估计的 CpG 岛与非 CpG 岛状态转移矩阵的一个例子。

+	A	C	G	T
A	0.180	0.274	0.426	0.120
C	0.171	0.368	0.274	0.188
G	0.161	0.339	0.375	0.125
T	0.079	0.355	0.384	0.182

−	A	C	G	T
A	0.300	0.205	0.285	0.210
C	0.322	0.298	0.078	0.302
G	0.248	0.246	0.298	0.208
T	0.177	0.239	0.292	0.282

图 2-15 CpG 岛与非 CpG 岛状态转移矩阵的一个例子

对于任意给定序列，可以在式(2-117)中代入图 2-15 中估计的参数来计算它属于 CpG 岛的似然比，再通过与一定的阈值比较进行判别。

进一步考查式(2-117)，会发现最后求和式中的比值项就是图 2-15 中两个矩阵的相应单元的比值，因此，式(2-117)可以进一步变成

$$S(x)=\log\frac{P(x\mid +)}{P(x\mid -)}=\sum_{i=1}^{L}\log\frac{a_{x_{i-1}x_i}^{+}}{a_{x_{i-1}x_i}^{-}}=\sum_{i=1}^{L}\beta_{x_{i-1}x_i} \tag{2-118}$$

其中，β_{st} 为相应的 a_{st}^{+} 与 a_{st}^{-} 比值的对数(以 2 为底)，也称作从状态 s 到 t 的对数似然比。从图 2-15 计算出的对数似然比矩阵见图 2-16。

beta	A	C	G	T
A	−0.740	0.419	0.580	−0.803
C	−0.913	0.302	1.812	−0.685
G	−0.624	0.461	0.331	−0.730
T	−1.169	0.573	0.393	−0.679

图 2-16 CpG 岛与非 CpG 岛的对数似然比矩阵

这样，对一段待判别的 DNA 序列，我们只需要把其中每一对相邻的双核苷酸都用图 2-16 中相应的数值代入式(2-118)中，就可以计算出对数几率比并判断是否为 CpG 岛的片段。

在估计出具体模型的参数后，识别阶段做的事情与连续变量情况是一样的，就是根据模型在不同类别下计算观测到待识别样本的似然比，按照适当的阈值做出决策。阈值的选取视具体问题可以根据先验概率，也可以根据最小风险的原则确定，或者根据对两类错误率的特殊要求决定。如果两类的先验概率相同且两类错误的损失相同，则对数似然比决策的阈值就是0。在这里，由于概率模型是用数值方法估计的，很难从理论上计算错误率。在实际应用中，人们经常把训练数据代到式(2-118)中，统计所有训练样本的似然比取值的分布，如图2-17的直方图所示。选用不同的阈值来做决策就会导致不同的错误情况，人们可以从直方图上确定满意的阈值，或者通过变动不同阈值画出ROC曲线来决定阈值选择。

需要说明的是，在图2-15和图2-16中，都没有考虑起始和终止状态的问题。实际上，由于我们面对的序列片段都是从更长的序列中截取的，一般情况下对截取的位置并没有针对单个核苷酸特别地控制，因此起始和结束的概率就可以用基因组上出现各个核苷酸的概率来代替。如果在某些场景下需要更精确地控制片段的起始和结束，那么用同样的方法可以估计起始和终止的转移概率。

2.7.3 隐马尔可夫模型简介

另一种常用的时间序列概率模型是隐马尔可夫模型(Hidden Markov Model，简称为HMM)。我们将在第4章对其进行较系统的讨论，在本小节中先结合基因组序列的例子对其进行扼要介绍。

在隐马尔可夫模型中，观测是依据一定的概率由某些不可见的内部状态(隐状态)决定，而这些状态之间服从某种马尔可夫模型。图2-18给出了一个隐马尔可夫模型示意图，其中$y_i(i=1,2,\cdots,n)$是观测到的数据，它的取值根据条件概率$f_i(y_i|z_i)$由隐状态$z_i(i=1,2,\cdots,n)$决定，这一概率称作发射概率(emission probability)，同时，隐状态$z_i(i=1,2,\cdots,n)$满足马尔可夫转移概率$a_{st}=P(z_{i+1}=t|z_i=s)$。与上面介绍的一般马尔可夫的原理类似但是做法更复杂，我们可以根据对问题的认识建立适当的模型形式——隐马尔可夫模型的结构，例如在语音识别中，这种结构需要反映语言中相邻因素之间可能的过渡关系。在语言学模型中(如用在语音识别和文字识别的后处理中)，这种结构反映可能句子的语法结构；在DNA序列基因识别中，这种结构则反映人们对基因的信息结构的认识，例如基因在序列上的主要组成部分及其顺序关系等。

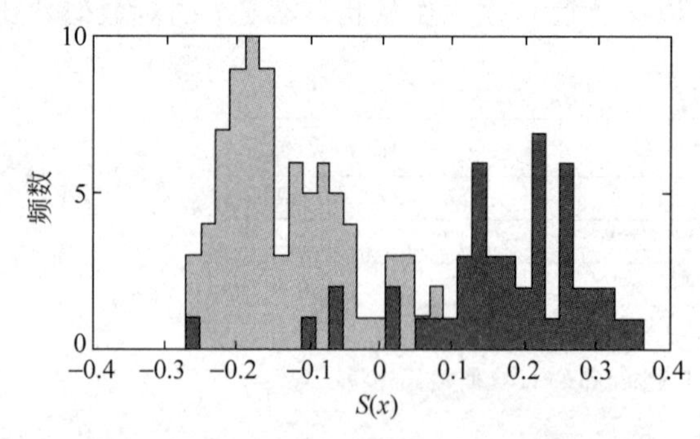

图2-17 似然比在两类训练样本上的分布

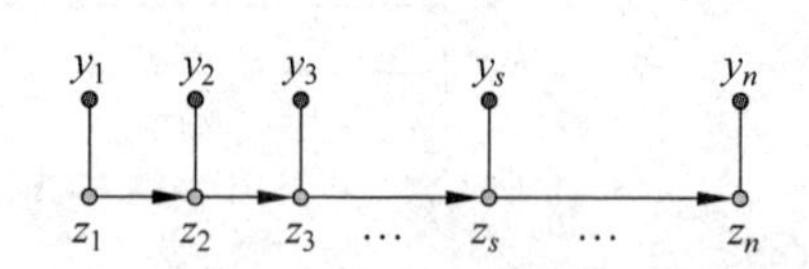

图2-18 一个隐马尔可夫模型示意图

建立这样的统计模型后，下一步就是用训练样本来训练模型中的参数。当训练样本中的观测数据和相应的隐状态都已知时，可以根据上文给出的一般马尔可夫模型下状态转移矩阵的估计方法来估计发射概率 $f_i(y_i|z_i)$和转移概率 a_{st}。然而，与一般马尔可夫模型的决策过程不同，在未知数据上应用隐马尔可夫模型进行统计决策时，需要对各个观测数据点所对应的隐状态进行判断。

下面我们仍然以一个生物信息学中 DNA 序列分析的例子为例，简单介绍在给定条件概率 $f_i(y_i|z_i)$和转移概率 a_{st} 的条件下如何采用动态规划算法寻找各个观测数据点最有可能的隐状态，也称为“最大似然路径”的搜索问题。

我们知道，真核生物的基因很多是由多个外显子(exon)和内含子(intron)组成的，早期生物信息学研究的一个重要问题就是基因识别，即识别 DNA 序列中何处为基因以及基因的外显子、内含子等元件的位置。这里为了讨论方便，把问题简化为从一段 DNA 序列中识别外显子和内含子(即假设序列中不存在其他区域)的问题。

假设得到的数据是长度为 n 的 DNA 序列，其第 i 位置上的核苷酸为 $y_i(i=1,2,\cdots,n)$，我们希望知道的是该位置是属于外显子还是内含子，也就是希望知道第 i 位置对应的隐状态 $z_i(i=1,2,\cdots,n)$。在这里，隐状态 z_i 有两种情况即两个类，把外显子记作“+”，而把内含子记作“−”。给定第 i 位置的隐状态 $z_i=$“+”或“−”，相应位置上的核苷酸 $y_i=$“A”“C”“G”或“T”的可能由发射概率 $f_i(y_i|z_i)$给出。同时，各个位置的隐状态之间满足状态转移概率矩阵 $a_{st}=P(z_{i+1}=t|z_i=s)$，其中 s 和 t 分别为“+”或者“−”。对于外显子/内含子的识别问题，由于一个外显子或内含子通常是有一定长度的序列片段，在序列中从隐状态“+”到“−”或者从“−”到“+”的转移概率一般比较小。

通过已经标注的训练样本，可以估计发射概率 $f_i(y_i|z_i)$和转移概率 a_{st}。对于待分析的序列$\{y_1,\cdots,y_n\}$，希望通过最大化概率(即似然度)$P(y_1,\cdots,y_n|z_1,\cdots,z_n)$来求得各个位置的隐状态$\{\hat{z}_1,\cdots,\hat{z}_n\}$，相应的解称为“最大似然路径”。

不妨假设，对序列的前 i 个位置，$f_i(z)$表示当第 i 位置对应隐状态为 z($z=$“+”或“−”)时可能得到的最大概率，即 $f_i(z)=\max\limits_{z_1,\cdots,z_{i-1}} P(y_1,\cdots,y_i|z_1,\cdots,z_i=z)$。注意到，$f_i(z)$可以写成递归形式：

$$f_i(z)=P(y_i|z_i=z)\cdot\max_{z'}\{f_{i-1}(z')P(z_i=z|z_{i-1}=z')\} \tag{2-119}$$

最大似然路径$\{\hat{z}_1,\cdots,\hat{z}_n\}$可以通过回溯的方法求得，即

$$\hat{z}_n=\arg\max_z f_n(z) \tag{2-120}$$

并且

$$\hat{z}_i=\arg\max_z\{f_i(z)P(z_{i+1}=\hat{z}_{i+1}|z_i=z)\},\quad i=1,2,\cdots,n-1 \tag{2-121}$$

在实际应用中，可以利用式(2-119)事先计算好 $f_i(z),i=1,2,\cdots,n$，然后用式(2-120)、式(2-121)快速地识别序列上的各个位置是外显子还是内含子。这种做法叫做 Viterbi 算法。

除了上面介绍的方法，还可以采用所谓 Gibbs 采样法来最大化后验概率 $P(z_1,\cdots,z_n|y_1,\cdots,y_n)$，从而求得隐状态。甚至当不存在隐状态已知的训练样本时，在某些情况下，仍然可以只利用观测数据通过 Gibbs 采样法来同时求得概率转移矩阵和相应的隐状态。需要注意的是，模型越复杂，需要估计的参数越多，不仅计算方法变得复杂，需要的样本量也更大。

需要说明,本节介绍的识别 CpG 岛的方法以及区分外显子与内含子的方法,只是为了举例说明统计决策在马尔可夫模型和隐马尔可夫模型下的应用,对讨论的生物学问题有所简化。在实际生物学问题中,根据具体研究问题的不同,存在很多确定 CpG 岛和区分外显子、内含子的方法,有些是基于知识的推断准则,有些则是更复杂的概率模型。

2.8 小结与讨论

本章讲述了以贝叶斯决策为核心的统计决策的基本思想和原理,介绍了最小错误率贝叶斯决策、最小风险贝叶斯决策和在控制一类错误率的情况下使另一类错误率尽可能小的 Neyman-Pearson 决策的方法,还给出了正态分布下部分决策的具体形式和错误率的计算,并举例说明了离散情况下使用马尔可夫模型的统计决策方法。本章内容是模式识别理论和方法的重要基础。

统计决策的基本原理就是根据各类特征的概率模型来估算后验概率,通过比较后验概率进行决策。而通过贝叶斯公式,后验概率的比较可以转化为类条件概率密度的比较,离散情况下也是类条件概率的比较,而这种条件概率或条件密度则反映了在各类的模型下观察到当前样本的可能性或似然度,因此可以定义两类之间的似然比或对数似然比进行决策。根据面对的具体问题不同,各类特征的概率模型可能会变得非常复杂,但是基本的求解步骤和决策原理是一致的。

在概率模型准确的前提下,统计决策可以得到最小的错误率或者最小的风险,或者是实际问题中期望得到的两类错误率间最好的折中。因此,要使用统计决策进行模式识别,概率模型的估计问题就变得至关重要。下一章就讨论概率密度函数的估计问题。

由于在本章中介绍的决策都是从一定的概率模型出发的,所以可以叫做基于模型的方法。这种方法其实是把模式识别问题转化成了概率模型估计的问题,如果能够很好地建立和估计问题的概率模型,那么相应的分类决策问题就可以很好地解决。这里,分类器设计实际就是对概率模型的估计。

将分类器设计问题转化为概率密度估计问题,这实际上沿用了人们一种习惯的思维方式,就是当遇到一个具体问题时,看它是否能转化为另一个更一般的问题,如果这个一般问题解决了,作为其特例或推广的特殊问题就会迎刃而解。显然,这种解决问题方式的前提应当是,这个一般问题比这个特殊问题更容易解决,但实际情况往往并非如此。通过下一章的介绍,我们将看到什么情况下概率密度的估计问题可以较好地解决及如何解决。

第3章 概率密度函数的估计

3.1 引言

在上一章最后的讨论中已经提到，贝叶斯决策的基础是概率密度函数的估计，即根据一定的训练样本来估计统计决策中用到的先验概率 $P(\omega_i)$ 和类条件概率密度 $p(\boldsymbol{x}|\omega_i)$。其中，先验概率的估计比较简单，通常只需根据大量样本计算出各类样本在其中所占的比例，或者根据对所研究问题的领域知识事先确定。因此，本章重点介绍类条件概率密度的估计问题。

这种首先通过训练样本估计概率密度函数，再用统计决策进行类别判定的方法称作基于样本的两步贝叶斯决策。

这样得到的分类器性能与第2章理论上的贝叶斯分类器有所不同。我们希望当样本数目 $N\to\infty$ 时，基于样本的分类器能收敛于理论上的结果。为做到这一点，实际只要说明 $N\to\infty$ 时，估计的 $\hat{p}(\boldsymbol{x}|\omega_i)$ 和 $\hat{P}(\omega_i)$ 收敛于 $p(\boldsymbol{x}|\omega_i)$ 和 $P(\omega_i)$。这在统计学中可通过对估计量性质的讨论来解决。

在监督学习中，训练样本的类别是已知的，而且假定各类样本只包含本类的信息，这在多数情况下是正确的。因此，我们要做的是利用同一类的样本来估计本类的类条件概率密度。为了讨论方便，在本章后面的论述中，除了特别说明外，一概假定所有样本都是来自同一类，不再标出类别标号。由于概率密度估计是统计推断中的一个重要内容，有很多专门的教科书介绍它，所以在本书中只扼要地介绍其中的基本思想和主要方法，并不深入地展开论述。

概率密度函数的估计方法分为两大类：参数估计(parametric estimation)与非参数估计(nonparametric estimation)。

参数估计中，已知概率密度函数的形式，但其中部分或者全部参数未知，概率密度函数的估计问题就是用样本来估计这些参数。主要方法又有两类：最大似然估计和贝叶斯估计，两者在很多实际情况下结果接近，但从概念上它们的处理方法是不同的。

非参数估计，就是概率密度函数的形式也未知，或者概率密度函数不符合目前研究的任何分布模型，因此不能仅仅估计几个参数，而是用样本把概率密度函数数值化地估计出来。

参数估计是统计推断的基本问题之一，在讨论具体问题之前先介绍几个参数估计中的基本概念。

(1) 统计量。样本中包含着总体的信息，希望通过样本集把有关信息抽取出来，就是说针对不同要求构造出样本的某种函数，这种函数在统计学中称为统计量。

(2) 参数空间。如上所述，在参数估计中，总是假设总体概率密度函数的形式已知，而未知的仅是分布中的几个参数，将未知参数记为 θ，在统计学中，将总体分布未知参数 θ 的全部可容许值组成的集合称为参数空间，记为 Θ。

(3) 点估计、估计量和估计值。点估计问题就是要构造一个统计量 $d(\boldsymbol{x}_1,\cdots,\boldsymbol{x}_N)$ 作为参数 θ 的估计 $\hat{\theta}$，在统计学中称 $\hat{\theta}$ 为 θ 的估计量。如果 $\boldsymbol{x}_1^{(i)},\cdots,\boldsymbol{x}_N^{(i)}$ 是属于类别 ω_i 的几个样本观察值，代入统计量 d 就得到对于第 i 类的 $\hat{\theta}$ 的具体数值，这个数值在统计学中称为 θ 的估计值。

(4) 区间估计。除点估计外，还有另一类估计，它要求用区间 (d_1,d_2) 作为 θ 可能取值范围的一种估计。这个区间称为置信区间，这类估计问题称为区间估计。

本章要求估计总体分布的具体参数，显然这是点估计问题。我们将介绍两种主要的点估计方法——最大似然估计和贝叶斯估计，它们都能得到相应的估计值。当然评价一个估计的“好坏”，不能按一次抽样结果得到的估计值与参数真值 θ 的偏差大小来确定，而必须从平均的和方差的角度出发进行分析。为了表示这种偏差，统计学中做了很多关于估计量性质的定义。

在数理统计中，用来判断估计好坏的常用标准是无偏性、有效性和一致性，这是本章介绍的估计方法的基本出发点。如果参数 θ 的估计量 $\hat{\theta}(\boldsymbol{x}_1,\boldsymbol{x}_2,\cdots,\boldsymbol{x}_n)$ 的数学期望等于 θ，则称估计是无偏的；如果当样本数趋于无穷时估计才具有无偏性，则称为渐近无偏。如果一种估计的方差比另一种估计的方差小，则称方差小的估计更有效。而如果对于任意给定的正数 ε，总有

$$\lim_{n\to\infty} P(|\hat{\theta}_n-\theta|>\varepsilon)=0$$

则称 $\hat{\theta}$ 是 θ 的一致估计。显然，无偏性、有效性都只是说明对于多次估计来说，估计量能以较小的方差平均地表示其真实值，并不能保证具体的一次估计的性能；而一致性则保证当样本数无穷多时，每一次的估计量都将在概率意义上任意地接近其真实值。

在统计学中常见的一些典型分布形式并不总是能够拟合所有实际数据的分布，此外，在很多实际问题中还会遇到多峰分布的情况，在另外一些情况下我们可能无法事先判断数据的分布情况。在这些情况下，都需要直接利用样本去非参数地估计概率密度。本章将介绍其中最基本的直方图法、k_N 近邻法和 Parzen 窗法。

3.2 最大似然估计

3.2.1 最大似然估计的基本原理

在最大似然估计(maximum likelihood estimation)中，我们做以下基本假设：

(1) 我们把要估计的参数记作 θ，它是确定但未知的量(多个参数时是向量)，这与把它看作随机量的方法是不同的。

(2) 每类的样本集记作 $\mathscr{X}_i, i=1,2,\cdots,c$，其中的样本都是从密度为 $p(\boldsymbol{x}|\omega_i)$ 的总体中独立抽取出来的，即所谓满足独立同分布条件。

(3) 类条件概率密度 $p(\boldsymbol{x}|\omega_i)$ 具有某种确定的函数形式，只是其中的参数 θ 未知。例如在 x 是一维正态分布 $N(\mu,\sigma^2)$ 时，未知的参数就可能是 $\boldsymbol{\theta}=[\mu,\sigma^2]^{\mathrm{T}}$，对不同类别的参数可以记作 θ_i，为了强调概率密度中待估计的参数，也可以把 $p(\boldsymbol{x}|\omega_i)$ 写作 $p(\boldsymbol{x}|\omega_i,\theta_i)$ 或 $p(\boldsymbol{x}|\theta_i)$。

(4) 各类样本只包含本类的分布信息，也就是说，不同类别的参数是独立的，这样就可以分别对每一类单独处理。

在这些假设的前提下，我们就可以分别处理 c 个独立的问题。即，在一类中独立地按照概率密度 $p(\boldsymbol{x}|\theta)$ 抽取样本集 $\mathscr{X}$，用 $\mathscr{X}$ 来估计出未知参数 θ。

设样本集包含 N 个样本，即

$$\mathscr{X}=\{\boldsymbol{x}_1,\boldsymbol{x}_2,\cdots,\boldsymbol{x}_N\} \tag{3-1}$$

由于样本是独立地从 $p(\boldsymbol{x}|\theta)$ 中抽取的，所以在概率密度为 $p(\boldsymbol{x}|\theta)$ 时获得样本集 $\mathscr{X}$ 的概率即出现 $\mathscr{X}$ 中的各个样本的联合概率是

$$l(\theta)=p(\mathscr{X}|\theta)=p(\boldsymbol{x}_1,\boldsymbol{x}_2,\cdots,\boldsymbol{x}_N|\theta)=\prod_{i=1}^{N}p(\boldsymbol{x}_i|\theta) \tag{3-2}$$

这个概率反映了在概率密度函数的参数是 θ 时，得到式(3-1)中这组样本的概率。现在因为已经得到了式(3-1)的样本集，而 θ 是不知道的，式(3-2)就成为 θ 的函数，它反映的是在不同参数取值下取得当前样本集的可能性，因此称作参数 θ 相对于样本集 $\mathscr{X}$ 的似然函数(likelihood function)。式(3-2)右边乘积中的每一项 $p(\boldsymbol{x}_i|\theta)$ 就是 θ 相对于每一个样本的似然函数。

似然函数 $l(\theta)$ 给出了从总体中抽出 $\boldsymbol{x}_1,\boldsymbol{x}_2,\cdots,\boldsymbol{x}_N$ 这样 N 个样本的概率。为了便于解释，暂且假定 θ 是已知的，用 θ_0 表示这个已知值。最可能出现的 N 个样本是使得 $l(\theta)$ 值为最大的样本 $\boldsymbol{x}'_1,\boldsymbol{x}'_2,\cdots,\boldsymbol{x}'_N$。例如，为了简便，假定 $N=1$，$\boldsymbol{x}$ 为一维且具有以均值为 6，方差为 1 的正态分布，那么"最可能出现的"样本就是 $x'_1=6$，这时似然函数 $l(\theta)=p(x'_1|6,1)=\max\limits_{x\in E^d} p(\boldsymbol{x}|6,1)$。再回过来看，假定 θ 为未知，而我们从一次抽样中得到 N 个样本 $\boldsymbol{x}_1$，$\boldsymbol{x}_2,\cdots,\boldsymbol{x}_N$，想知道这组样本"最可能"来自哪个密度函数。换句话说，所抽取出的这组样本，来自哪个密度函数(θ 取什么值)的可能性最大？即我们要在参数空间 Θ 中找到一个 θ 值(用 $\hat{\theta}$ 表示)，它能使似然函数 $l(\theta)$ 极大化。一般来说，使似然函数的值最大的 $\hat{\theta}$ 是样本 $\boldsymbol{x}_1$，$\boldsymbol{x}_2,\cdots,\boldsymbol{x}_N$ 的函数，记为 $\hat{\theta}=d(\boldsymbol{x}_1,\boldsymbol{x}_2,\cdots,\boldsymbol{x}_N)$，就把 $\hat{\theta}=d(\boldsymbol{x}_1,\boldsymbol{x}_2,\cdots,\boldsymbol{x}_N)$ 叫做 θ 的最大似

然估计量。图3-1示意了最大似然估计的基本原理。

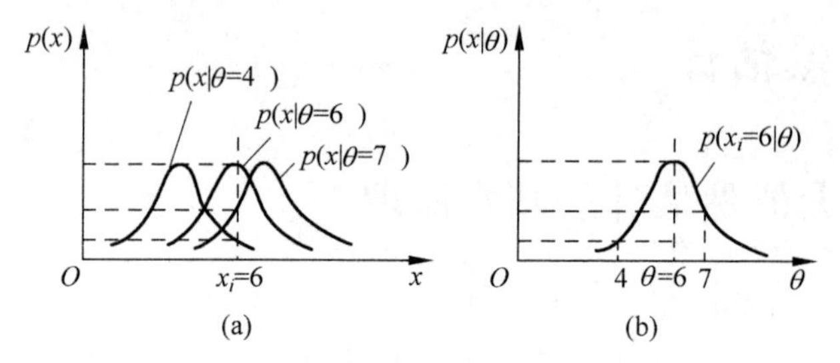

图3-1　最大似然估计的基本原理

现在可以给出最大似然估计量的定义。

最大似然估计量：令 $l(\theta)$ 为样本集 $\mathscr{X}$ 的似然函数，$\mathscr{X}=\{\boldsymbol{x}_1,\boldsymbol{x}_2,\cdots,\boldsymbol{x}_N\}$，如果 $\hat{\theta}=d(\mathscr{X})=d(\boldsymbol{x}_1,\boldsymbol{x}_2,\cdots,\boldsymbol{x}_N)$ 是参数空间 Θ 中能使似然函数 $l(\theta)$ 极大化的 θ 值，那么 $\hat{\theta}$ 就是 θ 的最大似然估计量，或者记作

$$\hat{\theta}=\arg\max l(\theta) \tag{3-3}$$

其中，arg max 是一种常用的表示方法，表示使后面的函数取得最大值的变量的取值。有时，为了便于分析，还可以定义对数似然函数

$$H(\theta)=\ln l(\theta)=\ln\prod_{i=1}^{N}p(\boldsymbol{x}_i|\theta)=\sum_{i=1}^{N}\ln p(\boldsymbol{x}_i|\theta) \tag{3-4}$$

容易证明，使对数似然函数最大的 θ 值也使似然函数最大。

3.2.2　最大似然估计的求解

现在再来看式(3-2)似然函数公式，虽然公式复杂，但其中的函数形式 $p(\cdot)$ 是已知的，其中的 $\boldsymbol{x}_i$ 也都是已知的，未知量只有 θ。在似然函数满足连续、可微的条件下，如果 θ 是一维变量，即只有一个待估计参数，其最大似然估计量就是如下微分方程的解

$$\frac{\mathrm{d}l(\theta)}{\mathrm{d}\theta}=0 \tag{3-5}$$

或

$$\frac{\mathrm{d}H(\theta)}{\mathrm{d}\theta}=0 \tag{3-6}$$

更一般地，当 $\boldsymbol{\theta}=[\theta_1,\cdots,\theta_s]^{\mathrm{T}}$ 是由多个未知参数组成的向量时，求解似然函数的最大值就需要对 $\boldsymbol{\theta}$ 的每一维分别求偏导，即用下面的梯度算子

$$\boldsymbol{\nabla}_{\boldsymbol{\theta}}=\left[\frac{\partial}{\partial\theta_1},\cdots,\frac{\partial}{\partial\theta_s}\right]^{\mathrm{T}} \tag{3-7}$$

来对似然函数或者对数似然函数求梯度并令其等于零

$$\boldsymbol{\nabla}_{\boldsymbol{\theta}}l(\boldsymbol{\theta})=0 \tag{3-8}$$

或

$$\boldsymbol{\nabla}_{\boldsymbol{\theta}}H(\boldsymbol{\theta})=\sum_{i=1}^{N}\boldsymbol{\nabla}_{\boldsymbol{\theta}}\ln p(\boldsymbol{x}_i|\boldsymbol{\theta})=0 \tag{3-9}$$

得到 s 个方程,方程组的解就是对数似然函数的极值点。需要注意,在某些情况下,似然函数可能有多个极值,此时上述方程组可能有多个解,其中使得似然函数最大的那个解才是最大似然估计量。

并不是所有的概率密度形式都可以用上面的方法求得最大似然估计。例如,已知一维随机变量 x 服从均匀分布

$$p(x|\theta)=\begin{cases}\dfrac{1}{\theta_2-\theta_1} & \theta_1<x<\theta_2\\ 0 & \text{其他}\end{cases} \tag{3-10}$$

其中分布的参数 θ_1、θ_2 未知。从总体分布中独立抽取了 N 个样本 $x_1,x_2,\cdots,x_N$,则似然函数为

$$l(\theta)=p(\mathscr{X}|\theta)=\begin{cases}p(x_1,x_2,\cdots,x_N|\theta_1,\theta_2)=\dfrac{1}{(\theta_2-\theta_1)^N}\\ 0\end{cases} \tag{3-11}$$

对数似然函数为

$$H(\theta)=-N\ln(\theta_2-\theta_1) \tag{3-12}$$

通过式(3-9)求

$$\frac{\partial H}{\partial\theta_1}=N\cdot\frac{1}{\theta_2-\theta_1} \tag{3-13}$$

$$\frac{\partial H}{\partial\theta_2}=-N\cdot\frac{1}{\theta_2-\theta_1} \tag{3-14}$$

从式(3-13)、式(3-14)方程组中解出的参数 θ_1 和 θ_2 至少有一个为无穷大,这是无意义的结果。造成这种困难的原因是似然函数在最大值的地方没有零斜率,所以必须用其他方法来找最大值。从式(3-10)看出,当 $\theta_2-\theta_1$ 越小时,则似然函数越大。而在给定一个有 N 个观察值 $x_1,x_2,\cdots,x_N$ 的样本集中,如果用 x'表示观察值中最小的一个,用 x''表示观察值中最大的一个,显然 θ_1 不能大于 x',θ_2 不能小于 x'',因此 $\theta_2-\theta_1$ 的最小可能值是 $x''-x'$,这时 θ 的最大似然估计量显然是

$$\hat{\boldsymbol{\theta}}_1=x' \tag{3-15}$$

$$\hat{\boldsymbol{\theta}}_2=x'' \tag{3-16}$$

3.2.3 正态分布下的最大似然估计

这里仅以单变量正态分布情况下估计其均值和方差为例来说明最大似然估计的用法。我们知道,单变量正态分布的形式为

$$p(x|\boldsymbol{\theta})=\frac{1}{\sqrt{2\pi}\sigma}\exp\left[-\frac{1}{2}\left(\frac{x-\mu}{\sigma}\right)^2\right] \tag{3-17}$$

其中均值 μ 和方差 σ^2 为未知参数,即我们要估计的参数为$\boldsymbol{\theta}=[\theta_1,\theta_2]^{\mathrm{T}}=[\mu,\sigma^2]^{\mathrm{T}}$,用于估计的样本仍然是 $\mathscr{X}=\{x_1,x_2,\cdots,x_N\}$。根据式(3-11),最大似然估计应该是下面方程组的解

$$\boldsymbol{\nabla}_\theta H(\boldsymbol{\theta})=\sum_{k=1}^{N}\boldsymbol{\nabla}_\theta\ln p(x_k|\boldsymbol{\theta})=0 \tag{3-18}$$

从正态分布式(3-17)可以得到

$$\ln p(x_k|\boldsymbol{\theta})=-\frac{1}{2}\ln 2\pi\theta_2-\frac{1}{2\theta_2}(x_k-\theta_1)^2 \tag{3-19}$$

分别对两个未知参数求偏导，得到

$$\nabla_\theta \ln p(x_k|\boldsymbol{\theta})=\begin{bmatrix}\dfrac{1}{\theta_2}(x_k-\theta_1)\\ -\dfrac{1}{2\theta_2}+\dfrac{1}{2\theta_2^2}(x_k-\theta_1)^2\end{bmatrix} \tag{3-20}$$

因此，最大似然估计应该是以下方程组的解

$$\begin{cases}\displaystyle\sum_{k=1}^{N}\frac{1}{\hat{\boldsymbol{\theta}}_2}(x_k-\hat{\boldsymbol{\theta}}_1)=0\\ \displaystyle-\sum_{k=1}^{N}\frac{1}{\hat{\boldsymbol{\theta}}_2}+\sum_{k=1}^{N}\frac{(x_k-\hat{\boldsymbol{\theta}}_1)^2}{\hat{\boldsymbol{\theta}}_2^2}=0\end{cases} \tag{3-21}$$

容易解得

$$\hat{\mu}=\hat{\boldsymbol{\theta}}_1=\frac{1}{N}\sum_{k=1}^{N}x_k \tag{3-22}$$

$$\hat{\delta}^2=\hat{\boldsymbol{\theta}}_2=\frac{1}{N}\sum_{k=1}^{N}(x_k-\hat{\mu})^2 \tag{3-23}$$

这正是人们经常使用的对均值和方差的估计，它们是对正态分布样本的均值和方差的最大似然估计。

对于多元正态分布，分析原理和上面相同，只是公式略微复杂一些，结论也和单变量情况很相似，即多元正态分布的均值和方差的最大似然估计是

$$\hat{\boldsymbol{\mu}}=\frac{1}{N}\sum_{i=1}^{N}\boldsymbol{x}_i \tag{3-24}$$

$$\hat{\boldsymbol{\Sigma}}=\frac{1}{N}\sum_{i=1}^{N}(\boldsymbol{x}_i-\hat{\boldsymbol{\mu}})(\boldsymbol{x}_i-\hat{\boldsymbol{\mu}})^{\mathrm{T}} \tag{3-25}$$

从以上结果可以得出结论：均值向量$\boldsymbol{\mu}$的最大似然估计是样本均值。协方差矩阵$\boldsymbol{\Sigma}$的最大似然估计是N个矩阵$(\boldsymbol{x}_k-\hat{\boldsymbol{\mu}})(\boldsymbol{x}_k-\hat{\boldsymbol{\mu}})^{\mathrm{T}}$的算术平均。由于真正的协方差矩阵是随机矩阵$(\boldsymbol{x}-\boldsymbol{\mu})(\boldsymbol{x}-\boldsymbol{\mu})^{\mathrm{T}}$的期望值，所以这个结果是非常令人满意的。最大似然估计量是平方误差一致和简单一致估计量，但不一定都是无偏估计量。上例中$\hat{\boldsymbol{\mu}}$是无偏的，而$\hat{\boldsymbol{\Sigma}}$就不是无偏的，$\hat{\boldsymbol{\Sigma}}$的无偏估计为$\dfrac{1}{N-1}\displaystyle\sum_{k=1}^{N}(\boldsymbol{x}_k-\hat{\boldsymbol{\mu}})(\boldsymbol{x}_k-\hat{\boldsymbol{\mu}})^{\mathrm{T}}$，其证明作为习题留给读者。

3.3 贝叶斯估计与贝叶斯学习

贝叶斯估计(Bayesian Estimation)是概率密度估计中的另一类主要的参数估计方法，其结果在很多情况下与最大似然法相同或几乎相同，但是两种方法对问题的处理视角是不同的，在应用上也各自有各自的特点。一个根本的区别是，最大似然估计是把待估计的参数当作未知但固定的量，要做的是根据观测数据估计这个量的取值；而贝叶斯估计则是把待

估计的参数本身也看作是随机变量,要做的是根据观测数据对参数的分布进行估计,除了观测数据外,还可以考虑参数的先验分布。贝叶斯学习(Bayesian learning)则是把贝叶斯估计的原理用于直接从数据对概率密度函数进行迭代估计。

3.3.1 贝叶斯估计

可以把概率密度函数的参数估计问题看作一个贝叶斯决策问题,但是这里要决策的不是离散的类别,而是参数的取值,是在连续的空间里做决策。

把待估计参数$\boldsymbol{\theta}$看作具有先验分布密度$p(\theta)$的随机变量,其取值与样本集$\mathscr{X}$有关,我们要做的是根据样本集$\mathscr{X}=\{\boldsymbol{x}_1,\boldsymbol{x}_2,\cdots,\boldsymbol{x}_N\}$估计最优的$\theta$(记作$\theta^*$)。

在用于分类的贝叶斯决策中,最优的条件可以是最小错误率或者最小风险。在这里,对连续变量θ,我们假定把它估计为$\hat{\boldsymbol{\theta}}$所带来的损失为$\lambda(\hat{\boldsymbol{\theta}},\theta)$,也称作损失函数。

设样本的取值空间是E^d,参数的取值空间是Θ,那么,当用$\hat{\boldsymbol{\theta}}$来作为估计时总期望风险就是

$$\begin{aligned}R&=\int_{E^d}\int_{\Theta}\lambda(\hat{\boldsymbol{\theta}},\theta)p(\boldsymbol{x},\theta)\mathrm{d}\theta\mathrm{d}\boldsymbol{x}\\&=\int_{E^d}\int_{\Theta}\lambda(\hat{\boldsymbol{\theta}},\theta)p(\theta|\boldsymbol{x})p(\boldsymbol{x})\mathrm{d}\theta\mathrm{d}\boldsymbol{x}\end{aligned}\tag{3-26}$$

我们定义在样本$\boldsymbol{x}$下的条件风险为

$$R(\hat{\boldsymbol{\theta}}|\boldsymbol{x})=\int_{\Theta}\lambda(\hat{\boldsymbol{\theta}},\theta)p(\theta|\boldsymbol{x})\mathrm{d}\theta\tag{3-27}$$

那么,式(3-26)就可以写成

$$R=\int_{E^d}R(\hat{\boldsymbol{\theta}}|\boldsymbol{x})p(\boldsymbol{x})\mathrm{d}\boldsymbol{x}\tag{3-28}$$

现在的目标是对期望风险求最小。与贝叶斯分类决策时相似,这里的期望风险也是在所有可能的$\boldsymbol{x}$情况下的条件风险的积分,而条件风险又都是非负的,所以求期望风险最小就等价于对所有可能的$\boldsymbol{x}$求条件风险最小。在有限样本集合$\mathscr{X}=\{\boldsymbol{x}_1,\boldsymbol{x}_2,\cdots,\boldsymbol{x}_N\}$的情况下,我们所能做的就是对所有的样本求条件风险最小,即

$$\theta^*=\arg\min_{\hat{\boldsymbol{\theta}}}R(\hat{\boldsymbol{\theta}}|\mathscr{X})=\int_{\Theta}\lambda(\hat{\boldsymbol{\theta}},\theta)p(\theta|\mathscr{X})\mathrm{d}\theta\tag{3-29}$$

在决策分类时,需要事先定义决策表即损失表,而连续情况下,需要定义损失函数。最常用的损失函数是平方误差损失函数,即

$$\lambda(\hat{\boldsymbol{\theta}},\theta)=(\theta-\hat{\boldsymbol{\theta}})^2\tag{3-30}$$

可以证明,如果采用平方误差损失函数,则在样本$\boldsymbol{x}$条件下θ的贝叶斯估计量θ^*是在给定$\boldsymbol{x}$下θ的条件期望,即

$$\theta^*=E[\theta|\boldsymbol{x}]=\int_{\Theta}\theta p(\theta|\boldsymbol{x})\mathrm{d}\theta\tag{3-31}$$

同样,在给定样本集$\mathscr{X}$下,θ的贝叶斯估计量是

$$\theta^*=E[\theta|\mathscr{X}]=\int_{\Theta}\theta p(\theta|\mathscr{X})\mathrm{d}\theta\tag{3-32}$$

这样,在最小平方误差损失函数下,贝叶斯估计的步骤是:

(1) 根据对问题的认识或者猜测确定 θ 的先验分布密度 $p(\theta)$。

(2) 由于样本是独立同分布的，而且已知样本密度函数的形式 $p(\boldsymbol{x}|\theta)$，可以形式上求出样本集的联合分布为

$$p(\mathscr{X}|\theta)=\prod_{i=1}^{N}p(\boldsymbol{x}_i|\theta) \tag{3-33}$$

其中 θ 是变量。

(3) 利用贝叶斯公式求 θ 的后验概率分布

$$p(\theta|\mathscr{X})=\frac{p(\mathscr{X}|\theta)p(\theta)}{\int_{\Theta}p(\mathscr{X}|\theta)p(\theta)\mathrm{d}\theta} \tag{3-34}$$

(4) 根据式(3-32)，θ 的贝叶斯估计量是

$$\theta^*=\int_{\Theta}\theta p(\theta|\mathscr{X})\mathrm{d}\theta \tag{3-35}$$

在贝叶斯估计中，样本的概率密度函数 $p(\boldsymbol{x}|\theta)$ 的形式是已知的，参数的先验分布密度 $p(\theta)$ 只有在某些特殊形式下才能使式(3-34)的后验概率形式上方便计算。特别地，对于给定的概率密度函数 $p(\boldsymbol{x}|\theta)$ 模型，如果先验密度 $p(\theta)$ 能够使参数的后验分布 $p(\theta|\mathscr{X})$ 具有与 $p(\boldsymbol{x}|\theta)$ 相同的形式，则这样的先验密度函数形式称作与概率模型 $p(\boldsymbol{x}|\theta)$ 共轭(conjugate)。在 Bernardo 和 Smith 的教材(Bernardo, J. M. and Smith, A. F. M. *Bayesian Theory*. Chichester: Wiley, 1994)中给出了一些常用的共轭先验概率密度模型的例子，实际中最常用的是在 $p(\boldsymbol{x}|\theta)$ 为正态分布时 $p(\theta)$ 也为正态分布。

应注意到，我们本来的目的并不是估计概率密度参数，而是估计样本的概率密度函数 $p(\boldsymbol{x}|\mathscr{X})$ 本身，因为假定概率密度函数的形式已知，才转化为估计密度函数中的参数的问题。实际上，在上面介绍的贝叶斯估计框架下，从式(3-34)得到了参数的后验概率后就可以不必求对参数的估计，而是直接得到样本的概率密度函数

$$p(\boldsymbol{x}|\mathscr{X})=\int_{\Theta}p(\boldsymbol{x}|\theta)p(\theta|\mathscr{X})\mathrm{d}\theta \tag{3-36}$$

可以这样直观地理解式(3-36)：参数 θ 是随机变量，它有一定的分布，而要估计的概率密度 $p(\boldsymbol{x}|\mathscr{X})$ 就是所有可能的参数取值下的样本概率密度的加权平均，而这个加权就是在观测样本下估计出的参数 θ 的后验概率。在式(3-34)给出的参数分布估计中，决定分布形状的是 $p(\mathscr{X}|\theta)p(\theta)$，即

$$p(\theta|\mathscr{X})\sim p(\mathscr{X}|\theta)p(\theta) \tag{3-37}$$

分母只是对估计出的分布的归一化因子，保证概率密度函数下的积分为 1。可以看到，$p(\theta|\mathscr{X})$ 是由两项决定的，一项就是上一节定义的似然函数 $p(\mathscr{X}|\theta)$，它反映了在不同参数取值下得到观测样本的可能性；另一项是参数取值的先验概率 $p(\theta)$，它反映了对参数分布的先验知识或者主观猜测。

极端情况下，如果完全没有先验知识，即认为 $p(\theta)$ 是均匀分布，则 $p(\theta|\mathscr{X})$ 就完全取决于 $p(\mathscr{X}|\theta)$。与最大似然估计不同的是，这里并没有直接把似然函数最大或者是后验概率最大的值拿来当作对样本概率密度参数的估计，而是根据把所有可能的参数值都考虑进来，用它们的似然函数作为加权来平均出一个对参数的估计(即式(3-35))或者对样本概率密度函数的估计(式(3-36))。

另一个极端情况是，如果先验知识非常强，$p(\theta)$就是在某一特定取值 θ_0 上的一个脉冲函数(即 $p(\theta_0)=\delta(\theta_0)$)，则由式(3-37)可知，除非在 θ_0 的似然函数为 0，否则最后的估计就是 θ_0，样本不再起作用。

通常情况下，$p(\theta)$不是均匀分布也不是脉冲函数，则参数的后验概率就受似然函数和先验概率的共同作用。一种常见的情况是，似然函数在其最大值 $\theta=\hat{\theta}$ 附近会有一个尖峰，那么如果先验概率在最大似然估计处不为零且变化比较平缓，则参数的后验概率 $p(\theta|\mathscr{X})$ 就会集中在 $\theta=\hat{\theta}$ 附近，此时式(3-35)得到的贝叶斯估计就与最大似然估计接近，式(3-36)估计出的样本密度基本上也就是在最大似然估计下的样本密度。

3.3.2 贝叶斯学习

现在来考虑更为一般的情况，即根据观测样本用式(3-35)来估计样本概率密度函数的参数。为了反映样本的数目，把样本集重新记作 $\mathscr{X}^N=\{\boldsymbol{x}_1,\boldsymbol{x}_2,\cdots,\boldsymbol{x}_N\}$，式(3-35)重写如下

$$\theta^*=\int_\Theta \theta p(\theta|\mathscr{X}^N)\mathrm{d}\theta \tag{3-38}$$

其中

$$p(\theta|\mathscr{X}^N)=\frac{p(\mathscr{X}^N|\theta)p(\theta)}{\int_\Theta p(\mathscr{X}^N|\theta)p(\theta)\mathrm{d}\theta} \tag{3-39}$$

当 $N>1$ 时，有

$$p(\mathscr{X}^N|\theta)=p(\boldsymbol{x}_N|\theta)p(\mathscr{X}^{N-1}|\theta) \tag{3-40}$$

把它代入式(3-39)，可以得到如下的递推公式

$$p(\theta|\mathscr{X}^N)=\frac{p(\boldsymbol{x}_N|\theta)p(\theta|\mathscr{X}^{N-1})}{\int p(\boldsymbol{x}_N|\theta)p(\theta|\mathscr{X}^{N-1})\mathrm{d}\theta} \tag{3-41}$$

为了形式统一，把先验概率记作 $p(\theta|\mathscr{X}^0)=p(\theta)$，表示在没有样本情况下的概率密度估计。根据式(3-41)，随着样本数的增加，可以得到一系列对概率密度函数参数的估计

$$p(\theta),\quad p(\theta|\boldsymbol{x}_1),\quad p(\theta|\boldsymbol{x}_1,\boldsymbol{x}_2),\cdots,\quad p(\theta|\boldsymbol{x}_1,\boldsymbol{x}_2,\cdots,\boldsymbol{x}_N),\cdots \tag{3-42}$$

称作递推的贝叶斯估计。如果随着样本数的增加，式(3-42)的后验概率序列逐渐尖锐，逐步趋向于以 θ 的真实值为中心的一个尖峰，当样本无穷多时收敛于在参数真实值上的脉冲函数，则这一过程称作贝叶斯学习。

此时，用式(3-36)估计的样本概率密度函数也逼近真实的密度函数

$$p(\boldsymbol{x}|\mathscr{X}^{N\to\infty})=p(\boldsymbol{x}) \tag{3-43}$$

3.3.3 正态分布时的贝叶斯估计

下面以最简单的一维正态分布模型为例来说明贝叶斯估计的应用。假设模型的均值 μ 是待估计的参数，方差为 σ^2 为已知，我们可以把分布密度写为

$$p(x|\mu)=\frac{1}{\sqrt{2\pi}\sigma}\exp\left(-\frac{1}{2\sigma^2}(x-\mu)^2\right) \tag{3-44}$$

假定均值μ的先验分布也是正态分布，其均值为μ_0、方差为σ_0^2，即

$$p(\mu)=\frac{1}{\sqrt{2\pi}\sigma_0}\exp\left(-\frac{1}{2\sigma_0^2}(\mu-\mu_0)^2\right) \tag{3-45}$$

用式(3-34)来对均值μ进行估计

$$p(\mu|\mathscr{X})=\frac{p(\mathscr{X}|\mu)p(\mu)}{\int_\Theta p(\mathscr{X}|\mu)p(\mu)\mathrm{d}\mu} \tag{3-46}$$

已经知道，这里的分母只是用来对估计出的后验概率进行归一化的常数项，可以暂时不考虑。现在来计算式(3-46)右边的分子部分。

$$\begin{aligned}p(\mathscr{X}|\mu)p(\mu)&=p(\mu)\prod_{i=1}^N p(x_i|\mu)\\&=\frac{1}{\sqrt{2\pi}\sigma}\exp\left(-\frac{1}{2}\left(\frac{\mu-\mu_0}{\sigma_0}\right)^2\right)\prod_{i=1}^N\left(\frac{1}{\sqrt{2\pi}\sigma}\exp\left(-\frac{1}{2}\left(\frac{x_i-\mu}{\sigma}\right)^2\right)\right)\end{aligned}$$

把所有不依赖于μ的量都写入一个常数中，上式可以整理为

$$p(\mathscr{X}|\mu)p(\mu)=\alpha\exp\left(-\frac{1}{2}\left(\frac{\mu-\mu_N}{\sigma_N}\right)^2\right) \tag{3-47}$$

可见$p(\mu|\mathscr{X})$也是一个正态分布，可以得到

$$p(\mu|\mathscr{X})=\frac{1}{\sqrt{2\pi}\sigma_N}\exp\left(-\frac{1}{2}\left(\frac{\mu-\mu_N}{\sigma_N}\right)^2\right) \tag{3-48}$$

其中的参数满足

$$\frac{1}{\sigma_N^2}=\frac{1}{\sigma_0^2}+\frac{N}{\sigma^2} \tag{3-49}$$

$$\mu_N=\sigma_N^2\left(\frac{\mu_0}{\sigma_0^2}+\frac{\sum_{i=1}^N x_i}{\sigma^2}\right) \tag{3-50}$$

进一步整理后得

$$\mu_N=\frac{N\sigma_0^2}{N\sigma_0^2+\sigma^2}m_N+\frac{\sigma^2}{N\sigma_0^2+\sigma^2}\mu_0 \tag{3-51}$$

$$\sigma_N^2=\frac{\sigma_0^2\sigma^2}{N\sigma_0^2+\sigma^2} \tag{3-52}$$

其中，$m_N=\frac{1}{N}\sum_{i=1}^N x_i$是所有观测样本的算术平均。

所以，贝叶斯估计告诉我们，待估计的样本密度函数的均值参数服从均值为μ_N、方差为σ_N^2的正态分布。显然，可以用式(3-35)得到参数的贝叶斯估计值，即

$$\hat{\mu}=\int\mu p(\mu|\mathscr{X})\mathrm{d}\mu=\int\frac{\mu}{\sqrt{2\pi}\sigma_N}\exp\left(-\frac{1}{2}\left(\frac{\mu-\mu_N}{\sigma_N}\right)^2\right)\mathrm{d}\mu=\mu_N \tag{3-53}$$

在式(3-51)中，正态分布下贝叶斯估计的结果是由两项组成的，一项是样本的算术平均，另一项是对均值的先验认识。当样本数目趋于无穷大时，第一项的系数趋于1而第二项

的系数趋于 0，即估计的均值就是样本的算术平均。这与最大似然估计是一致的。当样本数目有限时，如果先验知识非常确定，那么先验分布的方差 σ_0^2 就很小，此时第一项的系数就很小，而第二项的系数接近 1，估计主要由先验知识来决定。一般情况下，均值的贝叶斯估计是在样本算术平均与先验分布均值之间进行加权平均。

从这里可以看到，贝叶斯估计的优势不但在于使用样本中提供的信息进行估计，而且能够很好地把关于待估计参数的先验知识融合进来，并且能够根据数据量大小和先验知识的确定程度来调和两部分信息的相对贡献，这在很多实际问题中是非常有用的。

在得到式(3-48)的后验分布后，我们也可以直接用式(3-36)求出样本的密度函数

$$p(\boldsymbol{x}\mid\mathcal{X})=\frac{1}{\sqrt{2\pi}\sqrt{\sigma^2+\sigma_N^2}}\exp\left[-\frac{1}{2}\left(\frac{\boldsymbol{x}-\mu_N}{\sqrt{\sigma^2+\sigma_N^2}}\right)^2\right]\sim N(\mu_N,\sigma^2+\sigma_N^2) \tag{3-54}$$

其中，μ_N、σ_N^2 仍然如式(3-52)、式(3-53)。可以看到，虽然我们的条件是已知方差 σ^2，但是由于均值是估计值 μ_N，贝叶斯估计得到的分布密度函数方差增加了，变成 $\sigma^2+\sigma_N^2$，而所增加的项 σ_N^2 在当样本趋于无穷大时趋于零。

3.3.4　其他分布的情况

需要说明的是，在一般情况下，在求出参数的后验概率分布 $p(\theta\mid\mathcal{X})$后，计算式(3-35)的数学期望和式(3-36)的积分并不是非常容易的，对于某些概率模型甚至会非常困难。在这种情况下，比较简单的做法是直接根据 $p(\theta\mid\mathcal{X})$选取一个参数值作为估计，例如选择后验概率最大的参数值，但在很多分布下最大值与数学期望的差距可能会很大。一种更完善的做法是，用所谓吉布斯采样(Gibbs Sampling)等方法来对参数的后验概率分布 $p(\theta\mid\mathcal{X})$进行随机采样，用采样得到的参数的算术平均来估算式(3-35)的数学期望，而这种采样并不需要计算式(3-34)中的分母部分(在很多分布下这一归一化因子的计算并不容易)，而是可以根据与 $p(\theta\mid\mathcal{X})$成正比的 $p(\mathcal{X}\mid\theta)p(\theta)$进行。有关这方面的内容请参阅 Andrew Webb 的教材 *Statistical Pattern Recognition* 中有关内容或者关于马尔可夫链蒙特卡罗 MCMC (Markov Chain Monte Carlo)的有关教材或专著。

3.4　概率密度估计的非参数方法

最大似然方法和贝叶斯方法都属于参数化的估计方法，要求待估计的概率密度函数形式已知，只是利用样本来估计函数中的某些参数。但是，在很多情况下，我们对样本的分布并没有充分的了解，无法事先给出密度函数的形式，而且有些样本分布的情况也很难用简单的函数来描述。在这种情况下，就需要非参数估计，即不对概率密度函数的形式作任何假设，而是直接用样本估计出整个函数。当然，这种估计只能是用数值方法取得，无法得到完美的封闭函数形式。从另外的角度来看，概率密度函数的参数估计实际是在指定的一类函数中选择一个函数作为对未知函数的估计，而非参数估计则可以看作从所有可能的函数中进行的一种选择。

3.4.1 非参数估计的基本原理与直方图方法

直方图(histogram)方法是最简单直观的非参数估计方法,也是日常人们最常用的对数据进行统计分析的方法。图3-2给出了一个直方图的例子。

进行直方图估计的做法是:

(1) 把样本 $\boldsymbol{x}$ 的每个分量在其取值范围内分成 k 个等间隔的小窗。如果 $\boldsymbol{x}$ 是 d 维向量,则这种分割就会得到 k^d 个小体积或者称作小舱,每个小舱的体积记作 V。

(2) 统计落入每个小舱内的样本数目 q_i。

(3) 把每个小舱内的概率密度看作是常数,并用 $q_i/(NV)$ 作为其估计值,其中 N 为样本总数。

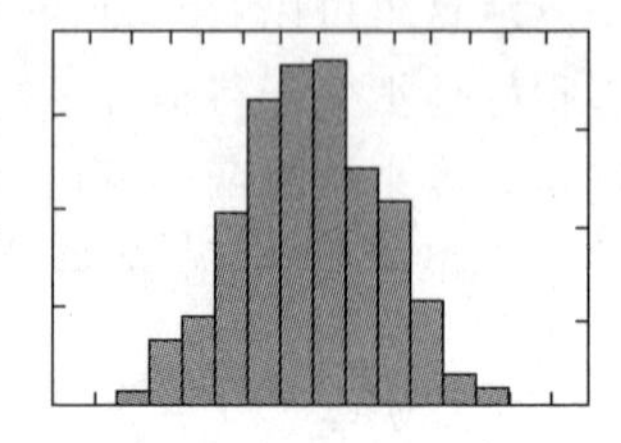

图3-2 直方图举例

下面来分析非参数估计的基本原理。我们的问题是:已知样本集 $\mathscr{X}=\{\boldsymbol{x}_1,\cdots,\boldsymbol{x}_N\}$ 中的样本是从服从密度函数 $p(\boldsymbol{x})$ 的总体中独立抽取出来的,求 $p(\boldsymbol{x})$ 的估计 $\hat{p}(\boldsymbol{x})$。与参数估计时相同,这里不考虑类别,即假设样本都是来自同一个类别,对不同类别只需要分别进行估计即可。

考虑在样本所在空间的某个小区域 R,某个随机向量落入这个小区域的概率是

$$P_R=\int_R p(\boldsymbol{x})\mathrm{d}\boldsymbol{x} \tag{3-55}$$

根据二项分布,在样本集 $\mathscr{X}$ 中恰好有 k 个落入小区域 R 的概率是

$$P_k=C_N^k P_R^k(1-P_R)^{N-k} \tag{3-56}$$

其中 C_N^k 表示在 N 个样本中取 k 个的组合数。k 的期望值是

$$E[k]=NP_R \tag{3-57}$$

而且 k 的众数(概率最大的取值)是

$$m=[(N+1)P_R] \tag{3-58}$$

其中[]表示取整数。因此,当小区域中实际落入了 k 个样本时,P_R 的一个很好的估计是

$$\hat{P}_R=\frac{k}{N} \tag{3-59}$$

当 $p(\boldsymbol{x})$ 连续且小区域 R 的体积 V 足够小时,可以假定在该小区域范围内 $p(\boldsymbol{x})$ 是常数,则式(3-55)可近似为

$$P_R=\int_R p(\boldsymbol{x})\mathrm{d}\boldsymbol{x}=p(\boldsymbol{x})V \tag{3-60}$$

用式(3-59)的估计代入到式(3-60)中,可得:在小区域 R 的范围内

$$\hat{p}(\boldsymbol{x})=\frac{k}{NV} \tag{3-61}$$

这就是在上面的直方图中使用的对小舱内概率密度的估计。

在上面的直方图估计中,我们采用的是把特征空间在样本取值范围内等分的做法。可以设想,小舱的选择是与估计的效果密切相连的:如果小舱选择过大,则假设 $p(\boldsymbol{x})$ 在小舱内为常数的做法就显得粗糙,导致最终估计出的密度函数也非常粗糙,如图3-3(a)的例子所示;而另一方面,如果小舱过小,则有些小舱内可能就会没有样本或者很少样本,导致估计

出的概率密度函数很不连续,如图 3-3(b)所示。

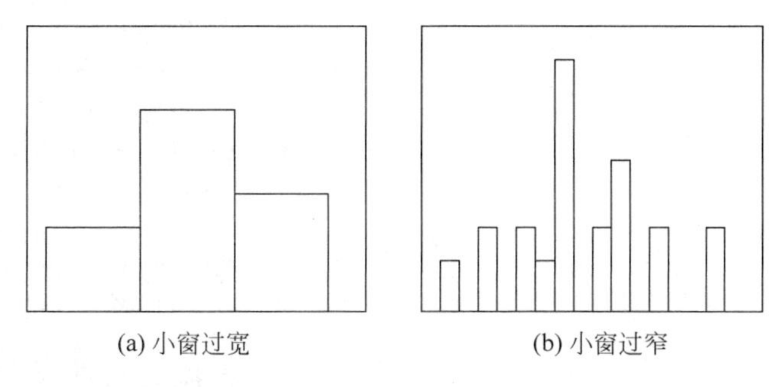

图 3-3 小窗宽度对直方图估计的影响示意

所以,小舱的选择应该与样本总数相适应。理论上讲,假定样本总数是 n,小舱的体积为 V_n,在 $\boldsymbol{x}$ 附近位置上落入小舱的样本个数是 k_n,那么当样本趋于无穷多时 $\hat{p}(\boldsymbol{x})$ 收敛于 $p(\boldsymbol{x})$ 的条件是

$$(1)\ \lim_{n\to\infty} V_n = 0,\quad (2)\ \lim_{n\to\infty} k_n = \infty,\quad (3)\ \lim_{n\to\infty} \frac{k_n}{n} = 0 \tag{3-62}$$

直观的解释:随着样本数的增加,小舱体积应该尽可能小,同时又必须保证小舱内有充分多的样本,但每个小舱内的样本数又必须是总样本数中很小的一部分。

我们自然可以想到,小舱内有多少样本不但与小舱体积有关,还与样本的分布有关。在有限数目的样本下,如果所有小舱的体积相同,那么就有可能在样本密度大的地方一个小舱里有很多样本,而在密度小的地方则可能一个小舱里只有很少甚至没有样本,这样就可能导致密度的估计在样本密度不同的地方表现不一致。因此,固定小舱宽度的直方图方法只是最简单的非参数估计方法,要想得到更好的估计,需要采用能够根据样本分布情况调整小舱体积的方法。

3.4.2 k_N 近邻估计方法

k_N 近邻估计就是一种采用可变大小的小舱的密度估计方法,基本做法是:根据总样本确定一个参数 k_N,即在总样本数为 N 时我们要求每个小舱内拥有的样本个数。在求 $\boldsymbol{x}$ 处的密度估计 $\hat{p}(\boldsymbol{x})$ 时,我们调整包含 $\boldsymbol{x}$ 的小舱的体积,直到小舱内恰好落入 k_N 个样本,并用式(3-60)来估算 $\hat{p}(\boldsymbol{x})$,即

$$\hat{p}(\boldsymbol{x}) = \frac{k_N/N}{V} \tag{3-63}$$

这样,在样本密度比较高的区域小舱的体积就会比较小,而在密度低的区域则小舱体积自动增大,这样就能够比较好地兼顾在高密度区域估计的分辨率和在低密度区域估计的连续性。

为了取得好的估计效果,仍然需要根据式(3-62)来选择 k_N 与 N 的关系,例如可以选取为 $k_N \sim k\sqrt{N}$,k 为某个常数。

k_N 近邻估计与简单的直方图方法相比还有一个不同,就是 k_N 近邻估计并不是把 $\boldsymbol{x}$ 的取值范围划分为若干个区域,而是在 $\boldsymbol{x}$ 的取值范围内以每一点为小舱中心用式(3-63)进行估计,

如图 3-4 所示。图 3-5 给出了两个一维情况下在不同样本数目时 k_N 近邻估计效果的例子。

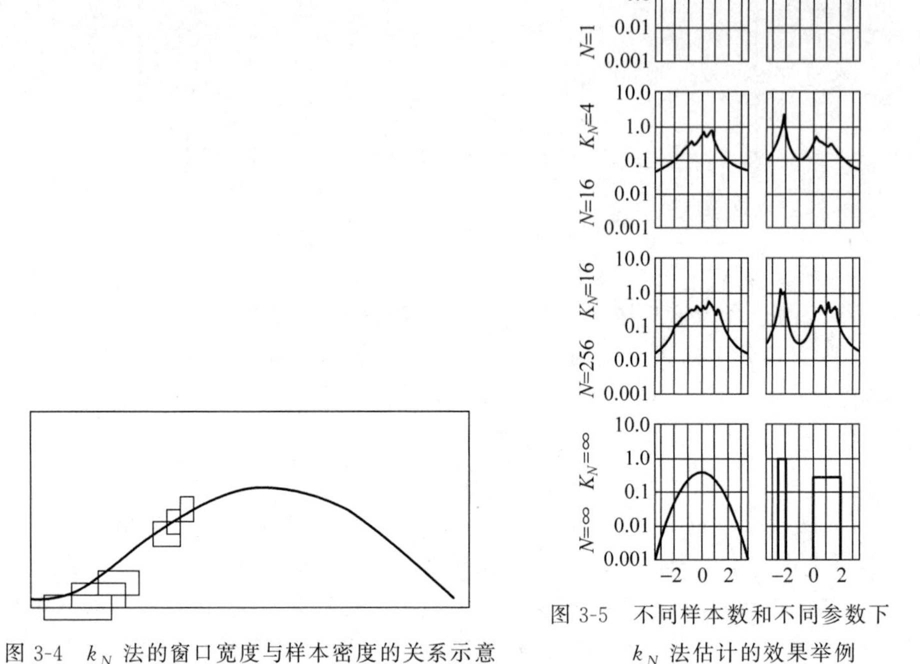

图 3-4 k_N 法的窗口宽度与样本密度的关系示意

图 3-5 不同样本数和不同参数下 k_N 法估计的效果举例

3.4.3 Parzen 窗法

再来看式(3-61)的基本公式 $\hat{p}(\boldsymbol{x})=\dfrac{k}{NV}$。在采用固定小舱体积的情况下，我们也可以像 k_N 近邻估计那样用滑动的小舱来估计每个点上的概率密度，而不是像直方图中那样仅仅在每个小舱内估计平均密度。

假设 $\boldsymbol{x}\in R^d$ 是 d 维特征向量，并假设每个小舱是一个超立方体，它在每一维的棱长都为 h，则小舱的体积是

$$V=h^d \tag{3-64}$$

要计算每个小舱内落入的样本数目，可以定义如下的 d 维单位方窗函数

$$\varphi([u_1,u_2,\cdots,u_d]^{\mathrm{T}})=\begin{cases}1 & |u_j|\leqslant\dfrac{1}{2},\quad j=1,2,\cdots,d\\ 0 & 其他\end{cases} \tag{3-65}$$

该函数在以原点为中心的 d 维单位超正方体内取值为 1，而其他地方取值都为 0。对于每一个 $\boldsymbol{x}$，要考查某个样本 $\boldsymbol{x}_i$ 是否在这个 $\boldsymbol{x}$ 为中心、h 为棱长的立方小舱内，就可以通过计算 $\varphi\left(\dfrac{\boldsymbol{x}-\boldsymbol{x}_i}{h}\right)$ 来进行。现在共有 N 个观测样本 $\{\boldsymbol{x}_1,\boldsymbol{x}_2,\cdots,\boldsymbol{x}_N\}$，那么落入以 $\boldsymbol{x}$ 为中心的超立方体内的样本数就可以写成

$$k_N=\sum_{i=1}^{N}\varphi\left(\frac{\boldsymbol{x}-\boldsymbol{x}_i}{h}\right) \tag{3-66}$$

把它代入式(3-61)中,可以得到对于任意一点 $\boldsymbol{x}$ 的密度估计的表达式

$$\hat{p}(\boldsymbol{x})=\frac{1}{NV}\sum_{i=1}^{N}\varphi\left(\frac{\boldsymbol{x}-\boldsymbol{x}_i}{h}\right) \tag{3-67}$$

或者写成

$$\hat{p}(\boldsymbol{x})=\frac{1}{N}\sum_{i=1}^{N}\frac{1}{V}\varphi\left(\frac{\boldsymbol{x}-\boldsymbol{x}_i}{h}\right) \tag{3-68}$$

还可以从另外的角度来理解式(3-68):定义核函数(也称窗函数)

$$K(\boldsymbol{x},\boldsymbol{x}_i)=\frac{1}{V}\varphi\left(\frac{\boldsymbol{x}-\boldsymbol{x}_i}{h}\right) \tag{3-69}$$

它反映了一个观测样本 $\boldsymbol{x}_i$ 对在 $\boldsymbol{x}$ 处的概率密度估计的贡献,与样本 $\boldsymbol{x}_i$ 与 $\boldsymbol{x}$ 的距离有关,也可记作 $K(\boldsymbol{x}-\boldsymbol{x}_i)$。概率密度估计就是在每一点上把所有观测样本的贡献进行平均,即

$$\hat{p}(\boldsymbol{x})=\frac{1}{N}\sum_{i=1}^{N}K(\boldsymbol{x},\boldsymbol{x}_i) \tag{3-70}$$

一个基本的要求是,这样估计出的函数至少应该满足概率密度函数的基本条件,即函数值应该非负且积分为 1。显然,这只需核函数本身满足密度函数的要求即可,即

$$K(\boldsymbol{x},\boldsymbol{x}_i)\geqslant 0 \quad 且 \quad \int K(\boldsymbol{x},\boldsymbol{x}_i)\mathrm{d}\boldsymbol{x}=1 \tag{3-71}$$

容易验证,由式(3-69)和式(3-65)定义的立方体核函数满足这一条件。

这种用窗函数(核函数)估计概率密度的方法称作 Parzen 窗方法(Parzen window method)估计或核密度估计(kernel density estimation)。Parzen 窗估计也可以看作用核函数对样本在取值空间中进行插值。

由式(3-69)定义的核函数称作方窗函数,还有多种其他核函数。下面列举几种常见的核函数。

(1) 方窗

$$k(\boldsymbol{x},\boldsymbol{x}_i)=\begin{cases}\dfrac{1}{h^d} & |x^j-x_i^j|\leqslant\dfrac{h}{2},\quad j=1,2,\cdots,d\\ 0 & 其他\end{cases} \tag{3-72}$$

其中,h 为超立方体的棱长。这种写法与式(3-69)定义是相同的。

(2) 高斯窗(正态窗)

$$k(\boldsymbol{x},\boldsymbol{x}_i)=\frac{1}{\sqrt{(2\pi)^d\rho^{2d}|\boldsymbol{Q}|}}\exp\left[-\frac{1}{2}\frac{(\boldsymbol{x}-\boldsymbol{x}_i)^{\mathrm{T}}\boldsymbol{Q}^{-1}(\boldsymbol{x}-\boldsymbol{x}_i)}{\rho^2}\right] \tag{3-73}$$

即以样本 $\boldsymbol{x}_i$ 为均值、协方差矩阵为 $\boldsymbol{\Sigma}=\rho^2\boldsymbol{Q}$ 的正态分布函数。一维情况下则为

$$k(x,x_i)=\frac{1}{\sqrt{2\pi}\sigma}\exp\left[-\frac{(x-x_i)^2}{2\sigma^2}\right] \tag{3-74}$$

(3) 超球窗

$$k(\boldsymbol{x},\boldsymbol{x}_i)=\begin{cases}V^{-1} & \|\boldsymbol{x}-\boldsymbol{x}_i\|\leqslant\rho\\ 0 & 其他\end{cases} \tag{3-75}$$

其中 V 是超球体的体积，ρ 是超球体半径。

在这些窗函数中，都有一个表示窗口宽度的参数，也称作平滑参数，它反映了一个样本对多大范围内的密度估计产生影响。

图 3-6 给出用高斯窗估计一个概率密度函数的例子。

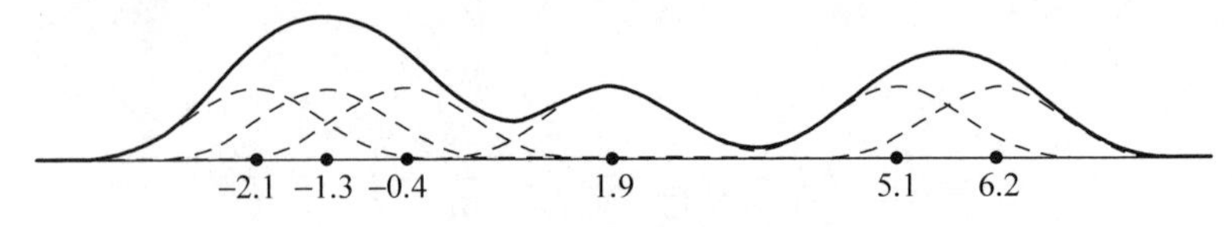

图 3-6　Parzen 窗估计概率密度函数示例

当被估计的密度函数连续时，在核函数及其参数满足一定的条件下，Parzen 窗估计是渐近无偏和平方误差一致的。这些条件主要是：对称且满足式(3-71)的密度函数条件、有界(不能是无穷大)、核函数取值随着距离的减小而迅速减小、对应小舱的体积应随着样本数的增加而趋于零，但是不能缩减速度太快，即慢于 $1/N$ 趋于零的速度。

图 3-7 给出了两种不同分布情况下用不同的参数和高斯窗进行估计的结果，其中采用 $\sigma=h_1/\sqrt{N}$，h_1 为例子中可调节的参量。

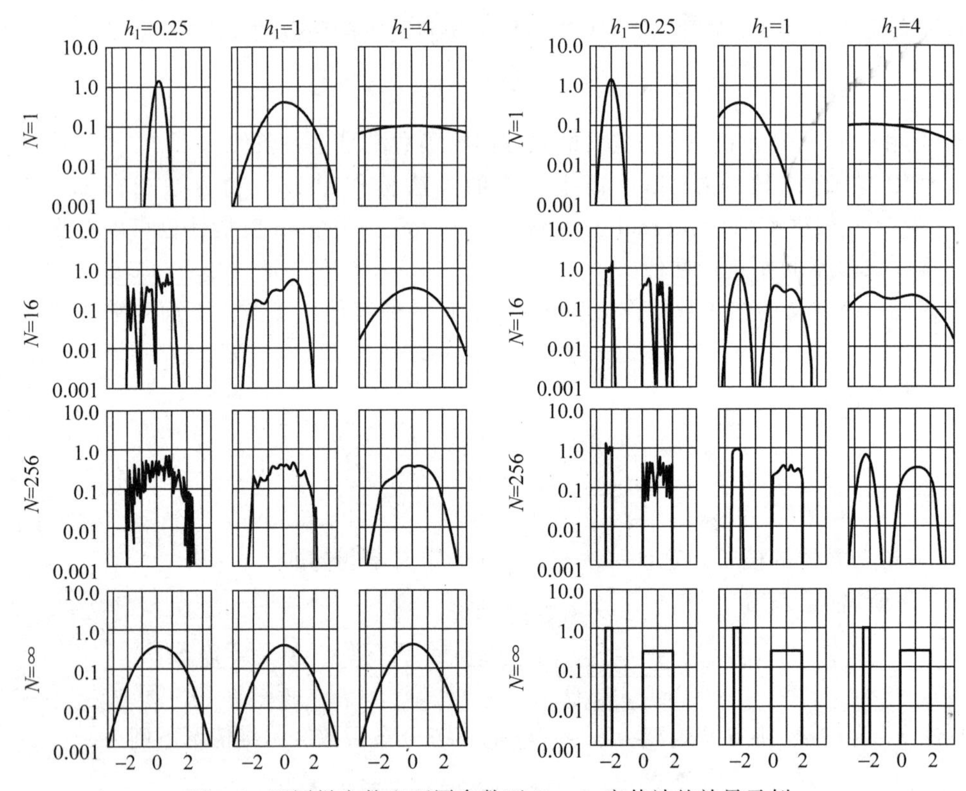

图 3-7　不同样本数和不同参数下 Parzen 窗估计的效果示例

作为非参数方法的共同问题是对样本数目需求较大，只要样本数目足够大，总可以保证收敛于任何复杂的未知密度，但是计算量和存储量都比较大。当样本数很少时，如果能够对密度函数有先验认识，则参数估计方法能取得更好的估计效果。

第4章 隐马尔可夫模型与贝叶斯网络

4.1 引言

在2.7节中，我们通过基因组序列的例子介绍了马尔可夫模型和隐马尔可夫模型这两种可以用来描述离散时间序列样本的概率模型，它们能够描述时间序列中相邻时间点上随机变量取值之间存在的概率依赖关系。

在很多实际问题中，我们所关心的特征或事件之间具有一定的概率依赖关系，例如下雨与路面湿滑、穿凉鞋行人的比例与冰激凌的销量、学生的性别与头发长短，等等。这些依赖关系有的是具有因果性的，有的只是一种关联，或者是共同受其他的因素影响。两个随机事件之间的概率依赖关系可以用条件概率来刻画，并且可以通过贝叶斯公式来转化两个事件之间的条件依赖关系。要描述存在依赖关系的多个事件之间的联合概率分布，则需要更复杂的概率模型，贝叶斯网络就是非常有效的一种模型。我们在第2章看到的马尔可夫模型和隐马尔可夫模型都可以看作贝叶斯网络的特殊形式。

4.2 贝叶斯网络的基本概念

贝叶斯网络(Bayesian network)，又称信念网络(belief network)，它是一种用有向无环图(directed acyclic graphical, DAG)表示的概率模型。贝叶斯网络是概率论与图论的结合，它提供了一种表示联合概率分布的紧凑方法，在机器学习和概率推断中有重要应用。下面扼要介绍贝叶斯网络的基本原理。

所谓概率推断(probability inference)问题可以抽象为在一个联合概率分布模型中，已知部分随机变量的取值 x_v，希望推断未知变量取值 x_h 的概率分布

$$p(x_h \mid x_v,\theta)=\frac{p(x_h,x_v \mid \theta)}{p(x_v \mid \theta)}=\frac{p(x_h,x_v \mid \theta)}{\sum_{x_h'} p(x_h',x_v \mid \theta)} \tag{4-1}$$

其中 θ 是模型中的参数，x_v 的下标 v 表示随机变量（向量）是“可见的”，x_h 的下标 h 表示随机变量（向量）是不可见的即“隐藏的”。

这里我们约定用大写字母例如 X、Y 表示随机变量，用小写字母如 x、y 表示随机变量的取值。我们使用 $p(X=x)$ 表示随机变量 X 取值为 x 的概率值，或者简写为 $p(x)$。用加粗的字体表示向量，例如 $\boldsymbol{x}=[x_1,x_2,\cdots,x_d]^{\mathrm{T}}$。在很多情况下，某些公式对随机变量和随机向量同样成立，在不会引起混淆的情况下也有时都用不加粗的字体来表示。

在(4-1)的概率推断中，当随机变量数目很多时，计算所有随机变量的联合分布开销巨大。在实际问题中，往往并非所有随机变量之间都存在直接的概率依赖关系。当我们考虑某一个随机变量时，它的概率分布常常只依赖于其他一部分随机变量。利用这种随机变量依赖关系的稀疏性，可以大大简化计算过程和开销。贝叶斯网络就是通过用图来表示随机变量之间的概率依赖关系，实现对复杂的联合概率分布的有效计算。

我们首先回顾一下概率论中随机变量间的独立性和条件独立性。

1. 随机变量的条件独立性

两个随机变量 X 和 Y 独立，当且仅当 $p(x,y)=p(x)p(y)$。

随机变量间的条件独立性：对于随机变量 X,Y,Z，如果对它们所有可能的取值，都满足 $p(x,y|z)=p(x|z)p(y|z)$，则称随机变量 X 和 Y 关于 Z 条件独立，可以表示为 $X\perp Y|Z$。这时，如果要计算 $p(x|y,z)$，可以简化为

$$p(x|y,z)=\frac{p(x,y,z)}{p(y,z)}=\frac{p(x,y|z)p(z)}{p(y|z)p(z)}=p(x|z) \tag{4-2}$$

2. 链式法则

根据贝叶斯公式，对于高维随机变量的联合分布，我们可以写为下面的形式：

$$p(x_1,x_2,\cdots,x_d)=p(x_d \mid x_1,x_2,\cdots,x_{d-1})p(x_1,x_2,\cdots,x_{d-1}) \tag{4-3}$$

反复利用该性质，可以得到

$$p(x_1,x_2,\cdots,x_d)=p(x_1)p(x_2 \mid x_1)p(x_3 \mid x_1,x_2)\cdots p(x_d \mid x_1,x_2,\cdots,x_{d-1}) \tag{4-4}$$

即整体的联合概率可以分解为一系列条件概率的乘积。上式对于随机变量任意的排列顺序都是成立的。如果我们能找到一个合适的排列方式，利用链式法则分解和条件独立性质进行简化，就有可能大大降低联合概率计算的复杂度。

例如，对于一个随时间变化的随机变量 X，我们用 x_t 表示第 t 时刻该随机变量的取值。如果 x_{t+1} 与 $x_1,x_2,\cdots,x_{t-1}$ 关于 x_t 条件独立，即知道当前取值的情况下，随机变量下一时刻取值与过去的取值无关。这时被称为时间序列随机变量满足一阶马尔可夫假设，联合概率简化为

$$p(x_1,x_2,\cdots,x_d)=p(x_1)\prod_{t=1}^{d} p(x_t \mid x_{t-1}) \tag{4-5}$$

即联合分布可以被分解为初始状态 x_1 的取值概率和一阶条件概率 $p(x_t|x_{t-1})$ 的连乘积。

这就是在 2.7 节介绍的马尔可夫模型，这种随机过程也被称为马尔可夫链。

3. 条件概率的图表示

对于更一般的条件概率关系，我们可以利用图(Graph)来表示。我们先来介绍一下关于图的一些基本知识。

一个图 G 是由节点集合 N 和连接节点的边的集合 E 组成的。图中总的节点数用 n 表示，所有边的总数用 K 表示。节点集合 N 中的节点用 x_i 表示，$i=1,2,\cdots,n$。边集合 E 中的元素用 e_k 表示，$k=1,2,\cdots,K$。连接图中的两个节点 $x_i,x_j\in N$ 的边记作 $e=<x_i,x_j>$。

如果存在两个图 $G'=(N',E')$ 和 $G=(N,E)$，它们满足 $N'\in N,E'\in E$，则称 G' 是 G 的子图。

如果图中每一条边 e 都是没有方向的，即 $<x_i,x_j>=<x_j,x_i>$，则称这个图是无向图，否则称为有向图。在有向图中，若存在边 $e=<x_i,x_j>$ 连接 x_i 和 x_j 两个节点，则 x_i 被称为父节点或起始节点，x_j 称为子节点或终止节点。

在一个有向图中，一条路径指的是边的一个有限序列串 $e_1,e_2,\cdots,e_l$，其中 $e_i=<x_{i-1},x_i>(i=2,3,\cdots,l)$，即 e_i 连接的终止节点是 e_{i+1} 连接的起始节点。e_1 的起始节点被称为该路径的起始节点，e_l 的终止节点叫做该路径的终止节点，l 是路径的长度。如果一条路径中的起始节点与终止节点相同，则该路径被称为环(cycle)。

如果一个有向图中没有环存在，则称该图为有向无环图(Directed Acyclic Graph, DAG)。

图 4-1 分别给出了几种图结构的例子。其中，(a)是一个无向图，其他都是有向图，(b)和(d)是有向无环图。

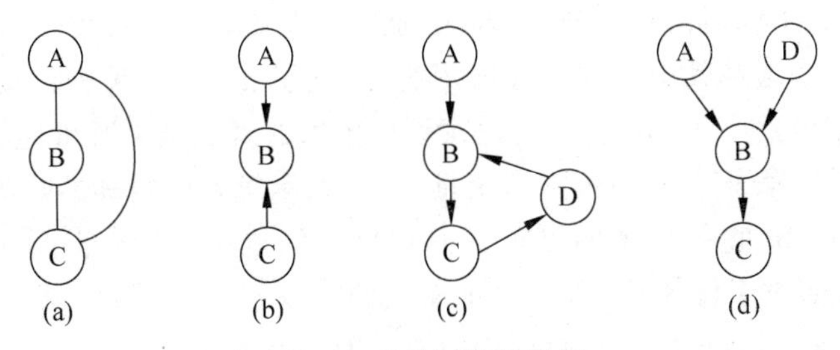

图 4-1 几种图结构举例

贝叶斯网络模型正是利用有向无环图来表示随机变量之间的依赖关系。利用图来表示随机变量之间的条件依赖关系，一方面可以非常直观地表示变量之间的关系，便于人为理解；另一方面也可以大大简化复杂联合概率的计算过程和存储空间。

在一个贝叶斯网络图中，节点表示随机变量，有向边表示随机变量之间的条件依赖关系，也称作有向弧。贝叶斯网络中的节点既可以是可观测的变量，也可以是无法直接观测的隐变量。将有概率依赖关系(即非条件独立)的随机变量节点之间用箭头进行连接。若两个节点间以一个单箭头连接在一起，则箭头出发的节点被称为父节点，箭头指向的节点被称为子节点，两节点间的关系用条件概率描述。例如，假设节点 x_1 直接影响到节点 x_2，则用从 x_1 指向 x_2 的箭头建立它们之间的有向边，边上的权值(即连接强度)用条件概率 $P(x_2|x_1)$ 来表示。当我们需要对概率图中随机变量求解联合概率时，可以利用式(4-4)按照一定的方式将联

合概率展开成一系列条件概率的乘积，对于有向无环图，可以得到：

$$p(\boldsymbol{x})=\prod_{i=1}^{d} p(x_i \mid pa_i) \tag{4-6}$$

其中 pa_i 表示 x_i 的父节点集合。

例如，图 4-1(d)所示的贝叶斯网络可以表示 A、B、C、D 四个概率事件的依赖关系：事件 A 和 D 概率独立，事件 B 概率依赖于 A 和 D，事件 C 概率依赖于 B。四个事件的联合概率可以分解为：

$$P(A,B,C,D)=P(A)P(D)P(B \mid A,D)P(C \mid B)$$

4.3　隐马尔可夫模型(HMM)

在 2.7.3 节中简单介绍过的隐马尔可夫模型(Hidden Markov Model，HMM)，实际上是一种特殊的动态贝叶斯网络。HMM 中文中常简称为隐马模型。在隐马模型中，系统的状态取值服从马尔可夫链，即当前时刻的状态只与上一时刻的状态有关，而与其他因素无关。但这些系统状态的变化我们无法直接观察到，能够获取的观测数据值是依据一定概率由这些不可观测的系统内部状态(隐变量)决定的。系统可能的状态和观测分别是贝叶斯网络的隐节点和可观测节点，隐节点状态之间的转移概率(跳转概率)为隐节点之间的边，隐节点到可观测节点之间的边代表了 HMM 中的发射概率。

这里举一个例子以便于理解。如图 4-2 所示，假设一个运行抛硬币猜正反面游戏的赌场，庄家手里实际有两枚硬币，其中一枚是结果特殊处理的作弊硬币，用 q_1 表示；另一枚是公平的硬币，用 q_2 表示。但由于他技巧娴熟，玩家并不知道他有两枚硬币。每次抛掷硬币时，他按照一定的概率选择其中一枚来抛掷，我们用随机变量 x_t 来表示第 t 次抛掷时选择硬币的状态，它的取值是 $x_t \in \{q_1, q_2\}$。每次硬币抛掷的观测结果既可能是正面，也可能是反面，分别用 v_1 和 v_2 表示。我们用随机变量 o_t 来表示第 t 次抛掷的观测，$o_t \in \{v_1, v_2\}$。对于公平的那一枚硬币，它每次抛掷出现正面和反面的概率相同，即 $p(o=v_1 \mid x=q_2)=p(o=v_2 \mid x=q_2)$；而对于作弊硬币，出现正反面的概率不同(例如庄家知道它出现正面的概率偏大，可以在自己知道切换成作弊硬币时有针对地下注)。

假设游戏开始时，庄家以一定概率分布 π 选择这两枚硬币中的一枚开始抛掷，然后以一定概率在这两枚硬币之间进行切换，这个过程就可以用马尔可夫过程来描述：$t-1$ 时刻使用 i 硬币而 t 时刻使用 j 硬币的概率就是跳转概率，表示为 $P(x_t=q_j \mid x_{t-1}=q_i)$。对于玩家来说，无法直接观测到每个时刻硬币的标签 x_t，只能看到硬币掷出的正反面结果 o_t 的取值。这个过程用 HMM 进行建模，假设一轮游戏中进行了 L 次抛掷，用 $x=\{x_1, x_2, \cdots, x_L\}$ 表示游戏过程中每个时刻使用的硬币状态序列，而玩家观察到的是硬币掷出后出现的正反面序列 $O=\{o_1, o_2, \cdots, o_L\}$，称为观测序列。对玩家来说，$x$ 是无法观测到的，被称为隐状态序列。

对于任意一个 HMM 模型，都可以由起始概率、发射概率和跳转概率三套参数进行完整的描述。为了表示方便，我们在表 4-1 中约定模型的符号及它们各自的意义。

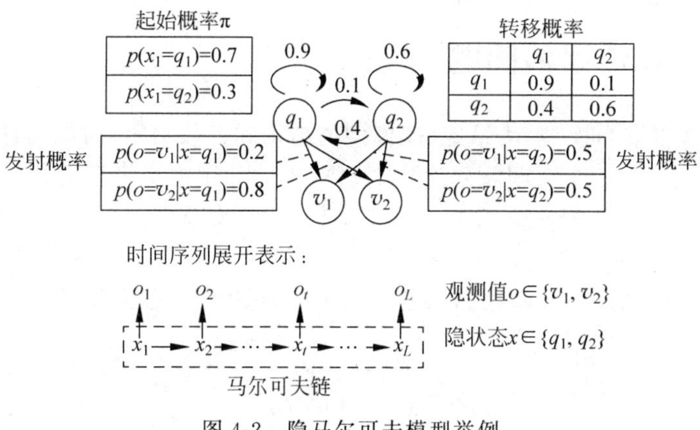

图 4-2 隐马尔可夫模型举例

表 4-1 本章中对隐马尔可夫模型的参数约定

变量表示	说　明
$\boldsymbol{Q}=\{q_1,q_2,\cdots,q_n\}$	模型含有 n 个隐状态
$\mathbf{V}=\{v_1,v_2,\cdots,v_V\}$	观测值的取值范围
$\mathbf{A}=[a_{ij}]_{n\times n}$	状态转移概率矩阵,a_{ij} 表示从状态 i 转到状态 j 的概率,满足 $\sum_{j=1}^{n}a_{ij}=1,\forall i$
$\boldsymbol{O}=o_1o_2\cdots o_L$	长度为 L 的观测序列,o_t 的取值为 $\mathbf{V}$ 中某个值
$\boldsymbol{x}=x_1x_2\cdots x_L$	长度为 L 的隐状态序列,x_t 的取值为 $\boldsymbol{Q}$ 中某个值
$\boldsymbol{E}=[e_{ij}]_{n\times V}$	发射概率矩阵,$e_{ij}=p(o=v_j\mid x=q_i)$表示模型隐状态取值 q_i 时观测到 v_j 的概率,满足 $\sum_{j=1}^{V}e_{ij}=1,\forall i$
$\boldsymbol{\pi}=[\pi_1,\pi_2,\cdots,\pi_n]$	初始概率分布,π_i 表示马氏链从该状态起始的概率,满足 $\sum_{i=1}^{n}\pi_i=1$

根据随机变量序列 x_t 的马尔可夫链性,容易得到,在给定观测序列 $\boldsymbol{O}$ 和隐状态序列 $\boldsymbol{x}$ 的情况下,联合概率为

$$p(\boldsymbol{x},\boldsymbol{O})=\pi_{x_1}e_{x_1}(o_1)\prod_{t=2}^{L}e_{x_t}(o_t)a_{x_{t-1}x_t} \tag{4-7}$$

对于一个用隐马尔可夫模型描述的过程,存在三种典型的问题：

一是模型评估问题(evaluation),即给定模型 M 和观测序列 $\boldsymbol{O}$,求在该模型下观测到该序列的概率 $p(\boldsymbol{O}|M)$,即计算该序列来自该模型的似然度(likelihood)。

二是隐状态推断问题,也称作解码问题(decoding)：给定模型 M 和观测序列 $\boldsymbol{O}$,求产生该系列的最有可能的隐状态序列 $\boldsymbol{x}=\arg\max\limits_{\boldsymbol{x}} p(\boldsymbol{x},\boldsymbol{O}|M)$。

三是模型学习问题(learning)：进一步可以分为非监督模型学习问题和监督模型学习问题。监督学习问题,是同时给定模型结构、观测序列 $\boldsymbol{O}$、以及隐状态序列 $\boldsymbol{x}$,求解模型参数 $\arg\max\limits_{M} p(\boldsymbol{x},\boldsymbol{O}|M)$；而对于非监督模型训练,则是只给定模型结构和观测序列 $\boldsymbol{O}$,求解模型参数 $\arg\max\limits_{M} p(\boldsymbol{O}|M)$。

下面我们分别进行讨论。

4.3.1 HMM评估问题

首先,我们来求解当模型 M 给定(即模型的结构和参数给定)时如何计算观测序列的似然度 $p(\boldsymbol{O}|M)$,这是为一个时间序列建立 HMM 模型和用这个模型进行推理的基础。为简便起见,我们在此把模型 M 的条件从公式中省掉,即本小节中的概率都是在给定模型 M 条件下的。

先考虑最简单的情况,假如我们知道观测序列 $\boldsymbol{O}$ 背后的隐状态序列 x,则很容易求得模型的似然度:

$$p(\boldsymbol{O} \mid \boldsymbol{x}) = \prod_{i=1}^{L} p(o_i \mid x_i) \tag{4-8}$$

并可得到观测序列和隐状态序列在模型下的联合概率:

$$p(\boldsymbol{O},\boldsymbol{x}) = p(\boldsymbol{O} \mid \boldsymbol{x})p(\boldsymbol{x}) = \prod_{i=1}^{L} p(o_i \mid x_i)\left(\pi_{x_1} \prod_{i=2}^{L} p(x_i \mid x_{i-1})\right) \tag{4-9}$$

在未知隐状态序列的情况下,如何计算模型 M 下出现观测序列 $\boldsymbol{O}$ 的概率,也就是观测序列 $\boldsymbol{O}$ 是来自模型 M 的似然度?一种自然的想法是,穷尽在模型 M 下通过各种可能的隐状态序列产生观测序列 $\boldsymbol{O}$ 的概率,也就是,把观测序列 $\boldsymbol{O}$ 的概率分解为它在各种可能的隐状态序列下的概率之和:

$$p(\boldsymbol{O}) = \sum_{\boldsymbol{x}} p(\boldsymbol{O},\boldsymbol{x}) = \sum_{\boldsymbol{x}} p(\boldsymbol{O} \mid \boldsymbol{x})p(\boldsymbol{x}) \tag{4-10}$$

但问题是,对于有 n 个可能的隐状态、长度为 L 的序列来说,隐状态序列取值的所有可能有 n^L 种组合。如果直接用蛮力穷举所有可能组合,当 L 较大时,就会出现"指数爆炸",计算量非常巨大。

通过仔细观察我们可以发现,在穷举搜索过程中,有相当一部分中间概率值是被重复计算的。因此,如果中间结果能够得到反复利用,将大大降低计算的时间复杂度。在这种情况下,人们提出了前向算法与后向算法来快速求解观测序列概率。

1. 前向算法

前向算法(Forward Algorithm)是一种动态规划算法,通过不断迭代的过程实现对组合概率的计算。我们用 $\alpha_t(j)$表示对于长度为 t 的观测子序列 $o_1 o_2 \cdots o_t$ 且 t 时刻隐变量取值为 q_j 时所对应的概率,即

$$\alpha_t(j) = p(o_1 o_2 \cdots o_t, x_t = q_j) \tag{4-11}$$

显然,$\alpha_t(j)$可以通过截止到 $t-1$ 时刻的概率计算,以此类推,$\alpha_t(j)$可以表示为:

$$\alpha_t(j) = e_j(o_t) \sum_{i=1}^{n} \alpha_{t-1}(i) a_{ij} \tag{4-12}$$

当 $t=L$ 时,$\alpha_L(j)$即表示观测序列为 $\boldsymbol{O}$ 且最终时刻的隐变量取值为 q_j 的概率。对 L 时刻所有可能的隐变量取值求和,得:

$$p(\boldsymbol{O}) = \sum_{i=1}^{n} \alpha_L(i) \tag{4-13}$$

即为我们所要求的整个观测序列的概率值。

图 4-3 示意了从截止到 $t-1$ 时刻的子序列概率到截止到 t 时刻子序列概率的计算原理。整个前向算法的具体流程如下：

① 定义初值：$\alpha_1(j)=e_j(o_1)\pi_j, j=1,2,\cdots,n$

② 迭代求解：$\alpha_t(j)=e_j(o_t)\sum_{i=1}^{n}\alpha_{t-1}(i)a_{ij}, t=1,2,\cdots,L$

③ 终止结果：$p(\boldsymbol{O})=\sum_{i=1}^{n}\alpha_L(i)$

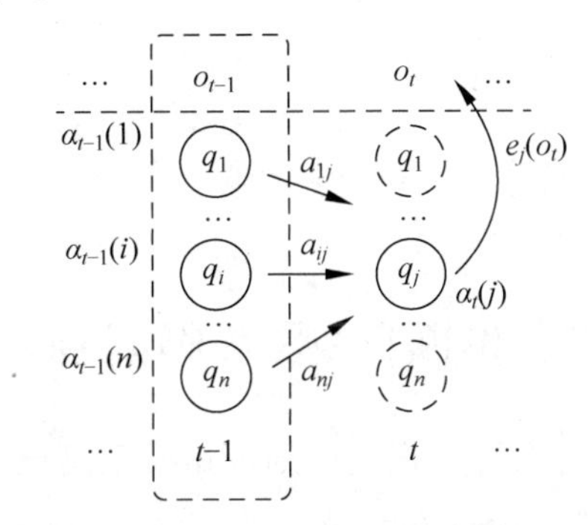

图 4-3 前向算法概率更新原理示意图

可以看到，前向算法将穷举搜索的指数复杂度降低为 $O(n^2L)$，大大节省了计算时间。

2. 后向算法

与前向算法类似，另一种称为后向算法(Backward Algorithm)的方法也是基于动态规划的算法。不同于前向算法从前往后一步步计算前向概率 $\alpha_t(j)$，后向算法采用从后往前的计算方式。引入后向概率

$$\beta_t(j)=p(o_{t+1}o_{t+2}\cdots o_L \mid x_t=q_j) \tag{4-14}$$

它表示给定 t 时刻的隐状态取值 $x_t=q_j$ 条件下，观察到后续的观测值为 $o_{t+1}\cdots o_L$ 的概率。

为了计算 $\beta_t(j)$，只需考虑在 t 时刻处在隐藏状态 $x_t=q_j$，而 $t+1$ 时刻分别转移到 n 个隐状态 q_i 的概率 a_{ji}，以及在 $x_{t+1}=q_i$ 下观测到 o_{t+1} 的概率。迭代计算之后观测序列的后向概率

$$\beta_t(j)=\sum_{i=1}^{n}a_{ji}e_i(o_{t+1})\beta_{t+1}(i) \tag{4-15}$$

如图 4-4 所示。

后向算法也可以分为以下三步：

① 定义初值：$\beta_L(j)=1, j=1,2,\cdots,n$

② 迭代求解：$\beta_t(j)=\sum_{i=1}^{n}a_{ji}e_i(o_{t+1})\beta_{t+1}(i), t=1,2,\cdots,L, j=1,2,\cdots,n$

③ 终止结果：$p(\boldsymbol{O})=\sum_{i=1}^{n}\pi_i e_i(o_1)\beta_1(i)$

根据前向概率和后向概率的定义，可以将前向和后向两种算法的形式统一写为：

$$p(\boldsymbol{O} \mid M)=\sum_{i=1}^{n}\sum_{j=1}^{n}\alpha_t(i)a_{ij}e_j(o_{t+1})\beta_{t+1}(j), t=1,2,\cdots,L-1 \tag{4-16}$$

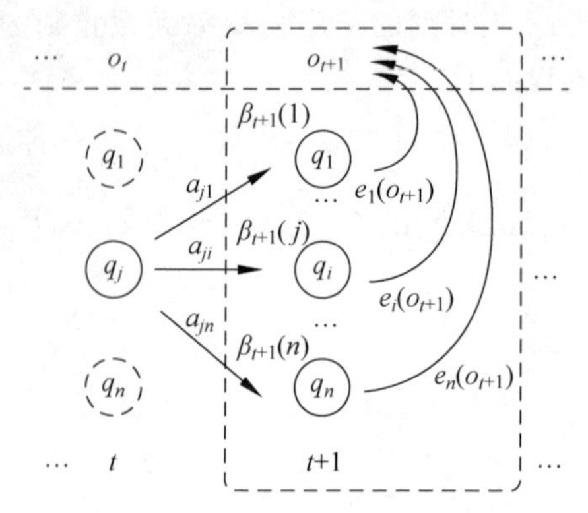

图 4-4 后向算法概率更新原理示意图

4.3.2 HMM 隐状态推断问题(解码问题)

在一些情况下,我们不仅想要计算观测序列依据模型出现的概率,更希望的是根据模型参数与观测序列推断最有可能的隐状态序列。

例如,在前面的掷硬币例子中,我们想要根据看到的硬币正反面结果,估计庄家这时候使用的是公平的硬币还是作弊的硬币。又如,在 2.7.2 节中介绍的基因组上 CpG 岛的问题中,我们知道基因组由 A、C、G、T 四种碱基排列组成,各种碱基的出现频率在基因组的不同区域是不同的。称为 CpG 岛的区域包含大量集中分布的 CG 双碱基相连的 CpG 位点,对于控制基因表达具有重要功能。生物学家们希望知道给定基因序列,如何在基因组上区分它是不是来自 CpG 岛?我们在 2.7.2 节中介绍了用马尔可夫模型直接描述 CpG 岛和非 CpG 岛序列、用贝叶斯决策对一个序列片段进行判别的方法。我们也可以把 DNA 的碱基序列当作观测序列,把是否来自 CpG 岛作为隐状态,使用 HMM 模型来进行求解,这时,判断基因组上哪些区域为 CpG 岛就是通过观测序列推断各个位置背后最可能的隐状态的问题。

对于隐状态推断问题,一种直观的想法是,在每个时刻 t 选择该时刻最有可能出现的隐状态,并将得到的状态序列作为预测结果。但是,这种方法不能保证状态序列整体上是最优的,因为没有考虑状态之间的关联关系。事实上,这种方法得到的状态序列甚至可能取到转移概率为 0 的相邻状态,即推断出不可能出现的隐状态序列。因此,我们需要一种能够求解整体最优状态序列的算法,其中最常用的是由 Andrew Viterbi 提出的算法,称为维特比算法(Viterbi Algorithm)。

维特比算法是一种利用动态规划求解最优路径的方法,每一条路径对应一个状态序列。由最优路径的特性:如果从 A 到 B 的最优路径经过 C,则最优路径中从 A 到 C 的部分路径也是所有从 A 到 C 的路径中最优的。因此,我们只需从 $t=1$ 开始,递推计算在每一时刻各条部分路径的最大概率,直到 $t=\mathrm{L}$,此时的最人概率即为最优路径的概率,我们从此路径的终节点回溯即可逐步求得最优路径。

为了求解最有可能(概率最大)的隐状态序列,我们首先定义

$$v_t(j)=\max_{x_1\cdots x_{t-1}} p(x_1\cdots x_{t-1},o_1\cdots o_t,x_t=q_j \mid M) \tag{4-17}$$

它表示观测序列为 $o_1\cdots o_t$ 且在 t 时刻时隐状态为 q_j 的所有状态路径的最大概率。根据递

推关系,上式可以表示为:

$$v_t(j)=\max_{i=1,2,\cdots,n} v_{t-1}(i)a_{ij}e_j(o_t) \tag{4-18}$$

对应最大概率的隐状态序列为:

$$pa_t(j)=\arg\max_{i=1,2,\cdots,n} v_{t-1}(i)a_{ij}e_j(o_t) \tag{4-19}$$

采用迭代算法,每一步记录下到当前 t 时刻隐状态 $x_t=q_j$ 有可能的最大概率值 $v_t(j)$ 和取得该最大值对应的隐状态路径 $pa_t(j)$,该路径即为依据模型得到的概率最大的隐状态序列。维特比算法的具体流程如下:

1. 定义初值:$v_1(j)=e_j(o_1)\pi_j$,$pa_1(j)=0$,$j=1,2,\cdots,n$
2. 迭代求解 $j=1:n$,$t=1,2,\cdots,L$:

$$v_t(j)=\max_{i=1,2,\cdots,n} v_{t-1}(i)a_{ij}e_j(o_t)$$

$$pa_t(j)=\operatorname{argmax}_{i=1,2,\cdots,n} v_{t-1}(i)a_{ij}e_j(o_t)$$

3. 终止结果:$p^*=\max_{i=1,2,\cdots,n} v_L(i)$;$x_L^*=\operatorname{argmax}_{i=1,2,\cdots,n} v_L(i)$
4. 路径回溯:对 $t=L-1,\cdots,1$,

$$x_t^*=pa_{t+1}(x_{t+1}^*)$$

维特比算法的计算复杂度为 $O(n^2L)$,能够在有限时间内快速求取隐状态序列。

在上面的算法描述中,没有考虑模型的终止概率。如果考虑终止概率,则状态转移概率中需增加从任意隐状态终止的概率 a_{i0},$i=1,2\cdots,n$。此时,维特比算法终止条件变为 $p^*=\max_{i=1:n}(v_L(i)a_{i0})$,$x_L^*=\operatorname{argmax}_{i=1:n}(v_L(i)a_{i0})$。

图 4-5 示意了维特比算法的基本原理。

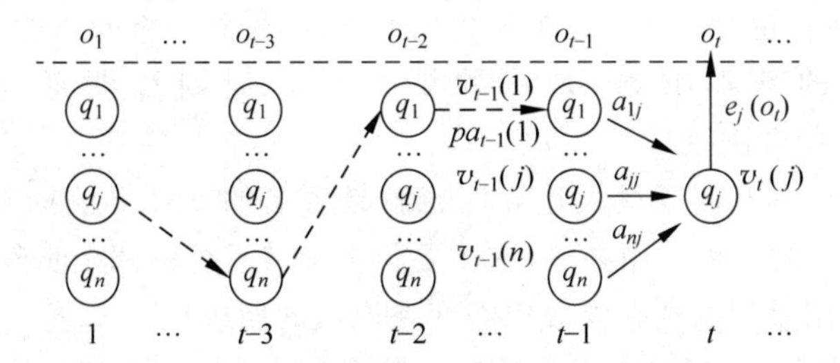

图 4-5 维特比算法的基本原理示意图

4.3.3 HMM 学习问题

实际情况下,我们已知的往往是大量的观测数据,而模型参数是未知的。此时我们希望利用数据学习 HMM,即在已知模型结构、观测取值范围 $\boldsymbol{V}$ 和模型隐状态集 $\boldsymbol{Q}$,根据观测序列 $\boldsymbol{O}$ 的样本,学习模型参数 $\boldsymbol{A}$、$\boldsymbol{E}$ 和 $\boldsymbol{\pi}$。

例如,在上述基因组 CpG 岛的问题中,生物学家可能提供的只有真实基因组序列的例子和它们是否来自 CpG 岛的信息,我们需要利用这些数据拟合 HMM 模型,再根据此模型去推断新的序列片段是否来自 CpG 岛。同样的,在前面提到的掷硬币的游戏中,如果我们对掷硬币的结果序列有大量观测,可以学习出庄家背后采用的模型参数(如果他一直遵循同样的模型的话)，进而根据模型对新观察到的序列判断背后最可能的硬币类型。

在模型训练问题中，假如隐状态序列是已知的，则参数求解问题很简单，直接采用最大似然估计，从训练数据中统计各种状态转移事件和各种状态下各观测值的发生频率，用它们作为对状态转移概率和发射概率的估计即可：

$$\begin{cases} \hat{a}_{ij} = \dfrac{\# T_{ij}}{\sum_{j'}^{n} \# T_{ij'}} \\ \hat{e}_{ik} = \dfrac{\# E_{ik}}{\sum_{k'}^{V} \# E_{ik'}} \\ \hat{\pi}_i = \dfrac{\# S_i}{S} \end{cases} \tag{4-20}$$

其中，$\# T_{ij}$ 是隐状态序列中从状态 q_i 迁移进入状态 q_j 的次数，$\# E_{ik}$ 是隐状态为 q_i 时观测值为 v_k 的次数，$\# S_i$ 表示初始状态为 q_i 的次数，S 为总样本数。

但大部分情况下，我们只能观测到 $\boldsymbol{O}$，隐状态序列 $\boldsymbol{x}$ 的取值无法获取。在模型和隐状态均未知的时候，我们如何求解模型参数呢？只能靠猜！在一定的假设下猜测最可能的情况。

例如，我们可以尝试这样做：首先随便猜测一套模型参数，此时问题变为成已知模型和观测序列，求隐状态序列的推断问题(解码问题)，利用 4.3.2 节介绍的维特比算法容易求出最有可能的隐状态序列。我们把这样推断出的隐状态序列当作真实的隐状态序列，而重新把模型看作未知，原来的无监督训练问题就转化为有监督训练问题，只需采用(4-20)的最大似然估计就可以得到模型参数。用这样估计出的模型参数更新上次猜测的模型，重复以上步骤，就可以进行新一轮的估计。这个过程反复迭代，得到最终的估计结果。这就是 Baum-Welch(BW)算法的基本思想，是一种结合动态规划和期望最大化(Expectation Maximization)算法的方法。

这里先简单介绍一下期望最大化算法也就是著名的 EM 算法的基本原理。该方法是求解模型中隐藏变量的一种常用办法，它主要包括交替进行的两个步骤：

- E 步骤：利用模型的现有参数求隐变量取值的期望；
- M 步骤：利用当前对隐变量估计值对模型参数进行最大似然估计，更新模型。

在 HMM 学习问题的框架下，假设我们当前学习到的模型为 $\hat{M}$。我们首先想办法利用当前模型参数来估计在 t 时刻从隐状态 i 迁入隐状态 j 的概率，再反复利用链式法则和条件独立关系进行分解：

$$\begin{aligned} & p(x_t = q_i, x_{t+1} = q_j, \boldsymbol{O} \mid \hat{M}) \\ = & p(o_{t+2} \cdots o_L \mid o_1 \cdots o_{t+1}, x_t, x_{t+1}, \hat{M}) p(o_1 \cdots o_{t+1}, x_t, x_{t+1} \mid \hat{M}) \\ = & p(o_{t+2} \cdots o_L \mid x_{t+1}, \hat{M}) p(o_1 \cdots o_{t+1}, x_t, x_{t+1} \mid \hat{M}) \\ = & p(o_1 \cdots o_t, x_t = q_i \mid \hat{M}) p(x_{t+1} = q_j \mid x_t = q_i, \hat{M}) \times \\ & p(o_{t+1} \mid x_{t+1} = q_j, \hat{M}) p(o_{t+2} \cdots o_L \mid x_{t+1} = q_j, \hat{M}) \\ = & \alpha_t(i) a_{ij} e_j(o_{t+1}) \beta_{t+1}(j) \end{aligned} \tag{4-21}$$

图 4-6 示意了分解计算 $P(x_t=q_i, x_{t+1}=q_j, \boldsymbol{O} \mid \hat{M})$的原理。这里的 $\alpha_t(i)$和 $\beta_t(i)$分别是我们前面讨论过的前向算法和后向算法中约定的概率表示。因此该算法也被称为前向后向算法(Forward－Backward Algorithm)。也可以得到整个观测序列的概率是：

$$p(\boldsymbol{O} \mid \hat{M}) = \sum_{i=1}^{n} \alpha_t(i)\beta_t(i) \tag{4-22}$$

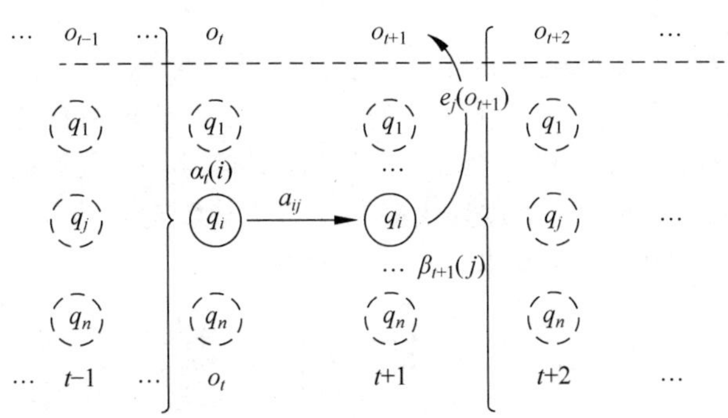

图 4-6　Baum-Welch 算法中前向后向算法原理示意图

利用(4-21)的分解，我们首先计算期望最大化算法的 E 步骤，得到在当前模型下 t 时刻从状态 q_i 跳到 q_j 的条件概率为：

$$\hat{p}(x_t=q_i, x_{t+1}=q_j \mid \boldsymbol{O}) = \frac{p(x_t=q_i, x_{t+1}=q_j, \boldsymbol{O})}{p(\boldsymbol{O})} = \frac{\alpha_t(i)a_{ij}e_j(o_{t+1})\beta_{t+1}(j)}{\sum_{i=1}^{n}\alpha_t(i)\beta_t(i)} \tag{4-23}$$

类似地，可以求解出 t 时刻通过 q_j 状态的概率

$$\hat{p}(x_t=q_j \mid \boldsymbol{O}) = \frac{p(x_t=q_j, \boldsymbol{O})}{p(\boldsymbol{O})} = \frac{\alpha_t(j)\beta_t(j)}{\sum_{i=1}^{n}\alpha_t(i)\beta_t(i)} \tag{4-24}$$

下面我们根据当前 E 步骤给出的估计值，计算 M 步骤，即求解参数的最大似然估计：

$$\hat{a}_{ij} = \frac{\sum_{t=1}^{L}\hat{p}(x_t=q_i, x_{t+1}=q_j \mid \boldsymbol{O})}{\sum_{t=1}^{L}\left(\sum_{j'}^{n}\hat{p}(x_t=q_i, x_{t+1}=q_{j'} \mid \boldsymbol{O})\right)} \tag{4-25}$$

其中分子是从状态 q_i 跳到 q_j 的概率期望，分母表示从状态 q_i 跳出的概率期望。

类似地，发射概率的估计为：

$$\hat{e}_{jk} = \frac{\sum_{t=1}^{L}\hat{p}(x_t=q_j \mid \boldsymbol{O})I(o_t=v_k)}{\sum_{t=1}^{L}\hat{p}(x_t=q_j \mid \boldsymbol{O})} \tag{4-26}$$

其中分子是状态处在 q_j 且观测为 v_k 的期望，分母表示状态处在 q_j 的期望。

初始概率的估计：

$$\hat{\pi}_i = \hat{p}(x_1=q_i \mid \boldsymbol{O}) \tag{4-27}$$

可以看到，M 步骤的估计公式实际上与有监督情况下的估计公式类似，只不过将监督

情况下的频率用E步骤中估计的概率进行了替换。

算法反复执行E步骤和M步骤，进行迭代。每次利用新获得的参数$\hat{\boldsymbol{A}}$、$\hat{\boldsymbol{E}}$，重新用前向和后向算法计算概率，并反复迭代运行，直到模型参数收敛，或者运行达到制定的迭代次数。

需要注意的是，EM算法不能保证一定收敛，也不能保证结果的全局最优性，因此在实际操作时，我们通常需要多选取几组初值运行算法，选择其中拟合更好的模型参数作为最终的结果，避免陷入局部最优。

隐马尔可夫模型在很多领域有非常多的应用。例如在数字通信领域，发射端通过一个带有噪声的信道传输一段长度为L个字符的信息$\boldsymbol{S}$，接收端收到长度为L的字符串$\boldsymbol{r}$。因为信道带有噪声，接收信号r_t依一定概率依赖于发射信号s_t。我们的任务是通过$\boldsymbol{r}$估计出最有可能的发射信号序列$\boldsymbol{S}$。这个过程用隐马尔可夫模型建模表示如图所示，利用维特比算法即可求解最有可能的发射字符串。

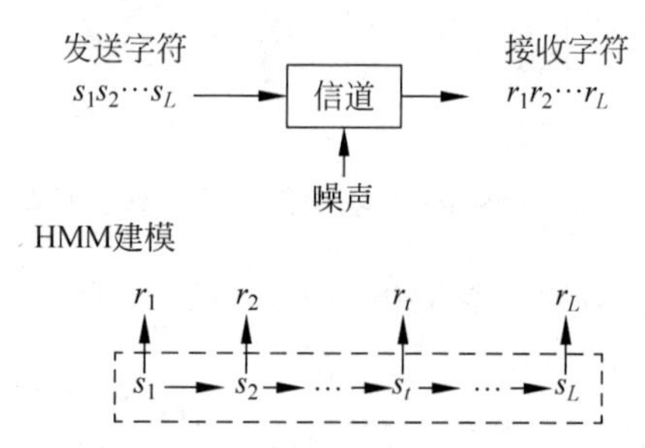

图4-7　用隐马尔可夫模型建模带有噪声的通信过程

又如，HMM模型被广泛用于语音识别领域。在这类问题中，模型隐状态对应于我们希望识别出的字符或音节，而观测序列则是我们对所接收到的音频序列（通常需要先将原始音频处理为特征向量）。该问题用HMM建模，同样可以表示为利用音频观测序列求解对应字符隐状态的解码问题。

在生物信息学中，HMM一个最有代表性也是最成功的应用就是基因组序列中的基因识别问题。基因组是由A、C、G、T四种碱基"字母"组成的长长的"字符串"，对于人的基因组来说，其中只有占很小比例的部分是编码蛋白质的基因。基因组上基因区和非基因区的出现的碱基字符串是服从不同的概率规律的，基因区又包含启动子、外显子、内含子等结构元件，各个结构元件又有不同的碱基字符串使用概率，整个基因组就如同用多个隐藏的骰子掷出的碱基序列，每个骰子都有各自产生A、C、G、T的概率规律，但对应于非基因区和基因区不同元件的骰子所遵循的规律是不同的。这样，我们就可以用一个具有多个隐含状态、每个隐含状态都会发射A、C、G、T观测的隐马尔可夫模型来描述基因组序列，根据已知的基因可以训练这个模型的参数，用训练好的模型可以在未知的基因组上寻找和标定可能的基因。在基因组学和生物信息学历史上发挥了重要作用的GENSCAN算法[①]，就是用这样的思路把人们关于基因结构的认识建模为一个复杂的HMM，是在基因组上预测基因位置和对基因结构进行标注的有效方法。

需要特别说明的是，隐马尔可夫模型是一种描述带有时间序列性质的复杂数据的有效

---

① *Burge*, C. and *Karlin*, S. (1997) Prediction of complete gene structures in human *genomic* DNA. *J. Mol. Biol.* 268, 78-94.

方法,但方法的前提需要已知或可以设计出模型的结构,也就是对观测的时间序列背后的产生机理要有基本认识。只有在已知模型结构的情况下,才能通过上面介绍的三类问题用模型对样本进行学习,对未知因素进行判断或预测。例如在前面举的掷硬币的例子中,如果玩家知道庄家的花招就是在两个硬币之间偷偷切换,而且知道他切换会符合一个不变的规律,就可以很好地用隐马尔可夫模型来描述整个过程,通过充分的观测数据估算出庄家的切换规律,进而能够在游戏进行中对当前庄家使用的硬币和将会出现的结果进行有效估计;但是,如果玩家用的是三个不同的硬币进行切换,或者在游戏过程中他经常改变切换的规律,根据上面假定设计的隐马尔可夫模型就无法奏效。

因此,除了在本节开头提出的三类问题,隐马尔可夫模型应用中面临的另一个更根本的问题是模型结构的确定问题。比较成功的应用都是在对研究对象有充分认识的基础上,人工巧妙设计模型。人们也尝试发展能够从训练数据中学习出模型结构的方法,但在针对实际问题时尚没有很成功,原因是在完全没有关于数据产生机理认识的情况下,模型存在太多的需要确定的因素。如何在已知信息不充分的情况下设计出有效的隐马尔可夫模型,仍然是一个值得研究的开放问题。

4.4 朴素贝叶斯分类器(Naïve Bayes)

朴素贝叶斯模型是针对分类问题求解时的一种简化的贝叶斯网络模型。当我们面对的样本数据维度比较高时,如果直接用第 2 章学习的贝叶斯决策分类器,就要计算在所有特征上的联合概率分布,需要用大量样本计算复杂的条件概率表。这在很多实际问题上是不现实的。所谓朴素贝叶斯(Naïve Bayes)方法采取了一个简化的策略,就是假设各个特征的取值只依赖于类别标签,而特征之间是互相独立的,即

$$p(x_l x_k \mid \omega_i) = p(x_l \mid \omega_i) p(x_k \mid \omega_i), l, k = 1, \cdots, d, k \neq l \tag{4-28}$$

在该假设下,需要求解的联合概率可以分解为:

$$p(x_1, x_2, \cdots, x_d, \omega_i) = p(x_1 \mid \omega_i) p(x_2 \mid \omega_i) \cdots p(x_d \mid \omega_i) p(\omega_i) \tag{4-29}$$

大大简化了联合概率分布的计算。

图 4-8 给出了朴素贝叶斯模型的图模型。

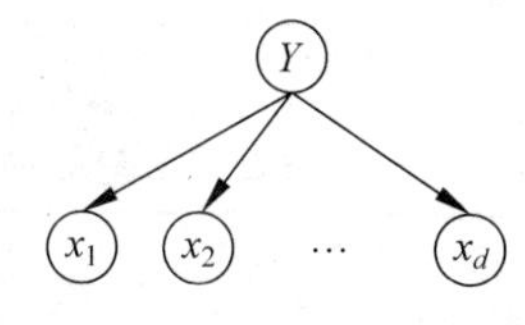

图 4-8 朴素贝叶斯模型的图模型

对于朴素贝叶斯模型来说,模型参数的估计变得容易得多。对于各类别的先验概率,可以通过统计训练样本中第 i 类样本占总训练样本的比率来进行估计:

$$p(Y = \omega_i) = \frac{\sum_{j=1}^{N} I(y_j = \omega_i)}{N} \tag{4-30}$$

其中 $I(\cdot)$ 是指示函数,当括号中条件值满足时取值为 1,不满足时取值为 0。

对于各个特征的条件概率,可以通过第 i 类样本在该特征上的取值进行估计。例如,对于离散取值的特征,对第 k 个特征 x_k,若其有 S_k 种可能的取值,即 $\{v_1, v_2, \cdots, v_{S_k}\}$,则参数的极大似然估计为:

$$p(x_k = v_l \mid Y = \omega_i) = \frac{\sum_{j=1}^{N} I(x_k^{(j)} = v_l, y_j = \omega_i)}{\sum_{j=1}^{N} I(y_j = \omega_i)} \tag{4-31}$$

其中 $x_k^{(j)}$ 表示第 j 个样本的第 k 个特征的取值。

当训练样本量较少,或者某些特征取值概率较低时,可能会出现 $\sum_{j=1}^{N} I(x_k^{(j)} = v_l, y_j = \omega_i) = 0$ 的情况。这时如果将 $\hat{p}(x_k = v_l | Y = \omega_i)$ 直接设置为 0 可能并不太合理。为了避免因为训练样本的局限使得某些概率取值过低,影响未来判断,通常会在估计概率分布时加入伪计数(pseudo count)来对概率值进行平滑矫正,也被称为拉普拉斯平滑(Laplacian smoothing)。例如,用如下方法加入平滑项:

$$p(Y = \omega_i) = \frac{\sum_{j=1}^{N} I(y_j = \omega_i) + 1}{N + C} \tag{4-32}$$

$$p(x_k = v_l \mid Y = \omega_i) = \frac{\sum_{j=1}^{N} I(x_k^{(j)} = v_l, y_j = \omega_i) + 1}{\sum_{j=1}^{N} I(y_j = \omega_i) + S_k} \tag{4-33}$$

其中,C 为类别数,S_k 为第 k 维特征的可能取值数。

对于连续取值的变量特征,我们也可以采用正态分布、均匀分布等模型进行建模和估计分布参数。

朴素贝叶斯方法虽然简单,但在实际中有很多应用。下面举一个简单的例子来说明朴素贝叶斯算法流程。

假设有表 4-2 中的一组数据,反映的是一组客户的年龄、性别、收入信息已经是否买车的记录。我们要用朴素贝叶斯模型建立客户特征与是否买车之间的关系,用于对新客户是否可能会买车进行预测。

表 4-2 一组假设的客户数据

编号	年龄	性别	收入	是否购买
1	<30	男	中	否
2	$\geqslant 30$	女	中	否
3	$\geqslant 30$	女	中	否
4	$\geqslant 30$	女	低	否
5	<30	男	高	否
6	$\geqslant 30$	女	低	否
7	<30	女	低	否
8	<30	女	高	是
9	$\geqslant 30$	男	中	是

续表

编号	年龄	性别	收入	是否购买
10	<30	男	高	否
11	⩾30	女	中	否
12	<30	男	低	否
13	⩾30	女	中	否
14	⩾30	男	低	是
15	⩾30	男	中	是
16	⩾30	女	低	否

首先通过带有拉普拉斯平滑的最大似然估计来估计类先验概率：

$$p(\text{购买}=\text{是})=\frac{4+1}{16+2}=\frac{5}{18};\quad p(\text{购买}=\text{否})=\frac{13}{18}$$

然后分别估计类别条件下的各个特征的条件概率：

$$p(\text{年龄}\geqslant 30\mid\text{购买}=\text{是})=\frac{3+1}{4+2}=\frac{4}{6};\quad p(\text{年龄}<30\mid\text{购买}=\text{是})=\frac{1+1}{4+2}=\frac{2}{6}$$

$$p(\text{年龄}\geqslant 30\mid\text{购买}=\text{否})=\frac{7+1}{12+2}=\frac{8}{14};\quad p(\text{年龄}<30\mid\text{购买}=\text{否})=\frac{5+1}{12+2}=\frac{6}{14}$$

$$p(\text{性别}=\text{男}\mid\text{购买}=\text{是})=\frac{3+1}{4+2}=\frac{4}{6};\quad p(\text{性别}=\text{女}\mid\text{购买}=\text{是})=\frac{1+1}{4+2}=\frac{2}{6}$$

$$p(\text{性别}=\text{男}\mid\text{购买}=\text{否})=\frac{4+1}{12+2}=\frac{5}{14};\quad p(\text{性别}=\text{女}\mid\text{购买}=\text{否})=\frac{8+1}{12+2}=\frac{9}{14}$$

$$p(\text{收入}=\text{高}\mid\text{购买}=\text{是})=\frac{1+1}{4+3}=\frac{2}{7};\quad p(\text{收入}=\text{中}\mid\text{购买}=\text{是})=\frac{2+1}{4+3}=\frac{3}{7}$$

$$p(\text{收入}=\text{低}\mid\text{购买}=\text{是})=\frac{1+1}{4+3}=\frac{2}{7};\quad p(\text{收入}=\text{高}\mid\text{购买}=\text{否})=\frac{2+1}{12+3}=\frac{3}{15};$$

$$p(\text{收入}=\text{中}\mid\text{购买}=\text{否})=\frac{5+1}{12+3}=\frac{6}{15};\quad p(\text{收入}=\text{低}\mid\text{购买}=\text{否})=\frac{5+1}{12+3}=\frac{6}{15}$$

对于新来的一个测试样本，若其特征取值为{年龄=38岁，性别=男，收入=高}，我们通过该朴素贝叶斯模型来预测其是否购买：

$$\begin{aligned}&p(\text{购买}=\text{是},\text{年龄}=38\text{岁},\text{性别}=\text{男},\text{收入}=\text{高})\\=&p(\text{购买}=\text{是})p(\text{年龄}\geqslant 30\mid\text{购买}=\text{是})p(\text{性别}=\text{男}\mid\text{购买}=\text{是})\cdot\\&p(\text{收入}=\text{高}\mid\text{购买}=\text{是})\\=&\frac{5}{18}\times\frac{4}{6}\times\frac{4}{6}\times\frac{2}{7}\approx 0.035\end{aligned}$$

$$\begin{aligned}&p(\text{购买}=\text{否},\text{年龄}=38\text{岁},\text{性别}=\text{男},\text{收入}=\text{中})\\=&p(\text{购买}=\text{否})p(\text{年龄}\geqslant 30\mid\text{购买}=\text{否})p(\text{性别}=\text{男}\mid\text{购买}=\text{否})\cdot\\&p(\text{收入}=\text{高}\mid\text{购买}=\text{否})\\=&\frac{13}{18}\times\frac{8}{14}\times\frac{5}{14}\times\frac{3}{15}\approx 0.029\end{aligned}$$

由此可知：

$$p(\text{购买}=\text{是},\text{年龄}=38\text{岁},\text{性别}=\text{男},\text{收入}=\text{高})>$$

$$p(\text{购买}=\text{否},\text{年龄}=38\text{岁},\text{性别}=\text{男},\text{收入}=\text{高})$$

因此预测该样本将会购买汽车。

4.5 在贝叶斯网络上的条件独立性

下面我们讨论更一般情况下的贝叶斯网络。

我们前面提到，利用随机变量之间的独立性，可以大大简化联合概率的计算。我们首先来分析一下在贝叶斯网络中任意三节点连接关系下随机变量间的条件独立关系。

首先，不考虑方向性，对于节点 X 和 Y，如果存在一个节点 Z 使得 X 和 Z、Z 和 Y 之间都存在一条边连接，则我们称 $X-Z-Y$ 是节点 X 到 Y 的一条路径。在有向无环图(DAG)中，任意三个节点之间的路径关系可以概括为下面三种形式。

形式1：头对头

如图4-9(a)所示，X 和 Z、Z 和 Y 的边都指向节点 Z，这种结构形式被称作头对头。这时，联合概率满足

$$p(x,y,z)=p(x)p(y)p(z\mid x,y) \tag{4-34}$$

当 Z 取值未知时，有：

$$\begin{aligned} p(x,y) &= \sum_{z'\in Z} p(x,y,z') = \sum_{z'\in Z} p(x)p(y)p(z'\mid x,y) \\ &= p(x)p(y)\sum_{z'\in Z} p(z'\mid x,y) = p(x)p(y) \end{aligned} \tag{4-35}$$

即此时 X 和 Y 是互相独立的。因此，在 Z 取值未知的情况下，X、Y 之间的关系被阻断，也称为头对头(head-to-head)条件独立。

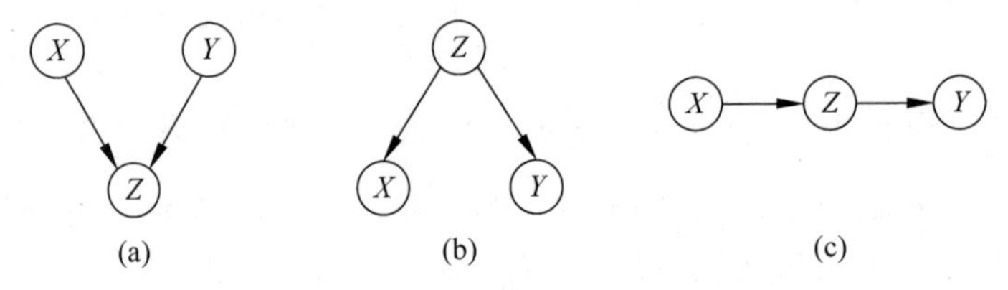

图4-9　三节点路径的三种可能形式

需要注意的是，如果 Z 的取值已知为 z 时，则有

$$p(x,y\mid z)=p(x)p(y)p(z\mid x,y)/p(z) \tag{4-36}$$

这时候 X 和 Y 的取值对于 $Z=z$ 条件不独立！这一现象可以通过一个例子来帮助理解：设 X 和 Y 分别表示两个骰子掷出的点数，Z 表示两个骰子的点数之和。在 Z 不知道的情况下，两个骰子掷出的点数是相互独立的。而如果我们知道了两个骰子点数之和的取值，显然两个骰子各自的取值就不独立了。

这种头对头条件独立现象在概率推理中有很大价值。例如路边一所房子通常是不会晃动的，但如果发生地震会有一定的概率使房子震动，而如果有汽车不小心撞到了房子上也会有一定概率使房子震动。本来地震和汽车撞上房子是两个概率独立的事件，但如果我们观察到了房子震动，那么这两个事件同时发生的概率就变得极小，成了互斥的两个事件，不再

独立了。这种现象被称作原因的“解释排除”(explaining away),对于本来独立的都有可能导致某结果的事件,观察到结果真实发生了,如果知道是其中一个事件发生了,那么是另一个事件发生导致该结果的概率就变得非常小,即另外一个原因被排除了。在 12.6.4 节还会在介绍深度信念网络时再提到这一点。

形式 2:尾对尾

如图 4-9(b)所示的情况,两条边从 Z 发出指向 X 和 Y,即随机变量 Z 是 X 和 Y 的父节点,X 和 Y 均条件依赖于 Z。根据随机变量之间的依赖关系,我们有:

$$p(x,y,z)=p(x \mid z)p(y \mid z)p(z) \tag{4-37}$$

如果 Z 的取值已知为 z,则有

$$p(x,y \mid z)=p(x,y,z)/p(z)=p(x \mid z)p(y \mid z)p(z)/p(z)=p(x \mid z)p(y \mid z) \tag{4-38}$$

即 X 与 Y 关于 $Z=z$ 条件独立。这时 $P(X)$的边缘概率分布与观测 $Y=y$ 无关,即

$$\begin{aligned} p(x \mid y,z) &= p(x,y,z)/p(y,z)=p(x,y \mid z)p(z)/(p(y \mid z)p(z)) \\ &= p(x \mid z)p(y \mid z)/p(y \mid z)=p(x \mid z) \end{aligned} \tag{4-39}$$

若 Z 的取值未知,可以根据

$$p(y)=\sum_{z' \in Z} p(y \mid z')p(z') \tag{4-40}$$

求出 $p(y)$,由贝叶斯公式计算

$$p(z \mid y)=p(y \mid z)p(z)/p(y) \tag{4-41}$$

并根据:

$$\begin{aligned} p(x \mid y) &= \sum_{z' \in Z} p(x,z' \mid y)=\sum_{z' \in Z} p(x,z',y)/p(y)=\sum_{z' \in Z} p(x \mid z',y)p(z' \mid y) \\ &= \sum_{z' \in Z} p(x \mid z')p(z' \mid y) \end{aligned} \tag{4-42}$$

因此,在 Z 未知情况下 X 和 Y 不独立。

也就是说,说在这种结构下,只有在 $Z=z$ 已知时,X 和 Y 之间被阻断,它们是独立的,称为尾对尾(tail-to-tail)条件独立。

形式 3:头对尾

如图 4-9(c)所示的情况,从 X 到 Z 的边指向 Z,从 Z 到 Y 的边指向 Y。这时,有

$$p(x,y,z)=p(x)p(z \mid x)p(y \mid z) \tag{4-43}$$

在给定取值 $Z=z$ 的情况下,有

$$\begin{aligned} p(x,y \mid z) &= p(x,y,z)/p(z)=p(x)p(z \mid x)p(y \mid z)/p(z) \\ &= p(y \mid z)p(x,z)/p(z)=p(x \mid z)p(y \mid z) \end{aligned} \tag{4-44}$$

即随机变量 X 和 Y 关于 $Z=z$ 独立。我们说在 Z 给定的条件下,X 和 Y 之间被阻断,是独立的。而在 Z 取值未知的情况下,显然 X 和 Y 不独立,这里不再赘述。

这里引入一个 d-分离(d-Separation)的概念,它是一种用来判断 DAG 概率图中随机变量间条件独立的图形化方法。

概括起来说,一条无向路径 P 被取值已知的节点集合 E(evidence,取值已知)d-分离,当且仅当至少满足下面一种情况时成立:

(1) P 包含 $X \to Z \to Y$ 或者 $Y \to Z \to X$,且节点 Z 属于集合 E;

(2) P 包含 $X\leftarrow Z\rightarrow Y$,且节点 Z 属于集合 E;

(3) P 包含 $X\rightarrow Z\leftarrow Y$,且 Z 和 Z 的后继节点不属于集合 E。

进一步,我们定义节点集合之间的 d-分离:对于一个 DAG 概率图 G 来说,在给定节点集合 E 的条件下,节点集合 A 与节点集合 B 被集合 E d-分离,当且仅当对于集合 A 中的任意节点 a,以及集合 B 中的任意节点 b 都被节点集合 E d-分离。这时集合 A 与集合 B 中的随机变量条件独立,我们将其表示为 $A\perp_G B|E$。

利用 d-分离特性,我们可以看到,一个节点在给定其父节点的情况下,与它的非子节点之间是条件独立的。例如对图 4-10(a)中的例子,当节点 2 已知而其他节点未知时,节点 3 与节点 7 条件独立,原因是节点 3→2→1→5/6→7 路径被已知的节点 2 阻断,而节点 3→4→7 路径被未知的节点 4 阻断。但当节点 2 和 4 取值都已知而其他节点未知时,通过节点 4 的路径不再被阻断,这时节点 3 和 7 不独立。

节点在网络上的 d-分离可以利用深度优先搜索算法进行计算,计算的时间复杂度是线性的。感兴趣的读者可以参阅相关文献。

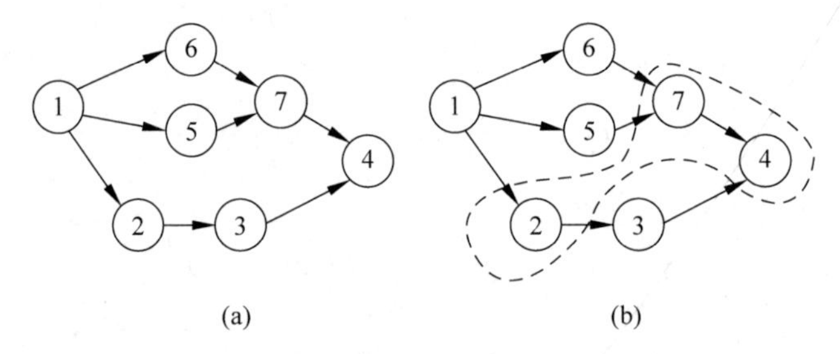

图 4-10 一个有向无环图和其中的马尔可夫覆盖的示例

基于 d-分离的概念,我们在贝叶斯网络上可以定义一个节点或节点集合的马尔可夫覆盖(Markov Blanket):对于网络中的一个节点 t,如果存在节点集合使得在条件于该节点集合情况下,t 与网络中的其他节点条件独立,则这些集合中的最小集合被定义为 t 节点的马尔可夫覆盖。图 4-10(a)的结构中,节点 3 的马尔可夫覆盖是节点 2、4 和 7 组成的集合,如图 4-10(b)所示。

对于 DAG 中的单个变量节点 t,其马尔可夫覆盖就是由该节点的父节点、子节点以及子节点的父节点组成的集合,用 $MB(t)$表示。例如对于图 4-10 中的例子,对于节点 3 而言,其父节点为节点 2,子节点为节点 4,子节点的父节点为节点 7。对于不在 $MB(t)$中的任意变量 Y,均与 t 条件于 $MB(t)$独立,即有

$$P(t \mid MB(t),Y)=P(t \mid MB(t)) \tag{4-45}$$

也就是说,要推断 t 的概率取值,只需要知道 $MB(t)$集合中的节点取值就够了。

这里以图 4-10 中的结构为例做一个简单的证明:

我们用$\{-t\}$表示集合中除了 t 之外的节点集合,则

$$p(x_t \mid x_{\{-t\}})=\frac{p(x_t,x_{\{-t\}})}{p(x_{\{-t\}})} \tag{4-46}$$

对图 4-10 中的节点 3,分子:

$$p(x_3,x_{\{-3\}})=p(x_1)p(x_5 \mid x_1)p(x_6 \mid x_{\{5,1\}})p(x_7 \mid x_{\{1,5,6\}})$$
$$p(x_2 \mid x_{\{1,5,6,7\}})p(x_3 \mid x_{\{1,2,5,6,7\}})p(x_4 \mid x_{\{1,2,3,5,6,7\}})$$

$$=p(x_1)p(x_5|x_1)p(x_6|x_1)p(x_7|x_{\{5,6\}})p(x_2|x_1)$$
$$p(x_3|x_2)p(x_4|x_{\{3,7\}})$$

分母：

$$p(x_{\{-3\}})=p(x_1)p(x_5|x_1)p(x_6|x_{\{5,1\}})p(x_7|x_{\{1,5,6\}})$$
$$p(x_2|x_{\{1,5,6,7\}})p(x_4|x_{\{1,2,5,6,7\}})$$
$$=p(x_1)p(x_5|x_1)p(x_6|x_1)p(x_7|x_{\{5,6\}})p(x_2|x_1)p(x_4|x_{\{1,2,5,6,7\}})$$

其中

$$p(x_4|x_{\{1,2,5,6,7\}})=\int_{x_3}p(x_4x_3|x_{\{1,2,5,6,7\}})\mathrm{d}x_3=\int_{x_3}p(x_4|x_{\{3,7\}})p(x_3|x_2)\mathrm{d}x_3$$

可以看到，分子分母中与节点3无关的项均被消掉，只剩下与节点2、3、4、7相关的项。由此可知，

$$p(x_t|x_{\{-t\}})\propto p(x_t|pa(t))\prod_{c\in ch(t)}p(x_c|pa(c)) \tag{4-47}$$

其中 $pa(t)$ 表示节点 t 的父节点集合，$ch(t)$ 表示节点 t 的子节点集合。

因此，用贝叶斯网络模型表示出多个节点之间的概率依赖关系后，利用马尔可夫覆盖的性质，在进行概率推断时，根据具体的求解问题，不一定需要对全网络上所有节点的联合概率进行计算。只需要找到需要计算的节点集合和它的马尔可夫覆盖，在局部网络上进行计算和求解，从而可以大大简化问题求解的复杂程度。

在第2章学习贝叶斯决策时我们看到，如果能够计算在已知特征情况下样本所属类别的后验概率，就可以根据后验概率最大或风险最小来进行判别决策。4.5节的朴素贝叶斯方法也是这种决策方法的一种具体实现。通过本节的讨论，我们看到，当研究对象背后存在一系列复杂的概率依赖关系时，只要我们能把概率依赖关系梳理成适当的贝叶斯网络形式，则可以通过马尔可夫覆盖分解计算在已知某些观测情况下所感兴趣的节点上的后验概率，从而可以应用贝叶斯决策的思想进行类别判别或定量预测。这一过程实际上是一种对事件发生可能性的推理过程，因此，贝叶斯网络也被称作信念网络(belief network)，意思是在观测到一定证据的情况下，对各种相关事件发生的可能性进行推断，类似于对各种事件的信念在网络上传播。

4.6 贝叶斯网络模型的学习

从上面我们看到，在有了贝叶斯网络之后，我们可以进行所需要的推理，根据部分数据推断未观测到的数据。但如何建立贝叶斯网络呢？

与前面介绍的隐马尔可夫模型类似，贝叶斯网络的学习可以分为参数学习和结构学习两大类。所谓参数学习，是指在模型(网络结构)给定的情况下，通过训练数据来学习模型中的概率分布参数。而结构学习则是指在没有固定网络拓扑结构的情况下，通过对数据的学习，找到能够描述数据中存在的关系的网络结构，以及对应的概率分布参数。

4.6.1 贝叶斯网络的参数学习

当我们知道模型的网络结构，但不知道具体的概率分布时，可以根据已知样本数据来估计模型的未知参数。模型参数的估计问题，可以建模为在给定数据的情况下，求解最大后验概率(maximum a posteriori estimation，MAP)的问题。

我们用 $\boldsymbol{D}=\{x_1,x_2,\cdots,x_N\}$表示 N 个训练样本的数据集合。在已知数据集 $\boldsymbol{D}$ 的情况下，模型参数$\boldsymbol{\theta}$的后验概率密度表示为：

$$p(\boldsymbol{\theta} \mid \boldsymbol{D})=p(\boldsymbol{D} \mid \boldsymbol{\theta})p(\boldsymbol{\theta})/p(\boldsymbol{D}) \tag{4-48}$$

与第2章贝叶斯决策和第3章中贝叶斯估计的情况类似，因为 $p(\boldsymbol{D})$与具体参数无关，我们仅需要求解 $p(\boldsymbol{D}|\boldsymbol{\theta})p(\boldsymbol{\theta})$的最大化问题，并可以对概率密度函数取对数，得到估计

$$\hat{\boldsymbol{\theta}}=\arg\max_{\boldsymbol{\theta}}\left(\sum_{i=1}^{N}\log p(x_i \mid \boldsymbol{\theta})+\log p(\boldsymbol{\theta})\right) \tag{4-49}$$

如果模型中不同参数的先验概率相同，则变为参数最大似然估计(MLE)问题。

下面考虑在贝叶斯网络中如何分解概率密度函数。假设贝叶斯网络模型具有 n 个节点，用 $\boldsymbol{pa}(t)$表示 $t(t=1,\cdots,n)$节点的父节点集合，训练样本 $\boldsymbol{x}_i$ 是所有节点取值构成的向量，即 $\boldsymbol{x}_i=[x_{i,1},x_{i,2},\cdots,x_{i,n}]^{\mathrm{T}}$。利用贝叶斯网络的条件独立性，可以把条件概率分解为：

$$\begin{aligned}p(\boldsymbol{D} \mid \boldsymbol{\theta})&=\prod_{i=1}^{N}p(\boldsymbol{x}_i \mid \boldsymbol{\theta})=\prod_{i=1}^{N}\prod_{t=1}^{n}p(x_{i,t} \mid x_{i,\boldsymbol{pa}(t)},\boldsymbol{\theta}_t)\\&=\prod_{t=1}^{n}\left(\prod_{i=1}^{N}p(x_{i,t} \mid x_{i,\boldsymbol{pa}(t)},\theta_t)\right)=\prod_{t=1}^{n}p(\boldsymbol{D}_t \mid \boldsymbol{\theta}_t)\end{aligned} \tag{4-50}$$

其中，$\boldsymbol{D}_t$ 表示与 t 和 t 的父节点有关的子数据集，$\boldsymbol{\theta}_t$ 为模型在这一部分中的参数。通常，我们假设参数的先验分布是互相独立的，即

$$p(\boldsymbol{\theta})=\prod_{t=1}^{n}p(\boldsymbol{\theta}_t) \tag{4-51}$$

则后验概率整体上可以分解为：

$$p(\boldsymbol{\theta} \mid \boldsymbol{D}) \sim \prod_{t=1}^{n}p(\boldsymbol{D}_t \mid \boldsymbol{\theta}_t)p(\boldsymbol{\theta}_t) \tag{4-52}$$

利用这个性质，可以将各个部分的概率密度进行分解后分别进行计算，分别利用$\boldsymbol{D}_t$ 来求解$\boldsymbol{\theta}_t$。

下面我们以随机变量为离散取值，且满足多项式分布的情况为例，对上面的原理进行具体介绍。

假设节点 t 有 K_t 种可能的取值，因为是离散随机变量，我们用 X_t 来表示节点 t 的取值。用 c 表示 t 节点的父节点集合 $\boldsymbol{pa}(t)$的取值状态，$c=1,\cdots,q_t$，其中 q_t 表示该父节点集合所有可能状态取值的总数，即$q_t=\prod_{X_i \in \boldsymbol{pa}(t)}K_i$。节点 t 在父节点处在c 状态下取值为k 的条件概率记为 $p=(X_t=k \mid \boldsymbol{pa}(t)=c)=\theta_{tck}$。节点 t 的参数即 X_t 取 K_t 种可能的取值的条件概率分布，可记为$\boldsymbol{\theta}_{tc}=[\theta_{tc1},\theta_{tc2},\cdots,\theta_{tcK_t}]$，它们满足

$$\sum_{k=1}^{K_t}\theta_{tck}=1 \tag{4-53}$$

用 N_{tck} 表示 N 个训练样本中 X_t 取值为 k 且其父节点取值为状态 c 的样本个数：

$$N_{tck}=\sum_{i=1}^{N} I(X_{i,t}=k, X_{i,pa(t)}=c) \tag{4-54}$$

其中 $I(\cdot)$是指示函数，括号中条件满足时取 1，否则为 0。根据多项式分布的特性，似然函数可以表示为：

$$p(\boldsymbol{D}_t \mid \boldsymbol{\theta}_t)=\prod_{c=1}^{q_t}\prod_{k=1}^{K_t}\theta_{tck}^{N_{tck}}=\prod_{c=1}^{q_t} p(D_{tc} \mid \theta_{tc}) \tag{4-55}$$

其中 D_{tc} 表示数据中节点 t 的父节点取值为状态 c 的样本集。

根据上述分析，参数的后验概率可以表示为：

$$p(\boldsymbol{\theta}_t \mid \boldsymbol{D}_t) \propto p(\boldsymbol{D}_t \mid \boldsymbol{\theta}_t) p(\boldsymbol{\theta}_t)=\prod_{c=1}^{q_t} p(D_{tc} \mid \theta_{tc}) p(\theta_{tc}) \tag{4-56}$$

也就是说，我们把整个贝叶斯网络的参数学习问题分解为局部问题进行求解，分别计算和更新每个条件概率 θ_{tc}。

在构建贝叶斯模型时，先验分布函数形式的选取具有一定的技巧。通常我们希望先验分布乘以似然函数后，得到的后验分布仍然能够保持同样的形式，这样可以大大方便计算。具有这种性质的分布被称为共轭先验分布。

对于多项式分布而言，狄利克雷分布(Dirichlet distribution)是它的共轭分布。我们假设贝叶斯网络参数的先验概率服从狄利克雷分布 $\theta_{tc} \sim \mathrm{Dir}(\alpha_{tc1}, \alpha_{tc2}, \cdots, \alpha_{tcK})$，其中整数 $\alpha_{tck}(k=1,2,\cdots,K)$为模型先验设定的超参数：

$$p(\theta_{tc}) \propto \prod_{k=1}^{K_t}\theta_{tck}^{\alpha_{tck}-1} \tag{4-57}$$

这时，

$$p(D_{tc} \mid \theta_{tc}) p(\theta_{tc}) \propto \prod_{k=1}^{K_t}\theta_{tck}^{N_{tck}}\prod_{k=1}^{K_t}\theta_{tck}^{\alpha_{tck}-1}=\prod_{k=1}^{K}\theta_{tck}^{N_{tck}+\alpha_{tck}-1} \tag{4-58}$$

根据狄利克雷分布的性质，可以知道该后验概率依然是狄利克雷分布，并且有：

$$\hat{\theta}_{tck}=E(\theta_{tck})=\frac{N_{tck}+\alpha_{tck}}{\sum_{k'}(N_{tck'}+\alpha_{tck'})} \tag{4-59}$$

可以看到，当训练数据量较小时，模型的参数主要受到先验分布参数的影响，而当训练样本数多时，参数主要由训练样本的取值决定。

在有的学习任务中，会遇到有一部分数据存在特征缺失，或者网络中存在部分不可观测的节点(隐变量)的情况。对于这种情况，通常使用与前面隐马尔可夫模型参数学习中类似的 EM 算法进行参数的学习。该算法分为两个主要部分：一部分是利用当前参数求解未知变量的期望，另一部分是在当前期望下求解参数的最大似然估计。感兴趣的读者可以参考相关的文献。

为了方便理解上面介绍的比较抽象的原理，我们举一个假想的具体例子：

流行性感冒(简称流感)是流感病毒引起的急性呼吸道感染，典型的临床症状是高烧、咽喉肿疼等。感冒是指“普通感冒”，一般不引起高烧症状。医生往往需要根据病人的严重程度决定是否进行治疗。图4-11给出了一个假想的与流感相关的贝叶斯网络，节点 t 的取值记为 $X_t(t=1,2,3,4)$，节点1表示患病类型，$X_1=1$ 代表患流感，$X_1=0$ 代表患普通感冒；节点2和3分别为高烧和咽喉肿疼两个症状，取值为1表示有该症状，0表示无该症状；节点4代表需要采取的治疗手段，$X_4=1$ 代表需进行静脉注射，$X_4=0$ 为不需要静脉注射。图中也给出了三个样本数据的例子 D_1,D_2,D_3，其中每个元素为 $D_{lt}(l=1,2,3)$。

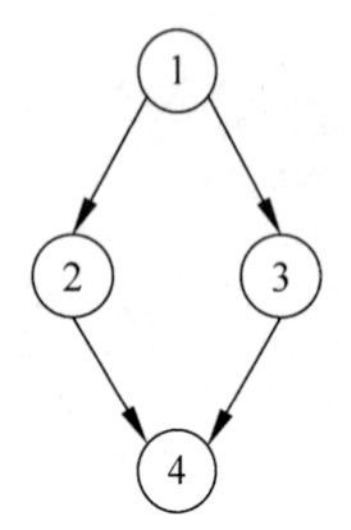

	X_1	X_2	X_3	X_4
D_1	1	1	1	1
D_2	1	1	0	1
D_3	0	0	1	0

图4-11 示意的流感贝叶斯网络模型及一组假想的样本数据

设参数 $\theta_{tck}=p(X_t=k\,|\,pa(t)=c),t=1,\cdots,4,c=0,1,k=0,1,pa(t)=c$ 表示节点 t 的父节点取值为 c。参数先验服从狄利克雷分布，即：

$$p(\theta_{tc})\propto\prod_{k=1}^{K_t}\theta_{tck}^{\alpha_{tck}-1}$$

设网络中的各先验概率 α_{tck} 如图4-12所示。设我们收集到图4-11中右侧表里所示的三个病人的数据，要解决的问题是根据这些训练数据估计贝叶斯网络后验概率参数 $\hat{\theta}_{tck}$。

α_{1ck}

c \ k	0	1
0	4	4

α_{2ck}

c \ k	0	1
0	2	2
1	2	2

α_{3ck}

c \ k	0	1
0	2	2
1	2	2

α_{4ck}

c_1,c_2 \ k	0	1
0,0	1	1
0,1	1	1
1,0	1	1
1,1	1	1

图4-12 图4-11例子中的先验概率分布

根据狄利克雷分布的性质，可以知道该后验概率依然是狄利克雷分布，并且有式(4-59)的估计：

$$\hat{\theta}_{tck}=E(\theta_{tck})=\frac{N_{tck}+\alpha_{tck}}{\sum_{k'}(N_{tck'}+\alpha_{tck'})}$$

代入训练样本数据，可得到后验参数估计 $\hat{\theta}_{tck}$，如图 4-13 所示。

$\bar{\theta}_{1ck}$

c \ k	0	1
0	5	6

$\bar{\theta}_{2ck}$

c \ k	0	1
0	3	2
1	2	4

$\bar{\theta}_{3ck}$

c \ k	0	1
0	2	3
1	3	3

$\bar{\theta}_{4ck}$

c_1, c_2 \ k	0	1
0,0	1	1
0,1	2	1
1,0	1	2
1,1	1	2

图 4-13　图 4-11 的例子中经过学习后的概率分布参数估计

4.6.2　贝叶斯网络的结构学习

如果当我们不知道网络的结构时，需要从数据中提取信息来寻找最能恰当描述数据分布特征的贝叶斯网络结构，并同时学习网络参数。与隐马尔可夫模型的结构学习类似，在已知知识不充分的情况下进行结构学习，是一件比参数学习更困难的任务。人们在这方面开展了很多研究，由于本书的范围所限在这里不展开讨论，感兴趣的读者可以阅读贝叶斯网络方面的专门书籍和论文。

对于一个复杂的问题，我们往往无法知道其中的全部因素、各因素的特性和它们之间的关系，因此并不存在客观上的"正确的"模型，但是如果我们能建立一个能够比较好描述数据规律的模型，会大大有助于我们从数据中进行判断和对未来进行推测。对于贝叶斯网络来说，它是描述复杂数据内在关系的一种很有效的模型，在面对一个实际问题时，选择什么样的网络结构，与我们的偏好有关。通常，模型结构越复杂，对训练数据的拟合效果就可能越好，也就是似然函数值往往会越大。但过于复杂的结构，一方面容易带来很多计算上的不便，另一方面也容易导致在训练数据上过度拟合，也就是没有推广能力。(关于推广能力的概念，我们在后面几章，尤其是第 7 章中还会进行更多讨论。)因此我们需要在模型的复杂程度和模型对数据的拟合程度之间进行权衡。人们通常会构造一个对网络模型的评分函数，权衡这两方面的因素。

下面我们来看控制模型复杂度的一种基本思想。我们用 $\boldsymbol{G}$ 表示某个网络结构，

$$p(\boldsymbol{G} \mid \boldsymbol{D}) = p(\boldsymbol{D} \mid \boldsymbol{G})p(\boldsymbol{G})/p(\boldsymbol{D}) \tag{4-60}$$

由于 $p(\boldsymbol{D})$ 与具体网络形式无关，因此我们希望求使得 $p(\boldsymbol{D}|\boldsymbol{G})p(\boldsymbol{G})$ 最大的网络。如果我们对模型没有先验知识，可以假设对于各种可能的网络结构先验概率 $p(\boldsymbol{G})$ 都相等，也就是忽略先验概率，该问题进一步简化为最大似然问题

$$\boldsymbol{G}^* = \arg\max_{\boldsymbol{G}} p(\boldsymbol{D} \mid \boldsymbol{G}) \tag{4-61}$$

通常来说,如果我们只考虑模型的似然值最大化,往往会倾向于得到更加复杂的模型。因为复杂的模型拥有更多的参数自由度,更容易拟合训练数据,也更加容易导致过学习。因此,我们需要在拟合效果和模型的复杂度之间做一定的平衡,可以在结构学习时构造如下形式的打分函数:

$$\text{Score}(\boldsymbol{D},\boldsymbol{G}) = -\log(p(\boldsymbol{D} \mid \boldsymbol{G})) + \text{Penalty}(\boldsymbol{D},\boldsymbol{G}) \tag{4-62}$$

其中第一项为模型的负对数似然值,第二项为惩罚项,用于惩罚模型的复杂程度。结构学习的问题变成了最小化式(4-62)的目标函数的问题。

基于这种思路,人们构建了一系列惩罚函数,如最小描述长度 MDL(Minimum Description Length)准则、AIC(Akaike's Information Criterion)准则和 BIC(Bayesian Information Criterion)准则等。对 BIC 准则,

$$\text{Penalty}(\boldsymbol{D},\boldsymbol{G}) = \frac{d}{2}\log N \tag{4-63}$$

其中 d 表示模型的自由度,反映模型中需要自由拟合的参数数量,N 是样本数目。对 AIC 准则,

$$\text{Penalty}(\boldsymbol{D},\boldsymbol{G}) = d \tag{4-64}$$

基于打分函数,可以根据一定的算法对各种可能的网络结构进行逐一分析,在每种结构下利用最大似然方法来估计参数,并计算打分函数值。最终输出为使得该评分最小的模型及其参数。

除了基于打分的方法外,还有一类常用的网络学习方法是基于约束条件的结构学习。其思想是通过一系列条件独立的假设检验来逐步构建网络。在网络结构比较稀疏的情况下,这类方法表现出较高的学习效率,可用于构造规模达到上千个节点的大型网络。

在所有可能的网络结构空间搜索最优贝叶斯网络结构被证明是一个 NP 难(NP-hard)的问题,在计算上非常复杂。很多情况下不得不采用一些约束假设和启发式的方法来降低运算的复杂程度。该领域涌现了很多的算法和软件工具包,感兴趣的读者可以阅读关于模型选择和贝叶斯网络结构学习的专著或文献①。

4.7 讨论

从第 2 章介绍的统计决策,到本章讨论的贝叶斯网络与隐马尔可夫模型,再到第 12 章将要讨论的更复杂的生成模型,其基本思想都是设法用模型来刻画数据产生背后所遵循的规律。如果能够通过先验知识或者通过大样本数据的学习得到这样的模型,则解决大样本数据的分类或其他推断和预测问题都迎刃而解。

在统计学中有句被很多人引用的名言,就是"没有模型是正确的,有些是有效的"。这句话告诉我们,模型只是人类用来理解和描述客观世界的工具,通常情况下我们并无法确知客观世界是按照我们的模型来运作的;即使是人造的系统,由于其运行收到多方面因素的影

① 例如 Scanagatta et al., A survey on Bayesian network structure learning from data, *Progress in Artificial Intelligence*, 8: 425-439, 2019.

响，我们通常也无法完全用模型来刻画其所有方面。但是，我们并不能因为这个原因就失去对模型的信心，只要我们能够找到在一定意义下能刻画对象重要方面的模型，模型还是可以发挥重要作用的。

上升到哲学层面，其实人类对客观世界的认识也是如此。历史上很多伟大的科学发现，例如牛顿的力学定律，实际上也是在一定的前提假设下描述了物理世界的基本规律，爱因斯坦的相对论揭示了更完善的规律，但在我们日常面对的大部分场景和应用中，牛顿定律依然是对物理规律足够精确的描述，在现实世界中大量的科学技术工作发挥着关键的作用。

对数据的模型也是同样的道理，数据中存在很多因素，有一些对于模式识别目标来说是至关重要的，而有一些则可能是可以甚至应该被忽略的。建立模型的工作，追求的就是能够用最简洁可行的模型抓住数据背后最重要的规律，而不是试图建立完全"正确"的模型。例如，在语音信号处理、自然语言处理、基因组序列处理等领域，人们根据对研究对象并不完美的认识，设计出了能刻画对象关键规律的隐马尔可夫模型，再用数据对模型进行训练，出色地完成了其中很多模式识别任务。

尽管如此，在很多实际场景中，构建有效的模型还是非常困难的任务。能否不依赖于模型而直接设计分类器呢？通过第 2 章和本章的介绍，我们看到，不论是用什么模型，最后得到的分类器就是一个或一系列判别函数，某些情况下判别函数可以具有较简单的形式，例如线性函数或二次函数等。所以，解决模式识别问题的另外一种思路是，不试图建立数据的模型，而是确定希望求解的判别函数形式，然后通过训练数据确定判别函数中的参数，或者是是从候选的判别函数集中选择特点的函数作为判别函数。这是非常多的机器学习方法背后的思想，相当于基于模型的方法(model-based methods)，我们把这种直接求解判别函数或预测函数的方法叫做不基于模型的方法(model-free methods)，读者可能已经听说过的人工神经网络方法、支持向量机方法等，都属于不基于模型的方法[①]。从下一章开始，我们将介绍各种直接设计分类器的方法。在缺乏充分的先验知识的情况下，要建立数据背后的模型，是比求解一个能够合理地完成分类任务的判别函数更难的一般性问题。在有限资源情况下，我们不能通过求解一个更难的一般性问题来求解其中一个特殊问题，因此，后面几章将要介绍的直接求解分类器的方法，包括线性判别方法、人工神经网络方法、支持向量机方法、近邻法、决策树与随机森林等，在实际问题中非常常用。

---

① 需要说明的是，这里说的模型，专指描述数据产生规律的概率模型。神经网络、支持向量机等等模式识别方法中，我们经常把神经网络结构、支持向量机的函数集等也称为模型，那里的模型指的是分类器或学习机器的模型，而不是数据的模型。读者在阅读相关文献事只要略加注意即可意识到不同上下文下模型一词的具体含义。

第 5 章 线性学习机器与线性分类器

5.1 引言

从前面几章我们看到,如果能很好地描述和估计出样本的概率模型,可以用贝叶斯决策或最大似然估计的策略来实现分类或对其他目标进行判定。但是,很多情况下,建立样本的概率模型和准确估计概率密度函数及其他模型参数并不是一件容易的事,在特征空间维数高、内在关系复杂和样本较少的情况下尤其如此。

实际上,模式识别的目的是在特征空间中设法找到两类(或多类)之间的分界面,估计概率密度函数并不是我们的目的。两步贝叶斯决策是首先根据样本进行概率密度函数估计,再根据估计的概率密度函数求分类面。如果能直接根据样本求分类面,就可以省略对概率密度函数的估计。在第 2 章介绍正态分布下的贝叶斯决策时,已经看到,在样本为正态分布且各类协方差矩阵相等的条件下,贝叶斯决策的最优分类面是线性的,两类情况下判别函数形式是 $g(\boldsymbol{x})=\boldsymbol{w}^{\mathrm{T}}\boldsymbol{x}+\omega_0$,而一般情况下为二次判别函数。实际上,如果知道判别函数的形式,可以设法从数据直接估计这种判别函数中的参数。这就是基于样本直接进行分类器设计的思想。进一步,即使不知道最优的判别函数是什么形式,仍然可以根据需要或对问题的理解设定判别函数类型,从数据直接求解判别函数。

基于样本直接设计分类器需要确定三个基本要素,一是分类器即判别函数的类型,也就是从什么样的判别函数类(函数集)中去求解;二是分类器设计的目标或准则,在确定了设计准则后,分类器设计就是根据样本从事先决定的函数集中选择在该准则下最优的函数,通常就是确定函数类中的某些待定参数;第三个要素就是在前两个要素明确之后,如何设计算法利用样本数据搜索到最优的函数参数(即选择函数集中的函数)。形式化表示就是:在判别函数集 $\{g(\alpha),\alpha\in\Lambda\}$ 中确定待定参数 α^*,使得准则函数 $L(\alpha)$ 最小(或最大),即 $L(\alpha^*)=\min\limits_{\alpha}L(\alpha)$。

不同的判别函数类、不同的准则及不同的优化算法就决定了不同的分类器设计方法。

在本章中,我们讨论线性判别函数,即 $g(\boldsymbol{x})=\boldsymbol{w}^{\mathrm{T}}\boldsymbol{x}+w_0$,多类情况下为 $g_i(\boldsymbol{x})=\boldsymbol{w}_i^{\mathrm{T}}\boldsymbol{x}+w_{i0}$,$i=1,2,\cdots,c$。采用不同的准则及不同的寻优算法就得到不同的线性判别方法。

线性分类器虽然是最简单的分类器,但是在样本为某些分布情况时,线性判别函数可以成为最小错误率或最小风险意义下的最优分类器。而在一般情况下,线性分类器只能是次优分类器,但是因为它简单而且在很多情况下效果接近最优,所以应用比较广泛,在样本有限的情况下有时甚至能取得比复杂的分类器更好的效果。

用线性函数去根据观测拟合变量间存在的依赖关系,是一个已经有两百年多年历史的研究课题,这就是著名的线性回归问题。在讨论线性分类器之前,我们先对线性回归进行简要的回顾。

5.2 线性回归

线性回归是通过数据发现或估计两个或多个变量之间可能存在的线性依赖关系的基本的统计学方法。最早是在 1805 年和 1809 年由法国数学家 Adrien-Marie Legendre(1762—1833)和德国数学家 Carl Friedrich Gauss(1777—1855)提出的[①]。一般认为,比利时数学家、天文学家、社会学家、统计学家、诗人和剧作家 Adolphe Quetelet(1796—1874)关于“平均人”的一系列定量研究为推动线性回归被广泛应用做出了奠基性的历史贡献。线性回归应该是人们最早对用数学方法关于从数据中“学习”规律的研究,可以看作是机器学习最原始的萌芽。

简单线性回归是学习两个取值为标量的随机变量之间的线性关系,如图 5-1 所示。其中一个变量称作响应变量或依赖变量,通常记作 y,另一个变量称作解释变量或独立变量,通常记作 x。线性回归就是通过(x,y)的一系列观测样本,估计它们之间的线性关系

$$y=w_0+w_1x \tag{5-1}$$

也就是估计其中的系数 w_1 和 w_0。当响应变量依赖于多个解释变量时,这种关系就是多元线性回归

$$y=w_0+w_1x_1+\cdots+w_dx_d=\sum_{i=0}^{d}w_ix_i=\boldsymbol{w}^{\mathrm{T}}\boldsymbol{x} \tag{5-2}$$

统计学把线性回归作为一门专门的学问进行了深入系统的研究,有大量关于回归的方法、理论性质及各种扩展的结论。我们在本书中只回顾其中最基本的估计方法。

在机器学习领域中,线性回归问题可以描述成如下的问题:

假设有训练样本集

$$\{(x_1,y_1),\cdots,(x_N,y_N)\},\quad x_j\in R^{d+1},\quad y_j\in R \tag{5-3}$$

我们设计学习机器的模型为

$$f(\boldsymbol{x})=w_0+w_1x_1+\cdots+w_dx_d=\sum_{i=0}^{d}w_ix_i=\boldsymbol{w}^{\mathrm{T}}\boldsymbol{x} \tag{5-4}$$

---

① A. M. Legendre. Nouvelles méthodes pour la détermination des orbites des comètes, Firmin Didot, Paris, 1805. “Sur la Méthode des moindres quarrés” appears as an appendix.

C. F. Gauss. Theoria Motus Corporum Coelestium in Sectionibus Conicis Solem Ambientum. (1809).

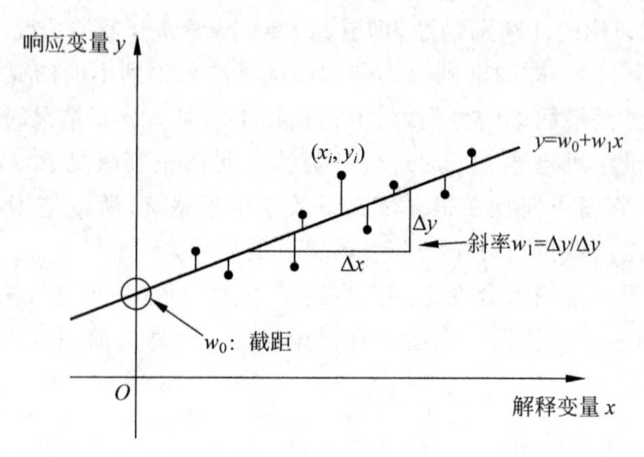

图 5-1　线性回归示意图

其中 $\boldsymbol{w}=[w_0,w_1,\cdots,w_d]^{\mathrm{T}}$ 是模型中待定的参数。线性回归估计的问题就是用训练样本集估计模型中的参数，使模型在最小平方误差意义下能够最好地拟合训练样本，即

$$\min_{\boldsymbol{w}} E=\frac{1}{N}\sum_{j=1}^{N}(f(\boldsymbol{x}_j)-y_j)^2 \tag{5-5}$$

这个目标函数可以写成如下的矩阵形式

$$E(\boldsymbol{w})=\frac{1}{N}\sum_{j=1}^{N}(f(\boldsymbol{x}_j)-y_j)^2=\frac{1}{N}\|X\boldsymbol{w}-\boldsymbol{y}\|^2=\frac{1}{N}(X\boldsymbol{w}-\boldsymbol{y})^{\mathrm{T}}(X\boldsymbol{w}-\boldsymbol{y}) \tag{5-6}$$

其中，$X=\begin{bmatrix}\boldsymbol{x}_1^{\mathrm{T}}\\ \vdots \\ \boldsymbol{x}_N^{\mathrm{T}}\end{bmatrix}$ 为全部训练样本的解释变量向量组成的矩阵，$\boldsymbol{y}=\begin{bmatrix}y_1\\ \vdots \\ y_N\end{bmatrix}$ 是全部训练样本的响应变量组成的向量。

使式(5-6)的目标函数最小化的参数 w 应该满足

$$\frac{\partial E(\boldsymbol{w})}{\partial \boldsymbol{w}}=\frac{2}{N}X^{\mathrm{T}}(X\boldsymbol{w}-\boldsymbol{y})=0 \tag{5-7}$$

即

$$X^{\mathrm{T}}X\boldsymbol{w}=X^{\mathrm{T}}\boldsymbol{y} \tag{5-8}$$

因此，当矩阵$(X^{\mathrm{T}}X)$可逆时，最优参数的解为

$$\boldsymbol{w}^*=(X^{\mathrm{T}}X)^{-1}X^{\mathrm{T}}\boldsymbol{y} \tag{5-9}$$

这就是经典的“最小二乘法”线性回归，其中的矩阵$(X^{\mathrm{T}}X)^{-1}X^{\mathrm{T}}$ 也被称作 X 的伪逆(Pseudo-inverse)矩阵，记作 X^+。

采用这样的算法，假如真实的样本是服从式(5-2)的物理规律产生的，只是在观测中带有噪声或误差，则最小二乘线性回归就通过数据学习到了系统本来的模型。而在我们对数据背后的物理模型并不了解的情况下，线性回归给出了在最小平方误差意义下对解释变量与响应变量之间线性关系的最好的估计。

在5.6节中我们会看到，线性回归也可以通过迭代的方法求解，并且可以用来解决分类问题。

5.3 线性判别函数的基本概念

在第 2 章中，我们已经遇到过在两类情况下判别函数为线性的情况，这里给出它的一般表达式

$$g(\boldsymbol{x})=\boldsymbol{w}^{\mathrm{T}}\boldsymbol{x}+w_0 \tag{5-10}$$

其中，$\boldsymbol{x}$ 是 d 维特征向量，又称样本向量，$\boldsymbol{w}$ 称为权向量，分别表示为

$$\boldsymbol{x}=\begin{bmatrix}x_1\\x_2\\\vdots\\x_d\end{bmatrix},\quad \boldsymbol{w}=\begin{bmatrix}w_1\\w_2\\\vdots\\w_d\end{bmatrix}$$

w_0 是个常数，称为阈值权。对于两类问题的线性分类器可以采用下述决策规则：令

$$g(\boldsymbol{x})=g_1(\boldsymbol{x})-g_2(\boldsymbol{x})$$

则

$$\begin{cases}\text{如果 } g(\boldsymbol{x})>0\text{，则决策 } \boldsymbol{x}\in\omega_1\\ \text{如果 } g(\boldsymbol{x})<0\text{，则决策 } \boldsymbol{x}\in\omega_2\\ \text{如果 } g(\boldsymbol{x})=0\text{，可将 } \boldsymbol{x} \text{ 任意分到某一类，或拒绝}\end{cases} \tag{5-11}$$

方程 $g(\boldsymbol{x})=0$ 定义了一个决策面，它把归类于 ω_1 类的点与归类于 ω_2 类的点分割开来。当 $g(\boldsymbol{x})$ 为线性函数时，这个决策面便是超平面。

假设 $\boldsymbol{x}_1$ 和 $\boldsymbol{x}_2$ 都在决策面 H 上，则有

$$\boldsymbol{w}^{\mathrm{T}}\boldsymbol{x}_1+w_0=\boldsymbol{w}^{\mathrm{T}}\boldsymbol{x}_2+w_0 \tag{5-12}$$

或

$$\boldsymbol{w}^{\mathrm{T}}(\boldsymbol{x}_1-\boldsymbol{x}_2)=0 \tag{5-13}$$

这表明，$\boldsymbol{w}$ 和超平面 H 上任一向量正交，即 $\boldsymbol{w}$ 是 H 的法向量。一般来说，一个超平面 H 把特征空间分成两个半空间，即对 ω_1 类的决策域 $\mathcal{R}_1$ 和对 ω_2 类的决策域 $\mathcal{R}_2$。因为当 $\boldsymbol{x}$ 在 $\mathcal{R}_1$ 中时，$g(\boldsymbol{x})>0$，所以决策面的法向量是指向 $\mathcal{R}_1$ 的。因此，有时称 $\mathcal{R}_1$ 中的所有 $\boldsymbol{x}$ 在 H 的正侧，相应地，称 $\mathcal{R}_2$ 中的所有 $\boldsymbol{x}$ 在 H 的负侧。

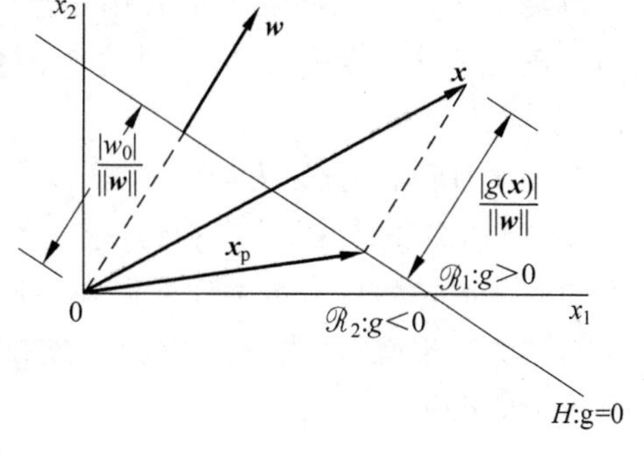

图 5-2 线性判别函数

判别函数 $g(\boldsymbol{x})$ 可以看成是特征空间中某点 $\boldsymbol{x}$ 到超平面的距离的一种代数度量，见图 5-2。

若把 $\boldsymbol{x}$ 表示成

$$\boldsymbol{x}=\boldsymbol{x}_p+r\frac{\boldsymbol{w}}{\|\boldsymbol{w}\|} \tag{5-14}$$

其中，$\boldsymbol{x}_{\mathrm{p}}$ 是 $\boldsymbol{x}$ 在 H 上的射影向量；r 是 $\boldsymbol{x}$ 到 H 的垂直距离；$\dfrac{\boldsymbol{w}}{\|\boldsymbol{w}\|}$ 是 $\boldsymbol{w}$ 方向上的单位向量。

将式(5-14)代入式(5-10),可得

$$g(\boldsymbol{x})=\boldsymbol{w}^{\mathrm{T}}\left(\boldsymbol{x}_p+r\frac{\boldsymbol{w}}{\|\boldsymbol{w}\|}\right)+w_0=\boldsymbol{w}^{\mathrm{T}}\boldsymbol{x}_p+w_0+r\frac{\boldsymbol{w}^{\mathrm{T}}\boldsymbol{w}}{\|\boldsymbol{w}\|}=r\|\boldsymbol{w}\|$$

或写作

$$r=\frac{g(\boldsymbol{x})}{\|\boldsymbol{w}\|} \tag{5-15}$$

若 $\boldsymbol{x}$ 为原点,则

$$g(\boldsymbol{x})=w_0 \tag{5-16}$$

将式(5-16)代入式(5-15),就得到从原点到超平面 H 的距离

$$r_0=\frac{w_0}{\|\boldsymbol{w}\|} \tag{5-17}$$

如果 $w_0>0$,则原点在 H 的正侧;若 $w_0<0$,则原点在 H 的负侧。若 $w_0=0$,则 $g(\boldsymbol{x})$具有齐次形式 $\boldsymbol{w}^{\mathrm{T}}\boldsymbol{x}$,说明超平面 H 通过原点。图 5-2 对这些结果作了几何解释。

总之,利用线性判别函数进行决策,就是用一个超平面把特征空间分割成两个决策区域。超平面的方向由权向量 $\boldsymbol{w}$ 确定,它的位置由阈值权 w_0 确定。判别函数 $g(\boldsymbol{x})$正比于 $\boldsymbol{x}$ 点到超平面的代数距离(带正负号)。当 $\boldsymbol{x}$ 在 H 正侧时,$g(\boldsymbol{x})>0$;在负侧时,$g(\boldsymbol{x})<0$。

5.4 Fisher 线性判别分析

现在从最直观的 Fisher 线性判别分析(linear discriminant analysis,LDA)开始来介绍一些最有代表性的线性判别方法。

LDA 是 R. A. Fisher 于 1936 年提出来的方法[①]。

两类的线性判别问题可以看作是把所有样本都投影到一个方向上,然后在这个一维空间中确定一个分类的阈值。过这个阈值点且与投影方向垂直的超平面就是两类的分类面。

那么,如何确定投影方向呢?

在图 5-3 的例子中,可以看到,按左图中的方向投影后两类样本可以比较好地分开,而按右图的方向投影后则两类样本混在一起。显然,左图的投影方向是更好的选择。Fisher 线性判别的思想就是,选择投影方向,使投影后两类相隔尽可能远,而同时每一类内部的样本又尽可能聚集。

为了定量地研究这一问题,我们先来定义一些基本概念。

这里只讨论两类分类的问题。训练样本集是 $\mathscr{X}=\{\boldsymbol{x}_1,\cdots,\boldsymbol{x}_N\}$,每个样本是一个 d 维向量,其中 ω_1 类的样本是 $\mathscr{X}_1=\{\boldsymbol{x}_1^1,\cdots,\boldsymbol{x}_{N_1}^1\}$,$\omega_2$ 类的样本是 $\mathscr{X}_2=\{\boldsymbol{x}_1^2,\cdots,\boldsymbol{x}_{N_2}^2\}$。我们要寻找一个投影方向 $\boldsymbol{w}$($\boldsymbol{w}$ 也是一个 d 维向量),投影以后的样本变成

① Fisher R A. The use of multiple measurements in taxonomic problems. *Annals of Eugenics*, 7: 179-188, 1936.

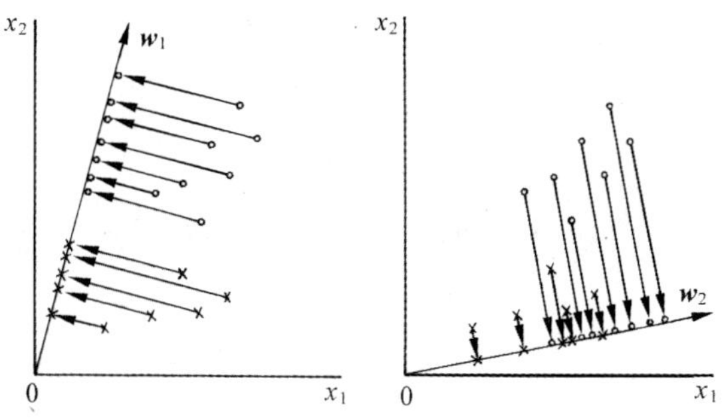

图 5-3 寻找有利于分类的投影方向

$$y_i = \boldsymbol{w}^{\mathrm{T}} \boldsymbol{x}_i, \quad i = 1,2,\cdots,N \tag{5-18}$$

在原样本空间中,类均值向量为

$$\boldsymbol{m}_i = \frac{1}{N_i} \sum_{\boldsymbol{x}_j \in \mathscr{X}_i} \boldsymbol{x}_j, \quad i = 1,2 \tag{5-19}$$

定义各类的类内离散度矩阵(within-class scatter matrix)为

$$\boldsymbol{S}_i = \sum_{\boldsymbol{x}_j \in \mathscr{X}_i} (\boldsymbol{x}_j - \boldsymbol{m}_i)(\boldsymbol{x}_j - \boldsymbol{m}_i)^{\mathrm{T}}, \quad i = 1,2 \tag{5-20}$$

总类内离散度矩阵(pooled within-class scatter matrix)为①

$$\boldsymbol{S}_{\mathrm{w}} = \boldsymbol{S}_1 + \boldsymbol{S}_2 \tag{5-22}$$

类间离散度矩阵(between-class scatter matrix)定义为

$$\boldsymbol{S}_{\mathrm{b}} = (\boldsymbol{m}_1 - \boldsymbol{m}_2)(\boldsymbol{m}_1 - \boldsymbol{m}_2)^{\mathrm{T}} \tag{5-23}$$

在投影以后的一维空间,两类的均值分别为

$$\widetilde{m}_i = \frac{1}{N_i} \sum_{y_j \in \mathscr{Y}_i} y_j = \frac{1}{N_i} \sum_{\boldsymbol{x}_j \in \mathscr{X}_i} \boldsymbol{w}^{\mathrm{T}} \boldsymbol{x}_j = \boldsymbol{w}^{\mathrm{T}} \boldsymbol{m}_i, \quad i = 1,2 \tag{5-24}$$

类内离散度不再是一个矩阵,而是一个值

$$\widetilde{S}_i^2 = \sum_{y_j \in \mathscr{Y}_i} (y_j - \widetilde{m}_i)^2, \quad i = 1,2 \tag{5-25}$$

总类内离散度为

$$\widetilde{S}_{\mathrm{w}} = \widetilde{S}_1^2 + \widetilde{S}_2^2 \tag{5-26}$$

而类间离散度就成为两类均值差的平方

$$\widetilde{S}_{\mathrm{b}} = (\widetilde{m}_1 - \widetilde{m}_2)^2 \tag{5-27}$$

前面已经提出,希望寻找的投影方向使投影以后两类尽可能分开,而各类内部又尽可能聚集,这一目标可以表示成如下的准则

$$\max J_{\mathrm{F}}(w) = \frac{\widetilde{S}_{\mathrm{b}}}{\widetilde{S}_{\mathrm{w}}} = \frac{(\widetilde{m}_1 - \widetilde{m}_2)^2}{\widetilde{S}_1^2 + \widetilde{S}_2^2} \tag{5-28}$$

这就是 Fisher 准则函数(Fisher's Criterion)。

---

① 有文献采用如下定义:

$$\boldsymbol{S}_i = \frac{1}{N_i} \sum_{\boldsymbol{x}_j \in \mathscr{X}_i} (\boldsymbol{x}_j - \boldsymbol{m}_i)(\boldsymbol{x}_j - \boldsymbol{m}_i)^{\mathrm{T}}, \quad i = 1,2 \tag{5-21a}$$

$$\boldsymbol{S}_{\mathrm{w}} = \frac{N_1}{N} \boldsymbol{S}_i + \frac{N_2}{N} \boldsymbol{S}_2 \tag{5-21b}$$

把式(5-18)代入式(5-27)和式(5-25)，得到

$$\begin{aligned}\tilde{S}_b &= (\tilde{m}_1 - \tilde{m}_2)^2 \\ &= (\boldsymbol{w}^T\boldsymbol{m}_1 - \boldsymbol{w}^T\boldsymbol{m}_2)^2 \\ &= \boldsymbol{w}^T(\boldsymbol{m}_1 - \boldsymbol{m}_2)(\boldsymbol{m}_1 - \boldsymbol{m}_2)^T\boldsymbol{w} \\ &= \boldsymbol{w}^T\boldsymbol{S}_b\boldsymbol{w}\end{aligned} \tag{5-29}$$

以及

$$\begin{aligned}\tilde{S}_w &= \tilde{S}_1^2 + \tilde{S}_2^2 \\ &= \sum_{x_j \in \mathscr{X}_1} (\boldsymbol{w}^T\boldsymbol{x}_j - \boldsymbol{w}^T\boldsymbol{m}_1)^2 + \sum_{x_j \in \mathscr{X}_2} (\boldsymbol{w}^T\boldsymbol{x}_j - \boldsymbol{w}^T\boldsymbol{m}_2)^2 \\ &= \sum_{x_j \in \mathscr{X}_1} \boldsymbol{w}^T(\boldsymbol{x}_j - \boldsymbol{m}_1)(\boldsymbol{x}_j - \boldsymbol{m}_1)^T\boldsymbol{w} + \sum_{x_j \in \mathscr{X}_2} \boldsymbol{w}^T(\boldsymbol{x}_j - \boldsymbol{m}_2)(\boldsymbol{x}_j - \boldsymbol{m}_2)^T\boldsymbol{w} \\ &= \boldsymbol{w}^T\boldsymbol{S}_1\boldsymbol{w} + \boldsymbol{w}^T\boldsymbol{S}_2\boldsymbol{w} \\ &= \boldsymbol{w}^T\boldsymbol{S}_w\boldsymbol{w}\end{aligned} \tag{5-30}$$

因此，Fisher 判别准则变成

$$\max_{\boldsymbol{w}} J_F(\boldsymbol{w}) = \frac{\boldsymbol{w}^T\boldsymbol{S}_b\boldsymbol{w}}{\boldsymbol{w}^T\boldsymbol{S}_w\boldsymbol{w}} \tag{5-31}$$

这一表达式在数学物理中被称作广义 Rayleigh 商(generalized Rayleigh quotient)。

应注意到，我们的目的是求使得式(5-31)最大的投影方向 $\boldsymbol{w}$。由于对 $\boldsymbol{w}$ 幅值的调节并不会影响 $\boldsymbol{w}$ 的方向，即不会影响 $J_F(\boldsymbol{w})$的值，因此，可以设定式(5-31)的分母为非零常数而最大化分子部分，即把式(5-31)的优化问题转化为

$$\begin{aligned}&\max \quad \boldsymbol{w}^T\boldsymbol{S}_b\boldsymbol{w} \\ &\text{s.t.} \quad \boldsymbol{w}^T\boldsymbol{S}_w\boldsymbol{w} = c \neq 0\end{aligned} \tag{5-32}$$

其中，“s. t. ”表示优化问题中需要满足的约束条件(英文“subject to”的缩写)。

这是一个等式约束下的极值问题，可以通过引入拉格朗日(Lagrange)乘子转化成以下拉格朗日函数的无约束极值问题：

$$L(\boldsymbol{w},\lambda) = \boldsymbol{w}^T\boldsymbol{S}_b\boldsymbol{w} - \lambda(\boldsymbol{w}^T\boldsymbol{S}_w\boldsymbol{w} - c) \tag{5-33}$$

在式(5-33)的极值处，应该满足

$$\frac{\partial L(\boldsymbol{w},\lambda)}{\partial \boldsymbol{w}} = 0 \tag{5-34}$$

由此可得，极值解 $\boldsymbol{w}^*$ 应满足

$$\boldsymbol{S}_b\boldsymbol{w}^* - \lambda\boldsymbol{S}_w\boldsymbol{w}^* = 0 \tag{5-35}$$

假定 $\boldsymbol{S}_w$ 是非奇异的(样本数大于维数时通常是非奇异的)，可以得到

$$\boldsymbol{S}_w^{-1}\boldsymbol{S}_b\boldsymbol{w}^* = \lambda\boldsymbol{w}^* \tag{5-36}$$

也就是说，$\boldsymbol{w}^*$ 是矩阵 $\boldsymbol{S}_w^{-1}\boldsymbol{S}_b$ 的本征向量。我们把式(5-23)的 $\boldsymbol{S}_b$ 代入，式(5-36)变成

$$\lambda\boldsymbol{w}^* = \boldsymbol{S}_w^{-1}(\boldsymbol{m}_1 - \boldsymbol{m}_2)(\boldsymbol{m}_1 - \boldsymbol{m}_2)^T\boldsymbol{w}^* \tag{5-37}$$

应注意到，$(\boldsymbol{m}_1 - \boldsymbol{m}_2)^T\boldsymbol{w}^*$ 是标量，不影响 $\boldsymbol{w}^*$ 的方向，因此可以得到 $\boldsymbol{w}^*$ 的方向是由 $\boldsymbol{S}_w^{-1}(\boldsymbol{m}_1 - \boldsymbol{m}_2)$决定的。由于我们只关心 $\boldsymbol{w}^*$ 的方向，因此可以取

$$\boldsymbol{w}^* = \boldsymbol{S}_w^{-1}(\boldsymbol{m}_1 - \boldsymbol{m}_2) \tag{5-38}$$

这就是 Fisher 判别准则下的最优投影方向。

Fisher 线性判别投影方向也可以直接用下面另一种方法求得。

式(5-31)的解满足如下极值条件

$$\frac{\partial J_{\mathrm{F}}(\boldsymbol{w})}{\partial \boldsymbol{w}}=\mathbf{0} \tag{5-39}$$

将 $J_{\mathrm{F}}(\boldsymbol{w})$ 对 $\boldsymbol{w}$ 求导,可得

$$\frac{\boldsymbol{w}^{\mathrm{T}}(\boldsymbol{m}_1-\boldsymbol{m}_2)}{\boldsymbol{w}^{\mathrm{T}}\boldsymbol{S}_{\mathrm{w}}\boldsymbol{w}}\left[2(\boldsymbol{m}_1-\boldsymbol{m}_2)-2\left(\frac{\boldsymbol{w}^{\mathrm{T}}(\boldsymbol{m}_1-\boldsymbol{m}_2)}{\boldsymbol{w}^{\mathrm{T}}\boldsymbol{S}_{\mathrm{w}}\boldsymbol{w}}\right)\boldsymbol{S}_{\mathrm{w}}\boldsymbol{w}\right]=\mathbf{0} \tag{5-40}$$

(此公式的推导读者可作为习题练习)。分析式(5-40),可以看到,由于$\frac{\boldsymbol{w}^{\mathrm{T}}(\boldsymbol{m}_1-\boldsymbol{m}_2)}{\boldsymbol{w}^{\mathrm{T}}\boldsymbol{S}_{\mathrm{w}}\boldsymbol{w}}$是标量,在 $\boldsymbol{S}_{\mathrm{w}}$ 非奇异的条件下,式(5-40)的解满足

$$\boldsymbol{w}^{*} \propto \boldsymbol{S}_{\mathrm{w}}^{-1}(\boldsymbol{m}_1-\boldsymbol{m}_2) \tag{5-41}$$

由于我们只关心 $\boldsymbol{w}$ 的方向,所以式(5-38)就是式(5-40)的解。

需要注意的是,Fisher 判别函数最优的解本身只是给出了一个投影方向,并没有给出我们所要的分类面。要得到分类面,需要在投影后的方向(一维空间)上确定一个分类阈值 w_0,并采取决策规则

$$\text{若 } g(\boldsymbol{x})=\boldsymbol{w}^{\mathrm{T}}\boldsymbol{x}+w_0 \gtrless 0,\text{则 } \boldsymbol{x}\in\begin{cases}\omega_1\\ \omega_2\end{cases} \tag{5-42}$$

回顾第 2 章中曾经讲到的,当样本是正态分布且两类协方差矩阵相同时,最优贝叶斯分类器是线性函数 $g(\boldsymbol{x})=\boldsymbol{w}^{\mathrm{T}}\boldsymbol{x}+w_0$,且其中

$$\boldsymbol{w}=\boldsymbol{\Sigma}^{-1}(\boldsymbol{\mu}_1-\boldsymbol{\mu}_2) \tag{5-43}$$

$$w_0=-\frac{1}{2}(\boldsymbol{\mu}_1+\boldsymbol{\mu}_2)^{\mathrm{T}}\boldsymbol{\Sigma}^{-1}(\boldsymbol{\mu}_1-\boldsymbol{\mu}_2)-\ln\frac{P(w_2)}{P(w_1)} \tag{5-44}$$

比较式(5-38)与式(5-43)可以看到,在样本为正态分布且两类协方差相同的情况下,如果把样本的算术平均作为均值的估计、把样本协方差矩阵当作是真实协方差矩阵的估计,则 Fisher 线性判别所得的方向实际就是最优贝叶斯决策的方向,因此,可以用式(5-44)来作为分类阈值,其中用 $\boldsymbol{m}_i$ 代替$\boldsymbol{\mu}_i$,用 $\boldsymbol{S}_{\mathrm{w}}^{-1}$ 代替$\boldsymbol{\Sigma}^{-1}$(采用式(5-21a)和式(5-21b)的定义),即

$$w_0=-\frac{1}{2}(\boldsymbol{m}_1+\boldsymbol{m}_2)^{\mathrm{T}}\boldsymbol{S}_{\mathrm{w}}^{-1}(\boldsymbol{m}_1-\boldsymbol{m}_2)-\ln\frac{P(w_2)}{P(w_1)} \tag{5-45}$$

在样本不是正态分布时,这种投影方向和阈值并不能保证是最优的,但通常仍可以取得较好的分类结果。

如果不考虑先验概率的不同,则可以采用阈值

$$w_0=-\frac{1}{2}(\tilde{m}_1+\tilde{m}_2) \tag{5-46}$$

或者

$$w_0=-\tilde{m} \tag{5-47}$$

其中,$\tilde{m}$ 是所有样本在投影后的均值。

把式(5-45)代入式(5-42)中并考虑到式(5-38),可以把决策规则写成

$$\text{若 } g(\boldsymbol{x})=\boldsymbol{w}^{\mathrm{T}}\left[\boldsymbol{x}-\frac{1}{2}(\boldsymbol{m}_1+\boldsymbol{m}_2)\right]\gtrless\log\frac{P(\omega_2)}{P(\omega_1)},\text{则 } \boldsymbol{x}\in\begin{cases}\omega_1\\ \omega_2\end{cases} \tag{5-48}$$

其直观的解释就是，把待决策的样本投影到Fisher判别的方向上，通过与两类均值投影的平分点相比较做出分类决策。在先验概率相同的情况下，以该平分点为两类的分界点；在先验概率不同时，分界点向先验概率小的一侧偏移，如图5-4所示。

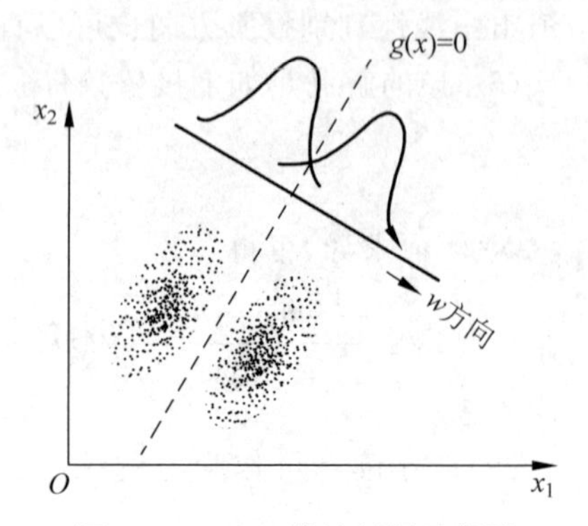

图5-4　Fisher线性判别示意图

Fisher线性判别并不对样本的分布作任何假设。但在很多情况下，当样本维数比较高且样本数也比较多时，投影到一维空间后样本接近正态分布。这时可以在一维空间中用样本拟合正态分布，用得到的参数来确定分类阈值。

5.5　感知器

Fisher线性判别是把线性分类器的设计分为两步，一是确定最优的方向，二是在这个方向上确定分类阈值。下面研究一种直接得到完整的线性判别函数 $g(\boldsymbol{x})=\boldsymbol{w}^{\mathrm{T}}\boldsymbol{x}+w_0$ 的方法——感知器(perceptron)。

感知器是人们设计的第一个具有学习能力的机器[①]，在机器学习和模式识别历史上扮演了重要的角色。在后面章节的介绍中我们会看到，它是多层感知器神经网络方法和各种深度学习方法的基础，也是支持向量机方法的基础。

为了讨论方便，把向量 $\boldsymbol{x}$ 增加一维，但其取值为常数，即定义

$$\boldsymbol{y}=[1,x_1,x_2,\cdots,x_d]^{\mathrm{T}} \tag{5-49}$$

其中，x_i 为样本 $\boldsymbol{x}$ 的第 i 维分量。我们称 $\boldsymbol{y}$ 为增广的样本向量。相应地，定义增广的权向量为

$$\boldsymbol{\alpha}=[w_0,w_1,w_2,\cdots,w_d]^{\mathrm{T}} \tag{5-50}$$

线性判别函数变为

$$g(\boldsymbol{y})=\boldsymbol{\alpha}^{\mathrm{T}}\boldsymbol{y} \tag{5-51}$$

决策规则是：如果 $g(\boldsymbol{y})>0$，则 $\boldsymbol{y}\in\boldsymbol{\omega}_1$；如果 $g(\boldsymbol{y})<0$，则 $\boldsymbol{y}\in\boldsymbol{\omega}_2$。

下面定义样本集可分性的概念。

对于一组样本 $\boldsymbol{y}_1,\cdots,\boldsymbol{y}_N$，如果存在这样的权向量 $\boldsymbol{\alpha}$，使得对于样本集中的任一个样本 $\boldsymbol{y}_i$，$i=1,\cdots,N$，若 $\boldsymbol{y}\in\boldsymbol{\omega}_1$ 则 $\boldsymbol{\alpha}^{\mathrm{T}}\boldsymbol{y}_i>0$，若 $\boldsymbol{y}\in\boldsymbol{\omega}_2$ 则 $\boldsymbol{\alpha}^{\mathrm{T}}\boldsymbol{y}_i<0$，那么称这组样本或这个样本集是线性可分的。即在样本的特征空间中，至少存在一个线性分类面能够把两类样本没有错误地分开，如图5-5(a)所示，而5-5(b)中的一组样本则是线性不可分的。

如果定义一个新的变量 $\boldsymbol{y}'$，使对于第一类的样本 $\boldsymbol{y}'=\boldsymbol{y}$，而对第二类样本则 $\boldsymbol{y}'=-\boldsymbol{y}$，即

---

① Frank Rosenblatt, *The Perceptron-a perceiving and recognizing automaton*, Report 85-460-1, Cornell Aeronautical Laboratory, Jan. 1957.

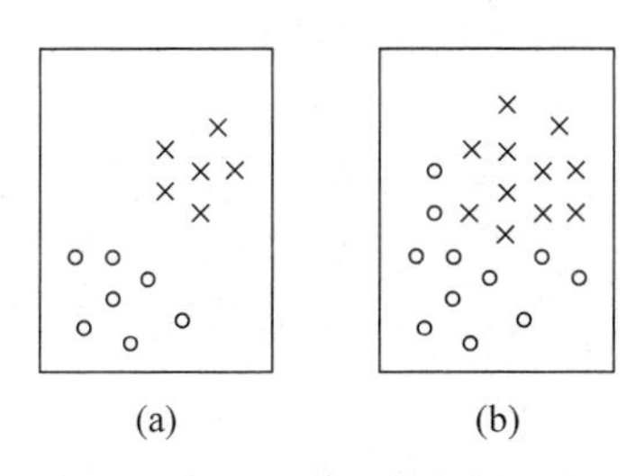

图 5-5 线性可分的样本集和线性不可分的样本集示例

$$\boldsymbol{y}_i'=\begin{cases}\boldsymbol{y}_i, & \text{若 } \boldsymbol{y}_i\in\omega_1\\ -\boldsymbol{y}_i, & \text{若 } \boldsymbol{y}_i\in\omega_2\end{cases}\quad i=1,2,\cdots,N \tag{5-52}$$

则样本可分性条件就变成了存在$\boldsymbol{\alpha}$，使

$$\boldsymbol{\alpha}^{\mathrm{T}}\boldsymbol{y}_i'>0,\quad i=1,2,\cdots,N \tag{5-53}$$

这样定义的$\boldsymbol{y}'$称作规范化增广样本向量。在本节和下一节，为了讨论方便，都采用规范化增广样本向量，并且把$\boldsymbol{y}'$仍然记作$\boldsymbol{y}$。

本小节只讨论样本线性可分的情况。

对于线性可分的一组样本$\boldsymbol{y}_1,\cdots,\boldsymbol{y}_N$（采用规范化增广样本向量表示），如果一个权向量$\boldsymbol{\alpha}^*$满足

$$\boldsymbol{\alpha}^{\mathrm{T}}\boldsymbol{y}_i>0,\quad i=1,2,\cdots,N \tag{5-54}$$

则称$\boldsymbol{\alpha}^*$为一个解向量。在权值空间中所有解向量组成的区域称作解区。

显然，权向量和样本向量的维数相同，可以把权向量画到样本空间。对于一个样本$\boldsymbol{y}_i$，$\boldsymbol{\alpha}^{\mathrm{T}}\boldsymbol{y}_i=0$定义了权空间中一个过原点的超平面$\hat{H}_i$。对于这个样本来说，处于超平面$\hat{H}_i$正侧的任何一个向量都能使$\boldsymbol{\alpha}^{\mathrm{T}}\boldsymbol{y}_i>0$，因而都是对这个样本的一个解。考虑样本集中的所有样本，解区就是每个样本对应超平面的正侧的交集，如图 5-6 所示。

解区中的任意一个向量都是解向量，都能把样本没有错误地分开。但是，从直观角度看，如果一个解向量靠近解区的边缘，虽然所有样本都能满足$\boldsymbol{\alpha}^{\mathrm{T}}\boldsymbol{y}_i>0$，但某些样本的判别函数可能刚刚大于零，考虑到噪声、数值计算误差等因素，靠近解区中间的解向量应该更加可靠。因此，人们提出了余量的概念，即把解区向中间缩小，不取靠近边缘的解，如图 5-7 所示。形式化表示就是，引入余量$b>0$，要求解向量对满足

$$\boldsymbol{\alpha}^{\mathrm{T}}\boldsymbol{y}_i>b,\quad i=1,2,\cdots,N \tag{5-55}$$

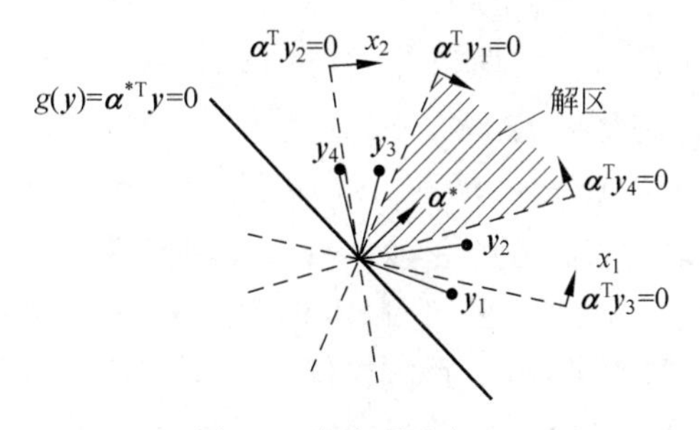

图 5-6 解向量和解区

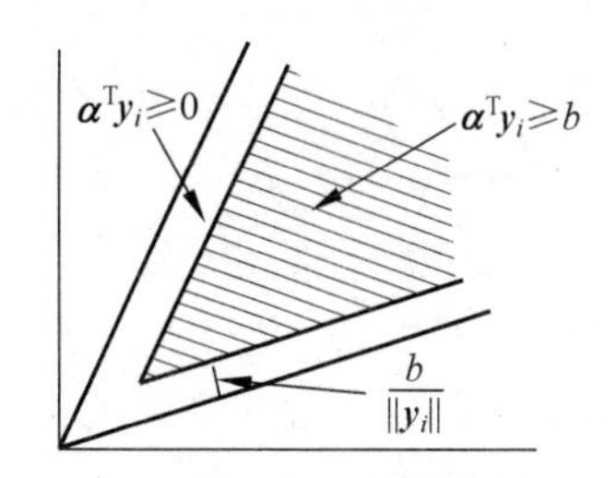

图 5-7 带有余量的解区

下面我们来看如何找到一个解向量。

对于权向量$\boldsymbol{\alpha}$，如果某个样本$\boldsymbol{y}_k$被错误分类，则$\boldsymbol{\alpha}^{\mathrm{T}}\boldsymbol{y}_k\leqslant 0$。我们可以用对所有错分样本的求和来表示对错分样本的惩罚

$$J_{\mathrm{P}}(\boldsymbol{\alpha})=\sum_{\boldsymbol{\alpha}^{\mathrm{T}}\boldsymbol{y}_k\leqslant 0}(-\boldsymbol{\alpha}^{\mathrm{T}}\boldsymbol{y}_k) \tag{5-56}$$

这就是20世纪50年代Rosenblatt提出的感知器(Perceptron)准则函数[①]。

显然，当且仅当 $J_{\mathrm{p}}(\boldsymbol{\alpha}^*)=\min J_{\mathrm{P}}(\boldsymbol{\alpha})=0$ 时 $\boldsymbol{\alpha}^*$ 是解向量。

感知器准则函数式(5-46)的最小化可以用梯度下降方法迭代求解

$$\boldsymbol{\alpha}(t+1)=\boldsymbol{\alpha}(t)-\rho_{\mathrm{t}}\nabla J_{\mathrm{P}}(\boldsymbol{\alpha}) \tag{5-57}$$

即下一时刻的权向量是把当前时刻的权向量向目标函数的负梯度方向调整一个修正量，其中 ρ_{t} 为调整的步长。目标函数 J_{P} 对权向量 $\boldsymbol{\alpha}$ 的梯度是

$$\nabla J_{\mathrm{P}}(\boldsymbol{\alpha})=\frac{\partial J_{\mathrm{P}}(\boldsymbol{\alpha})}{\partial\boldsymbol{\alpha}}=\sum_{\boldsymbol{\alpha}^{\mathrm{T}}\boldsymbol{y}_k\leqslant 0}(-\boldsymbol{y}_k) \tag{5-58}$$

因此，迭代修正的公式就是

$$\boldsymbol{\alpha}(t+1)=\boldsymbol{\alpha}(t)+\rho_{\mathrm{t}}\sum_{\boldsymbol{\alpha}^{\mathrm{T}}\boldsymbol{y}_k\leqslant 0}\boldsymbol{y}_k \tag{5-59}$$

即在每一步迭代时把错分的样本按照某个系数加到权向量上。

通常情况下，一次将所有错误样本都进行修正的做法并不是效率最高的，更常用的是每次只修正一个样本的固定增量法，算法步骤是：

(1) 任意选择初始的权向量 $\boldsymbol{\alpha}(0)$，置 $t=0$；

(2) 考查样本 $\boldsymbol{y}_j$，若 $\boldsymbol{\alpha}(t)^{\mathrm{T}}\boldsymbol{y}_j\leqslant 0$，则 $\boldsymbol{\alpha}(t+1)=\boldsymbol{\alpha}(t)+\boldsymbol{y}_j$，否则继续；

(3) 考查另一个样本，重复(2)，直至对所有样本都有 $\boldsymbol{\alpha}(t)^{\mathrm{T}}\boldsymbol{y}_j>0$，即 $J_{\mathrm{P}}(\boldsymbol{\alpha})=0$。

如果考虑余量 b，则只需将上面的算法中的错分判断条件变成 $\boldsymbol{\alpha}(t)^{\mathrm{T}}\boldsymbol{y}_j\leqslant b$ 即可。

可以证明，对于线性可分的样本集，采用这种梯度下降的迭代算法，经过有限次修正后一定会收敛到一个解向量 $\boldsymbol{\alpha}^*$。这里不给出严格的证明，而是用图5-8的例子来直观地说明这一收敛过程。

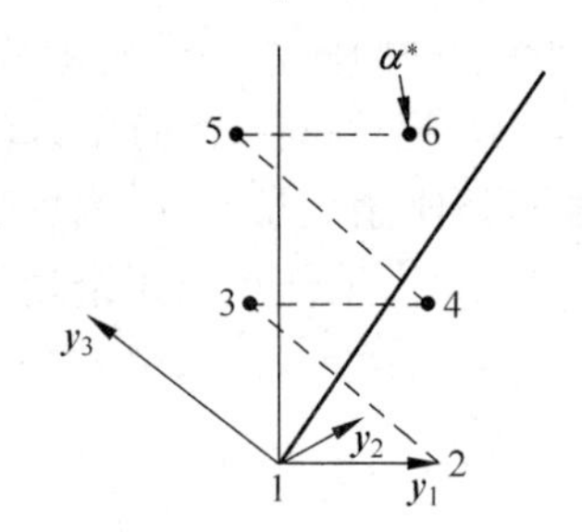

图5-8　感知器学习算法收敛过程示意

在图5-8的例子中，只有三个样本 $\boldsymbol{y}_1,\boldsymbol{y}_2,\boldsymbol{y}_3$(注意是规范化增广样本向量)。假设令权向量初值为 $\boldsymbol{\alpha}(0)=\boldsymbol{0}$(零向量，图5-8中的"1"位置)；在第一步，考查 $\boldsymbol{y}_1$，$\boldsymbol{\alpha}(0)^{\mathrm{T}}\boldsymbol{y}_1=0$，所以需要向 $\boldsymbol{y}_1$ 的方向修正权值 $\boldsymbol{\alpha}(1)=\boldsymbol{\alpha}(0)+\boldsymbol{y}_1$，权向量变成图5-8中的第2个点；下一步，考查 $\boldsymbol{y}_2$，$\boldsymbol{\alpha}(1)^{\mathrm{T}}\boldsymbol{y}_2>0$，再考查 $\boldsymbol{y}_3$，发现 $\boldsymbol{\alpha}(1)^{\mathrm{T}}\boldsymbol{y}_3<0$，所以采取修正 $\boldsymbol{\alpha}(2)=\boldsymbol{\alpha}(1)+\boldsymbol{y}_3$，得到了图中的第3个点；第四步发现 $\boldsymbol{y}_1$ 又被分错，$\boldsymbol{\alpha}(2)^{\mathrm{T}}\boldsymbol{y}_1<0$，再采取修正 $\boldsymbol{\alpha}(3)=\boldsymbol{\alpha}(2)+\boldsymbol{y}_1$，权向量变成了图中的第4个点；第五步，$\boldsymbol{y}_2$ 依然是分类正确的，而 $\boldsymbol{y}_3$ 又被分错，所以需再次向 $\boldsymbol{y}_3$ 方向调整权值 $\boldsymbol{\alpha}(4)=\boldsymbol{\alpha}(3)+\boldsymbol{y}_3$，变成了图中的第5个点；第六步，由于新的权值又对 $\boldsymbol{y}_1$ 错分了，所以再次将 $\boldsymbol{y}_1$ 方向调整，$\boldsymbol{\alpha}(5)=\boldsymbol{\alpha}(4)+\boldsymbol{y}_1$，得到第6个点所示的权向量。此时再次考查3个训练样本，发现都被正确分类了，$\boldsymbol{\alpha}(5)$ 就是迭代求得的解向量。不难想象，不论样本数目和维数如何，只要解区存在(样本线性可分)，那么根据相同的原理，总可以经过有限步的迭代求得一个解向量。

这种单步的固定增量法采用的修正步长是 $\rho_{\mathrm{t}}=1$。为了减少迭代步数，人们还提出可

---

① Rosenblatt F. The perceptron: a probabilistic model for information storage and organization in the brain. Cornell Aeronautical Laboratory, *Psychological Review*, 1958, 65(6): 386-408.

以使用可变的步长,例如绝对修正法就是对错分样本 $\boldsymbol{y}_j$ 用下面的步长来调整权向量

$$\rho_t=\frac{|\boldsymbol{\alpha}(k)^{\mathrm{T}}\boldsymbol{y}_j|}{\|\boldsymbol{y}_j\|^2} \tag{5-60}$$

感知器算法是最简单的可以学习的机器。由于它只能解决线性可分的问题,所以,在实际应用中,直接使用感知器算法的场合并不多。但是,它是很多更复杂的算法的基础,例如第 6 章将要介绍的支持向量机和多层感知器人工神经网络。

在感知器准则中,要求全部样本是线性可分的。此时,经过有限步的迭代梯度下降法就可以收敛到一个解。当样本不是线性可分时,如果仍然使用感知器算法,则算法不会收敛。如果任意地让算法停止在某一时刻,则无法保证得到的解是有用的(能够把较多的样本正确分类)。人们研究了很多策略来设法使感知器算法在样本集不是线性可分时仍能得到合理有用的解,其中一种比较常用的做法是,在梯度下降过程中让步长按照一定的启发式规则逐渐缩小,这样就可以强制算法收敛,而且往往可以得到有用的解。如果多数样本是可分的,那么这种简单的做法在很多情况下还是有效的。

5.6 最小平方误差判别

这一节讨论考虑线性不可分样本集的分类方法。在线性不可分的情况下,不等式组

$$\boldsymbol{\alpha}^{\mathrm{T}}\boldsymbol{y}_i>0,\quad i=1,2,\cdots,N \tag{5-61}$$

不可能同时满足。一种直观的想法就是,希望求解一个$\boldsymbol{\alpha}^*$使被错分的样本尽可能少,即不满足不等式(5-61)的样本尽可能少,这种方法是通过解线性不等式组来最小化错分样本数目,通常采用搜索算法求解。

但是,求解线性不等式组有时并不方便,为了避免此问题,可以引进一系列待定的常数,把不等式组(5-61)转变成下列方程组

$$\boldsymbol{\alpha}^{\mathrm{T}}\boldsymbol{y}_i=b_i>0,\quad i=1,2,\cdots,N \tag{5-62}$$

或写成矩阵形式

$$\boldsymbol{Y\alpha}=\boldsymbol{b} \tag{5-63}$$

其中

$$\boldsymbol{Y}=\begin{bmatrix}\boldsymbol{y}_1^{\mathrm{T}}\\ \vdots\\ \boldsymbol{y}_N^{\mathrm{T}}\end{bmatrix}=\begin{bmatrix}y_{11} & \cdots & y_{1\hat{d}}\\ \vdots & \ddots & \vdots\\ y_{N1} & \cdots & y_{N\hat{d}}\end{bmatrix} \tag{5-64}$$

$$\boldsymbol{b}=[b_1,b_2,\cdots,b_N]^{\mathrm{T}} \tag{5-65}$$

其中 $\hat{d}$ 是增广的样本向量的维数,$\hat{d}=d+1$。暂且不考虑常数向量 $\boldsymbol{b}$ 如何确定的问题,先来看这个方程组的求解。

很显然,这个方程组求解的问题就是 5.2 节中讨论的线性回归问题,只不过这里的响应变量是人为对每个样本给定的 b_i。

通常情况下,$N>\hat{d}$,所以式(5-63)中的方程个数大于未知数个数,属于矛盾方程组,无法求得精确解。方程组的误差为 $\boldsymbol{e}=\boldsymbol{Y\alpha}-\boldsymbol{b}$,可以求解方程组的最小平方误差解,即

$$\boldsymbol{\alpha}^*:\quad \min_{\boldsymbol{\alpha}} J_S(\boldsymbol{\alpha}) \tag{5-66}$$

其中 $J_S(\boldsymbol{\alpha})$是最小平方误差(MSE)准则函数

$$J_S(\boldsymbol{\alpha}) = \| \boldsymbol{Y\alpha} - \boldsymbol{b} \|^2 = \sum_{i=1}^{N} (\boldsymbol{\alpha}^{\mathrm{T}} \boldsymbol{y}_i - b_i)^2 \tag{5-67}$$

这个准则函数的最小化主要有两类方法：伪逆法求解与梯度下降法求解。

$J_S(\boldsymbol{\alpha})$在极值处对$\boldsymbol{\alpha}$的梯度应该为零,依此可以得到

$$\nabla J_S(\boldsymbol{\alpha}) = 2\boldsymbol{Y}^{\mathrm{T}}(\boldsymbol{Y\alpha} - \boldsymbol{b}) = 0 \tag{5-68}$$

可得

$$\boldsymbol{\alpha}^* = (\boldsymbol{Y}^{\mathrm{T}}\boldsymbol{Y})^{-1}\boldsymbol{Y}^{\mathrm{T}}\boldsymbol{b} = \boldsymbol{Y}^+ \boldsymbol{b} \tag{5-69}$$

其中$\boldsymbol{Y}^+ = (\boldsymbol{Y}^{\mathrm{T}}\boldsymbol{Y})^{-1}\boldsymbol{Y}^{\mathrm{T}}$ 是长方矩阵$\boldsymbol{Y}$的伪逆。

也可以用梯度下降法来迭代求解式(5-67)的最小值。算法如下：

(1) 任意选择初始的权向量$\boldsymbol{\alpha}(0)$,置$t=0$;

(2) 按照梯度下降的方向迭代更新权向量

$$\boldsymbol{\alpha}(t+1) = \boldsymbol{\alpha}(t) - \rho_t \boldsymbol{Y}^{\mathrm{T}}(\boldsymbol{Y\alpha} - \boldsymbol{b}) \tag{5-70}$$

直到满足$\nabla J_S(\boldsymbol{\alpha}) \leqslant \xi$ 或者$\| \boldsymbol{\alpha}(t+1) - \boldsymbol{\alpha}(t) \| \leqslant \xi$时为止,其中$\xi$是事先确定的误差灵敏度。

参照感知器算法中的单步修正法,对最小平方误差准则,也可以采用单样本修正法来调整权向量

$$\boldsymbol{\alpha}(t+1) = \boldsymbol{\alpha}(t) + \rho_t (b_k - \boldsymbol{\alpha}(t)^{\mathrm{T}} \boldsymbol{y}_k) \boldsymbol{y}_k \tag{5-71}$$

其中,$\boldsymbol{y}_k$ 是使得$\boldsymbol{\alpha}(t)^{\mathrm{T}}\boldsymbol{y}_k \neq b_k$ 的样本。

这种算法称作 Widrow-Hoff 算法,也称作最小均方根算法或 LMS 算法(least-mean-square algorithm)。历史上,用这种算法构造的学习机器称作 ADALINE①,与感知器一起是现在神经网络类学习机器的最早形式。

显然,我们也同样可以用类似式(5-71)的迭代算法来实现 5.2 节中提出的线性回归问题的迭代求解。

上面一直没有讨论$\boldsymbol{b}$的选取问题。选择不同的$\boldsymbol{b}$会带来不同的结果。可以证明,如果对应同一类样本的b_i选择为相同的值,那么最小平方误差方法的解等价于 Fisher 线性判别的解,把样本和权向量都还原成增广以前的形式后有

$$\boldsymbol{w}^* \propto \boldsymbol{S}_{\mathrm{W}}^{-1}(\boldsymbol{m}_1 - \boldsymbol{m}_2) \tag{5-72}$$

其中,$\boldsymbol{m}_1$、$\boldsymbol{m}_2$是两类各自的均值向量,$\boldsymbol{S}_{\mathrm{W}}$是总类内离散度矩阵。特别地,当$\boldsymbol{b}$的选择为第一类样本对应的$b_i$都是$N/N_1$,第二类样本对应的$b_i$都是$N/N_2$时,阈值$w_0^*$为样本均值在所得一维判别函数方向的投影,即

$$w_0 = -\boldsymbol{m}^{\mathrm{T}}\boldsymbol{w}^* \tag{5-73}$$

其中,N_1、N_2分别是第一类和第二类的样本数,N是样本总数,$\boldsymbol{m}$是全部样本的均值,即$\boldsymbol{m} = \frac{1}{N}(N_1\boldsymbol{m}_1 + N_2\boldsymbol{m}_2)$。

另外还可以证明,如果对所有样本都取$b_i=1$,那么当$N\to\infty$时,MSE 算法的解是贝叶

---

① Widrow & Hoff, Adaptive switching circuits, 1960 *IRE Western Electric Show and Convention Record*, *Part* 4, pp. 96-104, Aug, 1960.

斯判别函数

$$g_0(\boldsymbol{x})=P(\omega_1|\boldsymbol{x})-P(\omega_2|\boldsymbol{x}) \tag{5-74}$$

的最小平方误差逼近。即,下面定义的均方逼近误差

$$\varepsilon^2=\int[\boldsymbol{\alpha}^{\mathrm{T}}\boldsymbol{y}-g_0(\boldsymbol{x})]^2p(\boldsymbol{x})\mathrm{d}\boldsymbol{x} \tag{5-75}$$

在$\boldsymbol{\alpha}^*=\boldsymbol{Y}^+\mathbf{1}_N$ 时取得最小值,其中 $\mathbf{1}_N$ 表示由 N 个 1 组成的列向量。

5.7 罗杰斯特回归[①]

在 5.2 节中简要介绍的线性回归,在很多实际问题中有大量应用,例如我们可以用它来研究身高与体重的关系。事实上,推动线性回归走入应用的数学家 Adolphe Quetelet 基于身高与体重关系所定义的体重指数 BMI 一直被沿用至今。图 5-9 给出了一组样本上得到的人的血压(收缩压)与年龄的关系,这种线性回归对我们从数据中认识规律发挥了重要作用,从数据中学习到的线性模型也可以用来对连续取值的响应变量进行定量预测。

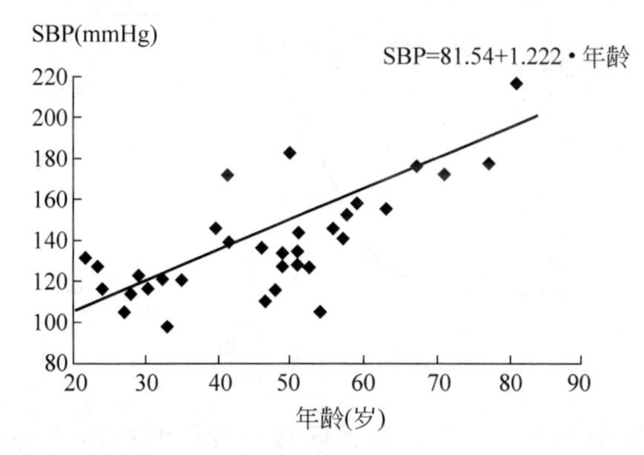

图 5-9 线性回归的例子(Colton T. *Statistics in Medicine*. Boston: Little Brown, 1974)

一般情况下,所关心的变量可能与多个自变量有关系,这就是多元线性回归问题,即求下列线性模型中的系数的问题:$y=\beta_0+\beta_1x_1+\cdots+\beta_mx_m+\varepsilon$,其中,$y$ 是我们要回归的变量,$x_1,\cdots,x_m$ 是与它有关系的特征变量,$\beta_1,\cdots,\beta_m$ 是它们对应的系数,β_0 是常数项,ε 是回归的残差(亦称离差),即用 $\boldsymbol{x}$ 的线性函数 $\beta_0+\beta_1x_1+\cdots+\beta_mx_m$ 估计 y 带来的误差。特征 x_i 可以是连续变量,也可以是离散变量,如性别、基因型等。

求解线性回归的最基本方法就是最小二乘法,即求使各样本残差的平方和达到最小的

---

① 罗杰斯特回归(Logistic regression):国内部分文献和教科书译为"逻辑回归",个别在线词典也把 logistic 翻译为"逻辑的",笔者经考证后认为不妥。从语言学上 logistic 一词与 logic 并无关系,故笔者采用了部分统计学文献中音译的做法,类似的音译还有"罗杰斯蒂回归"等。Logistic 这个形容词来源于名词 logistics,据牛津字典,其含义是 The detailed coordination of a complex operation involving many people, facilities, or supplies,即涉及很多人、设施和物资的复杂任务的详细协调,经常用于指军事或其他重大行动中的后勤,也指现代社会中的物流。法国数学家 Pierre-Francois Verhulst(1804—1849)在 1845 年把图 5-10 中的曲线用法文称作 courbe logistique,即罗杰斯特曲线(Logistic curve),把对应的函数称作罗杰斯特函数(logistic function)。当时他在文献中并未对名字进行解释,后人就一直沿用这个名字。

系数 β_i。这实际是在变量 y 服从正态分布假设下的最大似然估计。(可作为习题留给读者练习)

系数 β_i 的直观解释是,当其他因素都不变时,特征 x_i 增加一个单位所带来的 y 的变化。由于多元线性回归能够把特征的作用量化,在很多根据观测数据研究未知机理的问题里有很广泛的应用。

在模式识别问题中,所关心的量是分类,例如是否会患某种疾病,这时就不能再用简单的线性回归的方法来研究特征与分类之间的关系。

人们观察到,现实世界里有很多这样的情况,就是某个因素对于事物性质的影响是按比例渐进的:设 $x \in R$ 是样本的特征(例如体重指数),考查样本是否属于所关心类别(如患有某种疾病),我们很难建立患病($y=1$)或不患病($y=-1$)与 x 的关系,但却经常可以发现 x 与人群中患病概率的关系符合图 5-10 的 Logistic 函数所示的形式,即

$$P(y=1 \mid x)=\frac{\mathrm{e}^{w_0+w_1 x}}{1+\mathrm{e}^{w_0+w_1 x}} \tag{5-76}$$

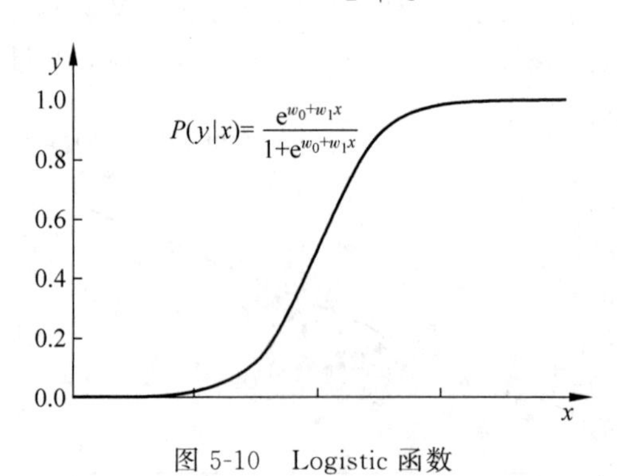

图 5-10 Logistic 函数

其中 $P(y=1|x)$ 经常简记作 $P(y|x)$。这种函数被称作罗杰斯特函数,在神经网络中被称作 Sigmoid 函数。人们经常用 $\theta(s)$ 来代表罗杰斯特函数,即

$$\theta(s)=\frac{\mathrm{e}^s}{1+\mathrm{e}^s}=\frac{1}{1+\mathrm{e}^{-s}} \tag{5-77}$$

容易证明,

$$\theta(-s)=1-\theta(s) \tag{5-78}$$

在医学研究中,人们经常关心一个称作"几率"(odds)的概念,指患某种疾病的可能性与不患病的可能性之比。如果患病概率符合 Logistic 函数,则几率为

$$\frac{P(y|x)}{1-P(y|x)}=\mathrm{e}^{w_0+w_1 x} \tag{5-79}$$

对它取自然对数,得到对数几率(log odds)

$$\ln\left(\frac{P(y|x)}{1-P(y|x)}\right)=w_0+w_1 x \tag{5-80}$$

公式左边被称作 $P(y|x)$ 的 logit 函数。变量 y 与 x 之间的这种关系模型称作 logistic 模型,其中的 w_1 反映了当 x 增加一个单位时,样本属于 $y=1$ 类的几率在对数尺度上增加的幅度。

正如线性回归中一样,logistic 模型也可以有多个自变量 $x_1,\cdots,x_m$,即样本 $\boldsymbol{x}$ 是由 m 维特征组成的,这些特征可以是连续特征,也可以是离散特征。

多元的 logit 函数是

$$\operatorname{logit}(\boldsymbol{x})=\ln\left(\frac{P(y\mid\boldsymbol{x})}{1-P(y\mid\boldsymbol{x})}\right)=w_0+w_1x_1+\cdots+w_mx_m \tag{5-81}$$

样本属于 $y=1$ 类的概率是

$$P(y\mid\boldsymbol{x})=\frac{\mathrm{e}^{w_0+w_1x_1+\cdots+w_mx_m}}{1+\mathrm{e}^{w_0+w_1x_1+\cdots+w_mx_m}} \tag{5-82}$$

罗杰斯特回归(Logistic regression)就是用式(5-81)的对数几率模型,即式(5-82)的概率模型来描述样本属于某类的可能性与样本特征之间的关系,用训练数据来估计式(5-82)中的系数。得到这些系数后,罗杰斯特回归的决策函数是

$$\text{若 } \operatorname{logit}(\boldsymbol{x})\gtrless{}^{0}_{0},\quad \text{则}\begin{cases}\boldsymbol{x}\in\omega_1\\ \boldsymbol{x}\in\omega_2\end{cases} \tag{5-83}$$

罗杰斯特回归最基本的学习算法是最大似然法。

设共有 N 个独立的训练样本 $\{(\boldsymbol{x}_1,y_1),\cdots,(\boldsymbol{x}_N,y_N)\}$,$\boldsymbol{x}_j\in R^{d+1}$,$y_j\in\{-1,1\}$,其中 $y=1$ 表示样本属于所关心类别,$y=-1$ 表示不属于。我们假设样本的类别是从某个未知的概率 $f(\boldsymbol{x})$ 中产生出来的,以概率 $f(\boldsymbol{x})$ 属于所关心类别,以概率 $1-f(\boldsymbol{x})$ 不属于该类,即

$$P(y\mid\boldsymbol{x})=\begin{cases}f(\boldsymbol{x}), & y=+1\\ 1-f(\boldsymbol{x}), & y=-1\end{cases} \tag{5-84}$$

用罗杰斯特函数 $h(\boldsymbol{x})=\theta(\boldsymbol{w}^{\mathrm{T}}\boldsymbol{x})$ 来估计 $f(\boldsymbol{x})$,其中 $\boldsymbol{w}$ 是罗杰斯特函数中待求参数组成的向量。

对于样板集中的一个样本实例 $(\boldsymbol{x}_j,y_j)$,$\boldsymbol{x}_j$ 和 y_j 都是已知的,而概率模型 $h(\boldsymbol{x})$ 未知,于是下面的概率就度量了该已经发生的样本是从该未知的模型中产生出来的可能性:

$$P(y_j\mid\boldsymbol{x}_j)=\begin{cases}h(\boldsymbol{x}_j), & y_j=+1\\ 1-h(\boldsymbol{x}_j), & y_j=-1\end{cases} \tag{5-85}$$

称作模型 h 在样本上的似然函数。

注意到 $\theta(-s)=1-\theta(s)$,我们可以把上式的两种情况合并在一起,并记作 $l(\cdot)$,即

$$l(h\mid(\boldsymbol{x}_j,y_j))\triangleq P(y_j\mid\boldsymbol{x}_j,h)=\theta(y_j\boldsymbol{w}^{\mathrm{T}}\boldsymbol{x}_j) \tag{5-86}$$

它是模型 h 在样本 $(\boldsymbol{x}_j,y_j)$ 上的似然函数。

对于样本集中所有的样本,模型的似然函数是

$$L(\boldsymbol{w})=\prod_{j=1}^{N}P(y_j\mid\boldsymbol{x}_j)=\prod_{j=1}^{N}\theta(y_j\boldsymbol{w}^{\mathrm{T}}\boldsymbol{x}_j) \tag{5-87}$$

这里,我们把似然函数显式地写成模型中未知参数 $\boldsymbol{w}$ 的函数。罗杰斯特回归就是要用训练样本集来估计参数 $\boldsymbol{w}$,使样本集是从这个模型中产生出来的可能性最大。

我们可以沿用在感知器和最小平方误差方法中的策略,用梯度下降的方法来最优化目标函数。为此,我们定义目标函数为似然函数的负对数,优化问题是

$$\begin{aligned}\min\quad E(\boldsymbol{w})&=-\frac{1}{N}\ln(L(\boldsymbol{w}))=-\frac{1}{N}\ln\left(\prod\nolimits_{j=1}^{N}\theta(y_j\boldsymbol{w}^{\mathrm{T}}\boldsymbol{x}_j)\right)\\&=\frac{1}{N}\sum_{j=1}^{N}\ln\left(\frac{1}{\theta(y_j\boldsymbol{w}^{\mathrm{T}}\boldsymbol{x}_j)}\right)\end{aligned}$$

$$=\frac{1}{N}\sum_{j=1}^{N}\ln(1+\mathrm{e}^{-y_j\boldsymbol{w}^{\mathrm{T}}\boldsymbol{x}_j}) \tag{5-88}$$

于是，我们得到下面的采用梯度下降法寻优的罗杰斯特回归算法：

(1) 记时刻为 $k=0$，初始化参数 $\boldsymbol{w}(0)$。

(2) 计算目标函数的负梯度方向

$$\nabla E=-\frac{1}{N}\sum_{j=1}^{N}\frac{y_j\boldsymbol{x}_j}{1+\mathrm{e}^{y_j\boldsymbol{w}(k)^{\mathrm{T}}\boldsymbol{x}_j}}$$

按步长(学习率)η 更新下一时刻参数

$$\boldsymbol{w}(k+1)=\boldsymbol{w}(k)-\eta\,\nabla E$$

检查是否达到终止条件，如未达到，令 $k=k+1$，重新进行(2)。

(3) 算法停止，输出得到的参数 $\boldsymbol{w}$。

其中终止条件可以是似然函数的梯度已经小于某个预设值，训练过程不再有显著更新，或者是迭代达到预设的上限，等等。

5.8 最优分类超平面与线性支持向量机

现在再回到线性可分情况。容易发现，只要一个样本集线性可分，就肯定存在无数多解，解区中的任何向量都是一个解向量。感知器算法采用不同的初始值和不同的迭代参数就会得到不同的解。如图 5-11 所示，在这些解中，哪一个更好呢？

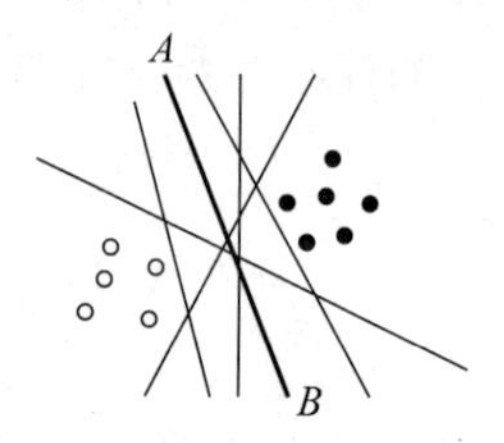

图 5-11 线性可分情况下的多解性

5.8.1 最优分类超平面

对于图 5-11 中的例子，如果要求手动画出一条分类线，多数人会倾向于画在两类的中间，大约线 A-B 的位置上，因为这条分类线离两类样本都最远。下面来形式化地定义这样的分类线(面)。这里我们使用原始的样本向量表示而不采用增广向量。

假定有训练样本集

$$(\boldsymbol{x}_1,y_1),(\boldsymbol{x}_2,y_2),\cdots,(\boldsymbol{x}_N,y_N),\quad \boldsymbol{x}_i\in R^d,y_i\in\{+1,-1\} \tag{5-89}$$

其中每个样本是 d 维向量，y 是类别标号，ω_1 类用 $+1$ 表示，ω_2 类用 -1 表示。这些样本是线性可分的，即存在超平面

$$g(\boldsymbol{x})=(\boldsymbol{w}\cdot\boldsymbol{x})+b=0 \tag{5-90}$$

把所有 N 个样本都没有错误地分开。这里，$\boldsymbol{w}\in R^d$ 是线性判别函数的权值，b 是其中的常

数项，在前面几小节中都用 w_0 表示，而这里为了与其他有关支持向量机的文献一致，我们用 b 来表示。$(\boldsymbol{w}\cdot\boldsymbol{x})$表示向量 $\boldsymbol{w}$ 与 $\boldsymbol{x}$ 的内积，即 $\boldsymbol{w}^{\mathrm{T}}\boldsymbol{x}$。

定义：一个超平面，如果它能够将训练样本没有错误地分开，并且两类训练样本中离超平面最近的样本与超平面之间的距离是最大的，则把这个超平面称作最优分类超平面(optimal separating hyperplane)，简称最优超平面(optimal hyperplane)。两类样本中离分类面最近的样本到分类面的距离称作分类间隔(margin)，最优超平面也称作最大间隔超平面，如图 5-12 所示。

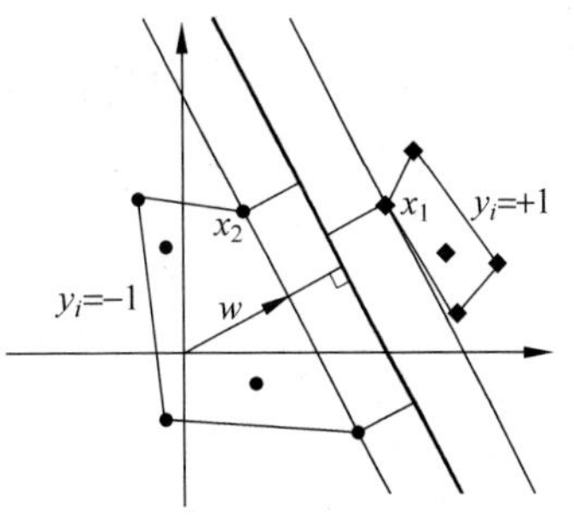

图 5-12 分类间隔与最优超平面

最优超平面定义的分类决策函数为

$$f(\boldsymbol{x})=\operatorname{sgn}(g(\boldsymbol{x}))=\operatorname{sgn}((\boldsymbol{w}\cdot\boldsymbol{x})+b) \tag{5-91}$$

其中，sgn(·)为符号函数，当自变量为正值时函数取值为 1，自变量为负值时函数取值为−1。

根据 5.3 节的基本知识我们知道，向量 $\boldsymbol{x}$ 到分类面 $g(\boldsymbol{x})=0$ 的距离是$|g(\boldsymbol{x})|/\|\boldsymbol{w}\|$，其中 $\|\boldsymbol{w}\|$ 是权向量的模，即 $\|\boldsymbol{w}\|=(\boldsymbol{w}\cdot\boldsymbol{w})^{1/2}$。

容易注意到，对于式(5-92)的决策函数，对权值 $\boldsymbol{w}$ 和 b 作任何正的尺度调整都不会影响分类决策，同时也不会改变样本到分类面的距离，因此上面定义的最优分类面没有唯一解，而是有无数多个等价的解。为了使这一问题有唯一解，需要把 $\boldsymbol{w}$ 和 b 的尺度确定下来。

所有 N 个样本都可以被超平面没有错误地分开，就是要求所有样本都满足

$$\begin{cases}(\boldsymbol{w}\cdot\boldsymbol{x}_i)+b>0, & y_i=+1\\(\boldsymbol{w}\cdot\boldsymbol{x}_i)+b<0, & y_i=-1\end{cases} \tag{5-92}$$

既然尺度可以调整，我们可以把式(5-91)的条件变成

$$\begin{cases}(\boldsymbol{w}\cdot\boldsymbol{x}_i)+b\geqslant 1, & y_i=+1\\(\boldsymbol{w}\cdot\boldsymbol{x}_i)+b\leqslant -1, & y_i=-1\end{cases} \tag{5-93}$$

即要求第一类样本中 $g(\boldsymbol{x})$最小等于 1，而第二类样本中 $g(\boldsymbol{x})$最大等于−1。把样本的类别标号 y 值乘到不等式(5-93)中，可以把两个不等式合并成一个统一的形式：

$$y_i[(\boldsymbol{w}\cdot\boldsymbol{x}_i)+b]\geqslant 1,\quad i=1,2,\cdots,N \tag{5-94}$$

用此条件约束分类超平面的权值尺度变化，这种超平面称作规范化的分类超平面(the canonical form of the separating hyperplane)。$g(\boldsymbol{x})=1$ 和 $g(\boldsymbol{x})=-1$ 就是过两类中各自离分类面最近的样本且与分类面平行的两个边界超平面。

如图 5-13 所示，由于限制两类离分类面最近的样本的 $g(\boldsymbol{x})$分别等于 1 和−1，那么分类间隔就是 $M=\dfrac{2}{\|\boldsymbol{w}\|}$。于是，求解最优超平面的问题就成为

$$\min_{\boldsymbol{w},b}\quad \frac{1}{2}\|\boldsymbol{w}\|^2 \tag{5-95}$$

$$\text{s.t.}\quad y_i[(\boldsymbol{w}\cdot\boldsymbol{x}_i)+b]-1\geqslant 0,\quad i=1,2,\cdots,N \tag{5-96}$$

这是一个在不等式约束下的优化问题，可以通过拉格朗日法求解。对每个样本引入一个拉格朗日系数

$$\alpha_i\geqslant 0,\quad i=1,\cdots,N \tag{5-97}$$

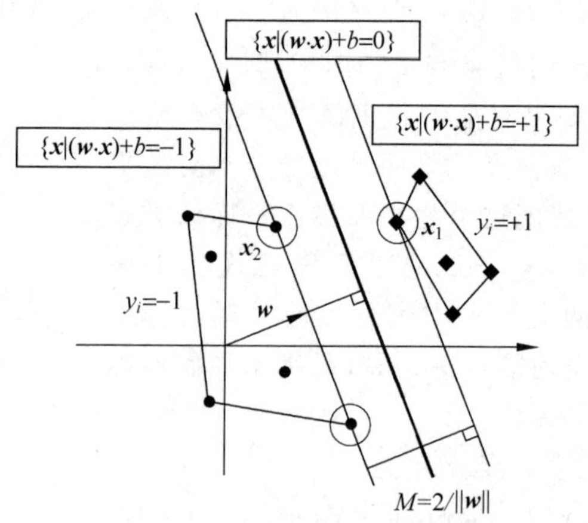

图 5-13 规范化的最优分类面

可以把式(5-72)和式(5-73)的优化问题等价地转化为下面的问题

$$\min_{w,b}\max_{\boldsymbol{\alpha}} L(\boldsymbol{w},b,\boldsymbol{\alpha})=\frac{1}{2}(\boldsymbol{w}\cdot\boldsymbol{w})-\sum_{i=1}^{N}\alpha_i\{y_i[(\boldsymbol{w}\cdot\boldsymbol{x}_i)+b]-1\} \tag{5-98}$$

式中的 $L(\boldsymbol{w},b,\boldsymbol{\alpha})$ 是拉格朗日泛函，式(5-95)、式(5-96)的解等价于式(5-98)对 $\boldsymbol{w}$ 和 b 求最小、而对 $\boldsymbol{\alpha}$ 求最大，最优解在 $L(\boldsymbol{w},b,\boldsymbol{\alpha})$ 的鞍点上取得，如图 5-14 所示。

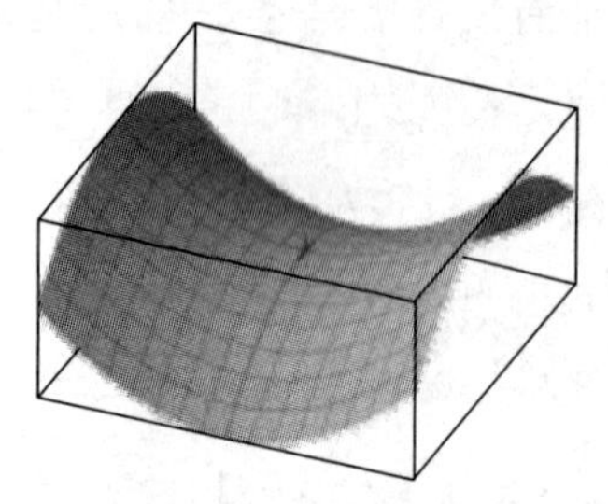
图 5-14 鞍点示意图

在式(5-98)的鞍点处，目标函数 $L(\boldsymbol{w},b,\boldsymbol{\alpha})$ 对 $\boldsymbol{w}$ 和 b 的偏导数都为零，由此我们可以得到，对最优解处，有

$$\boldsymbol{w}^*=\sum_{i=1}^{N}\alpha_i^* y_i\boldsymbol{x}_i \tag{5-99}$$

且

$$\sum_{i=1}^{N}y_i\alpha_i^*=0 \tag{5-100}$$

将这两个条件代入拉格朗日泛函中可以得到，式(5-95)、式(5-96)的最优超平面问题的解等价于下面的优化问题的解

$$\max_{\boldsymbol{\alpha}}\quad Q(\boldsymbol{\alpha})=\sum_{i=1}^{N}\alpha_i-\frac{1}{2}\sum_{i,j=1}^{N}\alpha_i\alpha_j y_i y_j(\boldsymbol{x}_i\cdot\boldsymbol{x}_j) \tag{5-101}$$

$$\text{s.t.}\quad \sum_{i=1}^{N}y_i\alpha_i=0 \tag{5-102}$$

且

$$\alpha_i \geqslant 0, \quad i=1,\cdots,N \tag{5-103}$$

这是一个对 $\alpha_i, i=1,\cdots,N$ 的二次优化问题，称作最优超平面的对偶问题(the dual problem)，而式(5-95)、式(5-96)的优化问题称作最优超平面的原问题(the primary problem)。通过对偶问题的解 $\alpha_i^*, i=1,\cdots,N$，可以求出原问题的解

$$\boldsymbol{w}^* = \sum_{i=1}^{N} \alpha_i^* y_i \boldsymbol{x}_i \tag{5-104}$$

$$f(\boldsymbol{x}) = \operatorname{sgn}\{g(\boldsymbol{x})\} = \operatorname{sgn}\{(\boldsymbol{w}^* \cdot \boldsymbol{x}) + b\} = \operatorname{sgn}\left\{\sum_{i=1}^{N} \alpha_i^* y_i (\boldsymbol{x}_i \cdot \boldsymbol{x}) + b^*\right\} \tag{5-105}$$

即，最优超平面的权值向量等于训练样本以一定的系数加权后进行线性组合。

应注意到，在判别函数式(5-105)中的 b^* 尚没有得到。现在来看 b^* 的求解问题。

根据最优化理论中的库恩-塔克(Kuhn-Tucker)条件，式(5-98)中的拉格朗日泛函的鞍点处满足

$$\alpha_i \{y_i[(\boldsymbol{w} \cdot \boldsymbol{x}_i) + b] - 1\} = 0, \quad i=1,2,\cdots,N \tag{5-106}$$

再考虑到式(5-96)和式(5-97)，可以看到，对于满足式(5-96)中大于号的样本，必定有 $\alpha_i = 0$。而只有那些使式(5-96)中等号成立的样本所对应的 α_i 才会大于 0。这些样本就是离分类面最近的那些样本，从图 5-13 中可以看到，是这些样本决定了最终的最优超平面的位置；在式(5-104)和式(5-105)的加权求和中，实际也只有这些 $\alpha_i > 0$ 的样本参与求和。这些样本被称作支持向量(support vectors)，它们往往只是训练样本中的很少一部分。

对于这些支持向量来说，有

$$y_i[(\boldsymbol{w}^* \cdot \boldsymbol{x}_i) + b^*] - 1 = 0 \tag{5-107}$$

因为已经求出了 $\boldsymbol{w}^*$，所以 b^* 可以用任何一个支持向量根据式(5-107)求得。在实际的数值计算中，人们通常采用所有 α_i 非零的样本用式(5-107)求解 b^* 后再取平均。

最优超平面的思想是苏联学者 Vapnik 和 Chervonenkis 在 20 世纪 70 年代提出的[①]，20 世纪 90 年代由美国 AT&T 贝尔实验室 Vapnik 领导的小组对其进行了进一步发展，从 20 世纪 90 年代末开始在国际上迅速得到重视。由于最优超平面的解最后是完全由支持向量决定的，所以这种方法后来被称作支持向量机(support vector machines)，通常被简写为 SVM 或 SV 机。

这里介绍的只是线性可分情况下的线性支持向量机，更复杂的情况将在 5.8.3 节和第 6 章进一步介绍。

对比 5.5 节中的感知器算法，我们也可以把最优超平面等价地看作是在限制权值尺度的条件下求余量的最大化。感兴趣的读者可以自己尝试分析这一关系。

5.8.2 大间隔与推广能力

5.8.1 节从直观分析出发定义了最优超平面，即最大间隔分类超平面。那么，一个问题是，这样定义的超平面真的是最优吗？在什么意义下是最优的？在第 7 章中我们将介绍统计学习理论的核心思想和结论。由于一部分读者可能不需要掌握统计学习理论所涉及的理论内容，为了适应不同读者的需要，在本小节中，我们根据统计学习理论对这一问题进行简

---

① Vapnik V N, Chervonenkis A Ja. *Theory of Pattern Recognition*[俄文版]. Nauka, Mosco, 1974.

要说明。

从第1章的讨论已经知道,模式识别是一种基于数据的机器学习,学习的目的不仅是要对训练样本能够正确分类,而是要能够对所有可能的样本正确分类,这种能力叫做推广(generalization)。在线性可分情况下,我们用感知器算法(或其他算法)可以得到无数多种可能的解,它们都可以是训练误差为0,我们要追求的最优解应该是这些解中推广能力最大的解。

对于某个样本 $\boldsymbol{x}$,其真实的类别为 y,我们要用判别函数 $f(\boldsymbol{x},\boldsymbol{w})$ 来估计 y,定义这种估计带来的损失是 $L(y,f(\boldsymbol{x},\boldsymbol{w}))$,这里为了强调权值参数 $\boldsymbol{w}$ 对最后损失的影响,我们把它写为判别函数的自变量之一。那么,在某个 $\boldsymbol{w}$ 下对所有训练样本的分类决策损失就是

$$R_{\text{emp}}(\boldsymbol{w})=\frac{1}{N}\sum_{i=1}^{N}L(y_i,f(\boldsymbol{x}_i,\boldsymbol{w})) \tag{5-108}$$

称作经验风险。线性可分情况下,通过感知器算法,已经能使经验风险达到零。

但是,我们真正关心的是在权值 $\boldsymbol{w}$ 下未来所有可能出现的样本的错误率或风险,即

$$R(\boldsymbol{w})=\int L(y,f(\boldsymbol{x},\boldsymbol{w}))\mathrm{d}F(\boldsymbol{x},y) \tag{5-109}$$

称作期望风险。其中,$F(\boldsymbol{x},y)$ 表示所有可能出现的样本及其类别的联合概率模型。对比式(5-108)和式(5-109)可以知道,经验风险只是在给定的训练样本上对期望风险的估计。

那么,这样的估计准确吗?在多个使经验风险为0的解中,如何才能找到使期望风险最小的解?

由Vapnik等提出和发展的统计学习理论系统地回答了这一问题。

统计学习理论指出,有限样本下,经验风险与期望风险是有差别的,期望风险可能大于经验风险,但它们之间满足下面的规律

$$R(\boldsymbol{w})\leqslant R_{\text{emp}}(\boldsymbol{w})+\varphi\left(\frac{h}{N}\right) \tag{5-110}$$

其中,$\varphi(h/N)$ 称作置信范围,它与样本数 N 成反比,而与一个重要的参数 h 成正比。这个参数 h 是依赖于模式识别算法的设计的,称作VC维(VC Dimension),它反映了所设计的学习机器(函数集)的复杂性,确切的定义请参考第7章和Vapnik所著的《统计学习理论的本质》或《统计学习理论》。

式(5-110)给出了有限样本下期望风险的上界。它告诉我们,在训练误差相同的情况下,学习机器的复杂度越低(VC维越低),则期望风险与经验风险的差别就越小,因而学习机器的推广能力就越好。

在线性可分的问题中,我们能得到很多使 $R_{\text{emp}}(\boldsymbol{w})$ 为0的解,要使方法有最好的推广能力,就应该设法使 $\varphi(h/N)$ 最小。由于训练样本集是给定的,即 N 固定,能够调整的是算法的VC维。

统计学习理论中的另一个重要的结论是,对于规范化的分类超平面,如果权值满足 $\|\boldsymbol{w}\|\leqslant A$,那么这种分类超平面集合的VC维有下面的上界

$$h\leqslant\min([R^2A^2],d)+1 \tag{5-111}$$

其中,R^2 是样本特征空间中能包含所有训练样本的最小超球体的半径,d 是样本特征的维数。对于给定的样本集,这两项均是确定的。在求最大间隔分类超平面时,最大化分类间隔也就等价于最小化 A^2,实际上是使VC维上界最小。根据式(5-110),这样就是试图使期望风险的置信范围尽可能小,即在经验风险都最小化为0的情况下追求期望风险的上界的最小化。

因此，支持向量机中最大分类间隔的准则，是为了通过控制算法的 VC 维实现最好的推广能力。在这个意义下，所得的分类超平面是最优的。

5.8.3 线性不可分情况

前面我们只讨论了线性可分情况下的最优超平面。线性不可分的情况下，上面定义的最优超平面不存在。本节我们来分析如何在这种情况下定义和求解支持向量机。

样本集不是线性可分，就是说对样本集

$$(\boldsymbol{x}_1, y_1), (\boldsymbol{x}_2, y_2), \cdots, (\boldsymbol{x}_N, y_N), \quad \boldsymbol{x}_i \in R^d, y_i \in \{+1, -1\} \tag{5-112}$$

不等式

$$y_i[(\boldsymbol{w} \cdot \boldsymbol{x}_i) + b] - 1 \geqslant 0, \quad i = 1, 2, \cdots, N \tag{5-113}$$

不可能被所有样本同时满足。

假定某个样本 $\boldsymbol{x}_k$ 不满足式(5-113)的条件，即 $y_k[(\boldsymbol{w} \cdot \boldsymbol{x}_k) + b] - 1 < 0$，那么总可以在不等式的左侧加上一个正数 ξ_k，使得新的不等式 $y_k[(\boldsymbol{w} \cdot \boldsymbol{x}_k) + b] - 1 + \xi_k \geqslant 0$ 成立。

从这个思路出发，对每一个样本引入一个非负的松弛变量 $\xi_i, i = 1, \cdots, N$，就可以把式(5-113)的不等式约束条件变为

$$y_i[(\boldsymbol{w} \cdot \boldsymbol{x}_i) + b] - 1 + \xi_i \geqslant 0, \quad i = 1, 2, \cdots, N \tag{5-114}$$

如果样本 $\boldsymbol{x}_j$ 被正确分类，即 $y_j[(\boldsymbol{w} \cdot \boldsymbol{x}_j) + b] - 1 \geqslant 0$，则 $\xi_j = 0$；而如果有一个错分样本，则这个样本对应的 $y_j[(\boldsymbol{w} \cdot \boldsymbol{x}_j) + b] - 1 < 0$，对应的松弛变量 $\xi_j > 0$。

所有样本的松弛因子之和 $\sum_{i=1}^{N} \xi_i$ 可以反映在整个训练样本集上的错分程度，错分样本数越多，则 $\sum_{i=1}^{N} \xi_i$ 越大；同时，如果样本错误的程度越大（在错误的方向上远离分类面），则 $\sum_{i=1}^{N} \xi_i$ 也越大。显然，我们希望 $\sum_{i=1}^{N} \xi_i$ 尽可能小。因此，可以在线性可分情况下的目标函数 $\frac{1}{2}\|\boldsymbol{w}\|^2$ 上增加对错误的惩罚项，定义下面的广义最优分类面的目标函数

$$\min_{\boldsymbol{w}, b} \frac{1}{2}(\boldsymbol{w} \cdot \boldsymbol{w}) + C \sum_{i=1}^{N} \xi_i \tag{5-115}$$

这个目标函数反映了我们的两个目标：一方面希望分类间隔尽可能大（对于分类正确的样本来说），另一方面希望错分的样本尽可能少且错误程度尽可能低。参数 C 是一个常数，反映在这两个目标之间的折中。（注意，这里样本被错分的定义不是 $y_j[(\boldsymbol{w} \cdot \boldsymbol{x}_j) + b] < 0$，而是 $y_j[(\boldsymbol{w} \cdot \boldsymbol{x}_j) + b] - 1 < 0$，即第一类样本只要 $g(\boldsymbol{x})$ 小于 1 就算作错误，第二类样本只要 $g(\boldsymbol{x})$ 大于 -1 就算作错误。）

C 是一个需要人为选择的参数。通常，如果选择较小的 C，则表示对错误比较容忍而更强调对于正确分类的样本的分类间隔；相反，若选择较大的 C，则更强调对分类错误的惩罚。实际应用中，如果样本线性可分，则 C 的大小只是影响算法的中间过程而不影响最后结果，因为 $\sum_{i=1}^{N} \xi_i$ 最终会为 0。在线性不可分情况下，有时需要试用不同的 C 来达到更理想的结果。

下面把引入松弛因子后的广义最优分类面问题正式表述如下：在给定训练样本集

$$(\boldsymbol{x}_1,y_1),(\boldsymbol{x}_2,y_2),\cdots,(\boldsymbol{x}_N,y_N),\quad \boldsymbol{x}_i\in R^d,y_i\in\{+1,-1\}\tag{5-116}$$

的情况下，求解

$$\min_{\boldsymbol{w},b,\xi_i}\frac{1}{2}(\boldsymbol{w}\cdot\boldsymbol{w})+C\sum_{i=1}^N\xi_i\tag{5-117}$$

$$\text{s.t.}\quad y_i[(\boldsymbol{w}\cdot\boldsymbol{x}_i)+b]-1+\xi_i\geqslant 0,i=1,2,\cdots,N\tag{5-118}$$

且

$$\xi_i\geqslant 0,\quad i=1,2,\cdots,N\tag{5-119}$$

与线性可分情况下的最优分类面类似，可以把这个问题转化为以下拉格朗日泛函的鞍点问题

$$\min_{\boldsymbol{w},b,\xi_i}\max_{\boldsymbol{\alpha}}L(\boldsymbol{w},b,\boldsymbol{\alpha})=\frac{1}{2}(\boldsymbol{w}\cdot\boldsymbol{w})+C\sum_{i=1}^N\xi_i-\sum_{i=1}^N\alpha_i\{y_i[(\boldsymbol{w}\cdot\boldsymbol{x}_i)+b]-1+\xi_i\}-\sum_{i=1}^N\gamma_i\xi_i\tag{5-120}$$

其中，$\alpha_i\geqslant 0,\gamma_i\geqslant 0$ 是对应式(5-118)和式(5-119)的拉格朗日乘子。

同样，把式(5-120)的拉格朗日泛函分别对 $\boldsymbol{w}$、b、ξ_i 求导并令其为0。经过一些简单的推导(读者可以作为课后练习)，可以得到广义最优分类面的对偶优化问题

$$\max_{\boldsymbol{\alpha}}Q(\boldsymbol{\alpha})=\sum_{i=1}^N\alpha_i-\frac{1}{2}\sum_{i,j=1}^N\alpha_i\alpha_jy_iy_j(\boldsymbol{x}_i\cdot\boldsymbol{x}_j)\tag{5-121}$$

$$\text{s.t.}\quad \sum_{i=1}^N y_i\alpha_i=0\tag{5-122}$$

且

$$0\leqslant\alpha_i\leqslant C,\quad i=1,\cdots,N\tag{5-123}$$

原问题中的解向量满足

$$\boldsymbol{w}^*=\sum_{i=1}^N\alpha_i^*y_i\boldsymbol{x}_i\tag{5-124}$$

广义最优分类面的判别函数是

$$f(\boldsymbol{x})=\operatorname{sgn}\{g(\boldsymbol{x})\}=\operatorname{sgn}\{(\boldsymbol{w}^*\cdot\boldsymbol{x})+b\}=\operatorname{sgn}\left\{\sum_{i=1}^N\alpha_i^*y_i(\boldsymbol{x}_i\cdot\boldsymbol{x})+b^*\right\}\tag{5-125}$$

我们注意到，对偶问题式(5-121)～式(5-123)与线性可分情况下最优分类面的对偶问题式(5-101)～式(5-103)几乎相同，唯一不同的是在对 α_i 的约束条件式(5-123)中比式(5-103)多了一个上界 C。

根据库恩-塔克条件，式(5-98)的鞍点满足以下两套条件

$$\alpha_i\{y_i[(\boldsymbol{w}\cdot\boldsymbol{x}_i)+b]-1+\xi_i\}=0,\quad i=1,2,\cdots,N\tag{5-126}$$

$$\gamma_i\xi_i=(C-\alpha_i)\xi_i=0,\quad i=1,2,\cdots,N\tag{5-127}$$

从式(5-127)可以得到，只有对拉格朗日乘子达到上界 $\alpha_i=C$ 的样本才有 $\xi_i>0$，它们是被错分的样本(包括在两条平行的边界面之间的样本)，其余样本对应的 $\xi_i=0$。

而从式(5-126)得到，多数的 α_i 仍为0，只有

$$y_i[(\boldsymbol{w}\cdot\boldsymbol{x})+b]-1+\xi_i=0\tag{5-128}$$

的样本才会使 $\alpha_i>0$。这些样本又分为两种情况，一种是分类正确但处在分类边界面上的样本，它们的 $0<\alpha_i<C,\xi_i=0$；另外一种则是分类错误的样本，它们的 $\alpha_i=C,\xi_i>0$。可以

用其中 $0<\alpha_i<C$ 的样本来通过式(5-128)求得 b。

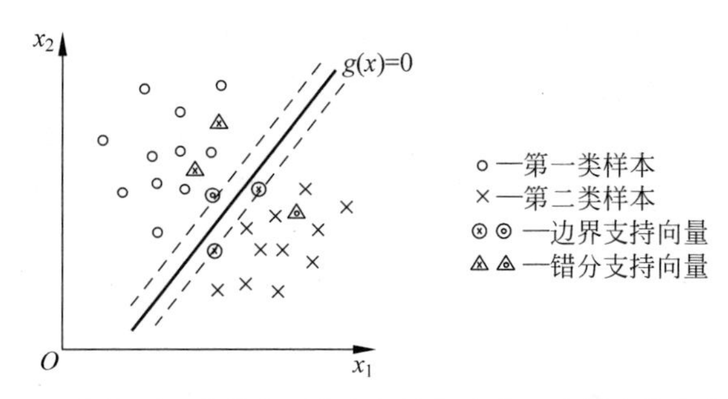

图 5-15 线性不可分情况下的广义最优分类面及其中的支持向量

需要说明的是,这两部分 $\alpha_i>0$ 的样本都是支持向量,但其含义与线性可分情况下已经不同。在某些文献里,把那些 $0<\alpha_i<C$ 的支持向量叫做边界向量(margin vectors)。图 5-15 中给出了两种不同的支持向量的例子。

由于广义最优分类面可以兼容线性可分情况下的最优分类面,所以人们通常采用的支持向量机都是考虑广义最优分类面的形式。

考查式(5-101)~式(5-103)和式(5-121)~式(5-123)的优化问题,可以发现目标函数式(5-101)、式(5-121)中只有 α_i 的二次项和一次项,这是一个对 $\alpha_i, i=1,\cdots,N$ 在等式和不等式约束下的二次优化问题,具有唯一的极值点。关于具体的解法将在第 6 章介绍非线性的支持向量机后作简略介绍。

5.9 多类线性分类器

在前几节中讨论的都是两类的分类问题。在很多实际应用中,经常会面对多类的分类问题,例如在手写数字识别中,面对的是 0~9 十类。

解决多类分类问题有两种基本思路,一种方法是把多类问题分解成多个两类问题,通过多个两类分类器实现多类的分类;另一种方法是直接设计多类分类器。本节中我们讨论这两种多类分类方法中有代表性的线性方法。

5.9.1 多个两类分类器的组合

假如要解决 0、1、2、3、4、5、6、7、8、9 这十个数字的识别问题,可以设计多个两类的分类器,例如,第一个分类器把“0”和其他数字分开,第二个分类器把“1”和其他数字分开……以此类推;或者,也可以这样设计多个两类分类器:用九个分类器分别把“0”和“1”、“0”和“2”、…、“0”和“9”分开,再用八个分类器分别把“1”和“2”、“1”和“3”、…、“1”和“9”分开……以此类推。这两种做法都可以最终实现把 0~9 十个数字分开,它们代表了用多个两类分类器构造多类分类器的两种典型的做法。

第一种做法叫做“一对多”的做法,英文可以叫 one-vs-rest 或者 one-over-all。假设共有 c 个类,$\omega_1,\omega_2,\cdots,\omega_c$,我们共需要 $c-1$ 个两类分类器就可以实现 c 个类的分类。

但是，这种做法可能会遇到两方面的问题。一个问题是，假如多类中各类的训练样本数目相当，那么，在构造每个一对多的两类分类器时会面临训练样本不均衡的问题，即两类训练样本的数目差别过大。虽然很多分类器算法并没有要求两类样本均衡，但是有些算法却可能会因为样本数目过于不均衡而导致分类面有偏，例如使得多数错误发生在样本数小的一类上。这在实际应用时需要注意，如果出现类似情况需要对算法采取适当的修正措施。

另一个问题是，用 $c-1$ 个线性分类器来实现 c 类分类，就是用 $c-1$ 个超平面来把样本所在的特征空间划分成 c 个区域，一般情况下，这种划分不会恰好得到 c 个区域，而是会多出一些区域，而在这些区域内的分类会出现歧义，如图 5-16(a)中的阴影部分所示。

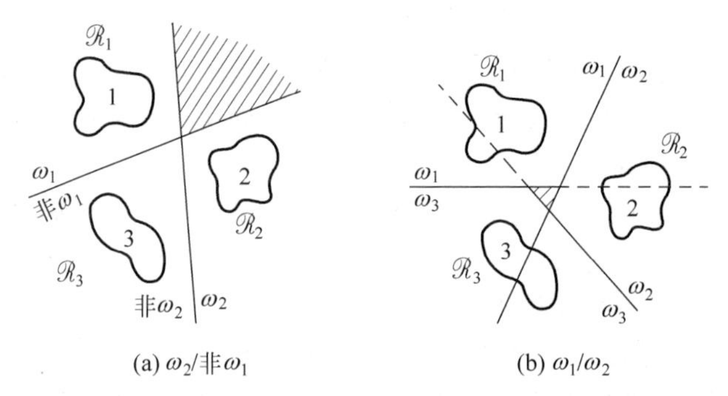

图 5-16　用多个两类分类器实现多类划分时可能出现的歧义区

第二种做法是对多类中的每两类构造一个分类器，称作“逐对”(pairwise)分类。考虑到把 ω_i 和 ω_j 分开与把 ω_j 和 ω_i 分开相同，对于 c 个类别，共需要$\frac{c(c-1)}{2}$个两类分类器。显然，这种做法要比一对多的做法多用很多两类分类器。但是，逐对分类不会出现两类样本数过于不均衡的问题，而且决策歧义的区域通常要比一对多分类器小，如图 5-16(b)中阴影部分所示。

在这里的讨论中，我们没有涉及具体的两类分类器是什么，只是假定每个分类器给出样本属于两类中任意一类的决策。实际上，很多分类器在最后的分类决策前得到的是一个连续的量，分类是对这个量用某个阈值划分的结果，例如所有线性分类器都是最后转化为一个线性判别函数 $g(\boldsymbol{x})=\boldsymbol{w}^{\mathrm{T}}\boldsymbol{x}+w_0$ 与某一阈值(通常是 0)比较的问题。SVM 也是这样一种分类器。在很多线性分类器中，一个正确分类的样本，如果它离分类面越远，则往往对它的类别判断就更确定，因此可以把分类器的输出值看作对样本属于某一类别的一种打分，如果分值大于零(或其他阈值)则判断样本属于该类，而且分值越高对此分类越确信，反之决策不属于该类。

利用这种分类器，可以用 c 个一对多的两类分类器来构造多类分类系统，即每个类别对应一个分类器，其输出是对样本是否属于 ω_i 类给出一个判断。在多类决策时，如果只有一个两类分类器给出了大于阈值的输出，而其余分类器输出均小于阈值，则把这个样本分到该类。更进一步，如果各个分类器的输出是可比的，而且根据类别的定义知道任意样本必定属于且仅属于 c 个类别中的一类，那么可以在决策时直接比较各个分类器的输出，把样本赋予输出值最大的分类器所对应的类别。(但是需要注意，对很多分类器来说，如果它们是分别训练的，其输出值之间并不一定能保证可比性，在实际应用时需根据具体情况仔细分析。)

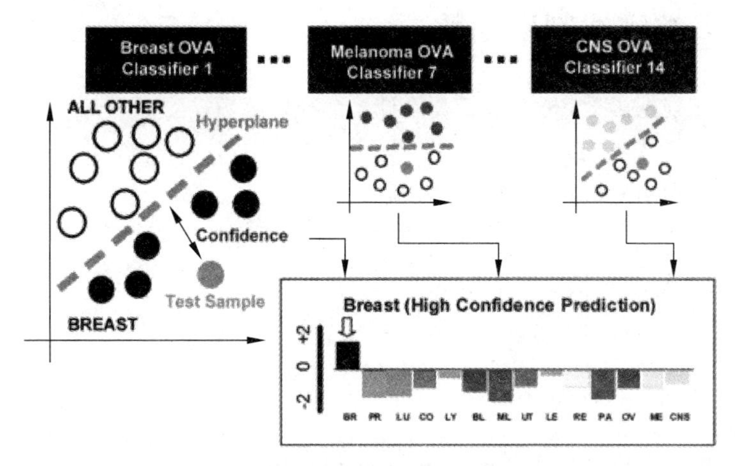

图 5-17 用多个两类 SVM 实现多类分类的例子①

图 5-17 给出了一个生物信息学中用多个 SVM 对基因芯片数据进行多种癌症的分类的例子②。在这个例子中,有 14 类癌症的基因表达数据,包括乳腺癌、肺癌、直肠癌、前列腺癌,等等。为了把这 14 类分开,他们对每一类癌症建立一个线性 SVM 分类器,把这类癌症与其他种类的癌症分开。这样共得到 14 个 SVM 分类器。在测试时,用这 14 个分类器分别对测试样本进行分类,哪个分类器给出最大的输出则把测试样本归到哪一类②。

除了以上两种划分方法,对于某些多类问题,如果人们对所研究的类别有较好的认识,能够根据类别间的内在关系把它们分级合并成多个两类分类问题,则可以用类似图 5-18 所示的二叉树来构建多个两类分类器。例如假如我们的目标是分出 a、b、c、d、e、f 六个类,如果发现这些类别的概念间有内在的关系,例如 e、f 两个类关系比较紧密,同属于一个更高层次的概念,c、d 同属于一个概念,b 和 c、d 又关系比较紧密,等等,则可以把问题分解成{a}对{b,c,d,e,f}、{b,c,d}对{e,f}、{b}对{c,d}、{c}对{d}、{e}对{f}这五个两类分类问题。

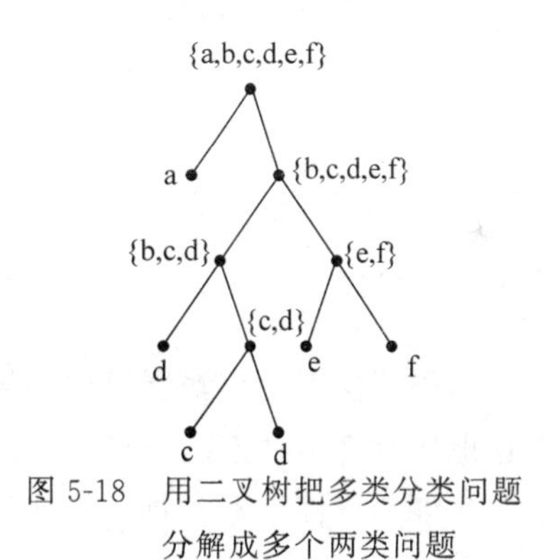

图 5-18 用二叉树把多类分类问题分解成多个两类问题

① Ramaswamy S, et al.. Multiclass cancer diagnosis using tumor gene expression signatures. *PNAS*, 2001, 98(26): 15149-15154.

② 注意,由于在 SVM 训练中要调整 $\boldsymbol{w}$ 的尺度以达到间隔最大,且保证离分类面最近的样本的输出值是 1,对不同的两类问题训练后的尺度并非完全相同。因此,这样得到的多个 SVM 的输出值之间严格来说并不能直接进行绝对值比较,只是 $g(\boldsymbol{x})$ 的符号有可比性。但是,在这个例子里,各个分类器间的尺度差别并不明显,所以直接使用多个 SVM 的输出进行比较就可以得到较好的效果。一般情况下,对于根据多个支持向量机的输出值来进行多类决策,还有一些理论问题需要进一步研究。

5.9.2 多类线性判别函数

所谓多类线性判别函数，是指对 c 类设计 c 个判别函数

$$g_i(\boldsymbol{x})=\boldsymbol{w}_i^{\mathrm{T}}\boldsymbol{x}+w_{i0},\quad i=1,2,\cdots,c \tag{5-129}$$

在决策时哪一类的判别函数最大则决策为哪一类，即

$$\text{若 } g_i(\boldsymbol{x})>g_j(\boldsymbol{x}),\forall j\neq i,\quad \text{则 } \boldsymbol{x}\in\omega_i \tag{5-130}$$

当然，我们也可以把这些判别函数表示成增广向量的形式

$$g_i(\boldsymbol{x})=\boldsymbol{\alpha}_i^{\mathrm{T}}\boldsymbol{y},\quad i=1,2,\cdots,c \tag{5-131}$$

其中，$\boldsymbol{\alpha}_i=\begin{bmatrix}\boldsymbol{w}_i\\ w_{i0}\end{bmatrix}$为增广权向量。

多类线性判别函数也称为多类线性机器，可以记作 $L(\boldsymbol{\alpha}_1,\boldsymbol{\alpha}_2,\cdots,\boldsymbol{\alpha}_c)$。

与上面讨论的用多个两类分类器进行多类划分的方法相比，多类线性机器可以保证不会出现有决策歧义的区域，如图 5-19 所示。

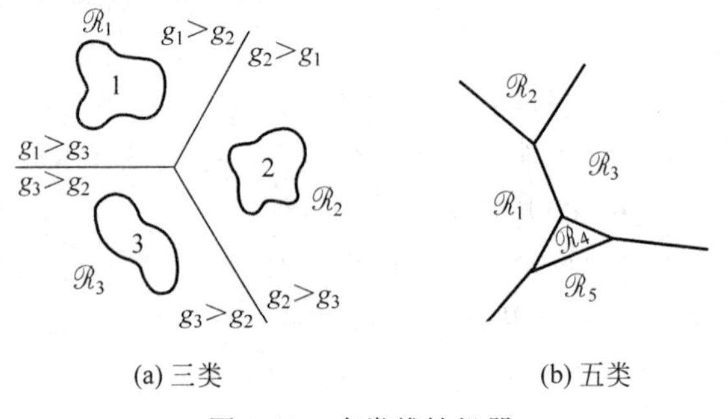

(a) 三类　　(b) 五类

图 5-19　多类线性机器

与两类情况下的感知器算法相同，这里首先考虑多类线性可分情况，即存在一个线性机器能够把所有样本都正确分类的情况。在这种情况下，可以用与感知器算法类似的单样本修正法来求解线性机器。具体算法如下：

(1) 任意选择初始的权向量$\boldsymbol{\alpha}_i(0),i=1,2,\cdots,c$，置 $t=0$。

(2) 考查某个样本 $\boldsymbol{y}^k\in\omega_i$，若$\boldsymbol{\alpha}_i(t)^{\mathrm{T}}\boldsymbol{y}^k>\boldsymbol{\alpha}_j(t)^{\mathrm{T}}\boldsymbol{y}^k$，则所有权向量不变；若存在某个类 j，使$\boldsymbol{\alpha}_i(t)^{\mathrm{T}}\boldsymbol{y}^k\leqslant\boldsymbol{\alpha}_j(t)^{\mathrm{T}}\boldsymbol{y}^k$，则选择$\boldsymbol{\alpha}_j(t)^{\mathrm{T}}\boldsymbol{y}^k$ 最大的类别 j，对各类的权值进行如下的修正

$$\begin{cases}\boldsymbol{\alpha}_i(t+1)=\boldsymbol{\alpha}_i(t)+\rho_t\boldsymbol{y}^k\\ \boldsymbol{\alpha}_j(t+1)=\boldsymbol{\alpha}_j(t)-\rho_t\boldsymbol{y}^k\\ \boldsymbol{\alpha}_l(t+1)=\boldsymbol{\alpha}_l(t),\quad l\neq i,j\end{cases} \tag{5-132}$$

ρ_t 是步长，必要时可以随着 t 而改变。

(3) 如果所有样本都分类正确，则停止；否则考查另一个样本，重复(2)。

这一算法被称作逐步修正法(incremental correction)。可以证明，如果样本集线性可分，则该算法可以在有限步内收敛于一组解向量。

与感知器算法一样,当样本不是线性可分时,这种逐步修正法不能收敛,人们可以对算法作适当的调整而使算法能够停止在一个可以接受的解上,例如通过逐渐减小步长而强制使算法收敛。

同样,也可以像在感知器算法中那样引入余量,即把$\boldsymbol{\alpha}_i(t)^{\mathrm{T}}\boldsymbol{y}^k>\boldsymbol{\alpha}_j(t)^{\mathrm{T}}\boldsymbol{y}^k$变为$\boldsymbol{\alpha}_i(t)^{\mathrm{T}}\boldsymbol{y}^k>\boldsymbol{\alpha}_j(t)^{\mathrm{T}}\boldsymbol{y}^k+b$。

很多其他的两类分类算法都可以发展出相应的多类分类算法,但其中多数在实际中的应用并不广泛,所以在此不做更多介绍。在后面两章里还会看到更多的可以用于多类分类的算法。

5.9.3 多类罗杰斯特回归与软最大

在5.7节中讨论的罗杰斯特回归问题,所考虑的实际上是样本属于所关心的类和不属于所关心的类的问题。这个思路可以方便地推广到多类情况,对每一类考虑样本是否属于它。在这个视角下,式(5-133)的罗杰斯特函数

$$P(y=1\mid x)=\frac{\mathrm{e}^{w_0+w_1x}}{1+\mathrm{e}^{w_0+w_1x}} \tag{5-133}$$

的分子可以看作是对样本属于该类的可能性的度量,而分母的作用则是把这个可能性归一化为概率。

把这个思路推广到多类情况,我们可以把模型设为样本属于每一类j都与一个参数为w_j的指数判别函数成正比,即

$$P(y=j\mid \boldsymbol{x})\propto \mathrm{e}^{w_j\cdot \boldsymbol{x}}$$

用样本属于全部c个类别的判别函数做归一化,就得到

$$P(y=j\mid \boldsymbol{x})=\frac{\mathrm{e}^{w_j\cdot \boldsymbol{x}}}{\sum_{k=1}^{c}\mathrm{e}^{w_k\cdot \boldsymbol{x}}},\quad j=1,\cdots,c \tag{5-134}$$

这个归一化指数函数在机器学习领域中被称作软最大(Softmax)函数,就是对样本的多类罗杰斯特回归。可以采用与两类罗杰斯特回归类似的思路用最大似然法求解。在第12章介绍深度学习时,我们还会看到软最大函数在多种深度神经网络中的应用。

5.10 讨论

线性判别函数是形式最简单的判别函数。它虽然算法简单,但是在一定条件下能够实现或逼近最优分类器的性能,因此在很多实际问题中得到了广泛的应用。而且,在很多情况下,虽然所研究的问题可能并不是线性的,但是由于我们所拥有的样本数目有限,或者样本观测中有较大噪声,我们可能仍然会使用线性分类器。这不但是一种在特定条件下追求“有限合理”解的妥协方案,更重要的是,在一些情况下,线性分类器可能比更复杂的模型取得更好的结果,尤其是更好的推广能力。

世界是非线性的,但很多情况下可以用线性来近似。

毕竟还有很多情况需要采用更复杂的非线性方法。在第6章我们将看到,很多非线性方法是以本章介绍的线性方法为基础发展起来的。例如,利用解决多类分类的思路可以设计多个分类器,用分段线性来逼近非线性;在本章中看到的最基本的感知器算法,就是一种最简单的人工神经元,人工神经网络中的多层感知器算法就是建立在它的基础上的;通过引入广义线性判别函数,可以把很多线性方法映射为非线性方法,而非线性的支持向量机则是通过用核函数的方法来实现广义线性判别函数。

第6章 典型的非线性分类器

6.1 引言

很多实际情况下，类别之间的分类边界并不是线性的。例如，在第2章里我们看到，即使样本都是正态分布的，通常情况下最小错误率的分类器是二次函数。在更复杂的分布情况下，需要更复杂的非线性判别函数来分类。

与线性判别函数不同，非线性判别函数并不是明确的一类函数，而是除线性函数外的各种函数的集合。因此，非线性判别函数和非线性学习机器的设计方法就更多种多样，难以一般性地讨论。本章中，我们选取几种经典的有代表性的非线性分类方法进行介绍，在第8章和第12章中将要介绍的近邻法、决策树和各种深度神经网络方法，实现的也都是非线性函数。

6.2 分段线性判别函数

我们知道，一个非线性函数可以用多段线性函数来逼近。分段线性判别函数(piecewise linear discriminant functions)就是采用了这种思想，用多个线性分类器片段来实现非线性分类，如图6-1所示。由于每一段分类面都是线性的超平面，可以采用第5章讲述的一些线性分类器设计方法进行设计；同时，多段超平面组合可以逼近各种形状的超曲面，能够适应各种复杂的数据分布情况。分段线性判别函

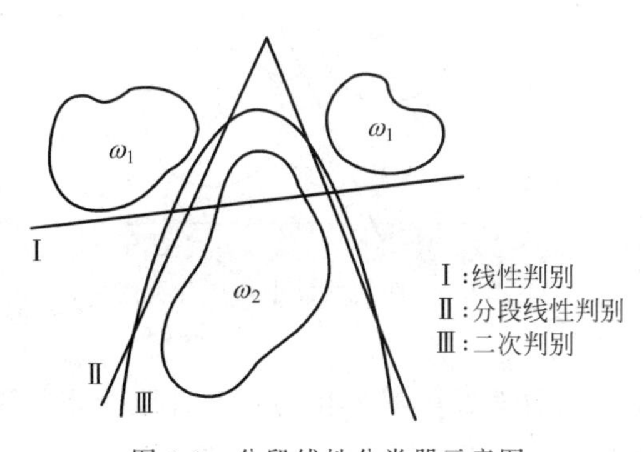

图6-1 分段线性分类器示意图

数不但能逼近任意已知形式的非线性判别函数，当实际情况下类别之间的划分并不能用解析形式表示时，非线性判别函数仍能很好地对判别函数进行逼近。

实际上，第5章中介绍的多类线性判别函数在特征空间里就构成了一组分段线性的决策面。因此，求解两类之间的分段线性判别函数，基本的做法就是把各类划分成适当的子类，在两类的多个子类之间构建线性判别函数，然后把它们分段合并成分段线性判别函数。下面就从最简单的分段线性距离分类器开始介绍设计分段线性判别函数的基本做法。

6.2.1 分段线性距离分类器

在第2章我们看到，当两类的类条件概率密度为正态分布，两类先验概率相等，而且各维特征独立且方差相等时，最小错误率贝叶斯决策就是直观的最小距离分类器：以两类各自的均值为中心点，新样本离哪类的中心点近就决策为哪一类。即若有 $\omega_1,\cdots,\omega_c$ 个类别，各类的均值是$\boldsymbol{\mu}_i(i=1,\cdots,c)$，对样本 $\boldsymbol{x}$，如果 $\|\boldsymbol{x}-\boldsymbol{\mu}_k\|^2=\min\limits_{i=1,\cdots,c}\|\boldsymbol{x}-\boldsymbol{\mu}_i\|^2$，则决策 $\boldsymbol{x}$ 属于 ω_k 类。两类情况下，最小距离分类器就是两类均值之间连线的垂直平分面(超平面)，如图6-2所示。

最小距离分类器虽然是在正态分布的特殊条件下推出来的，但是在很多情况下，只要每一类数据的分布是单峰的、在各维上的分布基本对称且各类先验概率基本相同，则最小距离分类器都不失为一种简单有效的分类方法。实际上，我们可以把类均值看作是该类的代表点，或者模板，最小距离分类器就是模板匹配：新样本与哪一类的模板更相似则归为哪一类。

沿着这种思路，在各类的数据分布是多峰的情况下，我们可以把每类划分成若干个子类，使每个子类是单峰分布且尽可能在各维上对称。每个子类取均值作为模板，这样每个类就有多个模板，一个两类问题就可以用多类的最小距离分类器来解决，即对一个待分类样本，比较它到各个子类均值的距离，把它分到距离最近的子类所属于的类。这样所得到的分类面就是由多段超平面组成的，如图6-3所示。这种分类器称作分段线性距离分类器。这种做法对多类同样适用。

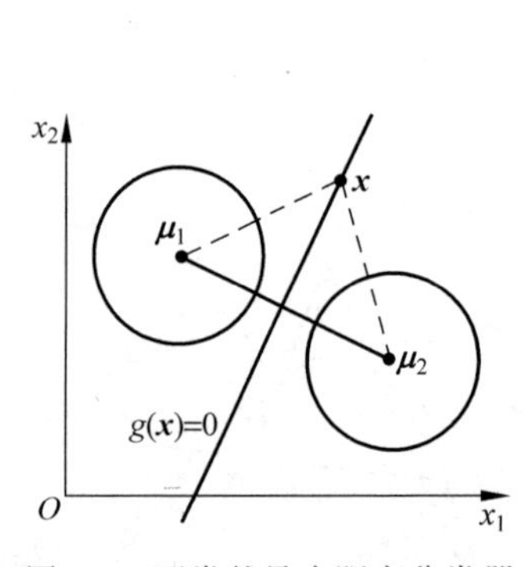

图6-2 两类的最小距离分类器

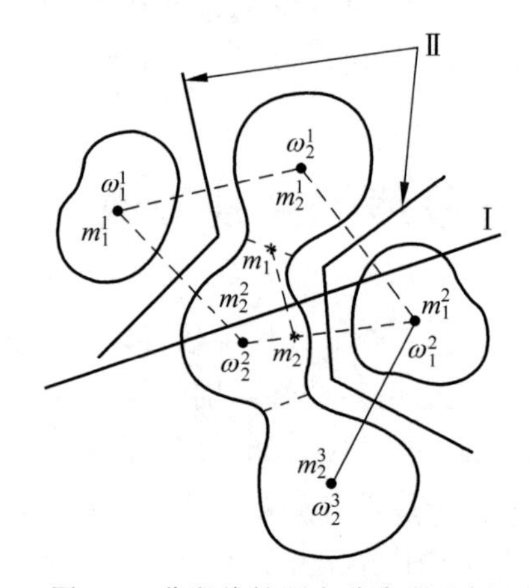

图6-3 分段线性距离分类器示例

用数学语言来描述，分段线性距离分类器可以表示为：把属于 $\omega_i,i=1,2,\cdots,c$ 类的样本区域 R_i 划分为 l_i 个子区域 $R_i^l,l=1,2,\cdots,l_i$，每个子类的均值是 $\boldsymbol{m}_i^l$，对样本 $\boldsymbol{x}$，ω_i 类的

判别函数定义为

$$g_i(\boldsymbol{x}) = \min_{l=1,\cdots,l_i} \| \boldsymbol{x} - \boldsymbol{m}_i^l \| \tag{6-1a}$$

即本类中离该样本最近的子类均值到样本的距离。决策规则是

$$\text{若 } g_k(\boldsymbol{x}) = \min_{i=1,\cdots,c} g_i(\boldsymbol{x}),\text{则决策 } \boldsymbol{x} \in \omega_k \tag{6-1b}$$

6.2.2 一般的分段线性判别函数

6.2.1 节介绍的分段线性距离分类器是分段线性判别函数的特殊情况,适用于各子类在各维分布基本对称的情形。一般情况下,可以对每个子类建立更一般形式的线性判别函数,即把每个类别划分成 l_i 个子类

$$\omega_i = \{\omega_i^1, \omega_i^2, \cdots, \omega_i^{l_i}\}, \quad i = 1, 2, \cdots, c \tag{6-2}$$

对每个子类定义一个线性判别函数

$$g_i^l(\boldsymbol{x}) = \boldsymbol{w}_i^l \cdot \boldsymbol{x} + w_{i0}^l, \quad l = 1, \cdots, l_i, \quad i = 1, \cdots, c \tag{6-3a}$$

其中 $\boldsymbol{w}_i^l$ 和 w_{i0}^l 分别是对应子类 ω_i^l 的权向量和阈值。当然,这些判别函数也可以用增广的形式表示,即

$$g_i^l(\boldsymbol{y}) = \boldsymbol{\alpha}_i^l \cdot \boldsymbol{y}, \quad l = 1, \cdots, l_i, \quad i = 1, \cdots, c \tag{6-3b}$$

类 ω_i 的分段线性判别函数就定义为

$$g_i(\boldsymbol{x}) = \max_{l=1,\cdots,l_i} g_i^l(\boldsymbol{x}), \quad i = 1, \cdots, c \tag{6-4}$$

决策规则是

$$\text{若 } g_k(\boldsymbol{x}) = \max_{i=1,\cdots,c} g_i(\boldsymbol{x}),\text{则决策 } \boldsymbol{x} \in \omega_k \tag{6-5}$$

两个相邻的类之间的决策面方程就是两个判别函数相等,即

$$g_i(\boldsymbol{x}) = g_j(\boldsymbol{x}) \tag{6-6}$$

由于 $g_i(\boldsymbol{x})$ 和 $g_j(\boldsymbol{x})$ 都是由式(6-4)定义的分段线性判别函数,这个决策面也是由多个分段的超平面组成的,其中的一段是一类中的某个子类和另一类中的相邻子类之间的分类面。

在确定了子类划分之后,分段线性判别函数的设计就等同于多类分类器的设计。因此,在分段线性判别函数的设计中所遇到的新问题是子类的划分。可以分为三种情况考虑。

第一种情况,根据问题的领域知识和对数据分布的了解,人工确定子类的划分方案。例如在字符识别中,一种字符作为一个类,而同一个字符又有不同的字体,可以把一种字体作为一个子类。在某些医学研究中,可以把同一种疾病的病人按照性别、年龄、地域或遗传学特征等分成子类。有些情况下还可以尝试多种不同的划分方案。在第 9 章将要介绍非监督学习方法,也可以用其中的方法对同一类的样本进行聚类分析,得到子类的划分。

第二种情况,已知或者可以假定各类的子类数目,但是不知道子类的划分,可以用下面的错误修正法在设计分类器的同时确定出子类的划分。这里用增广的线性判别函数形式来描述这个算法。

条件:已知共有 c 个类别 $\omega_i, i = 1, 2, \cdots, c$,并且已知 ω_i 类应该划分成 l_i 个子类。每个类都有一定数量的训练样本。

(1) 初始化。任意给定各类各子类的权值$\boldsymbol{\alpha}_i^l(0)$,$l=1,2,\cdots,l_i$,$i=1,2,\cdots,c$,通常可以选用小的随机数。

(2) 在时刻t,当前权值为$\boldsymbol{\alpha}_i^l(t)$,$l=1,2,\cdots,l_i$,$i=1,2,\cdots,c$,考虑某个训练样本$\boldsymbol{y}_k\in\omega_j$,找出$\omega_j$类的各子类中判别函数最大的子类,记为$m$,即

$$\boldsymbol{\alpha}_j^m(t)^{\mathrm{T}}\boldsymbol{y}_k=\max_{l=1,\cdots,l_j}\{\boldsymbol{\alpha}_j^l(t)^{\mathrm{T}}\boldsymbol{y}_k\} \tag{6-7}$$

考查当前权值对样本$\boldsymbol{y}_k$的分类情况:

① 若$\boldsymbol{\alpha}_j^m(t)^{\mathrm{T}}\boldsymbol{y}_k>\boldsymbol{\alpha}_i^l(t)^{\mathrm{T}}\boldsymbol{y}_k$,$\forall i=1,\cdots,c,i\neq j,l=1,\cdots,l_i$,即$\boldsymbol{y}_k$分类正确,则所有$\boldsymbol{\alpha}_i^l(t)$均不变:$\boldsymbol{\alpha}_i^l(t+1)=\boldsymbol{\alpha}_i^l(t)$,$l=1,2,\cdots,l_i$,$i=1,2,\cdots,c$;

② 若对某个$i\neq j$,存在子类l使得$\boldsymbol{\alpha}_j^m(t)^{\mathrm{T}}\boldsymbol{y}_k\leqslant\boldsymbol{\alpha}_i^l(t)^{\mathrm{T}}\boldsymbol{y}_k$,即$\boldsymbol{y}_k$被当前权值错分,则选取$\boldsymbol{\alpha}_i^l(t)^{\mathrm{T}}\boldsymbol{y}_k$中最大的子类(不妨记作$\omega_i$类的第$n$个子类),对权值进行如下修正

$$\boldsymbol{\alpha}_j^m(t+1)=\boldsymbol{\alpha}_j^m(t)+\rho_t\boldsymbol{y}_k \tag{6-8a}$$

$$\boldsymbol{\alpha}_i^n(t+1)=\boldsymbol{\alpha}_i^n(t)-\rho_t\boldsymbol{y}_k \tag{6-8b}$$

其余权值不变。

(3) $t=t+1$,考查下一个样本,回到第(2)步。如此迭代,直到算法收敛。

可以看出,这个算法与5.9.2节介绍的多类线性判别函数的逐步修正法很相像,这里的子类相当于5.9.2节中考虑的多类中的一类。所不同的是,这里的分类器设计过程实际上也是子类的划分过程,而考查权值是否需要修正时并不是考查样本是否被分到某个特定的子类,而是只需要判断样本是否被分到它所属的类别的几个子类中的一个。

算法的终止条件是算法收敛,即对所有训练样本都分类正确,在一轮循环中不再对权值进行修正。从第5章关于感知器和多类线性判别函数的逐步修正法的讨论可以知道,这种算法只有在不同类别的各个子类之间都是线性可分的情况下才能保证收敛,对某些数据并不一定能实现,在指定子类数目时更是如此。与第5章中讨论的方法类似,如果算法不能收敛,人们通常可以用逐步缩小训练步长ρ_t的方法强制算法收敛。

当然,在实际应用中,子类数目很多情况下并无法严格地指定。人们可以通过采用不同的子类数目进行一些试验来确定子类数目。

第三种情况是子类数目无法事先确定。虽然可以用不同的子类数目尝试上面的算法,但是如果没有一个参考数字,盲目地试凑各种可能的子类数目所需要的运算量是巨大的。另一种方法是可以采用分类树的思想来分级划分子类和设计分段线性判别函数。下面我们用一个二维的示例来说明这种方法的基本思想。

对于如图6-4所示的两类情况,我们可先用两类线性判别函数算法找一个权向量$\boldsymbol{\alpha}_1$,它所对应的超平面H_1把整个样本集分成两部分,我们称之为样本子集。由于样本集不是线性可分的,因而每一部分仍然包含两类样本。

接着,再利用算法找出第二个权向量$\boldsymbol{\alpha}_2$、第三个权向量$\boldsymbol{\alpha}_3$,超平面H_2、H_3分别把相应的样本子集分成两部分。若某一部分仍然包含两类样本,则继续上述过程,直到某一权向量(如图中$\boldsymbol{\alpha}_4$)把两类样本完全分开为止。

这样得到的分类器显然也是分段线性的,其决策面如图中粗线所示。"→"表示权向量$\boldsymbol{\alpha}_i$的方向,它指向超平面H_i的正侧。它的识别过程是一个树状结构,如图6-5所示。图中用虚线显示了对未知样本$\boldsymbol{y}$的决策过程。经过三步,判断$\boldsymbol{y}\in\omega_1$。

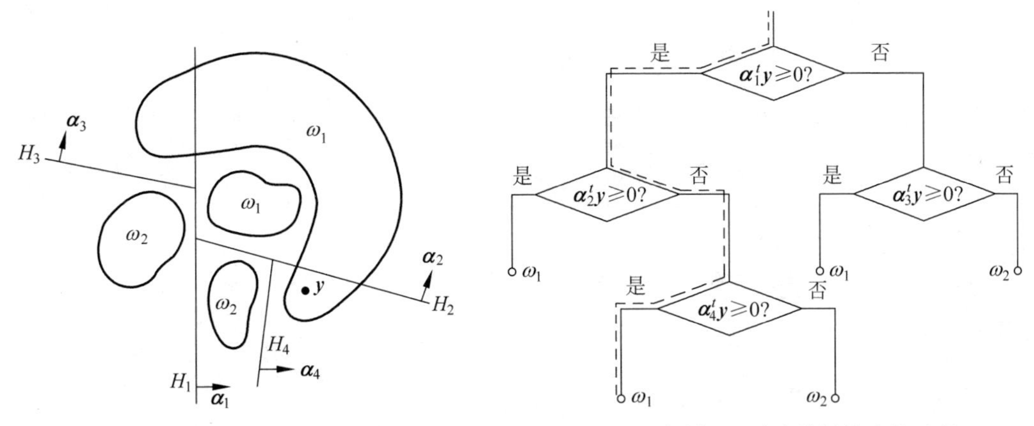

图 6-4 树状分段性分类器举例　　　　图 6-5 与图 6-4 对应的树状决策过程

需要指出,这种方法对初始权向量的选择很敏感,其结果随初始权向量的不同而大不相同。此外,在每个节点上所用的寻找权向量$\boldsymbol{\alpha}_i$ 的方法不同,结果也将各异。通常可以选择分属两类的欧氏距离最小的一对样本,取其垂直平分面的法向量作为$\boldsymbol{\alpha}_1$ 的初始值,然后求得局部最优解$\boldsymbol{\alpha}_1^*$ 作为第一段超平面的法向量。对包含两类样本的各子类的划分也可以采用同样的方法。

6.3 二次判别函数

在第 2 章已经看到,在一般的正态分布情况下,贝叶斯决策面是二次函数。二次判别函数(quadratic discriminant)也是一种比较常用的固定函数类型的分类方法,它的一般形式是

$$\begin{aligned} g(\boldsymbol{x}) &= \boldsymbol{x}^{\mathrm{T}}\boldsymbol{W}\boldsymbol{x} + \boldsymbol{w}^{\mathrm{T}}\boldsymbol{x} + w_0 \\ &= \sum_{k=1}^{d} w_{kk}x_k^2 + 2\sum_{j=1}^{d-1}\sum_{k=j+1}^{d} w_{jk}x_jx_k + \sum_{j=1}^{d} w_jx_j + w_0 \end{aligned} \tag{6-9}$$

其中,$\boldsymbol{W}$ 是 $d\times d$ 实对称矩阵,$\boldsymbol{w}$ 为 d 维向量。

不难看出,这个判别函数中包含$\frac{1}{2}d(d+3)+1$ 个参数,因此如果像线性判别函数那样,直接根据一定的规则从数据去学习这些参数,计算起来会非常复杂,而且在样本数不足够多时估计如此多的参数,结果的可靠性和推广能力很难保证。

实际中,人们在应用二次判别函数时,往往采用参数化的方法来估计二次判别函数。例如,人们往往假定每一类数据都是正态分布,这时每一类可以定义如下的二次判别函数

$$g_i(\boldsymbol{x}) = K_i^2 - (\boldsymbol{x}-\boldsymbol{m}_i)^{\mathrm{T}}\boldsymbol{\Sigma}_i^{-1}(\boldsymbol{x}-\boldsymbol{m}_i) \tag{6-10}$$

其中 $\boldsymbol{m}_i$ 是 ω_i 类的均值,$\boldsymbol{\Sigma}_i$ 是 ω_i 类的协方差矩阵,K_i^2 是一个阈值项,它受协方差矩阵和先验概率的影响。式(6-10)的判别函数就是样本到均值的 Mahalanobis 距离的平方与固定阈值的比较,样本的均值和方差可以用下面的估计

$$\hat{\boldsymbol{m}}_i = \frac{1}{N_i}\sum_{j=1}^{N_i}\boldsymbol{x}_j$$

$$\hat{\boldsymbol{\Sigma}}_i = \frac{1}{N_i - 1}\sum_{j=1}^{N_i}(\boldsymbol{x}_j - \hat{\boldsymbol{m}}_i)(\boldsymbol{x}_j - \hat{\boldsymbol{m}}_i)^{\mathrm{T}}$$

当两类都近似服从正态分布时，可以对每一类估计式(6-10)的判别函数，两类间的决策面方程就是

$$g_1(\boldsymbol{x}) - g_2(\boldsymbol{x}) = 0$$

代入式(6-10)并整理，可得

$$-\boldsymbol{x}^{\mathrm{T}}(\hat{\boldsymbol{\Sigma}}_1^{-1} - \hat{\boldsymbol{\Sigma}}_2^{-1})\boldsymbol{x} + 2(\hat{\boldsymbol{m}}_1^{\mathrm{T}}\hat{\boldsymbol{\Sigma}}_1^{-1} - \hat{\boldsymbol{m}}_2^{\mathrm{T}}\hat{\boldsymbol{\Sigma}}_2^{-1})\boldsymbol{x} - (\hat{\boldsymbol{m}}_1^{\mathrm{T}}\hat{\boldsymbol{\Sigma}}_1^{-1}\hat{\boldsymbol{m}}_1 - \hat{\boldsymbol{m}}_2^{\mathrm{T}}\hat{\boldsymbol{\Sigma}}_2^{-1}\hat{\boldsymbol{m}}_2) + (K_1^2 - K_2^2) = 0$$

决策规则是

$$若\ g_1(\boldsymbol{x}) - g_2(\boldsymbol{x}) \gtrless 0，则\ \boldsymbol{x} \in \begin{cases}\omega_1\\ \omega_2\end{cases} \tag{6-11}$$

其中，可以通过调整两类的阈值 K_1^2 和 K_2^2 来调整两类错误率情况。

另一种情况是，两类中一类 ω_1 分布比较成团(近似正态分布)，另一类 ω_2 则比较均匀地分布在第一类附近，这种情况下只要对第一类求解其二次判别函数即可，即

$$g(\boldsymbol{x}) = K^2 - (\boldsymbol{x} - \hat{\boldsymbol{m}}_1)^{\mathrm{T}}\hat{\boldsymbol{\Sigma}}_1^{-1}(\boldsymbol{x} - \hat{\boldsymbol{m}}_1) \tag{6-12}$$

决策规则是

$$若\ g(\boldsymbol{x}) \gtrless 0，则\ \boldsymbol{x} \in \begin{cases}\omega_1\\ \omega_2\end{cases} \tag{6-13}$$

同样，可以用 K^2 来调整决策的偏向。直观解释是，当样本到 ω_1 类均值的 Mahalanobis 距离的平方小于 K^2 时则决策为 ω_1 类，否则决策为 ω_2 类。

6.4 多层感知器神经网络

在概论中曾经讨论过，模式识别是一种基本的智能活动，对模式识别方法的研究是机器智能研究的一个重要方面。人们对机器智能的研究有两个主要的出发点，一是通过试图对人类(和其他高度动物)的自然智能建立一定的数学模型，来帮助理解智能活动的奥秘；二是利用各种数学手段，以计算机为工具建立具备一定智能的机器。本书前几章介绍的模式识别方法，除感知器外，其他大部分都是直接从数学角度来分析数据，建立线性或非线性的判别函数，并没有直接与“智能”相连。

从 20 世纪 40 年代开始，科学家们开始了对 Cybernetics 的系统研究。Cybernetics 中文翻译为“控制论”或“生物控制论”，其核心思想是认为，对于很多不管是生物的还是人造的系统，它们可以通过对其中信息处理和传递的建模得到更好的理解，而不是对能量传递的建模。当时引领这一研究方向的科学家包括 Alan Turing、Warren McCulloch、Claude Shannon、Norbert Wiener、John von Neumann 和 Kenneth Craik 等，其中，N. Wiener(维纳)在 1948 年出版的《控制论》一书把 Cybernetics 定义为动物和机器中的控制与通讯过程。1943 年，W. S. McCulloch 和 W. H. Pitts 提出了对神经细胞信息加工的数学模型，这就是第 5 章中介绍的感知器方法所采用的模型。

第 5 章中介绍的感知器方法和 ADALINE 方法在建立能够从数据进行自动学习的机器上取得了重要进展，是人工神经网络(artificial neural networks)研究的开端，但由于技术

和人为的原因，这一研究方向从 20 世纪 60 年代开始不再受到当时的主流研究者的重视，直到 20 世纪 80 年代才再一次得到较大发展。

我们先来看人工神经网络的基本思想。根据对自然神经系统构造和机理的认识，神经系统是由大量的神经细胞（神经元）构成的复杂的网络，人们对这一网络建立一定的数学模型和算法，设法使它能够实现诸如基于数据的模式识别、函数映射等带有“智能”的功能，这种网络就是人工神经网络。

采用不同的数学模型就得到不同的神经网络方法，其中最有影响的模型应该是多层感知器（multi-layer perceptron，MLP）模型，它具有从训练数据中学习任意复杂的非线性映射的能力，也包括实现复杂的非线性分类判别函数。从模式识别角度，多层感知器方法可以看作是一种通用的非线性分类器设计方法。

从“多层感知器”这一名字即可看出，它与上一章介绍的感知器算法有紧密的联系。本节介绍多层感知器方法，也顺便引出人工神经网络的一些基本概念。

6.4.1 神经元与感知器

一个神经元（neuron）就是一个神经细胞，它是神经系统的基本组成单位。根据目前的认识，一个典型的神经元由以下几部分组成（如图 6-6 所示）：(1)细胞体（cell body），是神经细胞的主体，内有细胞核和细胞质，除了实现细胞生存的各种基本功能外，这里是神经细胞进行信息加工的主要场所；(2)树突（dendrites），是细胞体外围的大量微小分支，是细胞的“触角”，一个神经元的树突可达 10^3 数量级，多数长度很短，主要担负着从外界（其他细胞或体液环境）接收信息的功能；(3)轴突（axon），是细胞的输出装置，负责把信号传递给另外的神经细胞，通常每个神经元有一个轴突，有的轴突会很长，例如人体四肢的某些神经细胞的轴突可以长达 1m 以上；(4)突触（synapse），是一个神经元的轴突与另一个神经元的树突相“连接”的部位，这种连接并不是物理上的直接接触，而是二者的细胞膜充分靠近，通过之间的微小缝隙传递带电离子。神经系统中的信号是电化学信号，是靠带电离子在细胞膜内外的浓度差来形成和维持的，这种信号可以以脉冲的形式沿着轴突传播，并经由突触把电荷传递给下一个神经元。突触的不同状态可以影响信号传递的效率，可以称之为突触的连接强度，同时，信号的传递效率也可以受到细胞所在的体液环境中相关离子浓度等的影响。一个神经系统就是由大量神经元组成的，人的神经系统中各种神经元的总数可达 $10^{10}\sim10^{11}$。神经元之间通过突触连接，构成了复杂的神经网络系统。

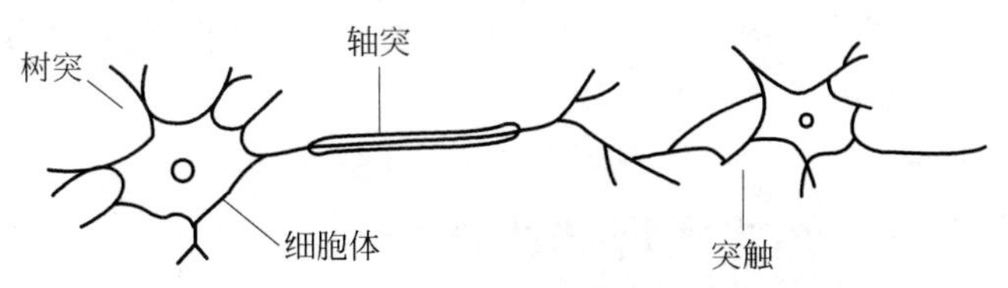

图 6-6 典型的神经元构成示意图

一个典型的简化了的神经元工作过程是这样的：来自外界（环境或其他细胞）的电信号通过突触传递给神经元，当细胞收到的信号总和超过一定的阈值后，细胞被激活，通过轴突向下一个细胞发送电信号，完成对外界信息的加工。这一过程可以用如图 6-7 所示的数学模型表示出来，称作 McCulloch-Pitts 模型，是由 W. S. McCulloch 和 W. H. Pitts 在 1943 年提出的①。图6-7中，$x_1,\cdots,x_n$ 表示神经元的多个树突接收到的信号，n 是向量 $\boldsymbol{x}$ 的维数，$w_1,\cdots,w_n$ 称作权值，反映了各个输入信号的作用强度。神经元的作用是将这些信号加权求和，当求和超过一定的阈值后神经元即进入激活状态，输出值 $y=1$；否则神经元处于抑制状态，输出值为0。

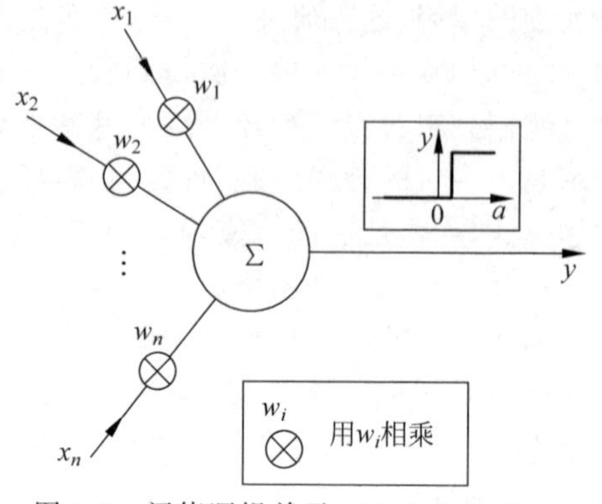

图6-7　阈值逻辑单元：McCulloch-Pitts神经元模型

这个模型可以用下面的公式表示

$$y=\theta\left(\sum_{i=1}^{n}w_ix_i+w_0\right) \tag{6-14}$$

也称作阈值逻辑单元(threshold logic unit，TLU)。其中，$\theta(\cdot)$为单位阶跃函数(当自变量为正时函数取值为1，否则取值为0)。在某些情况下，也可以用符号函数sgn$(\cdot)$替代$\theta(\cdot)$，这时输出 y 的取值就是1或-1。在这个神经元模型中，x 称作神经元的输入，w 称作神经元的权值，$\theta(\cdot)$或sgn$(\cdot)$函数称作神经元的传递函数，y 称作神经元的输出。

从几何上说，感知器神经元就是用平面(在高维空间中是超平面)

$$\sum_{i=1}^{n}w_ix_i+w_0=0$$

把特征空间分成两个区域，一个区域内 $y=1$，另一个区域内 $y=-1$(或0)。

当然，这个神经元的模型是极度简化的，实际神经系统中的神经元的活动要复杂得多。有人甚至比喻单个神经元的复杂程度就相当于一台数字计算机。但是，作为一种高度的抽象，这一简单的模型反映了神经元最典型的也是最关键的特性，是人工神经网络的基础。

回顾第5章的内容，可以很容易发现，如果把神经元的两个可能的输出值看作两类，式(6-14)所描述的神经元的传递函数实际就是一个线性分类器。特别地，如果分别用 $y=0$ 和 $y=1$ 来表示要区分的两类，用 $d(\boldsymbol{x})$代表训练样本 $\boldsymbol{x}$ 的正确分类，式(6-14)就是第5章讲过的感知器判别函数，其中的权值可以按照以下公式根据每个训练样本进行迭代的训练

$$\boldsymbol{w}(t+1)=\boldsymbol{w}(t)+\eta(t)\{d(\boldsymbol{x}(t))-y(t)\}\boldsymbol{x}(t) \tag{6-15}$$

其中，t 为迭代次数记数，$\boldsymbol{x}(t)$是当前时刻考查的样本，$\eta(t)$是训练步长。(作为练习，读者可以自己分析一下为什么式(6-15)的学习算法与上一章讨论的感知器算法是等价的。)

可以证明，当两类数据线性可分时，式(6-15)的神经元权值迭代算法能够在有限步内收敛到一个使所有训练样本都正确分类的解。

6.4.2　用多个感知器实现非线性分类

正如在第5章中看到的，单个感知器神经元能够完成线性可分数据的分类问题，是一种最简单的可学习机器。但是，它无法解决非线性问题。例如，在图6-8的四个点中，如果(1,1)

---

① McCulloch W S and Pitts W H. A logical calculus of the ideas immanent in nervous activity. *Bulletin of Mathematical Biophysics*，1943，5：115-133.

点和(−1,−1)点同属于第一类,而(1,−1)点和(−1,1)点同属于第二类,这一问题在逻辑学里称作异或(XOR)问题。对于这样的问题,单个感知器神经元是无法正确分类的。

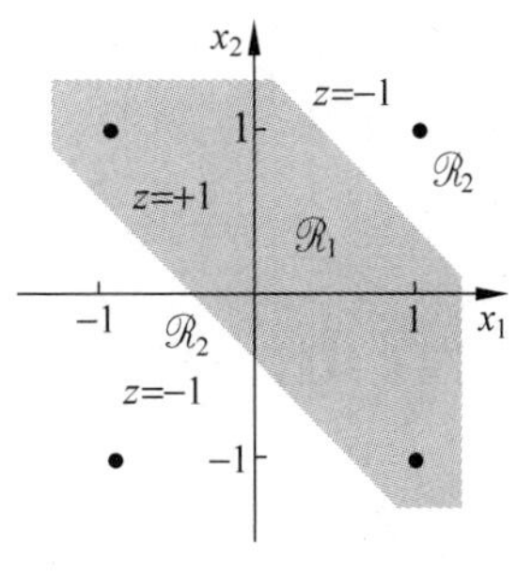

图 6-8 异或问题

单个阈值逻辑单元神经元作为分类器的这一局限早在1969年Minsky和Papert的专著《感知器》里就进行了透彻的分析①。他们证明了感知器只能解决所谓一阶谓词逻辑问题,如与(AND)、或(OR)等,而不能解决异或(XOR)之类的高阶谓词逻辑问题。

很快人们就发现,虽然一个神经元无法实现诸如异或这样的高阶谓词逻辑问题,但是可以通过将多个神经元分层组合起来实现复杂的空间形状的分割。例如,如果按图6-9所示,将两层神经元按照一定的结构和系数进行组合,用第一层神经元分别实现两个线性分类器,把特征空间分割,而在这两个神经元节点的输出之上再加一层感知器节点,就可以实现异或运算。

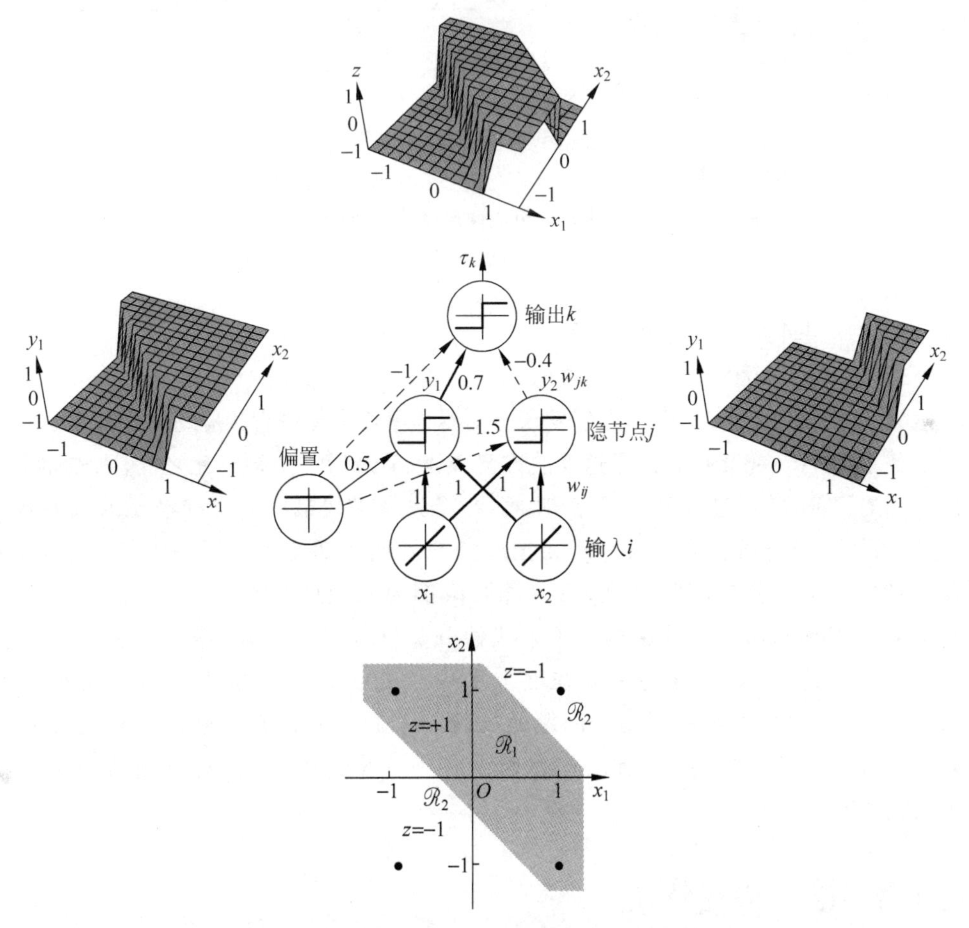

图 6-9 用两层神经元实现异或形式的分类(取自文献[4])

实际上,可以想象,正如可以用分段线性判别函数来实现复杂的非线性分类面一样,对

① Minsky M and Papert S. *Perceptrons: An Introduction to Computational Geometry*. MIT Press, 1969.

于任意复杂形状的分类区域,总可以用多个神经元组成一定的层次结构来实现分类,如图 6-10 所示。也就是,可以用多个感知器的组合

$$y=\theta\left\{\sum_{j=1}^{n} v_j \theta\left(\sum_{i=1}^{m} w_{ij} x_i + w_{0j}\right)+v_0\right\} \tag{6-16}$$

来实现非线性分类面,其中的 $\theta(\cdot)$是阶跃函数或符号函数。

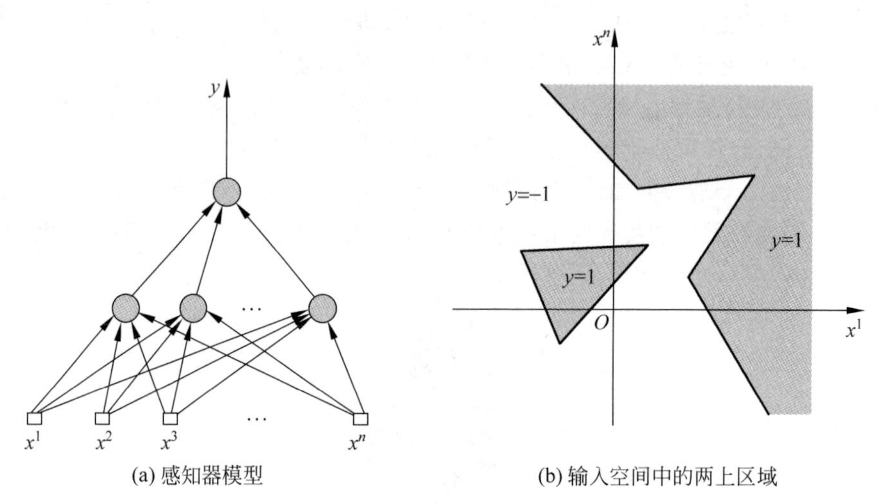

(a) 感知器模型 (b) 输入空间中的两上区域

图 6-10 用多个感知器组成两层结构实现分段线性分类

在认识到单个感知器的局限后,Rosenblatt 提出了这种多层的学习模型:前一层神经元的输出是后一层神经元的输入,最后一层只有一个神经元,它接收来自前一层的 n 个输入,给出作为决策的一个输出。

遗憾的是,在 20 世纪 60 年代,人们发现感知器学习算法无法直接应用到这种多层模型的参数学习上,因此,Rosenblatt 提出了这样的方案①:除了最后一个神经元之外,事先固定其他所有神经元的权值,学习过程只是用感知器学习算法来寻找最后一个神经元的权系数。实际上,这样做就相当于通过第一层神经元把原始的特征空间变换到了一个新的空间,第一层的每个神经元构成新空间的一维,每一维取值都为二值($\{0,1\}$或$\{-1,1\}$),然后再在这个新空间里用感知器学习算法构造一个线性分类器。显然,由于第一层神经元的权值是需要人为给定的,模型的性能很大程度上取决于能否设计出恰当的第一层神经元模型,而这又取决于对所面临的数据和问题的了解。人们当时没有找到能够针对任意问题求解第一层神经元参数的方法,所以这方面没有进一步进展,人们对感知器的研究就此停滞了大约 25 年。

6.4.3 反向传播算法

回顾第 5 章介绍的感知器学习算法,其核心思想是梯度下降法,即以训练样本被错分的

① Rosenblatt F. *Principles of Neurodinamics*: *Preceptron and Theory of Brain Mechanisms*. DC: Spartan Books, 1962.

程度为目标函数，训练中每次出现错误时便使权系数朝着目标函数相对于权系数的负梯度方向更新，直到目标函数取得极小值即没有训练样本被错分。在采用多层的阈值逻辑单元时，由于神经元的传递函数是阶跃函数，输出端的误差只能对最后一个神经元的权系数求梯度，无法对其他神经元的权系数求梯度，所以无法使用这种梯度下降法训练其他神经元的权系数。

1986 年，在人们无法解决感知器多层模型的参数学习问题长达 25 年之后，几项几乎同时发表的研究工作给出了求解这些参数的一种有效算法，这就是所谓反向传播（back-propagation 或 BP）算法[①][②]。这一算法上的突破，主要来源于用所谓 Sigmoid 函数代替感知器中的阈值函数来构造神经元网络。

阶跃函数 $\theta(\alpha)$ 的曲线如图 6-11 所示，它在 $\alpha=0$ 处不可导。考查图 6-12 的函数，当 α 远离 0 时，该函数与阶跃函数相同，所不同的是函数取值从 0 到 1 的变化不是突然完成的，而是平滑地完成的。这种函数看上去像是字母 S 的变形，因此称作 Sigmoid 函数（即“S 形”函数）。

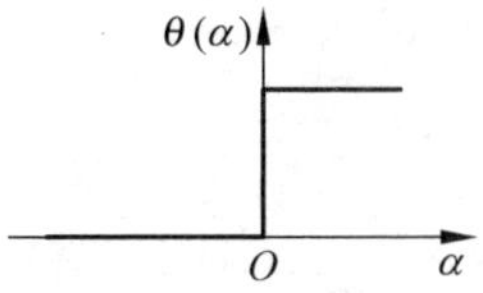

图 6-11 阶跃函数 $\theta(\alpha)$ 的曲线

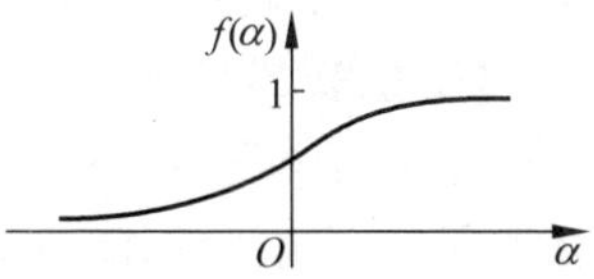

图 6-12 Sigmoid（S 形）函数

Sigmoid 函数通常可以写成

$$f(\alpha)=\frac{1}{1+e^{-\alpha}} \tag{6-17}$$

其取值范围在（0，1）之间，它可以看作是对阶跃函数的一种逼近。如果要逼近符号函数，可以用下面的双曲正切形式

$$f(\alpha)=\mathrm{th}(\alpha)=\frac{e^{\alpha}-e^{-\alpha}}{e^{\alpha}+e^{-\alpha}}=\frac{2}{1+e^{-2\alpha}}-1 \tag{6-18}$$

其取值范围是（-1，1）。

如果用 Sigmoid 函数替代阶跃函数作为神经元的传递函数，则得到

---

① Rumelhart D, Hinton G and Williams R. Learning internal representations by error propagation. In: *Parallel Distributed Processing*, *Chapter* 8, MIT Press, Cambridge, MA, 1986, pp. 318-362; Parker D. *Learning Logic*. Technical Report TR-87, Cambridge, MA: Center for Computational Research in Economics and Management Science, MIT, 1985; LeCun Y. Learning processes in an asymmetric threshold network. In: Bienenstock E, Fogelman-Smith F, Weisbuch G. (eds). *Disordered Systems and Biological Organization*, NATO ASI Series, F20. Berlin: Springer-Verlag, 1986.

② 实际上，反向传播算法的思想最早是由 P. J. Werbos 于 1974 年在其哈佛大学的博士学位论文 *Beyond Regression*: *New Tools for Prediction and Analysis in the Behavioral Sciences* 中提出的，但是当时并没有引起人们太多注意，也未与人工神经网络联系起来。在更早的一部著作 A. E. Bryson and Y-C. Ho, *Applied Optimal Control*. New York: Blaisdell, 1969 中也描述了相似的思路。但是，直到 1986 年几项新的独立的工作在神经网络的领域中先后发表出来，才使得这一方法得到了迅速的普及和推广应用。

$$y=f(\boldsymbol{x})=\frac{1}{1+e^{-\sum_{i=1}^{n}w_i x_i-w_0}} \tag{6-19a}$$

为了方便分析，通常人们把常数项 w_0 作为一个固定输入 1 的权值合并到加权求和项中，把上式简化成

$$y=f(\boldsymbol{x})=\frac{1}{1+e^{-\sum_{i=1}^{n}w_i x_i}} \tag{6-19b}$$

这里，分母的指数项中的求和应该比式(6-19a)中多一项，但为了书写方便我们仍写为从 $i=1$ 到 n，即假定 $x_i, i=1,\cdots,n$ 中已经包含一个对应常数输入的项。

可以看到，Sigmoid 函数是单调递增的非线性函数，无限次可微，而且当权值较大时可以逼近阈值函数，当权值很小时则逼近线性函数。

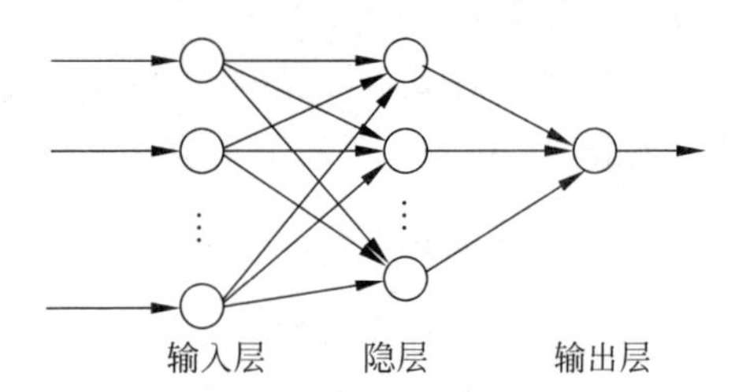

图 6-13 带有一个隐层的多层感知器神经网络的例子

人们通常把由多个计算神经元相互连接组成的系统称作人工神经网络(简称神经网络)，而把由多个感知器组成的神经网络称作多层感知器(multi-layer perceptron，MLP)网络，如图 6-13 所示。由于采用 Sigmoid 函数作为神经元的传递函数，不管网络的结构多么复杂，总可以通过计算梯度来考查各个参数对网络输出的影响，通过梯度下降法调整各个参数。这就是多层感知器反向传播算法的基本思想。人工神经网络的研究从 20 世纪 80 年代中期开始得到了迅猛的发展，多层感知器反向传播算法的突破是其中一个重要的原因。从那时起，“人工神经网络”一词开始成为机器学习领域被使用最多的词汇之一，而多层感知器则成为人工神经网络的典型代表。在一些情况下，很多人甚至说人工神经网络就专指多层感知器。当然，这种说法很不严格，因为还有其他类型的人工神经网络。

多层感知器实现的是从 d 维输入 $\boldsymbol{x}$ 到输出 $\boldsymbol{y}$(一维或多维)的一个映射。它由多个采用 Sigmoid 传递函数的神经元节点连接而成，这些神经元节点分层排列，每一层的神经元接收来自前一层的信号，经过加工后又传递给后一层。

多层感知器的第一层是输入层(input layer)，每个节点对应于 $\boldsymbol{x}$ 的每一维，节点本身并不完成任何处理，只是把每一维的信号“分发”到后一层的每个节点。最后一层是输出层(output layer)，如果 y 是一维，则输出层只有一个节点。在输入层和输出层之间的各层都被称作“隐层”(hidden layer)或中间层，其中的节点都被称作“隐节点”(hidden nodes)，因为它们是“隐藏”在输入层和输出层之间的。

类似这种形式的神经网络被称作是前馈型的神经网络(feedforward neural networks)，是神经网络的主要结构形式之一。前馈型神经网络中，信号沿着从输入层到输出层的方向单向流动，输入层把信号传递给隐层，隐层再把信号传递给下一个隐层(如果有多个隐层)，最后一个隐层把信号传递给输出层。这种神经网络实现的是从输入层到输出层的映射。把一个样本特征向量的各分量分别输入到网络输入层的各个对应节点上，经过在网络上从前向后一系列加工运算，在输出端得到相应的输出值(或输出向量)。

人们通常把包含输入层、输出层和一个隐层的多层感知器叫做一个三层的多层感知器网络或三层前馈神经网络。如果有两个隐层，则叫做四层网络。图 6-13 就是一个三层前馈神经网络的示意图。需要说明的是，这只是多数人约定俗成的叫法，也有文献在考虑神经网络的层数时不计入第一层(输入层)，那样的话，图 6-13 中的例子就算是一个两层前馈网络，而有两个隐层的网络则叫做三层网络。在文献里，这两种说法可能都有人采用，需要特别注意。比较确切的描述方法是用隐层的个数来描述神经网络的结构，这样就不容易产生歧义，例如图 6-13 就是带有一个隐层的多层感知器神经网络模型。

一个输出是一维的三层感知器所实现的从 $\boldsymbol{x}$ 到 y 的映射可以用下面的函数来描述

$$y=g(\boldsymbol{x})=f\left(\sum_{j=1}^{n_H} w_{jk} f\left(\sum_{i=1}^{d} w_{ij} x_i\right)\right) \tag{6-20}$$

其中，$f()$是 Sigmoid 函数(或其他传递函数)，d 是输入 $\boldsymbol{x}$ 的维数，即输入层节点的数目，w_{ij} 是从输入层第 i 个节点到隐层第 j 个节点之间的连接强度(权值)，w_{jk} 是从隐层第 j 个节点到输出层第 k 个节点(这里只有一个输出节点，$k=1$)之间的权值。

在讨论多层感知器学习算法之前，先来看这种多层感知器类型的前馈网络能够逼近什么函数。Kolmogorov 曾经证明①，在单位超立方体 $\boldsymbol{I}^n$ ($\boldsymbol{I}=[0,1]$, $n>2$)内的任意连续函数 $g(\boldsymbol{x})$，都可以通过选择适当的 $\Xi()$ 和 $\psi()$表示成以下两级函数求和的问题

$$g(\boldsymbol{x})=\sum_{j=1}^{2n+1} \Xi_j\left(\sum_{i=1}^{d} \psi_{ij}(x_i)\right) \tag{6-21}$$

类似地，人们研究发现，任意一个从 $\boldsymbol{x}$ 到 y 的非线性映射，都存在一个适当结构的三层前馈神经网络能够以任意的精度来逼近它。人们分别从 Kolmogorov 定理的角度和函数的傅里叶展开的思想来研究了这一性质②，感兴趣的读者可以参考有关人工神经网络的专门教材来进一步学习对这一性质的有关研究。

这一结论说明，多层感知器神经网络是一种可普遍适用的非线性学习机器，能够实现任意复杂的函数映射。但是，这一结论是存在性的结论，并没有指出如何才能得到能够实现所需映射的网络结构和参数。

不同的神经网络结构、不同的神经元传递函数和不同的权值决定方法就构成了不同类型的神经网络。通常，在实际应用中，神经元传递函数是确定的(对于前馈网络来说一般都是 Sigmoid 函数)，神经网络的结构也是事先设定的，而网络中各个神经元的权值是通过训练样本进行学习的。训练样本就是一组 $\boldsymbol{x}$ 和 y 都是已知的样本，学习算法根据这些样本来调整神经网络中的权值，目标是使神经网络能够最好地逼近 y 和 $\boldsymbol{x}$ 之间的函数关系，即让训练以后的神经网络“学会”所需的函数映射。

---

① Kolmogorov A N. On the representation of continuous functions of several variables by superposition of continuous functions of one variable and addition. *Doklady Akademiia Nauk SSSR*, 1957, 114(5): 953-956.

② George Cybenko, Approximation by superpositions of a sigmoidal function. *Mathematical Control Signals Systems*, 1989, 2: 303-314.

Robert Hecht-Nielsen. Theory of the backpropagation neural network. In: *Proceedings of the International Joint Conference on Neural Networks* (*IJCNN*), v. 1, pp. 593-605, New York: IEEE, 1989.

下面就来介绍用于在给定多层感知器结构的情况下训练其权值的反向传播算法(BP算法),关于如何确定神经网络结构的问题,放在后面的小节里讨论。为了讨论方便,我们参照图6-14所示对神经网络的各个变量重新约定如下:

假设输入向量为n维,$\boldsymbol{x}=[x_1,\cdots,x_n]^{\mathrm{T}}$。用上标$l$代表神经元节点所在的层,输入层记$l=0$,第一个隐层记$l=1$,以此类推。记总层数为$L$。如果是一个有两个隐层的四层网络,则输出层记为$l=L-1=3$。第$l$层第$i$个神经元的输出记作$x_i^l$,对输入层$x_i^0=x_i$,$i=1,2,\cdots,n$。设输出层节点的个数为$m$,即网络有$m$维输出$\boldsymbol{y}=[y_1,\cdots,y_m]^{\mathrm{T}}$,第$l$个隐层的神经元个数为$n_l$。第$l$层的权值都用$w_{ij}^l$表示,其中上标$l$表示所在层,下标$ij$表示所连接的两个节点,$w_{ij}^l$就表示第$l-1$层的节点$i$连接到第$l$层的节点$j$的权值。

BP算法是迭代计算各个权值,在下面的算法描述中,用$w_{ij}^l(t)$表示在t时刻(第t步迭代)时权值w_{ij}^l的取值。

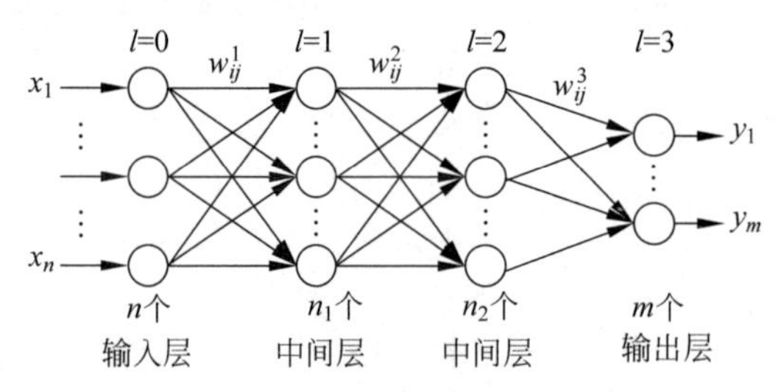

图6-14 多层感知器的例子和符号约定

BP算法的目标函数是神经网络在所有训练样本上的预测输出与期望输出的均方误差,采用梯度下降法通过调整各层的权值求目标函数最小化。这里只介绍算法的思路和步骤。算法的推导过程可作为作业供读者练习,也可查阅几乎任何一本神经网络方面的教材。

BP算法的基本做法是,在训练开始之前,随机地赋予各权值一定的初值。训练过程中,轮流对网络施加各个训练样本。当某个训练样本作用于神经网络输入端后,利用当前权值计算神经网络的输出,这是一个信号从输入到隐层再到输出的过程,称作前向过程。考查所得到的输出与训练样本的已知正确输出之间的误差,根据误差对输出层权值的偏导数修正输出层的权值;把误差反向传递到倒数第二层的各节点上,根据误差对这些节点权值的偏导数修正这些权值,依此类推,直到把各层的权值都修正一次。然后,从训练集中抽出另外一个样本进行同样的训练过程。如此不断进行下去,直到在一轮训练中总的误差水平达到预先设定的阈值,或者训练时间达到了预定的上限。

在这个学习过程中,误差反向传播到各隐层节点是能够对中间各层的权值进行学习的关键。在早期采用阶跃函数作为感知器的传递函数时,只能根据误差对最后一个感知器的权值进行训练,无法对前面的权值进行调整。由于采用了Sigmoid传递函数,误差可以分别对所有权值项计算梯度,才可以把误差反向传递到各个节点上。因此,人们把这种神经网络的权值学习算法称作反向传播算法(BP算法,亦译后向传播算法)。由于反向传播算法是多层感知器神经网络的标准学习算法,因此也有人干脆把这种前馈型的多层感知器神经网络称作BP网络。

下面给出BP算法的具体步骤。

(1) 确定神经网络的结构,用小随机数进行权值初始化,设训练时间 $t=0$。

(2) 从训练集中得到一个训练样本 $\boldsymbol{x}=[x_1,x_2,\cdots,x_n]^{\mathrm{T}}\in R^n$,记它的期望输出是 $\boldsymbol{D}=[d_1,d_2,\cdots,d_m]^{\mathrm{T}}\in R^m$。样本通常按照随机的或任意的顺序从训练集中选取。

(3) 计算在 $\boldsymbol{x}$ 输入下当前神经网络的实际输出

$$y_r=f\left(\sum_{s=1}^{n_{L-2}}w_{sr}^{l=L-1}\cdots f\left(\sum_{j=1}^{n_1}w_{jk}^{l=2}f\left(\sum_{i=1}^{n}w_{ij}^{l=1}x_i\right)\right)\right),\quad r=1,\cdots,m \tag{6-22}$$

其中,$f(\cdot)$是 Sigmoid 函数

$$f(\alpha)=\frac{1}{1+\mathrm{e}^{-\alpha}} \tag{6-23}$$

(4) 从输出层开始调整权值,做法是:

对第 l 层,用下面的公式修正权值

$$w_{ij}^l(t+1)=w_{ij}^l(t)+\Delta w_{ij}^l(t),j=1,\cdots,n_l,\quad i=1,\cdots,n_{l-1} \tag{6-24}$$

其中,$\Delta w_{ij}^l(t)$为权值修正项

$$\Delta w_{ij}^l(t)=-\eta\delta_j^l x_i^{l-1} \tag{6-25}$$

η 是学习步长,需在学习之前事先给定(必要时在算法中可变化)。

对输出层($l=L-1$),δ_j^l 是当前输出与期望输出之误差对权值的导数

$$\delta_j^l=-y_j(1-y_j)(d_j-y_j),\quad j=1,\cdots,m \tag{6-26}$$

而对中间层,δ_j^l 是输出误差反向传播到该层的误差对权值的导数

$$\delta_j^l=x_j^l(1-x_j^l)\sum_{k=1}^{n_{l+1}}\delta_k^{l+1}w_{jk}^{l+1}(t),\quad j=1,\cdots,n_l \tag{6-27}$$

(5) 在更新全部权值后对所有训练样本重新计算输出,计算更新后的网络输出与期望输出的误差。检查算法终止条件,如果条件已达到则停止,否则置 $t=t+1$,返回(2)。算法的终止条件通常是在最近一轮训练中网络实际输出与期望输出之间的总误差(均方误差)小于某一阈值,或者是在最近一轮的训练中所有权值的变化都小于一定阈值,或者算法达到了事先约定的总训练次数上限。

需要注意,这里给出的 BP 算法是针对神经元节点为式(6-23)的 Sigmoid 函数的。这时 $f(\alpha)$的梯度函数是

$$f'(\alpha)=f(\alpha)(1-f(\alpha)) \tag{6-28}$$

如果采用其他形式的 Sigmoid 函数或其他函数,则梯度形式就不同,需要根据其梯度函数修正算法第(4)步中的式(6-26)、式(6-27)。

还需要说明的是,虽然采用 Sigmoid 函数后可以用梯度下降算法计算各层节点的权值,但是算法有可能会陷入目标函数的局部极小点,不能保证收敛到全局最优点。这是因为,通常情况下,目标函数是权值的复杂的非线性函数,往往存在多个局部极小点,梯度下降算法如果收敛到某一个局部极小点,梯度就会等于或接近 0,无法进一步改进目标函数,导致学习过程无法收敛到全局最优解。

研究 BP 算法的误差收敛过程对于掌握神经网络的学习情况是很重要的。为了直观地考查算法的收敛情况,可以画出如图 6-15 所示的误差曲线,直观考查误差随训练时间变化的情况。较理想的情况是,误差能够在较短时间内趋于一个较小的值或 0,如图 6-15 中实线所

示；而图中的两条虚线给出的误差曲线则分别反映了算法收敛很慢和学习过程出现很大振荡的情形。

BP算法的最终收敛结果有时受初始权值的影响很大。对于多层感知器神经网络(三层或三层以上)，各个初始权值不能为0，也不能都相同，而是应该采用较小的随机数(例如±0.3内的随机数)作为初始权值。在实际应用中，如果算法很难收敛，可以尝试改变初值重新试算。

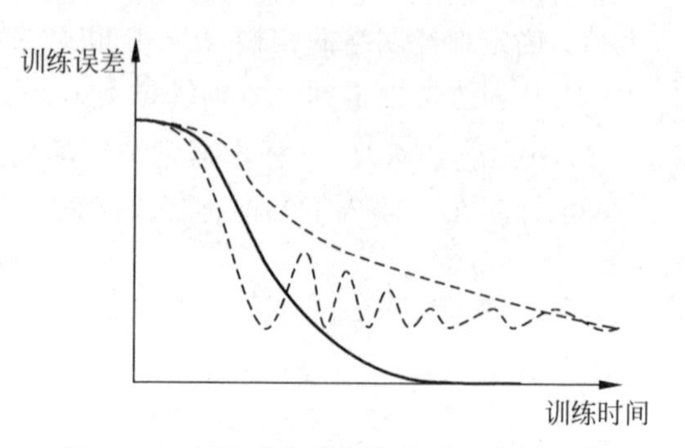

图6-15 多层感知器训练的误差曲线示例

一个影响算法收敛性质的重要参数是学习步长η。通常，如果步长太大，收敛速度可能一开始会较快，但可能会容易导致算法出现振荡而不能收敛或收敛很慢；如果步长太小，则权值调整可能会非常慢，导致算法收敛太慢，而且一旦陷于局部极小点就容易停在那里。为了选取适当的学习步长，往往需要在具体问题上进行试探和摸索，例如有些情况下步长可在0.1～3内选择，但针对不同的数据和神经网络结构，步长选择可能会很不同。试算过程中观察不同步长下得到的误差收敛曲线有助于找到针对特定问题的较合理的步长。

为了兼顾训练过程和训练的精度，人们有时采用变步长的办法，例如开始时采用较大的步长，而随着学习的不断进行，逐步减小步长。

为了使BP算法有更好的收敛性能，人们提出了很多改进方案。其中，一种有代表性的思想是在权值更新过程中引入"记忆项"或"惯性项"，使本次权值修改的方向不是完全由当前样本下的误差梯度方向决定，而是采用上一次权值修改方向与本次负梯度方向的组合，在某些情况下这样可以避免过早地收敛到局部极小点。具体做法是，把BP算法中式(6-25)定义的权值更新项改为

$$\Delta w_{ij}^{l}(t)=\alpha\Delta w_{ij}^{l}(t-1)+\eta\delta_{j}^{l}x_{i}^{l-1} \tag{6-29}$$

这里介绍的是最基本的BP算法。针对不同的具体问题，人们先后发展了很多改进的BP算法。BP算法也是现在普遍关注的深度神经网络学习的最基本方法，我们在第12章中还会多次提到。

6.4.4 多层感知器网络用于模式识别

由于多层感知器神经网络具有通用非线性函数逼近器的性质，它在模式识别问题中得到了广泛的应用。尤其是对于非线性的模式识别问题，传统方法中需要设定特殊的非线性判别函数的形式才能设计分类器，或者需要设计分段线性的分类器，而如果用神经网络就显得非常方便：它具有"黑盒子"的特点，只要事先确定了神经网络结构，那么只需要用BP算法来训练神经网络，并不需要关心网络最后实现的分类器的具体形式。从应用上，神经网络也在很多领域应用中都取得了很好的效果。而且，由于它看起来不需要使用者对数学模型有很多的了解，其基本思想很快就被各个领域所接受，从而极大地推动了模式识别概念的普及并激发了各行各业对模式识别技术的应用。

对于一个模式识别问题，我们的任务是根据样本的特征向量 $\boldsymbol{x}$ 来预测样本的分类。在上面的介绍中，多层感知器的输出 y 是连续变量，要用它来实现分类，就需要用神经网络输出对类别进行适当的编码。下面我们来看看用这种神经网络解决模式识别问题的一般做法。

1. 两类问题

模式识别中研究最多的是两类问题。对于两类问题，最常见的做法是，神经网络采用一个输出节点，在训练阶段把其中一类样本的期望输出指定为 0，另一类的期望输出指定为 1。在对新样本进行分类决策时，根据某一阈值(如 0.5)来判断类别，如果大于阈值则决策为 1 一类，反之决策为 0 一类。当然，根据所面对的具体问题，也可以采用其他的阈值，以调整对两类错误率的偏重或者对两类先验概率的认识，还可以用 2.4 节介绍的 ROC 曲线来考查阈值变化对两类错误率及灵敏度和特异性的影响。在某些应用中，也可以引入一定的拒绝区域，例如只有当输出 y 大于某一阈值(如 0.7)时决策为 1 一类，小于另一阈值(如 0.3)时决策为 0 一类，中间取值时拒绝决策。

2. 多类问题

可以用有多个输出节点的多层感知器网络来实现多类分类。常见的做法是：对于 c 类问题，设计有 c 个输出节点的神经网络，使每个节点对应一类。在训练阶段，对于属于第 i 类的样本，设定第 i 个输出节点的期望输出为 1，其余节点为 0。在对新样本进行识别时，考查各个输出节点，以输出值最大的节点所对应的类别作为对该样本的类别决策。

与两类情况下类似，有时也可以设定一个阈值，要求最大的输出值与其他节点的输出值之差必须大于该阈值才能有把握地决策为这一类，否则不做决策。

这种用 c 个输出节点代表 c 类的做法有时被称作"C 中取一"(1-of-C)编码，因为这实际上是把 c 个类别编码为 c 维的向量，各个类别分别是 $[1,0,\cdots,0]^{\mathrm{T}}$，$[0,1,\cdots,0]^{\mathrm{T}}$，…以此类推。为了使在多类中正确的一类能够尽快地"脱颖而出"，有人针对这种多类问题提出对 BP 算法的一些修改，例如引入约束条件，要求 c 个输出节点的取值之和为 1，在某些应用中可以加快训练速度和减小拒绝率。

多类分类问题还可以有其他的编码方式。例如，可以把每个输出节点看作一个 0、1 二值变量，用 m 个输出节点来编码 c 类，如 3 个节点即可编码 8 类：000，001，010，011，100，101，110，111。类似这种编码可以更节省输出节点数目，但是有可能导致目标函数更复杂，使神经网络训练更加困难。

如果可以在一个网络中同时实现多类分类，在应用中当然有很大方便，但由于各类之间可能会发生相互影响，有可能导致神经网络结构更复杂或导致训练过程更加困难。因此，很多人更喜欢只用神经网络来解决两类问题，而对多类问题则采用在类似 5.9 节中介绍的思路，用多个两类的神经网络来实现。

3. 特征预处理

在应用各种神经网络进行模式识别时，有一点细节需要特别注意，这就是：神经网络的节点采取的传递函数对特征的取值范围有一定的要求。例如，多层感知器中的 Sigmoid 函数的值域为$[0,1]$或$[-1,1]$(根据不同的函数形式)，虽然其自变量的取值范围是$(-\infty,+\infty)$，但自变量过大或过小会导致函数饱和，不能区分自变量中的变化。例如，如果某特征的物理性质决定了其取值远大于1，例如在100的量级上，若直接把这样的特征作为神经网络的输入，则不论这个特征的取值是100还是200，对神经元来说其值都近似为无穷大，经过一个神经元节点后可能输出值很接近，该特征在分类中就起不到作用。虽然这种情况可能通过采用很小的权值纠正过来，但是如果各权值间差距太大，或者权值本身太小或太大，都不利于学习过程的收敛。

因此，为避免这种情况，人们经常需要把特征进行标准化，通过调整特征的尺度和平移特征的均值，使各特征的取值都基本在Sigmoid函数较灵敏的自变量取值范围内。这是一个初学者很容易忽视的问题，经常有刚刚接触神经网络的人因为没有意识到这一问题而无法在应用上得到合理的结果。

特征标准化的具体做法有很多，例如把训练样本中各特征的取值范围都归一化到最小为0(或−1)、最大为1，或者把各特征都归一化成固定的均值和标准差，等等，可以根据实际问题灵活选择。

6.4.5 神经网络结构的选择

前面介绍了在给定多层感知器结构的情况下如何根据数据训练各个节点权值的算法，这里我们来讨论如何选择神经网络结构的问题。

人工神经网络有三个要素：神经元的传递函数、网络结构(神经元的数目和相互间的连接形式)和连接权值的学习算法。这三个因素的不同就定义了不同的神经网络模型。多层感知器的结构特点是多个采用Sigmoid传递函数的神经元分层排列，网络的具体结构，包括采用几层节点、每层采用多少节点等，都需要根据实际问题来决定。

在前面的讨论中已经看到，对一个任意复杂的非线性函数，总存在适当的多层感知器神经网络能够以任意的精度逼近它。因此，多层感知器几乎可以被看作一种"万能"的分类器，这是它能够得到广泛重视的一个重要原因。但是，这样的理论只是存在性的理论，对于如何针对具体问题找到适当的神经网络结构却没有给出提示。

在基于数据的机器学习中，我们面对的只是训练样本，如何设计适当的神经网络结构才能得到更好的效果，这个问题从神经网络方法诞生之日起就成为人们关注的一个重要问题。到目前为止，人们还没有很好的方法能对这个问题给出一般性的答案，只是在大量的理论和应用研究中积累了一些观察和经验。

一般来说，采用三层神经网络(一个隐层)就可以比较满意地完成各种常见任务。输入层节点数目就是样本特征的维数，输出层节点数目也是根据问题确定的(见上一小节)，因此最主要的不确定因素是中间层的节点数目。

通常，隐层节点数目越大则神经网络的"学习能力"就越强，在训练集上会更容易收敛到一个训练误差较小的解。但是，在样本数目有限的情况下，小的训练误差并不一定能保证在预测未知样本的分类时也有高的准确性，这是所谓推广能力或推广性的问题。过强的学习能力可能会导致神经网络推广能力弱，即出现虽然训练误差很快收敛到很小、但在新的独立样本上的测试误差却很大的情况，这种情况称作"过学习"或"过适应"(over-fitting)。这就如同小学生学习，如果一个同学很善于死记硬背公式，他可能很快就能把老师教的例题学会，但如果考试时遇到新问题则可能一筹莫展；而另一个同学则善于理解公式的原理，他可能学习得慢一点，但却在解决新问题上有更强的能力。

因此，一味地增加多层感知器的隐层节点数目是不可取的。另一方面，如果隐层节点数目过少，则神经网络的能力就较小，无法构成复杂的非线性分类面，对于复杂的数据很难得到小的训练误差，当然在测试样本上也无法得到满意的表现，这种情况被称作"欠学习"(under-fitting)。

因此，可以说，多层感知器结构的选择，实际上就是通过选择适当的隐层节点数来取得在过学习和欠学习之间的平衡。如果采用多个隐层，在决定隐层数目和各隐层的节点方面面临的是同样的问题。在统计学习理论中，以第5章介绍过的VC维概念为核心，对在有限训练样本下得到的经验风险与学习机器的推广能力方面有系统的理论研究，有兴趣的读者可以参阅相关专著和文献。

人们通常有三种做法来选择多层感知器网络的隐层节点数目(和隐层个数)。

一种基本的做法是根据具体问题进行试探选择。虽然神经网络结构选择缺乏理论指导，但是对于很多问题来说，只要经过几次试算就可能找到比较恰当的隐层节点数目，而且这个数目的一些不大的变化并不会严重影响网络的性能。试算时可以选择几个不同的隐层节点数目，分别对训练样本集进行试验，采用留一法或其他方法交叉验证(见第13章)，根据交叉验证的错误率来选择较好的节点数目。人们也总结出了一些不成文的基本经验，例如通常隐层节点数目应该小于输入维数，当训练样本数较小时应该适当采用少的隐层节点，有人建议采用输入节点数的一半左右，等等。这些经验性的建议可以帮助确定试算的候选值。

另一种做法是根据对问题的先验知识去精心地设计隐层节点的层数和节点数目，例如有人设计了多层的神经网络来进行手写体数字识别，其中的一些隐层是专门为考虑数字的旋转不变性和某些变形不变性而设计的。

第三种做法是试图用算法来确定隐层节点数目。其中，比较有代表性也是比较成功的方法是裁减方法。其基本做法是：初始时采用较多的隐层节点，在采用BP算法进行权值学习时增加一条额外的目标，就是要求所有权值的绝对值和或平方和尽可能小。这样，一部分多余的隐层节点的权值会逐渐减小。在学习到一定阶段时，检查各个隐层节点的权值，将权值过小的隐层节点删除，对剩余的神经网络重新进行学习。这一裁减过程可以进行多次，最后得到一个比较合理的网络结构。

与这种方法对应的方法还有从一个较小的网络结构开始、根据学习进展情况逐渐增加隐层节点的做法。

需要清楚的是，不论是哪种方法，都是带有试探性的，需要根据具体问题具体调整网络结构。不能企望有一种方法能够完全自动地确定出神经网络的结构。对于一些复杂的问题，如何更有效地运用神经网络算法有时会成为一件带有"技巧性"的工作，需要对所研究的问题、所面临的数据和所采用的神经网络算法特性有充分的认识才能选择出比较恰当的结构。

6.4.6　前馈神经网络与传统模式识别方法的关系

神经网络与传统的统计模式识别在很多方面是相联系的，它们在某些方面具有一定的等价关系。例如我们已经看到，单层的感知器模型实际上就是一种采用感知准则函数的线性判别函数，多层感知器则可看作它的非线性推广和发展。人们对前馈型神经网络与统计模式识别的关系开展了大量的研究，这里只对其中一个有代表性的结论进行简要介绍，有兴趣的读者可以通过文献进行深入的学习和研究。

20世纪90年代以来发表的一些理论分析和实验结果表明，很多情况下，多层感知器的输出可以看作是对贝叶斯后验概率的估计①。例如可以证明，当网络输出采用"C中取1"的类别编码，并且采用最小均方误差作为训练目标时，多层感知器的输出就是对贝叶斯后验概率的估计。估计的精度受网络的复杂程度、训练样本数、训练样本反映真实分布的程度及类先验概率等多种因素影响。这里仅对两类情况进行讨论。

设网络有n个输入节点，输入向量$\boldsymbol{x}\in R^n$；对于两类情况，网络只有一个输出节点，记其输出为$f(\boldsymbol{x},\boldsymbol{w})$，其中$\boldsymbol{w}$表示网络的所有权值。两个类别分别记作$\omega_1$和$\omega_2$，设输出编码为：样本如果属于$\omega_1$，则期望输出$d=1$；如果属于$\omega_2$，则期望输出$d=0$。设所有训练样本的集合为$\mathscr{X}$，其中属于$\omega_1$类和$\omega_2$类的样本的集合分别为$\mathscr{X}_1$和$\mathscr{X}_2$，则训练的均方误差为

$$E_s(\boldsymbol{w})=\sum_{\boldsymbol{x}\in\mathscr{X}}[f(\boldsymbol{x},\boldsymbol{w})-d(\boldsymbol{x})]^2=\sum_{\boldsymbol{x}\in\mathscr{X}_1}[f(\boldsymbol{x},\boldsymbol{w})-1]^2+\sum_{\boldsymbol{x}\in\mathscr{X}_2}[f(\boldsymbol{x},\boldsymbol{w})]^2 \tag{6-30}$$

把样本$\boldsymbol{x}$看作是随机变量，其概率密度函数为$p(\boldsymbol{x})$，设两类的先验概率分别为$P(\omega_1)$和$P(\omega_2)$，$p(\boldsymbol{x}|\omega_i)$，$i=1,2$是两类样本的类条件概率密度，$P(\omega_i|\boldsymbol{x})$是样本$\boldsymbol{x}$属于$\omega_i$的后验概率。设训练样本数为无穷大，且它们的分布反映真实的概率分布，则式(6-30)的均方误差函数就成为

$$E_a(\boldsymbol{w})=P(\omega_1)\int[f(\boldsymbol{x},\boldsymbol{w})-1)]^2p(\boldsymbol{x}|\omega_1)\mathrm{d}\boldsymbol{x}+P(\omega_2)\int[f(\boldsymbol{x},\boldsymbol{w})]^2p(\boldsymbol{x}|\omega_2)\mathrm{d}\boldsymbol{x} \tag{6-31}$$

利用贝叶斯公式

$$P(\boldsymbol{x}|\omega_1)=\frac{p(\omega_1|\boldsymbol{x})p(\boldsymbol{x})}{P(\omega_1)}$$

和

$$P(\boldsymbol{x})=p(\boldsymbol{x}|\omega_1)P(\omega_1)+p(\boldsymbol{x}|\omega_2)P(\omega_2)$$

式(6-31)可以转化为

$$E_a(\boldsymbol{w})=e^2(\boldsymbol{w})+\int P(\omega_1|\boldsymbol{x})(1-P(\omega_1|\boldsymbol{x}))p(\boldsymbol{x})\mathrm{d}\boldsymbol{x} \tag{6-32}$$

其中

$$e^2(\boldsymbol{w})=\int[f(\boldsymbol{x},\boldsymbol{w})-P(\omega_1|\boldsymbol{x})]^2p(\boldsymbol{x})\mathrm{d}\boldsymbol{x} \tag{6-33}$$

由于式(6-32)中的后一项与权值$\boldsymbol{w}$无关，因此最小化式(6-32)的均方误差等价于最小化式(6-33)，它是网络实际输出与样本后验概率之间的平方误差的数学期望。因此可以得出

---

① 此部分内容的主要参考文献如下：

Ruck D W, et al.. The multilayer perceptron as an approximator to a Bayes optimal discriminate function. *IEEE Trans. on NN*, 1990, 1: 296-298.

Richard M D and Lippmann R P. Neural network classifiers estimate Bayesian a posteriori Probabilities. *Neural Computation*, 1991, 3: 461-483.

Ken-ichi Funahashi. Multilayer neural networks and Bayes decision theory, *Neural Networks*, 1998, 11: 209-213.

结论：当训练样本无穷多时，BP 算法的目标函数等价于神经网络输出与样本后验概率的均方误差，最小化这样的目标函数得到的网络输出就是对样本后验概率的最小均方误差估计。

需要说明，这里得到的最小均方误差估计是在给定的多层感知器结构下的最小，也就是说，是在由确定的神经网络结构所定义的函数集上得到对后验概率均方误差最小的函数，而且也是在当样本无穷多时才成立。在一个实际问题中，这种估计的准确度取决于很多因素，包括样本情况、神经网络结构、学习过程中的收敛情况等。尽管如此，这一结论为我们认识神经网络"黑盒子"的机理提供了重要线索，也为在多类情况下通过比较输出层各个节点的输出值进行分类决策提供了依据。

6.4.7 人工神经网络的一般知识

多层感知器是一种有代表性的人工神经网络模型，还有很多其他类型的人工神经网络。

一般来讲，人工神经网络可以看作是由大量简单计算单元（神经元节点）经过相互连接而构成的学习机器，网络中的某些因素，如连接强度（权值）、节点计算特性、网络结构等，可以按照一定的规则或算法根据样本数据进行调整（即训练或学习），最终使网络实现一定的功能。

根据神经网络的结构特点，人们通常把神经网络模型分成三种类型：前馈型神经网络（feedforward network）、反馈型神经网络（feedback network）和竞争学习神经网络（competitive learning network）。

1. 前馈型神经网络

前馈型神经网络的基本特点是，节点按照一定的层次排列，信号按照单一的方向从一层节点传递到下一层节点，网络连接是单向的。多层感知器就是最典型的前馈型神经网络。在这种分层的神经网络中，也可以把每一层看作是对特征进行一次加工或变换。如果节点传递函数是线性函数则这种变换就是线性变换，如果是非线性函数则是非线性变换。经过一系列变换后，由网络的最后一层节点来进行判别决策。特别地，如果一个多层感知器的最后一层的节点采用阈值逻辑函数，那么多层感知器实际上就是通过隐层节点对样本特征进行非线性变换，然后在变换空间中采用感知准则函数构建线性分类器。

还有一种较常见的前馈型神经网络，就是径向基函数（RBF）网络。径向函数（radial function）是一种取值只依赖于样本到原点（或到其他中心点）的距离的函数，即 $\varphi(\boldsymbol{x})=\varphi(\|\boldsymbol{x}\|)$，$\|\cdot\|$ 通常用欧氏距离。径向基函数（radial basis function）就是用一组径向函数的加权和来实现某种函数逼近

$$y(\boldsymbol{x})=\sum_{i=1}^{N} w_i\varphi(\|\boldsymbol{x}-\boldsymbol{c}_i\|) \tag{6-34}$$

最常用的 RBF 函数是高斯函数

$$\varphi(\boldsymbol{x})=\exp\left(-\frac{(\boldsymbol{x}-\boldsymbol{c})^2}{r^2}\right) \tag{6-35}$$

它由其中心点 $\boldsymbol{c}$ 和宽度参数 r 决定。径向基函数神经网络就是用一个三层神经网络的形式实现径向基函数逼近，如图 6-16 所示。

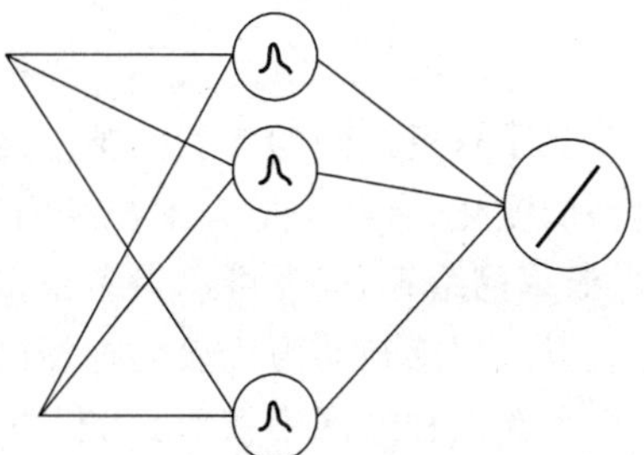

图 6-16 径向基函数神经网络示意图

在径向基函数神经网络中，每一个输入特征都以一定的权值连接到中间层的节点，每个中间层节点是一个径向基函数，所有径向基函数又通过一定的权值连接到输出节点。对用于函数逼近的径向基网络，输出节点通常是线性函数；而对用于模式识别的径向基网络，输出节点就可以是阈值逻辑函数，如果各个径向基输出的加权和超过一定阈值则决策为第一类，否则决策为第二类。

径向基网络中可以调整的因素主要是径向基函数的个数、每个径向基函数的中心、宽度和各个连接权值。人们可以根据先验知识事先确定径向基函数个数、中心、宽度等参数，也可以采用聚类分析(见第9章)等方法来帮助确定。权值可以采用梯度下降法学习。

2. 反馈型神经网络

反馈型神经网络以Hopfield网络为代表，如图6-17所示。这种神经网络的特点是，输入信号作用于神经元节点上后，各个节点的输出又作为输入反馈到各节点，形成一个动态系统，当系统稳定后读取其输出。Hopfield网络在函数优化等领域有较多应用，在模式识别领域中可以用于模板匹配、优化特征和参数等，在本书中不做详细介绍，感兴趣的读者可以学习有关神经网络的教材。

3. 竞争学习神经网络

竞争学习神经网络中，神经元节点通常排列在同一个层次上，没有反馈连接，但是神经网络之间有横向的连接或相互影响，在学习时通过神经元之间的竞争实现特定的映射。典型的竞争学习网络是自组织映射(self-organizing map，SOM)神经网络，如图6-18所示。自组织映射神经网络的学习过程是非监督学习，在监督模式识别和非监督模式识别中都有应用，我们将在第11章进行介绍。

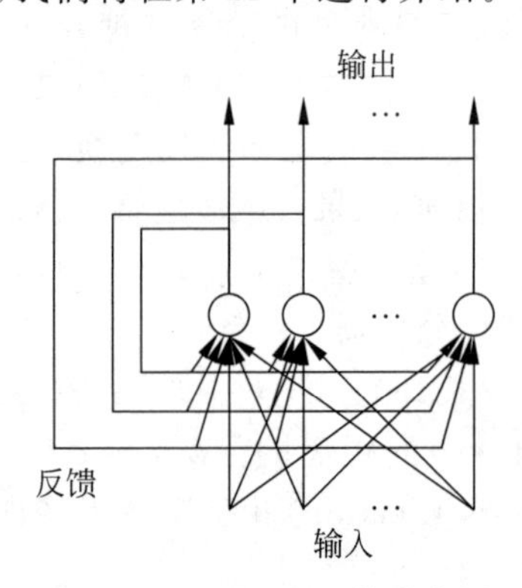

图6-17 Hopfield网络示意图

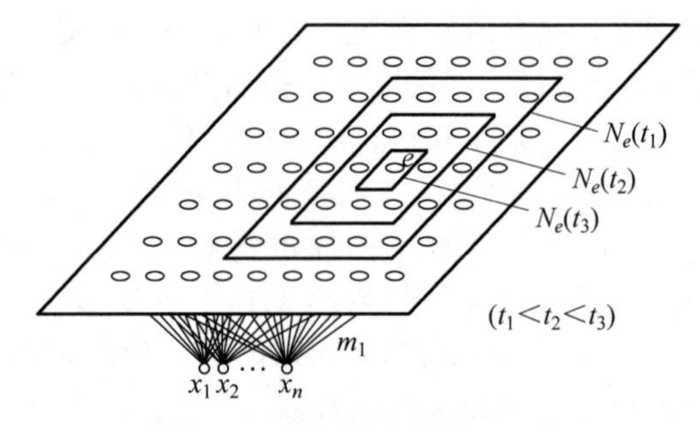

图6-18 自组织映射神经网络

除了这里提到的典型的神经网络模型，还有很多其他形式的神经网络，它们有些是这些网络的变化，有些是把人工神经网络与其他技术结合起来，例如混合神经网络、模糊神经网络、概率网络等，读者可以参考很多神经网络的专门教材。

以多层感知器为代表的神经网络方法在进入21世纪后得到了突飞猛进的发展，发展出了多种深度神经网络模型，为机器学习和模式识别增添了“深度学习”这个极具活力的新方向。

6.5 支持向量机

在第 5 章我们学习了最优分类超平面，即线性的支持向量机，现在我们来讨论如何构造非线性的支持向量机。可以从传统的广义线性判别函数入手来讨论这一问题。

6.5.1 广义线性判别函数

假定有一个如图 6-19 所示的两类问题，样本的特征 x 是一维的，决策规则：如果 $x<b$ 或 $x>a$，则 x 属于 ω_1 类；如果 $b<x<a$ 则 x 属于 ω_2 类。显然，这样的决策无法用线性判别函数来实现，需要设计非线性分类器。

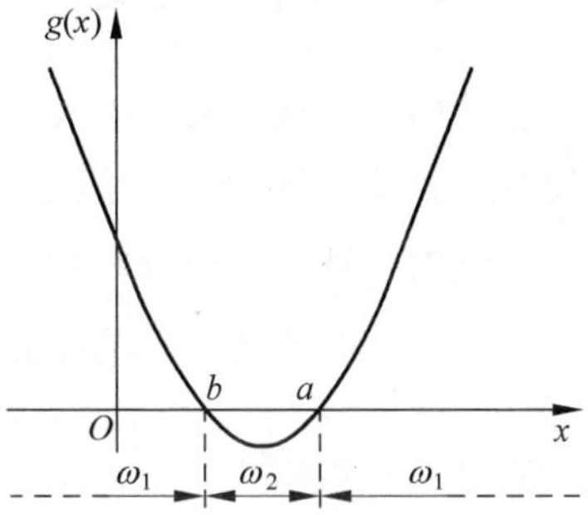

图 6-19 二次判别函数举例

在这个例子中，可以建立一个二次判别函数

$$g(x)=(x-a)(x-b) \tag{6-36}$$

来很好地实现所需的分类决策，决策规则是

$$若\ g(x) \gtrless 0, \quad 则\ x \in \begin{cases}\omega_1\\ \omega_2\end{cases}$$

一般来讲，二次判别函数可以写成如下形式

$$g(x)=c_0+c_1x+c_2x^2 \tag{6-37}$$

如果适当选择 $x\to\boldsymbol{y}$ 的映射，则可把二次判别函数化为 $\boldsymbol{y}$ 的线性函数

$$g(x)=\boldsymbol{a}^{\mathrm{T}}\boldsymbol{y}=\sum_{i=1}^{s}a_iy_i \tag{6-38}$$

式中

$$\boldsymbol{y}=\begin{bmatrix}y_1\\y_2\\y_3\end{bmatrix}=\begin{bmatrix}1\\x\\x^2\end{bmatrix}, \quad \boldsymbol{a}=\begin{bmatrix}a_1\\a_2\\a_3\end{bmatrix}=\begin{bmatrix}c_0\\c_1\\c_2\end{bmatrix} \tag{6-39}$$

$g(x)=\boldsymbol{a}^{\mathrm{T}}\boldsymbol{y}$ 称为广义线性判别函数，$\boldsymbol{a}$ 叫做广义权向量。一般来说，对于任意高次判别函数 $g(x)$（这时的 $g(x)$ 可看作对任意判别函数作级数展开，然后取其截尾后的逼近），都可以通过适当的变换，化为广义线性判别函数来处理。$\boldsymbol{a}^{\mathrm{T}}\boldsymbol{y}$ 不是 x 的线性函数，但却是 $\boldsymbol{y}$ 的线性函数。$\boldsymbol{a}^{\mathrm{T}}\boldsymbol{y}=0$ 在 $\boldsymbol{Y}$ 空间确定了一个通过原点的超平面。这样，就可以利用线性判别函数的简单性来解决复杂的问题。

遗憾的是，经过这种变换，维数大大增加了。这将使问题很快陷入所谓的“维数灾难”（the curse of dimensionality），一方面使这种计算变得非常复杂而不可行，另一方面，将样本变换到很高维空间中以后，由于样本数目并未增加，在很高维空间中就变得很稀疏，很多算法会因为病态矩阵等问题而无法实现。

例如，如果原特征空间维数是 n，要构造一个广义线性判别函数来实现二阶多项式判别

函数，那么变换后新的特征空间维数将是 $N=n(n+3)/2$，其中包括以下新特征

$$z^1=x^1,\cdots,z^n=x^n \qquad n\text{ 个特征}$$

$$z^{n+1}=(x^1)^2,\cdots,z^{2n}=(x^n)^2 \qquad n\text{ 个特征}$$

$$z^{2n+1}=x^1x^2,\cdots,z^N=x^nx^{n-1} \qquad n(n-1)/2\text{ 个特征}$$

如果原始特征的维数更高，或者非线性的阶数更高，则变换后的空间维数会变得非常高，例如在200维的原始特征上构造四阶或五阶的多项式，变换后空间的维数将在 10^9 以上。

但是，如果有办法处理维数灾难问题，对特征进行变换，通过在新特征空间里求线性分类器来实现原空间里的非线性分类器的思路仍然是十分有效的。

6.5.2 核函数变换与支持向量机

支持向量机就是采用引入特征变换来将原空间中的非线性问题转化成新空间中的线性问题的。如图6-20所示。但是，支持向量机并没有直接计算这种复杂的非线性变换，而是采用了一种巧妙的迂回方法来间接实现这种变换。

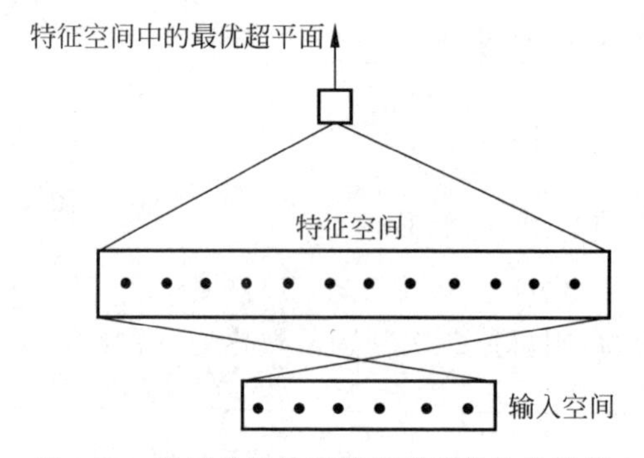

图6-20 通过非线性变换实现非线性分类器

再次考查第5章已经得到的线性支持向量机，它求解的分类器是

$$f(\boldsymbol{x})=\operatorname{sgn}(\boldsymbol{w}\cdot\boldsymbol{x}+b)=\operatorname{sgn}\left(\sum_{i=1}^{n}\alpha_i y_i(\boldsymbol{x}_i\cdot\boldsymbol{x})+b\right) \tag{6-40}$$

其中的 α_i，$i=1,\cdots,n$ 是下列二次优化问题的解

$$\begin{aligned}
\max_{\boldsymbol{\alpha}}\quad & Q(\boldsymbol{\alpha})=\sum_{i=1}^{n}\alpha_i-\frac{1}{2}\sum_{i,j=1}^{n}\alpha_i\alpha_j y_i y_j(\boldsymbol{x}_i\cdot\boldsymbol{x}_j)\\
\text{s.t.}\quad & \sum_{i=1}^{n}y_i\alpha_i=0\\
& 0\leqslant\alpha_i\leqslant C,\quad i=1,\cdots,n
\end{aligned} \tag{6-41}$$

b 通过使

$$y_j\left(\sum_{i=1}^{n}\alpha_i(\boldsymbol{x}_i\cdot\boldsymbol{x}_j)+b\right)-1=0 \tag{6-42}$$

成立的样本 $\boldsymbol{x}_j$（即支持向量）求得。

如果我们对特征 $\boldsymbol{x}$ 进行非线性变换，记新特征为 $\boldsymbol{z}=\varphi(\boldsymbol{x})$，则新特征空间里构造的支持向量机决策函数是

$$f(\boldsymbol{x})=\operatorname{sgn}(\boldsymbol{w}^{\varphi}\cdot\boldsymbol{z}+b)=\operatorname{sgn}\left(\sum_{i=1}^{n}\alpha_i y_i(\varphi(\boldsymbol{x}_i)\cdot\varphi(\boldsymbol{x}))+b\right) \tag{6-43}$$

而相应的优化问题变成

$$\begin{aligned}&\max_{\boldsymbol{\alpha}}\quad Q(\boldsymbol{\alpha})=\sum_{i=1}^{n}\alpha_i-\frac{1}{2}\sum_{i,j=1}^{n}\alpha_i\alpha_j y_i y_j(\varphi(\boldsymbol{x}_i)\cdot\varphi(\boldsymbol{x}_j))\\&\text{s. t.}\quad \sum_{i=1}^{n}y_i\alpha_i=0\\&\qquad\quad 0\leqslant\alpha_i\leqslant C,\quad i=1,\cdots,n\end{aligned} \tag{6-44}$$

定义支持向量的等式成为

$$y_j\left(\sum_{i=1}^{n}\alpha_i y_i(\varphi(\boldsymbol{x}_i)\cdot\varphi(\boldsymbol{x}_j))+b\right)-1=0 \tag{6-45}$$

仔细观察这些公式会发现，在进行变换后，无论变换的具体形式如何，变换对支持向量机的影响是把两个样本在原特征空间中的内积 $(\boldsymbol{x}_i\cdot\boldsymbol{x}_j)$ 变成了在新空间中的内积 $(\varphi(\boldsymbol{x}_i)\cdot\varphi(\boldsymbol{x}_j))$。新空间中的内积也是原特征的函数，可以记作

$$K(\boldsymbol{x}_i,\boldsymbol{x}_j)\overset{\text{def}}{=\!=}(\varphi(\boldsymbol{x}_i)\cdot\varphi(\boldsymbol{x}_j)) \tag{6-46}$$

把它称作核函数。这样，变换空间里的支持向量机就可以写成

$$f(\boldsymbol{x})=\operatorname{sgn}\left(\sum_{i=1}^{n}\alpha_i y_i K(\boldsymbol{x}_i,\boldsymbol{x})+b\right) \tag{6-47}$$

其中，系数 α 是下列优化问题的解

$$\begin{aligned}&\max_{\boldsymbol{\alpha}}\quad Q(\boldsymbol{\alpha})=\sum_{i=1}^{n}\alpha_i-\frac{1}{2}\sum_{i,j=1}^{n}\alpha_i\alpha_j y_i y_j K(\boldsymbol{x}_i\cdot\boldsymbol{x}_j)\\&\text{s. t.}\quad \sum_{i=1}^{n}y_i\alpha_i=0\\&\qquad\quad 0\leqslant\alpha_i\leqslant C,\quad i=1,\cdots,n\end{aligned} \tag{6-48}$$

b 通过满足下式的样本(支持向量)求得

$$y_j\left(\sum_{i=1}^{n}\alpha_i y_i K(\boldsymbol{x}_i\cdot\boldsymbol{x}_j)+b\right)-1=0 \tag{6-49}$$

对比第 5 章讨论的线性支持向量机，这里通过内积实现的非线性支持向量机中的差别是，原来的内积运算 $(\boldsymbol{x}_i\cdot\boldsymbol{x}_j)$ 变成了核函数 $K(\boldsymbol{x}_i,\boldsymbol{x}_j)$。

从计算角度，不论 $\varphi(\boldsymbol{x})$ 所生成的变换空间维数有多高，这个空间里的线性支持向量机求解都可以在原空间通过核函数 $K(\boldsymbol{x}_i,\boldsymbol{x}_j)$ 进行，这样就避免了高维空间里的计算，而且计算核函数 $K(\boldsymbol{x}_i,\boldsymbol{x}_j)$ 的复杂度与计算内积并没有实质性的增加。

进一步分析就很容易发现，只要知道了核函数 $K(\boldsymbol{x}_i,\boldsymbol{x}_j)$，实际上甚至没有必要知道 $\varphi(\boldsymbol{x})$ 的实际形式。那么，如果要通过设计非线性变换来求解非线性的支持向量机，能否直接设计核函数 $K(\boldsymbol{x}_i,\boldsymbol{x}_j)$ 而不用设计变换 $\varphi(\boldsymbol{x})$ 呢？

泛函空间的有关理论告诉我们,这样做是完全可行的,条件是需要找到能够构成某一变换空间里的内积的核函数。Mercer 条件给出了这一条件:

定理(Mercer 条件) 对于任意的对称函数 $K(\boldsymbol{x},\boldsymbol{x}')$,它是某个特征空间中的内积运算的充分必要条件:对于任意的 $\varphi\neq0$ 且 $\int\varphi^2(\boldsymbol{x})\mathrm{d}\boldsymbol{x}<\infty$,有

$$\iint K(\boldsymbol{x},\boldsymbol{x}')\varphi(\boldsymbol{x})\varphi(\boldsymbol{x}')\mathrm{d}\boldsymbol{x}\mathrm{d}\boldsymbol{x}'>0 \tag{6-50}$$

因此,选择一个满足 Mercer 条件的核函数,就可以构建非线性的支持向量机。进一步可以证明,这个条件还可以放松为满足如下条件的正定核(positive definite kernels):$K(\boldsymbol{x}_i,\boldsymbol{x}_j)$是定义在空间 X 上的对称函数,且对任意的训练数据 $\boldsymbol{x}_1,\cdots,\boldsymbol{x}_m\in X$ 和任意的实系数 $a_1,\cdots,a_m\in\mathbf{R}$,都有

$$\sum_{i,j}a_ia_jK(\boldsymbol{x}_i,\boldsymbol{x}_j)\geqslant0 \tag{6-51}$$

对于满足正定条件的核函数,肯定存在一个从 X 空间到内积空间 H 的变换 $\varphi(\boldsymbol{x})$,使得

$$K(\boldsymbol{x},\boldsymbol{x}')=(\varphi(\boldsymbol{x})\cdot\varphi(\boldsymbol{x}')) \tag{6-52}$$

这样构成的空间是在泛函中定义的所谓的可再生核希尔伯特空间 RKHS(reproducing kernel Hilbert space)。更多关于 RKHS 的知识可以参考相关泛函教材或 Bernhard Schölkopf 与 Alexander Smola 的专著 *Learning with Kernels*(MIT Press, Cambridge, MA, 2002)。

1. 常用核函数形式

采用不同的核函数就得到不同形式的非线性支持向量机。目前较常用的核函数主要有三种类型。

第一种是多项式核函数

$$K(\boldsymbol{x},\boldsymbol{x}')=((\boldsymbol{x}\cdot\boldsymbol{x}')+1)^q \tag{6-53}$$

采用这种核函数的支持向量机实现的是 q 阶的多项式判别函数。

第二种是径向基(RBF)核函数

$$K(\boldsymbol{x},\boldsymbol{x}')=\exp\left(-\frac{\|\boldsymbol{x}-\boldsymbol{x}'\|^2}{\sigma^2}\right) \tag{6-54}$$

采用它的支持向量机实现与径向基网络形式相同的决策函数。

第三种是 Sigmoid 函数

$$K(\boldsymbol{x},\boldsymbol{x}')=\tanh(v(\boldsymbol{x}\cdot\boldsymbol{x}')+c) \tag{6-55}$$

采用这种核函数的支持向量机在 v 和 c 满足一定取值条件的情况下等价于包含一个隐层的多层感知器神经网络。

在采用径向基核函数时,支持向量机能够实现一个径向基函数神经网络的功能,但是二者有很大不同。径向基函数神经网络通常需要靠启发式的经验或规则来选择径向基的个数、每个径向基的中心位置、径向基函数的宽度等,只有权系数是通过学习算法得到的;而在支持向量机中,每一个支持向量构成一个径向基函数的中心,其位置、宽度、个数以及连接权值都是可以通过训练过程确定的。

对于采用 Sigmoid 核函数的支持向量机，实现的是一个三层神经网络，隐层节点个数就是支持向量的个数，所以，支持向量机等价地实现了对神经网络隐层节点数目的自动选择。

2. 核函数及其参数的选择

支持向量机通过选择不同的核函数实现不同形式的非线性分类器。当核函数选为线性内积时就是线性支持向量机。

针对一个具体的应用问题，应该采用什么样的核函数呢？人们对这个问题进行了很多尝试，但是目前仍没有一个满意的答案。其实这也很自然，具体问题具体分析是辩证唯物主义的一个基本原理，对于模式识别问题也一样，核函数也需要针对具体问题来具体选择，很难有一个一般性的准则。同时，有实验表明，在一些实际数据上，从分类错误率和所选择出的支持向量角度来看，不同类型的核函数有可能达到同样的效果，但在同一类型的核函数中要选择适当的参数。对于多项式核函数，参数就是多项式核的阶数 q；对 RBF 核函数，参数是核函数的宽度 σ；对 Sigmoid 核函数，参数是 v 和 c。

统计学习理论中，根据一系列关于推广性的理论，给出了针对具体的样本集选择核函数参数的方法，但是在实际应用中，这些方法不容易实现，因此，人们更多的是采用启发式方法或者累试的方法来选择核函数参数。例如，最流行的支持向量机软件之一 LibSVM（见 6.5.4 节）提供了一种功能，按照规定的网格自动用各种参数取值来进行试验，根据每个参数取值下的留一法交叉验证结果选择最佳的参数。

通常，对于很多应用来说，核函数参数的选择并不是十分困难，人们往往手工尝试几种选择便会找出比较合适的参数。一条基本的经验是，应该首先尝试简单的选择，例如首先尝试线性核，当结果不满意时才考虑非线性核；如果选择 RBF 核函数，则首先应该选用宽度比较大的核，即 σ 比较大，宽度越大越接近线性，然后再尝试减小宽度，增加非线性程度。

3. 核函数与相似性度量

支持向量机的基本思想可以概括为，首先通过非线性变换将输入空间变换到一个高维空间，然后在这个新空间中求最优分类面即最大间隔分类面，而这种非线性变换是通过定义适当的内积核函数实现的。

支持向量机求得的分类函数，形式上类似于一个神经网络，其输出是若干中间层节点的线性组合，而每一个中间层节点对应于输入样本与一个支持向量的内积，因此早期也被叫做支持向量网络，如图 6-21 所示。

支持向量机的决策过程也可以看作是一种相似性比较的过程。首先，输入样本与一系列模板样本进行相似性比较，模板样本就是训练过程中决定的支持向量，而采用的相似性度量就是核函数。样本与各支持向量比较后的得分进行加权后求和，权值就是训练时得到的各支持向量的系数 α 与类别标号的乘积。最后根据加权求和值的大小来进行决策。

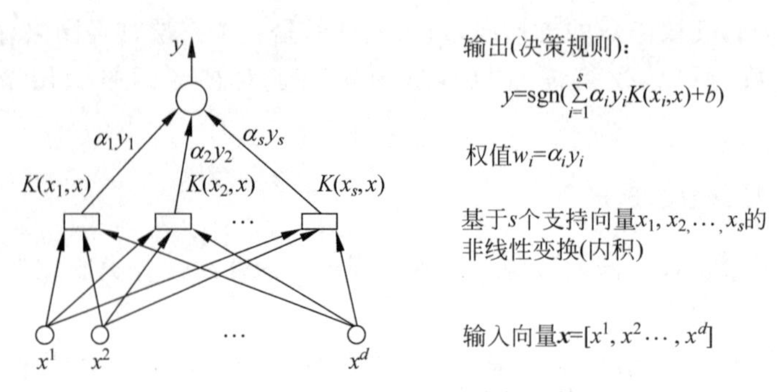

图 6-21 支持向量机的决策函数

采用不同的核函数，可以看作是选择不同的相似性度量，线性支持向量机就是采用欧氏空间中的内积作为相似性度量。根据这一思想，人们除了可以选择上面介绍的常用的核函数形式外，在一些实际问题中还可以根据相关领域的专门知识定义一些特殊的核函数。例如，人们在用支持向量机进行生物序列的分类时，可以根据专门的生物知识定义序列样本间的相似性度量，例如采用编辑距离作为相似性度量，这样构造的支持向量机能够更好地与专业知识相结合，往往可以取得更好的效果。①

需要注意的是，当选用新的核函数或自己定义核函数时，需要考虑所定义的核函数是否满足 Mercer 条件。如果不满足，则可能导致支持向量机的目标函数不再是凸函数，导致解不唯一。有些支持向量机程序可以对这种情况报错，或者不能正常结束程序。对于某些核函数，从理论上证明是否满足 Mercer 条件可能会有困难，此时可以考虑用一些仿真数据检查正定核的条件。在很多情况下，即使所采用核函数可能不严格满足正定条件，如果它能较好地反映应用问题中的专业知识，仍然可以取得不错的结果。

把核函数看作是相似性度量还有另外一个好处，就是可以结合专业知识来对非数值特征进行编码。再拿 DNA 序列的分类作为例子。一个 DNA 序列样本是一个由 A、C、G、T 字母组成的字符串，要对它进行分类，通常就需要把这个字符串编码成一个数字取值的向量，以便可以使用本书前面介绍的各种方法进行分类。最常见的编码方式是所谓正交编码，即用一个 4 维向量代表序列的一个位置，A 用 1000 代表、C 用 0100 代表、G 用 0010 代表、T 用 0001 代表。这样，如果序列的长度是 n，我们就得到一个维数为 $4n$ 的特征向量，然后就可以用各种模式识别方法来进行分类。显然，这种方法看上去比较"笨拙"，没有体现生物序列的特殊含义。如果用支持向量机对它们进行分类，由于在支持向量机训练和决策阶段中都不需要直接使用样本特征，只要能够计算两两样本间的核函数就可以，可以根据生物序列的含义定义序列片段间的相似性度量，从而避免了采用没有生物意义的编码。对于蛋白质序列，有些氨基酸之间有一定程度的可替代性，这样定义的核函数就更能反映问题背后的内在生物学原理。

4. 维数与推广能力

支持向量机通过采用核函数作为内积，间接地实现了对特征的非线性变换，因此避开了

---

① 例如，这样的一个例子可以见 Li H and Jiang T. A class of edit kernels for SVMs to predict translation initiation sites in Eukaryotic mRNAs，*Journal of Computational Biology*，2005，12(6)：702-718.

在高维空间进行计算。然而,即使不直接地进行非线性变换,核函数的作用仍然是把样本的特征映射到高维空间,例如,如果用 RBF 核函数,映射后的空间实际是无穷维。这样,利用有限的样本在很高维甚至无穷维的空间里构造分类器,其推广能力仍然是一个很大的问题。

在第 5 章中讲到,支持向量机通过最大化分类间隔来控制函数集的 VC 维,使得在高维空间里的函数集的 VC 维可以大大低于空间的维数,从而保证好的推广能力。正因为有这一性质,才使得支持向量机可在采用核函数内积后仍然可以有好的推广能力。

6.5.3　支持向量机早期应用举例

为了帮助读者直观理解非线性支持向量机的解的情况,这里给出几个二维空间里用不同核函数取得的支持向量机解的图例。图 6-22 是对两组数据用二阶多项式核函数取得的结果,图中两类样本分别用小圆圈和黑点表示,虚线标出了支持向量机的决策面,用大圆圈套住的样本是支持向量,打叉的样本是分错的样本。图 6-23 给出的是一个用高斯径向基核函数的例子,除了分类面,图中还标出了决策函数取 1 和 −1 的边界线,并用灰度值表示出了决策函数绝对值的大小。

支持向量机最早的实际应用是由其创始人 Vapnik 带领的 AT&T 实验室研究小组进行的手写数字识别的实验①。当时所用的数据是美国邮政 USPS 手写数字数据库。这个数据库包含 7300 个训练样本和 2000 个测试样本,每个样本都是 16×16 的点阵,构成 256 维原始特征。数据的可识别性比较差,图 6-24 给出了其中一些样本的例子。表 6-1 给出了当时传统方法在这组数据上报道的最好结果,其中的两层神经网络的结果是在多种两层神经网络(一个隐层)中的最好者,而 LeNet1 是一个专门针对这组数据设计的五层神经网络,其中利用了一些字符的旋转、平移不变性信息。

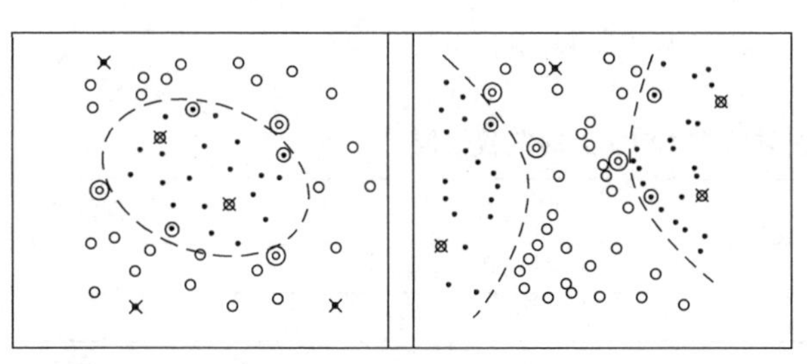

图 6-22　二阶多项式核函数支持向量机的结果举例(引自文献[5])

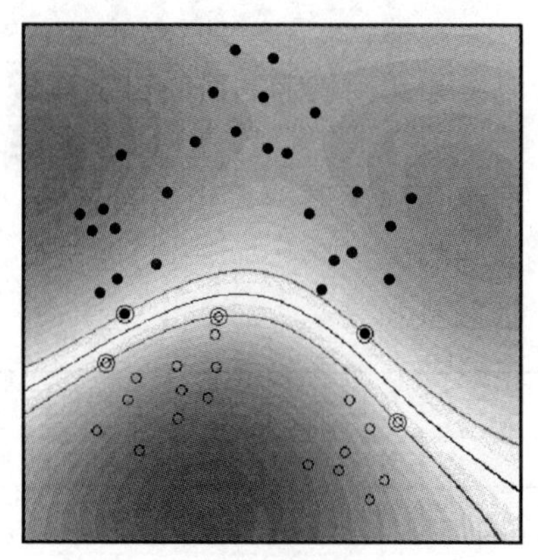

图 6-23　径向基核函数支持向量机的结果举例

① Cortes C and Vapnik V N. Support vector networks. *Machine Learning*, 1995, 20(3): 273-297.

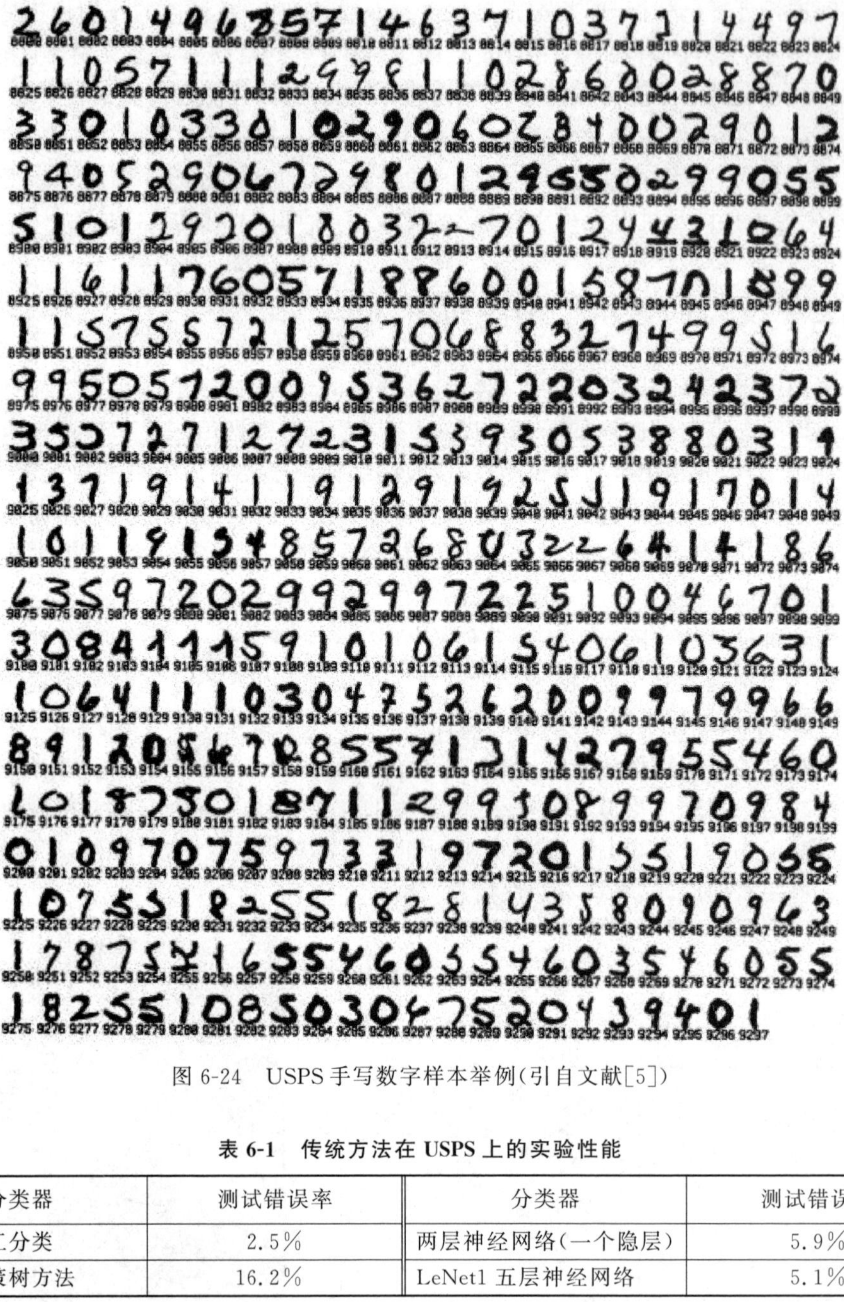

图 6-24　USPS 手写数字样本举例(引自文献[5])

表 6-1　传统方法在 USPS 上的实验性能

分类器	测试错误率	分类器	测试错误率
人工分类	2.5%	两层神经网络(一个隐层)	5.9%
决策树方法	16.2%	LeNet1 五层神经网络	5.1%

Vapnik 等在这组数据上对支持向量机的性能进行了系统的实验。他们选用了三组核函数,分别是

多项式核函数　　$K(\boldsymbol{x},\boldsymbol{x}')=\left(\frac{1}{256}(\boldsymbol{x}\cdot\boldsymbol{x}')\right)^q$

径向基核函数　　$K(\boldsymbol{x},\boldsymbol{x}')=\exp\left(-\frac{\|\boldsymbol{x}-\boldsymbol{x}'\|^2}{256\sigma^2}\right)$

Sigmoid 核函数 $K(\boldsymbol{x},\boldsymbol{x}')=\tanh\left(\frac{b(\boldsymbol{x}\cdot\boldsymbol{x}')}{256}-c\right)$

并对每一种核函数试用了多套参数，最后得到的最好结果及相应的参数见表 6-2。

表 6-2 支持向量机在 USPS 数据上的实验结果

支持向量机类型	内积函数中的参数	支持向量个数	测试错误率
多项式内积	$q=3$	274	4.0%
径向基函数内积	$\sigma^2=0.3$	291	4.1%
Sigmoid 内积	$b=2,c=1$	254	4.2%

可以看到，支持向量机比其他方法在分类性能上表现出了明显的优势。同时还看到，采用三种不同的核函数取得的效果非常接近，而且他们的实验还发现，三种核函数下得到的支持向量样本 80%以上都是重合的。这些现象提示，支持向量机对于核函数的选择具有一定的不敏感性。在研究用 Parzen 窗法估计概率密度函数时，人们看到，窗函数形式的选择对结果的影响不如窗宽参数的影响大，在支持向量机中也看到类似的现象，只要核函数的参数选择恰当，不同的核函数可以达到同样的效果。这些现象目前还只是部分实验中的观察，其背后的理论性质仍然在研究中。

支持向量机方法的最初发表是在 1992 年和 1995 年，当时并没有立即引起很大的效应。但是，从 20 世纪 90 年代末开始，机器学习和模式识别界迅速掀起了一个支持向量机研究和应用的热潮。较典型的应用是在字符识别、人脸图像识别、文本识别、基因表达数据分析等方面，在其他各个领域也有很多的应用。与传统模式识别方法以及人工神经网络方法相比，支持向量机的最主要特点是它能够在样本数相对较少、特征维数高的情况下仍然取得很好的推广能力。这种情况在图像、文本、基因表达等领域的应用中最常见，因此也是在这些领域中最容易体现出支持向量机方法的优势。

6.5.4 支持向量机的实现算法

支持向量机需要求解的是式(6-48)定义的关于$\boldsymbol{\alpha}$ 的二次优化函数。这是一个有线性约束的二次优化问题，有唯一的最优解，这与多层感知器神经网络相比是一个优势。而且，问题的计算复杂度是由样本数目决定的，计算复杂度不取决于样本的特征维数和所采用的核函数形式。

一般来讲，条件极值问题可以用单纯形法或罚函数法求解。例如，我们可以通过引入惩罚项将约束条件构造到无约束的罚函数中，对于二次优化问题可用共轭梯度法求解。

但是，对样本数目 n，式(6-48)的目标函数中涉及 $n\times n$ 矩阵的运算，当 n 较大时，需要计算和存储的矩阵就很大，常规的优化方法很难工作。为了解决这一问题，人们研究了多种策略，主要思想是将大的优化问题分解为若干子问题，按照某种迭代策略反复求解子问题，最终使结果收敛到原问题的最优解。不同的划分子问题的方法和迭代求解的方法就产生了不同的支持向量机实现算法。

值得高兴的是，支持向量机的诞生正值以 GNU 计划为代表的开放源码运动蓬勃发展的时期，正当很多人自己尝试编写支持向量机程序但效果不理想的时候，一些优秀的优化问题研究者开发了多种支持向量机实现软件，并通过因特网向广大研究者免费发布。在这些软件中，比较有影响的是 SVM^{light}、SVMTorch 和 LibSVM①。这些软件都经历了多个版本的演化，现在已经非常完善。除了基本的支持向量机算法外，很多软件还包含一些扩展的算法和功能。

例如，LibSVM 中包含了单类支持向量机(One-class SVM)②和用支持向量机实现多类分类的功能，还包含了交叉验证、用网格试算方法选择核函数参数的功能。LibSVM 的软件和文档可以从 http://www.csie.ntu.edu.tw/~cjlin/libsvm/网站获得。

SVM^{light} 的网址是 http://svmlight.joachims.org/，SVMTorch 的网址是 http://bengio.abracadoudou.com/projects/SVMTorch.html。除了这些软件以外，还有多种运行在 MATLAB、R 等通用计算平台上的支持向量机软件，其中很多软件都可以在 http://www.kernel-machines.org/software 网页上找到其链接。

6.5.5 多类支持向量机

在第5章里曾经介绍了实现多类分类的两种做法：一是用多个两类分类器实现多类分类，二是直接设计多类分类器。利用支持向量机进行多类分类也同样有这样两种做法。

利用多个支持向量机来进行多类分类是比较常用的做法，具体做法在5.9.1节已经介绍。这里讨论一种直接设计多类 SVM 分类器的方法，称作多类支持向量机(multicategory SVM)③。

首先，支持向量机可以用正则化(regularization)的框架来重新表述如下：

设有训练样本集$\{(\boldsymbol{x}_i, y_i), i=1,\cdots,n\}$，$\boldsymbol{x}_i \in R^d$ 是样本的特征，$y_i=\{1,-1\}$是样本的类别标号。待求函数 $f(\boldsymbol{x})=h(\boldsymbol{x})+b$，$h\in H_K$，$H_K$ 是由核函数 K 定义的可再生希尔伯特空间。决策规则是 $g(\boldsymbol{x})=\mathrm{sgn}(f(\boldsymbol{x}))$。支持向量机求解的是这样的 f，它最小化以下的目标函数

$$\frac{1}{n}\sum_{i=1}^{n}(1-y_i f(\boldsymbol{x}_i))_+ + \lambda \| h \|_{H_K}^2 \tag{6-56}$$

其中，第一项就是支持向量机原来的目标函数式(5-114)中的松弛因子项，第二项是对函数复杂性的惩罚，对应于式(5-114)中间隔最大化的项，λ 的作用相当于式(5-114)中的 C，它调

---

① 这些方法的主要参考文献分别是：

SVM^{light}：Thorsten Joachims. Making large-scale SVM learning practical. In：Schoekopf B et al.，eds. *Advances in Kernel Methods - Support Vector Learning*. MIT Press，1998.

SVMTorch：Ronan Collobert and Samy Bengio. SVMTorch：support vector machines for large-scale regression problems. *Journal of Machine Learning Research*，2001，1：143-160.

LibSVM：Fan R E，Chen P H，and Lin C J. Working set selection using the second order information for training SVM. *Journal of Machine Learning Research*，2005，6：1889-1918.

② Schölkopf B，Platt J，Shawe-Taylor J，Smola A J，and Williamson R C. Estimating the support of a high-dimensional distribution. *Neural Computation*，2001，13：1443-1471.

③ Yoonkyung Lee，Yi Lin and Grace Wahba. Multicategory Support Vector Machines. *Technical Report* No. 1043，*Department of Statistics*，*University of Wisconsin*，*Madison*，Sept. 29，2001.

节在函数复杂性和在训练样本上的分类精度之间的平衡。

如果样本的类别标号 y 和待求的函数 $f(\boldsymbol{x})$ 都从标量变为向量，则上述表述就可以用于多类分类问题。

对于 k 类问题，$\boldsymbol{y}_i$ 是一个 k 维向量，如果样本 $\boldsymbol{x}_i$ 属于第 j 类，则 $\boldsymbol{y}_i$ 的第 j 个分量为 1，其余分量为 $-\frac{1}{k-1}$，这样，$\boldsymbol{y}_i$ 的各分量值总和为 0。举例来说，如果 $k=3$，则

$$\boldsymbol{y}_i=\begin{cases}(1,-1/2,-1/2), & \boldsymbol{x}_i\in\omega_1\\(-1/2,1,-1/2), & \boldsymbol{x}_i\in\omega_2\\(-1/2,-1/2,1), & \boldsymbol{x}_i\in\omega_3\end{cases}$$

待求函数为 $f(\boldsymbol{x})=(f_1(\boldsymbol{x}),\cdots,f_k(\boldsymbol{x}))$，它的各分量之和须为 0，即 $\sum_{j=1}^{k}f_j(\boldsymbol{x})=0$，且每一个分量都定义在核函数可再生希尔伯特空间中

$$f_j(\boldsymbol{x})=h_j(\boldsymbol{x})+b_j,\quad h_j\in H_K$$

把多个类别编码成这样的向量标签后，多类支持向量机就是求 $f(\boldsymbol{x})=(f_1(\boldsymbol{x}),\cdots,f_k(\boldsymbol{x}))$，使下列目标函数达到最小

$$\frac{1}{n}\sum_{i=1}^{n}\boldsymbol{L}(\boldsymbol{y}_i)\cdot(f(x_i)-\boldsymbol{y}_i)_+ +\frac{\lambda}{2}\sum_{j=1}^{k}\|h_j\|_{H_K}^2 \tag{6-57}$$

其中，$\boldsymbol{L}(\boldsymbol{y}_i)$ 是损失矩阵 $\boldsymbol{C}$ 与样本类别 $\boldsymbol{y}_i$ 相对的行向量。损失矩阵 $\boldsymbol{C}$ 是一个 $k\times k$ 矩阵，它的对角线上是 0，其余元素均为 1，例如 $k=3$ 情况下的损失矩阵是

$$\boldsymbol{C}=\begin{pmatrix}0&1&1\\1&0&1\\1&1&0\end{pmatrix}$$

得到函数 $f(\boldsymbol{x})$ 后，类别决策规则是 $g(\boldsymbol{x})=\arg\max_j f_j(\boldsymbol{x})$，即决策为 $f(\boldsymbol{x})$ 各分量中取值最大的分量对应的类别。（“arg max”表示取得后面函数最大值的下标）

可以证明，前面讨论的两类的支持向量机可以看作是这种多类支持向量机在 $k=2$ 情况下的特例。有兴趣的读者可以作为练习自己证明。

6.5.6 用于函数拟合的支持向量机——支持向量回归

支持向量机最初是作为一个分类机器提出来的，但很快就被推广到用于实函数的拟合问题上。虽然这已经超出了狭义的模式识别研究的范畴，但为了使读者对支持向量机有一个比较全面的认识，这里也简要地介绍一下用于函数估计的支持向量机，也有人称作支持向量回归（support vector regression，SVR），相应地把用于分类的支持向量机称作支持向量分类（support vector classification，SVC）。

在讨论用于分类的支持向量机时，首先是从线性支持向量机即最优分类面开始的。类似地，考查用线性回归函数

$$f(\boldsymbol{x})=\boldsymbol{w}\cdot\boldsymbol{x}+b \tag{6-58}$$

来拟合训练数据 $\{(\boldsymbol{x}_i,y_i),i=1,\cdots,n\}$，$\boldsymbol{x}_i\in R^d$，$y_i\in R$。与分类时首先考虑样本线性可分

的情况类似，这里也首先考虑所有样本都可以在一定的精度 ε 范围内用线性函数拟合的情况，即

$$\begin{cases} y_i - \boldsymbol{w} \cdot \boldsymbol{x}_i - b \leqslant \varepsilon, \\ \boldsymbol{w} \cdot \boldsymbol{x}_i + b - y_i \leqslant \varepsilon, \end{cases} \quad i = 1, \cdots, n \tag{6-59}$$

这里，因为拟合的误差可能是两个方向的，所以对每个样本有两个不等式。

与支持向量分类时控制最大化分类间隔类似，这里也要求最小化$\frac{1}{2}\|\boldsymbol{w}\|^2$，它对应的是要求回归函数最平坦。这样，就有了用于回归的支持向量机的原问题

$$\min_{\boldsymbol{w}, b} \frac{1}{2}\|\boldsymbol{w}\|^2$$
$$\text{s. t.} \begin{cases} y_i - \boldsymbol{w} \cdot \boldsymbol{x}_i - b \leqslant \varepsilon, \\ \boldsymbol{w} \cdot \boldsymbol{x}_i + b - y_i \leqslant \varepsilon, \end{cases} \quad i = 1, \cdots, n \tag{6-60}$$

如果允许拟合误差超过 ε，则可以与分类时类似地引入松弛因子，只是这里需要对上、下两个方向分别引入一个松弛因子，使约束条件变成

$$\begin{cases} y_i - \boldsymbol{w} \cdot \boldsymbol{x}_i - b \leqslant \varepsilon + \xi_i^*, \\ \boldsymbol{w} \cdot \boldsymbol{x}_i + b - y_i \leqslant \varepsilon + \xi_i, \end{cases} \quad i = 1, \cdots, n \tag{6-61}$$

$$\xi_i \geqslant 0, \xi_i^* \geqslant 0, i = 1, \cdots, n \tag{6-62}$$

目标函数变成

$$\min_{\boldsymbol{w}, b} \frac{1}{2}\|\boldsymbol{w}\|^2 + C\sum_{i=1}^{n}(\xi_i + \xi_i^*) \tag{6-63}$$

其中，常数 C 控制着对超出误差限样本的惩罚与函数的平坦性之间的折中。这样的目标函数，实际是对拟合误差采用了如图 6-25 所示的 ε-不敏感损失函数

$$|y - f(\boldsymbol{x}, \alpha)|_\varepsilon = \begin{cases} 0, & |y - f(\boldsymbol{x}, \alpha)| \leqslant \varepsilon \\ |y - f(\boldsymbol{x}, \alpha)| - \varepsilon, & \text{其他} \end{cases} \tag{6-64}$$

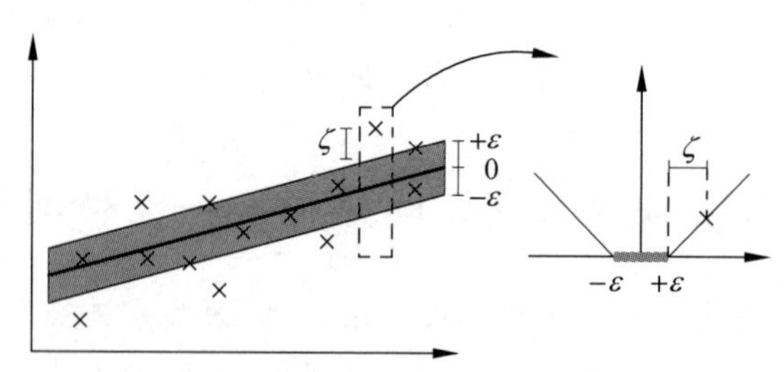

图 6-25 ε-不敏感损失函数

经过与支持向量分类中类似的推导，可以得到由式(6-63)和式(6-61)、式(6-62)构成的优化问题的对偶问题，即

$$\max_{\boldsymbol{\alpha}, \boldsymbol{\alpha}^*} W(\boldsymbol{\alpha}, \boldsymbol{\alpha}^*) = -\varepsilon\sum_{i=1}^{l}(\alpha_i^* + \alpha_i) + \sum_{i=1}^{l} y_i(\alpha_i^* - \alpha_i) - \frac{1}{2}\sum_{i,j=1}^{l}(\alpha_i^* - \alpha_i)(\alpha_j^* - \alpha_j)(\boldsymbol{x}_i \cdot \boldsymbol{x}_j) \tag{6-65}$$

$$\text{s.t.} \quad \sum_{i=1}^{l}\alpha_i^* = \sum_{i=1}^{l}\alpha_i$$
$$0 \leqslant \alpha_i^* \leqslant C, \quad i=1,\cdots,l$$
$$0 \leqslant \alpha_i \leqslant C, \quad i=1,\cdots,l$$

回归函数的权值与对偶问题中的系数的关系是

$$\boldsymbol{w} = \sum_{i=1}^{l}(\alpha_i^* - \alpha_i)\boldsymbol{x}_i \tag{6-66}$$

得到的回归函数是

$$f(\boldsymbol{x}) = \boldsymbol{w} \cdot \boldsymbol{x} + b = \sum_{i=1}^{n}(\alpha_i^* - \alpha_i)(\boldsymbol{x}_i \cdot \boldsymbol{x}) + b^* \tag{6-67}$$

与分类情况下类似，这里的多数 α_i 和 α_i^* 都为 0，非零的 α_i 或 α_i^*（二者不可能同时非零）对应的样本是支持向量，它们或者落在离回归函数距离恰为 ε 的"ε-管道"上，相当于分类情况下离分类面距离最近的样本，或者落在"ε-管道"之外，相当于分类情况下的错分样本，且这些样本对应的 α_i 或 α_i^* 等于 C。

与分类支持向量机相同，也可以通过核函数间接进行非线性变换来实现非线性的支持向量机函数拟合。得到的拟合函数的形式如

$$f(\boldsymbol{x}) = \sum_{i=1}^{l}\beta_i K(\boldsymbol{x}, \boldsymbol{x}_i) + b \tag{6-68}$$

其中，$K(\cdot,\cdot)$是核函数，系数 $\beta_i \stackrel{\text{def}}{=} \alpha_i^* - \alpha_i, i=1,\cdots,l$ 是以下优化问题的解

$$\begin{aligned}
\max_{\boldsymbol{\alpha},\boldsymbol{\alpha}^*} W(\boldsymbol{\alpha}, \boldsymbol{\alpha}^*) = -\varepsilon\sum_{i=1}^{l}(\alpha_i^* + \alpha_i) + \sum_{i=1}^{l}y_i(\alpha_i^* - \alpha_i) - \\
\frac{1}{2}\sum_{i,j=1}^{l}(\alpha_i^* - \alpha_i)(\alpha_j^* - \alpha_j)K(\boldsymbol{x}_i, \boldsymbol{x}_j) \\
\text{s.t.} \quad \sum_{i=1}^{l}\alpha_i^* = \sum_{i=1}^{l}\alpha_i \\
0 \leqslant \alpha_i^* \leqslant C, \quad i=1,\cdots,l \\
0 \leqslant \alpha_i \leqslant C, \quad i=1,\cdots,l
\end{aligned} \tag{6-69}$$

由于支持向量回归的优化问题与支持向量分类基本相同，目前的多数支持向量机软件，如 SVM^{light}、SVMTorch 和 LibSVM 等都包含了支持向量回归的功能。

6.6 核函数机器

6.6.1 大间隔机器与核函数机器

支持向量机有两个核心的思想，一是通过最大化分类间隔来保证最好的推广能力，二是通过核函数定义的内积函数来间接地实现对特征的非线性变换，用变换空间中的线性问题来求解原空间中的非线性问题。这两个思想给了人们很大的启示。

正如在6.5.1节中所讨论的，实际上，对于任何的线性方法，如果把特征进行适当的变换，就可以得到相应的非线性方法。

但是，这种变换带来两个层面上的问题。

一是计算层面上的问题：多数情况下，要通过变换把非线性问题线性化，样本的特征维数必然会升高，很多情况下是随着样本原特征维数的增加以及非线性程度的增加而呈指数增加，此时很多算法将无法运行。

二是概念层面上的问题：样本的维数升高了，但是样本数并没有增加，所要求解的决策函数的复杂度却大大增加。一个基本的常识是，在有限的样本下，所要确定或估计的参数越多，这种估计的可信性就越低。在一个很高维的空间里，可能会很容易地找到一个能够把有限的训练样本分开的解，但是这样的解在面对新样本时可能推广能力很差。

支持向量机通过其“大间隔”和“核函数”的思想有效地解决了这两个问题：通过采用核函数，运算不需要在高维空间里进行，避免了计算上的困难；通过控制最大化分类间隔，使它即使在很高维的空间里仍能保持最好的推广能力。

借用这两个主要思想，人们对一系列传统的线性方法进行了发展。基本做法是，如果原方法能表述成只涉及样本的内积计算的形式，那么，就可以通过采用核函数内积实现非线性变换，而通过引入适当的间隔约束来控制非线性机器的推广能力。人们把这些方法统称作大间隔方法(large-margin method)或核函数方法(kernel method)，现在一般称作核函数方法或核方法。

这里只介绍最有代表性的核Fisher判别方法，在第10章再介绍用于特征变换的核主成分分析(KPCA)方法。

6.6.2　核Fisher判别

在5.4节已经介绍了Fisher线性判别方法，这是一种经典的线性分类方法，方法的原理和实现都很简单，在很多实际问题上都有很好的应用效果，因此在新方法层出不穷的今天仍然是一种很受重视的方法。为了把这种方法推广到非线性情况，人们发展了核Fisher判别方法(kernel Fisher's discriminant，简称KFD方法)[①]。

首先回顾Fisher线性判别的原理。Fisher线性判别就是寻找最优的投影方向，使下面的准则最大化

$$\max_{\boldsymbol{w}} \quad J(\boldsymbol{w})=\frac{\boldsymbol{w}^{\mathrm{T}}\boldsymbol{S}_{\mathrm{B}}\boldsymbol{w}}{\boldsymbol{w}^{\mathrm{T}}\boldsymbol{S}_{\mathrm{W}}\boldsymbol{w}} \tag{6-70}$$

其中，$\boldsymbol{S}_{\mathrm{B}}$和$\boldsymbol{S}_{\mathrm{W}}$分别是如下定义的类间离散度矩阵和类内离散度矩阵

$$\boldsymbol{S}_{\mathrm{B}}=(\boldsymbol{m}_1-\boldsymbol{m}_2)(\boldsymbol{m}_1-\boldsymbol{m}_2)^{\mathrm{T}} \tag{6-71}$$

$$\boldsymbol{S}_{\mathrm{W}}=\sum_{q=1,2}\sum_{x_i\in\omega_q}(\boldsymbol{x}_i-\boldsymbol{m}_q)(\boldsymbol{x}_i-\boldsymbol{m}_q)^{\mathrm{T}} \tag{6-72}$$

$\boldsymbol{m}_1$、$\boldsymbol{m}_2$分别是两类的样本均值向量。如果类内离散度矩阵可逆，则Fisher线性判别的解是

---

① Mika S, Ratsch G, Weston J, Schölkopf B and Muller K R. Fisher discriminant analysis with kernels. *Neural Networks for Signal Processing* IX, pp. 41-48, IEEE, 1999.

$$w = S_W^{-1}(m_1 - m_2) \tag{6-73}$$

下面考虑如何通过非线性变换来设计非线性的 Fisher 判别，基本思想就是采用广义线性判别函数的思想，首先将样本映射到高维空间，然后在新空间里求解 Fisher 线性判别。

对样本 $\boldsymbol{x}$ 进行非线性变换 $\boldsymbol{x} \to \Phi(\boldsymbol{x}) \in F$。在变换后的空间 F 中，Fisher 线性判别的准则为

$$J(\boldsymbol{w}) = \frac{\boldsymbol{w}^{\mathrm{T}} \boldsymbol{S}_{\mathrm{B}}^{\Phi} \boldsymbol{w}}{\boldsymbol{w}^{\mathrm{T}} \boldsymbol{S}_{\mathrm{W}}^{\Phi} \boldsymbol{w}} \tag{6-74}$$

这里的 $\boldsymbol{w}$ 是 F 空间里的权值向量，$\boldsymbol{S}_{\mathrm{B}}^{\Phi}$ 和 $\boldsymbol{S}_{\mathrm{W}}^{\Phi}$ 分别是 F 空间里的类间离散度矩阵和类内离散度矩阵

$$\boldsymbol{S}_{\mathrm{B}}^{\Phi} = (\boldsymbol{m}_1^{\Phi} - \boldsymbol{m}_2^{\Phi})(\boldsymbol{m}_1^{\Phi} - \boldsymbol{m}_2^{\Phi})^{\mathrm{T}} \tag{6-75}$$

$$\boldsymbol{S}_{\mathrm{W}}^{\Phi} = \sum_{i=1,2} \sum_{x \in \omega_i} (\boldsymbol{\Phi}(\boldsymbol{x}) - \boldsymbol{m}_i^{\Phi})(\boldsymbol{\Phi}(\boldsymbol{x}) - \boldsymbol{m}_i^{\Phi})^{\mathrm{T}} \tag{6-76}$$

$\boldsymbol{m}_i^{\Phi}$ 是 F 空间里各类样本的均值

$$\boldsymbol{m}_i^{\Phi} = \frac{1}{l_i} \sum_{j=1}^{l_i} \boldsymbol{\Phi}(\boldsymbol{x}_j^i) \tag{6-77}$$

l_i 是第 i 类样本数，l 是总样本数。

如果直接在变换空间里求解 Fisher 线性判别，由于变换复杂、维数高，这种做法没有优势，很多情况下甚至不可行。下面把这个问题转化成通过核函数求解的形式。

根据可再生核希尔伯特空间的有关理论可以知道，上述问题的任何解 $\boldsymbol{w} \in F$ 都处在 F 空间中所有训练样本张成的子空间中，即

$$\boldsymbol{w} = \sum_{j=1}^{l} \alpha_j \boldsymbol{\Phi}(\boldsymbol{x}_j) \tag{6-78}$$

因此，可以推出

$$\boldsymbol{w}^{\mathrm{T}} \boldsymbol{m}_i^{\Phi} = \frac{1}{l_i} \sum_{j=1}^{l} \sum_{k=1}^{l_i} \alpha_j k(\boldsymbol{x}_j, \boldsymbol{x}_k^i) = \boldsymbol{\alpha}^{\mathrm{T}} \boldsymbol{M}_i \tag{6-79}$$

其中，核函数 $k(\boldsymbol{x}_j, \boldsymbol{x}_k^i) := (\boldsymbol{\Phi}(\boldsymbol{x}_j), \boldsymbol{\Phi}(\boldsymbol{x}_k^i))$，$\boldsymbol{M}_i$ 定义为 $(\boldsymbol{M}_i)_j := \frac{1}{l_i} \sum_{k=1}^{l_i} k(\boldsymbol{x}_j, \boldsymbol{x}_k^i)$。

考查目标函数式(6-74)的分子部分，记

$$\boldsymbol{M} := (\boldsymbol{M}_1 - \boldsymbol{M}_2)(\boldsymbol{M}_1 - \boldsymbol{M}_2)^{\mathrm{T}} \tag{6-80}$$

考虑到类间离散度矩阵的定义式(6-75)，可以得到

$$\boldsymbol{w}^{\mathrm{T}} \boldsymbol{S}_{\mathrm{B}}^{\Phi} \boldsymbol{w} = \boldsymbol{\alpha}^{\mathrm{T}} \boldsymbol{M} \boldsymbol{\alpha} \tag{6-81}$$

$\boldsymbol{\alpha}$ 是有所有 l 个 α_j 组成的向量。

再考查目标函数式(6-74)的分母部分，利用式(6-78)和式(6-76)、式(6-77)，可以得到

$$\boldsymbol{w}^{\mathrm{T}} \boldsymbol{S}_{\mathrm{W}}^{\Phi} \boldsymbol{w} = \boldsymbol{\alpha}^{\mathrm{T}} \boldsymbol{N} \boldsymbol{\alpha} \tag{6-82}$$

其中

$$\boldsymbol{N} := \sum_{j=1,2} \boldsymbol{K}_j (\boldsymbol{I} - \boldsymbol{1}_{l_j}) \boldsymbol{K}_j^{\mathrm{T}} \tag{6-83}$$

$\boldsymbol{K}_j$ 是 $l \times l_j$ 矩阵，$(\boldsymbol{K}_j)_{nm} := k(\boldsymbol{x}_n, \boldsymbol{x}_m^j)$，称作第 j 类的核函数矩阵；$\boldsymbol{I}$ 是单位矩阵，$\boldsymbol{1}_{l_j}$ 是

所有元素都为$\frac{1}{l_j}$的矩阵。

通过式(6-81)和式(6-82),变换空间里的 Fisher 线性判别的目标函数成为

$$J(\boldsymbol{\alpha})=\frac{\boldsymbol{a}^{\mathrm{T}}\boldsymbol{M}\boldsymbol{\alpha}}{\boldsymbol{a}^{\mathrm{T}}\boldsymbol{N}\boldsymbol{\alpha}} \tag{6-84}$$

经过与 Fisher 线性判别类似的推导,可以得到,最大化式(6-84)的解是 $\boldsymbol{N}^{-1}\boldsymbol{M}$ 的最大本征值对应的本征向量,并且可以得出,最优解的方向是

$$\boldsymbol{\alpha}\propto\boldsymbol{N}^{-1}(\boldsymbol{M}_1-\boldsymbol{M}_2) \tag{6-85}$$

如果需要求出变换空间里的投影方向 $\boldsymbol{w}$,则需要利用式(6-78)且需要显式地计算变换 $\boldsymbol{\Phi}(\boldsymbol{x})$,这就失去了核函数方法的优势,在很多情况下变得不可行。然而,求解 Fisher 判别的目的并不是求出投影方向的显式表达,而是实现对原空间任意一个样本到 Fisher 判别的方向上的投影,即只需要计算

$$<\boldsymbol{w},\boldsymbol{\Phi}(\boldsymbol{x})>=\sum_{i=1}^{l}\boldsymbol{\alpha}_i k(\boldsymbol{x}_i,\boldsymbol{x}) \tag{6-86}$$

这又是通过核函数来完成的。

通常,上述问题可能是病态的,因为矩阵 $\boldsymbol{N}$ 可能非正定,这是由于变换后样本维数升高导致的。一种简单的补偿办法是,引入一个新的矩阵

$$\boldsymbol{N}_\mu:=\boldsymbol{N}+\mu\boldsymbol{I} \tag{6-87}$$

来代替原来的矩阵(μ 是一个常数),使矩阵正定。这样做同时还实现了对 $\|\boldsymbol{\alpha}\|^2$ 的正则化控制,类似于支持向量机中控制间隔的作用。需要说明的是,这只是定性的分析,其理论依据还需要进一步研究。

核 Fisher 判别(KFD)方法在一些实际数据上取得了很好的效果,在 S. Mika 等发表的实验中,KFD 的测试错误率在多个数据上好于 SVM 或与 SVM 相当。之所以 KFD 能够在一些数据上性能胜过 SVM,一个可能的原因是,KFD 中应用了所有训练样本中的分类信息,带有一定的平均的性质,对数据中的噪声不十分敏感;而 SVM 的分类面只取决于两类边界处的样本和错分的样本,当数据中噪声较强或数据分布很不均匀时容易出现偏差。

除了 Fisher 线性判别方法,还有很多经典的线性方法,例如 5.6 节介绍的最小平方误差(MSE)方法,它能够处理线性不可分问题,在一定条件下可以等价于 Fisher 线性判别方法,而且可以最优地逼近贝叶斯分类器。借鉴支持向量机中的思想和 KFD 中成功的例子,可以用核函数方法构造非线性的 MSE 方法,即核最小平方误差方法或称 KMSE(kernel MSE)方法[①]。很多其他的线性方法也可以类似地改造为核函数方法。

6.6.3 中心支持向量机

支持向量机的核心思想是通过控制分类间隔实现对学习机器函数集复杂性的有效控

---

① Jianhua Xu, Xuegong Zhang, Yanda Li. Kernel MSE algorithm: a unified framework for KFD, LS-SVM and KRR. *Proceedings of IJCNN'01*, 2001, pp. 1486-1491.

许建华,李衍达,张学工. 最小平方误差算法的正则化形式。自动化学报,2004,30(1):27-36.

制,从而实现在小样本情况下好的推广能力。分类间隔是通过处在两类边界上的支持向量来定义的,它们代表了分类中最重要的信息。

但是,这种定义也使得支持向量机方法对于样本中的噪声和偏离数据分布的野值非常敏感。例如在图 6-26 的例子中,数据中在两类边界附近有一个被标为第二类的点,它远离本类其他样本点,可以判断为野值。图(b)中,是否在训练样本中包括这个野值点,所得的 SVM 分类线变化很大,这是因为这个野值点处在边界附近,被算法识别为支持向量。而在图(a)中用最小平方误差 MSE 方法进行分类,分类线基本不受野值点影响。从这个例子可以看出,如果出现人为标错训练样本或个别训练样本的数据严重偏离分布的情况,支持向量机的结果可能会偏离最优。

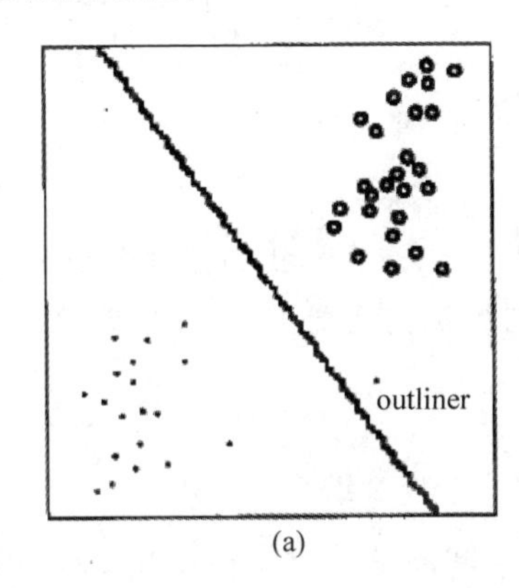

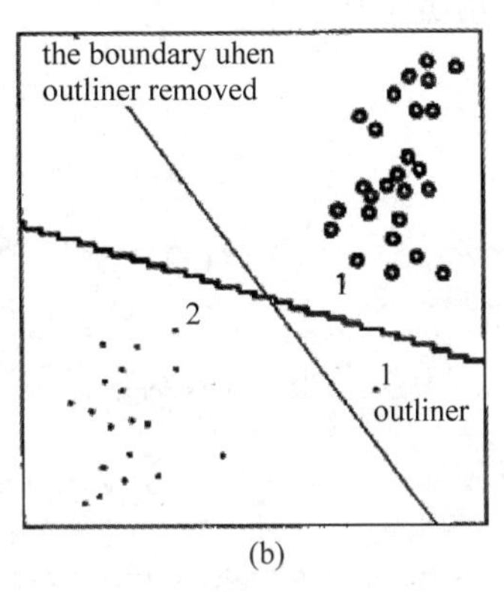

图 6-26 野值对最小平方误差(MSE)方法和支持向量机(SVM)方法的影响。其中,(a)为 MSE 方法,野值点未对 MSE 分类线造成影响;(b)为 SVM 方法,纳入野值点后的 SVM 分类线变动很大

另一方面,即使是样本中没有明显野值,但在样本数目非常少的情况下,样本采样的偶然性增加,分类器过分依赖个别样本在实际应用中也可能带来很大不确定性。在第 7 章中我们会看到统计学习理论得到的支持向量机的理论性质,但其中的结论都是在概率意义下成立的,并假定训练样本都是独立同分布,当实际数据可能存在野值时,数据分布方差很大而样本数又过小时,一些理论上的结论就不再成立。

与此相对比,最小平方误差、Fisher 线性判别等线性方法和人工神经网络等非线性方法,运算中包含对全部样本进行平均,这在一定意义上避免了方法对个别样本的过度敏感。根据这一思想,我们提出了中心支持向量机(central support vector machine)方法[①],简称 CSVM,通过用中心间隔代替支持向量机中的边界间隔,来综合基于均值样本方法的优势和基于边界样本方法的优势,使得在极少样本或含野值样本下能够得到更可靠的分类器。

对于线性判别函数 $y=\boldsymbol{w}\cdot\boldsymbol{x}+b$,设有训练样本集$(\boldsymbol{x}_i,y_i)$,$\boldsymbol{x}_i\in R^d$,$y_i\in\{+1,-1\}$,$i=1,\cdots,n$。首先考虑所有训练样本都线性可分的情况,即

$$y_i(\boldsymbol{w}\cdot\boldsymbol{x}_i+b)>0,i=1,\cdots,n \tag{6-88}$$

不失一般性,我们引入一个小的常数 $\varepsilon>0$,要求所有样本都满足

① Xuegong Zhang, Using class-center vectors to build support vector machines, *IEEE NNSP* 1999, 3-11.

$$y_i(\boldsymbol{w}\cdot\boldsymbol{x}_i+b)\geqslant\varepsilon>0, i=1,\cdots,n \tag{6-89}$$

即所有样本都至少离分类超平面有一个小间隔。

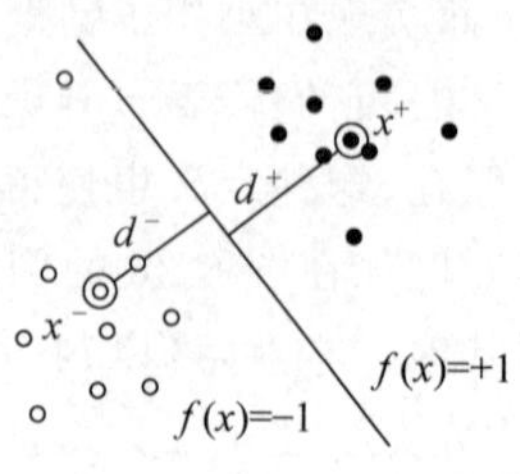

图 6-27 中心分类间隔

计算两类训练样本的中心，分别记为 $\boldsymbol{x}^+$ 和 $\boldsymbol{x}^-$，计算它们到分类超平面的距离

$$d^+=\frac{|\boldsymbol{w}\cdot\boldsymbol{x}^++b|}{\|\boldsymbol{w}\|}=\frac{y^+(\boldsymbol{w}\cdot\boldsymbol{x}^++b)}{\|\boldsymbol{w}\|}$$

$$d^-=\frac{|\boldsymbol{w}\cdot\boldsymbol{x}^-+b|}{\|\boldsymbol{w}\|}=\frac{y^-(\boldsymbol{w}\cdot\boldsymbol{x}^-+b)}{\|\boldsymbol{w}\|} \tag{6-90}$$

其中，$y^+=1, y^-=-1$。若训练样本集中两类样本数分别为 n^+ 和 n^-，则两个类中心到分类面的距离之和可以写为

$$d=d^++d^-=\frac{\sum_{i=1}^{n}l_iy_i(\boldsymbol{w}\cdot\boldsymbol{x}_i+b)}{\|\boldsymbol{w}\|} \tag{6-91}$$

其中，对第一类样本 $l_i=1/n^+$，对第二类样本 $l_i=1/n^-$。我们把这个距离定义为分类超平面的中心分离间隔，如图 6-27 所示。与支持向量机的情况类似，如果要最大化这个间隔，也存在尺度不确定的问题，为此，引入约束条件

$$\sum_{i=1}^{n}l_iy_i(\boldsymbol{w}\cdot\boldsymbol{x}_i)=1 \tag{6-92}$$

在这个约束下，最大化式(6-89)定义的中心分离间隔就等价于最小化$\|\boldsymbol{w}\|$，因此得到了下面的优化问题：

$$\min\frac{1}{2}\|\boldsymbol{w}\|^2 \tag{6-93}$$

约束条件是式(6-92)和所有样本都满足式(6-89)。我们把优化这个问题的方法称作中心支持向量机。

容易看出，对于线性可分的情况，如果所有样本分类正确的要求用式(6-88)的条件来保障，则最小化式(6-93)得到的解一定是两类样本中心的垂直平分线方向，即第 2 章提到的最小距离分类器。但当我们通过式(6-89)的条件约束离分类面最近的样本与分类面的间隔最小不能小于 $\varepsilon>0$ 后，实际上是追求最大化中心分离间隔的同时，保证了离分类面最近的样本也有足够的分类间隔。也就是说，中心支持向量机实际上是通过引入 ε 和中心分离间隔，实现了支持向量机与基于均值的分类器的折中。

当训练样本不是线性可分时，条件式(6-89)无法对所有样本同时满足。与支持向量机方法相同，我们可以引入松弛因子 $\xi_i>0$，使下列不等式对所有样本都满足

$$y_i(\boldsymbol{w}\cdot\boldsymbol{x}_i+b)+\xi_i\geqslant\varepsilon>0, i=1,\cdots,n \tag{6-94}$$

并把优化的目标函数修正为

$$\min\frac{1}{2}\|\boldsymbol{w}\|^2+C\left(\sum_{i=1}^{n}\xi_i\right) \tag{6-95}$$

其中 C 与支持向量机中一样是控制对错分样本惩罚程度的参数。

采用与支持向量机相同的拉格朗日优化方法，可以得到中心支持向量机的对偶问题：

$$\max\quad Q(\alpha,\beta)=\sum_{i=1}^{n}\varepsilon\alpha_i+\beta-\frac{1}{2}\sum_{i,j=1}^{n}(\alpha_i+\beta l_i)(\alpha_j+\beta l_j)y_iy_j(\boldsymbol{x}_i\cdot\boldsymbol{x}_j) \tag{6-96}$$

约束条件是

$$\sum_{i=1}^{n} y_i \alpha_i = 0$$

和

$$0 \leqslant \alpha_i \leqslant C, \quad i = 1, \cdots, n$$

$$\beta \geqslant 0$$

可以看到，这个对偶问题形式上仍然与支持向量机的对偶问题相同，可以采用同样的算法进行优化，得到的最优解将满足

$$\boldsymbol{w}^* = \sum_{i=1}^{n} (\alpha_i^* + \beta^* l_i) y_i \boldsymbol{x}_i = \sum_{i=1}^{n} \alpha_i^* y_i \boldsymbol{x}_i + \beta^* (\boldsymbol{x}^+ - \boldsymbol{x}^-) \tag{6-97}$$

从直观上看，式(6-97)的解也由两部分组成，一部分对应着支持向量机的解，另一部分对应着最小距离分类器，这两部分之间的折中由 β^* 决定，它受到 ε 参数设置的影响。利用这一性质，在实际应用中，我们可以不对中心支持向量机设计新的优化算法，而是首先求解标准的支持向量机问题，然后用下面的方法直接显式地规定支持向量机权值与最小距离分类器权值之间的折中：

$$\boldsymbol{w}^{\mathrm{CSVM}} = (1 - \lambda) \boldsymbol{w}^{\mathrm{SVM}} + \lambda (\boldsymbol{x}^+ - \boldsymbol{x}^-) \tag{6-98}$$

折中系数 λ 可以根据训练样本数目和对其中噪声和数据分散程度的认识进行设置，避免了对参数 ε 的设置。

可以看到，中心支持向量机的优化问题和最后解的形式与标准的支持向量机相同，因此也可以采用同样的核函数技巧实现非线性的中心支持向量机。但需要注意的是，如果不通过式(6-97)的对偶问题求解中心支持向量机，而是通过式(6-98)的方式等价地求解，那么 $\boldsymbol{x}^+$、$\boldsymbol{x}^-$ 需要在核函数变换后的空间里计算，即新样本需要与两类的每个训练样本计算核函数内积后再分别求均值。

实验证明，在训练样本数非常少或样本中存在较严重噪声的情况下，中心支持向量机可以比标准的支持向量机得到更稳定的结果，不会因为个别样本的变动而带来解的巨大变化。

6.7 讨论

本章讨论了几种非线性分类器的概念和设计方法，包括经典的分段线性分类器、二次判别函数和新近发展的多层感知器神经网络方法及支持向量机方法。与线性方法相比，非线性方法的种类更多，这里只是讨论了其中有代表性的几种。第 8 章将要介绍的一些方法，包括近邻法、分类树与随机森林方法等，大多也是实现某种非线性分类，但是由于它们不是从设计判别函数的角度引出的，我们把它们作为单独的一章来介绍。

由于客观世界的复杂性和观测数据的局限性，人们面临的很多或者大多数问题严格来说都是非线性的，从这个意义上说，非线性方法具有更广的适用性。但同时，多数实际问题中的样本又往往是有限的和不准确的，而且我们一般并不知道问题内在的规律符合什么样的非线性模型，这种情况下，如果盲目地选用复杂的非线性方法不一定取得好的效果，相反，线性方法却有可能成为对未知非线性规律的更好的逼近。

本章花大量篇幅介绍的多层感知器方法和支持向量机方法是两种适用性很广的非线性方法，它们并没有直接对非线性模型进行假设，而是通过多个隐节点作用的组合或样本与多个支持向量的核函数内积加权和来实现各种非线性分类面。在多层感知器中，分类面的复杂度取决于网络结构的设计和训练样本的分布；在支持向量机中，分类面的复杂度取决于核函数的选取及训练样本的分布。神经网络结构的设计和支持向量机核函数的选择问题都可看作是模型选择问题。对于有限数目的训练样本来说，在决定神经网络结构和选择支持向量机核函数及其参数时，应该充分考虑到分类器的推广能力问题，使模型和参数选择与样本和问题的复杂度相适应，必要时可以通过交叉验证等方法对可能的选择进行比较。如果能在神经网络结构设计或支持向量机核函数选择等方面充分结合应用领域的专门知识，则模式识别效果将会比单纯采用“黑箱”式的算法更好。

第7章 统计学习理论概要

7.1 引言

在前面几章中，我们已经看到了多种线性和非线性的机器学习方法。到目前为止我们接触的机器学习方法都是监督学习，就是用机器从一些观测数据中得到规律，用这些规律去分析新的对象，基于新对象的数据进行某种判断或预测。当预测的目标是对象的分类时，机器学习实现的任务就是模式识别。

在5.2节中我们看到，早在200多年前，人们就开始了对从数据中总结规律的方法的研究，诞生了线性回归方法。统计学是人们研究数据中规律的学科，是机器学习与模式识别的重要基础。传统统计学所研究的是渐近理论，即当样本数目趋向于无穷大时的极限特性，统计学中关于估计的一系列理论，包括一致性、无偏性和估计方差的界等以及前面讨论的关于分类错误率的诸多结论，都属于这种渐近特性。模式识别和机器学习的研究很大程度上沿袭统计学的基本思想，在方法性能进行理论分析时，大都采用了渐近分析的思想。这些分析的结论在样本充分多时有效指导了方法的设计，当样本有限时则面临很多问题。

在样本数有限时，机器学习面临的最突出问题之一是过学习问题。所谓过学习，英文是over-fitting，也有人译为过适应，是指学习机器在训练样本上的表现明显好于在未来测试样本上或在实际应用上的表现，例如在训练样本上得到较小的错误率，但在独立的测试样本上错误率却远大于训练错误率。人们把在一定样本上训练的模型或算法在未来新样本上的表现称作学习机器的推广能力(generalization ability)，也有人译为“泛化能力”。学习机器在某个实验中出现了过学习现象，意味着它的推广能力差；反之，一个推广能力差的学习机器，在应用中更容易出现过学习现象。

从这个表述中我们可以看到，推广能力是学习机器(包括其模型和算法)的一种性质，是否出现过学习是学习机器在具体问题上表现的现象。人们对什么样的机器在什么情况下容易出现过学习现象进行了大量研究，这些研究推动了机器学习新方法的发展，但很多研究带有试错性和启发式的特点。

早在20世纪60年代，苏联科学家Vladimir Vapnik等开始系统研究有限样本情况下的机器学习问题①。这些研究最初在一些俄文文章和著作中发表，其中有些陆续被翻译成德文和英文。由于当时的研究尚不完善，在解决模式识别问题中往往趋于保守，数学上比较艰涩，而且直到20世纪90年代以前并没有提出能将理论付诸实现的有效方法，加之20世纪八九十年代人工神经网络研究吸引了人们主要的注意力，这些理论研究很长时间没有得到充分重视。直到90年代中期，有限样本情况下的机器学习理论研究逐渐成熟起来，形成了一个较完善的理论体系——统计学习理论(statistical learning theory，SLT)，并诞生了在5.8节和6.5节中介绍的支持向量机方法。与此同时，人工神经网络方法的研究在90年代进展趋缓。在这种情况下，统计学习理论逐步得到重视，并成为20世纪90年代中后期和21世纪开始十年中机器学习研究的主要关注点。

统计学习理论是一套比较完整的理论体系，包含内容很丰富，也涉及比较多的数学知识。在5.8.2节中，我们对统计学习理论关于支持向量机推广能力的结论进行了简要介绍，限于本书的定位，本章尝试在有限的篇幅内展现该理论体系的主要逻辑框架和基本结论，对其背后的数学原理不做详细介绍，感兴趣的读者可以学习相关的统计学习理论专著②。

7.2　机器学习问题的提法

7.2.1　机器学习问题的函数估计表示

机器学习问题的基本框架可以用图7-1表示，其中，系统S是研究对象，它在给定一定输入x下有一定的输出y，LM是待求的学习机器，输出为$\hat{y}$。机器学习的目的是根据给定的已知训练样本求取对系统的输出与输入之间依赖关系的估计，使它能对未知输出做出尽可能准确的预测③。这是监督学习问题，本章讨论的机器学习问题都是指监督学习。

机器学习问题可以形式化地表示为：已知变量y与输入$\boldsymbol{x}$之间存在一定的未知依赖关系，即存在一个未知的联合概率密度函数$F(\boldsymbol{x},y)$，机器学习就是根据l个独立同分布观测

---

① V. N. Vapnik & A. Ja. Chervonenkis, On the uniform convergence of relative frequencies of events to their probabilities, *Doklady Akademii Nauk* USSR, 181(4), 1968.

V. N. Vapnik & A. Ja. Chervonenkis, Theory of Pattern Recognition (in Russian), *Nauka*, Mascow, 1974 (German translation 1979, Akademia, Berlin).

V. N. Vapnik. Estimation of Dependencies Basedon Empirical Data (in Russian), *Nauka*, Moscow, 1979 (English translation, 1982, Springer, New York).

② 如V. Vapnik著，张学工，译，《统计学习理论的本质》，清华大学出版社，2000；V. Vapnik著，许建华、张学工，译，《统计学习理论》，清华大学出版社，2003。

③ 在统计学习理论中，输入数据通常为向量，输入数据视具体问题可以是标量也可以是向量，但主要的理论分析过程和结果对向量和标量均适用。因此，在本章中，为简化起见，我们在数学符号字体上不特意区分向量和标量。

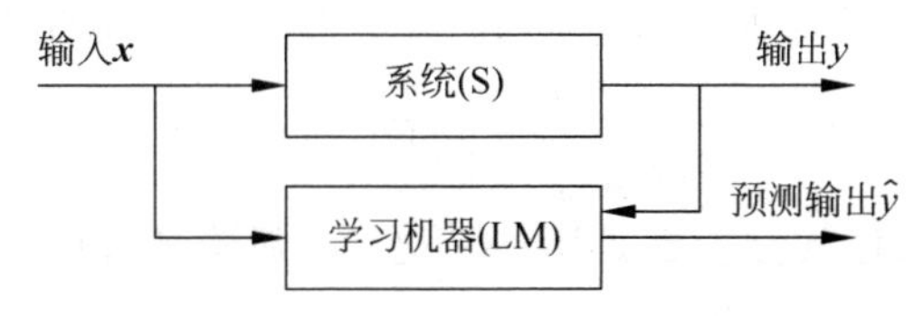

图 7-1 机器学习的基本框架

样本

$$(\boldsymbol{x}_1, y_1), (\boldsymbol{x}_2, y_2), \cdots, (\boldsymbol{x}_l, y_l) \tag{7-1}$$

在一个函数集$\{f(\boldsymbol{x},\alpha),\alpha\in\Lambda\}$中求一个最优的函数$f(\boldsymbol{x},\alpha_0)$,使它给出的预测的期望风险

$$R(\alpha)=\int L(y,f(\boldsymbol{x},\alpha))\mathrm{d}F(\boldsymbol{x},y) \tag{7-2}$$

最小。其中,$\{f(\boldsymbol{x},\alpha),\alpha\in\Lambda\}$是候选函数集,$\alpha\in\Lambda$为函数的广义参数,故$\{f(\boldsymbol{x},\alpha)\}$可以表示任何函数集。$L(y,f(\boldsymbol{x},\alpha))$为由于用$f(\boldsymbol{x},\alpha)$对$y$进行预测而造成的损失,称作损失函数。$R(\alpha)$是函数$f(\boldsymbol{x},\alpha)$的函数,故称作期望风险泛函(expected risk functional)。不同类型的学习问题有不同形式的损失函数。

有三类基本的机器学习问题,它们是模式识别、函数拟合和概率密度估计。

对于模式识别问题(这里仅讨论监督模式识别问题),系统输出就是类别标号,在两类情况下,$y=\{0,1\}$或$\{-1,1\}$是二值函数,这时预测函数称作指示函数(indicator functions),也就是本书前面称作的判别函数。模式识别问题中损失函数的定义是

$$L(y,f(\boldsymbol{x},\alpha))=\begin{cases}0, & y=f(\boldsymbol{x},\alpha)\\ 1, & y\neq f(\boldsymbol{x},\alpha)\end{cases} \tag{7-3}$$

在这个损失函数定义下,期望风险就是第2章讨论的平均错误率。

类似地,在函数拟合问题中,y是连续变量(这里假设为单值函数),它是$\boldsymbol{x}$的函数,这时损失函数可以定义为

$$L(y,f(\boldsymbol{x},\alpha))=(y-f(\boldsymbol{x},\alpha))^2 \tag{7-4}$$

概率密度估计问题也可以表示成图 7-1 框架下的机器学习问题,但这里并没有任何预测输出,学习的目的是使得到的概率密度函数$p(x,\alpha)$能够最好地描述训练样本集,这时学习的损失函数可以设为模型的负对数似然函数,即

$$L(p(\boldsymbol{x},\alpha))=-\log p(\boldsymbol{x},\alpha) \tag{7-5}$$

最小化这个损失的解就是概率密度函数的最大似然估计。

7.2.2 经验风险最小化原则及其存在的问题

机器学习就是在函数集$\{f(\boldsymbol{x},\alpha),\alpha\in\Lambda\}$中最小化式(7-2)的期望风险泛函,但这个风险泛函需要对服从联合概率密度$F(\boldsymbol{x},y)$的所有可能样本及其输出值求期望,这在$F(\boldsymbol{x},y)$未知的情况下无法进行。所以由最小化式(7-2)的目标定义的机器学习问题实际是无法求解的。

无法对所有可能样本求期望,但我们有已知的训练样本$(\boldsymbol{x}_1,y_1),\cdots,(\boldsymbol{x}_n,y_n)$,它们是从$F(\boldsymbol{x},y)$中的采样。根据概率论中大数定律的原理,人们自然想到用算术平均代替

式(7-2)中的数学期望。定义经验风险(empirical risk)为在训练样本上损失函数的平均

$$R_{\mathrm{emp}}(\alpha)=\frac{1}{l}\sum_{i=1}^{l}L(y_i,f(\boldsymbol{x}_i,\alpha)) \tag{7-6}$$

历史上大部分机器学习方法实际上都是用最小化经验风险来替代最小化期望风险的目标。

例如,感知器的学习目标是:

$$\min \quad J_P(\alpha)=\sum^{y_j\in Y^k}(-\alpha^{\mathrm{T}}y_j) \tag{7-7}$$

线性回归的学习目标是:

$$\min \quad E(\boldsymbol{w})=\frac{1}{N}\sum_{j=1}^{l}(\boldsymbol{w}^{\mathrm{T}}\boldsymbol{x}_j-y_j)^2 \tag{7-8}$$

罗杰斯特回归的学习目标是:

$$\min \quad E(\boldsymbol{w})=\frac{1}{N}\sum_{j=1}^{l}\ln(1+\mathrm{e}^{-y_j\boldsymbol{w}^{\mathrm{T}}\boldsymbol{x}_j}) \tag{7-9}$$

多层感知器神经网络的学习目标是:

$$\min \quad E(\boldsymbol{w})=\frac{1}{2}\sum_{j=1}^{l}(y-\hat{y}_{\mathrm{MLP}})^2 \tag{7-10}$$

统计学习理论把这种以在训练样本上最小化错误或风险的策略称为经验风险最小化(empirical risk minimization)原则,简称 ERM 原则。20 世纪 50 年代,以感知器为代表的机器学习方法取得了巨大的发展,当时的方法大都采用了 ERM 原则,研究的重点放在如何设计合适的候选函数集和如何设计有效的算法实现经验风险最小化。

Vapnik 把这些研究者称作应用分析学派,并指出,经验风险最小化原则并不是毋庸置疑的,我们不应该只关注如何设计经验风险最小化的算法,而应该研究经验风险最小化这个原则是否合理,应该寻找最优化学习机器推广能力的新原则。他把这样的研究称作理论分析学派。

实际上,以期望风险最小为目标来分析经验风险最小化原则,会发现这其实是想当然的做法,合理性并没有充分的理论保证。

首先,$R_{\mathrm{emp}}(\alpha)$和$R(\alpha)$都是$f(\boldsymbol{x},\alpha)$的泛函,概率论中的大数定律只说明了随机变量的均值在样本倾向于无穷大时会收敛于其期望,但这个定律对泛函是否仍然成立?这一点在当时并没有数学上的结论。

其次,即使我们类比随机变量的情况认为$R_{\mathrm{emp}}(\alpha)$在样本倾向于无穷大时会充分接近$R(\alpha)$,这并不是我们需要的结果。我们需要的是$R_{\mathrm{emp}}(\alpha)$在l个样本上取得极小值的解α_l收敛于使$R(\alpha)$取得最小值的解α^*。通常,两个函数充分接近并不能保证它们的极值点也充分接近,这里实际上提出来一个更基本的问题:所谓用$R_{\mathrm{emp}}(\alpha)$近似$R(\alpha)$或当样本趋向无穷多时$R_{\mathrm{emp}}(\alpha)$收敛于$R(\alpha)$,应该用什么来作为两个函数接近程度的度量?

再次,即使我们有办法证明或通过一定条件保证在样本趋向于无穷多时,使经验风险最小的解也使期望风险最小,在实际问题中需要多少样本才能达到接近无穷多的效果?如果样本远非无穷多而是非常有限,经验风险最小化是否还可行?得到的解是否还有推广能力?

在机器学习领域多数研究者都将注意力集中到如何更好地求解最小经验风险问题上

时，理论分析学派则对用经验风险最小化原则的上述问题进行了系统深入的研究，得到了一套完整的理论，这就是本章将要概要介绍的统计学习理论。

统计学习理论包括以下四部分内容：

(1) 经验风险最小化学习过程一致的概念及充分必要条件。它回答了在样本趋向于无穷多的情况下，什么样的函数集可以采样经验风险最小化原则进行学习。

(2) 采样经验风险最小化的学习过程，随着样本数目增加的收敛速度有多快。

(3) 如何控制学习过程的收敛速度，有限样本下机器学习的结构风险最小化原则。

(4) 在结构风险最小化原则下设计机器学习算法，包括支持向量机推广能力的理论依据。

7.3 学习过程的一致性

学习过程的一致性，就是指在训练样本上以经验风险最小化原则进行的学习，在样本数趋向于无穷大时与期望风险最小的目标是否一致。关于学习过程一致性的概念和结论，是统计学习理论的基础。

为方便讨论，我们把问题重新整理一下：

样本的特征 $\boldsymbol{x}$ 与性质 y 是服从未知联合概率密度函数 $F(\boldsymbol{x},y)$ 关系的随机变量（向量），机器学习就是在函数集 $\{f(\boldsymbol{x},\alpha),\alpha\in\Lambda\}$ 中求函数 $f(\boldsymbol{x},\alpha_0)$，使期望风险最小，即

$$\min \quad R(\alpha)=\int L(y,f(\boldsymbol{x},\alpha))\mathrm{d}F(\boldsymbol{x},y) \tag{7-11}$$

其中，$L(y,f(\boldsymbol{x},\alpha))$ 是用 $f(\boldsymbol{x},\alpha)$ 估计 y 所导致的损失。

经验风险最小化（ERM）就是在已知有 n 个样本的训练样本集 $(\boldsymbol{x}_1,y_1),(\boldsymbol{x}_2,y_2),\cdots,(\boldsymbol{x}_n,y_n)$ 的情况下，在函数集 $\{f(\boldsymbol{x},\alpha),\alpha\in\Lambda\}$ 中求函数 $f(\boldsymbol{x},\alpha_n)$，使函数在样本集上的经验风险最小，即

$$\min \quad R_{\mathrm{emp}}(\alpha)=\frac{1}{n}\sum_{i=1}^{n}L(y_i,f(\boldsymbol{x}_i,\alpha)) \tag{7-12}$$

所谓学习过程的一致性（consistency），是指对于函数集 $\{f(\boldsymbol{x},\alpha),\alpha\in\Lambda\}$ 和联合概率密度函数 $F(\boldsymbol{x},y)$，以下两个序列在样本趋向于无穷多时依概率收敛到同一个极限：

$$R(\alpha_l)\xrightarrow[l\to\infty]{P}\inf_{\alpha\in\Lambda}R(\alpha) \tag{7-13a}$$

$$R_{\mathrm{emp}}(\alpha_l)\xrightarrow[l\to\infty]{P}\inf_{\alpha\in\Lambda}R(\alpha) \tag{7-13b}$$

也就是说，如果在函数集上期望风险 $R(\alpha_l)$ 和经验风险 $R_{\mathrm{emp}}(\alpha_l)$ 在样本趋向于无穷多时都收敛于最小可能的期望风险 $\inf\limits_{\alpha\in\Lambda}R(\alpha)$，则在这个函数集上采用期望风险最小化原则的学习过程具有一致性。如图 7-2 所示。

学习过程是否具有一致性是学习机器的候选函数集的性质。存在一种可能性，就是函数集中包含某个特殊的函数，在它上面的损失永远小于函数集上任何其他函数，不论数据如何，经验风险最小化总在它上取得，它同时也取得期望风险最小，所以这个函数的存在使上

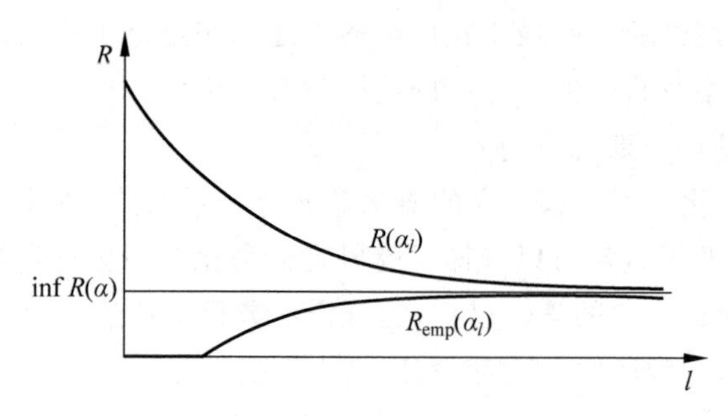

图 7-2 学习过程的一致性

述条件得到满足，但如果从函数集中去掉这个特殊函数，上述条件就不一定能满足。这种情况下的一致性是没有意义的，因为它的一致性只是因为函数集中包含了这样的特殊函数，并不能说明学习算法根据训练数据从函数集中选择函数的能力。为保证一致性是机器学习方法的真实性质，而不是由于函数集中的个别函数导致的，统计学习理论提出了非平凡一致性(nontrivial consistency)的概念，即要求式(7-13)的两个条件对函数集的所有子集都成立。只有非平凡一致性才是实际上有意义的，我们后面说一致性就都指非平凡一致性。

经验风险最小化的初始想法是经验风险 $R_{\text{emp}}(\alpha_l)$ 在样本趋向于无穷多时会逼近期望风险 $R(\alpha_l)$。传统上，要判断一个函数与另一个函数充分接近，常常用如下的准则：

$$\lim_{l\to\infty} P\{|R(\alpha_l)-R_{\text{emp}}(\alpha_l)|>\varepsilon\}=0,\quad \forall\varepsilon>0 \tag{7-14}$$

统计学习理论研究发现，如果在式(7-14)的意义下经验风险收敛于期望风险，仍无法保证学习过程具有一致性。学习过程一致性需要满足如下条件。

【学习理论关键定理】 对于有界的损失函数，经验风险最小化学习一致的充分必要条件是，经验风险在如下意义上一致地收敛于真实风险：

$$\lim_{l\to\infty} P\{\sup_{\alpha_l}(R(\alpha_l)-R_{\text{emp}}(\alpha_l))>\varepsilon\}=0,\quad \forall\varepsilon>0 \tag{7-15}$$

限于本书的范围，本章中我们都直接给出重要的理论结论而不加证明，需要学习有关证明的读者可以参考 Vapnik 的专著《统计学习理论》或其中译本。从直观上理解，式(7-14)的条件之内保证经验风险泛函在整体上逼近期望风险泛函，但不能保证使经验风险泛函最小的解也能使期望风险最小。式(7-15)的条件要求两个函数最大可能的差充分小，保证了在经验风险泛函上取得最小值的解，也能取得期望风险的最小值。式(7-15)的条件比式(7-14)更严格。

从式(7-15)可以看到，经验风险最小化学习是否具有一致性，不是取决于平均情况，而是取决于最坏情况。统计学习理论是最坏情况分析。可以解读为，如果一个机器学习方法在最坏情况下仍能表现良好，则我们对它的推广能力才有信心。显然，这种思路有些偏悲观，所以有人指出统计学习理论对学习机器推广性的判断偏保守。

学习理论的关键定理给出了一个学习机器应该满足的基本条件，但并没有说明什么样的函数集会满足这个条件。要回答这个问题，需要对函数集的性质进行定量分析，这就是下一节要讨论的函数集及学习机器的容量。

7.4 函数集的容量与 VC 维

为了研究函数集在经验风险最小化原则下的学习一致性问题和一致性收敛的速度,统计学习理论定义了一系列有关函数集学习性能的指标,这些指标多是从两类分类函数(即指示函数)提出的,后又推广到一般函数。考虑到本书的目的,我们只针对指示函数集对它们进行讨论。

一个指示函数集的容量也就是用函数集中的函数对各种样本实现分类的能力,容量(capacity)这个词在这里与能力是同一个词。统计学习理论用函数集在一组样本集上可能实现的分类方案数目来度量函数集的容量,把这个容量的对数在符合同一分布的样本集上的期望称作函数集的熵,而把容量对数在所有可能样本集上的上界定义为函数集的生长函数(growth function)。生长函数是样本数目 l 的函数,记作 $G(l)$,反映了函数集在所有可能的 l 个样本上的最大能力或容量。显然,$G(l)\leqslant l\ln 2$。关于学习过程的一致性,有如下的结论:

【定理】 函数集学习过程一致收敛的充分必要条件是,对任意的样本分布,都有

$$\lim_{l\to\infty}\frac{G(l)}{l}=0 \tag{7-16}$$

而且,这时学习过程收敛速度一定是快的,也就是满足

$$P\{R(\alpha^* \mid l)-R(\alpha_0)>\varepsilon\}<\mathrm{e}^{-c\varepsilon^2 l} \tag{7-17}$$

其中,$c>0$ 是常数。

直观上理解,这个定理告诉我们,一个采用经验风险最小化原则的学习过程要一致,函数集的能力不能跟随样本数无限增长。经验上,人们知道机器学习模型的复杂程度要与样本数目相适应,过于复杂的分类模型容易导致过学习,这个定理给出了其理论依据。

VC 维

1968 年,Vapnik 和 Chervonenkis 发现了生长函数的一个重要规律,就是一个函数集的生长函数,如果不是一直满足 $G(l)=l\ln 2$,则一定在样本数增加到某个值 h 后满足下面的界:

$$G(l)\leqslant h\left(\ln\frac{l}{h}+1\right),\quad l>h \tag{7-18}$$

这个特殊的样本数 h 被定义为函数集的 VC 维(Vapnik-Chevonenkis dimension)。如果这个值是无穷大,即不论样本数多大,总有 $G(l)=l\ln 2$,则称函数集的 VC 维为无穷大。

直观理解,函数集的 VC 维度量了当样本数目增加到多少之后函数集的能力就不会继续跟随样本数等比例增长。因此,VC 维有限是学习过程一致性的充分必要条件,而且这时学习过程也是快的。

生长函数和 VC 维为我们选择什么样的函数集来设计学习机器提供了原理性的指导,但这两个度量都不直观,Vapnik 和 Chervonenkis 又为 VC 维给出了下面的直观定义:

假如一个有 h 个样本的样本集能被一个函数集中的函数按照所有可能的 2^h 种形式分

为两类，则称函数集能把样本数为 h 的样本集打散(shattering)。指示函数集的VC维，就是用这个函数集中的函数所能够打散的最大样本集的样本数目。

也就是说，如果存在某个包含 h 个样本的样本集能被函数集打散，而不存在任何有 $h+1$ 个样本集能被函数集打散，则函数集的VC维就是 h。如果对于任意的样本数，总能找到一个样本集能够被这个函数集打散，则函数集的VC维就是无穷大。

在指示函数集的VC维的基础上，可以定义一般实值函数集的VC维，其基本思想是通过一系列阈值把实值函数集转化为指示函数集，所以VC维的理论不但适用于机器学习中的分类问题，也适合于实函数映射的机器学习。具体内容我们在本书中不做讨论。

根据VC维的上述定义，我们常见的 d 维空间中的线性分类器

$$f(\boldsymbol{x},\boldsymbol{w})=\operatorname{sgn}\left(\sum_{i=1}^{d} w_i x_i + w_0\right)$$

函数集的VC维是 $d+1$，其中 $\operatorname{sgn}(\cdot)$ 是符号函数；d 维空间中的线性回归函数

$$f(\boldsymbol{x},\boldsymbol{w})=\sum_{i=1}^{d} w_i x_i + w_0$$

集合的VC维也是 $d+1$。而正弦函数

$$f(x,\alpha)=\sin(\alpha x)$$

虽然只有一个自由参数，但函数集的VC维为无穷大，用它实现的分类器集合

$$f(x,\alpha)=\operatorname{sgn}(\sin(\alpha x))$$

的VC维也是无穷大。所以，函数集的VC维并不简单地与函数中的自由参数个数有关，而是与函数本身的复杂程度有关。下面我们将要看到，对于线性分类器函数集，在我们对函数参数施加额外的约束条件后，可以大大降低它的VC维。

VC维是统计学习理论中的一个核心概念，在它的基础上发展起来一系列关于学习过程和推广能力的理论结果。但遗憾的是，目前尚没有通用的关于任意函数集VC维计算或估计的理论，只有对一些特殊的函数集可以准确计算其VC维。对于一些比较复杂的学习机器，如神经网络，其VC维除了与函数集设计有关，也受学习算法等影响，因此其确定将更加困难。尽管如此，在VC维基础上建立起来的一系列理论结果，对于各种机器学习算法都有至少是定性的指导意义。

7.5 推广能力的界与结构风险最小化原则

在生长函数和VC维对机器学习容量度量的基础上，统计学习理论发展了关于各种函数集的学习过程中期望风险界的理论，其中，最重要的一个结论是：

【定理】 对于两类分类问题，对指示函数集中的所有函数(当然也包括使经验风险最小的函数)，经验风险和实际风险之间至少以概率 $1-\eta$ 满足如下关系：

$$R(\alpha)\leqslant R_{\text{emp}}(\alpha)+\frac{1}{2}\sqrt{E} \tag{7-18}$$

其中，当函数集中包含无穷多个元素时，

$$E=4\frac{h\left(\ln\frac{2l}{h}+1\right)-\ln(\eta/4)}{l} \tag{7-19}$$

而当函数集中包含有限个(N 个)元素时,

$$E=4\frac{\ln N-\ln\eta}{l} \tag{7-20}$$

其中,h 为函数集的 VC 维。

这个定理对在有限样本下期望风险的上界给出了度量估计。通常我们面对的学习机器都是包含 50 多个可能的函数,因此,这个上界可以写成

$$R(\alpha)\leqslant R_{\text{emp}}(\alpha)+\sqrt{\frac{h\left(\ln\frac{2l}{h}+1\right)-\ln\frac{\eta}{4}}{l}} \tag{7-21}$$

或者进一步简写为

$$R(\alpha)\leqslant R_{\text{emp}}(\alpha)+\Phi\left(\frac{h}{l}\right) \tag{7-22}$$

其中,$\Phi(l/h)$是样本数 l 的单调减函数、VC 维 h 的单调增函数。

式(7-21)或式(7-22)给出的期望风险的上界告诉我们,在有限样本下,期望风险可能会大于经验风险,超出部分的最大上界是 $\Phi(h/l)$。在统计学习理论的文献中,超出部分的上界被称作置信范围(confidence interval)[①]。

设计一个机器学习模型就意味着选择了一定的函数集,用样本训练的过程是寻求经验风险 $R_{\text{emp}}(\alpha)$最小化。一个学习机器的推广能力不是取决于经验风险最小能有多小,而是在于期望风险与经验风险有多大差距,这个差距越小则推广能力越好。所以上面反映的期望风险与经验风险差距的上界被称作推广性的界。

进一步分析可以发现,当 l/h 较小时(如小于 20),置信范围 $\Phi(h/l)$较大,用经验风险最小化取得的最优解可能会有较大的期望风险,即可能推广性差;如果样本数较多,l/h 较大,则置信范围就会很小,经验风险最小化的最优解就接近实际的最优解。

另一方面,对于一个特定的问题,样本数 l 是固定的,此时学习机器的 VC 维越高(即复杂性越高),则置信范围就越大,导致真实风险与经验风险之间可能的差就越大,推广能力就可能越差。人们在实验中认识到对于有限样本应该尽可能选用相对简单的分类器,其背后的原因就在于此。因此,在设计分类器时,我们不但要考虑函数集中的函数是否能使经验风险有效减小,还要使函数集的 VC 维尽量小,从而缩小置信范围,以期获得尽可能好的推广能力。

需要指出的是,如学习理论关键定理一样,推广性的界也是对最坏情况的结论,所给出的界在很多情况下是很松的,尤其当 VC 维比较高时更是如此。而且,这种界往往只在对同一类学习函数进行比较时是有效的,可以指导我们从函数集中选择最优的函数,但在不同函数集之间比较却不一定成立,因为界的松紧程度可能有较大差别。实际上,寻找能更好地从

① 这里的 confidence interval 与传统统计学中置信区间定义不同,所以我们译作置信范围,也有人把它称作 VC confidence,可译作“VC 置信”。

理论上刻画学习机器能力的方法从而更好地指导各种机器学习模型的设计,一直是机器学习领域重要的研究方向。

从前面的讨论可以看到,传统机器学习方法中普遍采用的经验风险最小化原则在训练样本较少时是存在问题的,我们需要同时最小化经验风险和置信范围,而不能单纯最小化经验风险。在传统方法中,我们设计学习模型和算法的过程就是优化置信范围的过程,如果选择的模型比较适合现有的训练样本,即 l/h 比较恰当,则可以取得比较好的效果。例如在神经网络中,需要根据问题和样本的具体情况来选择不同的网络结构,对应不同的 VC 维①,然后进行经验风险最小化。在模式识别中,选定了一种分类器形式(例如线性分类器),就确定了学习机器的 VC 维。实际上,这些做法都可以看作是在式(7-22)中首先通过选择模型来确定置信范围 Φ,然后固定 Φ,最小化经验风险,以期期望风险的上界也最小。由于缺乏对 Φ 的定量认识,这种选择往往是依赖先验知识和经验进行的,造成了神经网络等方法对使用者"技巧"的过分依赖。对于很多实际的模式识别问题,虽然类别之间的真实分界也许是很复杂的,但当样本数有限时,用线性分类器或比较简单的非线性分类器往往能得到不错的结果,其原因就是它们的 VC 维比较低,有较小的置信范围,只要分类器的训练错误率能有效减小,就能得到较小的测试错误率;而如果此时选用过于复杂的分类器,训练错误率可能很容易达到更小,但由于置信范围较大,测试性能并不一定比简单分类器更好。

既然学习的目标是最小化式(7-22)的期望风险上界,有没有可能直接根据这个原则来设计学习机器,而不是进行上述的试错性设计?

VC 维是函数集的性质而并非单个函数的性质,因此式(7-22)右边的两项并无法直接通过优化算法来最小化。统计学习理论提出了一种一般性的策略来解决这个问题,做法是:首先把函数集 $S=\{f(x,\alpha),\alpha\in\Lambda\}$ 分解为一个函数子集序列(或叫子集结构)

$$S_1\subset S_2\subset\cdots\subset S_k\subset\cdots\subset S \tag{7-23}$$

使各个子集能够按照置信范围 Φ 的大小排列,也就是按照 VC 维的大小排列,即

$$h_1\leqslant h_2\leqslant\cdots\leqslant h_k\leqslant\cdots \tag{7-24}$$

在划分了这样的函数子集结构后,学习的目标就变成在函数集中同时进行子集的选择和子集中最优函数的选择。选择最小经验风险与置信范围之和最小的子集,就可以达到期望风险的最小,这个子集中使经验风险最小的函数就是要求的最优函数。这种思想称作结构风险最小化(structural risk minimization),简称 SRM 原则②,如图 7-3 所示。

一个合理的函数子集结构应满足两个基本条件:一是每个子集的 VC 维是有限的且满足式(7-24)的关系;二是每个子集中的函数对应的损失函数或是有界的非负函数,或是无界但能量有限的函数。这样的函数子集结构被称作容许结构。容许结构严格的数学定义比较复杂,超出本书范围,对任意函数集如何划分容许结构仍然是开放问题,但稍后我们会看

① 一般来说,多层感知器神经网络的复杂性是由网络中隐节点层数和数目决定的,其 VC 维也是如此,但是,神经网络的学习算法对网络复杂性和 VC 维也很有影响,目前尚不能一般地计算神经网络的 VC 维。

② 结构风险最小化的基本思想和原理早在 20 世纪 70 年代已经在俄文文献中提出来,在 1988 年出版的本书第一版(边肇琪等,《模式识别》,清华大学出版社,1988)中使用了"有序风险最小化"的翻译,指把函数集划分为按 VC 为排序的子集,在这个排序中最小化风险的上界。

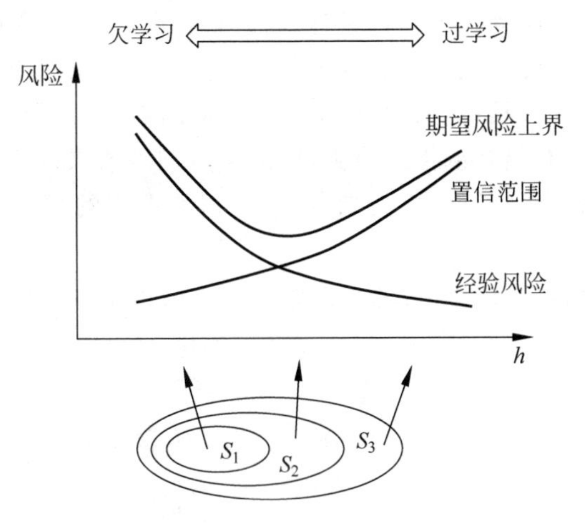

图 7-3　结构风险最小化示意图

到对于线性函数集这样简单的函数集如何利用结构风险最小化的思想来设计学习机器。

统计学习理论的一个基本结论是，在有限样本下，设计和训练学习机器不应该采用经验风险最小化原则，而应该采用结构风险最小化原则。

对于多层感知器神经网络，不同的网络结构对应着不同的 VC 维，因此，可以按隐节点数目把多层感知器实现的函数集划分为若干个子集，如图 7-4 所示。结构风险最小化机器学习就是要在这一系列结构中选择能使经验风险和置信范围之和最小的函数子集和其中的函数。另外，神经网络反向传播算法中对权值加约束以改善网络学习性能的做法，也等价于由权值正则化项引入的函数子集结构，通过正则化目标函数实现结构风险最小化。

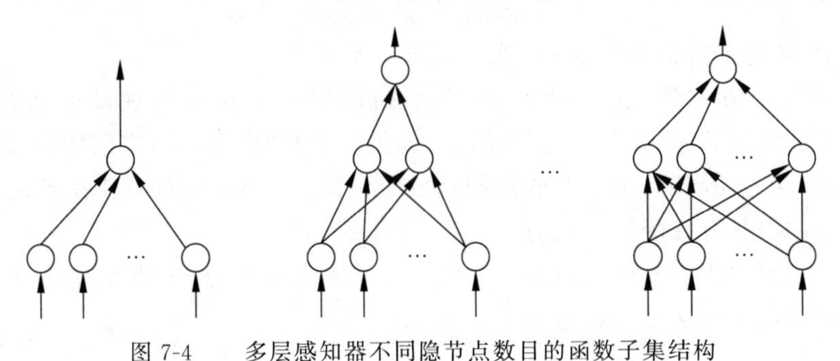

图 7-4　多层感知器不同隐节点数目的函数子集结构

7.6　支持向量机的理论分析

5.8 节和 6.5 节已经介绍了线性和非线性的支持向量机，并扼要指出最大化分类间隔背后的理论原理。在上面对统计学习理论的核心结论进行了介绍后，我们再来讨论一下支持向量机背后的理论依据。

根据结构风险最小化原则，学习机器需要同时最小化经验风险和取得经验风险最小的函数子集的置信范围。支持向量机从线性可分这样的最简单情况入手来实现这个目标。

对于样本集线性可分的情况，存在很多线性判别函数能够得到零经验风险，这种情况下，什么样的判别函数具有最好的推广能力，取决于判别函数来自什么样的函数子集。支持向量机用分类间隔对函数集进行子集的划分，其依据是下面的关于分类间隔与VC维关系的理论。

我们先来定义Δ间隔超平面的概念：d维空间中权值归一化的超平面

$$(w^* \cdot x) - b = 0, \quad \|w^*\| = 1 \tag{7-25}$$

如果它把样本用以下的形式分开

$$y = \begin{cases} 1, & (w^* \cdot x) - b \geqslant \Delta \\ -1, & (w^* \cdot x) - b \leqslant -\Delta \end{cases} \tag{7-26}$$

则称为Δ间隔超平面[①]。具有间隔Δ的超平面构成函数子集，它的VC维有下面的界：

【定理】 设样本集中在空间中属于一个半径为R的超球范围内，Δ间隔超平面的VC维h满足

$$h \leqslant \min\left(\left[\frac{R^2}{\Delta^2}\right], d\right) + 1 \tag{7-27}$$

其中[]为取整。

前面我们看到，d维空间中不加约束的线性函数集的VC维是$d+1$，而对于间隔为Δ的线性函数子集来说，如果这个间隔足够大，则函数子集的VC维将主要由间隔决定，有可能小于甚至远小于空间维数。

把这个定理转述为支持向量机中采用的规范化超平面的形式，结论是：若d维空间中规范化分类超平面权值的模为$\|w\| \leqslant A$，则函数子集的VC维满足

$$h \leqslant \min([R^2 A^2], d) + 1 \tag{7-28}$$

其中R是空间中包含全部训练样本的最小超球的半径。

所以，支持向量机中最大化分类间隔，就是通过最小化A以实现最小化函数子集VC维的上界。在高维空间中，尤其是经过核函数变换后的高维空间中，空间维数很大甚至是无穷大，但通过控制分类间隔，可以有效控制函数子集的VC维，从而保证在函数子集中求得经验风险最小的解具有好的推广能力。

【定理】 如果包含l个样本的训练集被最大间隔超平面分开，那么超平面在未来独立测试集上测试错误率的期望有如下的界

$$\mathrm{E}P_{\text{error}} \leqslant \mathrm{E}\min\left(\frac{m}{l}, \frac{[R^2\|w\|^2]}{l}, \frac{d}{l}\right) \tag{7-29}$$

其中，m是支持向量个数，R是包含数据的超球半径，$2/\|w\|$是分类间隔，d是空间的维数。

这一定理介绍了人们在很多情况下观察到的现象，就是高维空间中有限样本的学习容易出现过学习问题。这是因为在不对函数子集进行控制的情况下，期望的测试错误率的上界可能非常高。而如果用最大间隔的方法对求解所在的函数子集进行控制，则期望的测试

---

① 注意这里与4.6节中规范化分类超平面的归一化方式不同，“间隔”的定义也不同，但二者可以相互转换。

错误率上界则不再由原空间的维数决定，可以大大降低。同时也看到，支持向量机训练后得到的支持向量数目在全部训练样本中所占的比例，也体现了学习后的机器的推广能力，比例越小则期望的测试错误率上界越小。

正是由于这些理论性质，保证了在高维小样本问题上支持向量机表现出色，而且使它在引入核函数进行等效的升维后仍然能保证良好的推广能力。

统计学习理论关于推广能力界的结论和结构风险最小化原则，不但是支持向量机和后来发展起来的核函数机器的理论基础，而且也为从理论上研究其他类型学习机器在小样本训练时的推广能力提供了一个框架。

但是，统计学习理论也存在其局限性。一方面，对于大部分常见非线性机器学习模型，对应的函数集的 VC 维难以估计，这使得很多定量的结论难以直接用于指导其他机器学习模型和算法的设计。另一方面，在第 12 章将要介绍的深度学习中，很多场景下面临的训练数据虽然有限，但已经超出了统计学习理论所主要针对的小样本情形，导致在 VC 维基础上得到的各种界都比较松弛。在第 12 章中我们将会看到，深度学习采用了多种复杂的深度神经网络模型来获得更高的表示能力，一定意义上是增加函数集的能力，但同时在模型设计和算法设计中又采用多种技巧和策略来降低自由参数的数目、缩小参数的取值空间，这与结构风险最小化中一方面追求经验风险最小、另一方面对函数子集进行约束的原理是一致的，只是结构风险最小化理论的定量结果尚无法直接用于解释和指导深度学习模型和算法。

如何与深度学习相结合，拓展统计学习理论，发展新的关于学习机器推广性的理论，是机器学习和模式识别未来研究的重要方向。

7.7 不适定问题和正则化方法简介

7.7.1 不适定问题

有些研究者把机器学习问题抽象为一个求解反演问题(inverse problem)的任务来进行数学上的研究。例如，假设研究对象具有某种我们感兴趣但不易观测的特性 $\boldsymbol{z}$，但可以观测到它经过了一定映射后的另外的特性 $\boldsymbol{u}$，例如最简单情况下它和 $\boldsymbol{z}$ 有如下的关系：

$$A\boldsymbol{z}=\boldsymbol{u} \tag{7-30}$$

但其中的映射算子 A 并不知道。机器学习就是用一系列对 $\boldsymbol{z}$ 和 $\boldsymbol{u}$ 的观测作为样本进行训练，试图获得 A 的逆算子 A^{-1}，以便能够对未来新的观测 $\boldsymbol{u}$ 计算出 $\boldsymbol{z}$。这个问题理想情况下可以通过求解式(7-30)的方程来解决。如果方程的解存在、唯一且稳定，这样的问题就称作适定问题(well-posed problem)。其中的稳定是指方程的解对参数或输入数据的依赖是连续的，微小变化带来的影响也是微小的。

但实际上，即使逆算子 A^{-1} 存在且唯一，这个问题也不一定是适定的。因为我们得到的观测 $\boldsymbol{u}$ 通常是带有噪声的，是某种近似 $\tilde{u}$，逆算子 A^{-1} 经常是不连续的，导致带有噪声的观测$\tilde{\boldsymbol{u}}$ 有微小变化时，$\boldsymbol{z}=A^{-1}\tilde{\boldsymbol{u}}$ 可能会有很大变化。这时，这个问题就是不适定问题(ill-posed problem)[①]。

不适定问题是在20世纪初由Hadamard发现的。他发现，在很多情况下，求解算子方程

$$Af=F,\quad f\in\mathfrak{F}\tag{7-31}$$

的问题是不适定的。即，即使方程存在唯一解，方程右边的微小扰动$\|F-F_\delta\|<\delta$会带来解的很大变化。这种情况下，在无法得到准确的观测F的情况下，对带有噪声的观测F_δ用常见的最小化下面的目标泛函

$$R(f)=\|Af-F_\delta\|^2\tag{7-32}$$

的方法无法得到对解f的好的估计，即使扰动δ趋向于零也如此。

Hadamard把这样的问题称作不适定问题。他是在数学研究中发现的这种现象，并以为只是在数学中会出现这种现象，现实世界中的问题都应该是适定的。直到20世纪中期，人们越来越多地发现现实世界中大量存在不适定问题，尤其是机器学习中试图求解的反演问题。

7.7.2 正则化方法

20世纪60年代，以Tikhonov、Ivanov、Phillips等为代表的学者提出来了解不适定问题的正则化(regularization)方法[②]。他们发现，不适定问题不能通过最小化式(7-32)定义的目标泛函来求解，而应该最小化下面的正则化泛函(regularized functional)：

$$R^*(f)=\|Af-F_\delta\|^2+\lambda(\delta)\Omega(f)\tag{7-33}$$

其中$\Omega(f)$是度量解f的某种性质的泛函，$\lambda(\delta)$是与观测噪声水平有关的需适当选取的常数。对这个正则化目标进行最小化，就能保证得到的解在噪声趋向于零时收敛到理想的解。

对照统计学习理论中的主要结论，我们可以看到，式(7-32)的目标类似于经验风险最小化，而式(7-33)的目标类似于结构风险最小化。在结构风险最小化要优化的目标$R_{\text{emp}}(\alpha)+\Phi(h/l)$里，置信范围$\Phi(h/l)$可以看作是对解函数的某种正则化目标。

所以，有些学者把支持向量机用正则化的框架表述如下：

设待求函数为$f(x)=h(x)+b$，其中h是由核函数K确定的可再生希尔伯特空间H_K中的函数，待求的分类器是对$f(x)$取符号，即$\phi(x)=\text{sgn}(f(x))$，支持向量机就是在l个训练样本对(x_i,y_i)，$i=1,\cdots,l$下最小化下述目标函数

---

① 国内少数文献和网络上把不适定问题翻译成病态问题。这其实是两个有关但不同的概念，我们把ill-posed problem翻译为不适定问题，在数学上有一系列与“病态”有关的概念，如病态方程组(ill-conditioned equations)、病态矩阵(ill-conditioned matrix)等。如果翻译成“病态问题”容易引起混淆。个别英文文献中也误把本节讨论的ill-posed problem称作ill-conditioned problem。

② A. N. Tikhonov, On the stability of inverse problem, *Dokl Acad. Nauk* USSR, 39(5), 1963 (in Russian).

V. V. Ivanov, On linear problems which are not well-posed, Soviet Math. *Dokl*. 3(4): 981-983, 1962.

D. Z. Phillips, A technique for numerical solution of certain integral equation of the first kind, J. *Assoc. Comput. Mach.*, 9: 84-96, 1962.

$$\min_f \frac{1}{l}\sum_{i=1}^{l}(1-y_i f(x_i))_+ + \lambda \|h\|_{H_K}^2 \tag{7-34}$$

在这里，目标函数的第一项对应着支持向量机原问题中用松弛因子表示的分类错误惩罚，第二项对应着支持向量机原问题中最大化间隔的项，两项之间折中的系数变成了这里的正则化系数 λ。

采用这个框架，Lee、Lin 和 Wahba 发展了一种直接解决多类分类问题的多类支持向量机方法，我们在第 6.5.5 节已经进行了介绍。

7.7.3 常见的正则化方法

在式(7-33)的正则化方法框架下，选取不同的正则化项 $\Omega(f)$，就产生了不同的正则化方法，它们在模型和算法性质上各有不同的特点。支持向量机中最大化分类间隔，等价于是用参数向量模的平方作为正则化项，与 Tikhonov 正则化的原理是一致的。根据正则化项对参数空间采用的度量不同，在线性回归基础上出现了一系列正则化方法，它们大致可以分为 L_0 正则化、L_1 正则化、L_2 正则化、L_q 正则化和弹性网(elastic net)方法，它们分别采用 L_0、L_1、L_2、L_q 范数和混合的范数对解函数进行正则化约束。我们用 β 来表示回归函数中的参数向量，$V(y_j,\beta^T x_j)$表示回归误差的某种度量(如绝对值误差或平方误差)，各种正则化方法代表性的目标函数是：

L_0 正则化：

$$\min_\beta \frac{1}{l}\sum_{i=1}^{l}V(y_j,\beta^T x_j)+\lambda\|\beta\|_0 \tag{7-35}$$

L_1 正则化(Lasso 或基追踪算法)：

$$\min_\beta \frac{1}{l}\sum_{i=1}^{l}(y_j-\beta^T x_j)^2+\lambda\|\beta\|_1 \tag{7-36}$$

L_2 正则化(Tikhonov 正则化)：

$$\min_\beta \frac{1}{l}\sum_{i=1}^{l}V(y_j,\beta^T x_j)+\lambda\|\beta\|^2 \tag{7-37}$$

L_q 正则化：

$$\min_\beta \frac{1}{l}\sum_{i=1}^{l}V(y_j,\beta^T x_j)+\lambda\sum_j |\beta_j^q|^{\frac{1}{q}} \tag{7-38}$$

弹性网(亦称混合正则化)：

$$\min_\beta \frac{1}{l}\sum_{i=1}^{l}(y_j-\beta^T x_j)^2+\lambda(\alpha\|\beta\|_1+(1-\alpha)\|\beta\|^2) \tag{7-39}$$

这些不同的正则化方法，都是用不同的范数来对解函数进行约束，会带来不同的效果。例如 L_0 范数就是对参数向量中非零参数个数的计数，把它放到目标函数中进行最小化，就是在要求经验风险最小化的同时希望函数中非零参数的个数尽可能少，实现在减小训练误差的同时实现特征选择的功能，也就是常说的学习对样本特征的稀疏表示，这也是所谓"压缩感知"的基本思想。但 L_0 范数的优化计算很难，L_1 范数即参数向量各元素的绝对值之和也可以用来作为对非零参数个数的一种惩罚，所以比较广泛地被采用。

L_2 范数由于采用了平方和,在计算上有很大的方便性,也是最早提出正则化方法时采用的范数。L_2 范数能够有效地防止参数变得过大,可以较有效地避免过拟合,但平方惩罚对于强制小的参数变成0的作用不大。采用 L_2 范数的线性回归方法也称作岭回归(ridge regression)。支持向量机中的最大化分类间隔就等价于采用 L_2 范数作为正则化项,统计学习理论为采用这种正则化对提高推广能力的作用提供了理论依据。但与 L_2 正则化回归方法不同,支持向量机中对错误的度量不是采用平方误差函数,而是对分类错误采用了线性的惩罚。

弹性网方法则是采用了 L_1 范数与 L_2 范数相结合的方式,它既发挥 L_2 范数的作用防止参数值过大带来的过学习风险,也利用 L_1 范数有效减少非零参数个数,两个目标通过人为确定的常数来进行权衡。

不同的正则化项对学习性能具有不同的理论性质,同时也在优化算法上有不同的优势或劣势,在统计学和机器学习领域有很多研究,限于本教材范围我们不展开深入讨论。

在本节的所有讨论中,我们都忽略了正则化系数 λ 的选择问题,除了在开始提到了它应该与噪声水平有关。λ 的选择是机器学习模型选择中的一个重要问题,它应该反映我们对数据内存在的规律和噪声的认识。但遗憾的是,对于复杂的机器学习问题,我们很难事先对数据有足够的了解,所以很大程度上需要凭经验进行选择,或者通过一定的方法进行试算后选择。从理论上,正则化系数的选择属于模型选择的一个问题,人们在贝叶斯的框架下开展了很多研究,限于本书范围也无法展开讨论。与支持向量机中的核函数及其参数选择、折中参数 C 的选择、神经网络结构的选择等类似,正则化方法中正则化项和正则化系数的选择也属于机器学习中所谓“超参数”,需要在理论、经验和试算共同指导下进行。

7.8 讨论

机器学习与模式识别被很多人认为是一个充满了技巧的领域,很多方法被描述或理解为受到一些直觉认识的启发突然想到的思路。的确,从感知器的雏形,到一些有代表性的神经网络模型,一直到第12章将会讨论的一些典型的深度学习模型,它们的发展的确受到了神经生理学等研究的一些启发,但要从根本上理解和发展机器学习方法,必须从数学上进行深入的探索。对人工神经网络(包括深度神经网络)研究,人们更多地关注的是如何让机器模型能够有效实现复杂的输入输出映射关系,如何更有效地对模型的参数进行寻优。这种思路被 Vapnik 称作“应用分析学派”,认为这种研究的重点是如何发展更实用的技术去完成预定的目标,而其中很多技术可以看作是高超的技巧。

Vapnik 在他的著作中写道,“Nothing is more practical than a good theory”,即“没有什么比一个好的理论更实用”,引用 Kurt Lewin 的格言辩证地阐释了他对理论重要性的认识。他认为,机器学习的关键是建立一套完善的理论,本章介绍的统计学习理论就是他和同事们在这一信念下建立起来的理论。他把机器学习中的监督学习问题描述为根据训练样本从一个函数集中选择最优函数的问题。不同的机器学习方法首先面对的是选择什么样的函数集,也就是设计什么样的机器学习模型。统计学习理论系统认为,一个学习机器的推广能力是由函数集的性质决定的,而并非由函数集中取得目标最优的那个函数决定的。统计学习理论定义了与函数集推广能力相关的对函数集性质的一系列度量，其中最重要的度量是函数集的 VC 维。在此基础上，统计学习理论发展了关于学习机器推广能力的一系列理论结论，并用这些结论指导支持向量机等方法的设计。

除了统计学习理论之外，还有其他一些从理论上研究学习机器性能的工作，其中最有代表性的是各种正则化方法。它们与统计学习理论得出的基本原则是相同的，就是要使学习机器有好的推广能力，必须用适当方法对学习机器所实现的函数集的复杂程度进行控制。这一思想，不但在支持向量机中得到了完整的体现，在人工神经网络和深度学习的很多工作中也发挥了重要的指导作用。

但是，统计学习理论也有它考虑问题的局限性。一方面，统计学习理论采取了最保守的原则，就是学习机器应该按照最坏情况估计来设计。统计学习理论的主要结论中，学习机器的性能不是针对特定的样本集进行考虑的，甚至也不是针对特定样本集所属类型的问题来考虑的，而是考虑了所有可能出现的问题中的最坏情况。这一点清楚地反映在它对学习过程一致性的严格定义，以及它对学习机器容量的定义从针对特定样本集放松到针对特定样本分布到不针对任何样本分布。这种最坏情况分析保证了所设计的机器能在各种情况下都有较好的推广能力，但却可能牺牲了在某些特定问题上取得更好的性能的机会。体现到统计学习理论关于推广能力界的结论上，这些界在很多情况下是松的，以优化这些界为目标得到的学习机器可能在通常情况下还有很大的改进余地。

统计学习理论在建立函数集容量的度量时，没有考虑函数集所能实现的非线性映射的复杂程度，也就是函数集的表示能力。推广能力的定义是学习机器在未来样本上的表现与在训练样本上表现的差别，这个差别越小则推广能力越好，但这个定义本身并未关心在训练样本上表现的性能。在统计学习理论推理的背后，实际上暗含了一个前提假定，就是函数集能够充分地表示训练样本中包含的函数关系。在这个前提下，我们只需要关注函数集的推广能力问题。但是，当样本特征与分类的关系非常复杂时，我们需要对函数集的表示能力给予同样的关心，尤其是当有较充分的训练样本时，对函数集表示能力的关注，其重要性可能与关注函数集推广能力相当甚至更大。近 20 年来飞速发展的各种深度学习模型，其中很多都是在函数集表示能力上取得了突破。同时，很多深度学习模型在强调表示能力的同时也注意使用多种技巧性设计来降低函数集的自由参数个数，这也是对学习机器容量的控制。这在思想和原则上与统计学习理论是一致的，但由于各种深度学习方法的模型非常复杂，超出了当前统计学习理论能够定量研究的范畴，大部分模型的 VC 维都无法估计，所以深度学习理论与深度学习的各种最新进展尚未找到非常密切的结合点，这可能是未来机器学习理论研究的一个重要方向。

第 8 章
非参数学习机器与集成学习

8.1 引言

第 5 章和第 6 章中介绍的线性和非线性分类器，其基本思想都是首先确定分类器的类型，即确定学习机器实现的函数集，然后通过对训练样本的学习确定分类器中待定的参数，即选择函数集中的函数。本章将要介绍的近邻法、决策树和随机森林方法也都是模式识别和机器学习中最常用的方法，但采用的是不同的思路，即通过对训练样本的学习直接构建分类机器。这样的分类器往往无法用一个包含若干待定参数的函数来表示，可以看作是非参数的学习机器。

对于一定的模式识别问题，设法完善分类器设计和选用最佳的分类器是常见的策略。集成学习则是采用了另外一种策略，即不把注意力放在分类器本身，而是通过对多个性能一般的分类器“取长补短”的集成来达到更好的分类性能。

8.2 近邻法

8.2.1 最近邻法

首先回顾第 6 章介绍的分段线性分类器。分段线性分类器的基本做法是，把两类样本各自分成若干个子类，使各个子类之间的分类可以用比较简单的分类器来完成，例如用最小距离分类器，最后的决策面就是由各个子类之间的分类面片段相连接而构成的。如果子类划分恰当，则这种分段线性分类器可以很好地实现复杂的非线性分类。

可以把这种思路发展到一个极端，就是以每个训练样本为一个子类，不同类的两个样本之间用最小距离作为分类准则。显然，这时就没有必要事先用所有两两样本间的分类面构造出分段线性分类面，而是可以在拿到一个待分类的样本后，通过判断它到两类样本的距离来进行决策。这就是最近邻法。

最近邻法就是源于这样一种直观的想法：对于一个新样本，把它逐一与已知样本比较，找出距离新样本最近的已知样本，以该样本的类别作为新样本的类别。

略微形式化一些，这种做法可以表述为：已知样本集 $S_N=\{(\boldsymbol{x}_1,\theta_1),(\boldsymbol{x}_2,\theta_2),\cdots,(\boldsymbol{x}_N,\theta_N)\}$，其中，$\boldsymbol{x}_i$ 是样本 i 的特征向量，θ_i 是它对应的类别，设有 c 个类，即 $\theta_i\in\{1,2,\cdots,c\}$。定义两个样本间的距离度量 $\delta(\boldsymbol{x}_i,\boldsymbol{x}_j)$，例如可以采用欧氏距离 $\delta(\boldsymbol{x}_i,\boldsymbol{x}_j)=\|\boldsymbol{x}_i-\boldsymbol{x}_j\|$。对未知样本 $\boldsymbol{x}$，求 S_N 中与之距离最近的样本，设为 $\boldsymbol{x}'$（对应的类别为 θ'），即

$$\delta(\boldsymbol{x},\boldsymbol{x}')=\min_{j=1,\cdots,N}\delta(\boldsymbol{x},\boldsymbol{x}_j)$$

则将 $\boldsymbol{x}$ 决策为 θ' 类。

这种决策方法称作最近邻决策。

如果写成判别函数的形式，ω_i 类的判别函数可以写作

$$g_i(\boldsymbol{x})=\min_{\boldsymbol{x}_j\in\omega_i}\delta(\boldsymbol{x},\boldsymbol{x}_j),\quad i=1,\cdots,c \tag{8-1}$$

决策规则为各类的判别函数比较大小，即

$$\text{若 } g_k(\boldsymbol{x})=\min_{i=1,\cdots,c}g_i(\boldsymbol{x}),\quad \text{则 } \boldsymbol{x}\in\omega_k \tag{8-2}$$

根据实际问题，我们可以采用不同的距离度量，也可以把距离度量变成某种相似性度量，当然此时上述决策中的取最小就需要变成取最大，即把新样本的类别决策为已知样本中与它最相似的样本的类别。

研究表明，在已知样本数足够多时，这种直观的最近邻决策可以取得很好的效果。对于最近邻法的错误率，理论上有如下结果：

设 N 个样本下最近邻法的平均错误率为 $P_N(e)$，样本 $\boldsymbol{x}$ 的最近邻为 $\boldsymbol{x}'$，平均错误率可以写成

$$P_N(e)=\iint P_N(e|\boldsymbol{x},\boldsymbol{x}')p(\boldsymbol{x}'|\boldsymbol{x})\mathrm{d}\boldsymbol{x}'p(\boldsymbol{x})\mathrm{d}\boldsymbol{x}$$

定义最近邻法的渐近错误率 P 为当 $N\to\infty$ 时 $P_N(e)$ 的极限，$P=\lim\limits_{N\to\infty}P_N(e)$，则可以证明，存在关系

$$P^*\leqslant P\leqslant P^*\left(2-\frac{c}{c-1}P^*\right) \tag{8-3}$$

其中，P^* 为贝叶斯错误率，即理论上最优的错误率，c 为类别数。图 8-1 表示出了这种关系，最近邻法的渐近错误率总会落在图中阴影区域中。

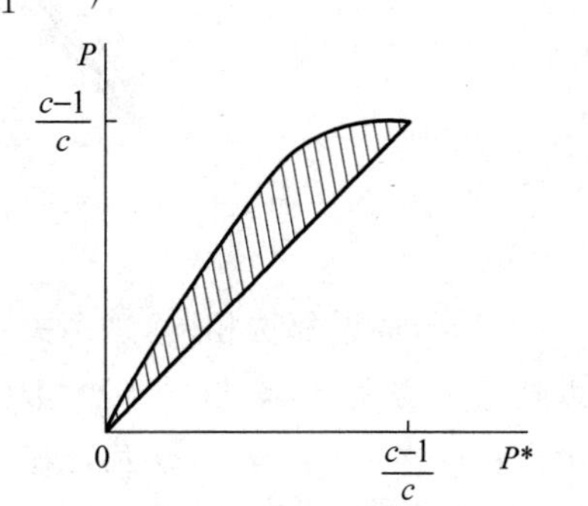

图 8-1　最近邻法渐近错误率的上下界与贝叶斯错误率的关系

这个结论告诉我们，最近邻法的渐近错误率最坏不会超出两倍的贝叶斯错误率，而最好则有可能接近或达到贝叶斯错误率。

需要注意的是，这个结论是在样本数目趋于无穷多时成立的，在结论的证明中，使用了 $p(\boldsymbol{x}'|\boldsymbol{x})$ 趋于以 $\boldsymbol{x}$ 为中心的 δ 函数，即 $\boldsymbol{x}$ 的最近邻离 $\boldsymbol{x}$ 充分

近。在样本数目有限时，最近邻方法通常也可以得到不错的结果，但不一定满足式(8-3)的关系。如果样本数目太少，样本的分布可能会带有很大的偶然性，不一定能很好地代表数据内在的分布情况，此时就会影响最近邻法的性能，当数据内在规律较复杂、类别间存在交叠等情况下尤其如此。

8.2.2 k-近邻法

在很多情况下，把决策建立在一个最近的样本上有一定风险，当数据分布复杂或数据中噪声严重时尤其如此。

一种很自然的改进就是引入投票机制，选择前若干个离新样本最近的已知样本，用它们的类别投票来决定新样本的类别，这种方法称作 k-近邻法，因为人们习惯上把参加投票的近邻样本的个数记作 k。显然，最近邻法可以看作是 k-近邻法的特例，因此也有人把它称作 1-近邻法($k=1$)。

k-近邻法可以表示为：设有 N 个已知样本分属于 c 个类 $\omega_i, i=1,\cdots,c$，考查新样本 $\boldsymbol{x}$ 在这些样本中的前 k 个近邻，设其中有 k_i 个属于 ω_i 类，则 ω_i 类的判别函数就是

$$g_i(\boldsymbol{x})=k_i,\quad i=1,\cdots,c \tag{8-4}$$

决策规则是

$$\text{若 } g_k(\boldsymbol{x})=\max_{i=1,\cdots,c} g_i(\boldsymbol{x}),\text{则 } \boldsymbol{x}\in\omega_k \tag{8-5}$$

对 k-近邻法渐近错误率的理论分析更复杂一些，基本结论是，k-近邻法的渐近错误率仍然满足式(8-3)的上下界关系，但是随着 k 的增加，上界将逐渐降低，当 k 趋于无穷大时，上界和下界碰到一起，k-近邻法就达到了贝叶斯错误率。这个关系如图 8-2 所示。

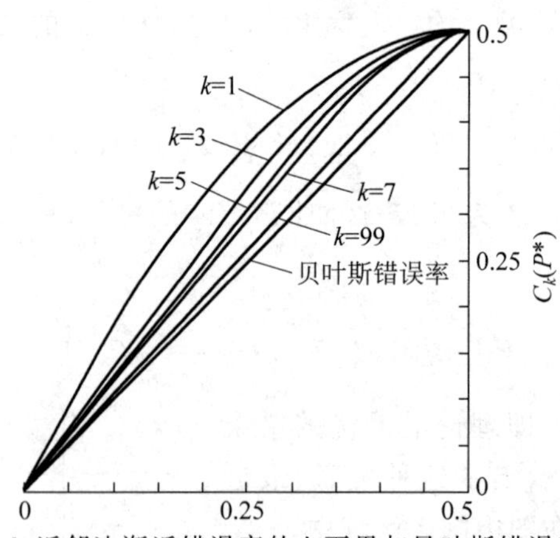

图 8-2　k-近邻法渐近错误率的上下界与贝叶斯错误率的关系

当然，与最近邻法相同，这个关系也是在样本无穷多的前提下得出的，而且，虽然此时 k 可以趋于无穷大，但 k 与样本数相比仍然必须是样本数中可以忽略的一小部分，类似于 3.4 节中讲过的在用非参数方法估计概率密度时对 k_N 的要求。

在实际应用中，k 值需要根据样本情况进行选择，通常选择样本总数的一个很小的比例即可。在两类分类问题中，通常需要选择 k 为奇数，以避免出现两类得票相等的情况。在

多类情况下，如果出现两类得票相等的情况，需要引进其他的机制来进行决策。

当样本比较稀疏时，前 k 个近邻到新样本的距离可能会差别很大，此时只根据样本是否在 k 个近邻中进行投票就显得"有失公正"，因此也可以引入加权机制，根据离新样本的距离远近进行加权。这些都是启发式的做法，可以根据具体问题设计出多种具体策略。

与前面两章介绍的各种分类器设计方法不同，近邻法（包括最近邻和 k-近邻）只是确定一种决策原则，并不需要利用已知数据事先训练出一个判别函数，而是在面对新样本时直接根据已知样本进行决策。这种决策方法需要始终存储所有的已知样本，并将每一个新样本与所有已知样本进行比较和排序，其计算和存储成本都很大。下面介绍几种旨在改进近邻法计算性能的方法。

8.2.3 近邻法的快速算法

近邻法当样本数目较多时才会取得好的性能，但是，新样本需要与每一个样本计算距离然后再通过排序找出最近邻或前 k 个最近邻，当样本数目较多时计算量会非常大。为此，人们采用分枝定界算法（branch-bound algorithm）的思想设计了快速算法。基本思想是，把已知样本集分级划分成多个子集，形成一个树状结构，每个节点是一个子集，每个子集只用较少的几个量来代表，通过把新样本按顺序与各个节点进行比较来排除不可能包含最近邻的子集，只在最后的节点上才需要与每个样本进行比较。

下面介绍具体的做法。

仍然用 $\mathscr{X}=\{\boldsymbol{x}_1,\boldsymbol{x}_2,\cdots,\boldsymbol{x}_N\}$ 表示样本集。目的是在 $\mathscr{X}$ 中寻找未知样本 $\boldsymbol{x}$ 的 k 个近邻。为简单起见，首先讨论 $k=1$ 的情况，即最近邻情况，然后再将其扩展到 k 近邻情况，算法可分为两个阶段：第一阶段是将样本集 $\mathscr{X}$ 分级分解，形成树结构。第二阶段用搜索算法找出待识样本的最近邻。下面做详细讨论。

第一阶段：样本集 $\mathscr{X}$ 的分级分解。

首先将 $\mathscr{X}$ 分为 l 个子集。每个子集再分成 l 个子集。这样依次进行下去就可以得到如图 8-3 所示的一个树结构，图中 $l=3$。每个节点上对应一群样本。我们用 p 表示这样一个节点，并用下列参数表示 p 节点所对应的样本子集：

$\mathscr{X}_p$：节点 p 对应的样本子集；

N_p：$\mathscr{X}_p$ 中的样本数；

M_p：样本子集 $\mathscr{X}_p$ 中的样本均值；

$r_p=\max\limits_{\boldsymbol{x}_i\in\mathscr{X}_p} D(\boldsymbol{x}_i,M_p)$：从 M_p 到 $\boldsymbol{x}_i\in\mathscr{X}_p$ 的最大距离。

划分样本集的方法有很多，例如可以用将在第 9 章介绍的聚类分析方法。图 8-3 的例子就是多次使用第 9 章中的 C 均值算法得到的一棵样本划分树。对每个节点，计算它的中心 M_p 和本节点最远样本离中心的距离 r_p 作为节点的属性。

第二阶段：搜索。

在给出算法之前，先引出两个规则。利用它们可以检验未知样本 $\boldsymbol{x}$ 的最近邻是否在 $\mathscr{X}_p$ 中。

L=0	L=1	L=2	L=3 p	r_p	N_p
N_0	3 ($r_3=7.08$, $N_3=358$)	12 ($r_{12}=2.01$, $N_{12}=75$)	39	0.67	20
			38	1.63	24
			37	2.86	31
		11 ($r_{11}=6.13$, $N_{11}=158$)	36	0.19	34
			35	0.54	55
			34	1.27	69
		10 ($r_{10}=8.75$, $N_{10}=124$)	33	2.54	41
			32	2.12	47
			31	3.15	36
	2 ($r_2=10.21$, $N_2=292$)	9 ($r_9=2.33$, $N_9=79$)	30	0.78	27
			29	2.12	22
			28	3.61	30
		8 ($r_8=4.46$, $N_8=75$)	27	0.57	23
			26	2.21	16
			25	6.65	36
		7 ($r_7=8.24$, $N_7=138$)	24	0.23	57
			23	0.76	29
			22	1.11	52
	1 ($r_1=17.27$, $N_1=351$)	6 ($r_6=0.67$, $N_6=148$)	21	0.25	48
			20	0.53	62
			19	0.83	38
		5 ($r_5=2.91$, $N_5=95$)	18	0.45	53
			17	1.31	21
			16	2.74	21
		4 ($r_4=10.17$, $N_4=108$)	15	0.96	47
			14	1.80	48
			13	3.08	13

图 8-3　近邻法快速搜索算法中的样本集分解举例

规则 1：如果存在

$$D(\boldsymbol{x}, M_p) > B + r_p \tag{8-6}$$

则 $\boldsymbol{x}_i \in \mathscr{X}_p$ 不可能是 $\boldsymbol{x}$ 的最近邻。其中 B 是在算法执行过程中，对于已涉及的那些样本集 $\mathscr{X}_p$ 中的样本到 $\boldsymbol{x}$ 的最近距离，如图 8-4 所示。初始 B 可置为∞，以后的 B 在算法中求得。

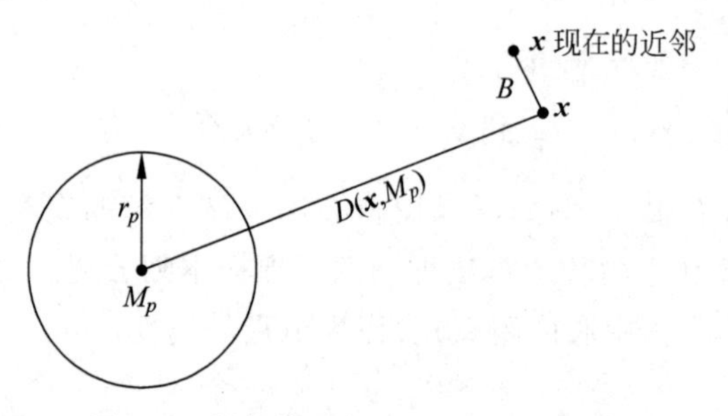

图 8-4　判断某子集是否可能为最近邻

下面将看到，不必全部计算 $\boldsymbol{x}$ 到 $\mathscr{X}_p$ 中每个样本 $\boldsymbol{x}_i$ 的距离，许多节点 p 和所对应的样本集 $\mathscr{X}_p$ 就可以被去掉，从而减少了计算量。为避免对最终节点（如图 8-3 中水平 $L=3$ 的节点）中的全部样本 $\boldsymbol{x}_i$ 计算 $D(\boldsymbol{x},\boldsymbol{x}_i)$ 距离，还需要引出规则 2。

规则 2：如果

$$D(\boldsymbol{x},M_p) > B + D(\boldsymbol{x}_i,M_p) \tag{8-7}$$

其中 $\boldsymbol{x}_i \in \mathscr{X}_p$，则 $\boldsymbol{x}_i$ 不是 $\boldsymbol{x}$ 的最近邻。

这两个规则的原理很容易理解，如图 8-4 所示。其证明作为练习留给读者。基于这两个规则，就可以设计出下面的树搜索算法。

树搜索算法

步骤 1　置 $B=\infty, L=1, p=0$。（L 是当前水平，p 是当前节点）

步骤 2　将当前节点的所有直接后继节点放入一个目录表中，并对这些节点计算 $D(\boldsymbol{x},M_p)$。

步骤 3　对步骤 2 中的每个节点 p，根据规则 1，如果有 $D(\boldsymbol{x},M_p)>B+r_p$，则从目录表中去掉 p。

步骤 4　如果步骤 3 的目录表中已没有节点，则后退到前一个水平，即置 $L=L-1$。如果 $L=0$ 则停止，否则转步骤 3。如果目录表中有一个以上的节点存在，则转步骤 5。

步骤 5　在目录表中选择最近节点 p'，它使 $D(\boldsymbol{x},M_p)$ 最小化，并称该 p' 为当前执行节点，从目录表中去掉 p'。如果当前的水平 L 是最终水平，则转步骤 6。否则置 $L=L+1$，转步骤 2。

步骤 6　对现在执行节点 p' 中的每个 $\boldsymbol{x}_i$，利用规则 2 作如下检验。如果

$$D(\boldsymbol{x},M_p) > D(\boldsymbol{x}_i,M_p) + B$$

则 $\boldsymbol{x}_i$ 不是 $\boldsymbol{x}$ 的最近邻，从而不计算 $D(\boldsymbol{x},\boldsymbol{x}_i)$，否则计算 $D(\boldsymbol{x},\boldsymbol{x}_i)$。若

$$D(\boldsymbol{x},\boldsymbol{x}_i) < B$$

置 $NN=i$ 和 $B=D(\boldsymbol{x},\boldsymbol{x}_i)$。在当前执行节点中所有 $\boldsymbol{x}_i$ 被检验之后，转步骤 3。

当算法结束时，输出 $\boldsymbol{x}$ 的最近邻 $\boldsymbol{x}_{NN}$ 和 $\boldsymbol{x}$ 与 $\boldsymbol{x}_{NN}$ 的距离 $D(\boldsymbol{x},\boldsymbol{x}_{NN})=B$。

下一个需要讨论的问题是分级数目（水平数）与最终节点对应样本数目之间的关系。在分支数目相同的条件下，分级数目越多，节点也越多，最终节点对应的样本数就越小。这样虽然在最终节点上要计算的 $\boldsymbol{x}$ 和样本 $\boldsymbol{x}_i$ 的距离将减少，但由于节点数目的增加，每个节点上的计算量将相应增加。若分级数目少，节点数目可减少，但最终节点对应的样本数目又将增多。这样，虽然每个节点上计算量减少，但最终结点上对距离的计算量又将增多。因此最好的办法是根据实际样本数，综合考虑这些因素。图 8-3 的实验参数就是这样选择的。它有 $L=3$ 个水平，39 个节点，最终节点数为 27 个，每个最终节点对应的样本数不超过 69 个。

最后我们将算法扩展到 k-近邻法情况。这只需对上述算法作部分修正就可以完成。首先对 B 作修正，使它在现在的程序中是 $\boldsymbol{x}$ 到第 k 个近邻的距离。然后当在步骤 6 中每计算一个距离之后，就与当前执行近邻表中的 k 个近邻距离作比较。若这个新计算的距离小于近邻表中任何一个时，则从近邻表中去掉最大的一个，也就是执行到当前为止 $\boldsymbol{x}$ 的第 $k+1$ 个近邻。程序的其他部分与最近邻法相同。

8.2.4　剪辑近邻法

在很多情况下，两类数据的分布可能会有一定的重叠，这时样本就不会完全可分，如图8-5所示。

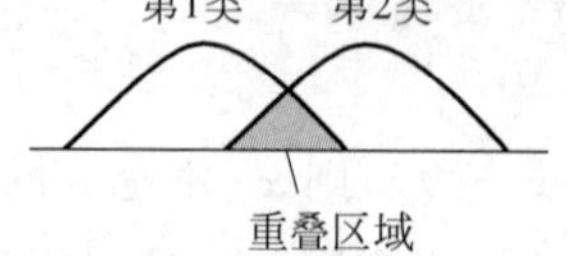

图8-5　两类样本重合的情况示例

如果训练样本处在两类分布重合的区域，其中部分样本就会落在最优分类面的错误一侧，在进行近邻法分类时，这样的训练样本将会误导决策，使分类出现错误。而且由于这个区域内两类已知样本都存在，可能会使分类面的形状变得非常复杂。

从图8-5中可以想到，如果能够设法把图中阴影部分的已知样本去掉，决策时就不会受到那些错分样本的影响，可以使近邻法的决策面更接近最优分类面。剪辑近邻法就是采用了这样一种思想。

首先需要识别出那些处在交界区的样本。由于事先并不知道决策面的位置，需要用部分训练样本首先进行预分类，检测出可能处在交界区的样本。一种有代表性的做法是，将已知样本集划分为考试集 $\mathscr{X}^{NT}$ 和训练集 $\mathscr{X}^{NR}$ 两部分，用训练集 $\mathscr{X}^{NR}$ 中的样本对考试集 $\mathscr{X}^{NT}$ 中的样本进行近邻法分类，从 $\mathscr{X}^{NT}$ 中除去被错误分类的样本，剩余样本构成剪辑样本集 $\mathscr{X}^{NTE}$，用 $\mathscr{X}^{NTE}$ 对未来样本进行近邻法分类。

理论研究表明[①]，如果在剪辑阶段用最近邻法，在分类阶段也用最近邻法，则剪辑近邻法得到的渐近错误率与近邻法错误率的关系是：对于任意的 $\boldsymbol{x}$

$$P_1^E(e|\boldsymbol{x})=\frac{P(e|\boldsymbol{x})}{2[1-P(e|\boldsymbol{x})]} \tag{8-8}$$

其中，$P(e|\boldsymbol{x})$是近邻法的错误率，$P_1^E(e|\boldsymbol{x})$是采用一近邻剪辑的剪辑近邻法错误率。由此可见，剪辑后错误率减小。特别地，如果近邻法的错误率不大，例如 $P(e)<0.1$，则将有

$$P_1^E(e)\approx\frac{1}{2}P(e) \tag{8-9}$$

再考虑到近邻法的渐近错误率上界是两倍的贝叶斯错误率，$P(e)\leqslant 2P^*$，因此可以得到，剪辑近邻法的渐近错误率近似等于贝叶斯错误率。

进一步还可以证明，如果在剪辑阶段用 k 近邻法，分类阶段仍用最近邻法，则当 $N\to\infty$、$k\to\infty$ 但 $k/N\to 0$ 时，剪辑近邻法的渐近错误率收敛于贝叶斯错误率。

同样的方法还可以应用到多类问题上，而且在多类问题上，剪辑近邻法对性能的改善比两类情况下更显著。

为了消除考试集、训练集划分中的偶然性造成的影响，当样本数较多时，人们设计了一种多重剪辑方法 MULTIEDIT[②]：

（1）划分　把样本集随机划分为 s 个子集，$\mathscr{X}_1,\cdots\mathscr{X}_s$，$s\geqslant 3$。

（2）分类　用 $\mathscr{X}_{(i+1)\bmod(s)}$ 对 $\mathscr{X}_i$ 中的样本分类，$i=1,\cdots,s$。例如，如果 $s=3$，则用 $\mathscr{X}_2$ 对

---

① Wilson D L. Asymptotic properties of the nearest neighbor rules using edited data. *IEEE Transactions on Systems*, Man, and Cybernetics, 1972, 2: 408-420.

② Devijver P and Kittler J. *Pattern Recogniton*, *A Statistical Approach*. Englewood Cliffs: Prentice Hall, 1982, Section 3.11.

$\mathscr{X}_1$ 分类,用 $\mathscr{X}_3$ 对 $\mathscr{X}_2$ 分类,用 $\mathscr{X}_1$ 对 $\mathscr{X}_3$ 分类。

(3) 剪辑　从各个子集中去掉在(2)中被分错的样本。

(4) 混合　把剩下的样本合在一起,形成新的样本集 $\mathscr{X}^{NE}$。

(5) 迭代　用新的样本集 $\mathscr{X}^{NE}$ 替代原样本集,转(1)。如果在最近的 m 次迭代中都没有样本被剪掉,则终止迭代,用最后的 $\mathscr{X}^{NE}$ 作为剪辑后的样本集。

图 8-6 给出了一个重复剪辑效果的例子。在这个例子中,二维空间中的两类样本分别服从不同的正态分布,图中用字符“1”和“2”表示了已知的样本。可以看到,经过多次迭代的剪辑之后,两类混杂的样本完全被消除了,两类之间的分界变得十分清楚。

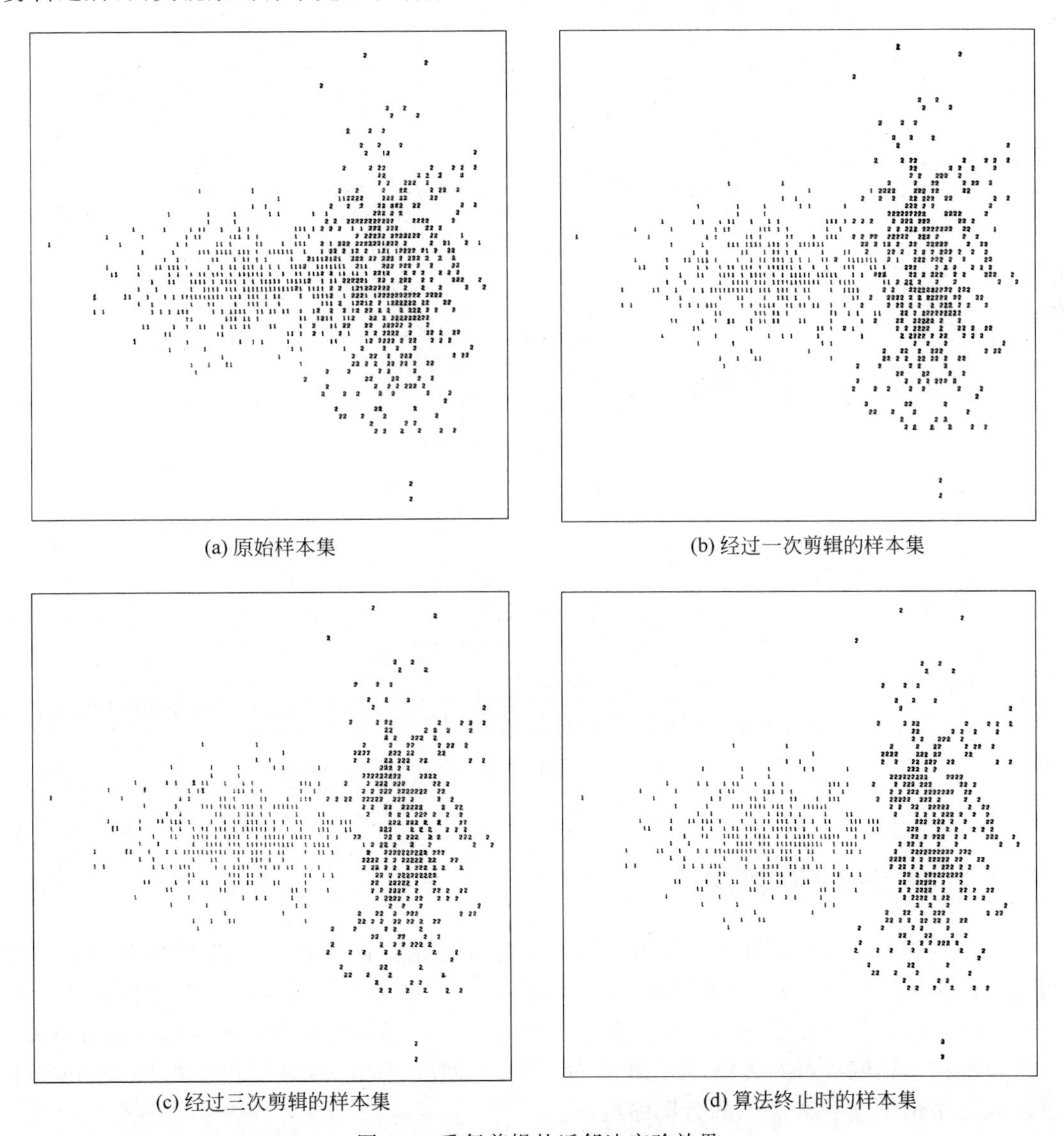

(a) 原始样本集　(b) 经过一次剪辑的样本集

(c) 经过三次剪辑的样本集　(d) 算法终止时的样本集

图 8-6　重复剪辑的近邻法实验效果

图 8-7 给出了另外一个例子,从中可以看到,经过样本多重剪辑之后的近邻法分类面在数据分布的主要区域内已经非常接近贝叶斯分类面。

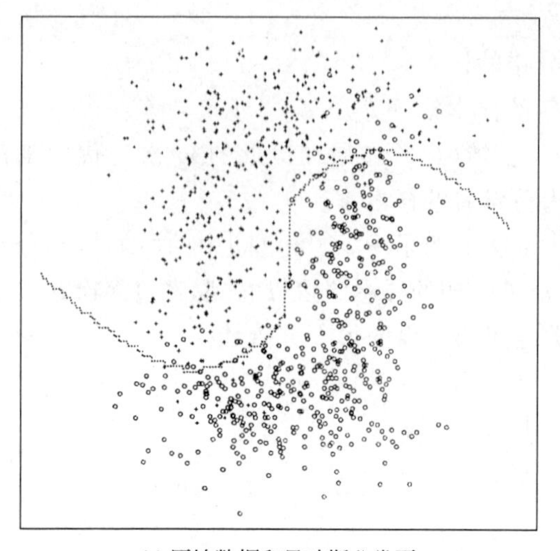

(a) 原始数据和贝叶斯分类面

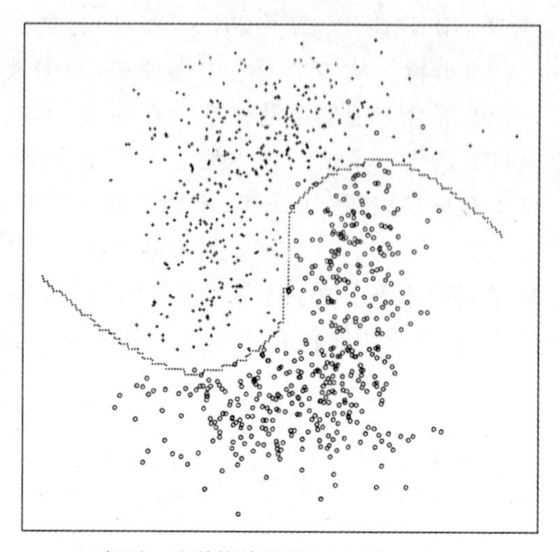

(b) 经过一次剪辑的数据与贝叶斯分类面

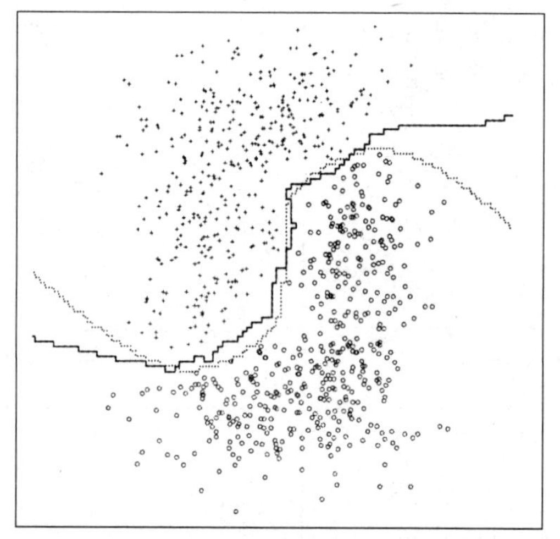

(c) 最终的剪辑结果、多重剪辑近邻法的分类面与贝叶斯分类面

图 8-7　重复剪辑的近邻法分类面与贝叶斯分类面的比较

8.2.5　压缩近邻法

剪辑近邻法可以比较好地去除边界附近容易引起混乱的训练样本，使得分类边界清晰可见。但是，考查近邻法的分类原理，可以发现，那些远离分类边界的样本对于最后的分类决策没有贡献。只要能够设法找出各类样本中最有利于用来与其他类区分的代表性样本，就可以把很多训练样本都去掉，简化决策过程中的计算。早在1968年提出的CONDENSE算法就是采用了这一思想[①]，称为压缩近邻法。

CONDENSE算法的做法是：将样本集 $\mathscr{X}^N$ 分为 $\mathscr{X}_S$ 和 $\mathscr{X}_G$ 两个活动的子集，前者称作储

① Hart P. The condensed nearest neighbor rule. *IEEE Transactions on Information Theory*, 1968, 14: 515-516.

存集 Storage，后者称作备选集 GrabBag。算法开始时，$\mathscr{X}_S$ 中只有一个样本，其余样本均在 $\mathscr{X}_G$ 中。考查 $\mathscr{X}_G$ 中的每一个样本 $\boldsymbol{x}$，若用 $\mathscr{X}_S$ 中的样本能够对它正确分类，则该样本保留在 $\mathscr{X}_G$，否则移到 $\mathscr{X}_S$ 中，依次类推，直到没有样本再需要搬移为止。最后用 $\mathscr{X}_S$ 中的样本作为代表样本，对未来样本进行近邻法分类。

这种压缩近邻法，可以在不牺牲分类准确度的前提下大大压缩近邻法决策时的训练样本数目，如果与剪辑近邻法配合使用，可以得到非常好的效果。图 8-8 给出的就是在图 8-7 例子中用 MULTIEDIT 进行剪辑的基础上再使用 CONDENSE 算法的结果。可以看到，压缩后只保留了 8 个样本，但是所实现的分类面在我们所关心的区域仍然十分接近贝叶斯分类面。

值得注意的是，这种早在 1968 年提出的压缩近邻法的思想与后来的支持向量机方法有一定的相似之处。支持向量机求解最大化分类间隔的最优分类面，得到一组能够代表样本集中全部分类信息的支持向量。压缩近邻法是通过启发式的方法寻求用较少的样本来代表样本集中的分类信息。尤其是，经过对分类交叠区域的剪辑，可以使两类的边界更清楚，直观上可以提高分类面的推广能力。剪辑近邻法和压缩近邻法与支持向量机在理论上的联系是一个十分值得研究的课题。有学者[①]把剪辑和压缩近邻法中的思想运用到改进支持向量机的复杂性上，取得了很好的结果。

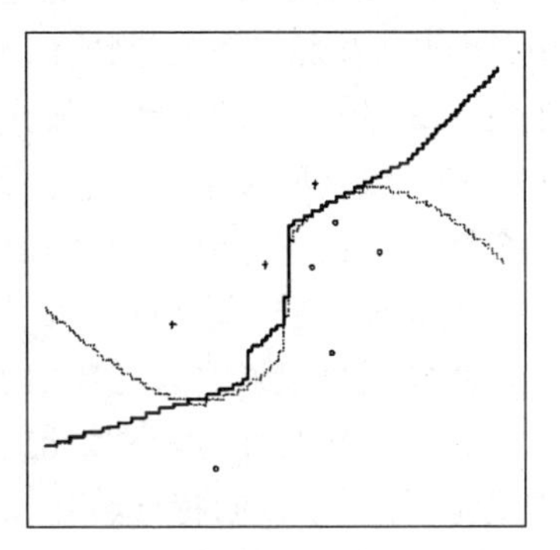

图 8-8 多重剪辑后再使用压缩近邻法的实验效果

8.3 决策树与随机森林

8.3.1 非数值特征的量化

前面介绍的所有分类方法，针对的样本特征都是数量特征，分类算法的输入都是实数向量。而在很多实际问题中，描述某些对象可能需要用非数值的特征(nonmetric features)，例如物体的颜色、形状，人的性别、民族、职业，字符串中的字符，DNA 序列中的核酸类型(A、C、G、T)等，这些特征被称作名义特征(nominal features)，它们通常只能比较相同或不相同，无法比较相似性，无法比较大小；另外有一类特征，它们本身是一种数值，例如序号、分级等，它们可能有顺序，但是却不能看作是欧氏空间中的数值，这些特征叫做序数特征(ordinal features)；还有一些特征，它们本身是数值特征，例如年龄、考试成绩、温度等，但是在某些问题中，它们与研究目标之间的关系呈现出明显的非线性，例如某些疾病在不同年龄段有很大的差异，温度在不同区段对研究对象的影响不同等，这些特征也不能作为普通的数值特征，需要分区段处理，这种特征中最常见的是区间(interval)数据，它们的取值是实数，可以比较大小，但是没有一个“自然的”零，比值没有意义(例如不能说“今天比昨

① Bakir G H, Bottou L and Weston J. Breaking SVM complexity with cross-training. *Advances in Neural Information Processing Systems*, 17: 81-88. (Eds.) Saul L K, Weiss Y and Bottou L. MIT Press, Cambridge, MA, USA, 2005.

天热一倍”等)。

如果利用前面讲过的方法对这样的样本进行模式分类,首先需要对这些特征进行编码,把非数值的特征转换成数值特征。例如在对DNA序列的分析中,人们有时把A、C、G、T分别编码为四维二值特征0001、0010、0100、1000,然后再用人工神经网络或支持向量机进行分类。采用这种编码是为了防止人为引入特征元素之间本来并不存在的相对关系,称作正交编码,但是这样也显然使特征的维数增加了(原来的一个字符位置需要四维新特征来描述),而且在编码后的二值特征上使用针对实数特征设计的算法仍然可能存在问题。

对于序数特征,一种做法就是把它们等同于名义特征来对待,例如,如果某一疾病分为三级,则可以引入三个二值特征,分别指示病例样本是否属于第一级、是否属于第二级、是否属于第三级,用这样的三个特征代替原来的一个分级特征参加后续的算法运算。这样做就损失了三个级之间关系的信息。另外一种做法是可以根据专业知识人为地把序数特征转化为一个数值特征,例如根据病情的严重程度把三个级赋予相应的打分,把打分作为一般的实数特征来处理,这样做显然引入了人为因素,效果与打分的设计关系很大。

区间特征可以通过设定阈值变成二值特征,或者通过设置多个阈值变为序数特征,例如把年龄分为成年与儿童两种情况、把温度分成多个区段等。更合理的处理方式可能是引入模糊变量,把一个区间特征转化成多个模糊特征,能够较好地反映区间数据中的信息。(在第11章将介绍关于模糊集的基本内容。)

可以看到,面对非数值特征,虽然有很多做法可以把它们数值化,但引入这一额外步骤可能会损失数据中的信息,也可能引入人为的信息,因此,人们一直也在寻求直接利用非数值特征分类的方法。决策树方法就是其中一种广受重视的方法。

8.3.2 决策树

在面对一些非数值型特征时,人们的很多决策过程都是按照一定的树状结构进行的。例如到医院看感冒[①],通常大夫首先会问是否发烧,如果发烧,则会看嗓子、听肺部、查血象,一般情况根据血象就做出判断:如果白细胞高或者中性粒细胞高,则可能是细菌感染或者衣原体感染,需要用抗生素;如果血象正常或者白细胞偏低,则可能是病毒感染,需要用抗病毒药物。这一决策过程可以用图8-9的树状图来表示。类似这样的树状决策过程在很多领域都可以看到,例如客户信用分析、医学诊断、市场研究、产品质量控制、政府决策等。

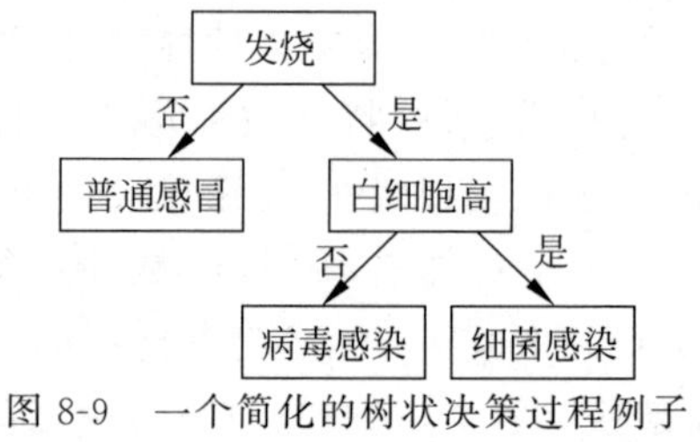

图8-9 一个简化的树状决策过程例子

人们日常进行的树状决策过程,大多是根据相关的专业知识或多年积累的常识进行的。而所谓决策树(decision tree)方法则是利用一定的训练样本,从数据中“学习”出决策规则,自动构造出决策树。下面以一个汽车推销员对潜在客户的分析为例来说明决策树方法的基本原理[②]。

① 这只是从普通病人角度观察的决策过程,用于说明树状决策,对涉及的医学问题的描述可能不准确。

② 此例子主要参考了台湾致理技术学院苏志雄教授的讲义,特此致谢。其中的数据是虚构的。

假定某推销员根据经验得知,顾客是否会购买汽车,与顾客的年龄、性别和家庭收入关系最大。于是,她收集了前一段时间光顾某汽车销售店看车买车的客户的信息,得到了表8-1的数据,这就是她的训练样本集,她的目标是建立能够估计客户是否会购买汽车的决策树。这可以看作一个两类的分类问题。

表8-1 顾客数据

顾客编号	年龄	性别	月收入/元	是否购买
1	21	男	4000	否
2	33	女	5000	否
3	30	女	3800	否
4	38	女	2000	否
5	25	男	7000	否
6	32	女	2500	否
7	20	女	2000	否
8	26	女	9000	是
9	32	男	5000	是
10	24	男	7000	否
11	40	女	4800	否
12	28	男	2800	否
13	35	女	4500	否
14	33	男	2800	是
15	37	男	4000	是
16	31	女	2500	否

面对这些数据,她无从下手分析。有经验的同事告诉她,应该先把年龄和收入情况分成几个等级,于是她查阅了有关资料,决定把年龄以30岁为门槛分成两档,把收入按照每月3000元以下、3000~6000元和6000元以上分为低、中、高三档,这样,她的数据就变成了表8-2的形式。接下来的事情就是如何根据这样的样本数据构造决策树。

表8-2 经过初步整理后的顾客数据

顾客编号	年龄	性别	月收入/元	是否购买
1	<30	男	中	否
2	≥30	女	中	否
3	≥30	女	中	否
4	≥30	女	低	否
5	<30	男	高	否
6	≥30	女	低	否
7	<30	女	低	否
8	<30	女	高	是
9	≥30	男	中	是
10	<30	男	高	否
11	≥30	女	中	否
12	<30	男	低	否
13	≥30	女	中	否
14	≥30	男	低	是
15	≥30	男	中	是
16	≥30	女	低	否

决策树是由一系列节点组成的，每一个节点代表一个特征和相应的决策规则。最上部的节点是根节点(这里的“树”通常是倒置过来画的，即根在顶端)，此时所有的样本都在一起，经过该节点后被划分到各个子节点中。每个子节点再用新的特征来进一步决策，直到最后的叶节点。在叶节点上，每一个节点只包含单纯一类的样本，不需要再划分。

决策树的构建过程就是选取特征和确定决策规则的过程。在这个例子里，有年龄、性别、月收入三个特征，首先需要确定第一步用哪个特征构造根节点。

ID3 方法

最早比较著名的决策树构建方法是 ID3(interactive dichotomizer-3，交互式二分法)①，其名字虽然是二分法，但它也适用于每个节点下划分多个子节点的情况。方法的原型是 Hunt 等提出的概念学习系统(concept learning system)②，通过选择有辨别力的特征对数据进行划分，直到每个叶节点上只包含单一类型的数据为止。

ID3 算法的基础是香农(Shannon)信息论中定义的熵(entropy)。信息论告诉我们，如果一个事件有 k 种可能的结果，每种结果对应的概率为 $P_i, i=1,\cdots,k$，则我们对此事件的结果进行观察后得到的信息量可以用如下定义的熵来度量

$$I=-(P_1\log_2 P_1+P_2\log_2 P_2+\cdots+P_k\log_2 P_k)=-\sum_{i=1}^{k}P_i\log_2 P_i \tag{8-10}$$

对某个节点上的样本，我们把这个度量称为熵不纯度，它反映了该节点上的特征对样本分类的不纯度(impurity)。在应用到实际问题时，可以用各类样本出现的比例来作为对概率的估计。例如，如果 $k=4$，在当前节点上包含的样本属于四类的概率都是 0.25，则

$$I=-(4\times 0.25\times \log_2 0.25)=2$$

样本最不纯，即不确定性最大；如果当前节点只包含两类样本且数量相同，不包含另外两类样本，则

$$I=-(2\times 0.5\times \log_2 0.5)=1$$

样本的不确定性减少；而如果当前节点的样本全部属于某一类别，其余三类概率都是 0，则

$$I=-(1\times \log_2 1)=0$$

样本最纯，没有不确定性。

对于推销员得到的表 8-2 中的数据，在不考虑任何特征时，16 人中有 4 人买车，12 人不买车，推销员计算出此时的熵不纯度为

$$I(16,4)=-\left[\frac{4}{16}\log_2\left(\frac{4}{16}\right)+\frac{12}{16}\log_2\left(\frac{12}{16}\right)\right]\approx 0.8113$$

其中，$I(16,4)$表示总共 16 个样本中 4 个为一类，12 个为另一类时的熵不纯度。现在希望找到一个能够最有效地划分买车与不买车两类的特征，也就是希望引入该特征后，能够使不纯度最有效地减少。于是，推销员逐一考查各个特征，分别计算如果采用年龄、性别或月收入为特征把样本划分，划分后的熵不纯度是否会减少，比较哪个特征能够使不纯度减少幅度

① Quinlan J R. Discovering rules by induction from large collections of examples. In: Michie D (Ed.). *Expert Systems in the Micro Electronic Age*, 1979, 168-201.

② Hunt E B, Marin J, and Stone P. *Experiments in Induction*. New York: Academic Press, 1966.

最大。她对年龄特征的计算方法和结果是：

如果采用年龄作为根节点，则把所有样本分为两组，30 岁以下组有 6 人，1 人购车；30 岁以上组有 10 人，3 人购车。总的熵不纯度是这两组样本上计算的不纯度按照样本比例的加权求和，即

$$I_{\text{age}}=\frac{6}{16}I(6,1)+\frac{10}{16}I(10,3)=0.7946$$

这样，采用年龄作为根节点后，在下一级的熵不纯度比上一级减少的量是

$$\Delta I_{\text{age}}(16)=I(16,4)-I_{\text{age}}=0.0167$$

称作不纯度减少量，或信息增益(information gain)。

一般来讲，如果特征把 N 个样本划分成 m 组，每组 N_m 个样本，则不纯度减少量的计算公式为

$$\Delta I(N)=I(N)-(P_1I(N_1)+P_2I(N_2)+\cdots+P_mI(N_m)) \tag{8-11}$$

其中，$P_m=N_m/N$。

用同样的方法，推销员又分别计算了如果采用性别特征、月收入特征作为根节点所能够带来的信息增益

$$\Delta I_{\text{gender}}(16)=I(16,4)-I_{\text{gender}}=0.0972$$

$$\Delta I_{\text{income}}(16)=I(16,4)-I_{\text{income}}=0.0177$$

她发现，用性别作为第一个特征能够带来不纯度最大的减小，于是决定用性别特征作为决策树的根节点，如图 8-10 所示：所有 16 个样本被按照性别特征分成了两组，女性组有 9 个样本，其中 1 人购车；男性组有 7 个样本，其中 3 人购车。

下面需要构建决策树的下一层节点。对于女性组和男性组，用与上面相同的方法，分别考查两组样本上如果再采用年龄或月收入作为特征所得到的不纯度减少。结果发现，对于男性组，采用年龄特征后不纯度减少最大，为 0.9852；对于女性组，则是采用月收入作为特征后不纯度减少最多，为 0.688。这样就可以分别用这两个特征构建下一级的决策树节点。事实上，在这个简单的例子里，这时各个节点上已经都是纯的样本了，因此这一级节点就是叶节点。决策树构建完成，如图 8-11 所示。

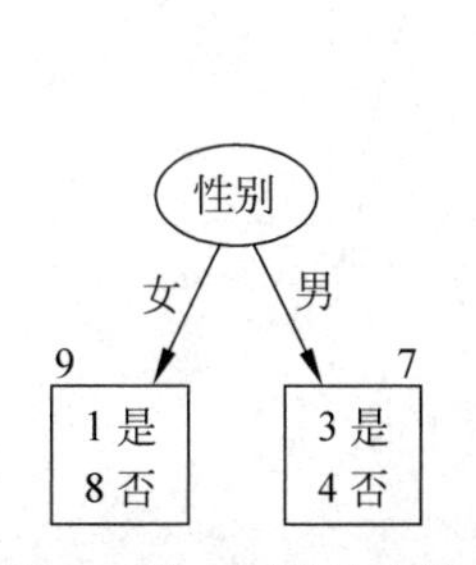

图 8-10 用表 8-2 样本得到的决策树的第一级

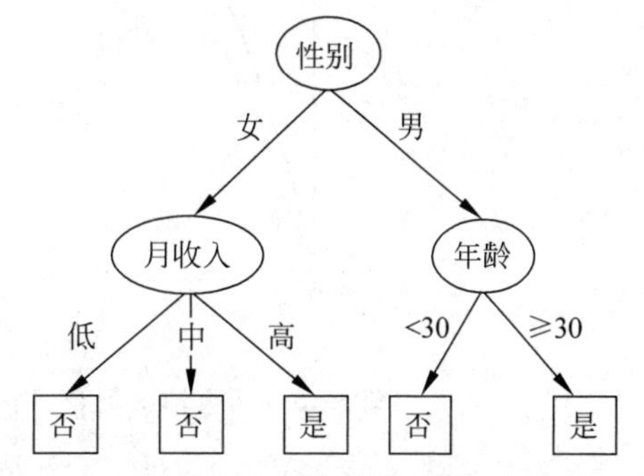

图 8-11 用表 8-2 数据构成的用于判断客户是否购车的决策树

得到了这棵决策树，推销员甚是欣喜，于是她进一步列出了与决策树等价的一组分类规则(图 8-12)。她发现，月收入划分成三档在这组数据上并没有起作用，因此把左下角的两

个叶节点合成到了一条规则中。

若(性别＝女)且(月收入<6000元),则(买车＝否)
若(性别＝女)且(月收入>6000元),则(买车＝是)
若(性别＝男)且(年龄<30岁),则(买车＝否)
若(性别＝男)且(年龄≥30岁),则(买车＝是)

图 8-12 从图 8-11 的决策树推出的分类规则

这个推销员构建决策树的过程就是ID3算法,总结一下,流程为:首先计算当前节点包含的所有样本的熵不纯度(式(8-10)),比较采用不同特征进行分枝将会得到的信息增益即不确定性减少量(式(8-11)),选取具有最大信息增益的特征赋予当前节点,该特征的取值个数决定了该节点下的分枝数目;如果后继节点只包含一类样本,则停止该枝的生长,该节点成为叶节点;如果后继节点仍包含不同类样本,则再次进行以上步骤,直至每一枝都到达叶节点为止。

除了采用香农熵作为不纯度的度量,人们也可以采用其他度量,例如有人用所谓Gini不纯度度量,也称方差不纯度

$$I(N)=\sum_{m\neq n}P(\omega_m)P(\omega_n)=1-\sum_{j=1}^{k}P^2(\omega_j) \tag{8-12}$$

也有人采用所谓误差不纯度

$$I(N)=1-\max_{j}P(\omega_j) \tag{6-13}$$

这里的$P(\omega_j)$都是当前节点上的N个样本中属于第j类的样本数占总样本数的比例。图8-13画出了两类情况下熵不纯度、Gini不纯度和误差不纯度三种度量与两类样本概率的关系。实际上,多数情况下,采用不同的不纯度度量对分类结果的影响不大。

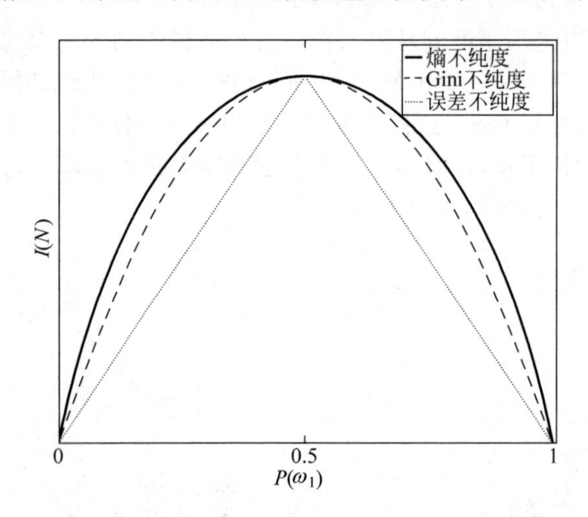

图 8-13 两类情况下,三种不纯度度量与两类概率的关系

C4.5 算法

在ID3算法之后,人们还提出了很多改进的算法,例如C4.5算法就采用信息增益率(gain ratio)代替式(8-11)的信息增益

$$\Delta I_R(N)=\frac{\Delta I(N)}{I(N)} \tag{8-14}$$

并且,C4.5 算法还增加了处理连续的数值特征的功能。基本做法是：若数值特征 x 在训练样本上共包含了 n 个取值,把它们按照从小到大的顺序排序,得到 $v_i, i=1,\cdots,n$；用二分法选择阈值把这组数值划分,共有 $n-1$ 种可能的划分方案；对每一种方案计算信息增益率,选择增益率最大的方案把该连续特征离散化为二值特征,再与其他非数值特征一起构建决策树。如果要把特征离散化为多值,原理仍然相同,只是需要可能的划分方案数目增多而已。

显然,在上面的汽车推销员的例子中,她也可以用这种策略对年龄和月收入进行处理,选择出在当前数据下最优的划分方案。

CART 算法

除了上面介绍的算法,另外一种同样著名的甚至更著名的决策树算法是 CART,即分类和回归树(classification and regression tree)算法。其核心思想与 ID3 和 C4.5 相同,主要的不同处在于,CART 在每一个节点上都采用二分法,即每个节点都只能有两个子节点,最后构成的是二叉树；而且,CART 既可以用于分类问题,也可以用于构造回归树对连续变量进行回归。关于 CART 算法的更多内容可以参考有关专著①。

8.3.3 过学习与决策树的剪枝

在 8.3.2 节的例子中看到用决策树方法可以有效地构造出分类决策树。但是,同时也感觉到,这样依据把有限的样本全部正确划分为准则建立的决策规则,不免有一些不可靠。人们不禁要问,那位推销员用所建立的决策树对未来的客户进行分析时,成功率会有多少?这就是推广性问题。

与所讨论的所有模式识别方法一样,决策树算法的目的是对未来的样本进行正确的推测,而不是把已知的样本分类正确。如果一个算法在训练数据上表现很好,但在测试数据或未来的新数据上的表现与在训练数据上差别很大,则我们说这个算法遇到了过学习或者过适应的问题。

在第 7 章中我们看到了在统计学习理论框架下如何通过对学习机器的函数集进行约束来进行对推广能力的控制,避免过学习。按照统计学习理论的框架,决策树算法可以在概念上看作是对所有可能的决策树集合中通过局部寻优选取训练错误率最小的决策树,但这样得到的决策树在推广能力意义上并不一定为最优。在决策树算法中,控制算法推广能力、防止出现过学习的主要手段,是控制决策树生成算法的终止条件和对决策树进行剪枝。

在有限的样本下,如果决策树生长得很大(树枝很多或很深),则可能会抓住有限样本中由于采样的偶然性或者噪声带来的假象,导致过学习。图 8-14 是某一实验中得到的用 ID3 算法构建的决策树大小与在训练数据和测试数据上误差的关系。可以看到,有限样本下,决策树超过一定规模后,训练错误率减小但测试错误率增加。

由此可以看到,前面介绍算法时要求算法在每个叶节点上都只包含纯的一类样本的做法是有问题的。在样本数有限时,不能仅仅以追求训练错误率低为目标,还必须控制决策树

---

① Breiman L, Friedman J H, Olshen R A, and Stone C J. *Classification and Regression Trees*. New York: Chapman & Hall, 1993.

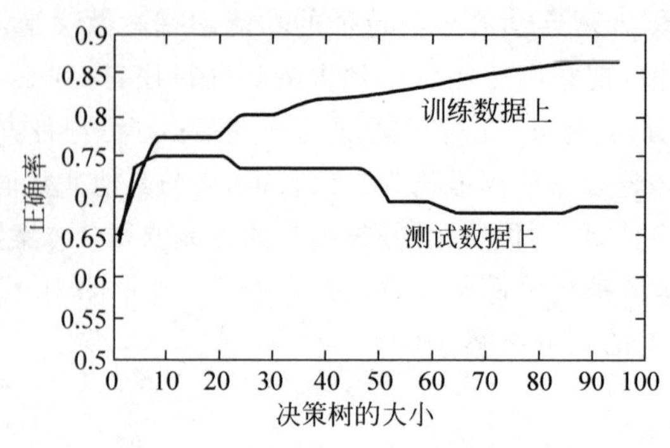

图 8-14　决策树算法的过学习现象

的规模，使其规模与样本数相适应。

控制决策树规模的做法叫做剪枝(pruning)。决策树剪枝有两种策略，一种叫先剪枝，另外一种叫后剪枝。

先剪枝

所谓先剪枝，实际就是控制决策树的生长，在决策树生长过程中决定某节点是否需要继续分枝还是直接作为叶节点。一旦某节点被判断为叶节点以后，则该分枝停止生长。

通常，用于判断决策树何时停止的方法有三种：

(1) 数据划分法。该方法的核心思想是将数据分成训练样本和测试样本，首先基于训练样本对决策树进行生长，直到在测试样本上的分类错误率达到最小时停止生长。此方法只利用了一部分样本进行决策树的生长，没有充分利用数据信息，因此通常采用多次的交叉验证方法(参考第10章)以充分利用数据信息。

(2) 阈值法。预先设定一个信息增益阈值，当从某节点往下生长时得到的信息增益小于设定阈值时停止树的生长。但是，实际应用中此阈值往往不容易设定。

(3) 信息增益的统计显著性分析。对已有节点获得的所有信息增益统计其分布，如果继续生长得到的信息增益与该分布相比不显著，则停止树的生长，通常可以用卡方检验来考查这个显著性。

后剪枝

顾名思义，后剪枝是指在决策树得到充分生长以后再对其进行修剪。后剪枝的核心思想是对一些分枝进行合并，它从叶节点出发，如果消除具有相同父节点的叶节点后不会导致不纯度的明显增加则执行消除，并以其父节点作为新的叶节点。如此不断地从叶节点往上进行回溯，直到合并操作不再适合为止。

常用的剪枝规则也有三种：

(1) 减少分类错误修剪法。该方法试图通过独立的剪枝集估计剪枝前后分类错误率的改变，并基于此对是否合并分支进行判断。

(2) 最小代价与复杂性的折中。该方法对合并分枝后产生的错误率增加与复杂性减少进行折中考虑，最后得到一个综合指标较优的决策树。

(3) 最小描述长度(minimal description length，MDL)准则。该方法的核心思想是，最简单的树就是最好的树。该方法首先对决策树进行编码，再通过剪枝得到编码最短的决策树。

先剪枝与后剪枝的选择需要根据实际问题具体分析。先剪枝的策略更直接，它的困难在于估计何时停止树的生长。由于决策树的生长过程采用的是贪婪算法，即每一步都只以当前的准则最优为依据，没有全局的观念，且不会进行回溯，因此该策略缺乏对于后效性的考虑，可能导致树生长的提前中止。后剪枝的方法在实践中更为成功，它通常利用所有的样本信息构建决策树，信息利用充分；但如果数据量较大时计算代价比较大。在实际应用中，也可以将先剪枝和后剪枝结合使用以获得更为满意的决策树。

C4.5 和 CART 算法中都包含了用后剪枝策略对决策树进行修剪的功能。

8.3.4 随机森林

基于数据的模式识别方法都面临一个共同的问题，就是数据的随机性问题。方法的任何一次实现都是基于一个特定的数据集的，这个数据集只是所有可能的数据中的一次随机抽样。很多方法的结果受到这种随机性的影响，训练得到的分类器也具有一定的偶然性，在样本量比较少时尤其如此。

对于决策树方法，由于训练过程即构造决策树的过程是根据每个节点下局部的划分准则进行的，受样本随机性的影响可能就更明显一些。这样就容易导致过学习。

样本随机性的影响并不是模式识别方法特有的，而是任何基于数据的方法所共同面对的问题。因此，统计学家提出了一种叫做 bootstrap 的策略，中文可译作自举，基本思想是通过对现有样本进行重采样产生多个样本集，用来模拟数据中的随机性，在最后的结果中考虑这种随机性的影响。人们将这种思想或类似的思想用在了模式识别问题中，其中比较有代表性的一种方法是本小节将要扼要介绍的随机森林(random forests)方法①，其他相近的方法还有 Bagging 方法、Adaboost 方法、随机划分选择法等②。

顾名思义，随机森林就是建立很多决策树，组成一个决策树的“森林”，通过多棵树投票来进行决策。理论和实验研究都表明，这种方法能够有效地提高对新样本的分类准确度即推广能力。这里只给出随机森林方法的三个基本步骤：

首先，随机森林方法对样本数据进行自举重采样，得到多个样本集。所谓自举重采样，就是每次从原来的 N 个训练样本中有放回地随机抽取 N 个样本(包括可能的重复样本)。

然后，用每个重采样样本集作为训练样本构造一个决策树。在构造决策树的过程中，每次从所有候选特征中随机地抽取 m 个特征，作为当前节点下决策的备选特征，从这些特征中选择最好地划分训练样本的特征。

最后，得到所需数目的决策树后，随机森林方法对这些树的输出进行投票，以得票最多

① Leo Breiman. Random forests. *Machine Learning*, 2001, 45(1): 5-32.

② 可详见以下文献：

Breiman L. Bagging predictors, *Machine Learning*, 1996, 26(2): 123-140.

Freund Y and Schapire R. Experiments with a new boosting algorithm. *Machine Learning: Proceedings of the 13th International Conference*, 1996, 148-156.

Dietterich T. An experimental comparison of three methods for constructing ensembles of decision trees: Bagging, boosting and randomization. *Machine Learning*, 2000, 40(2): 139-157.

的类作为随机森林的决策。

图 8-15 画出了随机森林的原理示意图。

这种方法既对训练样本进行了采样，又对特征进行了采样，充分保证了所构建的每棵树之间的独立性，使投票结果更无偏。有关这种方法的具体做法、理论性质和实验效果读者可以查阅相关文献。

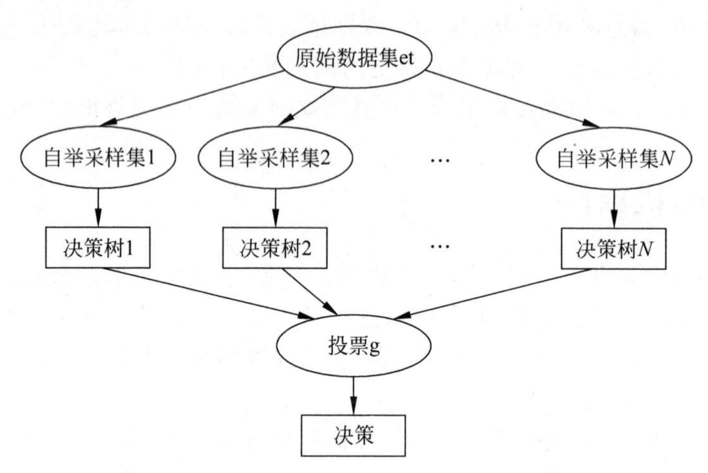

图 8-15　随机森林的原理示意图

8.4 Boosting 集成学习

在 8.3 节中，我们介绍了如何通过对样本集进行重采样的方法训练多个决策树，并采用投票决策的方法构造随机森林。随机森林实现了通过对多个决策树分类器的集成达到更理想的分类性能。这里体现了集成学习的思想。实际上，随机森林的提出是受到了更早的 Boosting 方法的启发。本节介绍这种更一般性的多分类器集成决策方法。Boosting 一词的含义是“提升、增强”，暗含通过一定措施使系统达到高于其本身能力的含义，例如通过涡轮增压器提高发动机的功率。下面我们将看到，Boosting 方法通过融合多个分类器，大大提高了分类性能。

与随机森林方法的基本思想类似，当采用基于简单模型的单个分类器对样本进行分类的效果不理想时，人们希望能够通过构建并整合多个分类器来提高最终的分类性能。人们通常称这种不太理想的单个分类器为“弱分类器”。但是，与随机森林方法不同，Boosting 方法并不是简单地对多个分类器的输出进行投票决策，而是通过一个迭代过程对分类器的输入和输出进行加权处理。在不同应用中可以采用不同类型的弱分类器，在每一次迭代过程中，根据分类的情况对各个样本进行加权，而不仅仅是简单的重采样。

目前，最为广泛使用的 Boosting 方法是 Freund 和 Schapire 提出的 AdaBoost 算法[①]。这里对这种算法进行简单介绍。

---

① Freund Y and Schapire R E. A decision-theoretic generalization of online learning and an application to boosting. *J. Comput. System Sciences*, 1997,55.

设给定 N 个训练样本$\{\boldsymbol{x}_1,\cdots,\boldsymbol{x}_N\}$，用 $f_m(\boldsymbol{x})\in\{-1,1\}(m=1,\cdots,M)$ 表示 M 个弱分类器在样本 $\boldsymbol{x}$ 上的输出，通过 AdaBoost 算法构造这 M 个分类器并进行决策的具体过程如下：

1. 初始化训练样本$\{\boldsymbol{x}_1,\cdots,\boldsymbol{x}_N\}$的权重 $w_i=1/N, i=1,\cdots,N$。

2. 对 $m=1\rightarrow M$，重复以下过程：

(1) 利用$\{w_i\}$加权后的训练样本构造分类器 $f_m(\boldsymbol{x})\in\{-1,1\}$。(注意构造弱分类器的具体算法可以不同，例如采用线性分类器和决策树等。)

(2) 计算样本用$\{w_i\}$加权后的分类错误率 e_m，并令 $c_m=\log((1-e_m)/e_m)$。

(3) 令 $w_i=w_i\exp[c_m 1_{(y_i\neq f_m(\boldsymbol{x}_i))}]$，$i=1,2,\cdots,N$，并归一化使 $\sum_{i=1}^{N}w_i=1$。

($1_{(y_i\neq f_m(\boldsymbol{x}_i))}$表示当 $y_i\neq f_m(\boldsymbol{x}_i)$时取 1，否则取 0)

3. 对于待分类样本 $\boldsymbol{x}$，分类器的输出为 $\operatorname{sgn}\left[\sum_{m=1}^{M}c_m f_m(\boldsymbol{x})\right]$。

注意，算法第 2(1)步中，所谓利用加权后的训练样本构造分类器，是指对分类器算法目标函数中各个样本所对应的项进行加权，因此需要根据具体采用的分类器类型具体分析。例如，对于最小平方误差判别，加权后的最小平方误差(MSE)准则函数为

$$\sum_{i=1}^{N}w_i(\boldsymbol{\alpha}^{\mathrm{T}}\boldsymbol{x}_i-y_i)^2$$

而对于决策树或一些其他方法，则可以根据每个样本的权值调整重采样的概率，按照这个概率对样本进行重采样，用重采样得到的样本集构造新的弱分类器。

Boosting 方法提出后，被广泛应用于人脸识别、生物序列识别等领域。尤其当人们希望通过渐近式的分类器设计过程逐步提高分类算法的性能时，这种分类器融合的思想得到了成功的应用。在实际应用中，人们发现对弱分类器(模型简单但分类效果不理想)，例如线性分类器、简单神经元、单层决策树(decision stumps)等，采用 Boosting 方法可以取得明显的提高效果，从而得到快速而有效的分类策略。此外，人们还发现在很多情况下，迭代次数(即所采用的弱分类器数)较大时，Boosting 方法不会导致严重的过学习问题。

除了 AdaBoost 算法外，人们还根据不同需求提出了采用其他加权方法和应用于多类问题的 Boosting 方法。

为了对 Boosting 方法的研究进行理论指导和说明，Friedman 等揭示了 Boosting 算法与基于可加性模型的罗杰斯特回归(additive logistic regression)之间存在的内在关系，并进一步提出了更具一般性的 Boosting 方法的框架①。

8.5 讨论

模式识别与机器学习是一门方法性的学问，它研究的是如何从数据中自动学习到规律。各种数据的分布和其中包含的待学习的规律是多种多样的，人们根据不同的实际问题和对

---

① Friedman J, Hastie T, and Tibshirani R. Additive logistic regression: a statistical view of boosting (with discussions). *The Annals of Statistics* 2000, 28(2): 337-407.

数据与规律的不同认识或假设，提出了很多不同的方法。通过前面几章的学习，我们已经看到了很多有代表性的监督学习方法，后面还会介绍更多新近发展起来的方法，很多方法还在不断发展中。这些方法既遵循着统一的一般原理，又具有非常不同的算法和特性。

试图一般地讨论不同方法的优劣往往是不可行也不科学的，因为不同方法有不同的假设和针对性，在不同问题和数据上会有不同的表现。在优化领域中，有一个叫做“没有免费午餐”的定理，大致是说各种算法如果对所有可能遇到的问题进行平均，它们的表现是不会有巨大差别的，优秀的算法只是在特定的问题域中表现胜出。学习模式识别和机器学习方法，不能期望找到一种“放之四海而皆准”的最佳方法，而应该学习和掌握不同方法的原理、特点和依据，在具体问题中选择或发现最适合的方法。

在前面各章介绍的方法中，都假定事先确定了样本的特征。实际上，在设计分类器之前，重要的一步是决定使用什么特征、对特征进行选择和必要的变换，在第9、10章将分别进行介绍。

第9章 特征选择

9.1 引言

前面几章中讨论了多种分类器的设计方法。在这些方法中，我们都假定已经有一组用来描述对象性质的特征，每个样本就是用一组特征来表示的。我们考虑较多的是数值特征，即每一个特征是一个实数，决策树等方法则可以处理非数值特征。

这些特征都是通过对研究对象的直接或间接观察得到的。一个模式识别系统的成败，首先取决于所利用的特征是否较好地反映了将要研究的分类问题。因此，如何设计和获取特征是一个实际模式识别系统的第一步。这一步工作需要结合分类的目标根据相应领域的专业知识来决定，同时也受到有关领域的观测手段和技术的影响。我们把这一过程称作特征的生成或特征获取，所得到的特征可以称作一次特征或原始特征。这些特征可以是由仪器直接测量出来的数值，例如对象的一些物理量，也可以是根据仪器的数据进行了计算后的结果。例如，如果要利用图像对细胞进行分类，区分正常的细胞和异常的细胞，则可以直接把CCD得到的图像像素作为特征，如果图像大小是256×256像素，则特征就是65536维；而更多的情况下，是根据对细胞图像的认识计算出一些新的特征，例如细胞总面积、总光密度、胞核面积、核浆比、细胞形状、核内纹理等，这些特征的维数可能远小于像素数，但却可以更好地反映样本的性质。

特征的获取是依赖于具体的问题和相关专业的知识的，无法进行一般性的讨论。从模式识别角度，很多情况下人们面对的是已经得到的一组特征，或者是利用当时的技术手段把所有有可能观测到的特征都记录下来。这时，这些特征中可能有很多特征与要解决的分类问题关系并不密切，它们在后续的分类器设计中可能会影响分类器的性能。另外，有时即使很多特征都与分类关系密切，但是特征过多会带来计算量大、推广能力差等问题，在样本数目有限时很多方法甚至会因为出现病态矩阵等问题而根本无法计算，因此人们也往往希望在保证分类效果的前提下用尽可能少的特征来完成分类。

模式识别中的特征选择的问题，就是指在模式识别问题中，用计算的方法从一组给定的特征中选择一部分特征进行分类。这是降低特征空间维数的一种基本方法。本章只讨论数量型特征的选择。在第8章介绍的决策树方法实际是把非数量特征的选择与分类同时考虑。

另一种把特征空间降维的方法是特征提取，将在第10章进行讨论。

9.2　用于分类的特征评价准则

要进行特征选择，首先要确定选择的准则，也就是如何评价选出的一组特征。确定了评价准则后，特征选择问题就变成从 D 个特征中选择出使准则函数最优的 d 个特征（$d<D$）的搜索问题。本节首先讨论准则问题。

从概念上，我们希望选择出的特征能够最有利于分类，因此，利用分类器的错误率作为准则是最直接的想法。但是，这种准则在很多实际问题中并不一定可行：从理论上，即使概率密度函数已知，错误率的计算也非常复杂，而实际中多数情况下样本的概率密度未知，计算分类器的错误率就更困难；如果用样本对错误率进行实验估计，则由于需要采用交叉验证等方法，将大大增加计算量。

因此，需要定义与错误率有一定关系但又便于计算的类别可分性准则 J_{ij}，用来衡量在一组特征下第 i 类和第 j 类之间的可分程度。这样的判据应该满足以下几个要求：

（1）判据应该与错误率（或错误率的上界）有单调关系，这样才能较好地反映分类目标。

（2）当特征独立时，判据对特征应该具有可加性，即

$$J_{ij}(x_1,x_2,\cdots,x_d)=\sum_{k=1}^{d}J_{ij}(x_k)$$

这里 J_{ij} 是第 i 类和第 j 类的可分性准则函数，J_{ij} 越大，两类的分离程度就越大，x_1，x_2，$\cdots$，x_d 是一系列特征变量。

（3）判据应该具有以下度量特性

$$\begin{aligned}&J_{ij}>0, \quad \text{当 } i\neq j \text{ 时}\\&J_{ij}=0, \quad \text{当 } i=j \text{ 时}\\&J_{ij}=J_{ji}\end{aligned}$$

（4）理想的判据应该对特征具有单调性，即加入新的特征不会使判据减小，即

$$J_{ij}(x_1,x_2,\cdots,x_d)\leqslant J_{ij}(x_1,x_2,\cdots,x_d,x_{d+1})$$

如果类别可分性判据满足上述条件且比较便于计算，就可以较好地用来作为特征选择的标准。但实际情况下，其中的某些要求并不一定容易满足。在过去的研究中，人们提出了很多不同的判据，下面介绍几类常用的判据。

9.2.1　基于类内类间距离的可分性判据

在第5章中介绍的Fisher线性判别方法，采用了样本投影到一维使投影后的类内离散度尽可能小、类间离散度尽可能大的准则来确定最佳的投影方向，这其实就是一个直观的类

别可分性判据。在特征选择问题中，我们可以借鉴类似的思想来定义一系列基于样本在特征上的类内类间距离的判据。

直观上考虑，可以用两类中任意两两样本间的距离的平均来代表两个类之间的距离。现在推导多类情况下的这种判据。

令 $\boldsymbol{x}_k^{(i)}$，$\boldsymbol{x}_l^{(j)}$ 分别为 ω_i 类及 ω_j 类中的 D 维特征向量，$\delta(\boldsymbol{x}_k^{(i)},\boldsymbol{x}_l^{(j)})$ 为这两个向量间的距离，则各类特征向量之间的平均距离为

$$J_{\mathrm{d}}(\boldsymbol{x})=\frac{1}{2}\sum_{i=1}^{c}P_i\sum_{j=1}^{c}P_j\frac{1}{n_in_j}\sum_{k=1}^{n_i}\sum_{l=1}^{n_j}\delta(\boldsymbol{x}_k^{(i)},\boldsymbol{x}_l^{(j)}) \tag{9-1}$$

式中 c 为类别数，n_i 为 ω_i 类中样本数，n_j 为 ω_j 类中样本数，P_i、P_j 是相应类别的先验概率。

多维空间中两个向量之间有很多种距离度量，在欧氏距离情况下有

$$\delta(\boldsymbol{x}_k^{(i)},\boldsymbol{x}_l^{(j)})=(\boldsymbol{x}_k^{(i)}-\boldsymbol{x}_l^{(j)})^{\mathrm{T}}(\boldsymbol{x}_k^{(i)}-\boldsymbol{x}_l^{(j)}) \tag{9-2}$$

用 $\boldsymbol{m}_i$ 表示第 i 类样本集的均值向量

$$\boldsymbol{m}_i=\frac{1}{n_i}\sum_{k=1}^{n_i}\boldsymbol{x}_k^{(i)} \tag{9-3}$$

用 $\boldsymbol{m}$ 表示所有各类的样本集的总平均向量

$$\boldsymbol{m}=\sum_{i=1}^{c}P_i\boldsymbol{m}_i \tag{9-4}$$

将式(9-2)、式(9-3)、式(9-4)代入式(9-1)得

$$J_{\mathrm{d}}(\boldsymbol{x})=\sum_{i=1}^{c}P_i\left[\frac{1}{n_i}\sum_{k=1}^{n_i}(\boldsymbol{x}_k^{(i)}-\boldsymbol{m}_i)^{\mathrm{T}}(\boldsymbol{x}_k^{(i)}-\boldsymbol{m}_i)+(\boldsymbol{m}_i-\boldsymbol{m})^{\mathrm{T}}(\boldsymbol{m}_i-\boldsymbol{m})\right] \tag{9-5}$$

上式中括号内的第二项是第 i 类的均值向量与总体均值向量 $\boldsymbol{m}$ 之间的平方距离，用先验概率加权平均后可以代表各类均值向量的平均平方距离

$$\sum_{i=1}^{c}P_i(\boldsymbol{m}_i-\boldsymbol{m})^{\mathrm{T}}(\boldsymbol{m}_i-\boldsymbol{m})=\frac{1}{2}\sum_{i=1}^{c}P_i\sum_{j=1}^{c}P_j(\boldsymbol{m}_i-\boldsymbol{m}_j)^{\mathrm{T}}(\boldsymbol{m}_i-\boldsymbol{m}_j) \tag{9-6}$$

也可以用下面定义的矩阵写出 $J_{\mathrm{d}}(\boldsymbol{x})$ 的表达式。

令

$$\widetilde{S}_{\mathrm{b}}=\sum_{i=1}^{c}P_i(\boldsymbol{m}_i-\boldsymbol{m})(\boldsymbol{m}_i-\boldsymbol{m})^{\mathrm{T}} \tag{9-7}$$

以及

$$\widetilde{S}_{\mathrm{w}}=\sum_{i=1}^{c}P_i\frac{1}{n_i}\sum_{k=1}^{n_i}(\boldsymbol{x}_k^{(i)}-\boldsymbol{m}_i)(\boldsymbol{x}_k^{(i)}-\boldsymbol{m}_i)^{\mathrm{T}} \tag{9-8}$$

则

$$J_{\mathrm{d}}(\boldsymbol{x})=\mathrm{tr}(\widetilde{S}_{\mathrm{w}}+\widetilde{S}_{\mathrm{b}})$$

上面的推导是建立在有限样本集上的，式中的 $\boldsymbol{m}_i$、$\boldsymbol{m}$、$\widetilde{S}_{\mathrm{b}}$、$\widetilde{S}_{\mathrm{w}}$ 是对类均值 $\boldsymbol{\mu}_i$、总体均值 $\boldsymbol{\mu}$、类间离散度矩阵 $\boldsymbol{S}_{\mathrm{b}}$ 和类内离散度矩阵 $\boldsymbol{S}_{\mathrm{w}}$ 在样本基础上的估计，$\boldsymbol{\mu}_i$、$\boldsymbol{\mu}$、$\boldsymbol{S}_{\mathrm{b}}$ 和 $\boldsymbol{S}_{\mathrm{w}}$ 的表达式如下

$$\boldsymbol{\mu}_i=E_i[\boldsymbol{x}]$$

$$\boldsymbol{\mu}=E[\boldsymbol{x}]$$

$$S_{\mathrm{b}}=\sum_{i=1}^{c}P_i(\boldsymbol{\mu}_i-\boldsymbol{\mu})(\boldsymbol{\mu}_i-\boldsymbol{\mu})^{\mathrm{T}} \tag{9-9}$$

$$S_{\mathrm{w}}=\sum_{i=1}^{c}P_iE_i[(\boldsymbol{x}-\boldsymbol{\mu}_i)(\boldsymbol{x}-\boldsymbol{\mu}_i)^{\mathrm{T}}] \tag{9-10}$$

各类之间的平均平方距离也可表示为

$$J_{\mathrm{d}}(\boldsymbol{x})=\mathrm{tr}(\boldsymbol{S}_{\mathrm{w}}+\boldsymbol{S}_{\mathrm{b}}) \tag{9-11}$$

除了这种平均平方距离判据，还可以定义一系列类似的基于类内类间距离的判据。较常见的有

$$J_1=\mathrm{tr}(\boldsymbol{S}_{\mathrm{w}}+\boldsymbol{S}_{\mathrm{b}})$$

$$J_2=\mathrm{tr}(\boldsymbol{S}_{\mathrm{w}}^{-1}\boldsymbol{S}_{\mathrm{b}})$$

$$J_3=\ln\frac{|\boldsymbol{S}_{\mathrm{b}}|}{|\boldsymbol{S}_{\mathrm{w}}|}$$

$$J_4=\frac{\mathrm{tr}\boldsymbol{S}_{\mathrm{b}}}{\mathrm{tr}\boldsymbol{S}_{\mathrm{w}}}$$

$$J_5=\frac{|\boldsymbol{S}_{\mathrm{b}}-\boldsymbol{S}_{\mathrm{w}}|}{|\boldsymbol{S}_{\mathrm{w}}|}$$

其中，J_1就是J_{d}。这些判据都有一个共同的特点，就是定义直观、易于实现，因此比较常用。而且，不同判据计算的数值虽然不同，但是对特征的排序是相同的，因此，选用其中不同的具体形式只是会在计算上不一样，结果是一致的。

这些基于距离的判据也有自身的缺陷，就是很难在理论上建立起它们与分类错误率的联系，而且当两类样本的分布有重叠时，这些判据不能反映重叠的情况。当各类样本分布的协方差差别不大时，使用这些特征可以取得较好的效果。

9.2.2 基于概率分布的可分性判据

上面介绍的类别可分性判据是基于样本间的距离的，没有直接考虑样本的分布情况，很难与错误率建立直接的联系。为了考查在不同特征下两类样本概率分布的情况，人们定义了基于概率分布的可分性判据。

先研究两类的情况：如图 9-1 所示，其中图 9-1(a)为完全可分的情况，图 9-1(b)为完全不可分情况。

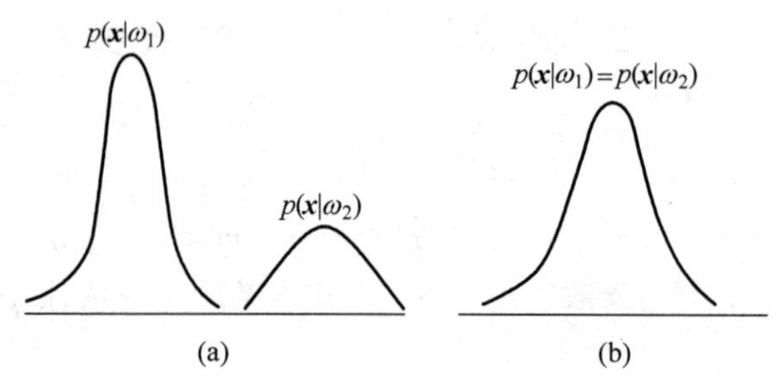

图 9-1 完全可分与完全不可分情况

假定先验概率相等，若对所有使 $p(\boldsymbol{x}|\omega_2)\neq 0$ 的点有 $p(\boldsymbol{x}|\omega_1)=0$，如图 9-1(a)所示，则两类为完全可分的；相反，如果对所有 $\boldsymbol{x}$ 都有 $p(\boldsymbol{x}|\omega_1)=p(\boldsymbol{x}|\omega_2)$，如图 9-1(b)所示，则两类完全不可分。

分布密度的交叠程度可用 $p(\boldsymbol{x}|\omega_1)$ 及 $p(\boldsymbol{x}|\omega_2)$ 这两个分布密度函数之间的距离 J_{p} 来度量。任何函数 $J(\cdot)=\int g[p(\boldsymbol{x}|\omega_1),\ p(\boldsymbol{x}|\omega_2),P_1,P_2]\mathrm{d}\boldsymbol{x}$，如果满足下述条件：

(1) J_{p} 为非负，即 $J_{\mathrm{p}}\geqslant 0$；

(2) 当两类完全不交叠时 J_{p} 取最大值，即若对所有 $\boldsymbol{x}$ 有 $p(\boldsymbol{x}|\omega_2)\neq 0$ 时 $p(\boldsymbol{x}|\omega_1)=0$，则 $J_{\mathrm{p}}=\mathrm{Max}$；

(3) 当两类分布密度相同时，J_{p} 应为零，即若 $p(\boldsymbol{x}|\omega_1)=p(\boldsymbol{x}|\omega_2)$，则 $J_{\mathrm{p}}=0$，则都可用来作为类分离性的概率距离度量。

下面列出几种常用的概率距离度量。

Bhattacharyya 距离

$$J_{\mathrm{B}}=-\ln\int[p(\boldsymbol{x}|\omega_1)p(\boldsymbol{x}|\omega_2)]^{\frac{1}{2}}\mathrm{d}\boldsymbol{x} \tag{9-12}$$

直观的分析可以看出，当两类概率密度函数完全重合时，$J_{\mathrm{B}}=0$；而当两类概率密度完全没有交叠时，$J_{\mathrm{B}}=\infty$。经过简单的推导可以得出，理论上的错误率 P_{e} 与 Bhattacharyya 距离之间有如下关系

$$P_{\mathrm{e}}\leqslant[P(\omega_1)P(\omega_2)]^{\frac{1}{2}}\exp\{-J_{\mathrm{B}}\} \tag{9-13}$$

推导过程读者可以作为课外练习。

Chernoff 界限

$$J_{\mathrm{c}}=-\ln\int P^{s}(\boldsymbol{x}|\omega_1)P^{1-s}(\boldsymbol{x}|\omega_2)\mathrm{d}\boldsymbol{x} \tag{9-14}$$

其中，s 是在[0,1]区间内的一个参数。显然，当 $s=0.5$ 时，Chernoff 界限与 Bhattacharyya 距离相同。

散度

在第 2 章已经看到，两类概率密度函数的似然比对于分类是一个重要的度量，人们在似然比的基础上定义了以下的散度作为类别可分性的度量

$$J_{\mathrm{D}}=\int_{\boldsymbol{x}}[p(\boldsymbol{x}|\omega_1)-p(\boldsymbol{x}|\omega_2)]\ln\frac{p(\boldsymbol{x}|\omega_1)}{p(\boldsymbol{x}|\omega_2)}\mathrm{d}\boldsymbol{x} \tag{9-15}$$

不难得出，在两类样本都服从正态分布的情况下，散度为

$$J_{\mathrm{D}}=\frac{1}{2}\mathrm{tr}[\boldsymbol{\Sigma}_1^{-1}\boldsymbol{\Sigma}_2+\boldsymbol{\Sigma}_2^{-1}\boldsymbol{\Sigma}_1-2\boldsymbol{I}]+\frac{1}{2}(\boldsymbol{\mu}_1-\boldsymbol{\mu}_2)^{\mathrm{T}}(\boldsymbol{\Sigma}_1^{-1}+\boldsymbol{\Sigma}_2^{-1})(\boldsymbol{\mu}_1-\boldsymbol{\mu}_2) \tag{9-16}$$

其中，$\boldsymbol{\mu}_1$、$\boldsymbol{\mu}_2$、$\boldsymbol{\Sigma}_1$、$\boldsymbol{\Sigma}_2$ 分别是两类的均值向量和协方差矩阵。特别地，当两类协方差矩阵相等时，Bhattacharyya 距离和散度之间有如下关系

$$J_{\mathrm{D}}=(\boldsymbol{\mu}_1-\boldsymbol{\mu}_2)^{\mathrm{T}}\boldsymbol{\Sigma}^{-1}(\boldsymbol{\mu}_1-\boldsymbol{\mu}_2)=8J_{\mathrm{B}} \tag{9-17}$$

这也等于两类均值之间的 Mahalanobis 距离。

上面给出的是考查两类概率密度函数之间距离的一些准则，与此类似，也可以定义类条件概率密度函数与总体概率密度函数之间的差别，用来衡量一个类别与各类混合的样本总体的可分离程度。考查特征 $\boldsymbol{x}$ 与类 ω_i 的联合概率密度函数

$$p(\boldsymbol{x},\omega)=p(\boldsymbol{x}|\omega_i)P(\omega_i) \tag{9-18}$$

如果 $\boldsymbol{x}$ 与类 ω_i 独立，则 $p(\boldsymbol{x},\omega_i)=p(\boldsymbol{x})P(\omega_i)$，即 $p(\boldsymbol{x})=p(\boldsymbol{x}|\omega_i)$，特征 $\boldsymbol{x}$ 不提供分类 ω_i 的信息。$p(\boldsymbol{x}|\omega_i)$ 与 $p(\boldsymbol{x})$ 差别越大，则 $\boldsymbol{x}$ 提供的分类信息越多。因此，可以用 $p(\boldsymbol{x}|\omega_i)$ 与 $p(\boldsymbol{x})$ 之间的函数距离作为特征对分类贡献的判据

$$J_i=\int g(p(\boldsymbol{x}|\omega_i),p(\boldsymbol{x}),P(\omega_i))\mathrm{d}\boldsymbol{x} \tag{9-19}$$

称作概率相关性判据。对上面介绍的每一种概率密度距离判据，都可以得到对应的概率相关性判据，只需把式(7-12)、式(7-14)、式(7-15)中的 $p(\boldsymbol{x}|\omega_1)$ 换成 $p(\boldsymbol{x}|\omega_i)$、$p(\boldsymbol{x}|\omega_2)$ 换成 $p(\boldsymbol{x})$ 即可。

9.2.3 基于熵的可分性判据

特征对分类的有效性也可以从后验概率角度来考虑。

现在来看一个极端的例子。设有 c 个类别，对特征的某一取值 $\boldsymbol{x}$，若样本属于各类的后验概率相等，即

$$P(\omega_i|\boldsymbol{x})=\frac{1}{c}$$

则从该特征无法判断样本属于哪一类，错误概率为 $(c-1)/c$。若对另外一种情况，有

$$P(\omega_i|\boldsymbol{x})=1,\quad 且\ P(\omega_j|\boldsymbol{x})=0,\quad \forall j\neq i$$

则此时样本肯定属于 ω_i 类，错误概率为 0。

因此，在特征的某个取值下，如果样本属于各类的后验概率越平均，则该特征越不利于分类；如果后验概率越集中于某一类，则特征越有利于分类。

为了衡量各类后验概率的集中程度，人们借用信息论中熵的概念定义了类别可分性的判据。下面来看熵的概念。

把类别 $\omega_i,i=1,\cdots,c$ 看作是一系列随机事件，它的发生依赖于随机向量 $\boldsymbol{x}$，给定 $\boldsymbol{x}$ 后 ω_i 的后验概率是 $P(\omega_i|\boldsymbol{x})$。如果根据 $\boldsymbol{x}$ 能完全确定 ω，则 ω 就没有不确定性，对 ω 本身的观察就不会再提供信息量，此时熵为 0，特征最有利于分类；如果 $\boldsymbol{x}$ 完全不能确定 ω，则 ω 不确定性最大，对 ω 本身的观察所提供信息量最大，此时熵为最大，特征最不利于分类。

人们常用的熵度量有：

Shannon 熵

$$H=-\sum_{i=1}^{c}P(\omega_i|\boldsymbol{x})\log_2 P(\omega_i|\boldsymbol{x}) \tag{9-20}$$

平方熵

$$H=2\left[1-\sum_{i=1}^{c}P^2(\omega_i|\boldsymbol{x})\right] \tag{9-21}$$

在这些熵的基础上，对特征的所有取值积分，就得到基于熵的可分性判据

$$J_{\mathrm{E}}=\int H(\boldsymbol{x})p(\boldsymbol{x})\mathrm{d}\boldsymbol{x} \tag{9-22}$$

J_{E} 越小，可分性越好。

9.2.4 利用统计检验作为可分性判据

在统计学中,检验某一变量在两类样本间是否存在显著差异是一个经典的假设检验问题,有很多成熟的方法,例如在数据正态分布假设下的 t-检验方法、不对数据分布做特殊假设的秩和检验方法等。这些方法可以给出一个统计量来反映两类样本间的差别,并给出一个 p-值来反映这种差异的统计显著性,即在两类样本没有差异的前提下,有多大的概率能够在一组随机的样本中出现实际得到的差别。

从分类角度看,显然希望用于分类的特征是在两类间有显著差别的,因此可以使用这些统计量来作为特征选择时衡量特征分类能力的度量。下面简要介绍 t-检验和秩和检验的基本思想,更多统计检验的内容请读者学习有关统计学教材。

统计检验的基本思想是从样本计算某一能反映待检验假设的统计量,在比较两组样本(两类样本)时就是用这个统计量来衡量两组样本之间的差别。把所研究的问题定义为待检验的假设,例如两类样本在所研究特征上有显著差异。首先假定不存在这样的差异,这称作空假设(null hypothesis),根据对数据分布的一定的理论模型,计算在这种空假设下统计量取值的分布,称作统计量的空分布。待检验的假设称作备择假设(alternative hypothesis),在这里就是两类样本存在显著的差异。考查在实际观察到的样本数据上该统计量的取值,根据空分布计算在空假设下有多大的概率会得到这样的取值,如果这个概率很小,则可以推断空假设不成立,拒绝空假设,接受备择假设;反之则接受空假设,认为在这些样本上没有表现出两类间有显著差别。这一概率值称作 p-值(p-value)。对样本分布采用不同的模型,就得到不同的统计检验方法。

最常用的比较两组样本差别的方法是 t-检验(t-test),其基本假设是两类样本都服从正态分布,且方差相同。设有两类分别有 m 个和 n 个样本,$\{x_i, i=1,\cdots,m\}$,$x_i \sim N(\mu_x, \sigma^2)$ 和 $\{y_i, i=1,\cdots,n\}$,$y_i \sim N(\mu_y, \sigma^2)$。注意,它们都是在同一特征上的观测,我们用 x、y 来表示是为了讨论方便。它们的总体样本方差是

$$s_p^2 = \frac{(n-1)S_x^2 + (m-1)S_y^2}{m+n-2} \tag{9-23}$$

其中,S_x^2 和 S_y^2 分别是两类样本各自的估计方差,两类样本的均值分别记为 $\bar{x}$ 和 $\bar{y}$。t-检验的统计量是

$$t = \frac{\bar{x} - \bar{y}}{s_p\sqrt{\frac{1}{n} + \frac{1}{m}}} \tag{9-24}$$

它服从自由度为 $n+m-2$ 的 t 分布。双边 t-检验的空假设是两类均值相同,即 $\mu_x = \mu_y$,备择假设是 $\mu_x \neq \mu_y$。计算出在实际样本上的 t 值后,根据 t 分布可以查出在空假设下取得该 t 值的 p-值,根据适当的显著性水平(如 0.05 或 0.01)来决定是否拒绝空假设,推断在该特征上两类样本的均值是否有显著差异。在模式识别中,就可以依据这种差异来进行特征选择。如果期待该特征在一类中的均值大于在另一类中的均值,则可以使用单边 t-检验,此时空假设是 $\mu_x \leqslant \mu_y$,而备择假设是 $\mu_x > \mu_y$。

t-检验属于参数化检验方法,此类方法对数据分布有一定的假设,必要时需要首先检验

样本分布是否符合该假设。另一类统计检验方法是非参数检验，它们不对数据分布作特殊假设，因而能适用于更复杂的数据分布情况。其中最有代表性的是 Wilcoxon 秩和检验(rank-sum test)，有时也叫做 Mann-Whitney U 检验。当数据实际上满足正态分布时，用 t-检验更有效。

秩和检验的做法是，首先把两类样本混合在一起，对所有样本按照所考查的特征从小到大排序，第一名排序为 1，第二名排序为 2，依次类推，如果出现特征取值相等的样本时则并列采用中间的排序。在两类样本中分别计算所得排序序号之和 T_1 和 T_2，称作秩和。两类的样本数分别为 n_1 和 n_2。秩和检验的基本思想就是，如果一类样本的秩和显著地比另一类样本小(或大)，则两类样本在所考查的特征上有显著差异。秩和检验的统计量就是某一类(例如第一类，秩和为 T_1)的秩和。

为了考查某一类的秩和是否显著小于(或大于)另一类的秩和，需要研究当两类没有显著差异时由于随机因素造成的秩和的分布。不同样本数目情况下 T 的空分布是不同的。对于小的样本数，人们预先计算出了 T 的分布，在常用的统计教科书中即可查到。当 n_1 和 n_2 较大时(例如都大于 10)，人们可以用正态分布 $N(\mu_1,\sigma_1)$ 来近似秩和 T_1 的空分布，其中

$$\mu_1=\frac{n_1(n_1+n_2+1)}{2},\quad \sigma_1=\sqrt{\frac{n_1 n_2(n_1+n_2+1)}{12}} \tag{9-25}$$

与 t-检验相比，秩和检验没有对样本分布做任何假设，适用于更广泛的情况。但是，如果样本服从正态分布，则秩和检验在敏感性上逊色于 t-检验。另外一个区别是，t-检验的目的是检验两类样本在特征的均值上是否有系统差别，而秩和检验不但受两类分布的均值的影响，也受到分布形状的影响。

在统计学中还有很多其他的检验，它们各自有自己的特点和适用范围，读者可以进一步学习相关的统计学教材。

与前面介绍的类别可分性判据不同的是，基于统计检验来判断特征对分类的贡献通常都是只能针对单个特征。虽然也有一些针对多变量的统计检验方法，但是当特征维数很高时往往很难实现。因此，人们如果用统计检验的方法来选择特征，通常就是按照每一个特征的统计检验结果排序，不考虑特征之间可能的相关性或共同作用。

在一些近年来的文献中，尤其是在生物信息学领域利用特征选择方法来选择有意义的基因的问题里，人们往往把这类特征选择方法称作过滤方法(filtering methods)，指依据一定的统计量来过滤出与所研究的分类问题密切相关的特征，再采用一定的分类方法进行分类。这种方法实现起来比较简单，但是，所采用的过滤准则与后期分类器所采用的准则并不一定有很好的联系。

9.3 特征选择的最优算法

一个理想的特征选择方法，应该能够从给定的 D 个特征中根据某种判据准则选择出 $d<D$ 个特征，使在这 d 个特征上该准则最优。在上一节介绍的可分性判据中，除了逐一考虑每个单独的特征的统计检验判据外，其余判据都是定义在特征向量上的，需要从 D 个特

征选择出最优的特征组合。

在确定了选择的标准后，这就是一个搜索问题。在 D 个特征中选择 d 个，共有 $C_D^d=\frac{D!}{(D-d)!\ d!}$ 种可能，最基本的方法就是穷举所有这些可能，从中选择判据最优的组合。显然，这只有在特征总数不大，或者在 d 或 D-d 很小的情况下才有可能。例如，如果有 $D=100$ 个候选特征，如果选择 $d=2$，则需要比较 4950 种组合；如果 $d=3$，则组合数为 161700；但是如果 $d=10$，组合数为 1.73×10^{13}；如果 $d=50$，则组合数为 1.01×10^{29}。因此，一般情况下，穷举的策略是不可行的。

一种不需要进行穷举但仍能取得最优解的方法是分枝定界(branch and bound)法。这是一种自顶向下的方法，即从包含所有候选特征开始，逐步去掉不被选中的特征。这种方法具有回溯的过程，能够考虑到所有可能的组合。

分枝定界法的基本思想是，设法将所有可能特征选择组合构建成一个树状的结构，按照特定的规律对树进行搜索，使得搜索过程尽可能早地可以达到最优解而不必遍历整个树。

要做到这一点，一个基本的要求是准则判据对特征具有单调性，即，如果有互相包含的特征组的序列

$$\bar{X}_1\supset\bar{X}_2\supset\cdots\supset\bar{X}_i$$

则

$$J(\bar{X}_1)\geqslant J(\bar{X}_2)\geqslant\cdots\geqslant J(\bar{X}_i)$$

即特征增多时判据值不会减小。理论上，前面介绍的基于距离的可分性判据和基于概率密度函数距离的判据都满足这一性质。

下面以从 $D=6$ 个特征中选 $d=2$ 个特征为例来描述用分枝定界法选择特征的步骤。

整个过程可以用一棵树来表示，如图 9-2 所示。树的根节点包含全部特征，称作第 0 级。每一级的节点在其父节点基础上去掉一个特征，我们把去掉特征的序号写在节点旁边。例如在图 9-2 中，在 A 节点上已经去掉了特征 2 和 3。每一级去掉一个特征，所以共需要 D-d 级即达到所需要的特征数目，最底层的每个节点(叶节点)就代表最终特征选择的一种组合。在整个过程中，不出现相同组合的树枝和叶节点。

特征选择的过程就是生长这棵树的过程。对于第 l 层节点 i，假定它包含 D_i 个候选特征，我们在同一层中按照去掉单个特征后的准则函数值来对各个结点排序，如果去掉某个特征后准则函数的损失量最大，则认为这个特征是最不可能被去掉的，把它放在该层的最左侧节点，把去掉之后带来损失量第二大的特征排在左侧第二个节点，依此类推。在图 9-2 的例子中，第一层生长 3 个节点。假定单个特征对可分性判据的影响从大到小排序是特征 1、2、3、4、5、6，那么，第一层节点从左到右就应该是特征 1、2、3。

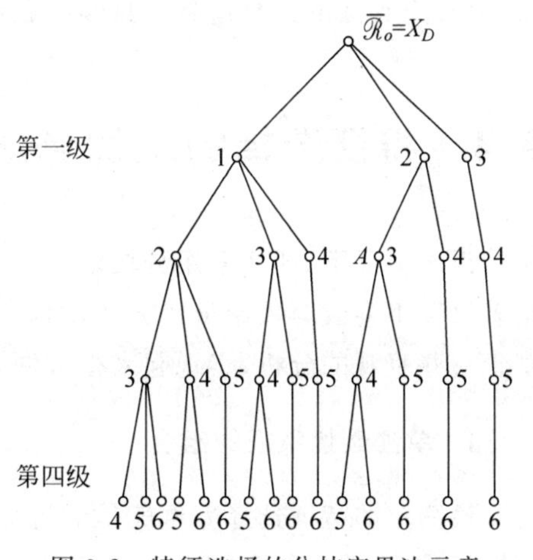

图 9-2 特征选择的分枝定界法示意

第 $l+1$ 层的展开沿最右侧节点开始，在同层

上已经在左侧节点上的特征在本节点之下不再进行舍弃，因此，第 $l+1$ 层的一个节点上的候选特征就是它上一层的 D_i 个候选特征减去本节点上舍弃的特征以及它同层左侧节点上的特征。从每一树枝的最右侧开始向下生长，当到达叶节点时计算当前达到的准则函数值，记作界限 B。

到达叶节点后算法向上回溯，每回溯一步把相应节点上舍弃的特征回收回来。遇到最近的分枝节点时停止回溯，从这个分枝节点向下搜索左侧最近的一个分枝。如果在搜索到某一个节点时，准则函数值已经小于界限 B，则说明最优解已不可能在本节点之下的叶节点上，因此停止沿本树枝的搜索，从此节点重新向上回溯。如果搜索到一个新的叶节点，则更新界限 B 值，向上回溯。如果回溯过程一直到了根节点，而且根据界限 B 不能再向下搜索其他树枝，则算法停止，最后一次更新 B 时取得的特征组合就是特征选择的结果。

图 9-2 里画出的是一棵完整的树的例子。通常，并不会在把全部树都生长完毕后才找到最优解，而是在回溯过程的中间即会遇到终止条件。例如在图 9-3 中，算法在搜索完大约一半的节点后就停止了，最后得到的解是在搜索到的叶节点中最左侧的节点上的特征组合。这种树的生长和搜索策略使得算法能够尽可能早地终止，而且得到的组合是所有可能组合中最优的。

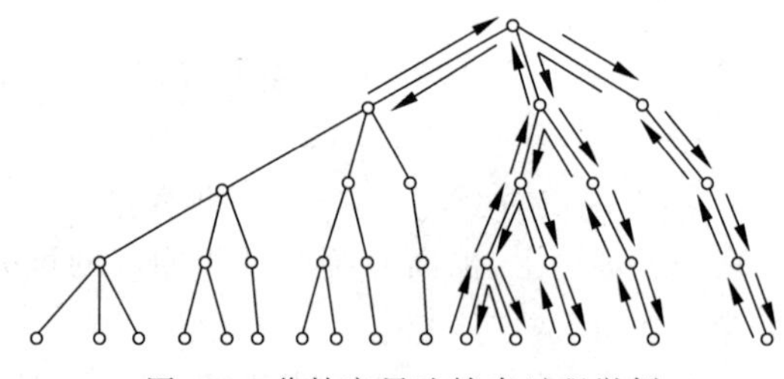

图 9-3　分枝定界法搜索过程举例

通常，在 d 大约为 D 的一半时，分枝定界法比穷举法节省的计算量最大。例如在某一个具体的例子中，从 12 个特征中选择 4 个，穷举法需要比较 495 种组合，而分枝定界法只比较了 42 种组合就得到了同样的结果；另外一个例子中，从 24 个特征里选择 12 个，穷举需要比较 2 704 156 种组合，而分枝定界法只比较 13 369 种组合就得到了最优解。在实际应用中，分枝定界法的计算量是与具体问题和数据有关的。

9.4　特征选择的次优算法

很多情况下，即使采用分枝定界法，最优搜索方法的计算量可能仍然很大，因此，人们在很多情况下会放弃采用最优方法，而采用一些计算量更小的次优搜索方法。这些方法都是基于一些直观的分析，实现起来很方便，在很多实际问题中也能取得很好的效果。

1. 单独最优特征的组合

最简单的特征选择方法就是对每一个特征单独计算类别可分性判据，根据单个特征的判据值排队，选择其中前 d 个特征。这种做法的假设就是单独作用时性能最优的特征，它们组合起来也是性能最优的。显然，这种假设与很多实际情况可能不相符。即使是特征间统计独立时，单独最优特征的组合也不一定是最优的，这还与所采用的特征选择的准则函数有关，只有当所采用的判据是每个特征上的判据之和或之积时，这种做法选择出的才是最优的特征。

显然，如果采用7.2.4节介绍的基于单特征统计检验的判据作为特征选择的准则，实际上就是采用了选择单独最优特征的策略。

2. 顺序前进法(sequential forward selection，SFS)

这是一种从底向上的方法。第一个特征选择单独最优的特征，第二个特征从其余所有特征中选择与第一个特征组合在一起后准则最优的特征，后面每一个特征都选择与已经入选的特征组合起来最优的特征。

与单独最优特征的选择方法相比，顺序前进法考虑了一定的特征间组合的因素，但是其第一个特征仍然是仅靠单个特征的准则来选择的，而且每个特征一旦入选后就无法再剔除，即使它与后面选择的特征并不是最优的组合。当然，SFS方法的计算量也比单独最优特征的选择要大。

还有一种广义顺序前进法(generalized sequential forward selection，GSFS)，就是每一次不是选择一个新特征，而是选择 l 个新特征。这样可以考虑更多特征间的相关性，但计算量也比顺序前进法更大一些。

3. 顺序后退法(sequential backward selection，SBS)

这是一种从顶向下的方法，与顺序前进法相对应。从所有特征开始逐一剔除不被选中的特征。每次剔除的特征都是使得剩余的特征的准则函数值最优的特征。

同样也有广义顺序后退法(generalized sequential backward selection，GSBS)，每次不是剔除一个特征，而是剔除 r 个特征。

顺序后退法也考虑了特征间的组合，但是由于是从顶向下的方法，很多计算在高维空间进行，计算量比顺序前进法大些。顺序后退法在一旦剔除了某一特征后就无法再把它选入。

4. 增 l 减 r 法(l-r 法)

顺序前进法的一个缺点是，某个特征一旦选中则不能再被剔除；而顺序后退法的一个缺点则是，某个特征一旦被剔除则不能再重新被选中。两种方法都是根据局部最优的准则挑选或者剔除特征，这样的缺陷就可能导致选择不到最优的特征组合。一种改善的方法是将两种做法结合起来，在选择或剔除过程中引入一个回溯的步骤，使得依据局部准则选择或剔除的某个特征有机会被因为与其他特征间的组合作用而重新被考虑。

如果采用从底向上的策略，则使 $l>r$，此时算法首先逐步增选 l 个特征，然后再逐步剔除 r 个与其他特征配合起来准则最差的特征，以此类推，直到选择到所需要数目的特征；如果采用从顶向下的策略，则 $l<r$，每次首先逐步剔除 r 个特征，然后再从已经被剔除的特征中逐步选择 l 个与其他特征组合起来准则最优的特征，直到剩余的特征数目达到所需的数目。

与广义顺序前进法和广义顺序后退法类似，我们在增 l 减 r 法中也可以不采用逐步增选或剔除特征的策略，而是每次选择或剔除多个特征。这种做法称作（Z_l，Z_r）法。这样做与 $l-r$ 法相比能够既考虑到特征间的相关性又保持适当的计算量。

9.5 遗传算法

在确定了用何种类别可分性判据作为准则后，特征选择问题就是一个搜索的问题。穷举法和分枝定界法的出发点是比较所有可能的组合，从中选择出一组使准则最优的特征。上一节介绍的次优搜索方法都属于确定性的启发式方法，根据对特征直观的假设设计一定的搜索策略，使其在该假设下可以取得接近最优的结果。近些年来，人们发展了另外一类方法，就是随机搜索的方法。这类方法既不采用穷举的策略，也不采用确定的启发式搜索策略，而是对可能的解进行多次随机抽样，通过巧妙地设计随机采样的策略，使算法能够较快地搜索到最优或次优的解。遗传算法（genetic algorithm，GA）就是其中最有代表性的方法。

我们在本节中扼要介绍一下遗传算法的基本思想和特点。

遗传算法的思路来自人们对生物进化过程的认识。关于生物进化，人们目前比较普遍接受的认识是，每种生物的染色体都在以一定的概率发生各种突变和重组，这些突变和重组是随机发生的，它们统称为变异。生物生存的环境对变异的结果有选择的作用，如果一种变异导致生物能更好地适应环境，则这种变异就被保留下来传给后代；而如果一种变异导致生物对环境的适应性变差，这种变异就会逐渐消失。

这一思想在20世纪60年代被当时正在读博士研究生的John H. Holland借鉴到优化问题中，他把优化问题比喻为在无数可能的重组和突变组合中发现适应性最强的组合的问题，设计了一种特殊的搜索算法，模拟自然界中通过有性繁殖迅速增加群体多样性以更快地出现适应性强的组合的过程。当时有人戏称他的工作是“teaching computers how to have sex”。他的专著在1975年出版[①]，之后多次再版。遗传算法很快成为最有影响的优化算法之一，并且开创了一个新的领域——“进化计算”（evolutionary computing）。

遗传算法把候选的对象编码为一条染色体（chromosome），例如在特征选择中，如果目标是从 D 个特征中选择 d 个，则把所有特征描述为一条由 D 个0/1字符组成的字符串，0代表该特征没有被选中，1代表该特征被选中，这个字符串就叫做染色体，记作 m。显然，要求的是一条有且仅有 d 个1的染色体，这样的染色体共有 C_D^d 种。

优化的目标被描述成适应度（fitness）函数，每一条染色体对应一个适应度值 $f(m)$。可以用前面定义的类别可分性判据作为适应度。针对不同的适应度有不同的选择概率 $p(f(m))$。

遗传算法的基本步骤是：

（1）初始化，$t=0$，随机地产生一个包含 L 条不同染色体的种群 $M(0)$；

（2）计算当前种群 $M(t)$ 中每一条染色体的适应度 $f(m)$；

（3）按照选择概率 $p(f(m))$ 对种群中的染色体进行采样，由采样出的染色体经过一定的操作繁殖出下一代染色体，组成下一代的种群 $M(t+1)$；

（4）回到（2），直到达到终止条件，输出适应度最大的染色体作为找到的最优解。终止条件通常是某条染色体的适应度达到设定的阈值。

---

① Holland J H. *Adaptation in Natural and Artificial Systems*. MIT Press，1975.

在第(3)步产生后代的过程中，有两个最基本的操作，一是重组(recombination)，也称交叉(crossover)，是指两条染色体配对，并在某个随机的位置上以一定的重组概率 P_{co} 进行交叉，互换部分染色体，如图 9-4 所示，这也就是遗传算法中模拟有性繁殖的过程。另一个基本操作是突变(mutation)，每条染色体的每一个位置都有一定的概率 P_{mut} 发生突变(从 0 变成 1 或从 1 变成 0)。

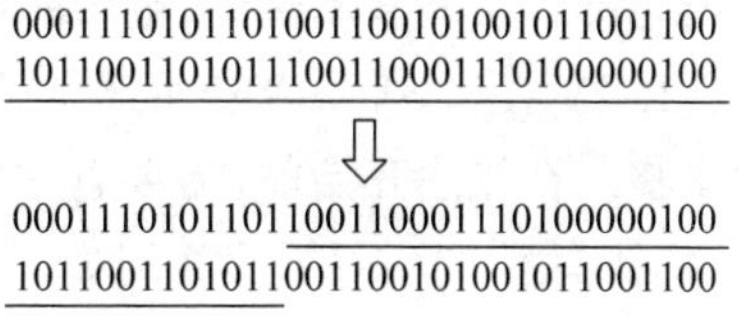

0001110101101001100101001011001100
1011001101011100110001110100000100

⇩

0001110101101100110001110100000100
1011001101011001100101001011001100

图 9-4 遗传算法中染色体重组的示意图

可以看到，在这个基本步骤中，有很多可以调节的因素，例如种群大小 L、选择概率、重组概率、突变概率等。对这些因素采用不同处理就得到不同的遗传算法。人们还可以把生物遗传与进化中的更多概念引入到这一基本算法中，例如基因组的反转(inversion)、转座(transposition)等，目的都是加快种群进化过程。

遗传算法虽然不能保证收敛到全局最优解，但是在多数情况下可以至少得到很好的次优解。当选择的空间很大(特征维数很高)且对特征间的关系缺乏认识时，尝试使用遗传算法往往会得到不错的效果。

9.6 包裹法：以分类性能为准则的特征选择方法

以上介绍的特征选择方法的基本做法，都是定义一定的类别可分性判据，用适当的算法选择一组在这一判据意义下最优的特征。然而，选择特征的目的是为了后续分类，因此，如果分类方法能够处理全部候选特征，那么就可以直接用分类器的错误率来作为特征选择的依据，即从候选特征中选择使分类器性能最好的一组特征。

当特征数目很多时，用穷举的办法尝试所有的特征组合显然是不可行的。一种解决方法是，开始利用所有的特征设计分类器，然后考查各个特征在分类器中的贡献，逐步剔除贡献小的特征。这样得到的结果也属于次优结果。

这种把分类器与特征选择集成来一起、利用分类器进行特征选择的方法通常被称作包裹(wrapper)法，与此相对应，前面已经提到过，利用单独的可分性准则来选择特征再进行分类的方法被称作过滤(filtering)法。

并不是所有的分类器都能够采用这种策略。要采用这种方法，对分类器有两个基本要求：一是分类器应该能够处理高维的特征向量；二是分类器能够在特征维数很高但样本数有限时仍能得到较好的效果。在前面介绍的各种方法中，支持向量机方法能较好地满足这两个要求。因此，人们对支持向量机的包裹法进行了很多研究。

下面介绍两种非常相似的方法：递归支持向量机(R-SVM：recursive SVM)[①]和支持向量

① Xuegong Zhang, Wing H. Wong. Recursive sample classification and gene selection based on SVM: method and software description, Technical Report, Department of Biostatistics, Harvard School of Public Health, 2001.

Xuegong Zhang, Xin Lu, Qian Shi, Xiu-qin Xu, Hon-chiu E Leung, Lyndsay N Harris, James D Iglehart, Alexander Miron, Jun S Liu and Wing H Wong. Recursive SVM feature selection and sample classification for mass-spectrometry and microarray data, *BMC Bioinformatics*, 2006, 7: 197.

机递归特征剔除(SVM recursive feature elimination,SVM-RFE)[①]。与前面几节相同,这里也只介绍两种方法的基本做法,更多的原理分析读者可以学习原始参考文献。

R-SVM 和 SVM-RFE 的核心都是线性的支持向量机,特征选择与分类采用的是同样的算法步骤。在算法开始前,需要首先确定特征选择的递归策略。常用的做法有每次选择(或剔除)特征总数的一个比例(例如一半),或者人为规定一个逐级减小的特征数目序列(例如10000,5000,1000,500,200,100,50,20,10)。

两种算法的基本步骤都是:

(1) 用当前所有候选特征训练线性支持向量机;

(2) 评估当前所有特征在支持向量机中的相对贡献,按照相对贡献大小排序;

(3) 根据事先确定的递归选择特征的数目选择出的排序在前面的特征(SVM-RFE 中描述为剔除排序在后面的特征),用这组特征构成新的候选特征,转(1),直到达到所规定的特征选择数目。

两种算法的不同在于它们评估特征在分类器中贡献的方法不同。

回顾第4章内容,支持向量机的输出函数是

$$f(\boldsymbol{x}) = \boldsymbol{w} \cdot \boldsymbol{x} + b = \sum_{i=1}^{n} \alpha_i y_i (\boldsymbol{x}_i \cdot \boldsymbol{x}) + b \tag{9-26}$$

对于在算法第(1)步中已经训练好的 SVM 模型,R-SVM 方法把特征选择的目标看作是,寻找那些使两类样本在这个 SVM 的输出上分离最开的特征,用两类样本的平均 SVM 输出值作为代表,R-SVM 定义两类在当前特征上的分离程度为

$$S = \frac{1}{n_1} \sum_{\boldsymbol{x}^+ \in \omega_1} f(\boldsymbol{x}^+) - \frac{1}{n_2} \sum_{\boldsymbol{x}^- \in \omega_2} f(\boldsymbol{x}^-) \tag{9-27}$$

其中,n_1 是训练集中 ω_1类样本的数目,n_2 是训练集中 ω_2类样本的数目。考虑到式(9-26),很容易把这个分离程度写成各个特征之和的形式

$$S = \sum_{j=1}^{d} w_j m_j^+ - \sum_{j=1}^{d} w_j m_j^- = \sum_{j=1}^{d} w_j (m_j^+ - m_j^-) \tag{9-28}$$

其中,d 是当前候选特征的维数,w_j 是权向量 $\boldsymbol{w}$ 的第 j 个分量,m_j^+、m_j^- 分别是两类样本在第 j 维特征上的均值。这样,每个特征在式(9-27)中的贡献就是

$$s_j = w_j (m_j^+ - m_j^-), \quad j = 1, \cdots, d \tag{9-29}$$

R-SVM 就是用式(9-29)来衡量各个特征在当前 SVM 模型中的贡献,它不但取决于每个特征在线性分类器中对应的权重,而且考虑到两类样本在各个特征上均值的差别。

SVM-RFE 采用了灵敏度的方法来推导各个特征在 SVM 分类器中的贡献。它把 SVM 输出与正确类别标号 y 之间平均平方误差作为 SVM 分类的损失函数

$$J = \sum_{i=1}^{n_1+n_2} \| \boldsymbol{w} \cdot \boldsymbol{x}_i - y_i \|^2 \tag{9-30}$$

考查各个权值对这个损失函数的影响,得到各个特征的贡献应该用

---

① Guyon I, Weston J, Barnhill S, Vapnik V. Gene selection for cancer classification using support vector machines. *Machine Learning*, 2002,46: 389-422.

$$s_j^{\mathrm{RFE}} = w_j^2 \tag{9-31}$$

来衡量。

在很多实际应用中，R-SVM 与 SVM-RFE 从分类上看性能基本相同，但 R-SVM 在选择特征的稳定性和在对未来样本的推广能力方面有一定优势，尤其是当训练样本中存在较大的噪声和野值时优势更明显。

包裹法递归进行特征选择与分类的做法可以推广到 SVM 采用非线性核的情况。回顾 6.5 节的内容，SVM 对偶问题的目标函数是

$$Q = \sum_{i=1}^{n} \alpha_i - \frac{1}{2} \sum_{i,j=1}^{n} \alpha_i \alpha_j y_i y_j K(\boldsymbol{x}_i, \boldsymbol{x}_j) \tag{9-32}$$

用 $\boldsymbol{x}^{(-k)}$ 表示去掉第 k 维特征后的样本，去掉第 k 个特征对这一目标函数的影响是

$$DQ(k) = \frac{1}{2} \sum_{i,j=1}^{n} \alpha_i \alpha_j y_i y_j \left[K(\boldsymbol{x}_i, \boldsymbol{x}_j) - K(\boldsymbol{x}_i^{(-k)}, \boldsymbol{x}_j^{(-k)})\right] \tag{9-33}$$

可以用这个量作为对特征 k 在非线性 SVM 分类器中的贡献，并利用前面介绍的递归方法来进行包裹法特征选择。

9.7 讨论

在一个模式识别系统中，最基础的因素是用来描述研究对象的特征。如果特征与所研究的分类问题没有关系或关系很弱，那么无论采用怎样的分类器，都很难取得理想的分类效果。同时，如果特征之间有很大冗余，也会影响分类器的性能。

特征选择的方法要回答两个层面的问题，一是对特征的评价：怎样衡量一组特征对分类的有效性；二是寻优的算法：怎样更快地找到性能最优或比较好的特征组合。本章的主要内容就是讨论这两个问题的典型解决方法。

在讨论特征选择问题时，目的是从 D 维特征中选择 $d<D$ 个特征，即假定要选择的特征数目 d 是事先确定的。实际上，一般并不知道一个实际问题中应该选择多少特征，最终选择特征的数目是由分类器性能、特征获取和计算成本等多方面共同决定的。通常，人们追求在能够达到满意的分类效果的前提下使用尽可能少的特征，有时也会在不超过某个可接受的特征数目的前提下追求尽可能高的分类性能。

需要说明的是，本章讨论的一些方法要求在特征数目增加时类别可分性不减小，这在样本数有限且原始特征维数很高时通常并不成立。一种常见的情况是，如果特征组合中包含很多对分类没有贡献的特征，会加剧分类器的过学习，导致分类器测试错误率或交叉验证错误率的增加。在一个原始特征维数较高的问题中，当逐步选择特征时往往可以看到，随着特征数目的减少，分类器性能逐渐提高，但如果特征数目减小到一定程度后继续减少，则分类器性能又会逐渐恶化。在这一过程中，可以观察到一个比较合理的特征数目，使分类器性能达到或接近最优。在利用高维的基因表达数据进行疾病或疾病亚型分类时经常会遇到这种情况。

如果特征之间存在冗余，通常在特征选择中会希望去掉这样的冗余，因为冗余的特征不能提供更多的分类信息。但是，在某些情况下，例如在利用基因表达数据进行疾病分类时，目的不仅仅是构造分类器把两类分开，而且希望通过这种分类鉴别出哪些基因的表达与所研究的

疾病分类有关,也就是发现哪些特征与分类有关,此时就需要把所有包含分类信息的特征都保留下来进行下一步的分析,即使其中某些特征之间存在冗余。

总之,特征选择是一个与具体问题高度关联的问题,本章讨论的只是一些通用的思路和典型的方法,实际应用中需要根据具体目标,与分类器设计相配合,灵活地选择或设计合理的特征选择方法。

本章介绍的特征选择方法包括过滤法和包裹法两大类,前者是在分类器前端"外接"一个特征选择的方法模块,用一定的可分性判据和寻优算法来选择最优或次优的特征;后者是把特征选择模块与分类器包裹在一起,用分类器性能作为特征选择的判据,进行迭代的特征选择和分类。除此之外,还有一种把特征选择融合到分类器之中的方法,通常称作"嵌入法"(Embedded methods)。嵌入法特征选择的基本原理是,修改分类器(或其他类型的学习机器)的目标函数和优化算法,使机器学习的目标中不但包括分类或预测的正确率,而且包括对特征选择的目标项。最典型的嵌入式特征选择方法就是在7.7.3节中曾简要介绍的 L_0 正则化(即压缩感知)方法和 L_1 正则化(Lasso回归)方法。压缩感知方法在目标函数中增加对所采用特征数目的惩罚项,强制学习算法用尽可能少的特征来达到最好的学习效果,从而实现对特征的选择。Lasso回归方法用 L_1 范数代替 L_0 范数,解决了 L_0 范数不便于计算和优化的问题,同样可以强制算法用尽量少的特征来完成学习任务。

第 10 章 特征提取与降维表示

10.1 引言

特征选择是从 D 个特征中选出 $d(<D)$ 个特征，另一种把特征空间降维的方法是特征提取，即通过适当的变换把 D 个特征转换成 $d(<D)$ 个新特征。这样做的目的，一是降低特征空间的维数，使后续的分类器设计在计算上更容易实现；二是消除特征之间可能存在的相关性，减少特征中与分类无关的信息，使新的特征更有利于分类。

有时，人们把从对研究对象进行原始观测、获取原始特征的过程也称作特征提取，而本章介绍的特征提取专指从一组已有的特征通过一定的数学运算得到一组新特征。为了防止混淆，有时也把这种特征提取称作特征变换。

最经常采用的特征变换是线性变换，即若 $\boldsymbol{x}\in R^D$ 是 D 维原始特征，变换后的 d 维新特征 $\boldsymbol{y}\in R^d$ 为

$$\boldsymbol{y} = \boldsymbol{W}^{\mathrm{T}}\boldsymbol{x}$$

其中，$\boldsymbol{W}$ 是 $D\times d$ 矩阵，称作变换阵。特征提取就是根据训练样本求适当的 $\boldsymbol{W}$，使某种特征变换的准则最优。

一般情况下，$d<D$，即特征变换都是降维变换。但是，在某些情况下也可以采用非线性变换 $\boldsymbol{y}=\boldsymbol{W}(\boldsymbol{x})$，此处 $\boldsymbol{W}(\cdot)$ 为非线性变换，例如第 5 章中介绍的广义线性判别函数就是通过非线性变换把特征升维。在本章中，只讨论用降维的线性特征变换进行特征提取的情况。

10.2 基于类别可分性判据的特征提取

如果采用第 9 章介绍的类别可分性判据作为衡量新特征的准则，则特征提取的问题就是求最优的 $\boldsymbol{W}^*$，使

$$\boldsymbol{W}^{*}=\arg\max_{\{\boldsymbol{W}\}} J(\boldsymbol{W}^{\mathrm{T}}\boldsymbol{x}) \tag{10-1}$$

其中，$J(\cdot)$可以是第9章定义的基于类内类间距离的类别可分性判据，也可以是基于概率距离或熵的可分性判据。

如果采用基于类内类间距离的可分性判据 $J_1\sim J_5$，经过 $\boldsymbol{W}$ 的特征变换后，类内离散度矩阵和类间离散度矩阵分别变为$\boldsymbol{W}^{\mathrm{T}}\boldsymbol{S}_{\mathrm{w}}\boldsymbol{W}$ 和$\boldsymbol{W}^{\mathrm{T}}\boldsymbol{S}_{\mathrm{b}}\boldsymbol{W}$(证明请读者作为练习)，则特征提取的问题就是求 $\boldsymbol{W}^{*}$，使下列准则最优

$$J_1(\boldsymbol{W})=\mathrm{tr}(\boldsymbol{W}^{\mathrm{T}}(\boldsymbol{S}_{\mathrm{w}}+\boldsymbol{S}_{\mathrm{b}})\boldsymbol{W})$$

$$J_2(\boldsymbol{W})=\mathrm{tr}[(\boldsymbol{W}^{\mathrm{T}}\boldsymbol{S}_{\mathrm{w}}\boldsymbol{W})^{-1}(\boldsymbol{W}^{\mathrm{T}}\boldsymbol{S}_{\mathrm{b}}\boldsymbol{W})]$$

$$J_3(\boldsymbol{W})=\ln\frac{|\boldsymbol{W}^{\mathrm{T}}\boldsymbol{S}_{\mathrm{b}}\boldsymbol{W}|}{|\boldsymbol{W}^{\mathrm{T}}\boldsymbol{S}_{\mathrm{w}}\boldsymbol{W}|}$$

$$J_4(\boldsymbol{W})=\frac{\mathrm{tr}(\boldsymbol{W}^{\mathrm{T}}\boldsymbol{S}_{\mathrm{b}}\boldsymbol{W})}{\mathrm{tr}(\boldsymbol{W}^{\mathrm{T}}\boldsymbol{S}_{\mathrm{w}}\boldsymbol{W})}$$

$$J_5(\boldsymbol{W})=\frac{|\boldsymbol{W}^{\mathrm{T}}(\boldsymbol{S}_{\mathrm{w}}+\boldsymbol{S}_{\mathrm{b}})\boldsymbol{W}|}{|\boldsymbol{W}^{\mathrm{T}}\boldsymbol{S}_{\mathrm{w}}\boldsymbol{W}|}$$

这些准则虽然形式不同，但得到的最优变换矩阵是相同的，如下所述：

设矩阵 $\boldsymbol{S}_{\mathrm{w}}^{-1}\boldsymbol{S}_{\mathrm{b}}$ 的本征值为 $\lambda_1,\lambda_2,\cdots,\lambda_D$，按大小顺序排列为

$$\lambda_1\geqslant\lambda_2\geqslant\cdots\geqslant\lambda_D$$

则选前 d 个本征值对应的本征向量作为 $\boldsymbol{W}$，即

$$\boldsymbol{W}=[\boldsymbol{u}_1,\boldsymbol{u}_2,\cdots,\boldsymbol{u}_d]$$

所构成的变换阵就是在这些准则下的最优变换阵。

下面，以 J_1 准则为例给出这一结论的推导过程，其余准则下的推导读者可以作为练习。J_1 准则是

$$J_1(\boldsymbol{W})=\mathrm{tr}(\boldsymbol{W}^{\mathrm{T}}(\boldsymbol{S}_{\mathrm{w}}+\boldsymbol{S}_{\mathrm{b}})\boldsymbol{W}) \tag{10-2}$$

要最大化 J_1，首先遇到一个问题就是，无论选取什么变换阵 $\boldsymbol{W}$，只要把它再乘以一个系数，则准则函数值总会再变大，但变换的方向并没有改变。这就是尺度问题。为了解决这一问题，引入一个约束条件 $\mathrm{tr}(\boldsymbol{W}^{\mathrm{T}}\boldsymbol{S}_{\mathrm{w}}\boldsymbol{W})=c$，不妨设 $c=1$。优化问题变为

$$\begin{aligned}&\max\ J_1(\boldsymbol{W})\\&\text{s. t.}\quad \mathrm{tr}(\boldsymbol{W}^{\mathrm{T}}\boldsymbol{S}_{\mathrm{w}}\boldsymbol{W})=1\end{aligned} \tag{10-3}$$

采用拉格朗日方法可以把这个有约束的优化问题变成无约束问题，拉格朗日函数是

$$g(\boldsymbol{W})=J_1(\boldsymbol{W})-\mathrm{tr}[\boldsymbol{\Lambda}(\boldsymbol{W}^{\mathrm{T}}\boldsymbol{S}_{\mathrm{w}}\boldsymbol{W}-\boldsymbol{I})] \tag{10-4}$$

其中，$\boldsymbol{I}$ 是单位矩阵，$\boldsymbol{\Lambda}$ 是对角阵，对角线元素是拉格朗日乘子。

在拉格朗日函数的极值点上，应该满足$\dfrac{\partial g(\boldsymbol{W})}{\partial \boldsymbol{W}}=0$，由此可得

$$\boldsymbol{S}_{\mathrm{w}}^{-1}(\boldsymbol{S}_{\mathrm{w}}+\boldsymbol{S}_{\mathrm{b}})\boldsymbol{W}=\boldsymbol{W}\boldsymbol{\Lambda} \tag{10-5}$$

整理，得

$$\boldsymbol{S}_{\mathrm{w}}^{-1}\boldsymbol{S}_{\mathrm{b}}\boldsymbol{W}=\boldsymbol{W}(\boldsymbol{\Lambda}-\boldsymbol{I}) \tag{10-6}$$

可见，$\boldsymbol{W}$ 由 $\boldsymbol{S}_{\mathrm{w}}^{-1}\boldsymbol{S}_{\mathrm{b}}$ 的本征向量组成，$\boldsymbol{\Lambda}-\boldsymbol{I}$ 等于 $\boldsymbol{S}_{\mathrm{w}}^{-1}\boldsymbol{S}_{\mathrm{b}}$ 对应的本征值 λ_i 组成的对角阵，即

$$\boldsymbol{\Lambda}=\boldsymbol{I}+\begin{bmatrix}\lambda_1 & & \\ & \ddots & \\ & & \lambda_D\end{bmatrix} \tag{10-7}$$

考虑到式(10-3)中的条件和式(10-5),有

$$J_1(\boldsymbol{W})=\operatorname{tr}(\boldsymbol{W}^{\mathrm{T}}(\boldsymbol{S}_{\mathrm{w}}+\boldsymbol{S}_{\mathrm{b}})\boldsymbol{W})=\operatorname{tr}(\boldsymbol{W}^{\mathrm{T}}\boldsymbol{S}_{\mathrm{w}}\boldsymbol{W}\boldsymbol{\Lambda})=\operatorname{tr}\boldsymbol{\Lambda} \tag{10-8}$$

对于 $D\times d$ 变换矩阵

$$J_1(\boldsymbol{W})=\sum_{i=1}^{d}(1+\lambda_i) \tag{10-9}$$

因此,最优的变换阵 $\boldsymbol{W}$ 就是由 $\boldsymbol{S}_{\mathrm{w}}^{-1}\boldsymbol{S}_{\mathrm{b}}$ 的前 d 个本征值所对应的本征向量组成的,而所得的 J_1 准则值由式(10-9)定义,其中 $\lambda_i, i=1,\cdots,d$ 为 $\boldsymbol{S}_{\mathrm{w}}^{-1}\boldsymbol{S}_{\mathrm{b}}$ 的从大到小排列的前 d 个本征值。

也可以采用基于概率距离的判据或基于熵的判据作为准则来进行特征提取。但一般情况下只能靠数值求解,在数据服从正态分布并满足某些特殊条件时可以得到形式化的解。

10.3 主成分分析

主成分分析(principal component analysis,PCA)方法是 Pearson K. 在一个多世纪前提出的一种数据分析方法①,其出发点是从一组特征中计算出一组按重要性从大到小排列的新特征,它们是原有特征的线性组合,并且相互之间是不相关的。

记 $x_1,\cdots,x_p$ 为 p 个原始特征,设新特征 $\xi_i, i=1,\cdots,p$ 是这些原始特征的线性组合

$$\xi_i=\sum_{j=1}^{p}\alpha_{ij}x_j=\boldsymbol{\alpha}_i^{\mathrm{T}}\boldsymbol{x} \tag{10-10}$$

为了统一 ξ_i 的尺度,不妨要求线性组合系数的模为 1,即

$$\boldsymbol{\alpha}_i^{\mathrm{T}}\boldsymbol{\alpha}_i=1 \tag{10-11}$$

式(10-10)写成矩阵形式是

$$\boldsymbol{\xi}=\boldsymbol{A}^{\mathrm{T}}\boldsymbol{x} \tag{10-12}$$

其中,$\boldsymbol{\xi}$ 是由新特征 ξ_i 组成的向量,$\boldsymbol{A}$ 是特征变换矩阵。要求解的是最优的正交变换 $\boldsymbol{A}$,它使新特征 ξ_i 的方差达到极值。正交变换保证了新特征间不相关,而新特征的方差越大,则样本在该维特征上的差异就越大,因而这一特征就越重要。

考虑第一个新特征 ξ_1

$$\xi_1=\sum_{j=1}^{p}\alpha_{1j}x_j=\boldsymbol{\alpha}_1^{\mathrm{T}}\boldsymbol{x} \tag{10-13}$$

它的方差是

$$\operatorname{var}(\xi_1)=E[\xi_1^2]-E[\xi_1]^2=E[\boldsymbol{\alpha}_1^{\mathrm{T}}\boldsymbol{x}\boldsymbol{x}^{\mathrm{T}}\boldsymbol{\alpha}_1]-E[\boldsymbol{\alpha}_1^{\mathrm{T}}\boldsymbol{x}]E[\boldsymbol{x}^{\mathrm{T}}\boldsymbol{\alpha}_1]=\boldsymbol{\alpha}_1^{\mathrm{T}}\boldsymbol{\Sigma}\boldsymbol{\alpha}_1 \tag{10-14}$$

---

① Pearson K. On lines and planes of closest fit to systems of points in space. *Philosophical Magazine*, 1901, 2: 559-572.

其中，$\boldsymbol{\Sigma}$ 是 $\boldsymbol{x}$ 的协方差矩阵，可以用样本来估计；$E[\ ]$是数学期望。要在约束条件 $\boldsymbol{\alpha}_1^{\mathrm{T}}\boldsymbol{\alpha}_1=1$ 下最大化 ξ_1 的方差，这等价于求下列拉格朗日函数的极值

$$f(\boldsymbol{\alpha}_1)=\boldsymbol{\alpha}_1^{\mathrm{T}}\boldsymbol{\Sigma}\boldsymbol{\alpha}_1-v(\boldsymbol{\alpha}_1^{\mathrm{T}}\boldsymbol{\alpha}_1-1) \tag{10-15}$$

v 是拉格朗日乘子。将式(10-15)对 $\boldsymbol{\alpha}_1$ 求导并令它等于零，得到最优解 $\boldsymbol{\alpha}_1$ 满足

$$\boldsymbol{\Sigma}\boldsymbol{\alpha}_1=v\boldsymbol{\alpha}_1 \tag{10-16}$$

这是协方差矩阵$\boldsymbol{\Sigma}$ 的特征方程，即$\boldsymbol{\alpha}_1$ 一定是矩阵$\boldsymbol{\Sigma}$ 的本征向量，v 是对应的本征值。把式(10-16)代入式(10-14)中，可得

$$\operatorname{var}(\xi_1)=\boldsymbol{\alpha}_1^{\mathrm{T}}\boldsymbol{\Sigma}\boldsymbol{\alpha}_1=v\boldsymbol{\alpha}_1^{\mathrm{T}}\boldsymbol{\alpha}_1=v \tag{10-17}$$

因此，最优的$\boldsymbol{\alpha}_1$ 应该是$\boldsymbol{\Sigma}$ 的最大本征值对应的本征向量。ξ_1 称作第一主成分，它在原始特征的所有线性组合里是方差最大的。

下面求第二个新特征，它除了满足与第一个特征同样的要求(方差最大、模为1)，还必须与第一主成分不相关，即

$$E[\xi_2\xi_1]-E[\xi_2]E[\xi_1]=0$$

代入式(10-10)并整理，可得

$$\boldsymbol{\alpha}_2^{\mathrm{T}}\boldsymbol{\Sigma}\boldsymbol{\alpha}_1=0$$

再考虑到式(10-16)，不相关的要求等价于要求$\boldsymbol{\alpha}_2$ 和$\boldsymbol{\alpha}_1$ 正交

$$\boldsymbol{\alpha}_2^{\mathrm{T}}\boldsymbol{\alpha}_1=0 \tag{10-18}$$

在$\boldsymbol{\alpha}_2^{\mathrm{T}}\boldsymbol{\alpha}_1=0$ 和$\boldsymbol{\alpha}_2^{\mathrm{T}}\boldsymbol{\alpha}_2=1$ 的约束条件下最大化 ξ_2 的方差，可以得到，$\boldsymbol{\alpha}_2$ 是$\boldsymbol{\Sigma}$ 的第二大本征值对应的本征向量，ξ_2 称作第二主成分。

协方差矩阵$\boldsymbol{\Sigma}$ 共有 p 个本征值$\lambda_i, i=1,\cdots,p$(包括可能相等的本征值和可能为0的本征值)，把它们从大到小排序为$\lambda_1\geqslant\lambda_2\geqslant\cdots\geqslant\lambda_p$。按照与上面相同的方法，可以得出由对应这些本征值的本征向量构造的 p 个主成分$\xi_i, i=1,\cdots,p$。全部主成分的方差之和是

$$\sum_{i=1}^{p}\operatorname{var}(\xi_i)=\sum_{i=1}^{p}\lambda_i \tag{10-19}$$

它等于各个原始特征的方差之和。

变换矩阵 $\boldsymbol{A}$ 的各个列向量是由$\boldsymbol{\Sigma}$ 的正交归一的本征向量组成的，因此，$\boldsymbol{A}^{\mathrm{T}}=\boldsymbol{A}^{-1}$，即 $\boldsymbol{A}$ 是正交矩阵。从$\boldsymbol{\xi}$ 到 $\boldsymbol{x}$ 的逆变换是

$$\boldsymbol{x}=\boldsymbol{A}\boldsymbol{\xi} \tag{10-20}$$

实际上人们通常把主成分进行零均值化，即用

$$\boldsymbol{\xi}=\boldsymbol{A}^{\mathrm{T}}(\boldsymbol{x}-\boldsymbol{\mu}) \tag{10-21}$$

和

$$\boldsymbol{x}=\boldsymbol{A}\boldsymbol{\xi}+\boldsymbol{\mu} \tag{10-22}$$

来代替式(10-12)和式(10-20)，这种平移并不影响主成分的方向。

图10-1给出了对一组二维空间中的数据进行主成分分析的示例。

作为一种特征提取方法，通常希望用较少的主成分来表示数据。如果取前 k 个主成分，可以得知，这 k 个主成分所代表的数据全部方差的比例是

$$\sum_{i=1}^{k}\lambda_i\Big/\sum_{i=1}^{p}\lambda_i \tag{10-23}$$

很多情况下，数据中的大部分信息集中在较少的几个主成分上。图10-2画出了某一数

据集上各个本征值大小的一个例子。可以看到，前三个本征值即前三个主成分的方差占了全部方差的大部分，可以根据这样的本征值谱图来决定选择几个主成分来代表全部数据；在很多情况下，可以事先确定希望新特征所能代表的数据总方差的比例，例如 80%或 90%，然后根据式(10-23)试算出适当的 k。

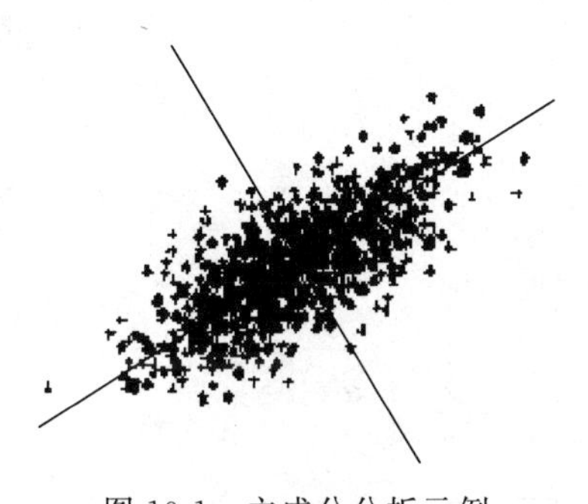

图 10-1 主成分分析示例

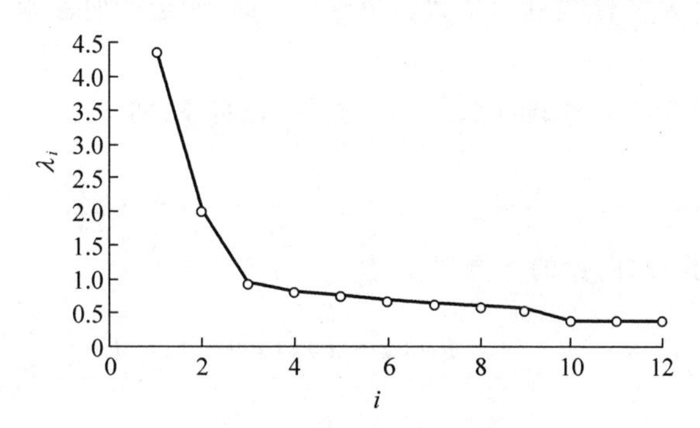

图 10-2 主成分分析的本征值图谱

在模式识别问题中应用主成分分析方法，通常的做法是首先用样本估算协方差矩阵或自相关矩阵，求解其特征方程，得到各个主成分方向，选择适当数目的主成分作为样本的新特征，将样本投影到这些主成分方向上进行分类或聚类。

选择较少的主成分来表示数据，不但可以用作特征的降维，还可以用来消除数据中的噪声。在很多情况下，在本征值谱中排列在后面的主成分(有人称之为次成分)往往反映了数据中的随机噪声。此时，如果把 $\boldsymbol{\xi}$ 中对应本征值很小的成分置为 0，再用式(10-20)或式(10-22)反变换回原空间，则实现了对原始数据的降噪。

在模式识别中，使用主成分分析可以实现对特征的变换和降维。这种特征变换是非监督的，没有考虑样本类别的信息。在监督模式识别情况下，以方差最大为目标进行的主成分分析并不一定总有利于后续的分类。

10.4 节要讨论的 K-L 变换可以针对分类的目标进行特征提取。

10.4 Karhunen-Loève 变换

10.4.1 K-L 变换

Karhunen-Loève 变换简称 K-L 变换，是模式识别中常用的一种特征提取方法。它有多个变种，其最基本的形式原理上与主成分分析是相同的，但 K-L 变换能够考虑到不同的分类信息，实现监督的特征提取。

K-L 变换是从 K-L 展开引出的。

模式识别中的一个样本可以看作是随机向量的一次实现。对 D 维随机向量 $\boldsymbol{x} \in R^D$，可以用一个完备的正交归一向量系 $\boldsymbol{u}_j, j=1,2,\cdots$ 来展开

$$\boldsymbol{x} = \sum_{j=1}^{\infty} c_j \boldsymbol{u}_j \tag{10-24}$$

即把 $\boldsymbol{x}$ 表示成 $\boldsymbol{u}_j, j=1,\cdots,\infty$ 的线性组合，其中

$$\boldsymbol{u}_i^{\mathrm{T}}\boldsymbol{u}_j=\begin{cases}1, & i=j\\ 0, & i\neq j\end{cases} \tag{10-25}$$

c_j 是线性组合的系数。将式(10-24)两边同时左乘 $\boldsymbol{u}_j^{\mathrm{T}}$，得到

$$c_j=\boldsymbol{u}_j^{\mathrm{T}}\boldsymbol{x} \tag{10-26}$$

如果只用有限的 d 项($d<D$)来逼近 $\boldsymbol{x}$，即

$$\hat{\boldsymbol{x}}=\sum_{j=1}^{d}c_j\boldsymbol{u}_j \tag{10-27}$$

则与原向量的均方误差是

$$e=E\left[(\boldsymbol{x}-\hat{\boldsymbol{x}})^{\mathrm{T}}(\boldsymbol{x}-\hat{\boldsymbol{x}})\right]=E\left[\left(\sum_{j=d+1}^{\infty}c_j\boldsymbol{u}_j\right)^{\mathrm{T}}\left(\sum_{j=d+1}^{\infty}c_j\boldsymbol{u}_j\right)\right]$$

$$=E\left[\sum_{j=d+1}^{\infty}c_j^2\right]=E\left[\sum_{j=d+1}^{\infty}\boldsymbol{u}_j^{\mathrm{T}}\boldsymbol{x}\boldsymbol{x}^{\mathrm{T}}\boldsymbol{u}_j\right]=\sum_{j=d+1}^{\infty}\boldsymbol{u}_j^{\mathrm{T}}E\left[\boldsymbol{x}\boldsymbol{x}^{\mathrm{T}}\right]\boldsymbol{u}_j$$

上面的推导中使用了 $\boldsymbol{u}_j(j=1,2,\cdots)$ 是正交向量系的条件。记 $\boldsymbol{\Psi}=E\left[\boldsymbol{x}\boldsymbol{x}^{\mathrm{T}}\right]$，即 $\boldsymbol{x}$ 的二阶矩阵，则

$$e=\sum_{j=d+1}^{\infty}\boldsymbol{u}_j^{\mathrm{T}}\boldsymbol{\Psi}\boldsymbol{u}_j \tag{10-28}$$

要在正交归一的向量系中最小化这一均方误差，就是求解下列优化问题

$$\begin{aligned}&\min e=\sum_{j=d+1}^{\infty}\boldsymbol{u}_j^{\mathrm{T}}\boldsymbol{\Psi}\boldsymbol{u}_j\\ &\text{s.t.}\quad \boldsymbol{u}_j^{\mathrm{T}}\boldsymbol{u}_j=1,\ \forall j\end{aligned} \tag{10-29}$$

采用拉格朗日法，得到无约束的目标函数

$$g(\boldsymbol{u})=\sum_{j=d+1}^{\infty}\boldsymbol{u}_j^{\mathrm{T}}\boldsymbol{\Psi}\boldsymbol{u}_j-\sum_{j=d+1}^{\infty}\lambda_j\left[\boldsymbol{u}_j^{\mathrm{T}}\boldsymbol{u}_j-1\right] \tag{10-30}$$

对各个向量求偏导并令其为零，$\dfrac{\partial g(\boldsymbol{u})}{\partial \boldsymbol{u}_j}=0, j=d+1,2,\cdots$，得如下一组方程

$$(\boldsymbol{\Psi}-\lambda_j\boldsymbol{I})\boldsymbol{u}_j=0, j=d+1,2,\cdots \tag{10-31}$$

即 $\boldsymbol{u}_j$ 是矩阵 $\boldsymbol{\Psi}$ 的本征向量且满足

$$\boldsymbol{\Psi}\boldsymbol{u}_j=\lambda_j\boldsymbol{u}_j \tag{10-32}$$

λ_j 是矩阵 $\boldsymbol{\Psi}$ 的本征值。考虑式(10-28)、式(10-29)和式(10-32)，均方误差为

$$e=\sum_{j=d+1}^{\infty}\lambda_j \tag{10-33}$$

如令 $d=0$，则式(10-32)对 $j=1,2,\cdots$ 成立。

要用 d 个向量表示样本使均方误差最小，则应该把矩阵 $\boldsymbol{\Psi}$ 的本征值按从大到小的顺序排列，选择前 d 个本征值对应的本征向量，此时的截断误差是在所有用 d 维正交坐标系展开中最小的。

$\boldsymbol{u}_j, j=1,\cdots,d$ 组成了新的特征空间，样本 $\boldsymbol{x}$ 在这个新空间上的展开系数 $c_j=\boldsymbol{u}_j^{\mathrm{T}}\boldsymbol{x}, j=1,\cdots,d$ 就组成了样本的新的特征向量。这种特征提取方法称为 K-L 变换，其中的矩阵 $\boldsymbol{\Psi}$

称作 K-L 变换的产生矩阵。下面还将介绍 K-L 变换的一些其他做法，基本原理是相同的，但产生矩阵可以不同。

可以看出，在这里得到的 d 个新特征与主成分分析中的 d 个主成分很相似，当原特征为零均值或者对原特征进行去均值处理时，二者就等价了。

K-L 变换有很多重要的性质。这些性质主要有：

（1）K-L 变换是信号的最佳压缩表示，用 d 维 K-L 变换特征代表原始样本所带来的误差在所有 d 维正交坐标变换中最小；

（2）K-L 变换的新特征是互不相关的，新特征向量的二阶矩阵是对角阵，对角线元素就是 K-L 变换中的本征值；

（3）用 K-L 坐标系来表示原数据，表示熵最小，即这种坐标系统下，样本的方差信息最大限度地集中在较少的维数上；

（4）如果用本征值最小的 K-L 变换坐标来表示原数据，则总体熵最小，即在这些坐标上的均值能够最好地代表样本集。

10.4.2 用于监督模式识别的 K-L 变换

从上面的讨论中可以看到，样本集 $\{\boldsymbol{x}\}$ 的 K-L 坐标系是由数据的二阶统计量决定的。当样本集中的样本没有类别信息时，K-L 坐标系的产生矩阵是 $\boldsymbol{\Psi}=E[\boldsymbol{x}\boldsymbol{x}^{\mathrm{T}}]$。如果去掉均值信息，也可以用数据的协方差矩阵

$$\boldsymbol{\Sigma}=E[(\boldsymbol{x}-\boldsymbol{\mu})(\boldsymbol{x}-\boldsymbol{\mu})^{\mathrm{T}}] \tag{10-34}$$

作为 K-L 坐标系的产生矩阵，这时 K-L 变换就等同于主成分分析。这里的 $\boldsymbol{\mu}$ 是样本的均值。这种非监督的特征提取方法也被称作 SELFIC(self-featuring information-compression)[①]方法。

当样本的类别已知时，可以有各种方法在计算二阶矩阵时考虑到类别信息，从而得到不同的 K-L 坐标系。例如，如果 $\{\boldsymbol{x}\}$ 是有类别标签 $\omega_i, i=1,\cdots,c$ 的样本集，各类的先验概率是 P_i，均值是 μ_i，协方差矩阵是 $\boldsymbol{\Sigma}_i$，则可以用总类内离散度矩阵

$$\boldsymbol{S}_{\mathrm{w}}=\sum_{i=1}^{c}P_i\boldsymbol{\Sigma}_i \tag{10-35}$$

作为 K-L 展开的产生矩阵，其中，$\boldsymbol{\Sigma}_i$ 是第 i 类样本的协方差矩阵

$$\boldsymbol{\Sigma}_i=E[(\boldsymbol{x}-\boldsymbol{\mu}_i)(\boldsymbol{x}-\boldsymbol{\mu}_i)^{\mathrm{T}}] \tag{10-36}$$

另一种简单的方法是先分别对各类样本进行 K-L 变换，再把所得到的坐标组合起来。显然这样得到的 K-L 坐标系只是对本类的样本来说具有 K-L 变换的最优性质。

如果对样本的分类信息有特定的认识或要求，可以设计出一些专门的 K-L 变换特征提取方法。

从类均值中提取判别信息

如果样本中的主要分类信息包含在均值中，则可以首先用总类内离散度矩阵作为产生

① Watanabe S. A method of self featuring information compression in pattern recognition. *Cybernetic Problems in Bionics Symposium*, 1966, 697-707.

矩阵进行K-L变换,消除特征间的相关性,然后考查变换后特征的类均值和方差,选择方差小、类均值与总体均值差别大的特征。具体做法是:

(1) 计算总类内离散度矩阵 $\boldsymbol{S}_{\mathrm{w}}$(式(10-35));

(2) 用 $\boldsymbol{S}_{\mathrm{w}}$ 作为产生矩阵进行K-L变换,求解本征值 λ_i 和对应的本征向量 $\boldsymbol{u}_i$,$i=1,2,\cdots,D$,得到一组新特征 $y_i=\boldsymbol{u}_i^{\mathrm{T}}\boldsymbol{x}$,$i=1,\cdots,D$,各维新特征的方差是 λ_i;

(3) 计算新特征的分类性能指标

$$J(y_i)=\frac{\boldsymbol{u}_i^{\mathrm{T}}\boldsymbol{S}_{\mathrm{b}}\boldsymbol{u}_i}{\lambda_i},\quad i=1,2,\cdots,D \tag{10-37}$$

其中,$\boldsymbol{S}_{\mathrm{b}}=\sum_{i=1}^{c}P(\omega_i)(\boldsymbol{\mu}_i-\boldsymbol{\mu})(\boldsymbol{\mu}_i-\boldsymbol{\mu})^{\mathrm{T}}$ 是原特征空间的类间离散度矩阵,$\boldsymbol{\mu}_i$ 和 $\boldsymbol{\mu}$ 分别是第 i 类的均值和总体均值。用这一性能指标将新特征排序

$$J(y_1)\geqslant J(y_2)\geqslant\cdots\geqslant J(y_d)\geqslant\cdots\geqslant J(y_D)$$

选择其中前 d 个新特征,相应的 $\boldsymbol{u}_i$ 组成特征变换矩阵 $\boldsymbol{U}=[\boldsymbol{u}_1,\boldsymbol{u}_2,\cdots,\boldsymbol{u}_d]$

下面给出一个实例。设有一个两类问题,两类的先验概率相等,特征为二维向量,类均值向量分别为

$$\boldsymbol{\mu}_1=[4,2]^{\mathrm{T}}$$

$$\boldsymbol{\mu}_2=[-4,-2]^{\mathrm{T}}$$

协方差矩阵分别是

$$\boldsymbol{\Sigma}_1=\begin{bmatrix}3 & 1\\1 & 3\end{bmatrix},\quad \boldsymbol{\Sigma}_2=\begin{bmatrix}4 & 2\\2 & 4\end{bmatrix}$$

为了把维数从2压缩为1,首先求 $\boldsymbol{S}_{\mathrm{w}}$

$$\boldsymbol{S}_{\mathrm{w}}=\frac{1}{2}\boldsymbol{\Sigma}_1+\frac{1}{2}\boldsymbol{\Sigma}_2=\begin{bmatrix}3.5 & 1.5\\1.5 & 3.5\end{bmatrix}$$

它的本征值矩阵和本征向量分别是

$$\boldsymbol{\Lambda}=\begin{bmatrix}5 & 0\\0 & 2\end{bmatrix},\quad \boldsymbol{U}=\begin{bmatrix}0.707 & 0.707\\0.707 & -0.707\end{bmatrix}$$

令

$$\boldsymbol{S}_{\mathrm{b}}=\begin{bmatrix}16 & 8\\8 & 4\end{bmatrix}$$

可计算得

$$J(x_1)=3.6,\quad J(x_2)=1$$

因此选 $\boldsymbol{u}_1=[0.707,0.707]^{\mathrm{T}}$ 作为一维的新特征,如图10-3所示。

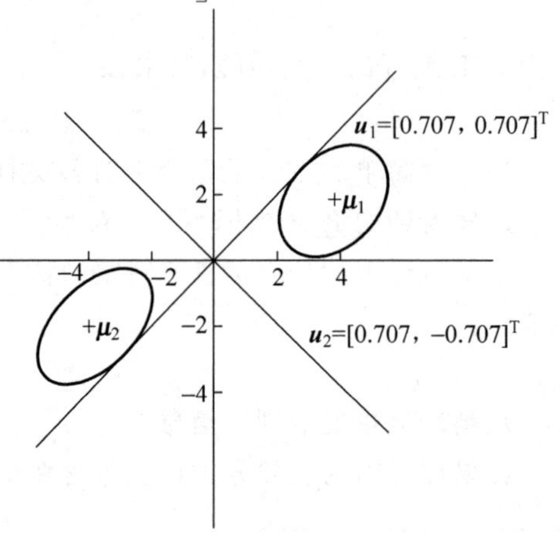

图10-3 从类均值中提取判别信息的K-L变换举例

包含在类平均向量中判别信息的最优压缩

如果要用最少的维数来保持原空间中类平均向量中的信息,则可以在使特征间互不相关的前提下最优压缩均值向量中包含的分类信

息。算法分为两大步骤：

(1) 用总类内离散度矩阵 $\boldsymbol{S}_{\mathrm{w}}$ 做 K-L 变换，消除特征间的相关性，写成矩阵形式就是

$$\boldsymbol{U}^{\mathrm{T}}\boldsymbol{S}_{\mathrm{w}}\boldsymbol{U}=\boldsymbol{\Lambda} \tag{10-38}$$

令

$$\boldsymbol{B}=\boldsymbol{U}\boldsymbol{\Lambda}^{-\frac{1}{2}} \tag{10-39}$$

从而使

$$\boldsymbol{S}'_{\mathrm{w}}=\boldsymbol{B}^{\mathrm{T}}\boldsymbol{S}_{\mathrm{w}}\boldsymbol{B}=\boldsymbol{I} \tag{10-40}$$

这一步称作白化变化，之后再进行任何正交归一变换类内离散度矩阵都不会再改变。变换后的类间离散度矩阵成为

$$\boldsymbol{S}'_{\mathrm{b}}=\boldsymbol{B}^{\mathrm{T}}\boldsymbol{S}_{\mathrm{b}}\boldsymbol{B} \tag{10-41}$$

(2) 用 $\boldsymbol{S}'_{\mathrm{b}}$ 再进行 K-L 变换，以压缩包含在类均值向量中的信息。对于一个 c 类问题，$\boldsymbol{S}'_{\mathrm{b}}$ 的秩最大为 $c-1$，因此这一步最多有 $d=c-1$ 个非零的本征值，对应的特征向量组成的变换矩阵记作

$$\boldsymbol{V}'=[\boldsymbol{v}_1,\cdots,\boldsymbol{v}_d]$$

考虑到上一步的变换，总的变换矩阵是

$$\boldsymbol{W}=\boldsymbol{U}\boldsymbol{\Lambda}^{-\frac{1}{2}}\boldsymbol{V}' \tag{10-42}$$

可以证明，两类情况下，这种特征提取得到的新特征方向就是 Fisher 线性判别中得到的最佳投影方向。

再用上面的同一个例子来说明这种特征提取方法。因为只有两类，所以均值信息最优压缩的特征只有一维。接上面例子，可以得到

$$\boldsymbol{B}=\boldsymbol{U}\boldsymbol{\Lambda}^{-I/2}=\begin{bmatrix}0.707 & 0.707\\ 0.707 & -0.707\end{bmatrix}\begin{bmatrix}0.447 & 0\\ 0 & 0.707\end{bmatrix}$$

$$=\begin{bmatrix}0.316 & 0.5\\ 0.316 & -0.5\end{bmatrix}$$

$$\boldsymbol{S}'_{\mathrm{b}}=\boldsymbol{B}^{\mathrm{T}}\boldsymbol{S}_{\mathrm{b}}\boldsymbol{B}=\begin{bmatrix}3.6 & 1.897\\ 1.897 & 1\end{bmatrix}$$

$\boldsymbol{S}'_{\mathrm{b}}$ 的本征值矩阵是

$$\boldsymbol{\Lambda}'=\begin{bmatrix}4.6 & 0\\ 0 & 0\end{bmatrix}$$

非零本征值对应的本征向量是

$$\boldsymbol{v}=\begin{bmatrix}0.884\\ 0.466\end{bmatrix}$$

所以

$$\boldsymbol{W}=\boldsymbol{B}\boldsymbol{v}=\begin{bmatrix}0.512\\ 0.046\end{bmatrix}$$

图 10-4 给出了两步变换和由此得到的新特征方向的示意图。

类中心化特征向量中分类信息的提取

如果把各类样本都减去各自的均值，就消除了各类均值差别所包含的分类信息。这时，

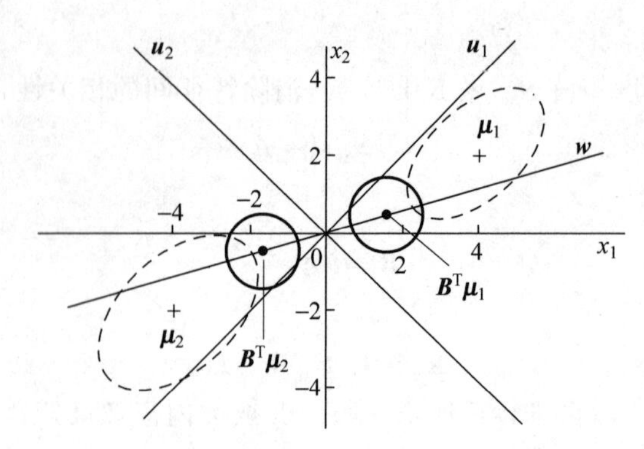

图 10-4 包含在类平均向量中判别信息的最优压缩示例

如果各类的分布形状不同，仍然能从各类的协方差中提取出分类信息。为此，可以采取以下做法：

首先用总类内离散度矩阵 $\boldsymbol{S}_\mathrm{w}$ 做 K-L 变换，消除特征间的相关性。考查各个新特征在各类中的方差 r_{ij}（第 i 类中第 j 个特征的方差），用第 j 个特征的总方差（即 $\boldsymbol{S}_\mathrm{w}$ 的第 j 个本征值）λ_j 和类先验概率进行归一化，得

$$\tilde{r}_{ij}=P(\omega_i)\frac{r_{ij}}{\lambda_j},\quad i=1,2,\cdots,c,\quad j=1,2,\cdots,D \tag{10-43}$$

显然，归一化的方差满足 $\sum_{i=1}^{c}\tilde{r}_{ij}=1, j=1,2,\cdots,D$，类似于一个概率密度函数。如果对第 j 个特征，各类的 $\tilde{r}_{ij}$ 相等，则此维特征的方差不包含分类信息；相反，如果某个 $\tilde{r}_{ij}$ 为 1 而其余 $\tilde{r}_{ij}$ 均为 0，则该特征的方差能够提供最大的分类信息。可以在归一化方差上定义总体熵来表示方差的分散程度

$$J(x_j)=-\sum_{i=1}^{c}\tilde{r}_{ij}\log\tilde{r}_{ij} \tag{10-44}$$

也可以更简单地定义为 $J(x_j)=\prod_{i=1}^{c}\tilde{r}_{ij}$。$J(x_j)$ 越小，则方差中包含的分类信息越大。

这样，就可以把 K-L 变换的新特征按照 $J(x_j)$ 排序

$$J(x_1)\leqslant J(x_2)\leqslant\cdots\leqslant J(x_d)\leqslant\cdots\leqslant J(x_D)$$

选取其中前 d 个特征组成新的特征。

在多数情况下，样本的均值中和方差中可能都包含分类信息。这时，可以用均值分类信息的最优压缩获得 $d'\leqslant c-1$ 个特征，再利用类中心化特征的方差信息获得另外 $d-d'$ 个特征。

10.5 用“本征脸”作为人脸识别的特征

本节介绍在图像人脸识别问题里如何利用 K-L 变换或主成分分析来提取特征。人脸识别是指通过人脸的图像在一组候选的人中识别出这个人是谁。本节介绍的方法是由

Turk 和 Pentland 提出的，称作本征脸(eigenface)方法①。

假设已经把图像都标准化为 $N\times N$ 的人脸图像。如何从一幅照片中提取出人脸图像并进行标准化是另外一个专门的问题，典型的做法是提取出人脸的一些关键特征部位，并按照这些部位的相对位置关系对人脸图像进行调整，这点在此不做介绍，读者可以参考关于人脸检测与识别的专门文献。一幅 $N\times N$ 像素组成的图像就是一个 $N\times N$ 的矩阵，因此，一张人脸的图像可以看作是一个特征为 N^2 维向量的样本。设训练样本集有 m 张人脸图像，即样本集为 $\{\boldsymbol{x}_i\in R^{N^2},i=1,2,\cdots,m\}$。由于维数太高，需要对这些特征进行降维，提取较少的特征来表示所有样本。图 10-5 给出了一个标准化了的人脸样本集的例子。

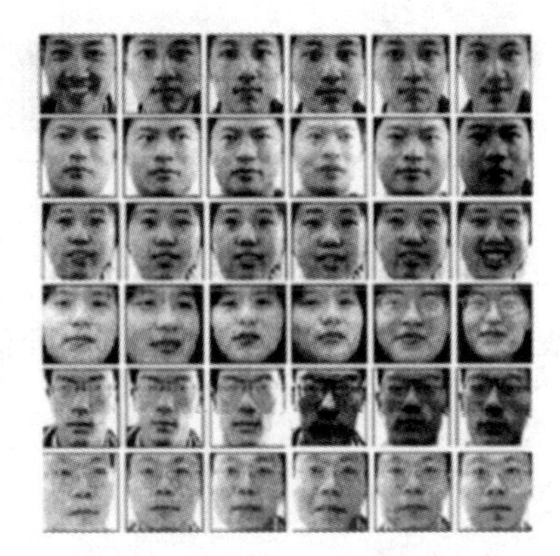

图 10-5 标准化人脸样本集的例子

不考虑类别标号，用所有样本估计总协方差矩阵

$$\boldsymbol{\Sigma}=\frac{1}{m}\sum_{i=1}^{m}(\boldsymbol{x}_i-\boldsymbol{\mu})(\boldsymbol{x}_i-\boldsymbol{\mu})^{\mathrm{T}}=\frac{1}{m}\boldsymbol{X}\boldsymbol{X}^{\mathrm{T}} \tag{10-45}$$

其中，$\boldsymbol{X}$ 是由所有去均值的样本构成的 $N^2\times m$ 矩阵。$\boldsymbol{\Sigma}$ 也称作总体散布矩阵，维数为 $N^2\times N^2$。用 K-L 变换对样本进行降维，需要求解 $\boldsymbol{\Sigma}$ 的正交归一的本征向量。但由于矩阵维数高，直接计算困难。

现在考查由样本集构成的另外一个矩阵 $\boldsymbol{R}=\frac{1}{m}\boldsymbol{X}^{\mathrm{T}}\boldsymbol{X}$，它的维数是 $m\times m$。通常，$m\ll N^2$。矩阵 $\boldsymbol{R}$ 的特征方程是

$$\boldsymbol{X}^{\mathrm{T}}\boldsymbol{X}\boldsymbol{v}_i=\lambda_i\boldsymbol{v}_i \tag{10-46}$$

两边同时左乘 $\boldsymbol{X}$，得

$$\boldsymbol{X}\boldsymbol{X}^{\mathrm{T}}\boldsymbol{X}\boldsymbol{v}_i=\lambda_i\boldsymbol{X}\boldsymbol{v}_i$$

即

$$\boldsymbol{\Sigma}\boldsymbol{X}\boldsymbol{v}_i=\lambda_i\boldsymbol{X}\boldsymbol{v}_i \tag{10-47}$$

记 $\boldsymbol{u}_i=\boldsymbol{X}\boldsymbol{v}_i$，则式(8-47)变成

$$\boldsymbol{\Sigma}\boldsymbol{u}_i=\lambda_i\boldsymbol{u}_i \tag{10-48}$$

这就是 $\boldsymbol{\Sigma}$ 的特征方程。

因此，$m\times m$ 矩阵 $\boldsymbol{X}^{\mathrm{T}}\boldsymbol{X}$ 和 $N^2\times N^2$ 矩阵 $\boldsymbol{X}\boldsymbol{X}^{\mathrm{T}}$ 具有相同的本征值，本征向量具有下面的关系

$$\boldsymbol{u}_i=\boldsymbol{X}\boldsymbol{v}_i \tag{10-49}$$

对本征向量归一化，得到 $\boldsymbol{\Sigma}$ 的正交归一的本征向量是

$$\boldsymbol{u}_i=\frac{1}{\sqrt{\lambda_i}}\boldsymbol{X}\boldsymbol{v}_i,\quad i=1,2,\cdots,m \tag{10-50}$$

由于 $\boldsymbol{\Sigma}$ 的秩不会大于 m，因此 $\boldsymbol{\Sigma}$ 最多有 m 个非零本征值。这样，通过求解维数较低的矩阵 $\boldsymbol{X}^{\mathrm{T}}\boldsymbol{X}$ 的本征值和本征向量实现了对样本集的 K-L 变换。

每个本征向量 $\boldsymbol{u}_i$ 仍然是一个 N^2 维的向量，即仍然是一个 $N\times N$ 的图像。这些本征

① Turk M and Pentland A. Eigenfaces for recognition. *Journal of Cognitive Neuroscience*, 1991, 3(1): 71-86.

向量的图像仍具有一些人脸的特点,因此被称作“本征脸”(eigenface)。

把本征值从大到小排列

$$\lambda_1 \geqslant \lambda_2 \geqslant \cdots \geqslant \lambda_m$$

并从前向后选取所希望数目的本征脸,就构成了新的特征空间。原图像样本在这些新特征方向上的投影构成了对原图像的降维表示。根据K-L变换的性质,这种降维表示是在所有相同维数的线性表示中误差最小的。图10-6画出了在一组人脸图像样本数据上得到的前8个本征脸图像的例子。

图10-6　“本征脸”图像示例

如果提取k个特征,每个样本就是这k个本征脸的线性组合。选取k个本征脸所能代表的样本间的差异信息占全部差异信息的比例是

$$\alpha = \sum_{i=1}^{k}\lambda_i \Big/ \sum_{i=1}^{m}\lambda_i \tag{10-51}$$

通常,选取本征脸的个数k可以根据式(10-51)的比例来确定。例如,如果要求保持原数据中90%的信息,则可以从1开始逐渐增加k,直到$\alpha \geqslant 90\%$为止。通常,对于128×128像素的人脸图像,只需要很少几个本征脸就能够比较好地表示和分类,大大压缩了特征维数。每幅图像在这k个本征脸上的投影系数就是样本的新特征,可以通过后续的分类实现对人脸的识别。

设样本$\boldsymbol{x}_i$在本征脸空间中的表示是$\boldsymbol{y}_i = [y_{i1}, \cdots, y_{ik}]^{\mathrm{T}}$,$\boldsymbol{\mu}$是原空间中样本的均值向量,则由所选取的$k$个本征脸可重构出原始图像

$$\hat{\boldsymbol{x}}_i = \sum_{j=1}^{k} y_{ij}\boldsymbol{u}_j + \boldsymbol{\mu} \tag{10-52}$$

如果$k<m$,则重构出的图像与原图像有误差,但通常不影响对图像的识别,而且很多小的本征值对应的本征向量(次成分)实际是噪声引起的。

与人脸的图像相比,其他图像与人脸的特点很不同,因此,如果用一组本征脸来表示一幅并非是人脸的同样大小的图像,则重构的图像与原图像就会有较大的差别。利用这种误差,也可以设计区分照片中人脸与景物的算法,即进行人脸的检测。

10.6　高维数据的低维可视化

在很多实际问题中,人们希望能够直接看到样本的分布情况,但是,当样本是高维向量时,无法直观地看到数据。人们只能观察三维以下的空间,最好能把高维空间的数据映射到二维平面上显示出来,而这种映射需要尽可能地反映原空间中样本的分布情况,或者使各样本间的距离关系尽量保持不变。这是一个特征变换的任务,也称作数据的低维可视化。

主成分分析就是最常用的数据可视化方法之一。最基本的做法是用第一、第二主成分构成二维平面,每个样本用平面上的一个点来表示,对监督模式识别的训练样本还可以用不

同颜色或符号来标记不同类别的样本，以便更清楚地观察两类样本的分离情况。有时也需要考查在其他主成分上样本的分布情况，这时就需要用第一和第三主成分、第二和第三主成分、第一和第四主成分等各种组合来构成二维平面，考查样本在各个平面上的分布情况。图 10-7 给出了一个对一组基因表达数据进行主成分分析所得出的前两个主成分的例子，从图中可以明显看到这些数据中内在的结构。

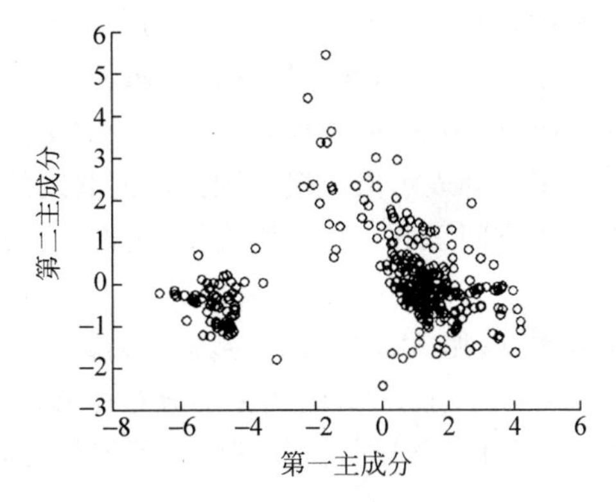

图 10-7 用主成分分析进行数据的二维显示举例(取自 Mathworks 网站的例子)

除了主成分分析，其他特征变换方法也同样可以用来进行数据的二维或三维显示，只要把特征提取的维数设为 2 或 3 即可。

本章前面介绍的特征提取方法都是线性变换方法，当数据在高维空间中具有复杂的分布时，通过线性变换在二维(或三维)空间内反映数据的分布会有很大的局限性，因此人们发展了很多非线性的数据映射方法。下面几节介绍其中有代表性的几种方法。

10.7 多维尺度(MDS)法

10.7.1 MDS 的基本概念

多维尺度(multi-dimensional scaling，MDS)法是一种很经典的数据映射方法，但中文一直没有一个统一的翻译。常见的译法包括“多维尺度分析”“多维标度分析”“多维尺度模型”“多维排列模型”“多维标度”“多维尺度”“多元尺度法”“多维标度法”等。从字面意思看，scaling 的意思是按比例缩放、依比例决定。MDS 是将定义在多维空间中的样本间关系按比例缩放到二维或三维空间中展示出来，因此似乎翻译成“多维比例缩放”更贴切。在下面的介绍中，将主要使用 MDS 这一英文缩写，这也是国内很多文献中常用的做法。MDS 还有一个别名叫做 ALSCAL(Alternative Least-Square SCALing)，在 SPSS 软件中的 MDS 程序就用这个名字。

MDS 的基本出发点并不是把样本从一个空间映射到另外一个空间，而是为了根据样本之间的距离关系或不相似度关系在低维空间里生成对样本的一种表示，或者说是把样本之间的距离关系或不相似关系在二维或三维空间里表示出来。如果样本之间的关系是定义在一定的特征空间上的，那么这种表示也就实现了从原特征空间到低维表示空间的一种变换。

MDS 分为度量型(metric)和非度量型(non-metric)两种类型。度量型 MDS 把样本间的距离或不相似度看作一种定量的度量，希望在低维空间里的表示能够尽可能保持这种度量关系。非度量型 MDS 也称作顺序 MDS(ordinal scaling)，它把样本间的距离或不相似度关系仅仅看作是一种定性的关系，在低维空间里的表示只需要保持这种关系的顺序。

下面用一个简单的例子来说明 MDS 的基本思想。假设我们要画一张地图，沿着地球的表面测量了美国若干城市间的距离，如表 8-1 所示。当我们要把每个城市作为一个点画在一个平面上时，就会发现在平面上无法准确地反映出这些点之间的距离关系。原因很简单，地球是圆的，沿着地球表面测量的距离是在三维空间里特定曲线的长度，不可能在二维空间里准确表示出一组不同方向的曲线的长度。MDS 的目的就是，求解代表这些城市的点在二维空间里的一种最优安排，使得在这种安排下各点之间的相对距离关系最接近原来的距离关系。图 10-8 就是根据表 10-1 的距离关系用 MDS 方法得到的城市位置图。从图中可以看到，用 MDS 得到各点的相对距离关系较好地保持了原距离矩阵定义的关系。(由于并未对样本点在 MDS 图上的分布做其他约定，所以图 10-8 中并没有遵循通常地图的方向约定，不过只要把图上下翻转一下就与人们习惯的地图一致了。)

表 10-1　若干城市间的距离矩阵(矩阵为对称阵，表中只填了矩阵的上三角)　　单位：mile

	Boston	NY	DC	Miami	Chicago	Seattle	SF	LA	Denver
Boston	0	206	429	1504	963	2976	3095	2979	1949
NY		0	233	1308	802	2815	2934	2786	1771
DC			0	1075	671	2684	2799	2631	1616
Miami				0	1329	3273	3053	2687	2037
Chicago					0	2013	2142	2054	966
Seattle						0	808	1131	1307
SF							0	379	1235
LA								0	1059
Denver									0

注：1 mile=1609.344m

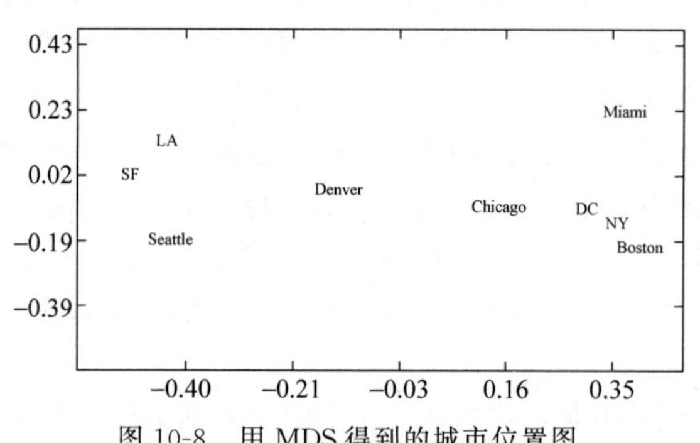

图 10-8　用 MDS 得到的城市位置图

MDS 可以用在对很多非数值对象的研究中。例如，在对一组学生的心理分析中，心理学家可以通过一组心理测试评价每个学生的心理特点，并对每两个学生间的差异性给出一定的定量或定性评价，这时就可以用 MDS 将这组学生表示在一个平面上，在这个平面上可以直观地分析这组学生整体的相互关系，还可以用聚类分析(见第 9 章)等非监督模式识别方法进行进一步的研究。在经济学中，人们可以用类似的思路研究一些产品、品牌、地域、消费者等抽象对象之间的关系。因此，MDS 在生物学、医学、心理学、社会学、经济学、金融学等方面都有很多应用。

10.7.2 古典尺度法

我们知道,如果给定了 d 维空间 n 个点的坐标,可以很容易地计算出两两点之间的欧氏距离。古典尺度(classical scaling)法关心的是这个问题的反问题:给定一个两两点之间距离的矩阵,如何确定这些点在空间里的坐标?为此,需要假定给定的距离矩阵是欧氏距离。

古典尺度法也被称作主坐标分析(principal coordinates analysis)方法。

设有 n 个 d 维样本 $\boldsymbol{x}_i \in R^d, i=1,\cdots,n, \boldsymbol{x}_i=[x_i^1,\cdots,x_i^d]^{\mathrm{T}}$,所有样本组成的 $n\times d$ 矩阵是 $\boldsymbol{X}=[\boldsymbol{x}_1,\cdots,\boldsymbol{x}_n]^{\mathrm{T}}$,样本间两两内积组成的矩阵为 $\boldsymbol{B}=\boldsymbol{X}\boldsymbol{X}^{\mathrm{T}}$。样本 $\boldsymbol{x}_i$ 与 $\boldsymbol{x}_j$ 之间的欧氏距离为

$$d_{ij}^2 = |\boldsymbol{x}_i - \boldsymbol{x}_j|^2 = \sum_{l=1}^{d}(x_i^l - x_j^l)^2 = |\boldsymbol{x}_i|^2 + |\boldsymbol{x}_j|^2 - 2\boldsymbol{x}_i\boldsymbol{x}_j^{\mathrm{T}} \tag{10-53}$$

所有两两点之间的欧氏距离组成的矩阵为

$$\boldsymbol{D}^{(2)} = \{d_{ij}^2\}_{n\times n} = \boldsymbol{c}\boldsymbol{1}^{\mathrm{T}} + \boldsymbol{1}\boldsymbol{c}^{\mathrm{T}} - 2\boldsymbol{B} \tag{10-54}$$

其中,$\boldsymbol{c}$ 是矩阵 $\boldsymbol{B}$ 的对角线元素组成的向量,即 $\boldsymbol{c}=[|\boldsymbol{x}_1|^2,\cdots,|\boldsymbol{x}_n|^2]^{\mathrm{T}}$,$\boldsymbol{1}$ 为单位列向量 $\boldsymbol{1}=[1,1,\cdots,1]^{\mathrm{T}}$

$$\boldsymbol{c}\boldsymbol{1}^{\mathrm{T}} = \begin{bmatrix} |\boldsymbol{x}_1|^2 & \cdots & |\boldsymbol{x}_1|^2 \\ \vdots & \ddots & \vdots \\ |\boldsymbol{x}_n|^2 & \cdots & |\boldsymbol{x}_n|^2 \end{bmatrix}$$

现在已知矩阵 $\boldsymbol{D}^{(2)}$,求 $\boldsymbol{X}$。

对坐标的平移不会影响样本间的距离,因此,可以假设所有样本的质心为坐标原点,即

$$\sum_{i=1}^{n}\boldsymbol{x}_i = \boldsymbol{0} \tag{10-55}$$

其中 $\boldsymbol{0}$ 表示元素全部是 0 的向量。

定义中心化矩阵

$$\boldsymbol{J} = \boldsymbol{I} - \frac{1}{n}\boldsymbol{1}\boldsymbol{1}^{\mathrm{T}} \tag{10-56}$$

其中,$\boldsymbol{I}$ 是单位对角阵。显然

$$(\boldsymbol{c}\boldsymbol{1}^{\mathrm{T}})\boldsymbol{J} = \boldsymbol{0}$$

$$\boldsymbol{J}(\boldsymbol{1}\boldsymbol{c}^{\mathrm{T}}) = \boldsymbol{0}$$

这里的 $\boldsymbol{0}$ 表示元素全部是 0 的矩阵。而且,在式(10-55)的假设下,有

$$\boldsymbol{J}\boldsymbol{X} = \boldsymbol{X}$$

$$\boldsymbol{J}\boldsymbol{B}\boldsymbol{J} = \boldsymbol{B}$$

对 $\boldsymbol{D}^{(2)}$ 两边乘以中心化矩阵,得

$$\begin{aligned}\boldsymbol{J}\boldsymbol{D}^{(2)}\boldsymbol{J} &= \boldsymbol{J}(\boldsymbol{c}\boldsymbol{1}^{\mathrm{T}} + \boldsymbol{1}\boldsymbol{c}^{\mathrm{T}} - 2\boldsymbol{B})\boldsymbol{J} = \boldsymbol{J}(\boldsymbol{c}\boldsymbol{1}^{\mathrm{T}})\boldsymbol{J} + \boldsymbol{J}(\boldsymbol{1}\boldsymbol{c}^{\mathrm{T}})\boldsymbol{J} - 2\boldsymbol{J}\boldsymbol{B}\boldsymbol{J} \\ &= -2\boldsymbol{J}\boldsymbol{B}\boldsymbol{J} = -2\boldsymbol{B}\end{aligned} \tag{10-57}$$

这样,就可以从距离矩阵 $\boldsymbol{D}^{(2)}$ 计算出样本的内积矩阵

$$\boldsymbol{B}=\boldsymbol{X}\boldsymbol{X}^{\mathrm{T}}=-\frac{1}{2}\boldsymbol{J}\boldsymbol{D}\boldsymbol{J} \tag{10-58}$$

这种做法也称作双中心化(double centering)。

如果 $\boldsymbol{D}^{(2)}$ 是由欧氏距离组成的矩阵,则 $\boldsymbol{B}$ 是对称矩阵,可以用奇异值分解的方法来求解 $\boldsymbol{X}$

$$\boldsymbol{B}=\boldsymbol{U}\boldsymbol{\Lambda}\boldsymbol{U}^{\mathrm{T}} \tag{10-59}$$

其中,$\boldsymbol{U}$ 是由矩阵 $\boldsymbol{B}$ 的本征向量组成的矩阵,$\boldsymbol{\Lambda}$ 是以 $\boldsymbol{B}$ 的本征值为对角元素的对角阵

$$\boldsymbol{X}=\boldsymbol{U}\boldsymbol{\Lambda}^{1/2} \tag{10-60}$$

如果样本不是中心化的,即式(10-55)不成立,则只要知道样本的均值向量 $\bar{\boldsymbol{x}}$ 就可以求得各个样本原来的坐标

$$\tilde{\boldsymbol{x}}_i=\boldsymbol{x}_i+\bar{\boldsymbol{x}},\quad i=1,\cdots,n$$

如果要用 $k<d$ 维空间来表示这些样本,则可以按照本征值从大到小排序

$$\lambda_1\geqslant\lambda_2\geqslant\cdots\geqslant\lambda_k\geqslant\cdots\geqslant\lambda_d$$

用 $\lambda_1\sim\lambda_k$ 组成 $\boldsymbol{\Lambda}$,只用这些本征值对应的本征向量组成 $\boldsymbol{U}$。容易证明,如果已知样本集,从中计算出 $\boldsymbol{D}^{(2)}$,再用古典尺度法得到 $\boldsymbol{X}$ 的低维表示,结果与主成分分析相同。

10.7.3　度量型 MDS

古典尺度法是度量型 MDS 的一种特殊形式。更一般的情况是,已知一组样本两两之间的相异度(不相似度)度量 δ_{ij},$i,j=1,\cdots,n$,它们可以是某种距离度量,也可以是其他的度量。要用某个低维空间中一组点来表示这组样本,它们在这个空间中两两之间的距离是 d_{ij},希望所得到的低维空间表示能使 d_{ij} 尽可能忠实地代表 δ_{ij}。

δ_{ij} 称作给定距离,d_{ij} 称作表示距离。人们可以定义多种目标函数来表示给定距离与表示距离之间的误差,称作压力函数(stress function),然后采用一定的优化方法来最小化目标函数。不同的目标函数定义就产生了不同形式的 MDS 方法。

如果采用给定距离的平方与表示距离的平方之间的平均误差 $\sum_{i,j}(\delta_{ij}^2-d_{ij}^2)$ 作为目标函数,则当 δ_{ij} 是欧氏距离时,得到的低维空间表示就是样本在主成分上的投影。

很多 MDS 压力函数可以统一为如下形式

$$S=\sum_{i,j}\alpha_{ij}(\phi(\delta_{ij})-d_{ij})^2 \tag{10-61}$$

其中,α_{ij} 是对样本对的加权,例如有人用

$$\alpha_{ij}=\Big(\sum_{i,j}d_{ij}^2\Big)^{-1} \tag{10-62}$$

作为加权;$\phi()$ 是预先定义的函数,例如,如果希望 d_{ij} 与 δ_{ij} 之间是线性关系,则可以选 $\phi(\delta_{ij})=a+b\delta_{ij}$。

另外一种常用的压力函数形式是

$$S=\sqrt{\frac{\sum_{i,j}(f(\delta_{ij})-d_{ij})^2}{\text{scale}}} \tag{10-63}$$

分母上的 scale 是一个尺度因子，例如可取 scale $=\sum_{i,j}\delta_{ij}^2$，此时的压力函数称作 Kruskal 压力(Kruskal stress)。

一般来说，上述目标函数的优化很难有解析解。如果函数 $\phi()$ 或 $f()$ 已经确定，则可以采用迭代的优化算法来对各个坐标位置进行优化。如果 $\phi()$ 或 $f()$ 中有待定参数，则可以采用交替最小二乘的方法进行优化，即先固定一定的初始坐标位置，对函数的参数进行优化；再固定函数参数，对坐标位置进行优化，如此反复直到收敛。

10.7.4 非度量型 MDS

在一些研究中，我们得到的样本间的相异度或相似度关系只有定性的意义而没有定量的意义。例如在心理学研究中，可以根据受试者对一组问题的回答分析受试者之间的相似程度或差别大小，但是所给出的分值有时并没有绝对的意义；对于其他一些样本，样本可能是通过对不同物理意义的数量和非数量特征进行的度量，样本之间的距离度量也不一定有定量的意义。对于这些距离关系，它们所反映的最主要的是诸如"A 与 B 比 A 与 C 更相似"之类的信息，而没有"A 与 B 的相似性比 A 与 C 的相似性大多少数量或多少倍"的信息。非度量型 MDS(也称作顺序 MDS)就是追求样本的坐标能反映出这些定性的顺序信息。

在非度量型 MDS 中，也需要将式(10-61)或式(10-63)形式的目标函数最小化，但是，其中的函数 $\phi()$ 或 $f()$ 只需要是某种单调函数或弱单调函数即可。这种单调函数可以通过所谓"单调回归"(monotonic regression)来实现。最后的目标是，用低维空间坐标表示的样本点之间的距离关系，尽可能接近地反映原相异度矩阵所表示的顺序关系。

10.7.3 节和本小节只介绍了度量型和非度量型 MDS 的基本思想和原理，更多算法问题读者可以参考有关的专著[①]，一些国内出版的统计学或数据分析教材中也有相关内容。

10.7.5 MDS 在模式识别中的应用举例

通常，人们用 MDS 在二维或三维上可视化地显示一组复杂样本之间的关系。如果样本间的距离/相异度矩阵是定义在某一特征空间中的，那么 MDS 也可以看作是样本的一种特征变换。根据原距离矩阵的定义不同和采取的 MDS 算法不同，这种变换可以是线性变换也可以是非线性变换。与其他特征提取方法相同，在得到样本的低维空间表示后，可以把样本在低维空间的坐标作为新的特征，根据具体的问题进行后续的监督模式识别分析或非监督模式识别分析。

既然 MDS 的应用可以不仅仅是可视化，那么就不一定局限于二维或三维的 MDS。在

---

① 例如 Kruskal J B and Wish M. *Multidimensional Scaling*. Sage University Paper Series on Quantitative Application in the Social Sciences, 07-011. Beverly Hills and London: Sage Publications, 1978 或 Borg I and Groenen P. *Modern Multidimensional Scaling: theory and applications*. NY: Springer-Verlag, 1997.

MDS 中，可以通过计算在不同的目标维数下最优的压力函数取值，画出如图 10-9 所示的陡坡图（scree plot），据此确定比较恰当的 MDS 维数。图中显示了在不同维数下的压力函数值，即不同维数下用表示距离代表给定距离的总体误差。可以看到，与主成分分析的本征值谱图类似，陡坡图曲线上，随着维数的增加，误差逐渐减小，但是到一定维数后误差的减小速度就开始变慢，在这个维数上陡坡图曲线往往出现一个明显拐点，通常这个维数就是一个比较好的选择。当然，与主成分分析的情况类似，并不是在所有的数据上都会出现很明显的拐点。

MDS 方法可以和模式识别方法结合起来，细致地考查样本的相互关系。图 10-10 给出了一个用基因表达数据分析乳腺癌样本的两种类型的例子，取自我们的一项从乳腺癌基因表达数据预测乳腺癌特性的工作[①]。在这个例子中，所研究的样本是一组乳腺癌的病人，临床上根据其雌激素受体（ER）的情况把她们分为 ER 阳性（＋）、阴性（－）和弱阳性（lp）三种类型。对样本的观测是利用基因芯片获得的上万个基因在病人乳腺癌组织里的表达量。在这个例子中，我们以 ER 阳性病人与阴性病人的分类作为研究目标，用上一章介绍的 R-SVM 方法选择了 50 个基因特征，构建了分类器，能够很好地区分这两类样本（交叉验证的错误率仅 2%）。为了直观地考查所研究样本在所选出的 50 个基因表达特征上的分布，我们用 MDS 把样本点在二维平面上显示出来，如图 10-10 所示。可以看到，ER＋和 ER－两类样本在这个空间中能够很好地被分开。

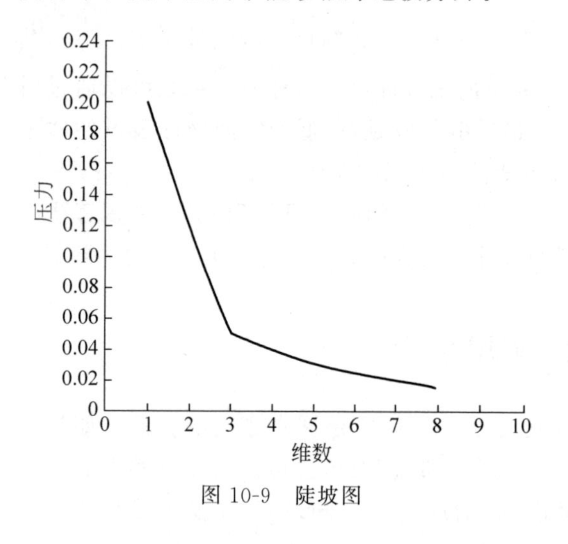

图 10-9　陡坡图

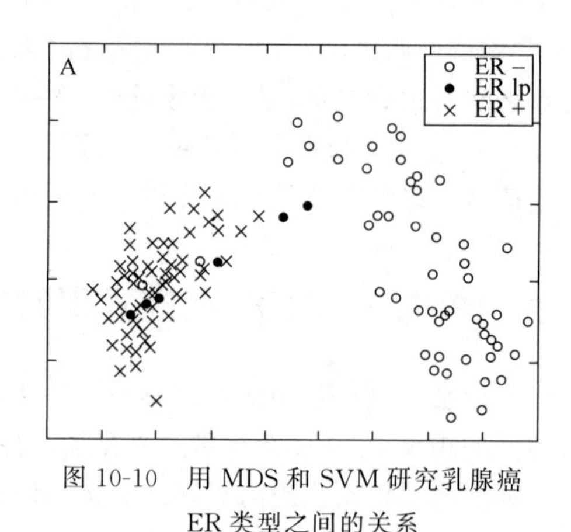

图 10-10　用 MDS 和 SVM 研究乳腺癌 ER 类型之间的关系

在 R-SVM 特征选择和分类中均未涉及弱阳性样本在这个空间中的分布，这样的样本在这个例子的数据集中只有 6 例，我们把它们也与其余样本一起映射到 MDS 的二维平面上，在图 10-10 中用黑点表示。可以看到，在区分 ER＋和 ER－的这些基因上，样本集中地

① Xuesong Lu, Xin Lu, Zhigang C Wang, J Dirk Iglehart, Xuegong Zhang and Andrea L. Richardson. Predicting features of breast cancer with gene expression patterns, *Breast Cancer Research and Treatment*, March 2008, 108(2): 191-201.

被临床上鉴定为弱阳性的样本其实与 ER 阳性样本属于同一类,提示在临床上应该主要按照 ER 阳性样本的情况来处置。在这一研究中,我们还用同样的策略研究了几种乳腺癌的其他特性,都取得了很好的效果。

10.8 非线性特征变换方法简介

之所以能够用较少的维数来代表高维样本,是因为那些样本的特征维数虽然很高,但并不是所有维的特征都是独立的,也不是所有维的特征都反映了有效的信息。进行特征提取和维数压缩,实际是假定数据在高维空间中实际是沿着一定的方向分布的,这些方向能够用较少的维数来表示。采用线性变换进行特征提取,就是假定这种方向是线性的。例如在图 10-11(a)的例子中,虽然原始特征是二维的,但数据实际上主要是沿一条直线主轴分布的,用一维就能够很好地表示。

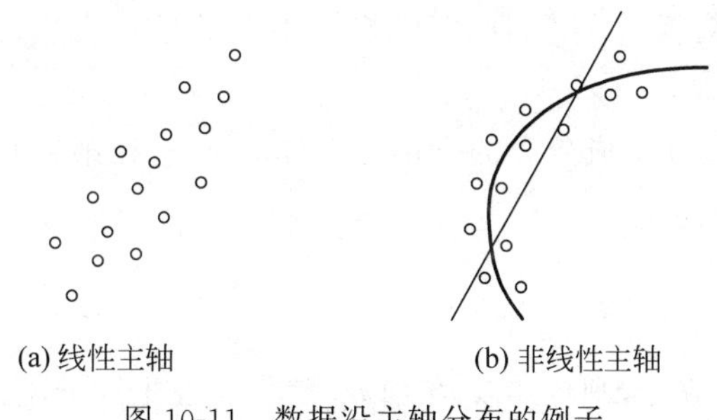

图 10-11 数据沿主轴分布的例子

这一思想可以进一步推广。在某些情况下,数据可能会按照某种非线性的规律分布,例如图 10-11(b)的例子。如果采用主成分分析等线性方法,可以得到图中的直线方向,但可以看到数据实际是按照图中曲线的方向分布的,如果将数据投影到这条曲线上,同样是只用了一维特征,却可以更好地表示原数据。

要提取数据分布中的非线性规律,就需要采用非线性变换。非线性变换有很多种类,这里只扼要介绍两种方法的基本思想,更多的内容读者可以查阅相关文献。

10.8.1 核主成分分析(KPCA)

受到支持向量机中通过核函数实现非线性变换的思想的影响,Schölkopf 等提出了核主成分分析(kernel PCA,KPCA)方法[①]。方法的基本思想是,对样本进行非线性变换,通过在变换空间进行主成分分析来实现在原空间的非线性主成分分析。利用与 SVM 中相同的原理,根据可再生希尔伯特空间的性质,在变换空间中的协方差矩阵可以通过原空间中的核函数进行运算,从而绕过了复杂的非线性变换。算法的基本步骤如下。

---

① Schölkopf B, Smola A, Müller K-R. *Nonlinear component analysis as a Kernel Eigenvalue Problem*. Technical Report, Max-Planck-Institut für Biologische Kybernetik, 1996.

(1) 通过核函数计算矩阵 $\boldsymbol{K}=\{K_{ij}\}_{n\times n}$，其元素为

$$K_{ij}=(\phi(\boldsymbol{x}_i)\cdot\phi(\boldsymbol{x}_j))=k(\boldsymbol{x}_i,\boldsymbol{x}_j) \tag{10-64}$$

其中，n 为样本数，$\boldsymbol{x}_i$、$\boldsymbol{x}_j$ 是原空间中的样本，$k(\cdot,\cdot)$是与支持向量机中类似的核函数，$\phi(\cdot)$是非线性变换(并不需要实际知道或进行运算)。

(2) 解矩阵 $\boldsymbol{K}$ 的特征方程

$$\frac{1}{n}\boldsymbol{K}\boldsymbol{\alpha}=\lambda\boldsymbol{\alpha} \tag{10-65}$$

并将得到的归一化本征向量$\boldsymbol{\alpha}^l$，$l=1,2,\cdots$按照对应的本征值从大到小排列。本征向量的维数是 n，向量的元素记作$\boldsymbol{\alpha}^l=[\alpha_1^l,\alpha_2^l,\cdots,\alpha_n^l]$。由于引入了非线性变换，这里得到的非零本征值数目可能超过样本原来的维数。根据需要选择前若干个本征值对应的本征向量作为非线性主成分。第 l 个非线性主成分是

$$\boldsymbol{v}^l=\sum_{i=1}^{n}\alpha_i^l\phi(\boldsymbol{x}_i) \tag{10-66}$$

由于并没有使用显式的变换 $\phi(\cdot)$，所以不能求出$\boldsymbol{v}^l$ 的显式表达，但是可以计算任意样本在$\boldsymbol{v}^l$ 方向上的投影坐标。

(3) 计算样本在非线性主成分上的投影。对样本 $\boldsymbol{x}$，它在第 l 个非线性主成分上的投影是

$$z^l(\boldsymbol{x})=(\boldsymbol{v}^l\cdot\phi(\boldsymbol{x}))=\sum_{i=1}^{n}\alpha_i^l k(\boldsymbol{x}_i,\boldsymbol{x}) \tag{10-67}$$

如果选择 m 个非线性主成分，则样本 $\boldsymbol{x}$ 在前 m 个非线性主成分上的坐标就构成样本在新空间的表示$[z^1(\boldsymbol{x}),\cdots,z^m(\boldsymbol{x})]^{\mathrm{T}}$。

10.8.2 IsoMap 方法和 LLE 方法

核函数主成分分析能够实现非线性特征提取，但是需要事先选定核函数类型，不同的核函数类型反映了对数据分布的不同假设，也可以看作是对数据引入的一种非线性距离度量。

2000 年，Tenenbaum 等提出了一种 IsoMap 方法[①]、Roweis 和 Saul 提出了一种 LLE 方法[②]，其基本思想都是通过局部距离来定义非线性距离度量，在样本分布比较密集的情况下可以实现各种复杂的非线性距离度量。

IsoMap 方法的全称是 isometric feature mapping，可译为等容特征映射。图 10-12 示意了 IsoMap 的基本思想。当样本在高维空间中按照某种复杂结构分布时，如果直接计算两个样本点之间的欧氏距离，就损失了样本分布的结构信息。如果样本分布较密集，可以假定样本集的复杂结构在每个小的局部都可以用欧式空间来近似。计算每个样本与相邻样本

---

① Tenenbaum J B, de Silva V, Langford J C. A global geometric framework for nonlinear dimensionality reduction. *Science*, 2000, 290: 2319-2322.

② Roweis S T and Saul L K. Nonlinear dimensionality reduction by locally linear embedding. *Science*, 2000, 290: 2323-2326.

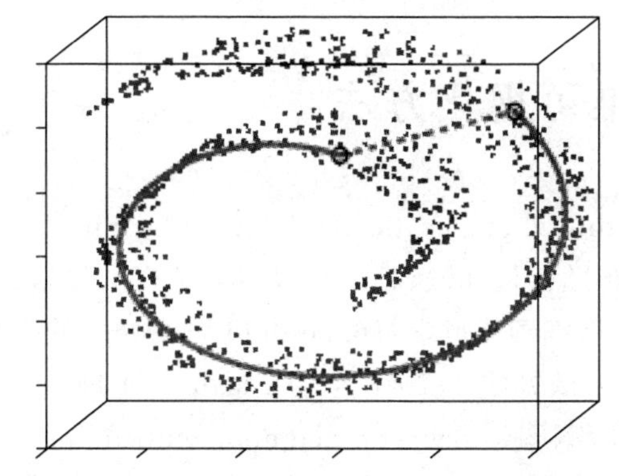

图 10-12 IsoMap 通过测地距离定义非线性距离度量
(取自文献[Tenenbaum et al.,2000])

之间的欧氏距离；对两个不相邻的样本，寻找一系列两两相邻的样本构成连接这两个样本的路径，用两个样本间最短路径上的局部距离之和作为两个样本间的距离。这种距离称作测地距离(geodesic distance)。有了样本间的距离矩阵，就可以用度量型 MDS 等方法映射到低维空间。

LLE 方法的全称是 locally linear embedding，即局部线性嵌入。图 10-13 示出了方法的基本步骤：①在原空间中，对样本 $\boldsymbol{x}_i$ 选择一组邻域样本；②用这一组邻域样本的线性加权组合重构 $\boldsymbol{x}$，得到一组使重构误差 $\left|\boldsymbol{x}_i - \sum_j w_{ij}\boldsymbol{x}_j\right|$ 最小的权值 w_{ij}；③ 在低维空间里求向量 $\boldsymbol{y}_i$ 及其邻域的映射，使得对所有样本用同样的权值进行重构得到的误差 $\left|\boldsymbol{y}_i - \sum_j w_{ij}\boldsymbol{y}_j\right|$ 最小。

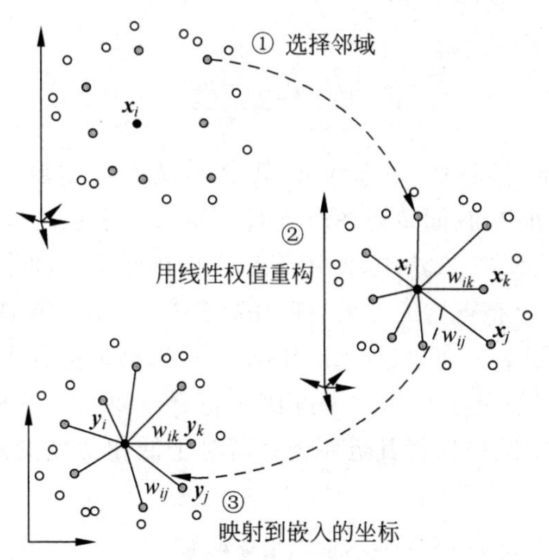

图 10-13 LLE 方法的基本步骤示意图(取自文献
[Rowels & Saul, 2000])

10.9 t-SNE 降维可视化方法

t-SNE 方法[①](t-distributed stochastic neighbor embedding)是近来非常流行的一种数据降维方法,直译为 t 分布随机近邻嵌入法,在很多类型高维数据的可视化应用上取得了不错的效果。t-SNE 本质上是基于流形学习(manifold learning)的降维算法,即寻找高维数据中可能存在的低维流形[②]。该方法于 2008 年由 Maaten 和 Hinton 提出[③],在由 Hinton 和 Roweis 于 2002 年提出的 SNE (stochastic neighbor embedding)方法的基础上发展而来。与前几节介绍的其他方法不同,t-SNE 方法是利用概率分布来度量样本之间的距离,将高维空间中的欧式距离转化为条件概率密度函数来表示样本间的相似程度。其特点是能够保持样本间的局部结构,使得在高维数据空间中距离相近的点投影到低维中仍然距离相近。常被用于将样本从原来的高维空间映射到低维空间(通常是二维或三维空间)进行样本的可视化分析。

t-SNE 方法中将样本 j 与样本 i 的距离定义为 i 样本从条件概率分布中抽取选择到 j 样本作为其近邻的概率。在原高维空间中使用高斯核概率分布来度量样本点之间的距离,定义 i 和 j 两个样本间的条件分布为:

$$p_{j|i}=\frac{\exp\{-\|x_i-x_j\|^2/2\delta_i^2\}}{\sum\limits_{k\neq i}\exp\{-\|x_i-x_k\|^2/2\delta_i^2\}} \tag{10-68}$$

并定义 $p_{i|i}=0$。

由于 $p_{j|i}$ 有可能不等于 $p_{i|j}$,用其作为距离度量不满足对称性。因此,定义对称的概率分布:

$$p_{ij}=\frac{p_{i|j}+p_{j|i}}{2N} \tag{10-69}$$

来作为 i 和 j 之间在高维空间中的距离度量,其中 N 为总样本数。

在降维后的低维空间中,我们希望在原空间中相邻样本点之间的相对距离结构关系能够保留。在最早提出的 t-SNE 方法中,使用正态分布在低维空间中来重构样本间的相对关系,但研究发现使用正态分布重构的低维空间中往往样本过于集中在一起,不利于可视化。因此 t-SNE 方法中使用了 t 分布来进行重构,该分布相比正态分布的尾部更重(图 10-14),也就是在距离均值较远的位置上的概率密度比正态分布要大。这样,对于原空间中相似程度高的点,t 分布在低维空间中保持其近距离;而对于低相似度的点,在低维空间的 t 分布

① 英语中通常把 t-SNE 读作类似"Tee-Snee",重音在 T 上。

② 流形(manifold)是一个数学概念,是指一个这样的拓扑空间,其中每个点的邻域都具有欧氏空间的性质。所谓低维流形,就是指在点所在的高维空间中的一个低维子空间,在这个低维子空间中,点之间的关系如同在低维的欧氏空间中。例如,如果在三维空间中的样本点实际上是沿着某个平面或曲面分布的,则这些点的集合实际上是在一个二维的流形上。

③ L J P van der Maaten and G E Hinton. Visualizing High-Dimensional Data Using t-SNE. *Journal of Machine Learning Research*. 2008,9(Nov): 2579-2605.

中的距离会更远。这恰好满足了我们的需求，即同一样本簇内的点（距离较近）聚合紧密，不同簇之间的点（距离较远）更加疏远，从而使得样本在低维空间中的分布更开，利于可视化。

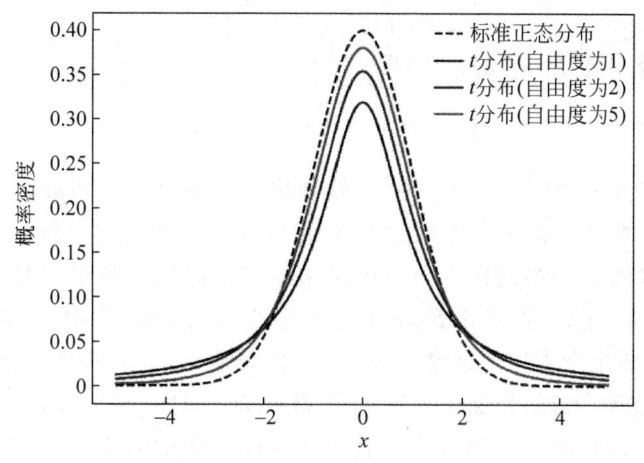

彩图 10-14

图 10-14 正态分布与 t 分布的对比

降维后在低维空间中的距离表示为：

$$q_{ji}=\frac{(1+\|y_j-y_i\|^2)^{-1}}{\sum_{k\neq l}(1+\|y_k-y_l\|^2)^{-1}} \tag{10-70}$$

同样设定 $q_{ii}=0$。

如果降维后能够很好地保持样本间的局部相对关系，则 p_{ij} 和 q_{ij} 分布会很相近。这里使用 KL 散度[①]来衡量降维前后分布之间的差异程度：

$$C=\mathrm{KL}(P\,||\,Q)=\sum_i\sum_j p_{ij}\log\frac{p_{ij}}{q_{ij}} \tag{10-71}$$

根据 KL 散度的性质，C 是恒大于 0 的。因此算法的优化目标是使得 C 尽量取到最小值。通常可以使用梯度下降法迭代计算来求解 C：首先随机产生初始解，即低维空间中重构样本集合 $Y^{(0)}=\{y_1,y_2,\cdots,y_n\}$，通过 $Y^{(0)}$ 可以计算得到初始的概率分布 Q，进而求得目标函数 C 关于重构样本的梯度 $\mathrm{d}C/\mathrm{d}Y$。可以推导求得梯度的计算公式为：

$$\frac{\mathrm{d}C}{\mathrm{d}y_i}=4\sum_j(p_{ij}-q_{ij})(y_i-y_j)(1+\|y_i-y_j\|^2)^{-1} \tag{10-72}$$

进而通过下式更新得到新的重构样本集：

$$Y^{(t)}=Y^{(t-1)}+\eta(\mathrm{d}C/\mathrm{d}Y)+\alpha(t)(Y^{(t-1)}-Y^{(t-2)}) \tag{10-73}$$

其中学习率 η 和动量遗忘率 $\alpha(t)$ 是算法中设置的参数。当算法迭代执行事先指定的 T 步后停止，并给出最终的降维重构样本 Y。

困惑度参数

在 t-SNE 方法中嵌入概率 P 的取值受到方差 σ_i 的影响。对于每个样本点 x_i 其取值都不相同。对于样本点比较密集的区域，使用较小的 σ 参数；反之，对于稀疏的样本区域，

---

① KL 散度(Kullback-Leibler divergence)是比较两个概率分布函数的一种度量，在 12.8.1 节中有更详细些的介绍。

可以使用较大一些的取值。σ_i 的大小会影响 P_i 分布的信息熵，P_i 的熵值随着 σ_i 的增大而增大。人们把控制 σ 取值的参数称为困惑度(perplexity)，其定义为：

$$\mathrm{Perp}(P_i)=2^{H(P_i)} \tag{10-74}$$

其中 $H(P_i)$是概率分布 P_i 的信息熵，即

$$H(P_i)=-\sum_{j=1}^{N} p_{j|i}\log_2 p_{j|i} \tag{10-75}$$

困惑度大致等价于在匹配每个点的原始和拟合分布时考虑的最近邻数。较小的困惑度取值意味着我们在计算嵌入分布时候只考虑最近的几个近邻之间结构关系，而较大的困惑度取值意味着周围更多的样本被考虑进来。当困惑度取值很大时，意味着 σ 值很大，这时对于不同 j 取值的 p_{ji} 近似相等，概率分布中所有元素的出现概率接近于 $1/(N-1)$。原文作者给出的困惑度参考取值通常在 5～50。需要注意，在一些情况下，投影后低维空间中的可视化结果受到困惑度参数的影响非常显著，如图 10-15 的例子所示。另外，从图 10-15 中也可以看到，经过 t-SNE 投影后在低维度空间中的样本分布不一定能保持在原空间中样本间的距离关系。因此，通常不使用 t-SNE 投影后的坐标来直接度量样本之间的距离。

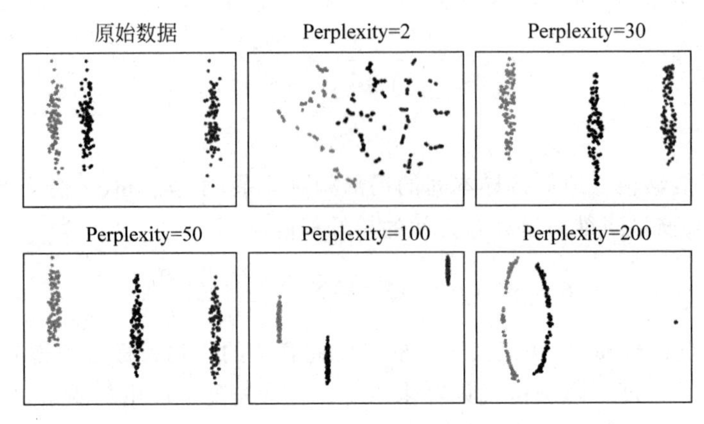

图 10-15　t-SNE 方法中的困惑度参数对结果的影响

下面给出 t-SNE 方法流程的伪代码：

输入：样本集 $D=\{x_1,x_2,\cdots,x_N\}$

　　目标函数参数：Perp

　　优化参数：算法迭代次数 T，学习率 η，遗忘率 $\alpha(t)$

过程：

计算原空间中嵌入概率矩阵 P：

　　(1) 首先计算 $p_{j|i}=\dfrac{\exp\{-\|x_i-x_j\|^2/2\delta_i^2\}}{\sum_{k\neq i}\exp\{-\|x_i-x_k\|^2/2\delta_i^2\}}$，且 $p_{i|i}=0$；

(2) 计算对称的概率分布：$p_{ij}=\dfrac{p_{i|j}+p_{j|i}}{2N}$

从正态分布 $N(0,10^{-4}I)$ 中随机抽样产生初始解 $Y^{(0)}=\{y_1,y_2,\cdots,y_N\}$

for $t=1,2,\cdots,T$ do

(1) 计算分布 Q，其中 $q_{ji}=\dfrac{(1+\|y_j-y_i\|^2)^{-1}}{\sum\limits_{k\neq l}(1+\|y_k-y_l\|^2)^{-1}}$

(2) 计算 KL 距离：$C=\mathrm{KL}(P\,||\,Q)=\sum\limits_i\sum\limits_j p_{ij}\log\dfrac{p_{ij}}{q_{ij}}$

(3) 计算梯度：$\mathrm{d}C/\mathrm{d}Y$

(4) 更新 $Y^{(t)}=Y^{(t-1)}+\eta(\mathrm{d}C/\mathrm{d}Y)+\alpha(t)(Y^{(t-1)}-Y^{(t-2)})$

end

输出：在低维空间中的数据表示 $Y^{(T)}=\{y_1,y_2,\cdots,y_N\}$

目前 t-SNE 方法在主流软件平台下都已经有了软件包可以直接调用。t-SNE 的作者 Maaten 的个人网站上(https://lvdmaaten.github.io/tsne/)收集了 t-SNE 方法多重类型数据集上的实验案例，以及在 MATLAB、Python、R 等各种平台上的软件实现。

在使用 t-SNE 方法时，有几点需要注意：(1)由于优化的目标函数是非凸的，因此在使用梯度下降法时，该算法的收敛和优化情况与初值有关，不能保证收敛到全局最优点。(2)通常是把数据降维到二维或三维来做可视化，在目标维度较高时由于 t 分布的重尾特性，可能会使得算法不能很好保持样本间的局部关系结构。(3)t-SNE 不能将训练集上学习得到的降维投影方式直接用于在测试集合上进行降维，必须将所有样本放到一起来进行计算。(4)也是最值得注意的一点，t-SNE 方法的特点主要是保持样本间的局部结构关系。对 t 分布来说，超出一定距离范围以后，其相似度变化很小。因此在最终的可视化投影中相距较远的聚团之间的距离往往是没有意义的，用该“距离”进行后续的分析可能会产生误导。

由于以上特点，t-SNE 及一些近年来发展起来的类似的方法，主要的应用场景是降维可视化和非监督学习，即在没有明确分类目标的样本数据中发现内在的分布规律并在低维空间中直观地展示出来。10.8 节介绍的 IsoMap 和 LLE 也属于这一类方法。这一点与本章前面讨论的监督学习场景下的特征提取非常不同。

10.10 讨论

在本章和第 9 章里，主要讨论了模式识别中的特征提取和选择问题。应当指出，这是模式识别中最基本的问题之一。为了进一步说明这些问题的重要性，也为了使读者对模式识别问题有一个更全面的了解，我们在此重新总结解决一个模式识别问题的主要过程。这些问题虽然在概论中已经作过简要介绍，但在读者已经了解了分类器设计的各种方法和特征提取与选择的基本方法之后再来重新考虑这些问题，将有助于更好地理解。

一般来说，实际中的一个模式识别问题往往包括以下五个阶段：(1)问题的提出和定义；(2)数据获取和预处理；(3)特征提取和选择；(4)分类器设计和性能评估；(5)分类及结果解释。下面逐一对各个阶段作简要说明。

1. 问题的提出和定义

即把一个实际的问题抽象成一个模式识别问题。在这一阶段，对具体问题所在的领域的充分了解和对模式识别技术特点的掌握是十分必要的。在很多情况下，一个复杂问题本身可能就是一个模式识别问题，但为了能够有效地解决，往往需要对问题进行必要的分解或简化。提出一个好问题往往是解决问题的一半，把问题定义明确对于设计一个模式识别系统来说是十分重要的，这一点在实际中往往容易被忽视。

2. 数据获取和预处理

对于已经确定的问题(分类目标)，研究获取什么样的数据才能有效地实现模式识别任务是十分重要的，只有所提取的数据确实与分类目标间存在一定的依赖关系(函数关系)，这个模式识别问题才能真正成立，而且这种关系越明确、越直接，问题就越容易解决。与第一阶段类似，第二阶段中问题领域的知识应该发挥重要的作用，但是，所获取的数据应该具有什么性质和特点才能更好地发挥模式识别技术的优势，这应该从模式识别理论中寻求答案。

预处理一般有两种情况，一是使数据的质量更好，例如用一些数字信号处理的方法消除信号中的噪声，或者对一幅模糊的图像进行图像增强等。需要注意的是要确保这种预处理是有利于后期的模式识别工作的。另一种预处理相对没有得到足够的重视，这就是样本集的预处理，例如样本集中野值的剔除、类别的合并或分裂等。这一工作一般可以根据领域的专门知识进行，也可以采用模式识别中的一些技术，例如必要时在进行后续工作之前先对样本集进行一次聚类分析(见第11章)。

3. 特征提取和选择

这就是本章和第9章讨论的内容，指在已经得到数据样本之后如何用数学的办法对数据进行必要的变换和选择，使所得的特征更易于分类。应当指出，从这两章的介绍可以看出，虽然人们对特征提取和选择问题已经进行了很多研究，但这仍然是一个相对不成熟的领域，多数方法仍具有很大的经验性。

4. 分类器设计和性能评估

本书的大多数章节都用来讨论这一内容。前面几章已经介绍了在有已知类别标号的训练样本时的分类器设计方法，即监督学习方法。第11章将介绍样本类别标号未知时的分类器设计方法，即非监督学习方法。

对于设计好的分类器，需要基于现有样本来评估其性能，以便对将来应用于新数据时分类器的表现有客观的判断。这部分内容前面陆续讨论过，在第13章还将详细讨论。

5. 分类及结果解释

对于监督模式识别情况，这一阶段就是用设计好的分类器对新的或者类别标号未知的样本进行分类；而对于非监督模式识别情况，则往往需要将得到的分类(聚类)进行解释，赋予各类一定的专业含义，同时也判断所得分类是否符合问题需要。有些情况下，可能还需要根据所用的分类器给出为什么把某个未知样本或新样本划分为某一类的解释，以利于人们利用这些分类结果进行后续的决策。

需要指出的是，以上讨论的是解决一个模式识别问题的典型过程，在某些领域的问题中并不一定必须包含每一个步骤。例如，传统上人们在对图像数据进行模式识别时，首先要通过一系列图像处理方法把原始图像转化为特征向量，再进行后续的模式识别。近年来，人们发现在有大量数据作为训练样本时，可以直接用图像的所有像素值都作为样本输入，用我们将在第 12 章介绍的深度神经网络等方法进行模式识别，靠深度神经网络进行逐层的自动提取特征。相对于这种直接采用原始数据进行机器学习的方法，人们把传统的对样本设计原始特征再进行特征选择与提取的方法称作“特征工程”(feature engineering)，而把从原始数据直接进行机器学习得到所需结果的方法称作“端到端”机器学习(end-to-end machine learning)。应当指出，是直接从原始数据端到结果端，还是中间经过若干步骤，这在很多情况下是相对的。虽然在计算机视觉等领域中端到端学习一时间似乎成为人们追逐的主流，但对于一个实际问题(而非从实际问题中抽象出来的竞赛问题)来说，根据对问题的目标和数据的认识设计有效的预处理和特征工程步骤，往往对于解决问题是事半功倍的。正如我们在第 8 章讨论中所讲的各种模式识别方法并没有放之四海而皆准的通用最优方法一样，对于特征工程的作用也需要具体问题具体分析，不能因为某种潮流而盲目判定某种策略一定好于另一种策略。

第 11 章 非监督学习与聚类

11.1 引言

在本教材的前面几章，我们花了大量篇幅介绍了一些典型的分类器设计方法。这些方法共同的目标是，根据一些给定的已知类别标号的样本，训练某种学习机器，使它能够对未知类别的样本进行分类，这就是监督模式识别的问题，对学习机器来说就是监督学习(supervised learning)。

在第 1 章中已经提到，还有另外一种常见的分类任务，就是事先并不知道任何样本的类别标号，希望通过某种算法来把一组未知类别的样本划分成若干类别，这就是非监督模式识别的问题或非监督学习(unsupervised learning)问题，也叫做聚类问题，所用的方法叫做聚类分析方法，所得的类叫做聚类(cluster)。

非监督模式识别在很多问题中都有广泛的应用。例如在如图 11-1 的遥感图像中，要分析地面的情况，第一步往往是根据图像上各像素或小区域的亮度、颜色、纹理等特征将像素或小区域聚类，把具有相似图像特征的对象聚为一类，根据聚类划分对图像进行分割，得到地面景物的分布轮廓。又例如，在流行病学研究中，人们可以将收集到的大量病例按流行病学特征进行聚类，发现病例中可能的子类，根据聚类分析结果研究疾病的规律。在社会学、心理学、经济学等很多领域中，聚类分析作为一种重要的数据挖掘手段发挥着重要作用，例如通过聚类分析，可以分析一段时间内消费者的类型和特点、可以研究一组人群的心理学或行为规律等。

聚类分析即非监督模式识别是最典型的非监督学习问题，但非监督学习的范畴并非仅限于聚类。在第 10 章中我们已经看到，发现高维数据中的低维流形是另外一种重要的非监督学习任务。从广义上理解，估计数据的概率密度函数也属于非监督学习的范畴。本章重点介绍非监督模式识别即聚类分析的基本思想和主要的代表性方法。在第 12 章中，我们还会进一步看到更深层次的非监督学习。

(a) 原始遥感图像(原图为彩色)

(b) 用聚类分析把原图的像素分为3个聚类，在图上用不同灰度表示3个聚类的像素，区分出了遥感图上的三种基本景物

图 11-1 用聚类分析对一幅遥感图像进行分割的例子①

应该指出，在非监督模式识别问题中，我们没有或事先不知道类别的定义，甚至不知道可能有几类或是否存在分类，因此，实际上事先并没有一个可以参照的分类目标。在这种意义下，对样本的任何划分都可以看作是一种聚类。但是，要使聚类结果有意义，需要对聚类有一定的数学上的要求或假定，这就是聚类的准则。不同的准则反映了对数据的不同认识，也反映了对要寻找的规律的不同认识，相应地可以设计出不同的算法。

与监督模式识别方法类比，非监督模式识别方法也可以分为两大类，一类是基于样本的概率分布模型进行聚类划分，另一类是直接根据样本间的距离或相似性度量进行聚类。

11.2 基于模型的聚类方法

如果已经知道或者是可以估计样本在特征空间的概率分布，就可以用基于模型的方法进行聚类分析。这里的模型就是样本在其所在空间里的概率密度函数。

本节介绍一种叫做单峰子集分离(或称单峰子类分离)的方法。其基本思想是，假设每一个聚类的样本在特征空间里是集中在一起的，在分布密度上形成一个局部的峰值，聚类分析就是寻找样本分布密度的单峰，把每一个单峰作为一个聚类的中心。

例如，如果样本的特征只有一维，并且其分布密度如图 11-2 所示，则单峰子集分离方法就是从两个单峰的中间把样本分为两类。

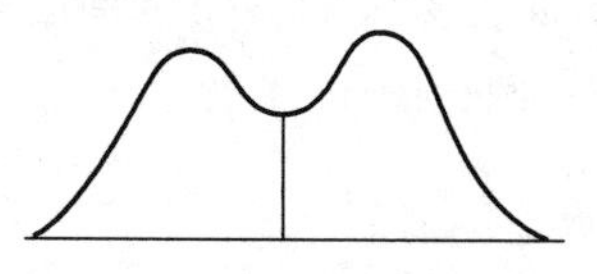

图 11-2 单峰子集分离聚类的示意图

如果样本的特征是高维的，寻找单峰子集的过程并不容易，因此，人们通常用投影的方法实现单峰子集分离。基本思路是，把样本按照某种准则投影到某个一维坐标上，在这一维上估计样本的概率密度，在其中寻找单峰并进行聚类划分。如果必要，还可以再进一步用其他投影方向，依次在其他维上进行单峰子集分离。寻找投影方向通常可以选择使投影后方差最大的方向，即协方差矩阵的最大本征值对应的本征向量方向，亦即上一章讨论的主成分方向。

---

① 例子取自 Zhang C, Zhang X, Zhang M Q, Li Y. Neighbor number, valley seeking and clustering. *Pattern Recognition Letters*, 2007, 28: 173-180.

下面给出一种具体的算法步骤：

(1) 主成分分析：计算所有样本$\{\boldsymbol{x}\}$的协方差矩阵并进行本征值分解，选取最大本征值对应的本征向量$\boldsymbol{u}_j$作为投影方向，将全部样本投影到该方向$v_j=\boldsymbol{u}_j^{\mathrm{T}}\boldsymbol{x}$。

(2) 用非参数方法估计投影后的样本的概率密度函数$p(v_j)$，例如可以用直方图法估计概率密度函数(注意需要根据样本数目确定适当的窗口宽度，或尝试几种宽度，使概率密度估计比较平滑)。

(3) 用数值方法寻找$p(v_j)$中的局部极小点(密度函数的波谷)，在这些极小点做垂直于$\boldsymbol{u}_j$的分类超平面，把样本分为若干个子集。如果$p(v_j)$中没有局部极小点，则选用下一个主成分作为投影方向，重复步骤(2)～(3)。

(4) 对划分出的每一个子集再重复上述步骤，将子集进一步划分，直到达到预想的聚类数，或者直到所得各子类样本在每个投影方向上都是单峰分布。

图 11-3 给出一个简单的例子说明这一算法。设样本分布在图 11-3(a)中 A、B、C 三个子集中(但事先并不知道子集的存在)。首先，对样本集进行主成分分析，选择第一主成分方向作为投影方向，得到如图 11-3(b)所示的密度，从密度的局部极小点将样本分为两个子集，把 A 和 B、C 分开；然后再分析得到的两个子集：把包含 A 的子集再投影到第二主成分方向，发现分布只有一个单峰，把包含 B、C 的子集投影到第二主成分方向，又发现两个单峰(图 11-3(c))，把 B 和 C 又分开。这样，最终把样本集分成了 A、B、C 三个聚类。

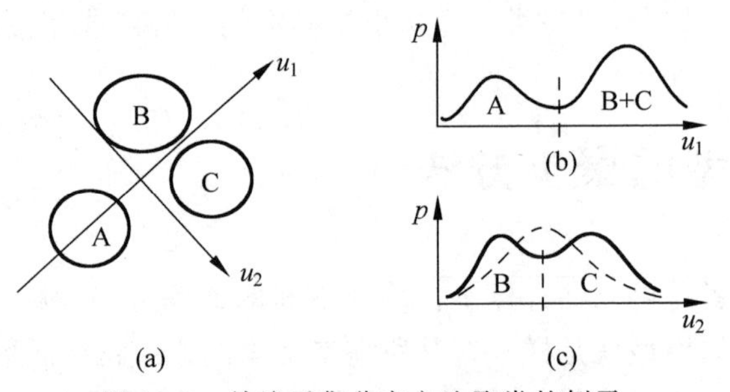

图 11-3　单峰子集分离方法聚类的例子

需要注意，把方差最大的方向作为投影方向只是根据一般经验的做法，背后假设了样本分布方差大的方向也是最可能存在分类的方向。容易想到，这一假设并不一定适合所有情况，例如图 11-4 就给出了一个在两个主成分方向上都得不到单峰子集的例子。

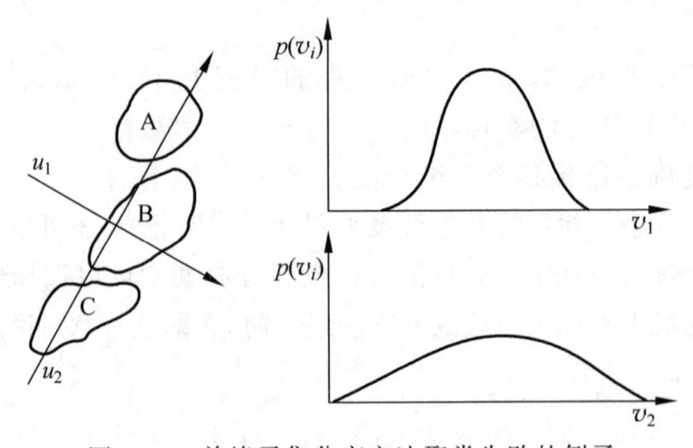

图 11-4　单峰子集分离方法聚类失败的例子

11.3 混合模型的估计

如果已知或可以假定每个聚类中的样本所服从的概率密度函数的形式，那么，总体的样本分布就是多个概率分布的和，称作混合模型(mixture model)。可以用概率密度函数估计的方法来估计混合模型中的各个概率密度函数，从而实现聚类划分。在概率密度函数估计中，这一问题称为非监督参数估计问题。所面临的数据是一系列类别标号未知的样本，但知道它们是从若干个服从不同分布的聚类中独立抽取出来的，要根据这些样本同时估计出各个聚类的概率密度函数。

这里我们只讨论非监督最大似然估计法，基本思想与 3.2 节中的最大似然估计方法相同。

11.3.1 混合密度的最大似然估计

1. 假设条件

先假定除了几个参数外，已经完全知道了问题的概率结构。也就是说：

(1) 样本来自类别数为 c 的各类中，但不知道每个样本究竟来自哪一类；

(2) 每类的先验概率 $P(\omega_j)$，$j=1,\cdots,c$ 已知；

(3) 类条件概率密度的形式 $p(\boldsymbol{x}|\omega_j,\boldsymbol{\theta}_j)$，$j=1,\cdots,c$ 已知；

(4) 未知的仅是 c 个参数向量 $\boldsymbol{\theta}_1,\boldsymbol{\theta}_2,\cdots,\boldsymbol{\theta}_c$ 的值。

2. 似然函数

在监督参数估计中曾定义似然函数为样本集 $\mathscr{X}$ 的联合密度，即

$$l(\boldsymbol{\theta})=p(\mathscr{X}|\boldsymbol{\theta})$$

式中样本集 $\mathscr{X}$ 是对某一类而言的。但是在非监督情况下，没有给出样本的所属类别，因此得到的只是未标明类别的各类样本混合在一起的样本集。

为了在这种情况下得到似然函数，首先定义混合密度。假定样本是这样得到的，即按概率 $P(\omega_j)$ 选择一个类别状态 ω_j，然后按类条件密度 $p(\boldsymbol{x}|\omega_j,\boldsymbol{\theta}_j)$ 选择 $\boldsymbol{x}$，这样由 c 类样本组成的混合密度定义为

$$p(\boldsymbol{x}|\boldsymbol{\theta})=\sum_{j=1}^{c}p(\boldsymbol{x}|\omega_j,\boldsymbol{\theta}_j)P(\omega_j) \tag{11-1}$$

此时 $\boldsymbol{\theta}=[\boldsymbol{\theta}_1,\boldsymbol{\theta}_2,\cdots,\boldsymbol{\theta}_c]^{\mathrm{T}}$。类条件密度 $p(\boldsymbol{x}|\omega_j,\boldsymbol{\theta}_j)$ 称为分量密度，先验概率 $P(\omega_j)$ 称为混合参数。有时混合参数也未知，于是就把它也包括在未知参数中。

现在来定义非监督情况下的似然函数。设有样本集 $\mathscr{X}=(\boldsymbol{x}_1,\boldsymbol{x}_2,\cdots,\boldsymbol{x}_N)$，每个样本的类别未知，但可以知道它们是从混合密度为

$$p(\boldsymbol{x}|\boldsymbol{\theta})=\sum_{j=1}^{c}p(\boldsymbol{x}|\omega_j,\boldsymbol{\theta}_j)P(\omega_j)$$

的总体中独立抽取出来的，这里参数向量为$\boldsymbol{\theta}$，$\boldsymbol{\theta}=[\boldsymbol{\theta}_1,\boldsymbol{\theta}_2,\cdots,\boldsymbol{\theta}_c]^{\mathrm{T}}$是确定但未知的，被观察样本的似然函数定义为

$$l(\boldsymbol{\theta})=p(\mathscr{X}|\boldsymbol{\theta})=\prod_{k=1}^{N}p(\boldsymbol{x}_k|\boldsymbol{\theta}) \tag{11-2}$$

对数似然函数定义为

$$H(\boldsymbol{\theta})=\ln[l(\boldsymbol{\theta})]=\sum_{k=1}^{N}\ln p(\boldsymbol{x}_k|\boldsymbol{\theta}) \tag{11-3}$$

最大似然估计$\boldsymbol{\theta}$就是使式(11-2)和式(11-3)中$l(\boldsymbol{\theta})$或$H(\boldsymbol{\theta})$为最大的$\boldsymbol{\theta}$的估计值，即$\hat{\boldsymbol{\theta}}$应满足

$$l(\hat{\boldsymbol{\theta}})=\max_{\boldsymbol{\theta}\in\Theta}\prod_{k=1}^{N}p(\boldsymbol{x}_k|\boldsymbol{\theta}) \tag{11-4}$$

或

$$H(\hat{\boldsymbol{\theta}})=\max_{\boldsymbol{\theta}\in\Theta}\sum_{k=1}^{N}\ln p(\boldsymbol{x}_k|\boldsymbol{\theta}) \tag{11-5}$$

的解。

3. 可识别性问题

我们的基本目的是利用从这个混合密度中抽取的样本估计未知参数向量$\boldsymbol{\theta}$。一旦求出这个估计量$\hat{\boldsymbol{\theta}}$，便可以把它分解为其分量$\hat{\boldsymbol{\theta}}_1,\cdots,\hat{\boldsymbol{\theta}}_c$。我们会问，从混合密度中是否有可能把$\boldsymbol{\theta}$的分量恢复出来？这就是现在要讨论的可识别性问题。如果能产生混合密度$p(\boldsymbol{x}|\boldsymbol{\theta})$的$\boldsymbol{\theta}$值只有一个，那么原则上存在唯一解。如果$\boldsymbol{\theta}$的几个不同值都能产生相同的$p(\boldsymbol{x}|\boldsymbol{\theta})$，那么要得到$\boldsymbol{\theta}$的唯一解就没有希望了，为此，定义可识别性为：如对$\boldsymbol{\theta}\neq\boldsymbol{\theta}'$，混合分布中总存在$\boldsymbol{x}$使$p(\boldsymbol{x}|\boldsymbol{\theta})\neq p(\boldsymbol{x}|\boldsymbol{\theta}')$，则称密度$p(\boldsymbol{x}|\boldsymbol{\theta})$是可识别的。

下面举一个简单例子，如果x是取0或1的离散随机变量，$P(x|\boldsymbol{\theta})$是混合概率

$$P(x|\boldsymbol{\theta})=\frac{1}{2}\theta_1^x(1-\theta_1)^{1-x}+\frac{1}{2}\theta_2^x(1-\theta_2)^{1-x}=\begin{cases}\frac{1}{2}(\theta_1+\theta_2), & x=1\\ 1-\frac{1}{2}(\theta_1+\theta_2), & x=0\end{cases} \tag{11-6}$$

如果知道$P(x=1|\boldsymbol{\theta})=0.6$，$P(x=0|\boldsymbol{\theta})=0.4$，就知道了混合概率$P(x|\boldsymbol{\theta})$。但我们无法确定$\boldsymbol{\theta}$分量的唯一解，即无法把$\boldsymbol{\theta}$唯一地分解为确定的$\theta_1$和$\theta_2$。这是因为在$P(x=1|\boldsymbol{\theta})=0.6$和$P(x=0|\boldsymbol{\theta})=0.4$情况下，由式(11-6)所能得到的独立的方程只有一个即$\theta_1+\theta_2=1.2$，而未知数却有两个。这时，就出现了对不同的$\boldsymbol{\theta}=[\theta_1,\theta_2]^{\mathrm{T}}$，可使$P(x|\boldsymbol{\theta})=P(x|\boldsymbol{\theta}')$，这就是混合分布不可识别的例子。在这种情况下，非监督参数估计就不可能实现。有幸的是大部分常见连续随机变量的分布密度函数都是可识别的，而离散随机变量的混合概率函数则往往是不可识别的，这是由于混合分布中未知参数$\boldsymbol{\theta}$的分量数目多于独立方程的数目而造成的。

4. 计算问题

对于可识别的似然函数，可以用一般方法求最大似然估计量$\hat{\boldsymbol{\theta}}$。假定似然函数$p(\boldsymbol{x}|\boldsymbol{\theta})$

对$\boldsymbol{\theta}$可微，则可用对数似然函数$H(\boldsymbol{\theta})$对$\boldsymbol{\theta}_i, i=1,\cdots,c$分别求导

$$\nabla_{\boldsymbol{\theta}_i} H(\boldsymbol{\theta}) = \sum_{k=1}^{N} \frac{1}{p(\boldsymbol{x}_k|\boldsymbol{\theta})} \nabla_{\boldsymbol{\theta}_i} \left[\sum_{j=1}^{c} p(\boldsymbol{x}_k|\omega_j, \boldsymbol{\theta}_j) P(\omega_j) \right] \tag{11-7}$$

如果当$i \neq j$时$\boldsymbol{\theta}_i$和$\boldsymbol{\theta}_j$的元素在函数上是独立的，并且引进后验概率

$$p(\omega_i|\boldsymbol{x}_k, \boldsymbol{\theta}_i) = \frac{p(\boldsymbol{x}_k|\omega_i, \boldsymbol{\theta}_i) P(\omega_i)}{p(\boldsymbol{x}_k|\boldsymbol{\theta})} \tag{11-8}$$

则对数似然函数的导数式(11-7)可写为

$$\nabla_{\boldsymbol{\theta}_i} H(\boldsymbol{\theta}) = \sum_{k=1}^{N} p(\omega_i|\boldsymbol{x}_k, \boldsymbol{\theta}_i) \nabla_{\boldsymbol{\theta}_i} \ln p(\boldsymbol{x}_k|\omega_j, \boldsymbol{\theta}_i) \tag{11-9}$$

令式(11-9)等于零，就得出最大似然估计$\hat{\boldsymbol{\theta}}$必须满足的条件

$$\sum_{k=1}^{N} p(\omega_i|\boldsymbol{x}_k, \hat{\boldsymbol{\theta}}_i) \nabla_{\boldsymbol{\theta}_i} \ln p(\boldsymbol{x}_k|\omega_i, \hat{\boldsymbol{\theta}}_i) = 0, \quad i=1,\cdots,c \tag{11-10}$$

式(11-10)为由c个微分方程组成的方程组，解这个方程组就可以得到参数$\boldsymbol{\theta}$的最大似然估计$\hat{\boldsymbol{\theta}}=[\hat{\boldsymbol{\theta}}_1, \hat{\boldsymbol{\theta}}_2, \cdots \hat{\boldsymbol{\theta}}_c]^{\mathrm{T}}$。

当未知量中包括先验概率$P(\omega_i)$时，求解也不困难，这时，对$p(\mathscr{X}|\boldsymbol{\theta})$的最大似然值的搜索应该在限制条件

$$P(\omega_i) \geqslant 0, i=1,2,\cdots,c \tag{11-11}$$

及

$$\sum_{i=1}^{c} P(\omega_i) = 1 \tag{11-12}$$

之下对似然函数求最大值。

设$\hat{P}(\omega_i)$是$P(\omega_i)$的最大似然估计，$\hat{\boldsymbol{\theta}}_i$是$\boldsymbol{\theta}_i$的最大似然估计。那么，如果似然函数可微，且对任意$i$，$\hat{P}(\omega_i) \neq 0$，则求解$\hat{P}(\omega_i)$和$\hat{\boldsymbol{\theta}}_i$的问题可看成一个条件极值问题，因此可利用求条件极值的拉格朗日乘子法解决。

已知对数似然函数可以写成

$$H = \sum_{k=1}^{N} \ln \sum_{i=1}^{c} p(\boldsymbol{x}_k|\omega_i, \boldsymbol{\theta}_i) P(\omega_i) \tag{11-13}$$

根据条件式(11-12)列出拉格朗日函数

$$\begin{aligned} H' &= H + \lambda \left[\sum_{i=1}^{c} P(\omega_i) - 1 \right] \\ &= \sum_{k=1}^{N} \ln \sum_{i=1}^{c} p(\boldsymbol{x}_k|\omega_i, \boldsymbol{\theta}_i) P(\omega_i) + \lambda \left[\sum_{i=1}^{c} P(\omega_i) - 1 \right] \end{aligned} \tag{11-14}$$

其中λ为拉格朗日乘子。

式(11-14)是$P(\omega_i)$和$\boldsymbol{\theta}$的函数，式(11-14)对$P(\omega_i)$求导并使导数为零，即可解出$P(\omega_i)$的最大似然解$\hat{P}(\omega_i)$。

$$\frac{\partial H'}{\partial P(\omega_i)} = \sum_{k=1}^{N} \frac{p(\boldsymbol{x}_k|\omega_i, \hat{\boldsymbol{\theta}}_i)}{\sum_{j=1}^{c} p(\boldsymbol{x}_k|\omega_j, \hat{\boldsymbol{\theta}}_j) \hat{P}(\omega_j)} + \lambda = 0, \quad i=1,2,\cdots,c \tag{11-15}$$

利用贝叶斯公式,式(11-15)可写为

$$\sum_{k=1}^{N}\hat{P}(\omega_i|\boldsymbol{x}_k,\hat{\boldsymbol{\theta}}_i)=-\lambda\hat{P}(\omega_i),\quad i=1,2,\cdots,c \tag{11-16}$$

将式(11-16)中 c 个方程相加,并利用条件式(11-12),得

$$\sum_{i=1}^{c}\sum_{k=1}^{N}P(\omega_i|\boldsymbol{x}_k,\boldsymbol{\theta}_i)=-\lambda\sum_{i=1}^{c}\hat{P}(\omega_i)=-\lambda \tag{11-17}$$

因为

$$\sum_{i=1}^{c}\sum_{k=1}^{N}P(\omega_i|\boldsymbol{x}_k,\boldsymbol{\theta}_i)=N \tag{11-18}$$

所以式(11-17)就得出

$$\lambda=-N \tag{11-19}$$

以式(11-19)代入式(11-16)就得出 $P(\omega_i)$的最大似然估计 $\hat{P}(\omega_i)$

$$\hat{P}(\omega_i)=\frac{1}{N}\sum_{k=1}^{N}\hat{P}(\omega_i|\boldsymbol{x}_k,\hat{\boldsymbol{\theta}}_i),i=1,2,\cdots,c \tag{11-20}$$

进一步推导可得

$$\sum_{k=1}^{N}\hat{P}(\omega_i|\boldsymbol{x}_k,\hat{\boldsymbol{\theta}}_i)\nabla_{\boldsymbol{\theta}_i}\ln p(x_k|\omega_i,\hat{\boldsymbol{\theta}}_i)=0 \tag{11-21}$$

其中

$$\hat{P}(\omega_i|\boldsymbol{x}_k,\hat{\boldsymbol{\theta}}_i)=\frac{p(\boldsymbol{x}_k|\omega_i,\hat{\boldsymbol{\theta}}_i)\hat{P}(\omega_i)}{\sum_{j=1}^{c}p(\boldsymbol{x}_k|\omega_j,\hat{\boldsymbol{\theta}}_j)\hat{P}(\omega_j)},\quad i=1,2,\cdots,c \tag{11-22}$$

非监督情况下的最大似然解 $\hat{\boldsymbol{\theta}}$ 和 $\hat{P}(\omega_i)$,原则上可以从以上微分方程组中解出,但实际上要求出闭式解是相当复杂的,所以处理非监督参数估计问题时经常采用迭代法求解。

11.3.2 混合正态分布的参数估计

作为例子,现在讨论混合模型中的各个分布是多维正态分布的情况,即,$p(\boldsymbol{x}|\omega_i,\boldsymbol{\theta}_i)\sim N(\boldsymbol{\mu}_i,\Sigma_i)$,这是最常用的混合模型,称作混合高斯模型(mixture of Gaussian model),也是研究最多的一种基于参数模型的聚类方法。表11-1列出了几种不同的情况,区别在于模型中哪些参数是已知的(表中用"√"表示),哪些参数是未知的(用"?"表示)。

表11-1 正态分布下非监督参数估计考虑的几种已知参数情况

情　况	$\boldsymbol{\mu}_i$	Σ_i	$P(\omega_i)$	c
1	?	√	√	√
2	?	?	?	√
3	?	?	?	?

第一种情况最简单;第二种情况实际上经常会遇到,但求解较困难;第三种情况对所有参数完全未知,遗憾的是它无法用最大似然法求解。当类别数目也未知时,这种模式识别

问题不是从找出决定类条件密度的参数 θ_i 入手，而要用其他聚类分析方法解决。下面只就第一、第二两种情况分别讨论正态情况下混合密度的应用。

1. 第一种情况：均值向量 $\boldsymbol{\mu}_i$ 未知

这时参数 $\boldsymbol{\theta}_i$ 就是 $\boldsymbol{\mu}_i$，利用式(11-10)可以得到最大似然估计解的必要条件。由于

$$\ln p(\boldsymbol{x}|\omega_i,\boldsymbol{\mu}_i)=-\ln[(2\pi)^{\frac{d}{2}}|\boldsymbol{\Sigma}_i|^{\frac{1}{2}}]-\frac{1}{2}(\boldsymbol{x}-\boldsymbol{\mu}_i)^{\mathrm{T}}\boldsymbol{\Sigma}_i^{-1}(\boldsymbol{x}-\boldsymbol{\mu}_i) \tag{11-23}$$

$$\nabla_{\boldsymbol{\mu}_i}\ln p(\boldsymbol{x}|\omega_i,\boldsymbol{\mu}_i)=\boldsymbol{\Sigma}_i^{-1}(\boldsymbol{x}-\boldsymbol{\mu}_i) \tag{11-24}$$

所以 $\boldsymbol{\mu}_i$ 的最大似然估计 $\hat{\boldsymbol{\mu}}_i$ 应满足

$$\sum_{k=1}^{N}p(\omega_i|\boldsymbol{x}_k,\hat{\boldsymbol{\mu}}_i)\boldsymbol{\Sigma}_i^{-1}(\boldsymbol{x}_k-\hat{\boldsymbol{\mu}}_i)=0 \tag{11-25}$$

式(11-25)两边左乘以 $\boldsymbol{\Sigma}_i$，可得

$$\hat{\boldsymbol{\mu}}_i=\frac{\sum\limits_{k=1}^{N}P(\omega_i|\boldsymbol{x}_k,\hat{\boldsymbol{\mu}}_i)\boldsymbol{x}_k}{\sum\limits_{k=1}^{N}P(\omega_i|\boldsymbol{x}_k,\hat{\boldsymbol{\mu}}_i)} \tag{11-26}$$

这一方程从直观上看似乎是非常令人满意的，它表明 $\boldsymbol{\mu}_i$ 的最大似然估计就是样本加权平均。其中对第 k 个样本 $\boldsymbol{x}_k$ 的权就是属于第 i 类有多大可能性的一个估计。如果 $P(\omega_i|\boldsymbol{x}_k,\boldsymbol{\mu}_i)$ 对某些样本为1，而对其余样本为零，那么 $\boldsymbol{\mu}_i$ 就是被估计为属于第 i 类的那些样本的平均。但遗憾的是，式(11-26)并没有明显地给出 $\hat{\boldsymbol{\mu}}_i$ 的值，这是因为其中 $P(\omega_i|\boldsymbol{x}_k,\hat{\boldsymbol{\mu}}_i)$ 是未知的。如果再利用贝叶斯公式

$$P(\omega_i|\boldsymbol{x}_k,\hat{\boldsymbol{\mu}}_i)=\frac{p(\boldsymbol{x}_k|\omega_i,\hat{\boldsymbol{\mu}}_i)P(\omega_i)}{\sum\limits_{j=1}^{c}p(\boldsymbol{x}_k|\omega_j,\hat{\boldsymbol{\mu}}_j)P(\omega_j)}$$

并将 $p(\boldsymbol{x}_k|\omega_i,\hat{\boldsymbol{\mu}}_i)\sim N(\hat{\boldsymbol{\mu}}_i,\boldsymbol{\Sigma}_i)$ 代入，式(11-26)将变成一组十分复杂的非线性联立方程组，求解是相当困难的，而且一般没有唯一解，必须对得到的解进行检验以获得一个实际上使似然函数为最大的解。

为解决这一困难，可以应用迭代法。如果有某种方法能得到未知均值的一个较好的初始估计 $\boldsymbol{\mu}_i(0)$，用式(11-26)可以得到一种迭代算法来改进估计。

$$\hat{\boldsymbol{\mu}}_i(j+1)=\frac{\sum\limits_{k=1}^{N}P(\omega_i|\boldsymbol{x}_k,\hat{\boldsymbol{\mu}}_i(j))\boldsymbol{x}_k}{\sum\limits_{k=1}^{N}P(\omega_i|\boldsymbol{x}_k,\hat{\boldsymbol{\mu}}_i(j))} \tag{11-27}$$

这基本上是一种使对数似然函数极大化的梯度法，如果分量密度之间的重叠比较少，则收敛较快。

显然，这个算法也存在一般梯度法的缺点，即算法得到的不是全局最优解，而是局部最优解，其结果将受到初值 $\boldsymbol{\mu}_i(0)$ 的影响，甚至可能收敛到鞍点，所以对运算的结果应注意分析和检验。

2. 第二种情况：$\boldsymbol{\mu}_i,\boldsymbol{\Sigma}_i,P(\omega_i)$ 均未知

这种情况下，只有类别数目 c 已知，而其余参数均未知。这时仍然可以写出对数似然函

数 $H(\boldsymbol{\theta})$(不过$\boldsymbol{\theta}$是由$\boldsymbol{\mu}_i,\boldsymbol{\Sigma}_i,P(\omega_i),i=1,2,\cdots,c$ 所组成),然后在限制条件 $\sum_{i=1}^{c}P(\omega_i)=1$ 下构造出拉格朗日函数 $H'=H+\lambda\left[\sum_{i=1}^{c}P(\omega_i)-1\right]$,对 H'分别相对于$\boldsymbol{\mu}_i,\boldsymbol{\Sigma}_i$ 及 $P(\omega_i)$求导,并令导数等于零,可以得出

$$\hat{P}(\omega_i)=\frac{1}{N}\sum_{k=1}^{N}\hat{P}(\omega_i\,|\,\boldsymbol{x}_k,\hat{\boldsymbol{\theta}}_i) \tag{11-28}$$

$$\hat{\boldsymbol{\mu}}_i=\frac{\sum_{k=1}^{N}\hat{P}(\omega_i\,|\,\boldsymbol{x}_k,\hat{\boldsymbol{\theta}}_i)\boldsymbol{x}_k}{\sum_{k=1}^{N}\hat{P}(\omega_i\,|\,\boldsymbol{x}_k,\hat{\boldsymbol{\theta}}_i)} \tag{11-29}$$

$$\hat{\boldsymbol{\Sigma}}_i=\frac{\sum_{k=1}^{N}\hat{P}(\omega_i\,|\,\boldsymbol{x}_k,\hat{\boldsymbol{\theta}}_i)(\boldsymbol{x}_k-\hat{\boldsymbol{\mu}}_i)(\boldsymbol{x}_k-\hat{\boldsymbol{\mu}}_i)^{\mathrm{T}}}{\sum_{k=1}^{N}\hat{P}(\omega_i\,|\,\boldsymbol{x}_k,\hat{\boldsymbol{\theta}}_i)} \tag{11-30}$$

其中

$$\begin{aligned}\hat{P}(\omega_i\,|\,\boldsymbol{x}_k,\hat{\boldsymbol{\theta}}_i)&=\frac{P(\boldsymbol{x}_k\,|\,\omega_i,\hat{\boldsymbol{\theta}}_i)\hat{P}(\omega_i)}{\sum_{j=1}^{c}P(\boldsymbol{x}_k\,|\,\omega_j,\hat{\boldsymbol{\theta}}_j)\hat{P}(\omega_j)}\\&=\frac{|\hat{\boldsymbol{\Sigma}}_i|^{-\frac{1}{2}}\exp\left[-\frac{1}{2}(\boldsymbol{x}_k-\hat{\boldsymbol{\mu}}_i)^{\mathrm{T}}\boldsymbol{\Sigma}_i^{-1}(\boldsymbol{x}_k-\hat{\boldsymbol{\mu}}_i)\right]\hat{P}(\omega_i)}{\sum_{j=1}^{c}|\hat{\boldsymbol{\Sigma}}_j|^{\frac{1}{2}}\exp\left[-\frac{1}{2}(\boldsymbol{x}_k-\hat{\boldsymbol{\mu}}_j)^{\mathrm{T}}\boldsymbol{\Sigma}_j^{-1}(\boldsymbol{x}_k-\hat{\boldsymbol{\mu}}_j)\right]\hat{P}(\omega_j)}\end{aligned} \tag{11-31}$$

尽管上面方程中的符号可能令人望而生畏,实际上它们的含义是很明显的,在极端情况下,即当 $\boldsymbol{x}_k$ 来自 ω_i 类时,$\hat{P}(\omega_i\,|\,\boldsymbol{x}_k,\hat{\boldsymbol{\theta}}_i)=1$,否则就等于零,此时式(11-28)~式(11-30)变为

$$\hat{P}(\omega_i)=\frac{N_i}{N} \tag{11-32}$$

$$\hat{\boldsymbol{\mu}}_i=\frac{1}{N_i}\sum_{k=1}^{N_i}\boldsymbol{x}_k^{(i)} \tag{11-33}$$

$$\hat{\boldsymbol{\Sigma}}_i=\frac{1}{N_i}\sum_{k=1}^{N_i}(\boldsymbol{x}_k^{(i)}-\hat{\boldsymbol{\mu}}_i)(\boldsymbol{x}_k^{(i)}-\hat{\boldsymbol{\mu}}_i)^{\mathrm{T}} \tag{11-34}$$

其中 N_i 为来自 ω_i 的样本数,$\boldsymbol{x}_k^{(i)}$ 为来自 ω_i 的样本。这样式(11-32)~式(11-34)说明 $\hat{P}(\omega_i)$是来自 ω_i 的样本的百分比,$\hat{\boldsymbol{\mu}}_i$ 为 ω_i 类的样本均值,$\hat{\boldsymbol{\Sigma}}_i$ 为 ω_i 类的样本协方差阵。一般来说,$\hat{P}(\omega_i\,|\,\boldsymbol{x}_k,\hat{\boldsymbol{\theta}}_i)$是介于0与1之间的数,而且所有的样本都对估计值起某种作用,这些估计基本上仍然是加权的频数比、样本均值和样本协方差阵。

解这些方程一般是很困难的,有效的方法还是采用迭代法,即用一个初始估计值计算式(11-31)的 $\hat{P}(\omega_i\,|\,\boldsymbol{x}_k,\hat{\boldsymbol{\theta}}_i)$,然后用式(11-28)~式(11-30)反复迭代。如果初始估计较好,

例如它是用一些标有类别的样本求出的，那么收敛就比较快。但所得结果与初值选择有关，因而所得的解仍是局部最优解。另一个问题是迭代算法和样本协方差阵求逆都需要很多运算时间。

要是有理由假定样本协方差矩阵是对角阵，那么运算可大大简化，而且还减少了未知参数的个数。在样本数不多的情况下，减少未知参数的个数是十分重要的。如果对角阵假设太勉强，但可以假定 c 个协方差矩阵都相同的话，也能减少计算时间。

不论是参数化的混合模型估计方法，还是非参数化的单峰子集分离方法，由于涉及样本概率密度估计的问题，都需要较多的样本数或对样本分布的先验知识。这在很多非监督学习问题中是不易满足的。除了这类基于模型的方法，人们还发展了很多直接基于数据进行聚类的方法。

11.4 动态聚类算法

如果不估计样本的概率分布，就无法从概率分布角度来定义聚类，需要对聚类有其他形式的定义。

通常，人们根据样本间的某种距离或相似性度量来定义聚类，即把相似的（或距离近的）样本聚为同一类，而把不相似的（或距离远的）样本归在其他类。这种基于相似度度量的聚类方法也是实际中更常用的方法，其中，根据算法设计的不同又可分为动态聚类法和分级聚类法等。本节首先介绍几种常用的动态聚类算法。

动态聚类法是一种普遍采用的方法，它具有以下 3 个要点：①选定某种距离度量作为样本间的相似性度量。②确定某个评价聚类结果质量的准则函数。③给定某个初始分类，然后用迭代算法找出使准则函数取极值的最好聚类结果。

下面我们先讨论在误差平方和准则基础上的 C 均值算法，然后结合对此算法的分析给出一些其他的动态聚类算法。

11.4.1 *C* 均值算法（*K* 均值算法）

C 均值（C-means）算法是一种很常用的聚类算法，其基本思想是，通过迭代寻找 c 个聚类的一种划分方案，使得用这 c 个聚类的均值来代表相应各类样本时所得到的总体误差最小。C 均值算法有时也被称作 K 均值（K-means）算法。C 均值算法在向量量化（例如对音频信号）和图像分隔等领域有广泛的应用，有时也称作广义 Llogd 算法（GLA）。

下面先来看该算法的原理。

C 均值算法的基础是最小误差平方和准则。

若 N_i 是第 i 聚类 Γ_i 中的样本数目，$\boldsymbol{m}_i$ 是这些样本的均值，即

$$\boldsymbol{m}_i = \frac{1}{N_i} \sum_{\boldsymbol{y} \in \Gamma_i} \boldsymbol{y} \tag{11-35}$$

把 Γ_i 中的各样本 $\boldsymbol{y}$ 与均值 $\boldsymbol{m}_i$ 间的误差平方和对所有类相加后为

$$J_e = \sum_{i=1}^{c} \sum_{\boldsymbol{y} \in \Gamma_i} \| \boldsymbol{y} - \boldsymbol{m}_i \|^2 \tag{11-36}$$

J_e 是误差平方和聚类准则，它是样本集 $\mathscr{Y}$ 和类别集 Ω 的函数。J_e 度量了用 c 个聚类中心 $\boldsymbol{m}_1,\boldsymbol{m}_2,\cdots,\boldsymbol{m}_c$ 代表 c 个样本子集 $\Gamma_1,\Gamma_2,\cdots,\Gamma_c$ 时所产生的总的误差平方。对于不同的聚类，J_e 的值当然是不同的，使 J_e 极小的聚类是误差平方和准则下的最优结果。这种类型的聚类通常称为最小方差划分。

式(11-36)的误差平方和无法用解析的方法最小化，只能用迭代的方法，通过不断调整样本的类别归属来求解。

下面，首先来看调整样本类别划分的方法。

假设已经有一个划分方案，它把样本 $\boldsymbol{y}$ 划分在类别 Γ_k 中。现在来看怎样对它做调整。

考查下面的调整：如果把 $\boldsymbol{y}$ 从 Γ_k 类移到 Γ_j 类中，则这两个类别发生了变化，Γ_k 类少了一个样本而变成 $\widetilde{\Gamma}_k$，Γ_j 类多了一个样本而变成 $\widetilde{\Gamma}_j$，其余类别不受影响。这样调整后，两类的均值分别变为

$$\tilde{\boldsymbol{m}}_k=\boldsymbol{m}_k+\frac{1}{N_k-1}[\boldsymbol{m}_k-\boldsymbol{y}] \tag{11-37}$$

$$\tilde{\boldsymbol{m}}_j=\boldsymbol{m}_j+\frac{1}{N_j+1}[\boldsymbol{y}-\boldsymbol{m}_j] \tag{11-38}$$

相应地，两类各自的误差平方和也分别变为

$$\widetilde{J}_k=J_k-\frac{N_k}{N_k-1}\|\boldsymbol{y}-\boldsymbol{m}_k\|^2 \tag{11-39}$$

$$\widetilde{J}_j=J_j+\frac{N_j}{N_j+1}\|\boldsymbol{y}-\boldsymbol{m}_j\|^2 \tag{11-40}$$

总的误差平方和的变化只取决于这两个变化。

显然，移出一个样本会带来 Γ_k 类均方误差的减小，移入这个样本又会导致 Γ_j 类的均方误差增大。如果减小量大于增加量，即

$$\frac{N_j}{N_j+1}\|\boldsymbol{y}-\boldsymbol{m}_j\|^2<\frac{N_k}{N_k-1}\|\boldsymbol{y}-\boldsymbol{m}_k\|^2 \tag{11-41}$$

则进行这一步搬运就有利于总体误差平方和的减少，我们就进行这步样本移动，否则不移动。

同样道理，如果类别数 $c>2$，则可以考虑 Γ_k 类之外的所有其他类，考查其中均方误差增加量最小的类别，如果最小增加量小于 Γ_k 类均方误差的减小量，则把样本 $\boldsymbol{y}$ 从 Γ_k 类移到均方误差增加量最小的类别中。

以上就是 C 均值算法的核心思想。

下面给出 C 均值算法的步骤。

(1) 初始划分 c 个聚类，$\Gamma_i,i=1,\cdots,c$，用式(11-35)和式(11-36)计算 $\boldsymbol{m}_i,i=1,\cdots,c$ 和 J_e；

(2) 任取一个样本 $\boldsymbol{y}$，设 $\boldsymbol{y}\in\Gamma_i$；

(3) 若 $N_i=1$，则转(2)；否则继续；

(4) 计算

$$\rho_j=\frac{N_j}{N_j+1}\|\boldsymbol{y}-\boldsymbol{m}_j\|^2,\quad j\neq i \tag{11-42}$$

$$\rho_i = \frac{N_i}{N_i - 1} \| \boldsymbol{y} - \boldsymbol{m}_i \|^2 \tag{11-43}$$

(5) 考查 ρ_j 中的最小者 ρ_k，若 $\rho_k < \rho_i$，则把 $\boldsymbol{y}$ 从 Γ_i 移到 Γ_k 中；

(6) 重新计算 $\boldsymbol{m}_i, i=1,\cdots,c$ 和 J_e；

(7) 若连续 N 次迭代 J_e 不改变，则停止；否则转(2)。

从上面的算法中可以看到，这是一个局部搜索算法，并不能保证收敛到全局最优解，即不能保证找到所有可能的聚类划分中误差平方和最小的解。算法的结果受到初始划分和样本调整顺序的影响。

样本初始划分的方法有很多，一般的做法是，先选择一些代表样本点作为初始聚类的核心，然后根据距离把其余的样本划分到各初始类中。代表点的选择常用的方法有：

(1) 凭经验选择代表点。根据问题的性质，用经验的办法确定类别数，从数据中找出从直观上看来是比较合适的代表点。

(2) 将全部数据随机地分成 c 类，计算每类重心。将这些重心作为每类的代表点。

(3) 用“密度”法选择代表点。这里的“密度”是具有统计性质的样本密度。一种求法是，以每个样本为球心，用某个正数 ξ 为半径作一个球形领域，落在该球内的样本数则称为该点的“密度”。在计算了全部样本的“密度”后，首先选择“密度”最大的样本点作为第一个代表点。它对应样本分布的一个最高的峰值点。在选第二个代表点时，可以人为地规定一个数值 $\xi>0$，在离开第一个代表点距离 ξ 以外选择次大“密度”点作为第二个代表点，这样就可避免代表点可能集中在一起的问题。其余代表点的选择可以类似地进行。

(4) 按照样本天然的排列顺序或者将样本随机排序后用前 c 个点作为代表点。

(5) 从 $(c-1)$ 聚类划分问题的解中产生 c 聚类划分问题的代表点。具体做法是，先把全部样本看作一个聚类，其代表点为样本的总均值；然后确定两聚类问题的代表点是一聚类划分的总均值和离它最远的点；依次类推，则 c 聚类划分问题的代表点就是 $(c-1)$ 聚类划分最后得到的各均值再加上离最近的均值最远的点。

以上选择代表点的方法都是启发式的，无法从理论上一般性地比较不同的选择方法，也可以设计出其他的选择方法。通常情况下，如果对数据并没有特别的了解，不妨随机地选择初始代表点，例如上述方法(2)和(4)，往往会得到满意的结果。必要时，可以用不同的随机初始代表点进行多次 C 均值聚类，再对结果进行选择或融合。

选定初始代表点后，可以用不同的方法将样本进行初始分类。当然，也可以不选代表点而直接对样本进行初始类别划分。下面给出几种常见的初始分类方法：

(1) 选择一批代表点后，其余的点离哪个代表点最近就归入哪一类。从而得到初始分类。

(2) 选择一批代表点后，每个代表点自成一类，将样本依顺序归入与其距离最近的代表点的那一类，并立即重新计算该类的重心以代替原来的代表点。然后再计算下一个样本的归类，直到所有的样本都归到相应的类中。

(3) 规定一个正数 ξ，选择 $\omega_1=\{\boldsymbol{y}_1\}$，计算样本 $\boldsymbol{y}_2$ 与 $\boldsymbol{y}_1$ 间的距离 $\delta(\boldsymbol{y}_2,\boldsymbol{y}_1)$，如果小于 ξ，则将 $\boldsymbol{y}_2$ 归入 ω_1，否则建立新类 $\omega_2=\{\boldsymbol{y}_2\}$。当某一步轮到 $\boldsymbol{y}_l$ 归入时，假如当时已形成了 k 类即 $\omega_1,\omega_2,\cdots,\omega_k$，而每个类第一个归入的样本记作 $\boldsymbol{y}_1^1,\boldsymbol{y}_2^1,\cdots,\boldsymbol{y}_k^1$。若 $\delta(\boldsymbol{y}_l,\boldsymbol{y}_i^1)>\xi, i=1,2,\cdots,k$，则将 $\boldsymbol{y}_l$ 建立为新的第 $k+1$ 类，即 $\omega_{k+1}=\{\boldsymbol{y}_l\}$。否则将 $\boldsymbol{y}_l$ 归入与 $\boldsymbol{y}_1^1,\boldsymbol{y}_2^1,\cdots,\boldsymbol{y}_k^1$ 距离最近的那一类。

(4) 先将数据标准化,用 y_{ij} 表示标准化后第 i 个样本的第 j 个坐标。令

$$\mathrm{SUM}(i)=\sum_{j=1}^{d} y_{ij} \tag{11-44}$$

$$\mathrm{MA}=\max_{i} \mathrm{SUM}(i) \tag{11-45}$$

$$\mathrm{MI}=\min_{i} \mathrm{SUM}(i) \tag{11-46}$$

若欲将样本划分为 c 类,则对每个 i 计算

$$\frac{(c-1)[\mathrm{SUM}(i)-\mathrm{MI}]}{(\mathrm{MA}-\mathrm{MI})}+1 \tag{11-47}$$

假设与这个计算值最接近的整数为 k,则将 $\boldsymbol{y}_i$ 归入第 k 类。

关于 C 均值方法中的聚类数目 c

C 均值聚类方法的一个基本前提是聚类数目 c 是事先给定的,这在某些非监督学习问题中并不总是能满足。当类别数目未知的情况下,有时可以逐一用 $c=1$, $c=2$, $c=3$,…来进行聚类,每一次聚类都计算出最后达到的误差平方和 $J_e(c)$,通过考查 $J_e(c)$随 c 的变化而推断合理的类别数。

显然,$J_e(c)$是随着聚类数目的增加而单调地减少的,当 c 等于样本数时 $J_e(c)=0$,即每个样本自己成为一类。如果数据中存在 c^* 个很集中的聚类,那么当 c 从 1 增加到 c^* 时 $J_e(c)$会迅速减小;但当到了 c^* 类以后,随着 c 的继续增加,$J_e(c)$仍然会减小,但是减小的幅度会明显变慢,因为这是将本来比较密集的样本再分开。如果作一条 $J_e(c)$随 c 变化的曲线,则曲线的拐点处(从 $J_e(c)$下降迅速到下降缓慢之间的点)对应的类别数就是接近最优的聚类数。图 11-5 给出了一个用不同聚类数目得到的 $J_e(c)-c$ 曲线的例子,在这个例子中,拐点 A 所对应的类别数 $c=3$ 反映了数据中实际存在的较密集的聚类的个数。

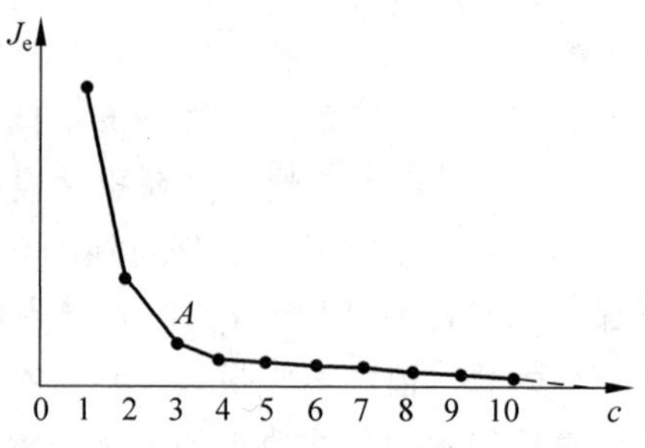

图 11-5　确定类别数的一种实验方法

遗憾的是,并非所有情况下都能找到图中 A 点这样的转折点,其原因可能是样本中内在的聚类并不一定很紧密,类别之间并不能很好地分开,或者不同类之间样本分布的紧密程度不同等。因此,人们在很多应用中采用的是根据领域知识人为指定类别数目。当然,也可以在尝试了不同聚类数目后,根据具体应用领域比较聚类结果,来决定哪个聚类数目更合理。

11.4.2　ISODATA 方法

C 均值方法要求事先指定类别数目。一旦给定了类别数目,C 均值方法就按照误差平方和最小的原则将所有样本划分到指定数目的类中。

ISODATA 是一种叫做 iterative self-organizing data analysis techniques(迭代自组织数据分析技术)的方法的简称,可以看作是一种改进的 C 均值算法。它与 C 均值算法主要有两点不同:第一,它不是每调整一个样本的类别就更新一次各类的均值,而是在把全部样本调整完后才重新计算各类的均值,这样可以提高计算效率。第二,ISODATA 算法在聚类

过程中引入了对类别的评判准则，可以根据这些准则自动地将某些类别合并或分裂，从而使得聚类结果更合理，也在一定程度上突破了事先给定类别数目的限制。

下面给出 ISODATA 算法步骤。

设由 N 个样本组成的样本集为$\{\boldsymbol{y}_1,\boldsymbol{y}_2,\cdots,\boldsymbol{y}_N\}\subset R^d$，事先设定如下参数：

K——期望得到的聚类数；

θ_N——一个聚类中的最少样本数；

θ_s——标准偏差参数；

θ_c——合并参数；

L——每次迭代允许合并的最大聚类对数；

I——允许迭代的次数。

(1) 初始化，设初始聚类数 c（不一定等于期望聚类数 K），用与 C 均值法相同的办法确定 c 个初始中心 $\boldsymbol{m}_i, i=1,\cdots,c$。

(2) 把所有样本分到距离中心最近的类 Γ_i 中，$i=1,\cdots,c$。

(3) 若某个类 Γ_j 中样本数过少（$N_j<\theta_N$），则去掉这一类（根据各样本到其他类中心的距离分别合入其他类），置 $c=c-1$。

(4) 重新计算均值

$$\boldsymbol{m}_j=\frac{1}{N_j}\sum_{\boldsymbol{y}\in\Gamma_j}\boldsymbol{y},\quad j=1,\cdots,c \tag{11-48}$$

其中 N_j 是第 j 个聚类中的样本数目（基数）。

(5) 计算第 j 类样本与其中心的平均距离

$$\bar{\delta}_j=\frac{1}{N_j}\sum_{\boldsymbol{y}\in\Gamma_j}\|\boldsymbol{y}-\boldsymbol{m}_j\|,\quad j=1,\cdots,c \tag{11-49}$$

和总平均距离

$$\bar{\delta}=\frac{1}{N}\sum_{j=1}^{c}N_j\bar{\delta}_j \tag{11-50}$$

(6) 若是最后一次迭代（由参数 I 确定），则程序停止；否则，

若 $c\leqslant K/2$，则转(7)（分裂）；

若 $c\geqslant 2K$，或是偶数次迭代，则转(8)（合并）。

(7) 分裂

① 对每个类，用下面的公式求各维标准偏差$\boldsymbol{\sigma}_j=[\sigma_{j1},\sigma_{j2},\cdots,\sigma_{jd}]^{\mathrm{T}}$

$$\sigma_{ji}=\sqrt{\frac{1}{N_j}\sum_{y_{ki}\in\Gamma_j}(y_{ki}-m_{ji})^2},\quad j=1,\cdots,c,\quad i=1,\cdots,d \tag{11-51}$$

式中，y_{ki} 为第 k 个样本的第 i 个分量，m_{ji} 是当前第 j 个聚类中心的第 i 个分量，σ_{ji} 是第 j 类第 i 个分量的标准差，d 是样本维数；

② 对每个类，求出标准偏差最大的分量 $\sigma_{j\max}, j=1,\cdots,c$；

③ 对各类的 $\sigma_{j\max}(j=1,\cdots,c)$，若存在某个类的 $\sigma_{j\max}>\theta_s$（标准偏差参数），且 $\bar{\delta}_j>\bar{\delta}$ 且 $N_j>2(\theta_N+1)$，或 $c\leqslant K/2$，则将 Γ_j 分裂为两类，中心分别为 $\boldsymbol{m}_j^+$ 和 $\boldsymbol{m}_j^-$，置 $c=c+1$

$$\boldsymbol{m}_j^+=\boldsymbol{m}_j+\boldsymbol{\gamma}_j,\quad \boldsymbol{m}_j^-=\boldsymbol{m}_j-\boldsymbol{\gamma}_j$$

其中，分裂项可以为$\boldsymbol{\gamma}_j=k\boldsymbol{\sigma}_j$（$0<k\leqslant 1$ 为常数），也可以是$\boldsymbol{\gamma}_j=[0,\cdots,0,\sigma_{j\max},0,\cdots,0]^{\mathrm{T}}$，即

只在$\sigma_{j\max}$对应的特征分量上把这一类分裂开。

(8) 合并

① 计算各类中心两两之间的距离

$$\delta_{ij}=\|\boldsymbol{m}_i-\boldsymbol{m}_j\|,\quad i,j=1,\cdots,c,\quad i\neq j$$

② 比较δ_{ij}与θ_c(合并参数),对小于θ_c者排序

$$\delta_{i_1j_1}<\delta_{i_2j_2}<\cdots<\delta_{i_lj_l}$$

③ 从最小的$\delta_{i_1j_1}$开始,把每个$\delta_{i_lj_l}$对应的$\boldsymbol{m}_{i_l}$和$\boldsymbol{m}_{j_l}$合并,组成新类,新的中心为

$$\boldsymbol{m}_l=\frac{1}{N_{i_l}+N_{j_l}}(N_{i_l}\boldsymbol{m}_{i_l}+N_{j_l}\boldsymbol{m}_{j_l})\tag{11-52}$$

并置$c=c-1$。每次迭代中避免同一类被合并两次。

(9) 若是最后一次迭代,则终止；否则,迭代次数加1,转(2)。(必要时可调整算法参数)

11.4.3　基于核的动态聚类算法

C均值算法的核心思想是用均值代表聚类,划分c个聚类就是寻找c个均值,使得用这c个均值来代表所有样本时总的误差平方和最小。

容易看到,用均值来作为一类样本的代表点,只有当类内样本的分布为超球状或接近超球状(即各维特征上的样本方差接近)时,才能取得较好的效果；如果样本的分布偏离超球状,则均值就不能很好地代表一个类。例如,在图11-6所示的例子中,样本仍服从正态分布,但两维的方差相差较大,样本分布呈椭圆形。这种情况下,如果用均值来作为类的代表,那么图中A样本离第2类中心的欧氏距离更近,但实际上此样本应该属于第一类。为了解决这一问题,就需要采用其他方法来代表每个聚类。

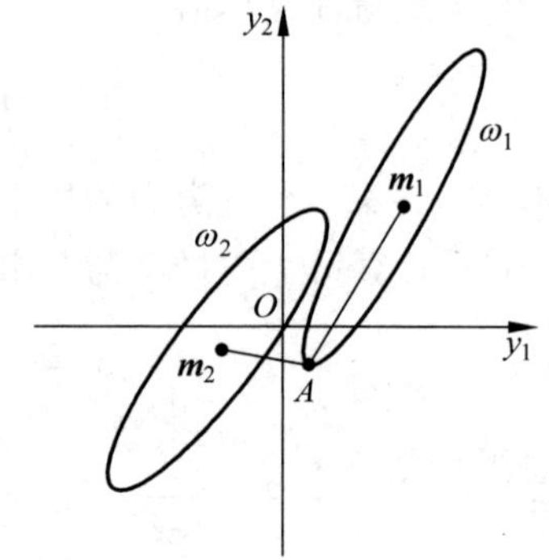

图11-6　当样本分布偏离椭球状时,C均值算法就变得不合理

一般地,可以定义一个核$K_j=K(\boldsymbol{y},V_j)$来代表一个类$\Gamma_j$,其中$V_j$表示参数集。核$K$可以是一个函数、一个点集或者其他能表示类别的模型。在定义了表示类的核之后,还需要定义一个样本$\boldsymbol{y}$到核的距离$\Delta(\boldsymbol{y},K_j)$。有了类别的核表示及相应的样本与类的距离度量,就可以参照C均值算法构造基于样本与核的相似性度量的动态聚类算法。

类似于C均值算法,在这里定义准则函数为

$$J_K=\sum_{j=1}^{c}\sum_{\boldsymbol{y}\in\Gamma_j}\Delta(\boldsymbol{y},K_j)\tag{11-53}$$

当Δ表示某种距离度量时,算法应使J_K最小。相应的算法步骤如下：

步骤1　选择初始划分,即将样本集$\mathcal{Y}$划分成c类,并确定每类的初始核K_j,$j=1,2,\cdots,c$。

步骤2　按照下列规则

若

$$\Delta(\boldsymbol{y},K_j)=\min_k\Delta(\boldsymbol{y},K_k)\quad k=1,2,\cdots,c$$

则

$$\boldsymbol{y} \in \Gamma_j$$

将每个样本分到相应的聚类中去。

步骤 3　重新修正核 $K_j, j=1,2,\cdots,c$。若核 K_j 保持不变,则算法终止；否则转步骤 2。

可以看到,C 均值算法可看作是基于样本与核相似性度量的动态聚类算法的一个特例,其中用类均值作为核,而以样本到均值的欧氏距离作为距离度量。其他类型核的例子有正态核函数、主轴核函数等。

1）**正态核函数**

如果样本分布为如图 11-6 所示的椭圆状正态分布,则可以采用正态核函数来代表类,即

$$K_j(\boldsymbol{y}, V_j) = \frac{1}{(2\pi)^{d/2} |\hat{\boldsymbol{\Sigma}}_j|^{1/2}} \exp\left[-\frac{1}{2}(\boldsymbol{y}-\boldsymbol{m}_j)^{\mathrm{T}} \hat{\boldsymbol{\Sigma}}_j^{-1} (\boldsymbol{y}-\boldsymbol{m}_j)\right] \tag{11-54}$$

参数集为 $V_j = \{\boldsymbol{m}_j, \hat{\boldsymbol{\Sigma}}_j\}$,$\boldsymbol{m}_j$ 是样本均值,$\hat{\boldsymbol{\Sigma}}_j$ 为样本协方差矩阵,样本到核的相似性度量为

$$\Delta(\boldsymbol{y}, K_j) = \frac{1}{2}(\boldsymbol{y}-\boldsymbol{m}_j)^{\mathrm{T}} \hat{\boldsymbol{\Sigma}}_j^{-1} (\boldsymbol{y}-\boldsymbol{m}_j) + \frac{1}{2}\log|\hat{\boldsymbol{\Sigma}}_j| \tag{11-55}$$

2）**主轴核函数**

在有些情况下,各类样本集中在相应的主轴方向的子空间中。例如,图 11-7 中第一类样本集中在用 D_1 表示的主轴方向上,而第二类样本集中在用 D_2 表示的主轴方向上。由第 10 章可知,样本的主轴可通过 K-L 变换得到。因此在这种情况下,可定义核函数为

$$K(\boldsymbol{y}, V_j) = \boldsymbol{U}_j^{\mathrm{T}} \boldsymbol{y} \tag{11-56}$$

这里 $\boldsymbol{U}_j = (\boldsymbol{u}_1, \boldsymbol{u}_2, \cdots, \boldsymbol{u}_{d_j})$是和 $\hat{\boldsymbol{\Sigma}}_j$ 矩阵的 d_j 个最大本征值相对应的本征向量系统。

任何一个样本 $\boldsymbol{y}$ 与 Γ_j 之间的相似性程度可以用 $\boldsymbol{y}$ 与 Γ_j 类主轴之间的欧氏距离的平方来度量。参照图 11-8,此相似性度量可表示为

$$\Delta(\boldsymbol{y}, K_j) = [(\boldsymbol{y}-\boldsymbol{m}_j) - \boldsymbol{U}_j\boldsymbol{U}_j^{\mathrm{T}}(\boldsymbol{y}-\boldsymbol{m}_j)]^{\mathrm{T}} [(\boldsymbol{y}-\boldsymbol{m}_j) - \boldsymbol{U}_j\boldsymbol{U}_j^{\mathrm{T}}(\boldsymbol{y}-\boldsymbol{m}_j)] \tag{11-57}$$

注意,在一般情况下 $\boldsymbol{U}_j$ 不是一个向量,而是由若干个主轴所组成的向量系统。

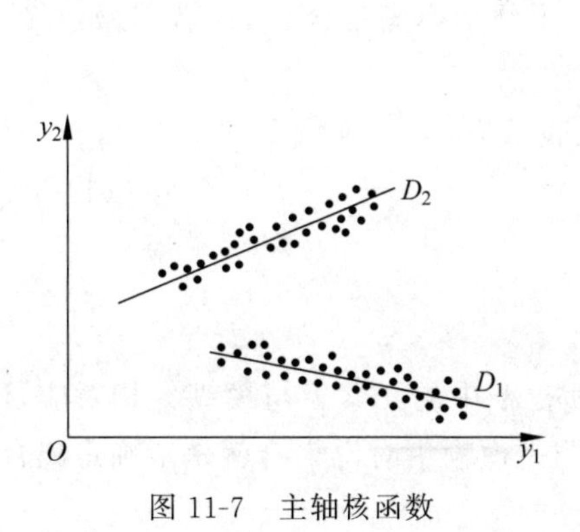

图 11-7　主轴核函数

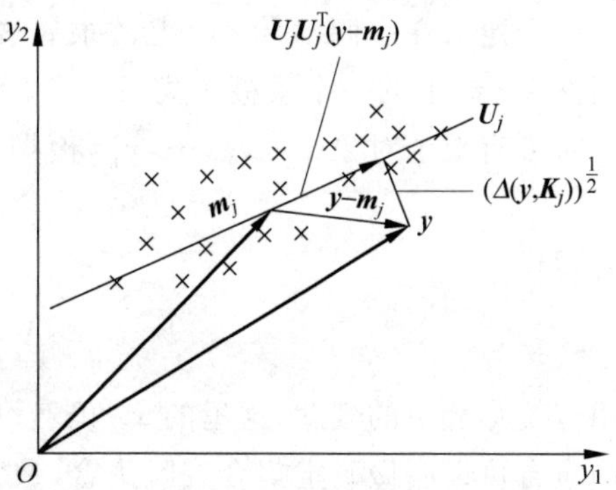

图 11-8　样本到主轴核函数之间的距离

11.5 模糊聚类方法

11.5.1 模糊集的基本知识

从集合论的角度，一个类可以看作是一个集合，或者是所有样本组成的集合的一个子集。聚类的过程可以看作是把一个集合划分为若干子集的过程。

1965年，Zadeh提出了著名的模糊集理论①，从此创建了一个新的学科——模糊数学和模糊技术。模糊集理论是对传统集合理论的一种推广，在传统集合理论中，一个元素或者属于一个集合，或者不属于一个集合；而对于模糊集来说，每一个元素是以一定的程度属于某个集合，也可以同时以不同的程度属于几个集合。对现实生活中很多自然语言描述的对象，模糊数学能够较好地表达，因此可以用来解决很多人工智能问题尤其是常识性问题。

将模糊技术应用于各个不同的领域，产生了一些新的学科分支。例如，与人工神经网络相结合，就产生了所谓的模糊神经网络；应用到自动控制中，就产生了模糊控制技术和系统；应用到模式识别领域，自然就是模糊模式识别。从20世纪80年代以来，在很多传统的控制问题中，模糊控制技术的应用取得了很好的效果，尤其是一些国家在诸如地铁的模糊控制系统，洗衣机、电饭锅等的模糊控制等方面取得了成功的应用后，人们再次掀起了研究各种模糊技术的热潮。

模式识别从一开始就是模糊技术应用研究的一个活跃领域。一方面，人们针对一些模式识别问题设计了相应的模糊模式识别系统；另一方面，对传统模式识别中的一些方法，人们用模糊数学对它们进行了很多改进。模糊聚类方法是模糊模式识别中最有代表性的方法。

在介绍模糊集的定义之前，首先介绍隶属度函数。

隶属度函数是表示一个对象 $\boldsymbol{x}$ 隶属于集合 A 的程度的函数，通常记作 $\mu_A(\boldsymbol{x})$，其自变量范围是所有可能属于集合 A 的对象（即集合 A 所在空间中的所有点），取值范围是[0，1]，即 $0 \leqslant \mu_A(\boldsymbol{x}) \leqslant 1$。$\mu_A(\boldsymbol{x})=1$ 表示 $\boldsymbol{x}$ 完全属于集合 A，相当于传统集合概念上的 $\boldsymbol{x} \in A$；而 $\mu_A(\boldsymbol{x})=0$ 则表示 $\boldsymbol{x}$ 完全不属于集合 A，相当于传统集合概念上的 $\boldsymbol{x} \notin A$。

一个定义在空间 $X=\{\boldsymbol{x}\}$ 上的隶属度函数就定义了一个模糊集合 A，或者叫做定义在空间 $X=\{\boldsymbol{x}\}$ 上的一个模糊子集 A。

对于有限个对象 $\boldsymbol{x}_1,\boldsymbol{x}_2,\cdots,\boldsymbol{x}_n$，模糊集合 A 可以表示为

$$A=\{(\mu_A(\boldsymbol{x}_i),\boldsymbol{x}_i)\} \tag{11-58a}$$

或者写作

$$A=\bigcup_i \mu_i/\boldsymbol{x}_i \tag{11-58b}$$

借用传统集合中的概念，这里的 $\boldsymbol{x}_i$ 仍然可以叫做模糊集 A 中的元素。与模糊集相对应，传统的集合可以叫做确定集合或脆集合，通常在没有指明是模糊集时说集合就是指确定集合。

① Zadeh L A. Fuzzy sets. *Information and Control*, 1965, 8: 338-353.

空间 X 中 A 的隶属度大于 0 的对象的集合叫做模糊集 A 的支持集 $S(A)$，即 $S(A)=\{\boldsymbol{x},\boldsymbol{x}\in X,\mu_A(\boldsymbol{x})>0\}$。支持集中的元素称作模糊集 A 的支持点，或不严格地称作模糊集 A 的元素。显然，确定集可以看作是模糊集的特例，即隶属度函数只取 1 或 0。

如果模糊集中的元素可以用一个标量 x 来表征，则隶属度函数 $\mu_A(x)$ 就是 x 的一个单变量函数。例如用水温表示的"开水"这个概念，如图 11-9。如果用确定集合表示，则集合的定义可能是"温度为 100℃的水"(如图 11-9(a)所示)，或者标准放宽一些为"温度在 80℃以上的水"(如图 11-9(b)所示)；而如果用模糊集表示，则可以用类似图 11-9(c)这样的隶属度函数来表示。模糊集的表示更接近人们日常的理解。

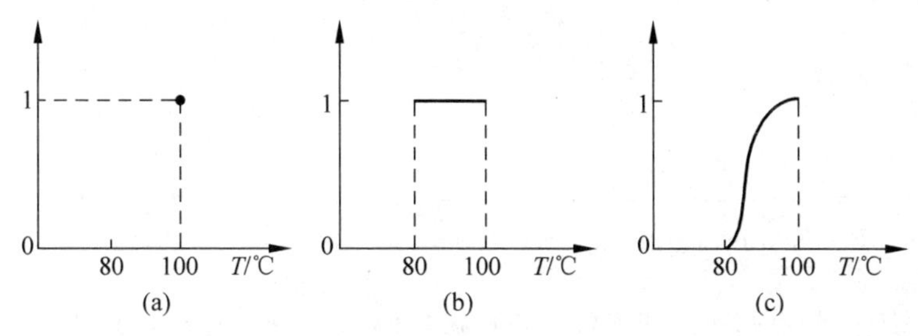

图 11-9 表示"开水"的这一概念的模糊集与确定集

模糊集的概念在模式识别中有很多应用，其中最典型的是把模糊集概念引入聚类分析中，得到一系列模糊聚类方法。下面介绍两种较早提出的模糊聚类方法。

11.5.2 模糊 C 均值算法

C 均值算法的目的是把 n 个样本划分到 c 个类别中的一个里面，使各个样本与其所在类均值的误差平方和最小，也就是使式(11-59)的准则函数

$$J_e=\sum_{i=1}^{c}\sum_{\boldsymbol{y}\in\Gamma_i}\|\boldsymbol{y}-\boldsymbol{m}_i\|^2 \tag{11-59}$$

最小。其中，$\boldsymbol{m}_i$ 为第 i 类的样本均值，$\boldsymbol{y}\in\Gamma_i$ 是分到第 i 类的所有样本。

本节中我们讨论如何将这种硬分类变为模糊分类，从而得到模糊 C 均值算法(Fuzzy C-means 或 FCM)。

将问题的有关符号重新规定如下：$\{\boldsymbol{x}_i,i=1,2,\cdots,n\}$是 n 个样本组成的样本集合，c 为预定的类别数目，$\boldsymbol{m}_i$，$i=1,2,\cdots,c$ 为每个聚类的中心，$\mu_j(\boldsymbol{x}_i)$是第 i 个样本对于第 j 类的隶属度函数。用隶属度函数定义的聚类损失函数可以写为

$$J_f=\sum_{j=1}^{c}\sum_{i=1}^{n}[\mu_j(\boldsymbol{x}_i)]^b\|\boldsymbol{x}_i-\boldsymbol{m}_j\|^2 \tag{11-60}$$

其中，$b>1$ 是一个可以控制聚类结果模糊程度的常数。如果 $b\to 1$，则算法将得到等同于 C 均值算法的确定性聚类划分；如果 $b=\infty$，则算法将得到完全模糊的解，即各类的中心都收敛到所有训练样本的中心，同时所有样本都以等同的概率归属各个类，因而完全失去分类意义。人们经常选择 b 取值在 2 左右。

在不同的隶属度定义下将式(11-60)的损失函数最小化，就得到不同的模糊聚类算法。

其中最有代表性的是模糊 C 均值算法 FCM,它要求一个样本对于各个聚类的隶属度之和为 1,即

$$\sum_{j=1}^{c}\mu_j(\boldsymbol{x}_i)=1,\quad i=1,2,\cdots,n \tag{11-61}$$

在式(11-61)的条件下求式(11-60)的极小值,令 J_f 对 $\boldsymbol{m}_j$ 和 $\mu_j(\boldsymbol{x}_i)$ 的偏导数为 0,可得必要条件

$$\boldsymbol{m}_j=\frac{\sum_{i=1}^{n}[\mu_j(\boldsymbol{x}_i)]^b\boldsymbol{x}_i}{\sum_{i=1}^{n}[\mu_j(\boldsymbol{x}_i)]^b},\quad j=1,2,\cdots,c \tag{11-62}$$

和

$$\mu_j(\boldsymbol{x}_i)=\frac{(1/\|\boldsymbol{x}_i-\boldsymbol{m}_j\|^2)^{1/(b-1)}}{\sum_{k=1}^{c}(1/\|\boldsymbol{x}_i-\boldsymbol{m}_k\|^2)^{1/(b-1)}},\quad i=1,2,\cdots,n,j=1,2,\cdots,c \tag{11-63}$$

用迭代方法求解式(11-62)和式(11-63),就是模糊 C 均值算法。算法步骤如下:

(1) 设定聚类数目 c 和参数 b。

(2) 初始化各个聚类中心 $\boldsymbol{m}_j$(可参考上两节中的方法)。

(3) 重复下面的运算,直到各个样本的隶属度值稳定:

① 用当前的聚类中心根据式(11-63)计算隶属度函数;

② 用当前的隶属度函数按式(11-62)更新计算各类聚类中心。

当算法收敛时,就得到了各类的聚类中心和各个样本对于各类的隶属度值,从而完成了模糊聚类划分。

如果需要,还可以将模糊聚类结果进行去模糊化,即用一定的规则把模糊聚类划分转化为确定性分类。

11.5.3 改进的模糊 C 均值算法

在模糊 C 均值算法中,由于引入了式(11-61)的归一化条件,在样本集不理想的情况下可能导致结果不好。例如,如果某个野值样本远离各类的聚类中心,本来它属于各类的隶属度都很小,但由于式(11-61)条件的要求,将会使它对各类都有较大的隶属度(例如两类情况下各类的隶属度都是 0.5),这种野值的存在将影响迭代的最终结果。为了克服这种缺陷,人们提出了放松的归一化条件,使所有样本对各类的隶属度总和为 n,即

$$\sum_{j=1}^{c}\sum_{i=1}^{n}\mu_j(\boldsymbol{x}_i)=n \tag{11-64}$$

在这个新的条件下,计算 $\boldsymbol{m}_j$ 的式(11-62)仍不变,而式(11-63)则变成

$$\mu_j(\boldsymbol{x}_i)=\frac{n(1/\|\boldsymbol{x}_i-\boldsymbol{m}_j\|^2)^{1/(b-1)}}{\sum_{k=1}^{c}\sum_{l=1}^{n}(1/\|\boldsymbol{x}_l-\boldsymbol{m}_k\|^2)^{1/(b-1)}},\quad i=1,2,\cdots,n,j=1,2,\cdots,c \tag{11-65}$$

仍用 11.5.2 节给出的模糊 C 均值算法步骤,而隶属度的更新改用式(11-65),就是改进的模

糊 C 均值算法。

这样一来，用改进的模糊 C 均值算法得到的隶属度值就有可能会大于 1，因此并不是通常意义上的隶属度函数。必要时可以把最终得到的隶属度函数进行归一化处理，这时已不会影响聚类结果。如果结果要求进行去模糊化，则可以直接用这里得到的隶属度函数进行。

改进的模糊 C 均值算法较 11.5.2 节的模糊 C 均值算法有更好的鲁棒性，不但可以在有野值存在的情况下得到较好的聚类结果，而且因为放松的隶属度条件，使最终聚类结果对预先确定的聚类数目不十分敏感。

但是，与确定性 C 均值算法、模糊 C 均值算法一样，改进的模糊 C 均值算法仍然对聚类中心的初值十分敏感。为了得到较好的结果，有时可以用确定性 C 均值算法或普通模糊 C 均值算法的结果作为初值。

这种改进的模糊 C 均值算法的另一个缺点是，如果在迭代过程中出现某个聚类中心距离某个样本非常近，则最后可能会得到只包含这一个样本的聚类。为防止出现这种情况，可以对式(11-65)中的距离运算加一个非线性处理，例如使之最小不会小于某个值。

图 11-10 和图 11-11 是两个用普通 C 均值、模糊 C 均值和改进的模糊 C 均值算法进行的对比实验。

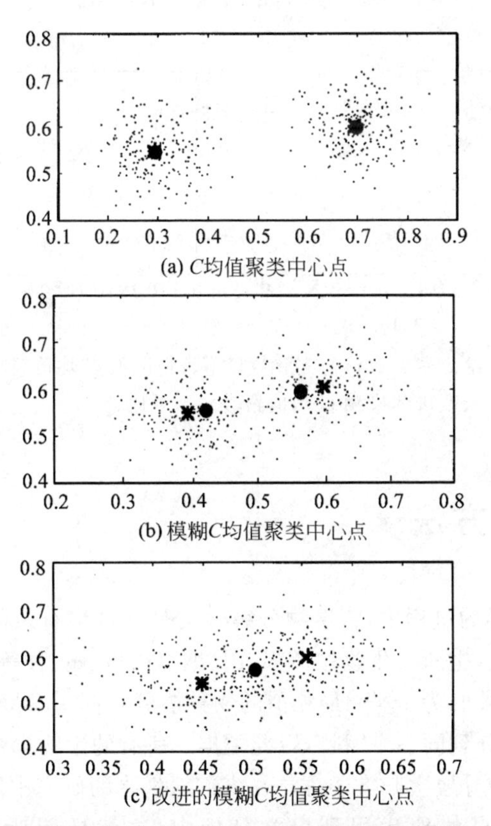

图 11-10　三种不同的数据分布情况下 C 均值(“＋”)、模糊 C 均值(“×”)和改进的模糊 C 均值(“·”)的聚类中心点比较

在图 11-10 的实验中，分别用“＋”、“×”和“·”表示普通 C 均值、模糊 C 均值和改进的模糊 C 均值算法得到的聚类中心。实验用了三组不同的数据，其中第一组两类分离较好，

三种算法效果相同；第二组两类比较靠近，分布有一定的重叠，此时改进的模糊 C 均值算法的聚类中心较受重叠的影响；第三组两类完全重叠，实际上已经不存在两类，此时普通 C 均值和模糊 C 均值算法都仍然将样本集强行分为两类，而改进的 C 均值算法只在样本集中央给出一个聚类中心，说明它能够合理地给出比预先确定的数目少的聚类。

在图 11-11 的实验中，样本集中实际有四个聚类，图 11-11(a)是正确的四个聚类中心的位置。实验中把聚类数目人为设定为 3，图 11-11(b)、(c)和(d)分别给出普通 C 均值、模糊 C 均值和改进的模糊 C 均值算法得到的三个聚类中心。可见，改进的模糊 C 均值算法虽然不能事先把聚类数确定为 3 时给出 4 个聚类中心，但与其他两种方法相比，却能正确给出四个聚类中心中的三个，而不是把其中的两个类混在一起。

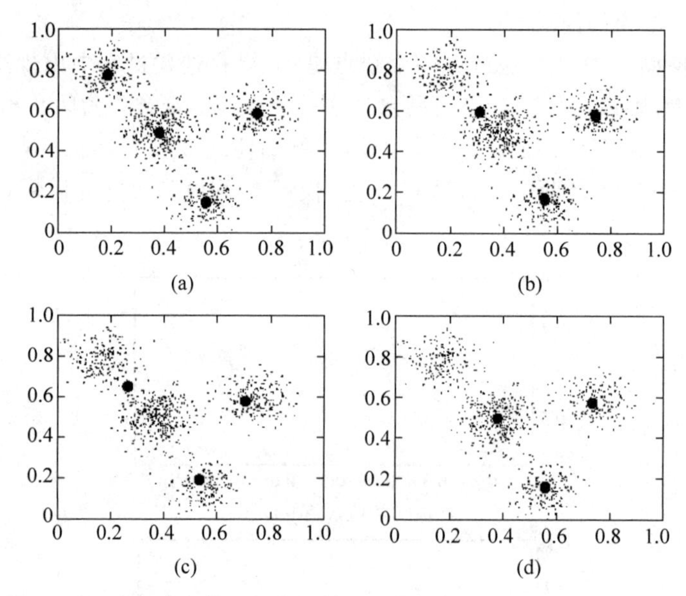

图 11-11 给定聚类数目与实际数目不符情况下 C 均值、模糊 C 均值及改进的模糊 C 均值聚类的结果比较

11.6 分级聚类方法

在人类认识客观世界的过程中，将事物分级分类是一种很有效的手段。最典型的例子就是生物学上对物种的分类，把所有生物按照界、门、纲、目、科、属、种等级别进行分类，越相似的物种，就在越低的层次上被归为一类；最相似的物种被分在同一个“种”，相似的种又被分在同一个“属”，相似的属又被分到同一个“科”，以此类推。所有的生物都被包含在这样一棵巨大的分层次的关系树中。这种分层次归类的方法在人们对生物的研究中发挥了巨大的作用。

这种思想也可以很自然地运用到聚类分析中，这就是所谓的分级聚类（hierachical clustering）方法，也有人翻译为层次聚类法。这是最常用的聚类方法之一。

聚类分析是把 N 个没有类别标签的样本分成一些合理的类，在极端的情况下，最多可以分成 N 类，即每个样本自成一类；最少可以只有一个类，即全部样本都归为一类。可以从 N 类到 1 类逐级地进行类别划分，求得一系列类别数从多到少的划分方案，然后根据一定的指标选择中间某个适当的划分方案作为聚类的结果。这就是分级聚类的基本思想。

分级聚类法是一种从底向上的方法,算法步骤很简单:

(1) 初始化,每个样本形成一个类;

(2) 合并:计算任意两个类之间的距离(或相似性),把距离最小(或相似性最大)的两个类合并为一类,记录下这两个类之间的距离(或相似性),其余类不变;

(3) 重复(2),直到所有样本被合并到两个类中。

通常人们用一棵树的图形来描述分级聚类的结果,可以称作聚类树,英文是 dendrogram,也译作系统树图,如图 11-12 所示。图中,最底层的每个节点表示一个样本,两个样本合并则把两个节点用树枝连接起来,树枝的长度反映两个节点之间的距离(或相似性)。为了讨论方便,有时人们也用"水平"来表示分级聚类过程的不同阶段,开始为 1 水平,每个样本为一类,共 N 个类;一次合并后为 2 水平,样本被分成 $N-1$ 类;依次类推,第 K 水平上的类别数是 $c=N-K+1$。有时,聚类树也会从上向下画,如图 11-13 的例子所示。

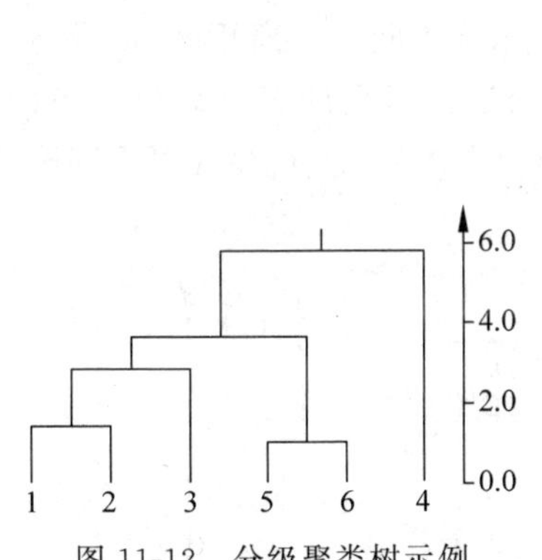

图 11-12 分级聚类树示例

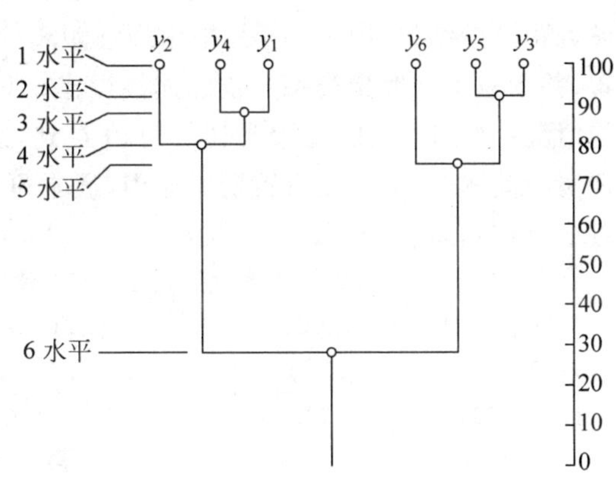

图 11-13 分级聚类树的另一种表示方法

根据分级聚类树上标出的聚类之间的距离或相似性大小,可以确定适当的最终聚类数目。例如在图 11-13 的例子中可以看到,样本 y_1、y_4、y_2 之间相似性比较大,样本 y_3、y_5、y_6 之间相似性也比较大,但这两组之间的相似性则大大下降,反映在图上就是 5 水平和 6 水平之间距离很长,这时如果把样本在第 5 水平上分成两类,则能够较好地表达样本间内在的聚类关系。

上述分级聚类算法中,算法步骤本身很简单,其中的核心问题是如何度量样本之间以及类之间的距离或相似性度量,不同的度量方法会导致不同的聚类结果。

样本之间采用何种距离或相似性度量,取决于所面对的问题中特征的物理意义及相互之间的关系,无法一般性地进行讨论。如果特征是欧式空间中的向量,则通常可以用欧氏距离作为距离度量,或者用相关系数作为相似性度量。

在两个样本之间距离或相似性度量确定后,有三种方法定义两个类 Γ_i 和 Γ_j 之间的距离或相似性度量,也称作类间的连接(linkage):

(1) 最近距离(single linkage 或 single-link)

$$\Delta(\Gamma_i,\Gamma_j)=\min_{\substack{\mathbf{y}\in\Gamma_i\\ \tilde{\mathbf{y}}\in\Gamma_j}}\delta(\mathbf{y},\tilde{\mathbf{y}}) \tag{11-66}$$

即以两类中相距最近的样本间的距离代表两类之间的距离；

（2）最远距离（complete linkage 或 complete-link）

$$\Delta(\Gamma_i,\Gamma_j)=\max_{\substack{\boldsymbol{y}\in\Gamma_i\\ \tilde{\boldsymbol{y}}\in\Gamma_j}}\delta(\boldsymbol{y},\tilde{\boldsymbol{y}}) \tag{11-67}$$

即以两类中相距最远的样本间的距离代表两类之间的距离；

（3）均值距离（average linkage 或 average-link）

$$\Delta(\Gamma_i,\Gamma_j)=\delta(\boldsymbol{m}_i,\boldsymbol{m}_j) \tag{11-68}$$

即以两类样本间的平均距离代表两类之间的距离。

在上面的公式中，$\boldsymbol{m}_i$，$\boldsymbol{m}_j$ 分别是两个类 Γ_i 和 Γ_j 的均值向量，$\delta(\boldsymbol{y},\tilde{\boldsymbol{y}})$是所选定的样本间的距离度量。当采用相似性而不是距离时，式(11-66)和式(11-67)对调即可。

采用何种类间连接反映了对数据和聚类目标的不同假定。同样的数据，在不同的连接度量下会得到不同的聚类结果，如图 11-14 和图 11-15 的简单例子所示。其中，图 11-14 是采用最近距离的结果，图 11-15 是采用最远距离的结果。图中，上部画出了二维平面上样本的分布，并示意了分级聚类每一步的连接操作；下部给出了样本间的距离矩阵，以及每一步合并的情况；右部给出的是聚类树。可以看到，采用不同连接得到的聚类结果是不同的。在处理实际问题时，如果没有特别的原因，通常可采用平均距离连接，或者试用不同距离连接后对结果作判断。

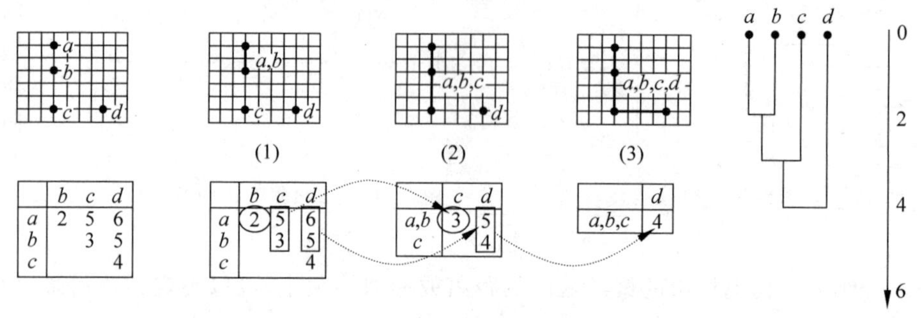

图 11-14 最近距离连接下分级聚类的过程和结果示例

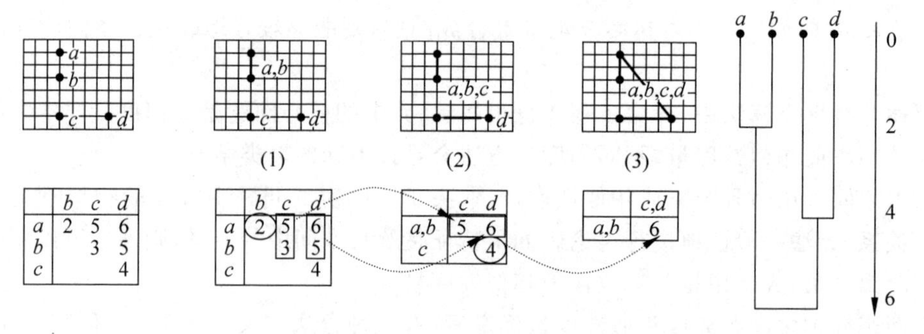

图 11-15 最远距离连接下分级聚类的过程和结果示例

关于分级聚类，还有几点需要说明。（1）分级聚类是一种局部搜索的方法。有些情况下，算法对样本中的噪声会比较敏感，个别样本的变动可能会导致聚类结果发生很大变化。当样本数目较多时，这种影响比较微弱。（2）聚类树的画法不是唯一的。同一类中的两个分枝可以左右互换而不改变聚类结果，但却可能会改变树的外观和分析者的判断。例如图 11-15 中，样本 a 和 b 可以对调、c 和 d 也可以对调，那样在树的叶节点顺序就成了 b、a、d、c，虽然聚类本身是一样的，但是如果看不到原始数据，往往会给人感觉样本 a 和 d 相对 b 和 c 更接近一些，但实际上却不然。

在近十几年来迅速发展起来的生物信息学交叉学科中，分级聚类方法在很多问题里得到了广泛的应用。图 11-16 给出了对一组基因芯片数据进行双向分级聚类的一个例子。图中，中间的灰度图部分（原图为彩色）表示了基因芯片测得的基因表达值矩阵，每一列代表一个样本（这里是病例，上方是编号）上全部被测基因的表达，每一行代表一个基因在各个样本上的表达，用颜色表示基因表达的相对数值（原彩色图中红色代表高表达，蓝色代表低表达，白色代表中间）。图顶部画出了一棵聚类树，是以全部基因表达为特征向量，用分级聚类方法对样本做聚类得到的；图左侧也画出了一棵横放的树，是以基因在全部样本上的表达为特征向量，用分级聚类方法对基因做聚类得到的。这种分别对数据的两种排列索引做聚类的做法被称作双向聚类（two-way clustering）。正如前面所提到的，在确定了分级聚类结果后，聚类树的画法并不唯一，双向聚类也是如此。在图 11-16 中，可以在不影响聚类结果的情况下把两个对称分枝上的两个样本或两个聚类调换位置，同样也可以对基因聚类中的样本或聚类调换位置，这种调换并不影响聚类结果，但可视化效果会有很大差异，需要根据具体的问题设定一定的准则来调整排列位置。

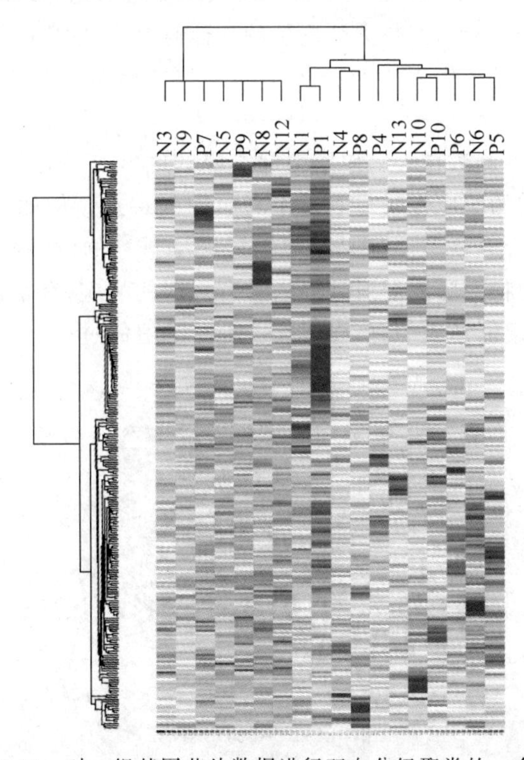

图 11-16 对一组基因芯片数据进行双向分级聚类的一个例子

与双向聚类接近的一个词是“双聚类”，英文是 biclustering，其大意是在数据中同时寻找一组特征和一组样本，使这些样本在找出的特征上呈现为很强的聚类。在一个数据集中可能会找到多个这样的聚类。双聚类的思想可以看作是在对样本进行聚类的同时进行特征选择，只在部分特征上寻找聚类。与上面介绍的其他聚类方法相比，双聚类并不一定把全部样本都聚到几个类别中，也不一定把全部特征都用到，适用于发现数据集中可能存在的在部分特征上具有高度规律性的数据子集。相对于前面讨论的其他方法，双聚类方法目前仍不成熟，有待于做更深入的研究。有兴趣的读者可以查阅相关文献。

11.7 自组织映射(SOM)神经网络

11.7.1 SOM网络结构

在第6章曾经讨论了可以用于监督模式识别的多层感知器神经网络，并提到除前馈型神经网络外，还有两种类型的神经网络：反馈型神经网络和竞争学习型神经网络，其中，自组织映射神经网络就是竞争学习型神经网络的典型代表。

人们很早就了解到，人的大脑皮层是分区的，不同的区域对应着不同的功能，即对外部世界不同输入的响应。图11-17是人们早期对大脑皮层功能分区的认识。虽然这种假说与现代科学的认识有较大误差，但是大脑皮层的功能存在有组织的分区已经是普遍接受的事实。图11-18是20世纪人们对来自身体不同部位的感觉刺激在大脑皮层上的响应的认识。

不仅不同类型的外界刺激在大脑皮层引起响应的区域有特定的规律，而且对于同一类型的刺激，大脑皮层对它的响应也明显表现出有组织的特点。例如，在音频信号响应区域，大脑皮层对所接收到的音频信号明显是按照信号频率排列的，如图11-19所示。神经生理学家的研究发现，高等动物大脑皮层对外界信号有规律的响应，有很大一部分是在不断接收外界信号刺激的过程中逐渐形成的，可以看作一种自学习的过程。

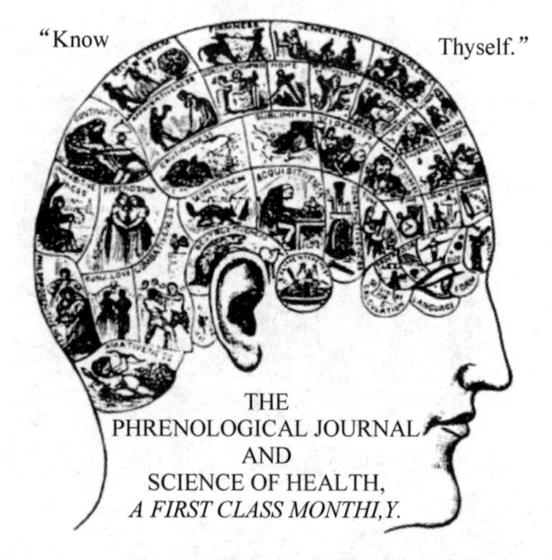

图11-17 19世纪中期人们对大脑皮层功能分区的认识

(引自 Ottoson D. *Physiology of the Nervous System*. London: The MacMillan Press Ltd., 1983)

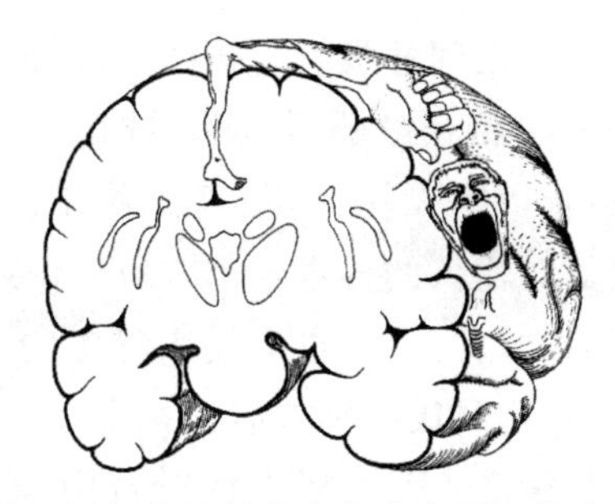

图 11-18 来自身体不同部位的刺激在大脑皮层上的响应区域,图中按比例粗略地画出了各种感官信号在大脑皮层上响应区的面积

(原图由 Panfield 和 Rasmussen 于 1950 年发表在 The Cerebral Cortex of Man 上,本图取自 Ottoson D. *Physiology of the Nervous System*. London: The MacMillan Press Ltd., 1983)

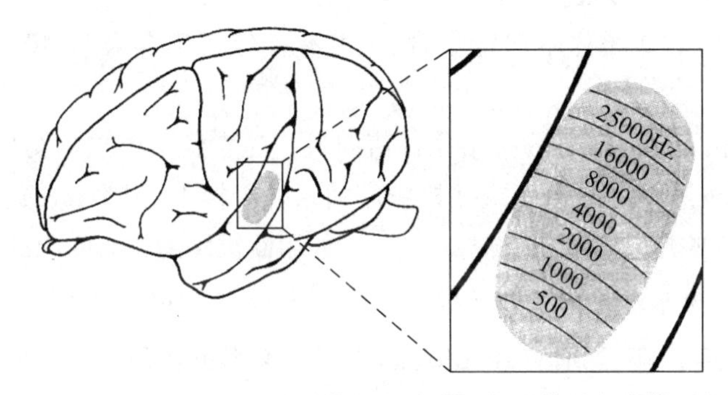

图 11-19 大脑皮层对音频信号的响应是按照信号频率排列的

(引自 Ottoson D. *Physiology of the Nervous System*. London: The MacMillan Press Ltd., 1983)

作为一种神经网络模型,自组织映射(self-organizing map 或 SOM)是 20 世纪 80 年代 Kohonen 教授在研究联想记忆和自适应学习机器的基础上发展起来的,早期叫做自组织特征映射(self-organizing feature map,SOFM)。后来,人们发现这种学习机器和大脑皮层上的分区自组织现象有很多相似性,所以也经常从对大脑功能数学模拟的角度来讨论 SOM 网络。

与前馈型神经网络不同,SOM 网络的神经元节点都在同一层上,在一个平面上呈规则排列。常见的排列形式包括方形网格排列或蜂窝状排列。样本特征向量的每一维都通过一定的权值输入到 SOM 网络的每一个节点上,构成如图 11-20 所示的结构。

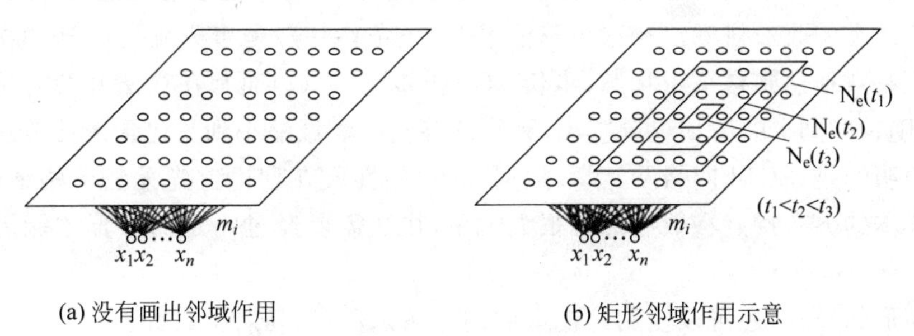

(a) 没有画出邻域作用　　(b) 矩形邻域作用示意

图 11-20 自组织映射神经网络的结构示意图

自组织映射网络的神经元节点之间并没有直接的连接,但是,在神经元平面上相邻的节点间在学习(训练)过程中有一定的相互影响,构成邻域相互作用,图 11-20(b)示意了这种相互作用的范围,它通常可以随着训练次数的增加逐渐缩小。

神经元节点的计算功能就是对输入的样本给出响应。输入向量连接到某个节点的权值组成的向量称作该节点的权值向量。一个节点对输入样本的响应强度,就是该节点的权值向量与输入向量的匹配程度,可以用欧氏距离或者内积来计算,如果距离小或内积大则响应强度大。对一个输入样本,在神经元平面上所有的节点中响应最大的节点称作获胜节点(winner)。

11.7.2 SOM 学习算法和自组织特性

自组织映射网络的学习过程比较简单,基本算法如下:

设 $X=\{\boldsymbol{x}\in R^d\}$是 d 维样本向量集合,记所有神经元集合为 A,第 i 个神经元的权值为 $\boldsymbol{m}_i$。

(1) 权值初始化:用小随机数初始化权值向量。注意各个节点的初始权值不能相等。

(2) 在时刻 t,按照给定的顺序或随机顺序加入一个样本,记为 $\boldsymbol{x}(t)$。

(3) 计算神经元响应,找到当前获胜节点 c。如用欧氏距离作为匹配准则,则获胜节点为

$$c: \|\boldsymbol{x}(t)-\boldsymbol{m}_c(t)\| = \min_{i\in A}\{\|\boldsymbol{x}(t)-\boldsymbol{m}_i(t)\|\} \tag{11-69}$$

(4) 权值竞争学习。对所有神经元节点,用下述准则更新各自的权值

$$\boldsymbol{m}_i(t+1)=\boldsymbol{m}_i(t)+\alpha(t)h_{ci}(t)d[\boldsymbol{x}(t),\boldsymbol{m}_i(t)],\quad \forall_i\in A \tag{11-70}$$

其中,$\alpha(t)$是学习的步长,$d[\cdot,\cdot]$是两个向量间的欧氏距离,$h_{ci}(t)$是节点 i 与 c 间的近邻函数值,如果采用方形网格结构,则相当于在节点 c 的周围定义一个矩形邻域范围 $N_c(t)$,在该邻域内则 $h_{ci}(t)$为 1、否则为 0,即权值按照以下规则更新

$$\boldsymbol{m}_i(t+1)=\begin{cases}\boldsymbol{m}_i(t)+\alpha(t)[\boldsymbol{x}(t)-\boldsymbol{m}_i(t)], & i\in N_c(t)\\ \boldsymbol{m}_i(t), & i\notin N_c(t)\end{cases}\quad \forall_i\in A \tag{11-71}$$

(5) 更新步长 $\alpha(t)$和邻域 $N_c(t)$,如达到终止条件,则算法停止;否则置 $t=t+1$,继续(2)。

由于在学习过程中没有已知的类别标号做引导,这是一个自学习的过程,也无法定义类似训练误差之类的收敛目标。在这个算法里,终止条件一般是事先确定的迭代次数。为了网络能够更有效地达到自组织状态,步长 $\alpha(t)$和邻域 $N_c(t)$通常在算法开始时可以设置得大一些,而随着时间 t 的增加单调减小,到算法终止时邻域缩小到只包含最佳节点本身。

需要说明的是,SOM 网络及其学习过程的一些性质在理论上尚无法严格证明,在实际应用中与样本的分布特点和数量都有很大关系,往往需要经过一定的试算才能更好地确定这些参数。

除了矩形邻域外,还可以使用其他形式的邻域函数,如高斯函数等。

在经过了适当的自学习后,SOM 网络会表现出自组织现象。

随着学习过程的进行,对于某个输入样本 $\boldsymbol{x}$,对应的最佳响应节点即获胜节点 i 会逐渐趋于固定。我们把固定下来的获胜节点 i 称作样本 $\boldsymbol{x}$ 的像,而把样本 $\boldsymbol{x}$ 称作神经元节点 i 的原像。显然,一个样本只能有一个像,而一个神经元可能有多个原像,也可能没有原像。当学习过程终止后,可以统计在每个神经元节点上有多少个原像,即有多少个样本映射到该节点,把这个量叫做像密度。如果把各个节点的像密度按照神经元本来的排列图示出来,就得到一张像密度图。

SOM 网络的自组织现象,就是在对样本经过了适当的学习后,每个样本固定映射到一个像节点,在原样本空间中距离相近的样本趋向于映射到同一个像节点或者在神经元平面上排列相近的像节点,而且节点的像密度与原空间中的样本密度形成近似的单调关系。

也可以用映射的概念来描述这种自组织特性:SOM 完成的是从原样本空间到二维平面上神经元网格的映射,这种映射是拓扑保持的,即在原空间中样本间的距离关系在只有有限个节点的平面网格上得到尽可能地保持;同时,这种高度压缩的拓扑保持特性导致原空间中高密度区域的样本被“挤压”到少数节点上,因而形成像密度与原空间样本密度的单调关系。从这种意义上,SOM 是一种映射空间高度网格化的非线性特征变换,可以看作是第 10 章介绍过的特征变换的一种特殊的非线性形式。

需要说明的是,这里用定性的方式来描述 SOM 网络的这种自组织特性,是因为这些特性中的很大一部分目前仍然停留在定性分析和实验观察阶段。虽然人们进行了很多理论上的研究,但尚未得出完善的理论结果,只是在一些简化的条件下得到了一些理论证明,本领域仍然是值得深入研究的领域,有兴趣的读者可以参考近年来相关的研究文献。

有研究证明,对于有 k 个样本的样本集,如果邻域函数固定(不随学习时间改变),则 SOM 学习算法实际是通过梯度下降算法最小化下面的势函数

$$E=\sum_{k}\sum_{i}h_{ci}\|\boldsymbol{x}_k-\boldsymbol{m}_i\|^2 \tag{11-72}$$

这个势函数与 C 均值算法的目标函数式(11-36)非常相似。

事实上,如果在 SOM 学习算法中取消邻域作用,即在式(11-70)中只对获胜节点自身做权值修正,那么,SOM 就退化为 C 均值算法的一种随机迭代实现,其中的聚类数 c 就是神经元结点的数目。

可以用一个简单的实验来观察 SOM 的自组织特性。图 11-21(a)是二维平面上的一组取自均匀分布的样本,分别用含邻域作用和不含邻域作用的 SOM 对它们进行自学习,SOM 网络有 10×10 个神经元节点。图 11-21(b)是在不采用邻域作用情况下得到的 100 个神经元权值向量,相对于 C 均值算法的 100 个聚类均值。可以看到,100 个权值基本均匀地代表了所有样本。如果把在神经元平面上相邻的两个节点对应的权值向量用一条线连起来,就得到图 11-21(c),表明各个节点对应的聚类在样本空间里的分布是随机的。如果采用含邻域作用的 SOM 方法学习,得到的权值仍然如图 11-21(b)所示,但是,当把神经元平面上相邻的节点连接起来时,发现各个神经元对应的原像的分布具有明显的规律(图 11-21(d)):相邻的神经元对应原样本空间中相近的原像。这就是自组织特性的体现。

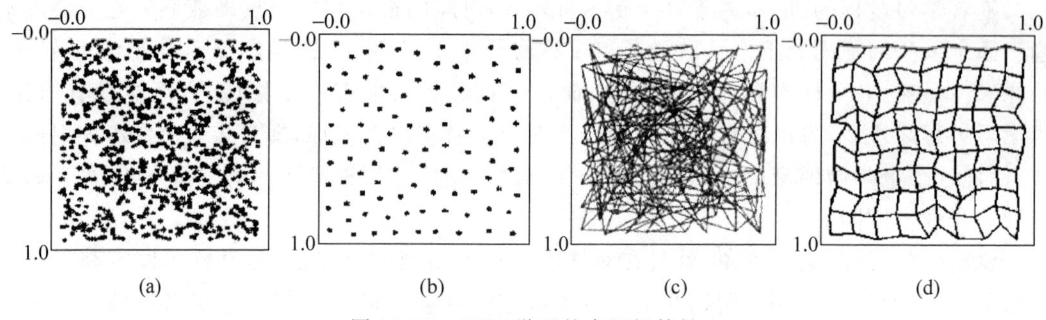

图 11-21　SOM 学习的自组织特性

(引自 Kohonen T. *Self-Organization and Associative Memory*. Berlin：Springer，1984)

11.7.3　SOM 网络用于模式识别

自组织神经网络可以完成聚类的任务，学习后的每一个神经元节点对应一个聚类中心。与 C 均值等聚类算法不同的是，SOM 所得的聚类之间仍保持一定的关系，这就是在自组织网络节点平面上相邻或相隔较近的节点，它们对应的类别之间的相似性要比相隔较远的类别之间大。因此，可以根据各个类别在节点平面上的相对位置进行类别的合并和类别之间关系的分析。

自组织特征映射最早的提出者 Kohonen 教授的科研组就成功地利用这一原理进行了芬兰语语音识别。他们的做法是，将取自芬兰语各种基本音素的样本轮流输入到一个自组织网络中进行学习，经过足够次数的学习后，这些样本逐渐在网络节点上形成确定的映射关系，而映射到同一节点的样本就可以看作是一个聚类。学习完成后，发现不但同一聚类中的样本来自同一音素，相邻节点对应的聚类中的样本也往往来自相同或相近发音的音素。这样，把各个聚类对应的发音标到相应的节点上，就得到了如图 11-22 所示的结果。在识别时，对于一个新输入样本，只要考查它映射到哪个节点，然后将它识别为该节点所标的发音即可。

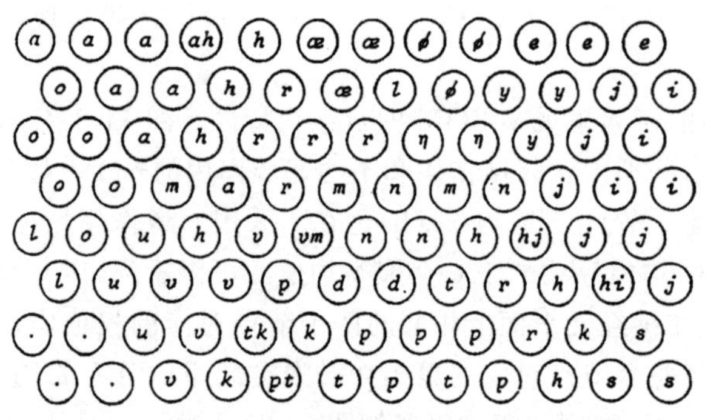

图 11-22　用 SOM 对芬兰语音素自学习后的结果

这种做法实际上是在非监督学习的基础上进行监督模式识别，它的一个很大的优点是，最终的各个相邻聚类之间是有相似关系的，即使识别时把样本映射到了一个错误的节点，它也倾向于被识别成同一个音素或者一个发音相近的音素，这就十分接近人的识别特性。

可以发现，如果聚类分析的目的只是将样本集分为较少的几个类，自组织映射网络的使用方式并没有明显的优势。针对这样的问题，我们研究了一种改进的方法，称作自组织映射分析(简称自组织分析或 SOMA)。

SOMA 的基本原理是，通过自组织学习过程将样本集映射到神经元平面上，得到各个样本的像和各个节点的原像。在节点平面上统计各个节点的原像数目(称作像密度)，得到如图 11-23 所示的像密度图，图中每个方格对应一个神经元节点，用灰度值代表像密度的相对大小。根据自组织映射神经网络的性质，按照密度图把样本集分类，将像密度较高且较集中的节点分为一类。实验研究表明，这种方法不但无须事先确定聚类数目(样本集中存在的聚类数目可以从密度图上确定)，而且与前面介绍的其他聚类方法相比，能够更好地适应不同的分布情况，是一种有效的聚类方法。这里，由于对自组织映射网络的应用目的不同，需要对学习算法和网络结构作适当调整[①]。

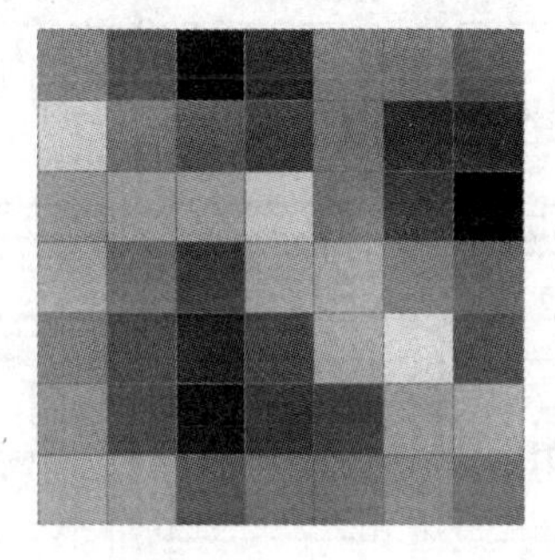

图 11-23　用基于密度图的自组织分析进行聚类划分

当数据分布并不呈现明显的单峰形式时，C 均值等算法仍旧可以划分聚类，但这种聚类已经不能反映样本集中实际的分布和相似性关系；而这种情况下，用自组织分析方法则可从密度图上反映出样本集中无明显聚类的分布特性。

SOM 在数据分析与挖掘的很多领域中可以得到应用。例如在生物信息学中，人们用基因芯片获得了数千个基因在某一生物过程中的表达曲线，可以用 SOM 对这些基因进行可视化聚类，如图 11-24 的例子所示。图中示出的是一个 6×5 个节点的 SOM 网络，每个格表示一个节点，也就是学习后得到的一个小聚类。每个节点上的曲线画出了该节点的原像的表达曲线，也就是该小聚类的均值曲线，曲线上面的竖线反映出所有映射到该节点的基因在曲线相应坐标上的表达值分布范围。曲线上方写出了聚类的编号和其中包含的样本数目(即像密度)。从图上可以看到，表达模式相似的基因被映射到相同或相邻的小聚类上，可以根据这些小聚类来分析基因间的相似性，也可以参照 SOMA 的思想把某些小聚类合并成大聚类，分层次地分析基因之间的关系。

---

① 详细情况参见 Xuegong Zhang and Yanda Li. Self-organizing map as a new method for clustering and data analysis. In：*Proceedings of IJCNN'93*，Nagoya，Oct. 1993，2448-2451.

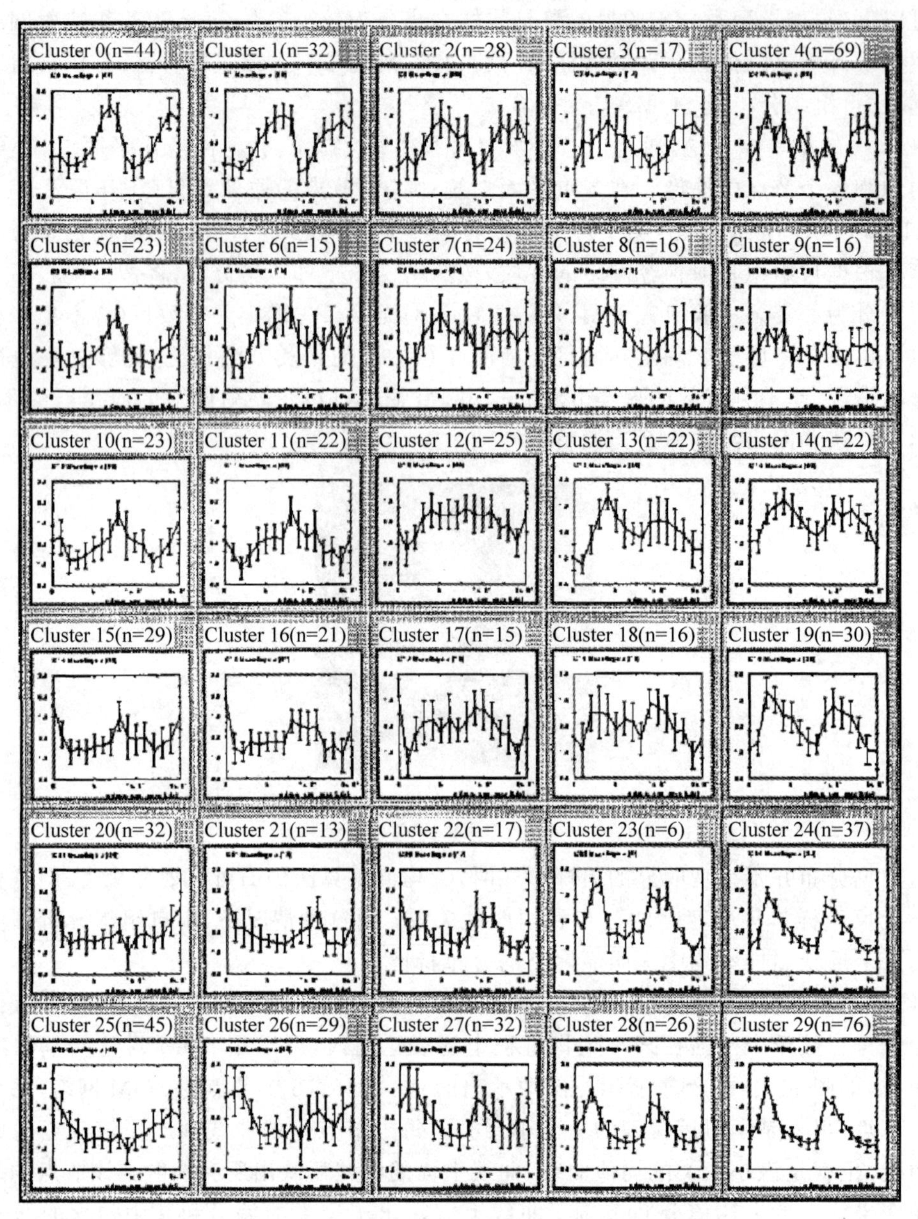

图 11-24　用 SOM 分析基因表达数据的例子①

11.8　一致聚类方法

在面对高维样本的聚类问题时，聚类算法的输出结果常常是不稳定的，容易受到数据噪声的影响。例如对 C 均值聚类来说，不同的初始聚类点划分有时会得到不完全一样的聚类

① Tamayo P et al.. *Interpreting patterns of gene expression with self-organizing maps: methods and application to hematopoietic differentiation*. *PNAS*, 1999, 96: 2907-2912.

结果。同时,如何选择聚类数目也是一个让人头痛的问题。面对这些问题,能否借鉴我们在第 8 章介绍随机森林时接触的监督学习中的 Bootstrap 自举采样策略,将不同的数据子集或不同的聚类算法的结果进行整合,得到更好的效果呢?一致聚类就是在这种思想下提出的一种方法[①],在面对高维数据时表现出很好的效果。

一致聚类的基本思路是通过不同的数据抽样和不同的方法进行多次聚类,再对结果进行合并,将在大多数聚类结果中一致的结果作为最终的聚类划分依据。一致聚类提供了一个将各种聚类方法和聚类结果进行整合的框架,非常灵活。图 11-25 给出了一致聚类方法的整体流程示意图。整个算法大致分为两个阶段,第一个阶段是通过在重采样的数据集合上进行多次内层的聚类分析,第二阶段是在整合底层聚类结果的基础上进行外层的聚类分析,并给出最终的聚类划分结果。

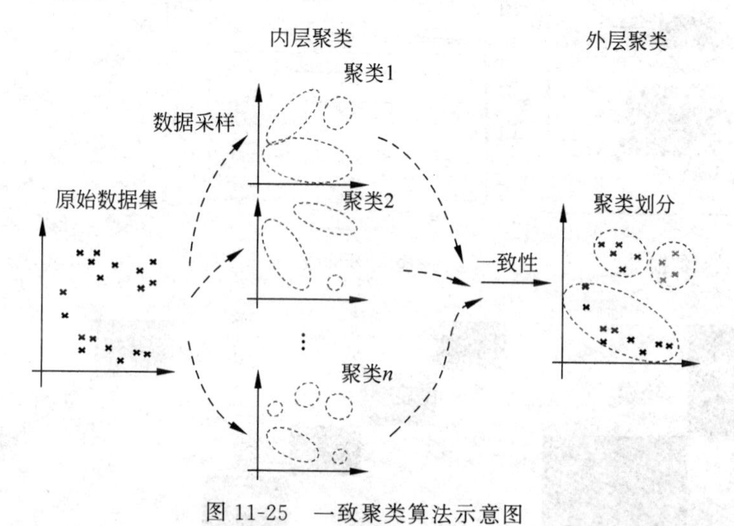

图 11-25　一致聚类算法示意图

具体来说,首先我们对原始数据集 $D=\{x_1,x_2,\cdots,x_N\}$ 进行 S 次采样,每次采样得到的数据子集表示为 $D^{(1)},\cdots,D^{(S)}$。这里需要注意的是,在经典的自举重采样策略中,样本是有放回的,并保证重采样数据集与原始样本集的大小相同。这会导致部分样本被重复采样多次。对聚类问题而言,完全相同的样本出现多次会对聚类过程和目标优化函数产生显著的影响。因此,在一致聚类算法中往往是进行无放回的重采样,例如每次随机取出 80%的样本构成 $D^{(S)}$。

接下来我们分别在每一个抽样数据集 $D^{(S)}$ 上运行聚类算法,并尝试不同的聚类类别数目 K。这里定义连接矩阵 $M_{(s)}^{(K)}$,表示在 $D^{(S)}$ 上将数据聚类为 K 类时,如果样本 i 和样本 j 两个样本处在同一个类中,则 $M_{(s)}^{(K)}(i,j)=1$,否则等于零。当我们获得所有的 S 次聚类结果之后,定义聚类数为 K 时的整体一致性矩阵 $M^{(K)}$:

$$M^{(K)}(i,j)=\frac{\sum_s M_{(s)}^{(K)}(i,j)}{\sum_s I_{(s)}(i,j)} \tag{11-73}$$

① Monti S., et al.. Consensus clustering: A resampling-based method for class discovery and visualization of gene microarray, *Machine Learning*, 52, 91-118.

其中 $I_{(s)}$ 为指示矩阵，当样本 i 和 j 都出现在数据集 $D^{(S)}$ 中时，$I_{(s)}(i,j)=1$，否则为 0。

一致性矩阵 $M^{(K)}$ 是对称矩阵，其中的元素取值在[0,1]之间。取值若为 1 则表示每次聚类结果中 i 样本和 j 样本都聚在一类里，0 则反之。我们可以对一致性矩阵进行可视化，来观察聚类结果的稳定性(图 11-26(d))。如果我们对矩阵元素进行排序，使得最终聚在同一类的数据顺序排列在一起。若每次聚类结果完全一致，则会观察到沿对角线的块状排布，块内的取值为 1，块之间的取值为 0。反之，如果聚类结果稳定性差，则可能会观察到大量非对角线块之间的非零元素。

在此基础上定义 $\mathrm{Dist}^{(K)}=(1-M^{(K)})$ 作为新的距离度量矩阵，根据此距离矩阵进行最终的外层聚类，例如使用层次聚类方法，以获得最终的聚类结果。

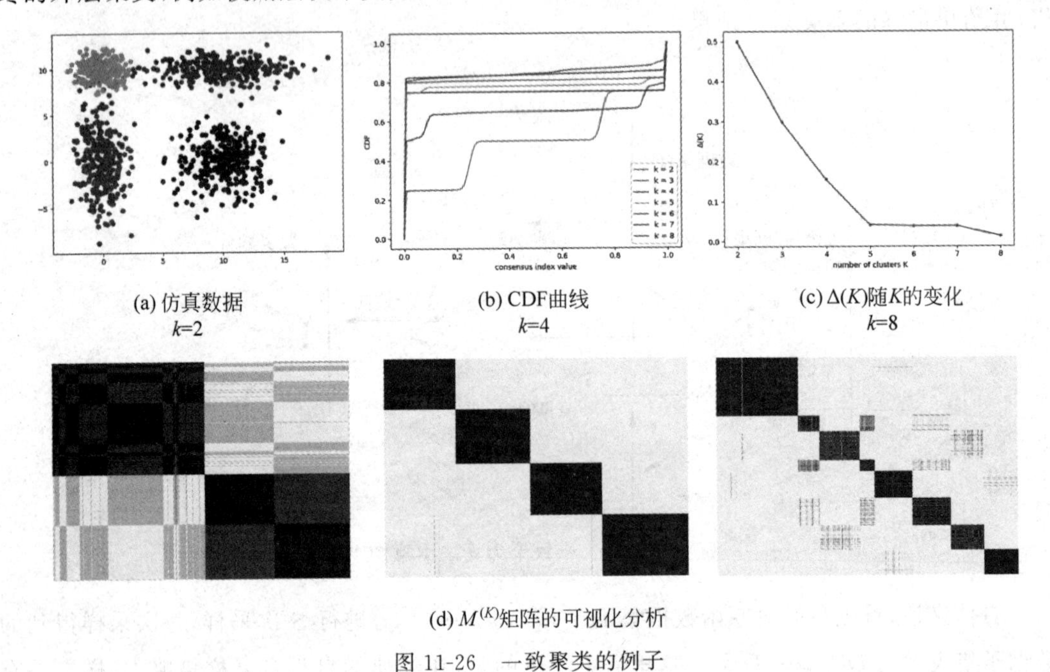

(a) 仿真数据　　(b) CDF曲线　　(c) Δ(K)随K的变化

k=2　　k=4　　k=8

(d) $M^{(K)}$矩阵的可视化分析

图 11-26　一致聚类的例子

这里有一个重要问题是，聚类算法里应该如何确定类别数 K 呢？如果数据聚类结果的一致性很高，则 $M^{(K)}$ 中元素的取值不是靠近 1 就是靠近 0，中间取值的点很少。反之，若多次聚类结果的一致性差，则 $M^{(K)}$ 中有很多元素的取值在(0, 1)之间。这里定义 CDF(empirical cumulative distribution function)函数来定量描述这一现象：

$$\mathrm{CDF}^{(K)}(t)=\frac{\sum\limits_{i<j} I\{M^{(K)}(i,j)\leqslant t\}}{N(N-1)/2} \tag{11-74}$$

其中 t 的取值在[0, 1]之间。$I\{\}$ 为指示函数，当满足判断条件时取之为 1，否则为 0。CDF 表示一致性矩阵 M 中取值小于阈值 t 的样本对占总样本对数量的比例。CDF 的取值在[0, 1]之间，显然 $\mathrm{CDF}^{(K)}(1)=1$。若聚类一致性高，则 CDF 的取值在 t 靠近 0 和 1 的附近时有较大的变化，而在中间部分平坦。若一致性差，则 CDF 的取值随着 t 的增大缓慢上升。

利用 CDF 函数的这个性质，当聚类数 K 不同时，可以通过比较函数曲线的线下面积 AUC(area under the curve)来比较 CDF 函数间的差异。定义 $\mathrm{CDF}^{(K)}$ 函数的曲线下面积

$A(K)$为

$$A(K)=\sum_{i=2}^{N(N-1)/2}(x_i-x_{i-1})\mathrm{CDF}^{(K)}(x_i) \tag{11-75}$$

其中$\{x_1,x_2,\cdots,x_{\frac{1}{2}N(N-1)}\}$是对矩阵$M^{(K)}$中元素取值从小到大的排序。通过仿真数据(图11-26(a))可以看到,当K的取值小于实际类别数时,随着K的增加$A(K)$的取值明显增大,而当K的取值大于实际类别数时,$A(K)$变化不大(图11-26(b),(c))。定义衡量$A(K)$值变化的指标:

$$\Delta(K)=\begin{cases}A(K), & K=2\\ \dfrac{A(K+1)-\hat{A}^{(K)}}{\hat{A}^{(K)}}, & K>2\end{cases} \tag{11-76}$$

其中$\hat{A}^{(K)}=\max\limits_{k\in\{2,\cdots,K\}}A(k)$。因此可以取$\Delta(K)$趋近稳定前一时刻的$K$为可能的聚类数目。

下面给出一致聚类算法的伪代码:

输入:样本集$D=\{x_1,x_2,\cdots,x_N\}$

  可能的聚类类别数集合$C=\{c_1, c_2, \cdots, c_{\max}\}$

  样本重采样策略函数 Resample ()

  内层聚类算法 Cluster_i()

  外层聚类算法 Cluster_o()

  数据集重采样次数S

过程:

for $K\in C$ do

  $M\leftarrow\varnothing$ #初始化连接矩阵为空

  for $s=1, 2, \cdots, S$ do

    $D^{(s)}\leftarrow$Resample(D)   #获得重采样数据集

    $M_{(s)}^{(K)}\leftarrow$Cluster_i($D^{(s)}$, K)   #在重采样数据集上的聚类划分

    $M^{(K)}\leftarrow M^{(K)}\cup M_{(s)}^{(K)}$ #将$M_{(s)}^{(K)}$记录存储到$M^{(K)}$

  end

  $M^{(K)}\leftarrow$通过$M^{(K)}=\{M_{(1)}^{(K)},M_{(2)}^{(K)},\cdots,M_{(s)}^{(K)}\}$计算一致矩阵$M^{(K)}$

end

通过对$\{M^{(2)},M^{(3)},\cdots,M^{(c_{\max})}\}$的计算分析得到最优的聚类数取值$\hat{K}$

构建距离矩阵$(1-M^{\hat{K}})$,通过外层聚类算法 Cluster_o$(1-M^{\hat{K}})$将数据集合D划分到各聚类中

输出:聚类数$\hat{K}$以及聚类簇划分结果

需要指出的是,上述一致聚类算法给出的是一个灵活的框架,在内部聚类算法的选择上可以使用多种聚类方法,例如分级聚类、C均值等等,甚至可以将多重聚类算法混合在一起

使用。同样，外部的最终聚类算法通常使用层次聚类，但也并非局限于此。

11.9 讨论

在上面介绍的非监督模式识别方法里可以看到，由于非监督学习问题中没有事先确定的学习目标，因此不同的方法、不同的数据构造、所采用的度量甚至样本排列顺序等都可能会影响聚类分析的结果。从严格意义上讲，无法一般性地评判一个聚类结果是否正确或者准确性有多高，而只能根据问题相关的领域知识来进行取舍和比较。在这种意义上，不同聚类方法之间最大的差别是对数据分布和所寻找的聚类的假设不同。在应用中，需要根据实际的问题来选取适合的方法。

除了这些因素，样本特征各分量间的尺度比例也是一个重要的问题，在非监督学习中显得尤为突出。例如，如图 11-27 所示的四个样本 1、2、3、4，在两种不同的坐标尺度比例下会得到完全不同的结果。

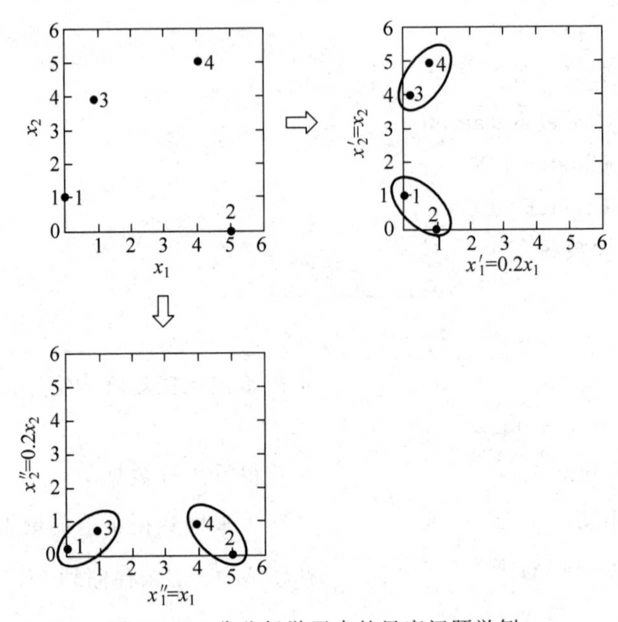

图 11-27 非监督学习中的尺度问题举例

当 x_1 轴压缩成 x'_1 时，聚类结果是 1、2 为一类，3、4 为另一类。而当 x_2 轴压缩成 x''_2 时，聚类结果则完全不同，1、3 被聚成一类，2、4 被聚为另一类。这个简单的例子说明在实际进行聚类分析时，要很慎重地对待这些问题。在许多情况下，只有通过各种试验，分析比较所得结果才能找到合理的答案。

与监督模式识别相比，非监督模式识别问题中存在更大的不确定性，但同时也意味着非监督模式识别方法在人们探索未知世界中能够发挥更大的作用。在实际应用中，不但需要有效、合理地运用本章介绍的非监督学习方法和其他聚类方法，而且要注意分析数据的特点，设法有效利用领域的专门知识，以弥补数据标注的不足。对非监督分析得到的结果，也需要依靠更多相关的知识才能给出有价值的解释和结论。

第12章 深度学习

12.1 引言

如果要问在2010～2020年间最受瞩目的科技术语有哪些，可能“深度学习”是其中的重要一员。追溯起来，“深度学习”一词最早是1986年Rina Dechter在文章中使用的[①]，但当时的机器学习主要是指以搜索和推理为核心的机器学习，与现在基于数据的机器学习有很大不同。2000年，Aizenberg等把这个词引入到神经网络研究领域[②]。人们早在1965年和1971年就发表了有深层结构的多层感知器，这些工作在后来很多年里并未得到重视和延续，但人们设计具有深层结构的神经网络的尝试一直在进行中。

深度学习变成人们街谈巷议的热词是在21世纪进入第二个十年后。这个词的走红也带来了很多误解，其中最常见的误解之一是“深度学习”和“机器学习”是并列的概念。实际上，深度学习是一大类机器学习方法的总称，一般指具有多层结构神经网络模型的机器学习方法，人们经常也把与此相关的多种机器学习方法都纳入深度学习的范畴中，并不去刻意追究多少层算“深”、多少层算“浅”这种文字游戏。很多深度学习方法也把神经网络与贝叶斯学习等结合起来，并不限于狭义的神经网络的概念。实际上，对于一个处在快速发展中的学科，包括深度学习在内的很多机器学习概念的内涵和外延还处在不断演化中，我们在此不尝试给出一个机械的名词定义。

深度学习领域中有很多方法，本章将对其中最有代表性的几种主要方法进行介绍。这

---

① Rina Dechter, Learning while searching in constraint-satisfaction-problems, *AAAI-86 Proceedings*, pp. 178-183, 1986.

② I. Aizenberg, N. N. Aizenberg, & J. P. L. Vandewalle, *Multi-Valued and Universal Binary Neurons: Theory, Learning and Applications*, Springer Science & Business Media, 2000.

些内容远远无法覆盖所有热门的深度学习方法，但我们希望这里讨论的方法原理能够为读者学习其他各种方法奠定基础。

12.2 人工神经网络回顾

这里首先回顾一下在第6章6.4节已经介绍过的基本的人工神经网络模型——多层感知器。这是人工神经网络中研究最多和影响最大的模型，在不特别说明的情况下，很多人说人工神经网络或神经网络通常就指多层感知器。理解多层感知器的原理和算法是理解深度学习的基础。

图12-1是多层感知器的示意图。多层感知器是由多个分层排列的神经元链接而成的前馈网络，输入信号从输入层传递到隐层再到输出层，层与层之间是全连接，也就是每个神经元都通过一组连接权值接收来自上一层所有神经元的输出作为自己的输入。神经元是多层感知器的基本单元，它是一个非线性计算单元，它首先对输入信号进行线性加权求和，即

$$s = w_0 + w_1 x_1 + \cdots + w_d x_d = \sum_{i=0}^{d} w_i x_i = \boldsymbol{w}^{\mathrm{T}} \boldsymbol{x} \tag{12-1}$$

其中 $\boldsymbol{x} = [x_1, x_2, \cdots, x_d]^{\mathrm{T}}$ 是神经元的输入向量，为推导方便我们用 $x_0 = 1$ 把线性函数中的常数项也合并到输入向量中，$\boldsymbol{w} = [w_0, w_1, w_2, \cdots, w_d]^{\mathrm{T}}$ 是神经元的权值，也就是线性函数的系数，s 是输出。如果直接用 s 作为下一层神经元的输入，那么容易证明，不论经过多少层组合，整个神经网络最后只能等效为一个多元线性回归模型，无法实现非线性函数映射。

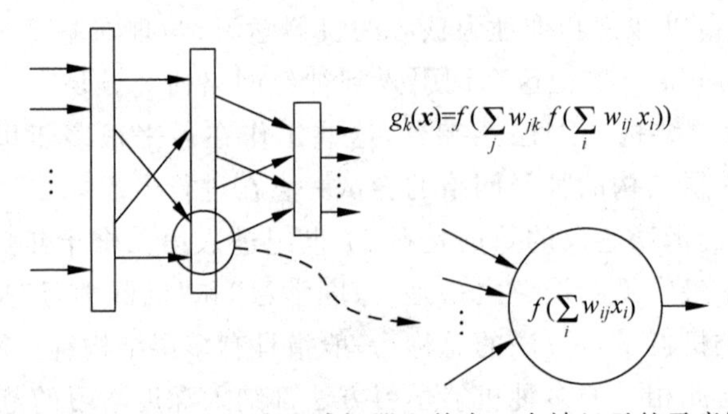

图12-1 一个三层的多层感知器和其中一个神经元的示意图

所以，神经元在对输入信号进行加权求和后，要经过一个非线性处理单元 $f(s)$。这个非线性处理单元，在多层感知器中最常见的使用S型(Sigmoid)函数，

$$\theta(s) = \frac{1}{1 + \mathrm{e}^{-s}} = \frac{\mathrm{e}^{s}}{\mathrm{e}^{s} + 1} \tag{12-2}$$

也就是第5章5.7节中讲到的罗杰斯特函数。

通过这个非线性函数，把神经元的输出"挤压"到了0和1之间(如果用tanh函数则是挤压到-1和1之间)，再把信号传递给下一级神经元。所以，采用Sigmoid传递函数的多层感知器也可以看作是多个罗杰斯特回归的级联，通过这种级联实现复杂的非线性映射。

第 6 章中已经介绍,通过简单非线性函数的级联叠加组成的多层网络,可以逼近任意复杂的非线性映射。有研究表明,含有单个隐层的多层感知器,可以实现原输入空间任意的连续分类面,而含有两个隐层的多层感知器则可以实现输入空间中连续或不连续的任意分类面。图 12-1 中示例的是含有一个隐层的多层感知器。

同时,在第 7 章中我们也看到,多层感知器的 VC 维与多层感知器结构规模有关,隐层数目和隐层节点数目越多,则 VC 维越高、函数集复杂度越高、表示能力越强。但在有限样本下,过于复杂的神经网络结构即能力过强的函数集容易导致过学习问题。

当有较多训练样本时,适当增加隐层数,也就是使多层感知器变得更深,可以使神经网络具有更强的学习能力,能完成对高维空间更复杂的分类区域的划分。这就是深度神经网络的基本出发点。

如果简单地把多层感知器的层数增多,这样的网络被称作全连接的深度神经网络,它的训练存在很多问题,在实际应用中也往往无法取得好的效果。因此,深度学习并非简单地把多层感知器神经网络加深,而是通过各种专门设计,构造出具有有效结构和训练方法的深度神经网络。

多层感知器的基本结构和反向传播算法(BP 算法)是深度神经网络及其学习算法的基础,包括信息的前向传播过程和训练误差的反向传播过程。我们在第 6 章 6.4 节中已经介绍过 BP 算法：网络上层节点到下层节点的连接权重为待训练的参数,在训练样本下,通过误差梯度沿神经网络结构反向传播,对各层参数进行训练调整。

信息前向传播过程中,每个隐层节点的运算都包含两步(图 12-1)：一是把上一层节点的输出进行线性加权组合,二是把加权求和得到的中间值进行非线性变换后输出。对于一个高维输入样本,经过一层隐层节点计算,实际上就是把样本变换到另一个高维空间；再经过一层计算,就是又做一次变换…… 通过多层变换,在最后的隐层节点形成了对原样本的一种新的特征表示,最后一层则是基于这种新的特征表示进行判别决策或定量预测。

基于这种理解,一些深度神经网络学习方法也演化为以形成原样本的有效特征表示为目标,用监督学习或非监督学习方法实现所谓的“表示学习”(representation learning)。在本章后面几节我们会进一步讨论。

多层感知器的训练也是各种深度神经网络训练的基本模板。多层感知器训练时,训练样本通过信息前向传播过程给出一个输出值(或输出向量),这个输出与训练样本的预期正确输出相比,得到一个误差(如常用的平方误差),它是网络各层权值和隐层输出的函数,也叫做损失函数。训练的过程就是朝向使误差减小的方向去调整各层连接权值,基本原理是误差梯度下降。

这个过程的基本原理是,从输出层开始,利用链式求导法则,把误差损失函数逐步向输入层方向对各层权值参数分别求偏导,逐层得到误差相对各参数的梯度,把权值参数向误差减小的方向(即沿负梯度方向)更新。用大量样本如此循环训练多次,直到损失函数不再下降或达到设定的迭代次数,就完成了神经网络的训练过程。这就是我们在第 6 章已经看到的误差反向传播算法(BP 算法)。

如果多层感知器的任务是进行两类分类,最后一层可以只用一个节点,这种多层感知器也可以看作是在经过多层变换后的新特征上进行一次罗杰斯特回归。

在第 6 章中我们讲到，如果多层感知器的任务是进行多类分类，则需用多个输出节点来实现，每个节点对应一个类。训练时把对应正确类别的节点设为预期输出 1，其他节点预期输出为 0，而决策时以输出最大的节点作为判断的类别。这种做法也被称作对多类问题的“独热”(one-hot)编码。

多层感知器是前馈神经网络，所有连接都是从上一层节点到下一层节点，各层神经元之间没有横向连接，对输出层也是如此。这种情况下，网络的多个输出节点的训练实际上是独立进行的，只是在决策时才比较各节点输出的大小，训练过程中没有有效利用每个样本只能属于一个类的信息。为了克服这一问题，我们可以对输出进行归一化，使输出层各节点的总和为 1，也就是用下面的函数替代原来每个节点原来的输出节点传递函数：

$$o_j = \frac{e^{w_j^{\mathrm{T}} x}}{\sum_{k=1}^{K} e^{w_k^{\mathrm{T}} x}}, \quad j = 1, \cdots, K \tag{12-3}$$

其中，K 为输出层神经元个数，也就是类别数，o_j 是各输出节点的输出值，w_j 是节点 j 输入连接的权值向量，x 是所有输出节点共同的输入向量，也就是最后隐层的输出。

式(12-3)的输出函数被叫做归一化指数函数(normalized exponential function)，它一方面保证了各节点输出值之和为 1，使各节点输出可以解释为样本属于各类的概率，另一方面可以使多类神经网络的学习效率大大提高。在机器学习尤其是深度学习的文献中，人们把这个函数叫做 Softmax 函数，我们把它译作“软最大”函数。这个名字的含义是，独热编码把多个输出中的最大值判定为 1 而其他都判定为 0，是一种生硬的多类决策；而软最大是把对应各类的输出归一化成类似概率的形式，判别的是样本属于各个类的概率。

用软最大函数进行多类分类的模型也被称作多项罗杰斯特回归(multinomial Logistic regression)。软最大函数在深度学习中有非常广泛的应用。

12.3 卷积神经网络(CNN)

对视觉对象进行自动识别是模式识别最早的研究目标之一，图像识别和计算机视觉一直是机器学习和人工智能领域最活跃也是应用最成功的方向之一。从 1958 年开始，科学家 David H. Hubel 和 Torsten N. Wiesel 持续 25 年时间以猫的视觉系统为模型对人和动物视觉感知的机理进行了系统研究，他们发现，猫对视觉信息的处理是通过一系列具有专门感受野(receptive field)的特征检测器完成的。他们的工作奠定了人们对动物视觉神经系统机理的认识，因此获得了 1981 年诺贝尔生理学或医学奖。在他们研究结果的启发下，日本科学家福岛邦彦(Kunihiko Fukushima)在 1980 年提出了一种用于视觉信息处理的多层神经网络模型 Neocognitron[①]。在这个模型中，输入层神经元从输入图像的局部接收信号，再逐层向下一层神经元传递。受这一模型的影响，法裔美国科学家 Yann LeCun 在 20 世纪 90 年

① K. Fukushima, Neocognitron: a self-organizing neural network model for a mechanism of pattern recognition unaffected by shift in position, *Biological Cybernetics*, 36: 193-202, 1980.

代初提出了一个五层的神经网络模型 LeNet[①],用多层局部信息处理的神经元网络进行手写字符图像的识别,后来经过了多个版本的模型演化,逐步发展为现在计算机视觉和图像识别领域最重要的卷积神经网络(convolutional neural network,CNN)。

卷积神经网络的基本思想是基于以下三方面考虑:

(1) 手写字符以及其他图像识别的目标在高维空间中构成了很复杂的分类区域,简单的(只有一两个隐层且层之间全连接)多层感知器神经网络无法有效学习出这么复杂的分类面(即存在欠学习)。如果简单把多层感知器的层数加深或隐层节点加多,则会使网络需要训练的参数急剧增多,导致训练非常困难且容易陷入过学习。

(2) 图像中待识别对象的像素点间存在空间关联关系,即存在一系列局部的模式,正是这种模式关系决定了对象的类别,而全连接的神经网络对输入向量的所有元素是独立和对等看待的,没有利用像素间的位置关系信息。

(3) 图像对象中存在多种不变性因素,例如字符在图像中的位置、大小、方向、变形等都可以发生一定变化而不影响字符的属性,分类的重要特征在图像中出现的绝对位置并不重要。

12.3.1 卷积层

基于上述考虑和人们对动物神经系统视觉信息处理模型的认识,卷积神经网络把输入层设计为一系列处理局部图像模式的感受器神经元,每个神经元只与图像中的局部像素进行连接,类似于视觉神经系统中的感受野。每个神经元只对一个小的感受野进行局部信息提取,神经元对感受野内像素值进行加权求和,这个运算函数称作卷积核,运算过程称作神经元的核函数与图像进行卷积。把神经元沿图像平移,对图像所有位置的感受野进行扫描,实现对图像不同位置上特征的提取。经过这样一个卷积神经元,得到对输入图像的一个特征图(feature map)。通常需要同时设计多个具有不同卷积核的卷积神经元,称作多个"通道"(channel),用它们实现图像上不同特征的提取。

图 12-2 示意了一个卷积核与输入图像的连接和卷积运算的基本过程。

以图 12-2(b)中的示意为例,一个 3×3 的卷积核就是一个由 3×3 个权值构成的小滤波器,卷积就是用这个滤波器去扫描整个输入图像。每到一个位置对图像中对应的 3×3 区域(感受野)进行加权求和运算,得到一个输出值,然后移动到下一个位置进行同样的运算。这里有三个参数需要预设,一个是卷积核本身的尺寸,在图 12-2(b)的例子中是 3×3 像素;另一个是把卷积核从图像一个位置移动到下一个位置的步幅(stride),步幅为 1 则每次平移一像素,如图 12-2(a)和 12-2(b)的例子所示。还有一个参数是在输入图像外围是否用 0 为图像加边,称作边宽或边衬(pad),如边衬为 0 则不加边,如边衬为 1 则把原图像四边向外扩充一像素,像素值为 0,如图 12-2(c)所示。这种需要事先人为设定的参数在深度学习中称作超参数(hyper-parameters),它们的选取有时对训练过程和结果会有重要影响。

---

① Y. LeCun, B. Boser, J. S. Denker, D. Henderson, R. E. Howard, W. Habbard, L. D. Jackel, Handwritten digit recognition with back-propagation network, *Advances in Neural Information Processing Systems* 2: 396-404, 1990.

彩图 12-2

$s_i = \sum_{r=0}^{2} w_r x_{i+r}$

(a)

$s_{ij} = \sum_{c=0}^{2} \sum_{r=0}^{2} w_{cr} x_{i+c,\, j+r}$

(b)

(c)

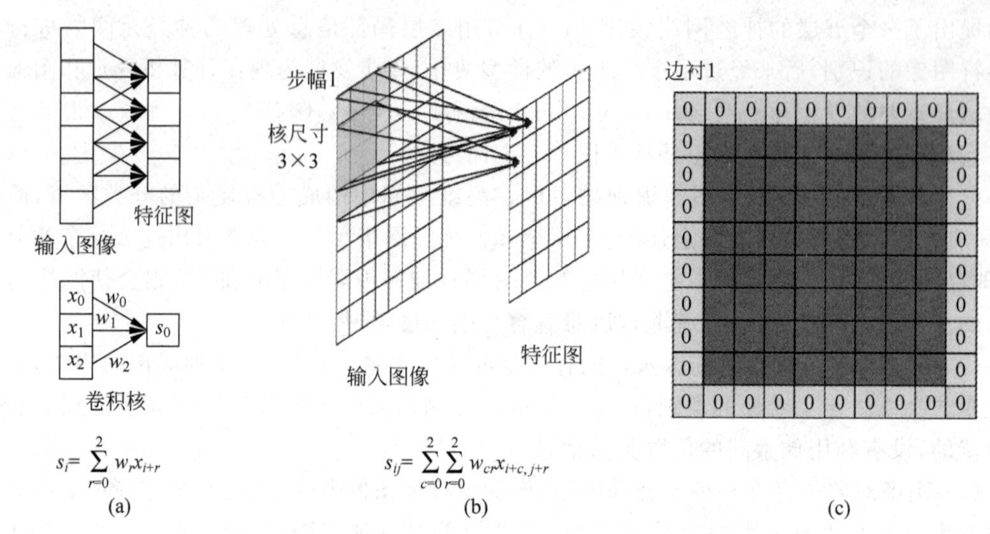

图 12-2 卷积神经网络中一个核的卷积计算示意图

注：图(a)是一维输入样本和卷积核的例子，其中同样颜色的连接具有相同的权值，在卷积核沿样本向量扫描的过程中权值不变；图(b)是二维图像上 3×3 的卷积核的示例，卷积核移动步幅为 1；图(c)示意了在图像（深灰色区域）外加边衬（浅灰色区域）的例子，边衬宽度 1。

一个卷积核的权值在一轮扫描计算中是固定的，即用同样的权值去对整个图像进行扫描，这一机制在卷积神经网络中被称作权值共享（weight sharing），也就是，如果我们把特征图上的每一个位置看作一个神经元，则同一张特征图上所有的神经元共享一套权值。一个卷积核可以看作是一个特征提取器，权值共享实现的是在图像不同部位提取同样的特征。卷积核的权值本身是需要学习的，如多层感知器中的权值一样，在初始时通常设为一定的随机数，在一轮前向传播计算之后，根据输出端的误差用反向传播算法把误差梯度传播到卷积核，沿误差梯度下降的方向对卷积核的权值进行更新。由于卷积核在不同位置的输入和输出不同，权值更新时实际上是用所有位置上得到的梯度下降更新值的求和或求平均作为该卷积核权值的更新。

一个卷积核只能提取图像中的一种特征，所以卷积神经网络通常需要在同一层采用多个并行的卷积核，即多个通道，它们在初始化时初值不同，通过训练过程得到提取不同特征的核。这是卷积神经网络结构与多层感知器结构非常不同的另一个方面，多层感知器的每一层只有一层并列的神经元，而卷积神经网络的每一层通常有多个通道，每个通道是对图像进行扫描的一个神经元（也可以看作是一层权值共享的卷积神经元），多个并行的卷积神经元给出多通道特征图。

举例来说，如果输入图像是 224×224 的黑白图像，卷积核尺寸为 11×11，采用 48 个不同的卷积核，则通常描述为：输入图像尺寸是 224×224、卷积层为 48 个 11×11 的卷积核。如果采用步幅 1、边衬 0，则卷积层得到的是 48 通道、每个通道 214×214 个元素的特征图。通常，图像识别和计算机视觉面对的是由红绿蓝（RGB）组成的彩色图像，224×224 像素的彩色图像对应的输入维数变为 224×224×3，卷积神经网络需要对三个彩色通道进行处理，每个卷积核的感受野变成 3 维，即单色情况下 11×11 的卷积核变成 11×11×3 的卷积核。

容易得到，如果输入图像的尺寸是 $n \times n$，卷积核的尺寸是 $k \times k$，卷积核扫描的步幅为

s,边衬大小为 p 且对称,则得到的特征图维数是$\left\lfloor\frac{n+2p-k}{s}+1\right\rfloor$,其中$\lfloor\cdot\rfloor$表示向下取整。

非线性激活函数

卷积就是对输入图像中的局部进行加权求和,得到的中间输出是所覆盖像素的线性组合,相当于多层感知器中神经元进行的线性运算。为了引入非线性以实现复杂的特征提取和分类,需要对中间值进行非线性运算。在深度学习中,这一步骤被称作“挤压”(squashing),因为非线性运算的作用看上去是把原来从负无穷大到正无穷大的线性输出挤压到一个限定的范围①。有人把这一步非线性运算称作非线性激活层,把所采用的函数称作激活函数。

非线性激活函数可以使用传统多层感知器中的S型函数(sigmoid)或双曲正切函数(tanh),但研究发现,由于S型函数两端有很大的饱和区,当神经网络层数增多时,BP算法训练效率非常低,所以在卷积神经网络和后来很多其他深度神经网络模型中,倾向于使用其他类型的非线性挤压函数,其中较广泛采用的是矫正线性单元(rectified linear unit)函数,简称为ReLU函数(读音似“锐路”),它的形式是:

$$f(u)=\max\{0,u\} \tag{12-4}$$

也就是在自变量小于零时取值为0,自变量大于0时是斜率为1的线性函数,如图12-3(c)所示。在卷积神经网络发展早期就有实验表明,在一个四层的卷积神经网络上采用ReLU函数比采用S型函数在某个图像数据集上提高训练速度6倍且降低了25%的训练错误率。

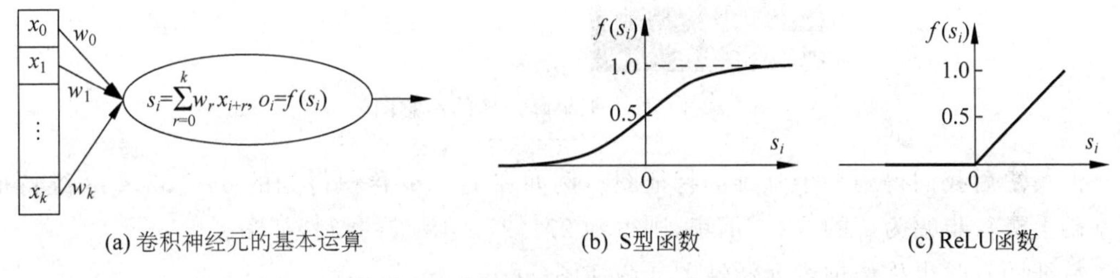

(a) 卷积神经元的基本运算　(b) S型函数　(c) ReLU函数

图12-3　卷积神经元的非线性激活函数

通常,人们把卷积运算和非线性挤压运算合在一起称作一个卷积层。在经过了一层卷积层运算后,我们得到一组特征图。

接续前面的例子,如果输入图像维数是227×227×3,卷积层采用48个11×11×3的卷积核,卷积中采用步幅为4,边衬0,则经过这一卷积层,就得到55×55×48维的特征图。其中,55×55是按照步幅4扫描一遍输入图像后得到的输出个数,48对应于48个核。

① 注意:在近十几年深度学习的文献中,研究者们制造了很多类似的形象化的“术语“。这些术语可能从英语为母语的学者看来很生动形象,但却给英语为非母语的学者带来了额外的神秘感。由于这些“术语”通常对应一定的数学概念但却没有试图使用数学语言,也有英美国家学者戏称深度学习的研究者们乐于制造“随机名称”(random name)。

12.3.2 汇集(池化)

在完成一层卷积运算后,卷积神经网络引入一步称为"汇集"(pooling)的运算,对特征图进行降采样。常见的做法是把特征图上一个局部区域中的最大值选出来作为该区域的代表,按照区域的位置汇集到一起,构成降采样后的新特征图。这种做法叫做 max pooling,我们把它翻译为"最大汇集"。pooling 也被人翻译为"池化",这一翻译虽然被广泛使用,但字义并不准确,因此本书采用"汇集"作为 pooling 的翻译[①]。在某些后来的卷积神经网络设计中,也有的采用对区域内数值求平均来代替求最大,称作平均汇集(average pooling)。也有文献把这一步简单称作"降采样层",避免引入过多不必要的术语。

汇集层有两个主要的超参数,一是局部汇聚的区域,例如 3×3 汇集就是把每个 3×3 区域中的最大值(或平均值)拿出来作为该区域的代表;另一个超参数是步幅,即相邻汇集区域之间的距离。如果用 3×3 的区域按步幅 3 进行汇集,则两个相邻区域之间无重叠,如图 12-4 所示。如果用 3×3 的区域按步幅 2 进行汇集,则两个相邻区域之间重叠一行或一列单元。

彩图 12-4

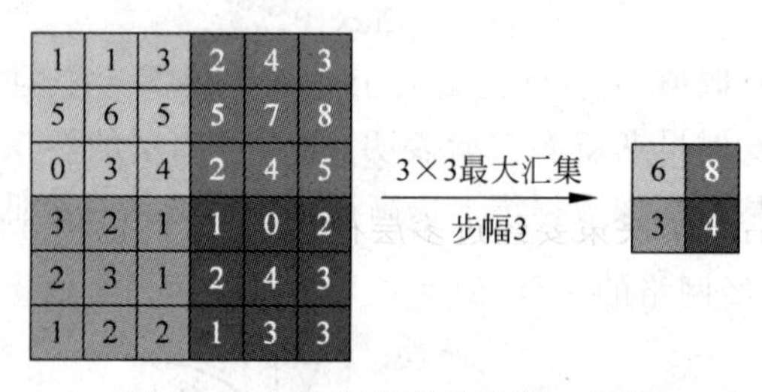

图 12-4 最大汇集降采样的示意图

汇集之后我们得到一个降维的特征图。例如在上一步卷积得到的 55×55×48 维特征图基础上进行步幅为 2 的 3×3 汇集,则得到 27×27×48 维的新特征图。

特征图有时也称作神经元活性图或激活图(activation map)。

卷积层(含非线性运算)和后面接着的汇集层一起,构成了卷积神经网络中一组完整的结构单元。需要注意的是,汇集层有时并非必需的,有人在多个卷积层后引入一个汇集层,也有人在使用了大于 1 的步幅后不采用汇集层,有时可以取得更好的效果,需要根据实际问题来进行试探和设计。在描述一个卷积神经网络时,人们通常按照卷积层的数目来计数神经网络是多少层,汇集层通常不计算在内。

---

① 英文中 pool 一词作为名词时是水池、水塘的意思,另一个意思是共同的资源或资金,而 pool 作为动词的意思是汇集资源。pooling 是动名词形式,因此翻译作汇集更贴切,max pooling 就是把局部最大的特征汇集起来,所以我们翻译为"最大汇集"。

机器学习的大部分新进展都是用英文最先发表的,这一领域发展很快,人们创造或借用了很多新词。中国学者在学习交流机器学习内容时也经常习惯于中英文混杂表述,导致机器学习尤其是深度学习中很多术语都未形成准确的中文翻译。我们尝试在本教材中给出这些术语规范的中文翻译,也欢迎读者与我们一起探讨,建立完备的机器学习中文术语体系。

归一化

通常,在卷积或非线性运算后进行一步归一化运算会有利于网络的训练,也有人在汇集后进行归一化。人们尝试了多种归一化方法,常见的包括局部响应归一化和批归一化。前者是在新特征图中把一定邻域的神经元活性值进行归一化,后者是把训练样本分成很多小批次(mini-batch),每训练完一个小批次,对特征图进行一次归一化,把各小批次的特征图均值和方差归一化到相同。这样做的目的是为了使训练过程中各级特征图上特征的分布不会随着上一层中参数的变化而发生变化,有利于更有效地训练。关于训练过程中类似的优化技巧在深度学习中非常多,而且还在不断演化过程中,我们将在第 12.9 节中进行一定的讨论。

12.3.3 深层卷积神经网络

一组卷积层-汇集层组成的运算单元把输入图像映射为维数低但多个通道的特征图,其作用是从输入图像中提取多种局部特征。为了提取在这些特征图上展现出来的高级特征,可以在后面再接一组或多组类似的卷积-汇集组件,实现多级特征提取。卷积神经网络就是在多个卷积-汇集组件后,接一个全连接的多层感知器或其他分类器。当识别目标是多类时,人们通常用一组软最大(softmax)节点作为最后全连接多层感知器的输出层。我们在第 5 章 5.9.3 节中已经简单介绍了这种被重新命名为“软最大”函数的归一化指数函数。

由于从输入层到最后分类决策要经过多层神经元,人们也把卷积神经网络称为深度卷积神经网络,它是深度神经网络的一种,但通常人们用深度神经网络来指本章后面将要介绍的其他深度神经网络模型。

卷积神经网络虽然层数多,但信息传递仍然是像多层感知器一样从输入层一直前馈到输出层,在输出层计算训练误差,然后用反向传播算法通过链式求导把误差梯度逐层传播到前面各层的参数上,各个参数根据分配到的梯度进行更新。对于共享参数的卷积层,通常是把扫描各个局部感受野的误差梯度求和或求平均后再对卷积核权值进行更新。

可以想象,当层数很多时,误差梯度向前逐级传播,很有可能会出现梯度越来越大或越来越小的情况,导致网络无法训练出好的结果。这被称作“梯度爆炸”或“梯度消失”。除了通过调整各个超参数、改变非线性运算的形式外,人们还研究了很多专门的方法和技巧来改进深层网络的训练过程,包括随机梯度下降、批次归一化、自适应舍弃等。

图 12-5 给出了一个被称作 AlexNet[①] 的卷积神经网络的示意图,这个名称取自文章第一作者的名字。AlexNet 是 2012 年 ILSVRC 图像识别竞赛中夺冠的方法,而且它当时在这个竞赛上实现的识别准确度比第二名和往年的结果高出很多。AlexNet 的成功对卷积神经网络在图像识别和计算机视觉领域迅速推广发挥了重要的作用,很多人认为 AlexNet 在图像识别上的出色表现在深度神经网络发展历程中具有里程碑意义,甚至有人误以为卷积神经网络 CNN 是从 AlexNet 才开始的。

经过了前面的讨论之后,再来理解 AlexNet 的结构就非常简单。需要特别指出的是,

---

① Alex Krizhevsky, Ilya Sutskever, Geoffrey E. Hinton, ImageNet classification with deep convolutional neural networks, *NIPS* 2012.

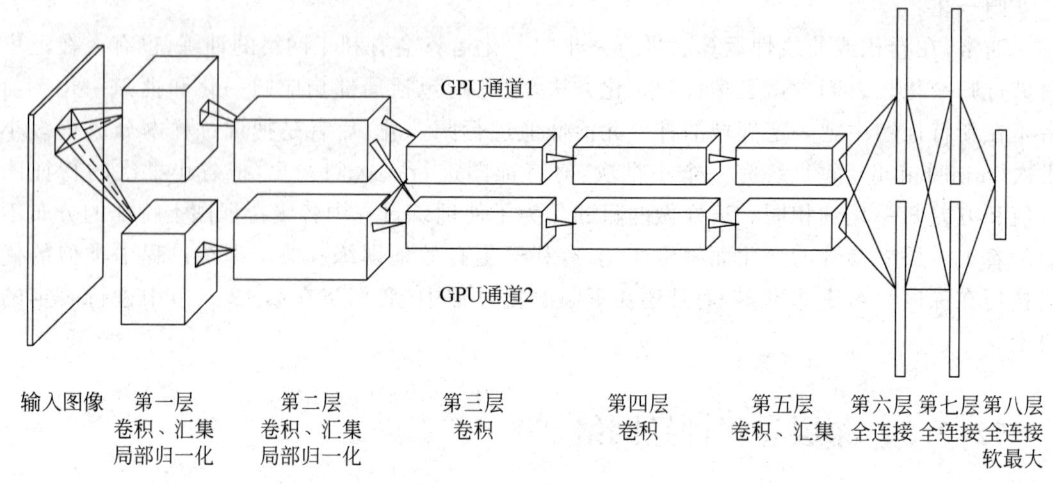

图 12-5 AlexNet 卷积神经网络结构示意图

深度卷积神经网络需要的计算量非常大，这也是为什么虽然卷积神经网络基本框架早在20世纪90年代已经被提出，但直到21世纪10年代才突显出其优势的一个重要原因。AlexNet 的作者们不但设计了很好的网络结构，而且成功地用计算机的图像计算单元(GPU)实现了卷积神经网络的高效运算。GPU 的运用，是推动卷积神经网络和其他深度神经网络快速发展的一个重要因素。在图 12-5 的结构中，我们看到，除了输入端和最后的全连接网络部分外，网络的中间部分都分成了上下两个并行的 GPU 通道，这是把卷积神经网络分到两个 GPU 中进行运算，大大提高了计算效率。即使这样，当时 AlexNet 用 ILSVRC 的大约120万幅图像训练90轮，在两个显存 3GB 的 NVIDIA GTX580 图像计算单元上仍然需要运行5天～6天的时间。

对照图 12-5 的结构示意图，下面我们给出 AlexNet 的详细参数供参考：

层名	层结构	需训练参数项目
输入	输入层：227×227×3①	—
第一层组件	卷积层：(48+48)个卷积核，每个为 11×11×3 步幅 4，边衬 0 挤压函数：ReLU 特征图：55×55×(48+48) 最大汇集：3×3 区域，步幅 2 局部响应归一化 输出：27×27×(48+48)	34 848

① 在 Alex 的原始文献中，作者描述的输入图像尺寸是 224×224×3，但显然按照原文给出的第一层卷积层的参数无法得到整数的特征图维数。根据原文中对卷积层特征图的描述，可以推断原文中应该有笔误，作者应该采用的是 227×227×3 的输入。至于原始实验中是数据预处理实际得到的就是 227×227 像素的图像，还是在得到 224×224 图像后加了 0 值的边衬，不得而知。但这个细节并不影响对整个工作原理的理解。

续表

层名	层结构	需训练参数项目
第二层组件	卷积层：(128+128)个卷积核，每个为 5×5×48 步幅 1，边衬 2 挤压函数：ReLU 特征图：27×27×(128+128) 最大汇集：3×3 区域，步幅 2 局部响应归一化 输出：13×13×(128+128)	307 200
第三层组件	卷积层：(192+192)个卷积核，每个为 3×3×256 步幅 1，边衬 1 挤压函数：ReLU 特征图：13×13×(192+192)	884 736
第四层组件	卷积层：(192+192)个卷积核，每个为 3×3×192 步幅 1，边衬 1 挤压函数：ReLU 特征图：13×13×(192+192)	663 552
第五层组件	卷积层：(128+128)个卷积核，每个为 3×3×192 步幅 1，边衬 1 挤压函数：ReLU 特征图：13×13×(128+128) 最大汇集：3×3 区域，步幅 2 输出：6×6×256	442 368
第六层组件	全连接层：2048+2048 个神经元 挤压函数：ReLU	37 748 736
第七层组件	全连接层：2048+2048 个神经元 挤压函数：ReLU	16 777 216
第八层组件	全连接层：1000 个神经元 输出函数：Softmax	4 096 000
合计		60 945 656

可以看到，AlexNet 总共需要训练的自由参数有 6000 万多(～6.1×10^7)个。

需要特别注意的是，由于在卷积层中采用了局部感受野、权值共享、最大汇集等措施，自由参数的数目实际上已经比全连接神经网络少非常多了。假如从输入层 227×227×3 的图像直接连接到第六层组件的全连接神经网络，构成一个只包含两个隐层、每个隐层含 4096 个节点的全连接多层感知器，需训练的自由参数的个数约为 2.5×10^{15}，比 AlexNet 高出 8 个数量级！

可见，通过卷积神经网络的设计，不但能够很好地提取图像中的局部信息和不变性特征，而且有效地减少了自由参数个数，在提高了神经网络学习能力的同时很大程度地避免了过学习。

我们注意到，由于深度学习通常通过加深神经网络的层数来获得更好的性能，有人认为深度学习引入就是通过增加自由参数数目来实现复杂的函数映射，不需要考虑过学习问题，这种理解是有误的。实际上，深度学习一方面追求设计具有更强表示能力的深层网络结构，另一方面同时追求通过巧妙的网络设计尽量减少自由参数的数目。人们在网络结构、训练算法和策略设计中都发展了很多手段来避免或缓解过学习问题。

数据扩增

如图 12-5 所示的卷积神经网络，实际上仍然面临着过学习问题。Krizhevsky 等在 AlexNet 中采取了另一个重要的技巧来提高方法的性能，就是数据扩增(data augmentation)。

数据扩增就是通过预处理增加训练样本数目。AlexNet 作者的具体做法是，把数据库中各种尺寸的图像首先都标准化成 256×256 像素的图像，然后对每幅图像随机裁剪出一系列尺寸为 224×224 像素的略小的图像(或许是 227×227 像素，见 282 页脚注)，把这些随机提取的图像以及它们的水平镜像图像作为卷积神经网络的训练样本。通过这种处理，他们把训练样本的数目增加了 2048 倍。虽然这些随机裁剪出来的扩增图像之间不相互独立，存在很大重合，但它们大大增加了样本数目，并且这些图像也强化了网络对图像中目标平移不变性的训练。Krizhevsky 等在文章中指出，如果不采用数据扩增，直接用当时 ILSVRC 竞赛的数据集训练图 12-5 规模的卷积神经网络，会遇到严重的过学习问题，只能缩小网络的规模。

AlexNet 在决策判别时也对待判别图像做了预处理，把原图像靠四个角和靠中间裁剪出 5 幅 224×224 像素的图像，同时也得到它们的水平镜像，对每个样本用这样的 10 幅图像取进行判别，再把 10 幅图像得到的软最大输出向量求平均，得到最后用于判别的向量。

12.3.4 卷积神经网络的演化和几个代表性模型

AlexNet 是最有代表性的卷积神经网络模型，但这样复杂的模型并不是突然诞生出来的，而是方法不断演化的结果。本小节简要介绍在此前和此后出现过的几种有代表性的卷积神经网络结构。

图 12-6 示意了 Yann LeCun 在 1990 年发表的 5 层的卷积神经网络模型[①]，这个模型后来被称作 LeNet-1，从中已经能看到现在卷积神经网络的基本结构。LeNet-1 当时主要是针对手写字符识别的问题设计的，是当时手写数字识别上性能最好的方法之一，但与其他方法相比性能优势尚未充分显现出来，在 1992 年被支持向量机超出(见第 6 章 6.5.3 节)。

2012 年，Krizhevsky 等发表的 8 层卷积神经网络 AlexNet 在 ImageNet 大规模视觉识别竞赛 ILSVRC 中以 16.4%的错误率获得第一名，而之前 2011 年和 2010 年竞赛优胜者的错误率分别是 25.8%和 28.2%。AlexNet 不但在当年夺冠，而且把上一年的记录改进了将近十个百分点。

2013 年的获胜模型是 Zeiler 和 Fergus 设计的 ZFNet，它基本是在 8 层 AlexNet 基础上对模型很多细节进行了改进和优化，错误率下降到了 11.7%。

---

① Y. Le Cun, B. Boser, J. S. Denker, D. Henderson, R. E. Howard, W. Hubbard, L. D. Jackel, Handwritten digit recognition with a back-propagation network, *Advances in Neural Information Processing Systems*, 1990.

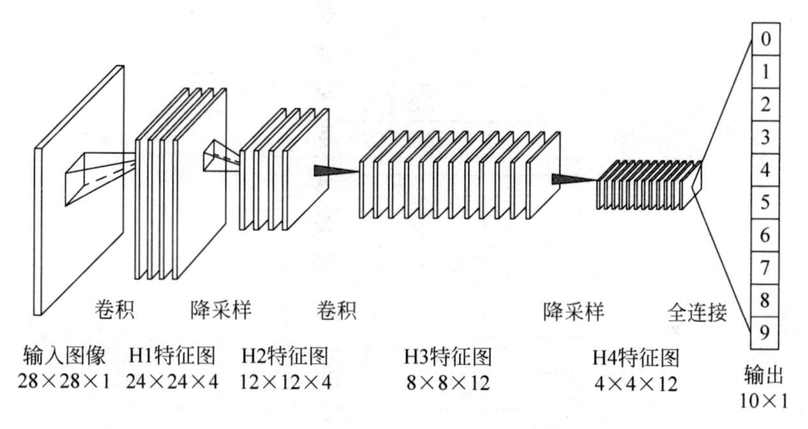

图 12-6 LeNet-1 卷积神经网络结构示意图

2014 年,Simonyan 和 Zisserman 设计的 VGG 网络[①]把错误率进一步大幅下降到 7.3%。它使用了较小的卷积核尺寸和降采样区域,但把网络提升到了最多 16～19 层,并验证了网络层数加深能够帮助网络取得更好的性能。同期 Szegedy 等设计的 22 层[②]的 GoogLeNet 网络[③]的错误率降到 6.7%,其中采用了"网络中网络"的思想,用多个称作"起始单元"(inception)的小网络模块构成大网络,以提高整个网络的效率。我们把这种起始单元译作"基元"或基元模块。在基元中采用了多个 1×1 的卷积核,其作用是把前一层特征图的多个通道合并为较少的通道,实现降维和减少计算量。经过这样的设计,网络深度增加的同时自由参数减少到了约 500 万个,比 AlexNet 减少一个数量级,使训练速度和推广能力都有所增强。同时,GoogLeNet 还在网络的中间设置两处输出,作为对深层网络结构训练时的辅助,即在训练阶段在这两处中间输出上也进行类别判断并计算误差函数。这个中间的误差经一定的衰减权值加入到整个网络回传的误差中,帮助解决深层网络误差反向传播中可能出现的梯度消失问题。在网络完成训练后这两个辅助输出不起作用。图 12-7 和 12-8 分别展示了 VGG 网络和 GoogLeNet 的基本结构,它们的细节原理读者可以参考原文献。

VGG 和 GoogLeNet 的成功给人们一种深度卷积网络层数越多越好的印象,但当人们尝试构造更深的网络时,遇到了性能不能进一步提高反而下降的情况。而且,出现这种情况并不是因为过学习,人们曾预期训练错误率会随着神经网络深度的加深而不断减小,只是需要研究如何保证深度网络有好的推广能力,但实际出现了当层数增加时训练错误率也开始变大的情况。造成这种现象的主要原因可能是,深度过度增加造成优化困难,网络训练不充分。

---

① K. Simonyan & A. Zisserman, Very deep convolutional networks for large-scale image recognition. ICLR 2015. (https://arxiv.org/abs/1409.1556)

② 注意,不同网络的层数计算方式可能不同,例如 VGG 中把降采样算作一层,而 AlexNet 和 GoogLeNet 中都没有把降采样算作单独一层。不看网络具体设计而单独说某网络有多少层是没有意义的。

③ C. Szegedy et al., Going deeper with convolutions, *IEEE CVPR* 2015, pp. 1-9. (https://arxiv.org/abs/1409.4842)

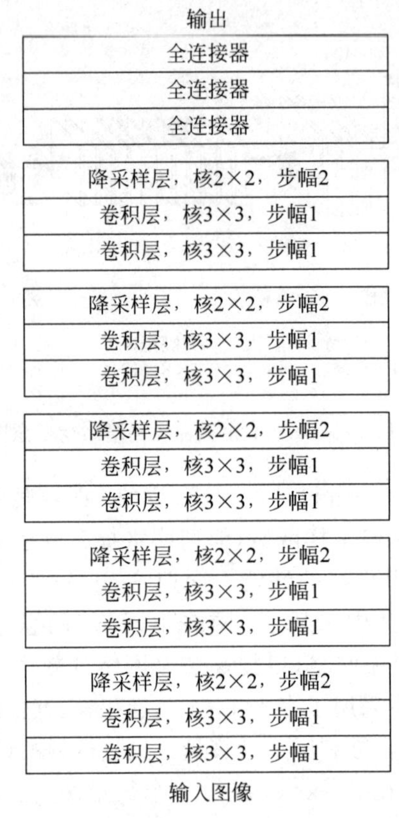

图 12-7 一个 19 层的 VGG 卷积神经网络结构示意图

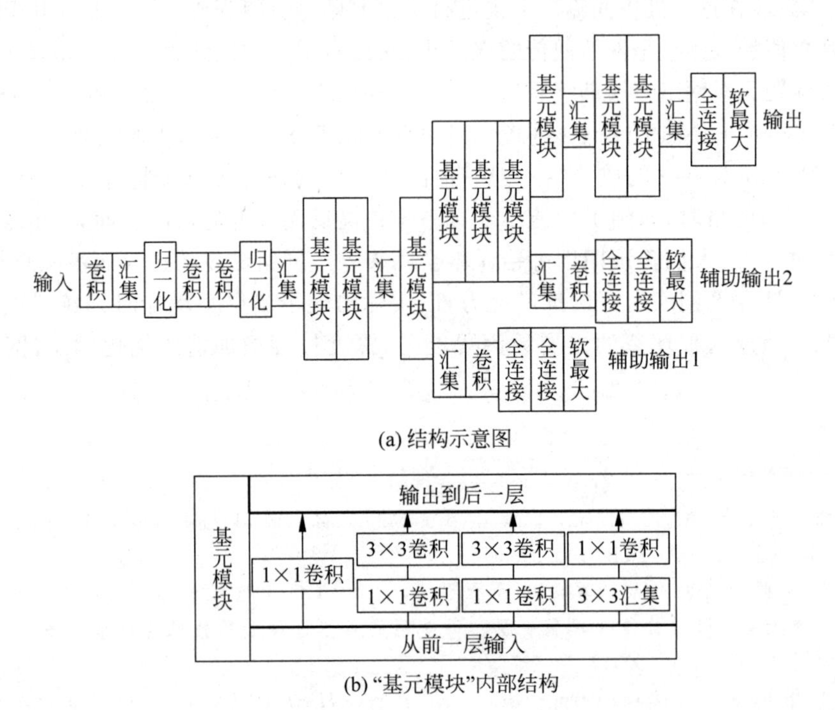

图 12-8 GoogLeNet 卷积神经网络结构示意图

残差网络(ResNet)

在对这一现象研究的过程中，2015 年，Kaiming He(何凯明)等提出了新的深度神经网络结构——残差网络 ResNet[①]，如图 12-9 所示。残差网络与普通的深度神经网络相比，最主要的区别在于把网络的几个相邻的层合并为一个组合单元，为每个组合单元设一个跨过这几层网络的短路连接。这样的组合单元实现的映射被称作残差映射。

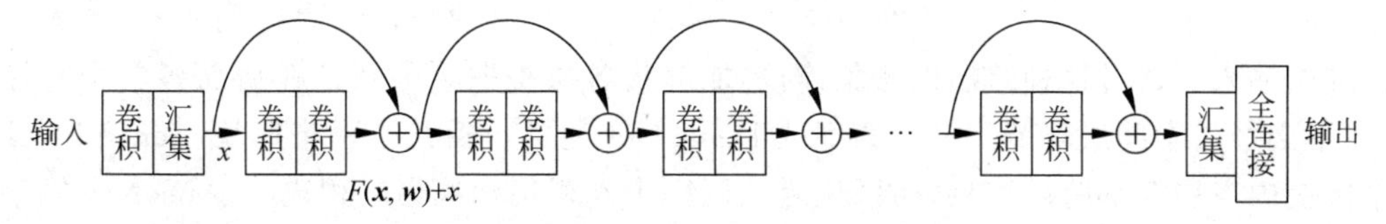

图 12-9　残差网络(ResNet)结构示意图

残差映射的基本原理是，在神经网络中，如果某一组合单元预期实现的映射是 $H(\boldsymbol{x})$，其中 $\boldsymbol{x}$ 是本单元的输入(即前一个单元的输出)，$H(\boldsymbol{x})$是本单元的输出，设单元的输入输出维数相同，短路连接就是把输入信号 $\boldsymbol{x}$ 直接传输到输出，于是，被跨过的单元内网络需要完成的映射就是 $H(\boldsymbol{x})-\boldsymbol{x}$。或者说，如果所跨过的局部网络实现的映射是 $F(\boldsymbol{x},\boldsymbol{w})$，则单元实际完成的映射是 $\boldsymbol{y}=F(\boldsymbol{x},\boldsymbol{w})+\boldsymbol{x}$，即残差项和直通项之和。如果单元的输入和输出维数不同，则可以在直通项前面加一个维数变换矩阵。

残差映射可以理解为，神经网络中一个组合单元期望实现基本映射是输入信号自身，单元内网络实现的映射是除信号自身外的一个“残差”(residual)。根据具体设计不同，单元内网络可以是全连接网络也可以是卷积网络。通过这样的设计，残差网络为构造层数非常多的深度神经网络提供了一种有效的解决方案。何凯明等设计的 152 层 ResNet，把 ILSVRC 竞赛的错误率进一步降低到了 3.57%。

前面提到的卷积神经网络把层数过度增加时可能导致优化困难，网络训练不充分，一种便于直观理解的情形可能是：在训练样本中存在很多识别难度不同的样本，其中很多特征明显、易于识别的样本，只需很少几层卷积网络即可有效提取出分类特征，只有部分比较复杂的样本才需要很多层的特征提取。如果盲目用层数非常深的卷积网络，不同难度的样本混在一起，可能导致训练非常困难。

残差网络通过引入一系列短路连接，为前一层信息隔过一些层直接传到后面层提供了“快速通道”。对于很多容易分类的样本，信息就可以跨过不必要的层；而对于难度大的样本，则自动通过残差映射进行多层的特征提取。

ResNet 及其变种在图像识别和计算机视觉的很多问题上取得了出色的效果。人们也发展了一些后续的技术，探索通过继续增加深度来提高神经网络的表示能力，例如采用被称作“随机深度”(stochastic depth)或“预激活”(pre-activation)等的一些方法，构建出了超过千层的神经网络。另一方面，也有研究者探索通过增加神经网络的“宽度”来提高它的表示能力，例如在同一个卷积层采用更多的卷积核，等等。GoogLeNet 中采用的基元模块把多个不同的卷积核串接(concatenate)起来，也起到通过增加宽度来提高网络表示能力的作用。

① Kaiming He, Xiangyu Zhang, Shaoqing Ren, Jian Sun, Deep residual learning for image recognition, *IEEE CVPR* 2016, pp. 770-778. (https://arxiv.org/abs/1512.03385)

密集网络(DenseNet)

受ResNet和早期级联神经网络思想的启发,2017年Gao Huang(黄高)等提出了一种跨层密集连接的卷积神经网络,称作DenseNet(密集网络)①。图12-10是DenseNet结构的示意图。DenseNet的最主要特点是上一层得到的特征图不但输出到下一层,而且跨过下一层直接输出到后面各层,形成与后面各层密集的连接。与ResNet中把直通信号和残差信号相加的做法不同,DenseNet的每一层把从其前面各层来的特征图串接到一起,形成一个更高维的输入。通过这种跨层的密集连接,能够将各层提取到的特征在后面各层中直接复用,而不必经过中间层环节。一个典型的DenseNet通常包括几个密集区块(dense block),每个区块内各层全部跨层连接,而区块之间以一个卷积层和汇集层相连。DenseNet每个区块内通常用较少的卷积核,例如只用十几个,且采用大量1×1的降维卷积核。所以DenseNet虽然密集连接,但自由参数个数比同级别的ResNet更少,再加之一系列优化措施,实现了更高的训练效率和推广能力。DenseNet在若干图像识别数据集上的性能比ResNet又有了进一步的提高。

在DenseNet基础上,黄高等2018年又提出了一种新的多尺度密度网络MSDNet,把神经网络的结构设计为二维的神经网络阵列,并设有中间分类器,既可以在网络最后输出结果,也可以对基于前几层特征已经能明确分类的样本从中间输出结果,在分类性能与其他最好的结果相当的情况下,大大节省了总的计算时间。

彩图12-10

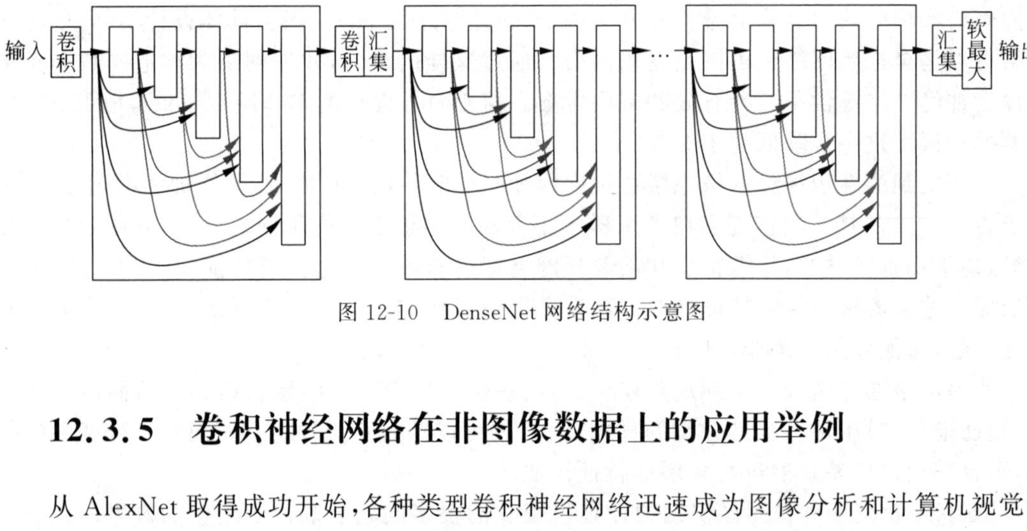

图12-10　DenseNet网络结构示意图

12.3.5　卷积神经网络在非图像数据上的应用举例

从AlexNet取得成功开始,各种类型卷积神经网络迅速成为图像分析和计算机视觉领域最常用和最有效的机器学习方法,上面简要列举了其中有代表性的方法。这些方法虽然结构看上去日趋复杂,但它们所采用的基本原理是一致的:每一层神经网络都是对图像进行特征提取和表示,通过加深神经网络的层数或加宽神经网络的节点数增强网络对复杂模式的提取能力,同时通过巧妙设计神经网络结构减少自由参数数目以提高训练效率和避免过学习,其中,通过卷积和降采样汇集等运算实现对原始图像或中间特征图中局部特征和不变性特征的有效提取。

① Gao Huang, Zhuang Liu, Laurens van der Maaten, Kilian Q. Weinberger, Densely connected convolutional networks, *IEEE CVPR* 2017, pp.2261-2269.(https://arxiv.org/abs/1608.06993)

除了在图像识别和计算机视觉中的广泛应用，人们也对很多其他模式识别问题尝试采用卷积神经网络，同样取得了很好的效果。其中最基本的做法是把其他类型的数据设法表示或编码成类似图像形式的具有二维空间关系的数据，针对这种数据设计卷积神经网络模型。

这里，我们举一个生物信息学中的例子来展示在一维字符串数据中卷积神经网络的一种应用方式。

我们知道，细胞中最基本的遗传信息存储在脱氧核糖核酸(DNA)序列中，一段DNA序列由四种碱基按照一定的顺序排列而成，可以看作以A、C、G、T四种字母组成的字符串。DNA序列中的碱基组成和排列顺序决定了其功能，其中，一段DNA序列是否具有与某个特定蛋白质结合的能力是决定其功能的一个重要方面。这种能力是由DNA序列中的局部碱基构成模式决定的，在生物学中被称作模体(motif)。但每种蛋白能与什么样的DNA序列模体相结合，并不是遵循一个确定性规律，而是特定蛋白能"识别"符合一定模式的DNA序列，类似于我们把具有一定模式的图像识别为一类物体。人们通过生物实验得到一些蛋白与DNA结合的实例，可以用一系列统计方法来发现和建模具有与特定蛋白质结合能力的DNA序列模体，这是生物信息学中的一个经典问题。一个模体对应一个DNA短序列，人们或者用这个短序列中每个位置最可能出现的碱基构成的字符串来表示这个模体，或者用一个称作"位置权重矩阵"(position weight matrix，PWM)的矩阵来表示每个位置上出现各个碱基的概率或可能性。

2015年，多伦多大学Frey实验室提出了一种用卷积神经网络来预测DNA序列与蛋白质结合能力的方法①，称作DeepBind。他们的基本做法是，把A、C、G、T四种碱基字母编码成一个四维的向量，A为[1, 0, 0, 0]，C为[0, 1, 0, 0]，G为[0, 0, 1, 0]，T为[0, 0, 0, 1]。如果序列某个位置上的碱基不确定，在生物上记作N，在这里编码为[0.25, 0.25, 0.25, 0.25]，表示是四种碱基的可能性相同。这样，一个n碱基长的DNA序列就可以编码成为$n\times 4$维的矩阵。有的方法把这样的矩阵看作一种特殊的图像来设计卷积神经网络方法，DeepBind并不是把这个$n\times 4$矩阵看作图像，而是看作具有四个通道的一维输入样本。要寻找的模体就是这个矩阵中的一个局部特征，类似在图像中用卷积核来学习局部特征，DeepBind设计了一维、四个通道的卷积核来从DNA序列中学习模体。

设卷积核的尺寸为$m\times 4$，即待寻找的目标模体长度为m，DeepBind在输入序列两端加边衬，使输入DNA序列向两端分别延长$m-1$个碱基。因为延长出来的碱基不确定，所以边衬中的向量元素取值都设为0.25，如图12-11所示。

与针对图像的卷积神经网络类似，DeepBind设计多个卷积核对输入序列进行卷积扫描，用ReLU函数进行非线性挤压后再进行最大汇集或平均汇集，得到一组特征图，然后接一个两层的全连接多层感知器，输出为预测的DNA序列与蛋白结合能力的打分值。网络预测的打分值与训练样本实测的结合强度相比较，得到预测误差。用误差反向传播算法对网络各个待训练参数进行调整。

整个网络的结构如图12-11所示，这实际上是一个只包含一个卷积层的卷积神经网络

① B. Alipanahi, A. Delong, M. T. Weirauch & B. J. Frey, Predicting the sequence specificities of DNA- and RNA-binding proteins by deep learning, *Nature Biotechnology*, 33(8): 831-838, 2015.

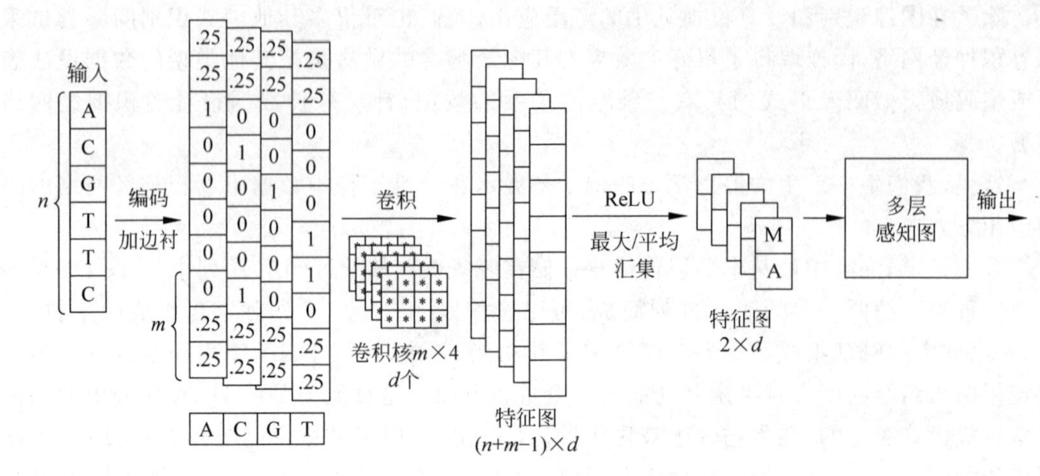

彩图 12-11

图 12-11 DeepBind 网络结构示意图

模型，其输出函数可以表示为

$$f(s)=\mathrm{net}_W(\mathrm{pool}(\mathrm{rect}_b(\mathrm{conv}_M(s)))) \tag{12-5}$$

其中，s 是编码后的输入序列，conv(·)表示卷积层的运算，其中有多个核函数的参数矩阵 M 需要训练；rect(·)表示 ReLU 函数，其中的阈值 b 需要训练；pool(·)表示汇集运算，可以采用最大汇集或同时汇集最大值和平均值，其中没有需要训练的参数；net(·)表示全连接多层感知器实现的函数，其中的参数矩阵 W 需要训练。

DeepBind 采用从高通量 DNA-蛋白质结合实验得到的 DNA 序列数据作为训练样本，在训练时不是对每一条序列进行一轮训练，而是把训练样本分成多个小批次，以小批次为单位进行训练。作者从多个公开的 DNA/RNA-蛋白质结合数据库中搜集数据，共收集了包含 12T(12×2^{40})碱基的 DNA/RNA 序列，对 DeepBind 网络进行训练，也采用了 GPU 加速。

在图像的卷积神经网络中，人们可以从学习后的卷积核中粗略看出神经网络对原始图像提取的局部特征模式。DeepBind 学习的核函数也可以像位置权重矩阵 PWM 一样反映出 DNA 与蛋白质结合的序列中每个位置的相对重要性，作者把它称作“突变图”(mutation map)，可以用来研究序列中哪个位置的突变会影响到与蛋白质的结合。

12.4 循环神经网络(RNN)

有两种神经网络方法被简称为 RNN，一种是 recurrent neural network，译为循环神经网络；另一种是 recursive neural network，译作递归神经网络。其中被研究较多的是循环神经网络。由于两种网络名字接近而且原理上也有相关性，recurrent 和 recursive 词义接近，经常容易搞混，尤其是中文翻译时有人也把循环神经网络称作递归神经网络。

本节我们要讨论的是循环神经网络，其基础是 20 世纪 80 年代的 Hopfield 网络。

12.4.1 Hopfield 神经网络

在第 6 章 6.4.7 节中我们介绍过,在 20 世纪 80 年代的人工神经网络热潮中,研究最集中的是三种类型的神经网络:以多层感知器为代表的前馈网络、以 Hopfield 网络为代表的反馈网络和以自组织映射 SOM 为代表的竞争学习网络。Hopfield 网络可以看作是现在的循环神经网络的前身。也有人把 Hopfield 网络音译为霍普菲尔德网络。

Hopfield 网络的得名是由于 John Hopfield 在 1982 年发表的工作[①],并由此变得在模式识别和机器学习领域广为人知。但这种方法的基本原理实际是起源于 1974 年 W. A. Little 对脑数学模型的一项研究[②]。

Hopfield 研究的是人脑一种特殊的记忆行为,称作联想记忆(associative memory)或内容索引的记忆(content-addressable memory)。联想记忆是指人可以通过不完整内容恢复出关于此内容的完整记忆的能力,例如我们看到一张遮住了很大部分像素的字符图像时往往仍能准确认识出图像中的字符,并“脑补”出被遮住的部分,看到一个熟悉的人的局部面容或身影就能想象出其全貌,等等。

Hopfield 发现,用一组带有反馈连接的阈值逻辑单元神经元(即 McCulloch-Pitts 模型的神经元),可以实现联想记忆功能。人们后来把这种模型称作 Hopfield 神经网络,其基本结构如图 12-12 所示。

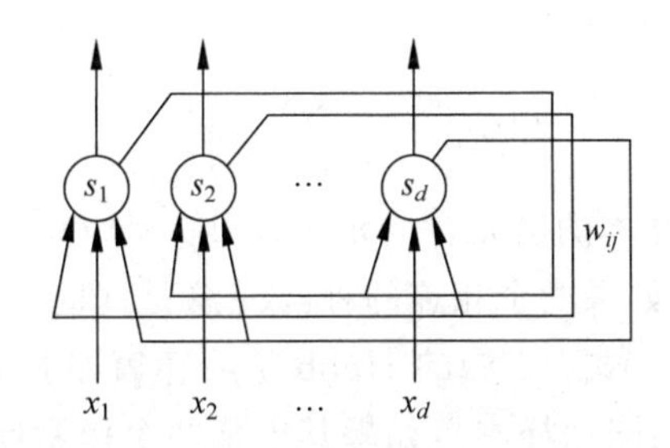

图 12-12 Hopfield 神经网络结构示意图

在基本的 Hopfield 网络模型中,每个神经元节点是一个输入为连续值、输出为二值的阈值逻辑单元,每个神经元的输出值称作“状态”,模拟动物神经系统中神经元激活与否两种状态。每个神经元除了接收输入向量中对应的信号外,还接收除自身外其他所有神经元的输出作为自己的输入。神经元 i 的状态 s_i 是由以下关系决定的:

$$s_i=\begin{cases}+1 & \sum_j w_{ij}s_j\geqslant\theta_i\\ -1 & \text{其他}\end{cases}\tag{12-6}$$

其中的求和是对所有神经元,w_{ij} 是神经元 i 和 j 之间的连接权值,通常要求权值对称,即

① J. J. Hopfield, Neural networks and physical systems with emergent collective computational abilities, *PNAS* 79: 2554-2558, 1982.

② W. A. Little, The existence of persistent states in the brain, *Mathematical Biosciences*, 19: 101-120, 1974.

$w_{ij}=w_{ji}$,并要求 $w_{ii}=0$; θ_i 是神经元 i 的阈值,也经常被设为0。

Hopfield网络对信息的处理是一个动态的过程:给定一个二值化输入向量 $\boldsymbol{x}=[x_1,\cdots,x_d]^{\mathrm{T}}\in\{1,-1\}^d$,所有神经元的状态 $s=[s_1,\cdots,s_d]^{\mathrm{T}}$ 将进入一个动态的更新过程,直至最后收敛。严格来说,公式(12-6)中应该引入一个迭代运算的时间下标,左边是第 $t+1$ 时刻的状态,右边是 t 时刻的状态,$t=0$ 时刻 $s_i=x_i$,这里为了简化讨论省去了时间下标。

可以证明,上述系统动态迭代的过程,实际上是最小化下面的能量函数,也称作李雅普诺夫函数(Lyapunov function):

$$E=-\frac{1}{2}\sum_{i,j}w_{ij}s_is_j+\sum_i\theta_is_i \tag{12-7}$$

迭代过程中,能量函数单调减小,系统或者收敛到一个稳定的状态向量,称作系统的吸引子,或者收敛到几个循环的状态向量之一,或者在状态空间的一个较小的区域中进入混沌状态。

在联想记忆的场景中,系统的吸引子就是系统中存储的"记忆"。当给系统一个不完整或带有噪声的输入时,系统会收敛到记忆中与它最接近的完整样本,实现根据受损内容提取出完整的记忆。关于系统的收敛性质以及系统能够存储内容的容量,有很多理论和实验研究,因超出本教材范围不在此讨论。

如何训练Hopfield网络的权值以形成预期的记忆?

有多种方法可以对权值进行训练,其中最经典的方法是根据早在1949年由Hebb提出的对自然神经系统中神经元之间连接强度变化规律的认识设计的Hebb学习规则[①](也称作Hebb学习律):

$$w_{ij}=\frac{1}{n}\sum_{k=1}^{n}x_i^kx_j^k \tag{12-8}$$

其中,x_i^k、x_j^k 是第 k 个训练样本的第 i、j 个元素,n 是一次学习的样本数目。Hebb的研究发现,在动物的神经系统中,如果两个相连的神经元总是同时被激活或被抑制,则它们之间的突触连接强度倾向于增强。式(12-8)的Hebb学习律就是执行了这样一个刻法:对于一组输入向量(如待记忆的黑白图像样本),如果其中某两个像素同时为黑或同时为白,则对应的神经元之间的连接就会加强,反正则会减弱。这样,在训练结束后,当输入一个带有噪声或不完整的图像时,网络权值就会根据其中的部分像素去"联想"出其他像素。

12.4.2 循环神经网络

把迭代时间考虑在内,我们可以把Hopfield网络(12-6)的输入输出关系重新写成以下的动态方程形式:

$$\boldsymbol{h}_t=f_{\boldsymbol{w}}(\boldsymbol{h}_{t-1},\boldsymbol{x}_0) \tag{12-9}$$

其中,$\boldsymbol{x}_0$ 是0时刻给系统施加的输入向量,我们用 h_t 表示 t 时刻网络各神经元状态组成的状态向量,$f_{\boldsymbol{w}}$ 是包含权值参数矩阵 $\boldsymbol{w}$ 的神经网络响应函数。

考虑如自然语言、语音信号等时间序列样本,如果采用本章或前面几章介绍过的神经网络或很多其他算法去处理,都需要把时间序列截成一个个重叠或不重叠的片段,把对每一个

① D. O. Hebb, *Organization of Behavior*, NY: Wiley, 1949.

片段编码为一个样本,再对片段样本进行模式识别。这样的做法虽然在语音识别等一些时间序列分析问题上取得了成功,但与人识别语音、语言等时间序列信号的过程相比,这种做法不够直接,而且无法有效利用时间序列中的连贯性信息。人们希望开发一种神经网络模型,能够直接接收时间序列输入,例如在式(12-9)的神经网络模型中,不是只在0时刻施加输入,而是随着时刻 t 逐步输入时间序列 x_t,根据任务的不同在时间序列输入完成后输出识别结果或其他决策,或者一边输入一边给出某种输出。循环神经网络就是在这种思路下提出的神经网络模型。

图12-13(a)给出了一个循环神经网络的基本结构示意图,它所实现的运算是:

$$\boldsymbol{h}_t = f(\boldsymbol{h}_{t-1}, \boldsymbol{x}_t) \tag{12-10}$$

即神经网络当前时刻的状态 $\boldsymbol{h}_t$ 是其前一时刻状态 $\boldsymbol{h}_{t-1}$ 与当前时刻输入 $\boldsymbol{x}_t$ 的函数。网络的输入样本是一个时间序列,根据应用场景不同可以是标量也可以是向量。样本随时间逐步输入到神经网络中,同时,神经网络的状态也随时间按式(12-10)进行迭代更新。根据任务的不同,可以在每一个时刻产生一个输出 $\boldsymbol{y}_t$,也可以在全部时间序列输入完成后再产生输出,或者在中间某个时间当满足一定条件时开始产生输出。输出 $\boldsymbol{y}_t$ 可以是状态本身,更多情况下是状态的某个函数。

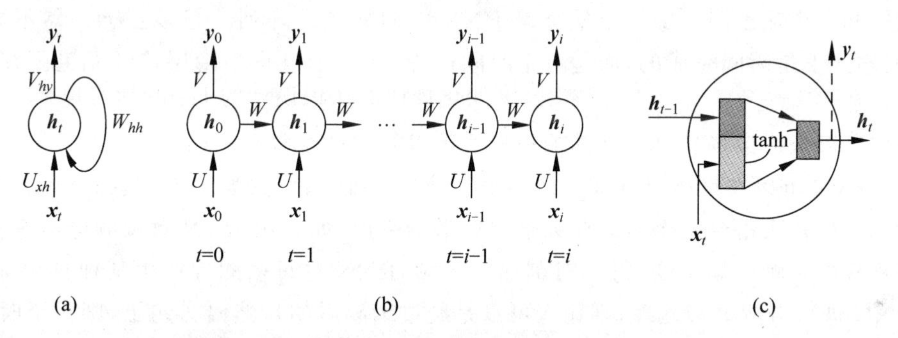

图12-13 循环神经网络RNN的基本结构示意图

(a) RNN结构的紧凑表示;(b) RNN结构沿时间展开的示意图;(c) RNN神经元的计算函数示意图

最基本的RNN运算函数 $f()$ 是带有非线性挤压的加权求和函数,例如

$$\boldsymbol{h}_t = \tanh(W_{hh}\boldsymbol{h}_{t-1} + U_{xh}\boldsymbol{x}_t) \tag{12-11}$$

其中,W_{hh} 是神经元节点自身反馈的权值矩阵,U_{xh} 是从输入向量到神经元节点的权值矩阵。这个过程也可以看作把前一时刻神经元状态与当前输入串接[①]成一个新向量,维数是神经元节点数和输入向量维数之和,神经元的传递函数就是用权值矩阵把向量降维到神经元节点维数的向量,再经一组双曲正切函数(tanh)把向量元素取值挤压到−1到1之间(也可以换用其他非线性挤压函数),得到当前时刻更新的神经元状态向量。如果在 t 时刻网络有输出,最基本的输出形式是神经元状态向量再经过一个权值矩阵 V_{hy} 变换到输出空间,即

$$\boldsymbol{y}_t = V_{hy}\boldsymbol{h}_t \tag{12-12}$$

RNN的这个运算过程,可以用把时间展开的形式更清楚地进行解释,如图12-13(b)所

① 串接:concatenation,动词是concatenate,常简写为concat,指把两个向量拼接起来形成一个新向量,新向量的维数是原来两个向量的维数之和。

示。在这个例子里,我们假设每一时刻都有输出。从 $t=0$ 时刻输入时间序列的第一个数据 $\boldsymbol{x}_0$ 开始,神经网络进入一个动态过程,输入经过权值矩阵 U 变换传输到神经元阵列,经非线性挤压产生初始的状态向量 $\boldsymbol{h}_0$,经过输出权值 V 产生初始输出 $\boldsymbol{y}_0$。此后,该神经元阵列对刚才时刻的状态向量用权值矩阵 W 进行线性变换,再串接上经权值矩阵 U 变换的新时刻输入,经非线性挤压产生新时刻的状态,再经权值矩阵 V 产生新时刻的输出,以此类推,直到整个样本的时间序列全部输入完毕,完成对一个时间序列样本的一次运算。这个过程相当于多层感知器或卷积神经网络中的信息的一次前向运算过程。

我们可以把 RNN 神经元里发生的计算用图 12-13(c)表示出来。图 12-13 中示意的一个神经元实际上是一组神经元阵列,它执行两步计算,一是经过权值 W 和 U 接收前一时刻状态 $\boldsymbol{h}_{t-1}$ 和当前输入 $\boldsymbol{x}_t$ 并把它们串接起来,二是对串接起来的向量进行非线性变换得到更新的状态 $\boldsymbol{h}_t$。更新的状态有两个用途,一是反馈到神经元阵列参与下一时刻的状态更新计算,二是用于产生输出。需要注意,在一个时间序列样本从开始到结束输入到 RNN 进行前向运算的过程中,实际上 RNN 是一套固定的神经元阵列,它的权值 W、U、V 都是固定不变的。

我们把展开的时间序列再合起来看,RNN 就是一个前馈神经网络,有一个输入层、一个中间隐层和一个输出层。中间隐层就是 RNN 中的神经元阵列。与多层感知器不同的是,RNN 的输入不是瞬间完成的,而是一个时间过程,在这个过程中隐层神经元也要在内部经过迭代运算。

根据不同的应用场景,RNN 的输出形式可以有多种,例如:

(a) RNN 可以在每个时刻都产生一个一维或多维的输出(如图 12-14(a)所示),这样对每个时间序列输入得到一个时间序列输出。举例来说,如果用 RNN 对视频样本进行分析,输入是视频的一帧一帧图像,每一时刻输入一帧,RNN 对每帧图像产生某种自动标注;如果用 RNN 进行自然语言处理,则输入可以是经过编码后的自然语言句子,则每个时刻输入句子中一个单词对应的编码向量,RNN 可以对句子中每个词进行某种标注甚至翻译为另外一种语言的词。

(b) RNN 可以是在一个时间序列样本输入完毕后,以神经元最终状态向量为特征的一个分类器(如图 12-14(b)所示)。例如对视频数据或自然语言数据,可以在整个片段或整个句子输入结束后,由 RNN 对视频或句子给出某种分类判断,例如视频或句子的内容分类或情感属性分类等。

(c) RNN 可以是在每个时间点产生一个中间输出,待整个时间序列样本输入完毕后,把经历的各时间点的输出组合(串接)起来构成特征向量,在此之上用一个分类器进行某种分类决策(如图 12-14(c)所示)。

(d) RNN 也可以用来从静态的输入产生时间序列输出,如图 12-14(d)所示。有人用这种结构对图像进行自动的自然语言注释,也就是在开始时刻给出一幅图像作为输入,RNN 迭代输出一个自然语言句子,用来描述图像中识别出的对象和它们之间的关系,如"一只猫坐在草地上"等。

如果用 RNN 进行语言自动翻译,可以考虑把源语言的句子通过某种编码转换成词向量时间序列输入到 RNN,让 RNN 的输出为翻译的目标语言的词向量时间序列。考虑到语言的翻译不能是一个一个词的简单对应,通常需要把图 12-14 中的几种方式结合起来,输出

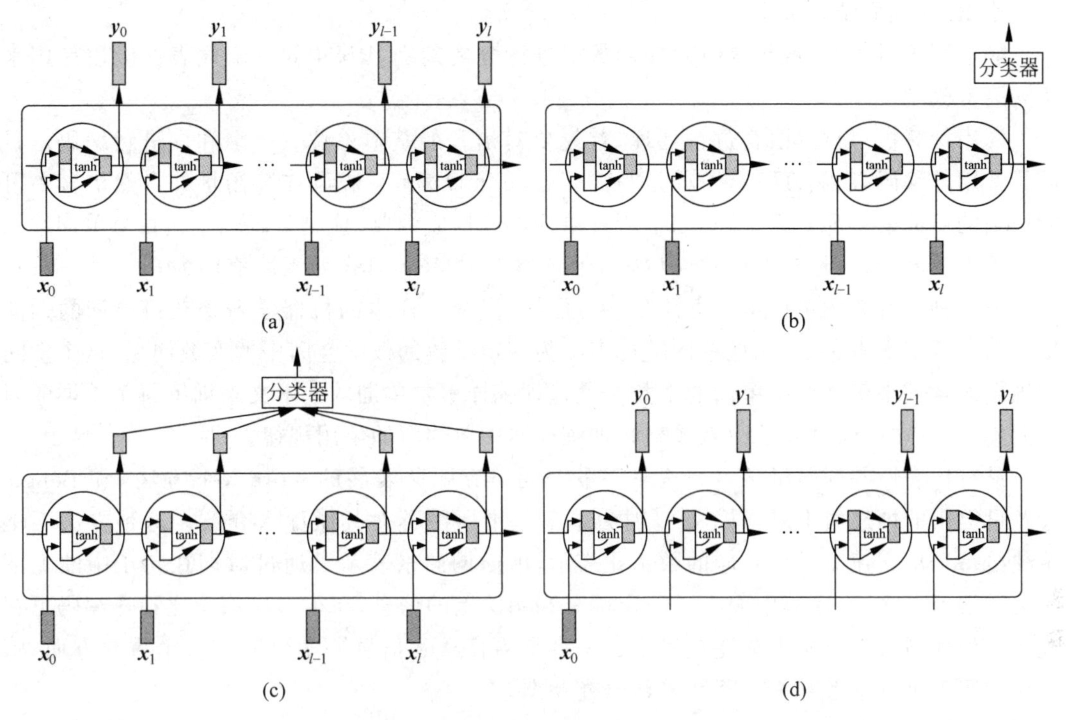

图 12-14 循环神经网络的几种应用形式举例

序列应滞后于输入序列若干时刻,或在输入序列全部完成后再继续迭代产生输出序列。

RNN 的训练

不管是以上哪种应用方式,RNN 的基本结构还是一个前馈的神经网络,通过这个神经网络实现从输入到输出的映射。要使 RNN 实现预期的映射功能,需要用大量给定预期目标的数据对它进行训练。训练的基本思想与多层感知器和卷积神经网络是一致的:对于给定的输入,初始的神经网络会通过信息前向传播给出一定的输出,比较网络输出与预期输出的差异,定义误差函数或损失函数,将误差梯度通过链式求导法则沿着信息传播的反方向进行传播,在每一个节点上计算误差对权值的偏导数,根据这个偏导数对相应的权值进行更新。由于 RNN 的信息正向传播时是沿时间进行,所以误差反向传播时也是按时间反向进行,所以叫做时间反向传播(back-propagation through time)。

RNN 中信息正向传播过程中,每个时刻的权值矩阵是相同的。在误差反向传播的过程中,在每个时刻的状态和输入下求误差对权值的梯度,而权值更新时是把所有时刻的梯度求和,用梯度之和进行权值更新。

可以想象,这个训练过程中可能会遇到与非常深层的神经网络类似甚至更严重的问题。如果时间序列很长,那么误差梯度沿着时间点反向传播过程中,会反复用同样的权值矩阵对梯度进行运算,导致误差梯度传播过程中会过度增大或过度衰减,即梯度爆炸或梯度消失,无法进行有效的训练。为此,需要根据具体应用场景采用一系列网络设计和寻优的技巧,例如可以对反向传播的时间进行截断,在误差梯度反向传播过程中进行一定的自适应调整,或引入更“精心设计”的网络结构,如 12.5 节将要讨论的 LSTM,等等。

用 RNN 建立语言模型

除了用于对语音、视频等时间序列数据进行分类判别，RNN 的一个代表性应用是用来建立语言模型。

要用计算机对自然语言进行处理，首先要对语音的基本单位——字和词进行编码。目前最常用的编码方式有两种，一种是"独热"(one-hot)编码：假设在某场景的自然语言中可能用到的单词最多为一千个，我们把所有单词排序构成词典，独热编码就是把每个单词编码成一千维的向量，向量在单词对应位置上的元素取值为1，其余元素取值均为0。

另一种更有效的单词编码方法是，通过对大量文本样本的机器学习来获得单词的词向量表示。其基本思想是，先把单词随机表示为一定维数的数学空间中的实数向量，这个空间的维数通常远小于字典中单词的个数。通过训练样本中单词的上下文来训练每个单词的表示向量，可以在词向量表示中有效刻画训练样本中单词间的使用规律。

最有代表性的词向量学习方法是谷歌公司研究团队发展的 word2vec 方法[①]和 Bengio 等较早提出的神经概率语言模型[②]，因为本书范围所限不对其做深入介绍。这种方法不是单纯给每个单词建立一个对应的数字化表示，由于词向量表示是通过对词在句子中的上下文关系学习形成的，在其中嵌入了一定词义和用法上的信息，在很多应用中比独热编码更有优势。如何用数学方法来描述自然语言一直是语言学和信息科学研究的一个重要方面，感兴趣的读者可以参考有关专著和最新研究动态。

通过独热编码或词向量表示，就可以把任何一个句子表示为词向量的时间序列。

我们可以把这样的时间序列作为 RNN 的输入，把 RNN 设计为每一时刻输出与词向量维数相同的向量。训练时，把训练句子中当前单词作为输入，把下一个单词作为与当前单词对应的预期输出，也就是让神经网络学习根据句子当前位置和当前单词预测句子中下一个单词。经过用大量句子训练之后，RNN 神经网络就从训练的句子中"掌握"了"用词规律"，建立了这种场景下的"语言模型"。

语言模型训练完成后，只给网络输入一个起始单词，网络就能输出一个预测向量。对于独热编码的词向量，预测的词向量通常并不恰好是一个独热编码，我们需要把向量中最大元素对应的词作为输出单词。再用这个单词的词向量作为下一时刻输入，就得到预测出再下一个单词，以此类推，直到 RNN"创作"出一个句子。其中，标点符号可以同样作为"词"进行编码，网络预测的下一个词是句号时句子就结束。通过这种训练，这种神经网络可以达到类似"熟读唐诗三百首、不会作诗也会吟"的效果。为了增加神经网络"创作"出句子的多样性，我们还可以把输出向量不是直接取最大元素，而是再经过软最大运算，用得到的归一化向量的元素作为从词典中选每个词的概率，用这个概率向量对单词进行采样，再构造句子。

实际上，这个过程也不一定需要用一个单词去起始。我们可以把词典中加入一个内容为空的开始符号，用这个符号去起始任何一个句子。

---

① T. Mikolov, K. Chen, Greg Corrado, Jeffrey Dean, Efficient estimation of word representations in vector space, https://arxiv.org/pdf/1301.3781.pdf, 2013.

② Y. Bengio, R. Ducharme, P. Vincent, C. Jauvin, A neural probabilistic language model, *Journal of Machine Learning Research*, 3: 1137-1155, 2003.

循环神经网络语言模型,可以与卷积神经网络配合,实现对图像自动产生自然语言描述。例如,可以先用卷积神经网络对图像进行多层特征提取,产生一个抽象的输出向量,其中包含了图像中的信息。把这个向量作为RNN隐层神经元初始状态,同时用一个起始符号输入给RNN以启动一个句子,按照上面的迭代过程即可产生出描述图像的词组或句子片段。

要实现这样的功能,需要有大量自然语言描述的合适图像样本进行训练,在与训练样本内容和风格相当的测试样本上,可以达到非常好的效果。例如可以产生诸如"A cat is sitting on the bed.""A man is riding a bicycle."之类的对图像的描述。可以想象,这里要同时训练一个卷积神经网络和一个循环神经网络,对网络结构和训练算法的设计和优化有较高要求。当图像内容更复杂时,人们提出了一种具有更复杂结构的CNN-RNN复合神经网络模型,引入所谓的注意力(attention)机制,通过增加一个对应于图像中位置的概率模型,使网络能够在产生句子的不同阶段关注图像中不同位置的信息,从而产生更复杂的文字描述。这样产生的句子,如"A little girl is sitting on the floor with a ball.",看上去更像是神经网络实现了对图像内容的理解。

从类似的思想出发,人们还尝试了很多把多种神经网络模型联合起来实现复杂智能功能的方法,也设计了隐层神经元阵列具有更复杂内部结构的循环神经网络,取得了很多有意义的结果。要使用好这样的方法或设计出更好的方法,需要对神经网络和机器学习其他领域的知识有综合理解和充分经验,同时也需要有足够多且有适当标注的训练样本,以及强大的计算能力。因为篇幅限制和本书的定位,同时也因为这个领域目前仍在快速发展中,我们只对CNN和RNN的基本原理和模型进行介绍,无法把这一领域的最新进展一一呈现。

12.5 长短时记忆模型(LSTM)

循环神经网络中,神经网络按时间进行循环运算与输出。在每一个时刻,神经网络的作用是综合网络当前的输入信息和上一时刻的状态信息,进行非线性加工后产生当前时刻的输出,并传递给下一个时刻,如图12-13(c)所示。其中,神经元状态h_t承担着传承记忆的作用,但这种记忆按照时间序列顺序依次传递,是一种短时记忆。

在自然语言及一些其他类型的时间序列信号中,有些信息在时间序列上的影响不限于相邻的时刻,而是有较长远的影响。例如在一个句子中,从主语名词到句子的核心动词之间可能有多个修饰性的词,对动词起最重要作用的是动作的主语,如果用RNN去建模这样的句子,很难保留前面主语对动词的影响。如果我们把RNN中循环迭代的时间加长,让网络当前状态对后面很多时刻都有影响,就可以使网络能够保持一定的长期记忆,但这样可能导致网络需要传承大量并不重要的记忆,使网络学习负担过重。

为解决这一问题,早在1997年,Hochreiter和Schmidhuber提出了一种长短时记忆模型LSTM(long short-term memory)[①],经过20多年的变化和发展,现在成为应用于自然语言等时间序列数据最有效的神经网络模型之一。

---

① Sepp Hochreiter, Jürgen Schmidhuber, Long short-term memory, *Neural Computation*, 9(8): 1735-1780, 1997.

图12-15给出了目前比较有代表性的LSTM模型的示意图。一个LSTM中有两套随时间传递的状态向量，一是$\boldsymbol{h}_t$，我们称之为隐状态(hidden state)，它与RNN中的神经网络状态类似，LSTM网络把前一时刻的隐状态$\boldsymbol{h}_{t-1}$与当前时刻的输入$\boldsymbol{x}_t$串接起来，组成LSTM当前的集成信号，我们记作$\boldsymbol{s}_t=[\boldsymbol{h}_{t-1},\boldsymbol{x}_t]$；另一套状态向量是$C_t$，我们称之为记忆状态(memory state)①。

彩图12-15

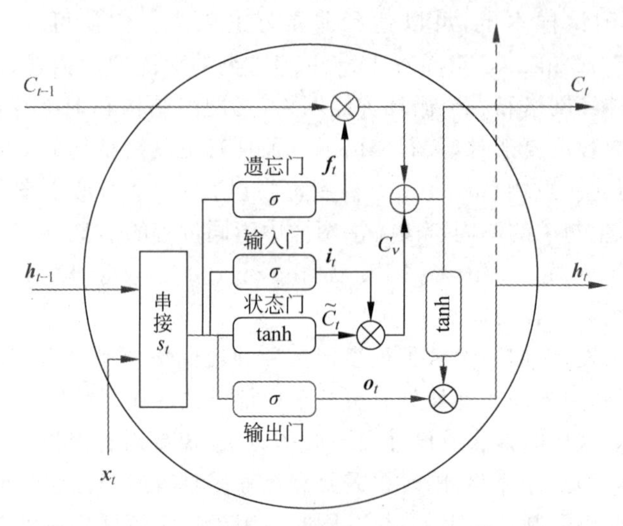

图12-15 长短时记忆LSTM神经网络模型示意图

围绕这两套状态，LSTM网络中有四个控制通道，称作“门”(gate)。其中，LSTM的集成信号$\boldsymbol{s}_t$经过一个采用Sigmoid函数(图中标为“σ”)的“输出门”(output gate)产生一个内部输出向量$\boldsymbol{o}_t=\sigma(W_o\boldsymbol{s}_t+b_o)$，它与当前的记忆状态向量$C_t$经tanh函数变换后将对应元素相乘(按位相乘，记作“⊗”)，产生当前时刻更新的隐状态向量$\boldsymbol{h}_t=\boldsymbol{o}_t\otimes\tanh(C_t)$，传给下一时刻，同时传给当前时刻的输出(如果有的话)。

另外三个控制门都与记忆有关，下面我们逐一说明：

首先，上一时刻LSTM网络的记忆状态C_{t-1}传递到当前时刻，当前时刻的信号经过一个带有Sigmoid函数的“遗忘门”(forget gate)产生一个遗忘向量$\boldsymbol{f}_t=\sigma(W_f\cdot\boldsymbol{s}_t+b_f)$，其中$W_f$是遗忘门的权值矩阵，$b_f$是遗忘门中的常数偏置项。

遗忘向量与上一时刻传来的记忆状态向量进行按位相乘，以实现对过去记忆中某些部分进行遗忘，得到在当前起作用的历史记忆。这个历史记忆与来自当前的新记忆向量C_v(英文读作“C new”)进行对应元素加和(按位相加，记作“⊕”)，产生更新后的记忆状态向量$C_t=(\boldsymbol{f}_t\otimes C_{t-1})\oplus C_v$，它一方面传递给下一时刻，另一方面经过tanh函数作用于当前的内部输出向量$\boldsymbol{o}_t$，产生当前的隐状态向量$\boldsymbol{h}_t$。

当前的新记忆向量$C_v=\boldsymbol{i}_t\otimes\hat{C}_t$由两个控制通道决定，一个是集成信号$\boldsymbol{s}_t$经过tanh后的输出，相当于基本的RNN中的当前状态，记作$\hat{C}_t=\tanh(W_c\boldsymbol{s}_t+b_c)$(文献中对这个门没有给出专门的名字，方便起见我们也可以叫它“内部状态门”)；另一个是带有Sigmoid函数的

① LSTM最早的文献把记忆部分称作LSTM的“细胞”(cell)，隐状态并没有给出专门的名字，我们这里把它们分别称作记忆状态和隐状态，以方便讨论。

"输入门"(input gate),它的作用类似于遗忘门对历史记忆的控制,得到输入控制向量 $\boldsymbol{i}_t=\sigma(W_i\cdot\boldsymbol{s}_t+b_i)$,其中 W_i 是输入门的权值矩阵,b_i 是输入门中的常数偏置项。输入控制向量 $\boldsymbol{i}_t$ 与当前状态向量 $\hat{C}_t$ 进行按位相乘,控制其中哪些部分以多大的强度构成新记忆向量 C_v,与经过一定遗忘后的历史记忆按位相加后更新为当前的历史记忆 C_t。

LSTM 的训练过程与基本的 RNN 相同,可以通过误差的时间反向传播算法进行。在基本 RNN 的训练中,如果时间序列非常长,由于误差梯度在反向传播中反复与权值矩阵相乘,可能导致梯度消失或梯度爆炸问题。但在 LSTM 中,在整个时间过程中延续的记忆状态向量为误差梯度提供了一条反向传播的"高速公路",误差梯度不经过权值矩阵相乘一直向回传递,直到遇到某个时刻的遗忘向量取值为零,则在此中断记忆状态向量中对应元素位置的反向传播。

LSTM 在基本的循环神经网络基础上加入了能够跨时间单元传递的记忆通道,这一点与卷积神经网络中 ResNet 或 DenseNet 的思想具有一定的共性。

12.6 自编码器、限制性玻尔兹曼机与深度信念网络

12.6.1 自编码器

既然多层感知器可以实现从输入到输出的任意映射,那么是否可以把网络的输出与输入设为相同,让网络实现自己到自己的映射?

如果神经网络的隐节点维数与输入维数相同甚至比输入更高,这种自我映射通常并没有什么意义。但是,如果隐层维数低于输入维数,如图 12-16 所示,这种映射就实现了对样本中信息的压缩,高维信息在通过隐节点的低维表示后仍能够还原出原来的高维信息。

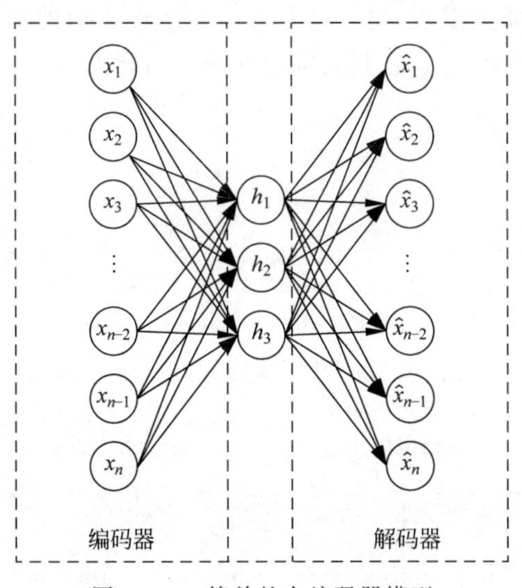

图 12-16 简单的自编码器模型

这种实现自我映射的多层感知器结构称作自编码器(auto-encoder,AE)。其中,隐层节点输出可以看作是对输入的一种编码,所以从输入层到隐层的网络被称作编码器(encoder),而从隐层到输出层的网络被称作解码器(decoder)。写成数学形式,自编码器就是通过编码器与解码器两个函数实现从自己到自己的映射:

$$g(f(\boldsymbol{x}))=\boldsymbol{x} \tag{12-13}$$

其中 $f(\boldsymbol{x})$是隐层的输出,也就是编码器对样本的降维表示(编码),$g(\cdot)$实现从编码恢复出原输入信号,即解码。

自编码器训练的目标函数可以设为最小化输出与输入的误差平方和,即

$$\min L(\boldsymbol{x},g(f(\boldsymbol{x})))=\frac{1}{N}\sum_{i=1}^{N}\|g(f(\boldsymbol{x}_i))-\boldsymbol{x}_i\|^2 \tag{12-14}$$

经过适当训练后,可以得到对原样本恢复误差最小的降维表示 $f(\boldsymbol{x})$。

可以证明,对图 12-16 所示的自编码器,如果节点传递函数都采用线性函数,即 $f(\cdot)$和 $g(\cdot)$均为线性函数,则自编码器等价于对样本进行主成分分析。通过以输出端误差平方和最小的目标去训练线性函数的权值,隐层得到的对样本的编码就是样本集的前几个主成分。

当采用如 Sigmoid 的非线性传递函数时,自编码器实现的是对样本的非线性特征提取,也就是在中间层得到对高维样本的一种非线性降维表示,也可以看作是用神经网络实现非线性主成分分析[①]。学习的算法仍然可以采用误差反向传播算法,把输出与输入之间的误差(式(12-14))作为最小化的目标,利用链式求导规则把误差反向传播到解码器和编码器的权值,通过梯度下降法进行优化。由于自编码器的学习中不包含对样本的分类或其他特性的预测,所以自编码器属于一种非监督学习模型。

很多情况下,高维样本在其所在的空间中可能存在一定的低维分布流形[②],如图 12-17 的例子所示。这种情况下,我们希望自编码器得到的隐层节点能反映数据中的这种内在低维关系。但实际上,人们研究发现,对于具有复杂非线性流形的数据,这种简单的自编码器难以学习到这种复杂的流形结构,它对高维数据的表示能力与 PCA 接近。

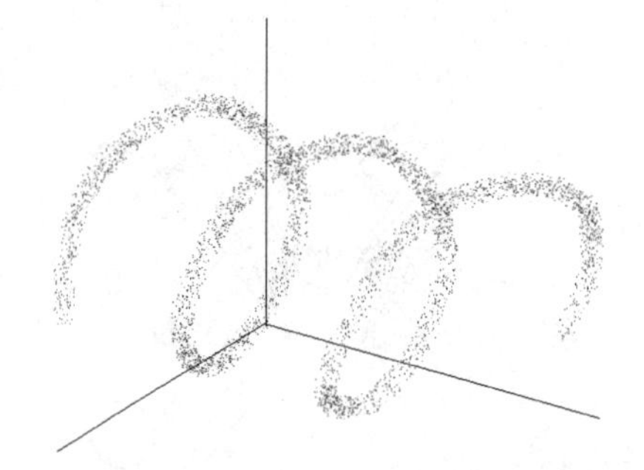

图 12-17 三维空间中分布在一个一维流形上的样本示意图

① M. A. Kramer, Nonlinear principal component analysis using autoassociative neural networks, *AIChE Journal*, 37(2): 233-243, 1991.

② 流形(manifold),可以粗略地理解为具有一定局部拓扑关系的点的集合,例如三维空间中沿某条曲线分布的一些点,虽然都是三维空间中的点,但它们位于沿该曲线的一维流形上。

简单自编码器难以有效学习到复杂的非线性流形的一个主要原因是，编码器和解码器各自只有一层求和非线性单元，实现复杂映射的能力很弱。我们可以尝试通过增加隐层来构造多层的自编码器来解决这个问题，如采用图 12-18 所示的含有三个隐层的网络，用中间隐层(瓶颈层)节点的输出作为对样本的低维表示即编码。

自编码器有多个不同的变种，包括稀疏自编码器(sparse AE)、去噪自编码器(denoising AE)、收缩自编码器(contractive AE)等。

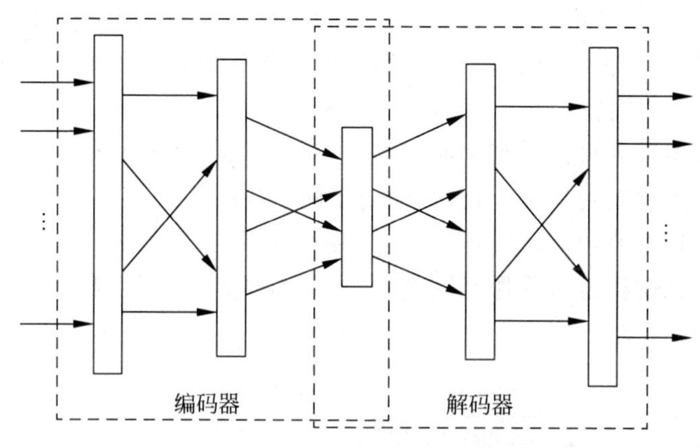

图 12-18 一个多层自编码器的示意图

12.6.2 用多层自编码器构造深度神经网络

实际上，多数情况下我们对用自编码器恢复输入信号并没有兴趣，感兴趣的是自编码器得到的隐层编码，它可以作为从原样本中提取出的特征，利用这些特征去进行分类、预测等任务。也就是说，自编码器只是为了学习对原样本的新表示，这种新的表示可以更好地捕捉高维数据中内在的低维流形，在模式识别等任务中可以比原特征更有效。

随着多种深度神经网络方法的发展，人们对很多神经网络的应用不再是直接用网络完成最终任务，而是通过神经网络学习得到对样本更有效的特征表示，这一类做法通常也称作表示学习(representation learning)。

虽然理论上已经证明，一个含单个隐层的多层感知器可以实现任意形状的分类区域划分，但要在高维空间中实现复杂的区域划分，往往需要很多隐层节点，导致网络权值的搜索空间非常大。如果增加神经网络层数，每层隐节点数目并不需要很多，就能实现单隐层情况下需要大量节点才能实现的函数，这就是深度神经网络的基本思想。

前面几节的讨论中我们多次提到，当神经网络层数增多后，虽然仍然可以用误差反向传播算法去训练，但由于梯度传递层数多，如果对网络或算法没有恰当的设计，训练效果往往不理想。经常遇到的问题是，如果初始权值设置比较大，神经网络很容易陷入不好的局部极小点；而如果用小的权值初值，则误差梯度传到前面层时可能会很小，难以有效训练。除非权值初值非常接近最优解，否则直接使用反向传播算法训练多层的神经网络难以取得理想效果。

前面几节介绍的卷积神经网络、循环神经网络等，都可以看作是针对特定任务采用特殊设计的深度神经网络。由于采用了特殊的设计，巧妙地解决了全连接的深度神经网络训练困难的问题。如果要设计通用的全连接的深度神经网络，需要找到有效的训练方法。其中，一种有效的方法是用自编码器帮助构造深度神经网络。

图12-19示意了通过搭建多层的自编码器来构造和逐层训练全连接深度神经网络的一种直观的方法。其基本做法是：(1)先构造一个编码器和解码器都只有一层的简单自编码器网络，用输出与输入的误差作为训练的目标，可以采用较多的隐层节点以保留样本中的更多信息。(2)把训练好的简单自编码器的解码器层去掉，用隐层作为对输入样本的第一层特征提取，在后面再接一个新的简单编码器进行训练，训练完成后再把解码器层去掉，得到新的特征提取。(3)以此类推，可以一步一步增加新的编码器层，就构造出一个深度的多层感知器，对输入样本多级的特征提取，最后增加一个用于分类或实现其他预测的输出层，用最小化分类或预测错误作为目标对整个网络进行误差反向传播训练。虽然这时误差的梯度仍然需要经过多次传播才能到达各个权值，但由于网络各层都已经过了前面的逐层训练，为最后的训练提供了比较好的初值，最后训练比直接从随机初值开始有更大机会很快收敛到较好的解。最后的训练过程也被称作对网络的微调，而微调之前逐级训练自编码器的过程也被称作多层网络的预训练。

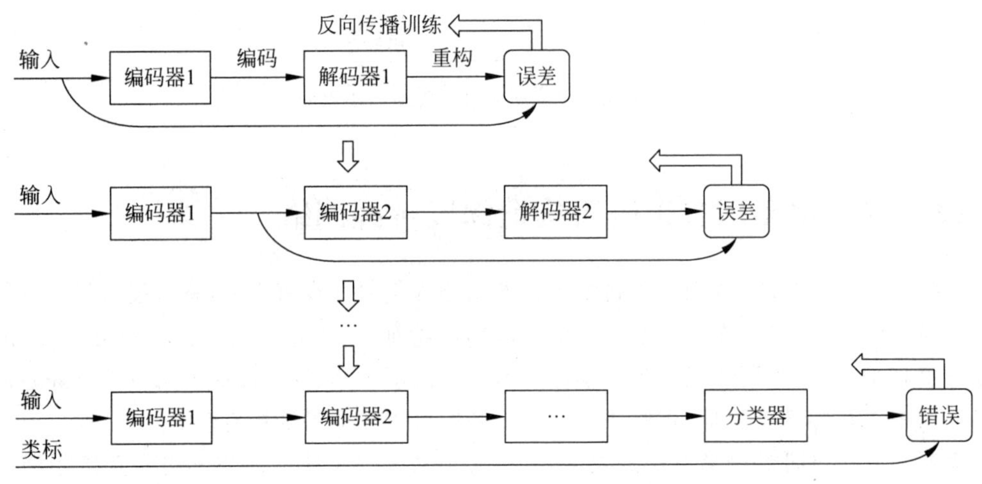

图12-19 用自编码器逐层训练和构造深度神经网络

实验表明，用逐层训练自编码器的方法进行全连接深度神经网络训练，比直接采用误差反向传播算法进行训练能达到更好的分类或预测性能。

但是，这种用恢复信号自身作为目标的逐层训练方法也存在一定的问题，就是以每个简单自编码器能最好恢复自身信号为目标得到的权值，并无法保证一定收敛到有利于最后用多层网络分类的最优解附近，有可能把搜索空间引导到不利的局部极小点。

12.6.3 限制性玻尔兹曼机(RBM)

在绪论中讲过，"模式"是对象的构成成分之间某种规律性关系。不管是图像、语音还是其他更复杂的研究对象，我们能把个体归类，就是因为属于同一类的个体在其构成成分上满足一些共性关系。当这种关系完全确定时，我们可以用基于知识的方法，设计出刻画这些关系的规则，利用规则推理方法进行识别和判断；而模式识别和机器学习研究的对象，是这种关系存在但无法完全确定。例如所有人的人脸图像上眼睛、鼻子、嘴等基本元素都满足一定的规律性关系，但我们又无法确切和准确地描述这些关系。卷积神经网络利用卷积核识别图像中的局部规律，利用卷积核的平移和汇集来考虑规律的空间位置不变性，通过多个交替的卷积、汇集层实现对图像中规律的多层次提取。卷积神经网络对于图像这种存在重要局部特征的对象非常适合，但如果研究对象的元素之间的规律性关系并非仅存在于局部，则很难用卷积核来进行学习，需要使用全连接网络。

Hopfield 网络实际上是用一个全连接图来刻画对象所有部分（输入向量的所有元素）之间可能的关系，通过 Hebb 律学习，把训练样本中各元素间的关系存储在训练好的连接权值中，从而在只给出样本的一部分元素作为输入时，网络能够“记忆”出训练样本中最接近的样本，实现基于部分内容的联想记忆，即内容检索的记忆。因此，Hopfield 网络可以看作是对样本元素之间关系的一种建模。

用在对象若干变量上的限制条件描述一组具有同质性的对象的集合，在数学上称作是约束满足问题（constraint satisfaction problem），其中满足条件的对象也被称作满足解。当研究对象的变量取值或关系存在很强约束条件时，人们把这些条件写成规则，通过搜索来寻找满足解。当对象存在很多变量、变量之间的关系存在很多弱约束时，基于规则的搜索很难奏效。用概率模型去描述这种对象成为主要的选择。

对于由单个或较少特征来表示的对象，我们可以用特征变量的概率密度函数来描述一组对象，例如用一个正态分布来近似描述学生的身高。当特征之间存在相关关系时，可以用联合概率密度来描述，但多变量联合概率密度估计通常情况下是一个非常复杂的问题。第 4 章中讨论的贝叶斯网络，是把特征之间的概率依赖关系构建成贝叶斯网络模型，利用模型来进行联合概率密度的估计，在此基础上完成其他推断任务。但要建立这种概率依赖关系，通常需要较强的先验知识，或者在特征数目较少时可以尝试采用结构学习方法确定贝叶斯网络模型，但对于复杂又缺乏充分的先验知识的问题来说，建立贝叶斯网络模型非常困难。

当特征变量的维数很高并且存在复杂相关关系时，需要寻找更灵活的模型来刻画变量之间的关系。Hopfield 网络实际上就是用特征变量之间全连接的模型来描述这种关系，如果两个变量在训练样本中同时为 1 或同时为 0 的比例非常高，对应的节点之间的连接权值就会加强。下面要讨论的限制性玻尔兹曼机模型是在此基础上发展起来的一种更有效的模型。

玻尔兹曼机

从自编码器和其他表示学习的研究中我们可以看到，变量之间的依赖关系可能不是直接的，而是通过某些未知的隐含变量发生的。在 20 世纪 80 年代，Hinton 等利用统计物理中的玻尔兹曼分布构造了一种称作玻尔兹曼机（Boltzmann machines）的神经网络模型①，把样本的特征变量表示为网络的输入节点，引入隐节点，在输入节点和隐节点之间建立全连接

---

① G. E. Hinton & T. J. Sejnowski, Analyzing cooperative computation, *Proceedings of the Fifth Annual Conference of the Cognitive Science Society*, Rochester, NY, May 1983.

S. E. Fahlman, G. E. Hinton & T. J. Sejnowski, Massively parallel architectures for AI: NETL, Thistle, and Boltzmann Machines, *Proceedings of the AAAI-83 Conference*, Washington D. C., Aug. 1983.

的边，边的权值代表节点之间的连接强度，如图12-20所示。

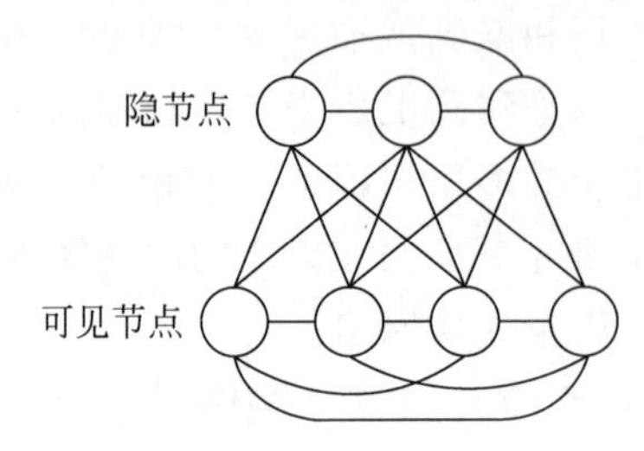

图12-20 玻尔兹曼机

因为样本特征变量的取值是可以观测的，所以它们对应的节点称作可见节点。可见节点和隐节点的取值组合构成了玻尔兹曼机的状态。与Hopfield网络类似，对应于每个状态可以定义系统的能量，在能量函数基础上定义的玻尔兹曼分布刻画了每个状态的概率。

基本的玻尔兹曼机是定义在二值特征上的，例如像素值为0或1的黑白图像。我们把所有可见节点取值记作二值向量$\boldsymbol{x}$；隐节点也设为二值节点，它们的取值记作二值向量$\boldsymbol{h}$。我们用$E(\boldsymbol{x})$来表示当可见节点取值为向量$\boldsymbol{x}$时系统的能量，$\boldsymbol{x}$的概率与能量的关系为：

$$p(\boldsymbol{x})=\frac{\mathrm{e}^{-E(\boldsymbol{x})}}{Z} \tag{12-15}$$

这是一个玻尔兹曼分布[①]，其中归一化因子Z为系统所有可能状态的能量之和，即

$$Z=\sum_{x}\mathrm{e}^{-E(\boldsymbol{x})} \tag{12-16}$$

可见节点向量$\boldsymbol{x}$可能对应多种隐节点向量$\boldsymbol{h}$，因此能量$E(\boldsymbol{x})$需考虑所有可能隐节点向量取值，即

$$E(\boldsymbol{x})=-\log\sum_{h}\mathrm{e}^{-E(\boldsymbol{x},\boldsymbol{h})} \tag{12-17}$$

对可见节点向量$\boldsymbol{x}$和隐节点向量$\boldsymbol{h}$，系统的能量定义为它们的二次函数

$$E(\boldsymbol{x},\boldsymbol{h})=-\boldsymbol{c}^{\mathrm{T}}\boldsymbol{x}-\boldsymbol{b}^{\mathrm{T}}\boldsymbol{h}-\boldsymbol{h}^{\mathrm{T}}\boldsymbol{W}\boldsymbol{x}-\boldsymbol{x}^{\mathrm{T}}\boldsymbol{U}\boldsymbol{x}-\boldsymbol{h}^{\mathrm{T}}\boldsymbol{V}\boldsymbol{h} \tag{12-18}$$

其中，$\boldsymbol{b}$和$\boldsymbol{c}$分别为隐节点和可见节点的偏置参数，在函数中发挥对每个节点的阈值作用；$\boldsymbol{W}$是可见节点和隐节点之间的连接权值矩阵，$\boldsymbol{U}$和$\boldsymbol{V}$分别是可见节点和隐节点各自内部的连接权值矩阵。

限制性玻尔兹曼机（RBM）

这种全连接的玻尔兹曼机模型，理论上可以用来描述样本特征中很复杂的概率关系，但估计其参数非常困难。1986年，Smolensky提出了一种称作和谐网络（harmony network或harmoniums）的模型，对用它描述高维数据进行了深入的理论研究[②]。和谐模型把玻尔兹曼

① 玻尔兹曼分布（Boltzmann distribution），是由Ludwig Boltzmann在1868年研究气体热平衡的统计力学时提出的，1902年Josiah W. Gibbs系统研究了它的一般形式，也称作吉布斯分布（Gibbs distribution）。

② Paul Smolensky, Information processing in dynamical systems: foundations of harmony theory, in David E. Rumelhart & James L. McClelland (eds), *Parallel Distributed Processing: Explorations in the Microstructure of Cognition*, Vol. 1: Foundations, pp. 194-281, Jan. 1986.

机中的可见节点称作表示节点，隐节点称作知识节点，它们之间有完全的互相连接，但可见节点之间不连接，隐节点之间也不连接。这样，模型就比玻尔兹曼机大大简化，在给定可见节点即训练样本的情况下，隐节点之间条件独立。

Hinton 等对和谐模型进行了系统的发展，并称之为限制性玻尔兹曼机（restricted Boltzmann machines，RBM），意指这个模型是把玻尔兹曼机中的连接限制在可见层和隐层之间，取消了可见层和隐层各自内部的连接，如图 12-21 所示。这就是在机器学习中有重要影响的 RBM 模型。

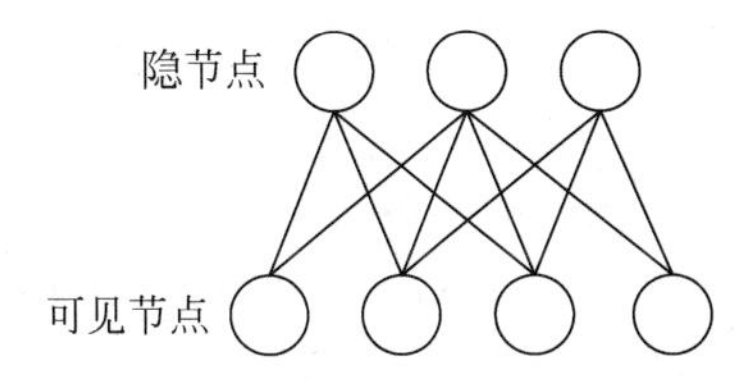

图 12-21 限制性玻尔兹曼机（RBM）

由于引入了对同层节点间没有连接的限制，RBM 模型的能量函数形式比式（12-18）得到了很大简化，成为

$$E(\boldsymbol{x},\boldsymbol{h}) = -\boldsymbol{c}^{\mathrm{T}}\boldsymbol{x} - \boldsymbol{b}^{\mathrm{T}}\boldsymbol{h} - \boldsymbol{h}^{\mathrm{T}}\boldsymbol{W}\boldsymbol{x} \tag{12-19}$$

我们把限制性玻尔兹曼机即 RBM 网络的模型完整地描述如下：

一个 RBM 网络，是由两部分二值随机节点和它们之间的连接组成的无向二分图。输入节点即可见节点记作 $\boldsymbol{x}\in\{0,1\}^D$，隐层节点记作 $\boldsymbol{h}\in\{0,1\}^H$，它们的联合概率为

$$p(\boldsymbol{x},\boldsymbol{h}) = \mathrm{e}^{-E(\boldsymbol{x},\boldsymbol{h})}/Z \tag{12-20}$$

其中 Z 为归一化因子，也称作配分函数（partition function）：

$$Z = \sum_{\boldsymbol{x},\boldsymbol{h}} \mathrm{e}^{-E(\boldsymbol{x},\boldsymbol{h})} \tag{12-21}$$

$E(\boldsymbol{x},\boldsymbol{h})$为对应于输入节点 $\boldsymbol{x}$ 和隐节点 $\boldsymbol{h}$ 的能量，定义为

$$E(\boldsymbol{x},\boldsymbol{h}) = -\boldsymbol{h}^{\mathrm{T}}\boldsymbol{W}\boldsymbol{x} - \boldsymbol{c}^{\mathrm{T}}\boldsymbol{x} - \boldsymbol{b}^{\mathrm{T}}\boldsymbol{h} = -\sum_j\sum_k W_{j,k}h_jx_k - \sum_k c_kx_k - \sum_j b_jh_j \tag{12-22}$$

其中的参数为 $\theta=\{\boldsymbol{W},\boldsymbol{c},\boldsymbol{b}\}$，$\boldsymbol{W}$ 为隐节点与输入节点之间的连接权值矩阵，$\boldsymbol{c}$，$\boldsymbol{b}$ 分别为输入节点和隐节点的偏置参数。

RBM 模型可以用来描述复杂数据内部的概率关系。在确定了模型参数的情况下，给定输入数据，可以用模型得到最大概率的隐节点状态；反之，给定隐节点状态，可以产生最大可能的可见节点值，即产生最可能的样本。因此，RBM 模型是一种生成模型（generative model），它试图通过模型结构和参数来反映样本数据背后的生成规律。

把式（12-22）代入到式（12-20）中，可得输入节点和隐节点的联合概率密度函数为

$$\begin{aligned} p(\boldsymbol{x},\boldsymbol{h}) &= \frac{\mathrm{e}^{-E(\boldsymbol{x},\boldsymbol{h})}}{Z} = \frac{1}{Z}\exp\Big(\sum_j\sum_k W_{j,k}h_jx_k + \sum_k c_kx_k + \sum_j b_jh_j\Big) \\ &= \frac{1}{Z}\prod_j\prod_k \exp(W_{j,k}h_jx_k)\prod_k \exp(c_kx_k)\prod_j \exp(b_jh_j) \end{aligned} \tag{12-23}$$

其中，h_j 和 x_k 分别表示隐层第 j 个节点和输入层第 k 个节点。

由于 $\boldsymbol{x}$ 的概率可以被分解成多个子函数的乘积，每个子函数对应一个隐节点，这种模型早期被称作“专家乘积”（product of experts）模型，每个子函数看作是对 $\boldsymbol{x}$ 进行计算的一

个专家，和谐网络模型中称之为对样本的一种知识。

根据式(12-23)，可以得到给定 $\boldsymbol{x}$ 下 $\boldsymbol{h}$ 的条件概率

$$p(\boldsymbol{h} \mid \boldsymbol{x})=\frac{p(\boldsymbol{x},\boldsymbol{h})}{p(\boldsymbol{x})}=\frac{1}{Z'}\prod_j\prod_k \exp(\boldsymbol{W}_{j,k}h_j x_k)\prod_j \exp(b_j h_j)=\frac{1}{Z'}\prod_j \exp(b_j h_j+h_j\boldsymbol{W}_{j.}\boldsymbol{x}) \tag{12-24}$$

其中，Z'是归一化因子，$\boldsymbol{W}_{j.}$表示权值矩阵中第 j 个行向量。

由于 $\boldsymbol{h}$ 的元素为二值节点，我们可以方便地对每个隐节点的概率进行归一化：

$$\begin{aligned}P(h_j=1 \mid \boldsymbol{x})&=\frac{P(h_j=1 \mid \boldsymbol{x})}{P(h_j=0 \mid \boldsymbol{x})+P(h_j=1 \mid \boldsymbol{x})}\\&=\frac{\exp(b_j+\boldsymbol{W}_{j.}\boldsymbol{x})}{\exp(0)+\exp(b_j+\boldsymbol{W}_{j.}\boldsymbol{x})}=\frac{\exp(b_j+\boldsymbol{W}_{j.}\boldsymbol{x})}{1+\exp(b_j+\boldsymbol{W}_{j.}\boldsymbol{x})}\end{aligned} \tag{12-25}$$

即

$$P(h_j=1 \mid \boldsymbol{x})=\operatorname{sigm}(b_j+\boldsymbol{W}_{j.}\boldsymbol{x}) \tag{12-26}$$

同理可得

$$P(h_j=0 \mid \boldsymbol{x})=1-\operatorname{sigm}(b_j+\boldsymbol{W}_{j.}\boldsymbol{x})=\operatorname{sigm}(-b_j-\boldsymbol{W}_{j.}\boldsymbol{x}) \tag{12-27}$$

这里 sigm(・)为 Sigmoid 函数。

可以把式(12-26)和式(12-27)合并到一个统一的公式中，即

$$p(\boldsymbol{h}|\boldsymbol{x})=\prod_j p(h_j|\boldsymbol{x})=\prod_j \operatorname{sigm}((2h_j-1)(b_j+\boldsymbol{W}_{j.}\boldsymbol{x})) \tag{12-28}$$

类似地，我们也可以得到给定 $\boldsymbol{h}$ 下 $\boldsymbol{x}$ 的条件概率为：

$$p(\boldsymbol{x}|\boldsymbol{h})=\prod_k p(x_k|\boldsymbol{h})=\prod_k \operatorname{sigm}((2x_k-1)(c_k+\boldsymbol{h}\boldsymbol{W}_{.k})) \tag{12-29}$$

在已知模型参数的情况下，利用式(12-28)、式(12-29)这两个条件概率，在给定样本下，可以用采样的办法得到隐节点向量值的实例；在给定隐节点向量情况下，可以采样得到生成样本实例。

RBM 参数学习

如何确定 RBM 模型的参数？

答案是：用样本进行学习。

在第 3 章中我们介绍了概率密度函数的基本方法，在已知概率密度函数形式的情况下，可以采用最大似然法根据已知样本对概率密度函数进行参数估计。第 4 章中我们介绍了隐马尔可夫模型和贝叶斯网络这种比较复杂的概率模型的参数学习方法。RBM 模型也是一种概率模型，我们同样可以用样本来估计 RBM 模型的参数，这就是 RBM 网络的学习，或者称作对 RBM 网络的训练。

在 RBM 模型中，式(12-23)给出了可见节点与隐节点的联合概率密度函数，样本 $\boldsymbol{x}$ 出现的概率是对所有可能隐节点状态求 $\boldsymbol{x}$ 的边缘分布，即

$$P(\boldsymbol{x};\boldsymbol{\theta})=\sum_h p(\boldsymbol{x},\boldsymbol{h})=\sum_h \mathrm{e}^{-E(\boldsymbol{x},\boldsymbol{h})}/Z \tag{12-30}$$

其中，$\boldsymbol{\theta}=\{\boldsymbol{W},\boldsymbol{c},\boldsymbol{b}\}$代表模型中的全部参数。

如果模型参数已知，可以用式(12-30)计算任一个样本出现的概率。在用训练样本对模

型进行训练时，样本是已知的，参数是未知的。与第3、4章讲的最大似然估计原理相同，我们把未知参数看作变量，式(12-30)就成了参数$\boldsymbol{\theta}$的似然函数，它反映了在不同参数取值下观察到样本$\boldsymbol{x}$的可能性。我们可以用最大似然估计的思想来估计未知参数，即，求参数$\boldsymbol{\theta}$，使在训练样本上的似然函数值最大：

$$\boldsymbol{\theta}^* = \arg\max_{\boldsymbol{\theta}} P(\boldsymbol{x};\boldsymbol{\theta}) \tag{12-31}$$

可惜的是，RBM网络的似然函数形式复杂，无法直接求最优，需要迭代求解最优参数。

为了与其他机器学习方法最小化损失函数的做法相一致，我们把式(12-31)最大化似然函数的目标等价地写成最小化负对数似然函数的目标，即

$$\boldsymbol{\theta}^* = \arg\min_{\boldsymbol{\theta}}(-\log P(\boldsymbol{x})) \tag{12-32}$$

其中，为简化起见我们把$P(\boldsymbol{x};\boldsymbol{\theta})$写成$P(\boldsymbol{x})$。

仍然采用梯度下降法的基本思路，我们求负对数似然函数对参数的梯度：

$$\begin{aligned}\frac{\partial(-\log P(\boldsymbol{x}))}{\partial\boldsymbol{\theta}} &= \frac{\partial\left(-\log\sum_{h}\mathrm{e}^{-E(\boldsymbol{x},\boldsymbol{h})}+\log\sum_{\boldsymbol{x},\boldsymbol{h}}\mathrm{e}^{-E(\boldsymbol{x},\boldsymbol{h})}\right)}{\partial\boldsymbol{\theta}}\\ &= \frac{1}{\sum_{h}\mathrm{e}^{-E(\boldsymbol{x},\boldsymbol{h})}}\sum_{h}\mathrm{e}^{-E(\boldsymbol{x},\boldsymbol{h})}\frac{\partial E(\boldsymbol{x},\boldsymbol{h})}{\partial\theta}-\frac{1}{\sum_{x,h}\mathrm{e}^{-E(\boldsymbol{x},\boldsymbol{h})}}\sum_{x,h}\mathrm{e}^{-E(\boldsymbol{x},\boldsymbol{h})}\frac{\partial E(\boldsymbol{x},\boldsymbol{h})}{\partial\theta}\\ &= \sum_{h}p(\boldsymbol{h}\mid x)\frac{\partial E(\boldsymbol{x},\boldsymbol{h})}{\partial\boldsymbol{\theta}}-\sum_{\boldsymbol{x},\boldsymbol{h}}p(\boldsymbol{x},\boldsymbol{h})\frac{\partial E(\boldsymbol{x},\boldsymbol{h})}{\partial\boldsymbol{\theta}}\end{aligned} \tag{12-33}$$

即

$$\frac{\partial(-\log P(\boldsymbol{x}))}{\partial\boldsymbol{\theta}} = \mathbb{E}_{P(\boldsymbol{h}|x)}\frac{\partial E(\boldsymbol{x},\boldsymbol{h})}{\partial\boldsymbol{\theta}}-\mathbb{E}_{P(\boldsymbol{x},\boldsymbol{h})}\frac{\partial E(\boldsymbol{x},\boldsymbol{h})}{\partial\boldsymbol{\theta}} \tag{12-34}$$

要最小化负对数似然函数，就是要沿这个梯度的负方向对参数进行调整。

式(12-34)的梯度可以从直观上进行认识：公式右边的两项都是能量对参数的梯度在某个分布上的期望。能量梯度方向是能量增大即概率减小的方向，其负方向就是概率增大的方向。式(12-34)右边第一项是能量梯度在训练样本对应状态上的期望，沿它的负方向调整参数，将使模型对训练样本的似然度增大；右边第二项是能量梯度对所有可能样本和所有可能状态的期望，也就是梯度在整个问题空间中的期望，沿这个梯度的反方向调整参数，将使模型对空间中任意样本的似然度都最大。右边第二项在总梯度中是负项，即当我们沿总梯度的负方向调整参数时，第一项的存在是使模型向增加训练样本似然度的方向调整，第二项的存在是使模型的调整朝向减小对空间中任意样本的似然度。

把(12-19)代入式(12-34)中，可得：

在训练时刻t，训练样本为$\boldsymbol{x}(t)$，目标函数对各个参数的梯度分别为

$$\frac{\partial(-\log P(\boldsymbol{x}))}{\partial\boldsymbol{W}} = -\mathbb{E}_{h}(\boldsymbol{h}(\boldsymbol{x}(t))^{\mathrm{T}}\boldsymbol{x}(t))+\mathbb{E}_{x,h}\boldsymbol{h}^{\mathrm{T}}\boldsymbol{x} \tag{12-35a}$$

$$\frac{\partial(-\log P(\boldsymbol{x}))}{\partial\boldsymbol{c}} = -\boldsymbol{x}(t)+\mathbb{E}_{\boldsymbol{x},\boldsymbol{h}}\boldsymbol{x} \tag{12-35b}$$

$$\frac{\partial(-\log P(\boldsymbol{x}))}{\partial\boldsymbol{b}} = -\mathbb{E}_{h}\boldsymbol{h}(\boldsymbol{x}(t))+\mathbb{E}_{\boldsymbol{x},\boldsymbol{h}}\boldsymbol{h} \tag{12-35c}$$

这里，我们把期望$\mathbb{E}_{P(\boldsymbol{h}|x)}$简写为$\mathbb{E}_{\boldsymbol{h}}$，把期望$\mathbb{E}_{P(\boldsymbol{x},\boldsymbol{h})}$简写为$\mathbb{E}_{\boldsymbol{x},\boldsymbol{h}}$。

有了目标函数对这三组参数的梯度方向，在训练中每一步按它们的负方向调整参数，即可完成RBM模型的参数学习。

RBM训练的CD算法

式(12-35)给出的梯度并不容易计算，因为其中需要求两个期望值。其中，$\mathbb{E}_{\boldsymbol{h}}()$可以在当前数据$\boldsymbol{x}(t)$下根据式(12-28)的条件概率$p(\boldsymbol{h}|\boldsymbol{x})$求得，但如何估计模型对所有可能样本和可能状态的期望$\mathbb{E}_{\boldsymbol{x},\boldsymbol{h}}()$？

这个问题被称作是不可解的配分函数(intractable partition function)问题，无法求到解析解。求解这类问题的基本方法是，不试图去求期望，而是通过随机抽样获得适当的点估计，用点估计来替代期望。其严格的数学表述和分析超出了本书的范围，我们在此只从直观上介绍一下算法的基本思想，感兴趣的读者可以参考有关马尔可夫链蒙特卡洛(MCMC)和吉布斯采样(Gibbs sampling)的相关理论著作和文献。

$\mathbb{E}_{\boldsymbol{h}}()$是在当前样本下对隐节点状态分布求期望，我们可以用(12-28)的条件概率生成一个最大概率的$\boldsymbol{h}$，即用当前训练样本下最可能的隐节点状态向量作为对$\boldsymbol{h}$的期望。如果用同样的思路用单个样本估计期望$\mathbb{E}_{\boldsymbol{x},\boldsymbol{h}}()$，我们需要得到该问题空间中"有代表性的"可见节点和隐节点状态，根据吉布斯采样的相关理论，可以用下述蒙特卡洛迭代的方式来对状态空间进行采样。

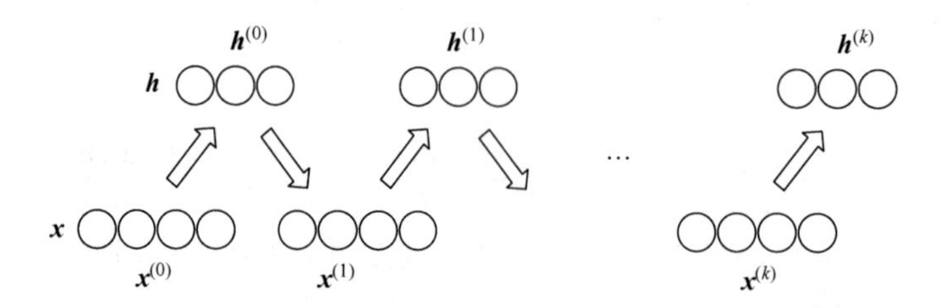

图12-22　RBM网络的蒙特卡洛采样(交替吉布斯采样)

如图12-22所示，首先把当前时刻训练样本$\boldsymbol{x}(t)$作为RMB网络的输入向量，记作$\boldsymbol{x}^{(0)}$，获得当前模型下最可能的隐节点向量$\boldsymbol{h}^{(0)}$，用$\boldsymbol{h}^{(0)}$根据式(12-29)获得当前隐节点下最可能的可见节点向量$\boldsymbol{x}^{(1)}$，再用$\boldsymbol{x}^{(1)}$获得$\boldsymbol{h}^{(1)}$，以此类推。当按照最大条件概率进行无穷多次这样的交替采样后，就可以得到能够代表系统平衡状态的$(\boldsymbol{x},\boldsymbol{h})$组合，可以用它计算对期望的估计。

在实际问题中，要通过交替采样达到平衡态，需要非常庞大的计算，而且也很难判断是否达到了平衡态。因此人们常常设定一个交替采样的次数k，用进行k步交替采样后得到的可见节点和隐节点状态$(\tilde{\boldsymbol{x}},\tilde{\boldsymbol{h}})$上的值作为对期望$\mathbb{E}_{\boldsymbol{x},\boldsymbol{h}}()$的估计。令人惊奇的是，在RBM网络的学习中，只需$k=1$即可得到比较理想的效果，即只进行一轮交替采样，用$\tilde{\boldsymbol{x}}=\boldsymbol{x}^{(1)}$和$\tilde{\boldsymbol{h}}=\boldsymbol{h}^{(1)}$作为对训练集样本之外可能样本和状态的代表。代入到式(12-35)中，权值的更新方向就成为

$$\Delta W=-\frac{\partial(-\log P(\boldsymbol{x}))}{\partial \boldsymbol{W}}=\boldsymbol{h}(\boldsymbol{x}(t))^{\mathrm{T}}\boldsymbol{x}(t)-\tilde{\boldsymbol{h}}^{\mathrm{T}}\tilde{\boldsymbol{x}} \tag{12-36}$$

于是，在RBM训练的t时刻，网络全部权值和偏置参数的学习规则就是

$$\boldsymbol{W}(t+1)=\boldsymbol{W}(t)+\eta\Delta\boldsymbol{W}=\boldsymbol{W}(t)+\eta(\boldsymbol{h}(\boldsymbol{x}(t))^{\mathrm{T}}\boldsymbol{x}(t)-\tilde{\boldsymbol{h}}^{\mathrm{T}}\tilde{\boldsymbol{x}}) \tag{12-37a}$$

$$c(t+1)=c(t)+\eta\Delta c=c(t)+\eta(\boldsymbol{x}(t)-\tilde{\boldsymbol{x}}) \tag{12-37b}$$

$$b(t+1)=b(t)+\eta\Delta b=b(t)+\eta(h(x(t))-\tilde{h}) \tag{12-37c}$$

其中，η 为学习的步长。

应该说明，经过上述几次简化估计后，这里的参数学习规则已经不是严格按照负对数似然函数下降的梯度方向进行寻优，但实验证明这种学习规则可以得到很好的效果。

上述学习算法被称为 contrastive divergence 算法即 CD 算法，有人译作对比分歧算法、对比差异算法、对比发散算法等。关于这一算法的理论性质有很多研究①，本书在此不作深入讨论。

我们可以以权值更新规则式(12-37)为例对算法给出一个直观的解释：在每一步学习中，除当前的真实训练样本外，再用一步或 k 步采样获得一个偏离真实样本的假想样本。用真实样本及与之最可能配对的隐节点状态作为正例，用假想样本及与之最可能配对的隐节点状态作为反例，用正例内积和反例内积的差作为权值更新的方向。

进一步看，由于可见节点和隐节点都是二值节点，两个向量的内积只有在对应元素同时为 1 时为 1。CD 算法的学习过程，就是不断加强真实样本中同时为 1 的可见节点与隐节点之间的连接权值，而不断削弱假想样本中同时为 1 的可见节点与隐节点之间的权值。这与 Hebb 学习律的基本思想是一致的。

下面用伪代码形式给出可见层与隐层均为二值节点的 RBM 模型的 CD 学习算法：

【RBM 学习算法：一步 CD 算法】
预设学习步长(学习率)为 η
$\boldsymbol{W}$ 是 RBM 网络输入层与隐层之间的权值矩阵
$\boldsymbol{b}$ 是隐层偏置参数向量
$\boldsymbol{c}$ 是输入层偏置参数向量
(1) 初始化
(2) 加入下一个训练样本，记为 x_0
采样：
  a) 对所有隐节点，计算 $P(h_j=1|x_0)=\mathrm{sigm}(b_j+\boldsymbol{W}_j.\boldsymbol{x}_0)$，依此采样得向量 $\boldsymbol{h}_0$
  b) 对所有可见节点，计算 $P(x_k=1|h_0)=\mathrm{sigm}(c_k+\boldsymbol{h}_0\boldsymbol{W}_k)$，依此采样得向量 $\boldsymbol{x}_1$
  c) 对所有隐节点，计算 $P(h_j=1|x_1)=\mathrm{sigm}(b_j+\boldsymbol{W}_j.\boldsymbol{x}_1)$，依此采样得向量 $\boldsymbol{h}_1$
更新：
$\boldsymbol{W}\Leftarrow\boldsymbol{W}+\eta(\boldsymbol{h}_0^{\mathrm{T}}\boldsymbol{x}_0-\boldsymbol{h}_1^{\mathrm{T}}\boldsymbol{x}_1)$
$\boldsymbol{c}\Leftarrow\boldsymbol{c}+\eta(\boldsymbol{x}_0-\boldsymbol{x}_1)$
$\boldsymbol{b}\Leftarrow\boldsymbol{b}+\eta(\boldsymbol{h}_0-\boldsymbol{h}_1)$
(3) 检查收敛条件，如已收敛或已达预设训练次数则停止，否则转(2)

① 例如：Bai Jiang, Tung-Yu Wu, Yifan Jin, Wing H. Wong, Convergence of constrastive divergence algorithm in exponential family, *Annals of Statistics*, 46(6A): 3067-3098, 2018.

关于RBM模型的CD算法，是求解具有不可解配分函数的似然函数优化问题的一种通用的近似算法，文献中有很多研究。如果在算法中采样阶段不是只进行一轮交替采样，而是进行 k 轮，则算法被称作CD-k算法。人们也发展了一些某方面具有更好性能的改进的CD算法和替代算法。

RBM模型为描述样本特征背后复杂的概率模型提供了一个有效的框架。RBM隐节点状态可以看作是对样本的特征提取。我们可以利用隐节点提取的特征对样本进行模式识别和预测等进一步的分析应用。

上面介绍的基本的RBM模型针对的是二值输入向量。RBM也可以扩展到取值为实数向量或多值向量的样本，这时需要改变RBM模型中的能量函数形式，但模型基本原理和学习算法与二值向量情况下类似，我们在本书中不再展开讨论。

利用这些模型，RBM在图像和自然语言等的模式识别问题上取得了很好的应用。

RBM用于智能推荐

除了把隐层节点作为对样本提取的内在特征用于后续分类或预测外，RBM网络也有很多其他的应用方式。例如它较早就被用到预测观众对电影的评级等应用中，了解这一应用的思路对直观理解RBM的原理非常有帮助。

假设我们有100部电影，并收集了1万名观众对这些电影的喜好。为简单起见，把喜好简化为1或0两个值，1表示喜欢而0表示不喜欢。每位观众对这些电影的评价构成一个100维二值向量，1万名观众就提供了1万个这种向量的样本。我们把这100维向量输入到可见节点，构造一个包含一定数目隐节点的RBM网络，用这些样本对网络进行训练，就可以得到观众对这100部电影喜好情况的概率模型。

如果训练样本中存在缺失值，即并非所有观众都看过全部电影，我们仍然可以用带有缺失值的样本集合对RBM网络进行训练，只是在训练时如果遇到缺失值，则不改变与缺失值对应的权值和参数。经过充分训练之后，倾向于被观众同时喜欢的电影，会倾向于在RBM网络中与一个或几个共同的隐节点形成较强的连接，而隐节点往往捕捉了被共同喜欢的电影中可能存在的某些内在共性，如相同的电影类型、相同导演、某些相同演员、相同的时代背景，等等。

当面对一位新的观众时，我们可以了解她看过这些电影中的哪些作品和对这些作品的喜好，用她的不完整的喜好向量输入到RBM网络中，可以得到概率最大的隐节点向量状态值，用隐节点状态值再返回来对输入向量中的缺失值给出最大可能的估计，从而可以向这位观众推荐她最可能会喜欢的电影。

这只是一个简化了的思路介绍。Hinton等设计了以对电影的排序评价作为可见节点输入的RBM模型，每个可见节点是一个代表了对前几名电影排序的向量，每个隐节点仍然为二值，取得了很好的效果[①]。

---

① R. Salkhutdinov, A. Mnih, G. Hinton, Restricted Boltzmann machines for collaborative filtering, *Proceedings of the* 24th *ICML*, 2007.

12.6.4 深度自编码器与深度信念网络(DBN)

深度自编码器

一般认为,2006 年 Hinton 和 Salakhutdinov 发表的“用神经网络对数据降维”一文[①]是在人工神经网络研究沉寂了十几年之后重新掀起热潮的开始,《科学》杂志在发表这篇文章的同时配发了题为“神经网络的新生”的评论。这篇文章的核心是介绍了一种深度自编码器的模型和相应的学习算法,在多种数据的有效降维和特征提取上显示出了巨大优势。

文章中提出的深度自编码器模型与图 12-18 的模型类似,如图 12-23 所示。它通过四层编码层得到对输入数据的降维编码,再通过编码层对称的四个解码层恢复原输入图像。

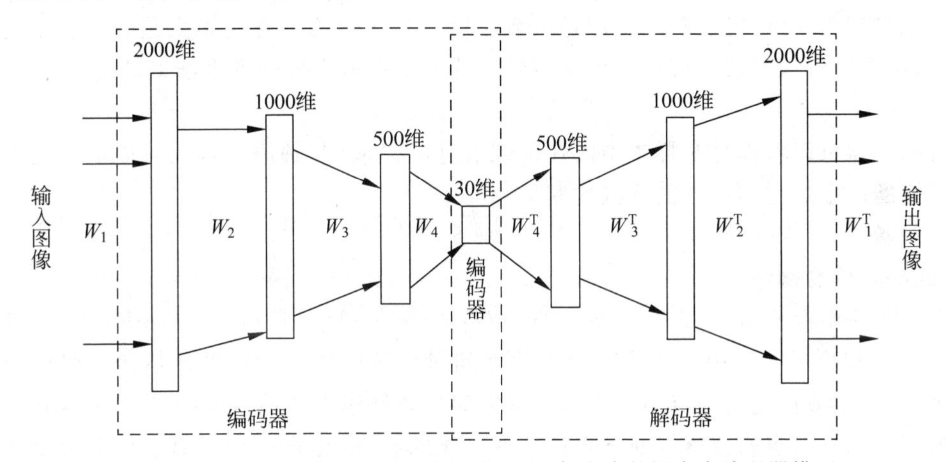

图 12-23 Hinton 和 Salakhutdinov 在 2006 年发表的深度自编码器模型

深度自编码器也采用了逐层训练的策略,但与图 12-19 中解释的逐层训练方法不同,深度自编码器采用限制性玻尔兹曼机 RBM 对每一层编码层进行训练,这一步也称作预训练。具体做法是:

首先把输入节点和第一编码层节点看作一个 RBM 网络,把输入数据作为其可见层,第一编码层看作其隐节点,用 CD 算法进行训练,得到第一层权值矩阵;

在第一层预训练完成后,对每一输入样本得到对应的第一层编码样本,再把第一编码层看作可见节点,第二编码层看作隐节点,用 CD 算法训练第二层的 RBM 网络,训练完成后得到对训练样本的第二层编码样本;

以此类推,隐节点维数逐层降低,最后得到第四个隐节点层作为对输入数据的降维编码。

完成编码器的逐层 RBM 预训练训练后,深度自编码器把得到的权值矩阵对称到解码器的对应各层,即相当于用隐层节点逐层反推可见节点,最后得到与原输入样本维数相同的解码向量。这一步骤被形象地称作“unrolling”(展开),意指编码过程类似于把高维数据一层一层卷起来,而解码过程则是把卷起来的低维表示再一层一层展开。

---

① Hinton & Salakhutdinov, Reducing the dimensionality of data with neural networks, *Science*, 313: 504-507, 2006.

在完成了对深度自编码器的 RBM 非监督预训练后，再把输入数据和输出数据作为整个网络的输入和输出，用误差反向传播算法对网络进行有监督地训练，这一步被称作“微调”(fine-tuning)。

经过这样的非监督预训练和监督微调训练后，深度自编码器达到了非常有效的降维和关键特征提取效果。在 Hinton 和 Salakhutdinov 的文章中，作者用多组数据对深度自编码器进行了实验，并与主成分分析及几种非线性降维方法进行了比较。例如，作者对 28×28 像素的手写数字图像数据进行了实验，第一编码层把 784 维的输入升维到 1000 维，之后各编码层把维数降至 500、250 和 2，即构造了一个各层维数为 784-1000-500-250-2 的深度自编码器，把训练样本的二维编码分布画在平面上，可以看到十个数字的样本在二维编码平面上被较好地分开，而与此相对比，在主成分分析的前两个主成分构成的平面上，十个数字的样本虽然也显现出一定的区域分布，但各个数字所在的区域之间存在很大重合。这个比较实验说明，用深度自编码器能够很好地学习到训练样本中最重要的低维信息。

自编码器可以看作是对样本中内在低维信息的提取，其解码过程也可以看作是对样本背后可能的产生过程的一种猜测或建模。

Sigmoid 信念网络

在第 4 章中我们介绍了贝叶斯网络，也称作信念网络(belief network)，它是最早由 Judea Pearl 提出的一种用来描述随机事件之间概率依赖关系的模型。信念网络用节点表示各个事件，用节点之间的有向边表示事件之间的条件概率关系，可以通过贝叶斯原理在网络中根据对部分节点的观察推断未观察节点可能的状态，也可以通过对事件的大量观察学习网络中的条件概率关系。

1992 年，Raford M. Neal 发表了一种具有类似多层感知器网络构造的贝叶斯网络模型，称作 Sigmoid 信念网络[①]。这是最早的多层神经网络生成模型，如图 12-24 所示，用多个隐层来表示样本背后的条件概率模型。读者需要注意，这里的网络示意图采用了贝叶斯网络的约定，其中的箭头方向表示节点之间的条件概率依赖关系，而不是类似多层感知器中的信息传播方向。

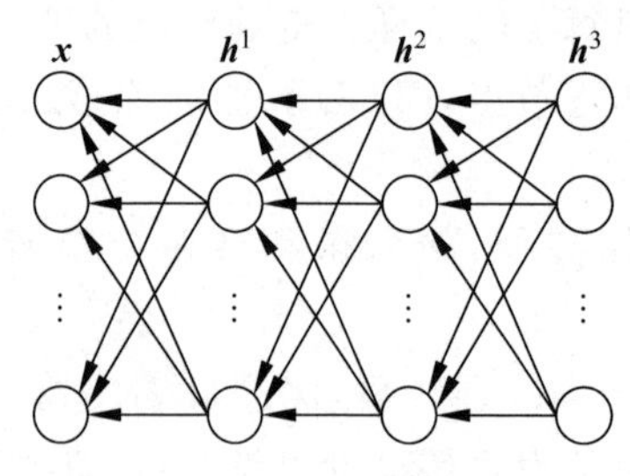

图 12-24 Sigmoid 信念网络模型

① Radford M. Neal, Connectionist learning of belief networks, *Artificial Intelligence*, 56: 71-113, 1992.

在这个模型中，观测样本 $\boldsymbol{x}$ 为模型的可见节点，其余各层为隐层，可见节点和隐层节点都是二值随机变量，可见节点向量 $\boldsymbol{x}$ 概率依赖于第一隐层节点向量 $\boldsymbol{h}^1$，同一隐层节点之间没有边，$\boldsymbol{h}^1$ 概率依赖于第二个隐层向量 $\boldsymbol{h}^2$，以此类推。

Sigmoid 信念网络中，相邻两层节点之间的条件概率关系用 Sigmoid 函数来刻画，即

$$P(x_i=1|\boldsymbol{h}^1)=\mathrm{sigm}\left(b_i^0+\sum_j W_{i,j}^1 h_j^1\right) \tag{12-38}$$

$$P(h_i^k=1|\boldsymbol{h}^{k+1})=\mathrm{sigm}\left(b_i^k+\sum_j W_{i,j}^{k+1} h_j^{k+1}\right),k=1,\cdots,l-1 \tag{12-39}$$

其中，变量的上标表示在网络中的层序，x_i 是 $\boldsymbol{x}$ 的第 i 个元素，h_i^k 是第 k 层的第 i 个隐节点，b_i^0 是与样本第 i 维对应的偏置参数，b_i^k 是第 k 层第 i 节点对应的偏置参数，$W_{i,j}^1$ 和 $W_{i,j}^{k+1}$ 分别是第 1 层和第 $k+1$ 层的权值矩阵中的权值。样本向量与所有 l 层隐节点向量的联合概率为：

$$P(\boldsymbol{x},\boldsymbol{h}^1,\cdots,\boldsymbol{h}^l)=P(\boldsymbol{h}^l)\left(\prod_{k=1}^{l-1}P(\boldsymbol{h}^k|\boldsymbol{h}^{k+1})\right)P(\boldsymbol{x}|\boldsymbol{h}^1) \tag{12-40}$$

将 $\boldsymbol{x}$ 对所有隐节点求边缘概率，即可得到样本的生成概率模型 $P(\boldsymbol{x})$。

与第 4 章中类似，在 Sigmoid 信念网络中，在模型参数已知的情况下对计算样本概率的过程称作模型的推理。在模型参数未知的情况下，把模型参数看作变量，通过模型推理计算训练样本在未知参数下出现的概率，就是参数在训练样本上的似然函数，通过最大似然函数即可求得模型的参数。与 RBM 的情况类似，理论上可以利用负对数似然函数的梯度下降求解模型参数。

但是，模型推理需要对大量隐变量求样本的边缘分布。对于 Sigmoid 信念网络这种有向网络，存在我们在第 4 章 4.5 节讨论过的“解释排除”(explaining away)现象，即本来相互独立的上游因素(如最顶层 $\boldsymbol{h}^l$ 的节点)，当它们共同的下游节点状态确定后，上游因素出现强负相关而变得不独立，导致无法对这些因素的后验联合概率进行分解。这使对网络上层隐节点求后验概率变得很困难，计算似然函数的任务变得不可行(intractable)，除非网络结构非常简单。人们可以用马尔可夫链蒙特卡洛(MCMC)采样的方法来进行近似计算①，但计算过程通常很慢。Frey 和 Hinton 在 1998 年提出来一种变分方法②，通过用一个更可计算的分布来优化模型在训练样本上概率的下界，但这种有向概率依赖网络中的解释排除问题仍然是模型推断的困扰。

深度信念网络

2006 年 Hinton 等发表了对 Sigmoid 信念网络改造后的一种新模型，称作深度信念网

① Radford M. Neal, Connectionist learning of belief networks, *Artificial Intelligence*, 56: 71-113, 1992.

② B. J. Frey & G. E. Hinton, Variational learning in nonlinear Gaussian belief networks, *Neural Computation*, 11: 193-213, 1999.

络(deep belief network,DBN)[①]。

DBN模型与Sigmoid信念网络的区别在于,最后一层用无向(双向)的限制性玻尔兹曼机RBM模型代替了原来有向的概率依赖关系模型,如图12-25所示。这一改变,克服了模型顶层节点间由于解释排除带来的条件不独立问题,因而使网络似然函数的求解变得可行。

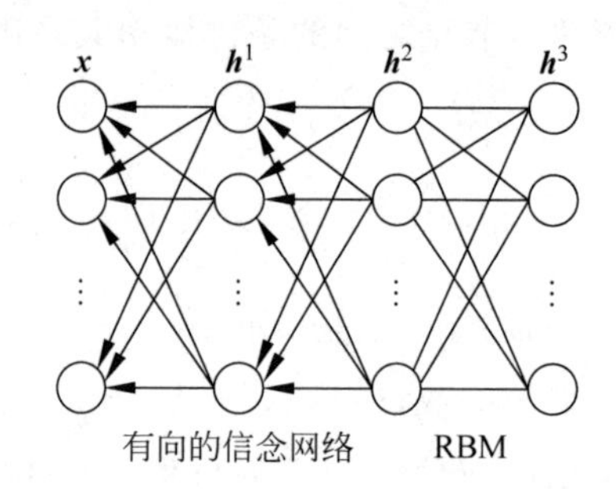

图12-25 深度信念网络(DBN)模型

一个有l个隐层的深度信念网络,从可见层到第$l-1$个隐层的模型与Sigmoid信念网络相同,仍服从式(12-38)和式(12-39)的概率依赖关系,但最后两层之间变为RBM网络的联合概率关系

$$P(\boldsymbol{h}^{l-1},\boldsymbol{h}^{l}) \propto \exp(\boldsymbol{c}^{\mathrm{T}}\boldsymbol{h}^{l-1}+\boldsymbol{b}^{\mathrm{T}}\boldsymbol{h}^{l}+\boldsymbol{h}^{l^{\mathrm{T}}}\boldsymbol{W}\boldsymbol{h}^{l-1}) \tag{12-41}$$

因而整个网络的模型变为

$$P(\boldsymbol{x},\boldsymbol{h}^{1},\cdots,\boldsymbol{h}^{l})=P(\boldsymbol{h}^{l-1},\boldsymbol{h}^{l})\left(\prod_{k=1}^{l-1}P(\boldsymbol{h}^{k}\mid\boldsymbol{h}^{k+1})\right)P(\boldsymbol{x}\mid\boldsymbol{h}^{1}) \tag{12-42}$$

对这种DBN深度信念网络,Hinton等提出了一种逐层构建的贪婪学习算法。这个算法与深度自编码器的学习算法类似,基本思想如下。

首先,把网络的第一层看作一个限制性玻尔兹曼机即RBM网络,最大化这个RBM网络在训练样本上的对数似然函数,用得到的参数作为第一层DBN的权值参数,并得到DBN在训练样本条件下第一层隐节点的概率分布。

然后,把DBN第一、二层隐节点再看作一个RBM网络,把已经得到分布的第一层隐节点看作可见节点,训练这个RBM网络的参数,用得到的参数作为DBN第二层隐节点的权值参数。

以此类推,逐层完成DBN中有向网络部分的训练,最后一层就是一个RBM网络,可以用同样的训练算法完成训练。

研究表明,这种贪婪的逐层学习算法每一步都会增加DBN模型对训练数据的对数似然函数的变分下界[②],可以有效地求得模型的可行参数。

深度信念网络是一个生成模型,训练后的DBN可以用来产生新样本。与深度自编码

① G. E. Hinton, S. Osindero, Y. W. Teh, A fast learning algorithm for deep belief nets, *Neural Computation*, 18(7): 1527-1554, 2006.

② 变分下界(variational lower bound),是指对无法计算的待优化函数,寻找一个恒小于等于待优化函数的变分函数,即变分下界,通过最大化变分下界来逼近待优化函数最大化。

器模型类似，这种网络的更大应用是把得到的生成模型的最顶端节点作为对样本新的特征表示，用这种表示进行后续的分类或预测任务。例如，我们可以把训练得到的深度信念网络看作是一个具有同样结构的多层感知器，把 DBN 的训练看作是对多层感知器的非监督预训练，即把 DBN 的权值作为多层感知器权值的初始值，再用监督学习的分类或预测目标去对网络进行再训练。与传统的多层感知器相比，通过这种方法可以构造层数很多的多层感知器，由于采用了有效的预训练，这种深度的多层感知器可以更好地进行训练，较好地解决了多层感知器层数增加后由于参数搜索空间急剧增大而带来的训练困难的问题。

与卷积神经网络相比，深度信念网络没有对深度的多层感知器采用针对输入样本局部特性的特殊设计，是一种更普适的深度神经网络模型。深度信念网络(DBN)是第一个非卷积的深度神经网络模型，也是人们接受并广泛使用“深度学习”这个概念的开始。

“深度神经网络”和“深度信念网络”这两个术语在深度学习和机器学习中被经常使用，它们的含义也经常被混淆。

事实上，深度信念网络专指如图 12-25 所示的神经网络结构，它的最后一层是无向的限制性玻尔兹曼机网络，而之前各层均为有向的 Sigmoid 信念网络。它实际上是贝叶斯网络与非监督人工神经网络的结合，当用作监督学习任务时，成为概率学习与传统人工神经网络的确定性机器学习的结合。在这种思想下，诞生了多种新的深度神经网络模型，深度信念网络是它们中最早的模型也是代表性模型。

深度神经网络(deep neural networks，DNN)是一个更广泛的概念，历史上并没有某一个特定模型被称作深度神经网络。因此 DNN 并不是特指某种神经网络结构，而是用来泛指具有多层(通常指超过四层)结构、每层包含多个非线性计算单元、各层单元之间具有需通过训练确定的连接权值等参数的计算模型。卷积神经网络、循环神经网络、深度自编码器、深度信念网络等等都可以看作深度神经网络的具体例子。受这些模型启发，人们已经发展了并且还在继续发展多种不同形式的深度神经网络模型，并与图模型、支持向量机、流形学习等其他模型相结合，极大地丰富和扩充了模式识别与机器学习的方法和理论体系。

人们把深度神经网络以及其他与之相关的机器学习方法统称为深度学习(deep learning)，所以深度学习是被用来泛指这个领域而不是特指某几种具体方法。与此对应，有人把采用较少几层计算结构的机器学习和模式识别方法称作“浅层学习”，如各种基本的线性学习机器、传统的人工神经网络、支持向量机、贝叶斯决策等。但是，这些不涉及深层运算的方法不论是从原理上还是从实际应用上并不“肤浅”。它们一方面是各种深度学习模型和方法的基础，另一方面也在大量的实际应用中比深度学习方法更有效。这些方法与深度学习方法一起构成了机器学习这个领域。

有个别文献或大众媒体中把深度学习与机器学习并列起来甚至对立起来的做法是错误的，不利于人们对机器学习原理的正确认识，也不利于包括深度学习在内的整个领域的发展。

12.7 生成模型

在12.6节讨论的限制性玻尔兹曼机和深度信念网络都可以看作是生成式模型(generative model),简称生成模型,也译作产生模型,这是机器学习中一类模型的总称。

生成模型机器学习的目标,不像监督学习那样为了从训练样本中学习给定的映射关系,也不像非监督学习那样为了从数据中寻找内在的聚类或流形,而是为了让学习机器能够产生与训练样本具有同样性质和规律的样本。如果能用模型产生出与真实样本具有相同性质的样本,所产生出的数据和用于产生数据的模型都将可以用来完成很多其他任务,包括分类和聚类。

生成模型通常是把样本看作是从某种未知概率分布中的采样,因此生成模型的任务就是估计或模拟样本的概率分布。

对于分类问题,可以把类别标签看作样本的一部分,用生成模型来学习样本特征与类别标签的联合概率分布,即:对于样本特征变量 $\boldsymbol{x}$ 以及标签变量 y,计算联合概率分布 $p(\boldsymbol{x},y)$的统计模型。

例如,在2.5节中提到的正态分布下的统计决策,即根据似然函数 $p(\boldsymbol{x}|y)$与先验分布 $P(y)$,建模联合概率分布 $p(\boldsymbol{x},y)$,然后使用贝叶斯公式推断后验概率 $P(y|\boldsymbol{x})$,根据后验概率进行决策。

更形象地讲,这类模型认为,我们观测到的数据集是从数据分布中的一次有限采样观测,生成式模型的主要任务是根据这些观测估计数据分布,然后就可以利用估计的分布完成一系列机器学习任务(分类、数据生成等)。在这种意义下,第2、3、4章讨论的基于模型的机器学习方法,都可以看作是生成式模型。

与生成模型相对应,我们之前学习的不基于概率模型进行分类和预测的方法,大多数可以看作是机器学习的判别式模型(discriminative model),简称判别模型。图12-26示意了判别式机器学习与生成式机器学习的概念区别。相对于生成模型,判别模型也可以看作是对后验概率 $P(y|\boldsymbol{x})$直接建模,而不试图估计数据 $\boldsymbol{x}$ 背后的联合概率分布。朴素贝叶斯方法是经典的生成模型的例子,而经典的判别式模型有感知器、罗杰斯特回归、支持向量机等等。

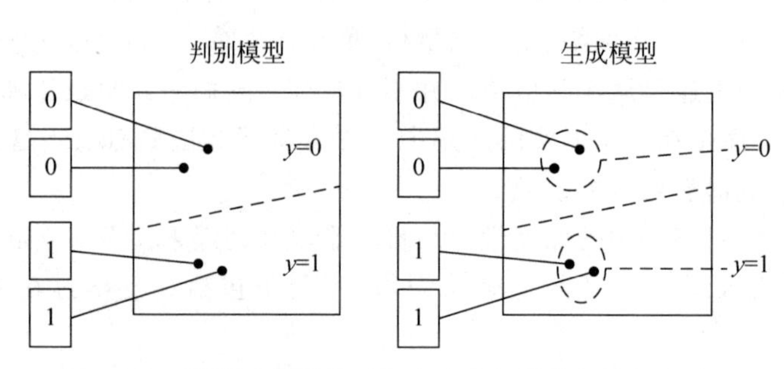

图12-26 判别式机器学习与生成式机器学习的概念对比

两类模型各有优势,并都在机器学习的发展和应用中起到了相当重要的作用。

判别模型的优势在于，它们比生成模型通常更简单直接，这在训练样本数目不大和对样本的知识有限时可能更有效。Vapnik 曾经说过：分类问题是一个具体的问题，而概率模型估计是一个一般的问题，在有限信息下，应当直接解决具体问题而不是通过解决更一般的问题来解决具体问题。这是因为，生成模型的建模任务通常比判别模型更困难，需要更多的信息。比方说，如果要学习从图片上区分香蕉和苹果，判别模型的思路是学习到足以区别香蕉和苹果的特征，如形状和颜色的不同，然后即可进行分类；而生成模型则需要学习如何绘制香蕉和苹果的图像，之后用结构分布推断出分类结果。

在有充分的信息和建模能力的情况下，如果用生成模型得到了样本的概率分布，可以在更多场景下有更广阔应用。也就是说，知道了数据背后的模型，我们可以做各种事，几乎所有事。生成模型不仅能够从分布中重新采样，产生新的样本；还可以从学习到的分布中提取到数据的结构特征，达到“知其然更知其所以然”的效果，对于机器学习方法的效果提升和模型解释具有帮助。

生成模型的思想实际上很早已经诞生，但受限于样本规模和模型的计算能力，早年只能在相对简单的问题上通过引入很强的假设进行应用。近年来，伴随着深度学习的发展、样本量和计算能力快速增强，生成模型取得了一系列新发展。其中最有代表性的是 12.6.4 节讨论的深度信念网络和本节下面将要介绍的变分自编码器 VAE 和生成对抗网络 GAN。

12.7.1 变分自编码器(VAE)

本章前面介绍的自编码器在一定意义上也可以看作是一种生成式模型。在自编码器中，如果我们只记录训练样本对应的隐层节点输出(编码)，就可以用这些输出产生出对训练样本的近似。按照这个思路，人们尝试用自编码器生成新的样本，即人为给一组编码，让解码器生成新的样本。但人们发现，即使是对已经训练得很好的自编码器或深度自编码器，随机给定编码并无法让自编码器产生出符合原样本特点的新样本。

之所以如此，也容易理解，自编码器的作用是把输入样本从原空间映射到隐层的编码空间，再从编码空间映射回样本原空间。所研究的样本只是整个编码空间中所有可能的点中的一部分(通常是非常小的一部分)，虽然自编码器能够对训练样本得到有效的编码，但我们对这些有效编码在编码空间中的分布并不了解。如果任意给一组编码，很难恰好落在有效编码的区域中，因此无法生成与训练样本相似的有效新样本。所以，标准的自编码器和深度自编码器并不能直接作为生成式模型使用。

为了解决上述问题，人们提出了若干种方法来约束或估计样本在隐层编码空间中分布，把自编码器真正变成为生成式模型。其中最有代表性的方法是变分自编码器(variational auto-encoder，VAE)。

变分自编码器是试图通过训练样本学习隐节点变量概率分布的模型，它看上去具有与自编码器相同的构造，但数学模型却完全不同，实际上是用自编码器形状的神经网络构造的有向的概率图模型，其中模型的推断采用了变分推断(variational inference)的方法。变分推断方法也称作变分贝叶斯方法。

下面我们先用概率图模型的框架来解释变分推断的基本原理，然后再看这种模型如何与自编码器神经网络联系起来。所谓概率图模型，就是把概率论与图论相结合，用图(graph)来表示变量间的概率依赖关系，并在此基础上进行一系列的概率学习和推理。第4章中介绍的贝叶斯网络就是概率图模型的一种。概率图模型有一系列成体系的理论和方法，由于本书范围限制，只在第4章和本章的部分内容中介绍其中一些最基本的原理。

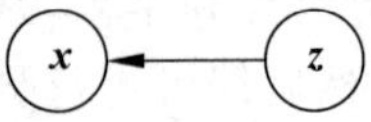

$$\boldsymbol{x} \leftarrow z$$

图 12-27 VAE 的概率图模型

如图 12-27 所示，设 $\boldsymbol{x}$ 为样本向量，我们认为它是从一组隐含向量 $\boldsymbol{z}$ 中依一定的概率模型

$$p(\boldsymbol{x},\boldsymbol{z})=p(\boldsymbol{x}|\boldsymbol{z})p(\boldsymbol{z}) \tag{12-43}$$

产生出来的。这与 Sigmoid 信念网络的基本框架一致。我们观察到的是 $\boldsymbol{x}$，模型推断的任务是从观测样本推断隐含变量 $\boldsymbol{z}$ 的分布，即得到 $\boldsymbol{z}$ 的后验概率密度 $p(\boldsymbol{z}|\boldsymbol{x})$。有了这个后验概率，我们就可以从中产生隐含变量的采样，从这些采样中生成出新的样本向量。

这个后验密度可以写成

$$p(\boldsymbol{z}|\boldsymbol{x})=\frac{p(\boldsymbol{x}|\boldsymbol{z})p(\boldsymbol{z})}{p(\boldsymbol{x})} \tag{12-44}$$

其中，

$$p(\boldsymbol{x})=\int_{z}p(\boldsymbol{z})p(\boldsymbol{x}|\boldsymbol{z})\mathrm{d}z \tag{12-45}$$

是观测样本 $\boldsymbol{x}$ 的边缘密度，也称作“证据”(evidence)，但这个边缘密度一般情况下是不可求解的(intractable)，因为其中涉及对高维隐含变量的积分。在统计学领域中，可以用马尔可夫链蒙特卡洛(Markov Chain Monte Carlo，MCMC)采样的方法来近似进行这种推断，但当模型复杂或数据非常多时，这种方法往往计算效率很低。

变分推断采用了泛函分析中的变分思想，即通过对函数的微小变化(称作变分)来帮助寻找泛函的极大值和极小值。下面我们来讨论它的基本原理。

为了推断 $p(\boldsymbol{z}|\boldsymbol{x})$，我们引入一个属于某个易计算的概率密度函数族的变分函数 $q(\boldsymbol{z})$，使它尽可能接近 $p(\boldsymbol{z}|\boldsymbol{x})$。两个概率密度函数的接近程度可以用 KL 散度(Kullback-Leibler divergence)来度量。

我们先来看 KL 散度的定义，它是从比较随机事件的两个概率分布函数来引入的。设 x 是一个离散的随机变量，它的概率分布函数是 $P(x)$，x 特定取值的信息量可以定义为 $I(x)=-\log P(x)$。对所有可能的 x 求信息量的期望，就是该随机事件的熵(entropy)：

$$H(x)=-\sum_{x}P(x)\log P(x) \tag{12-46}$$

设对同一个随机变量，还有另一个概率分布函数 $Q(x)$ 来描述，我们需要对这两个函数进行比较。对于描述同一个随机事件的两个概率分布函数 $P(x)$ 和 $Q(x)$，它们的差异定义为它们熵的差。

需要注意的是，在求熵的过程中要对随机事件求期望，这个期望是依赖于其概率分布函数的，因此比较两个概率分布函数的差异，需要选择其中一个概率分布作为求期望的基准。相对于 $Q(x)$ 来说，$Q(x)$ 和 $P(x)$ 的差异可以定义为

$$D_{\mathrm{KL}}(Q \mid\mid P)=\sum_x Q(x)\log Q(x)-\sum_x Q(x)\log P(x)=\sum_x Q(x)\log\frac{Q(x)}{P(x)} \quad (12\text{-}47)$$

有时为了在某些推导中的方便也等价地写为

$$D_{\mathrm{KL}}(Q \mid\mid P)=-\sum_x Q(x)\log\frac{P(x)}{Q(x)} \quad (12\text{-}48)$$

这就是 KL 散度。

显然，一般情况下，$D_{\mathrm{KL}}(P||Q)\neq D_{\mathrm{KL}}(Q||P)$，所以 KL 散度虽然是用来度量两个函数的差异，但它不是对称的，不是一种距离度量，有文献中称之为“KL 距离”是不严谨的。可以证明，$D_{\mathrm{KL}}(P||Q)\geqslant 0$，当两个概率分布函数完全相同时它们的 KL 散度为 0。

同样地，我们也可以定义连续的随机变量或随机向量的两个概率密度函数的 KL 散度。连续概率密度函数 $q(\boldsymbol{z})$ 和 $p(\boldsymbol{z})$ 相对于 $q(\boldsymbol{z})$ 的 KL 散度为

$$D_{\mathrm{KL}}(q(\boldsymbol{z}) \mid\mid p(\boldsymbol{z}))=E_{\boldsymbol{z}\sim q(\boldsymbol{z})}\left[\log\frac{q(\boldsymbol{z})}{p(\boldsymbol{z})}\right]=\int_{\boldsymbol{z}} q(\boldsymbol{z})\log\frac{q(\boldsymbol{z})}{p(\boldsymbol{z})}\mathrm{d}\boldsymbol{z} \quad (12\text{-}49)$$

在变分推断中，我们引入变分函数 $q(\boldsymbol{z})$ 来逼近不易求解的后验概率密度函数 $p(\boldsymbol{z}|\boldsymbol{x})$。希望引入的变分概率密度函数 $q(\boldsymbol{z})$ 尽可能接近原模型中的 $p(\boldsymbol{z}|\boldsymbol{x})$，它们的 KL 散度是：

$$\begin{aligned}
D_{\mathrm{KL}}(q(\boldsymbol{z}) \mid\mid p(\boldsymbol{z} \mid \boldsymbol{x}))&=\int_{\boldsymbol{z}} q(\boldsymbol{z})\log\frac{q(\boldsymbol{z})}{p(\boldsymbol{z} \mid \boldsymbol{x})}\mathrm{d}\boldsymbol{z}=\int_{\boldsymbol{z}} q(\boldsymbol{z})\log\frac{q(\boldsymbol{z})p(\boldsymbol{x})}{p(\boldsymbol{x},\boldsymbol{z})}\mathrm{d}\boldsymbol{z}\\
&=\int_{\boldsymbol{z}} q(\boldsymbol{z})[\log q(\boldsymbol{z})+\log p(\boldsymbol{x})-\log p(\boldsymbol{x},\boldsymbol{z})]\mathrm{d}\boldsymbol{z}\\
&=\log p(\boldsymbol{x})+\int_{\boldsymbol{z}} q(\boldsymbol{z})\log q(\boldsymbol{z})\mathrm{d}\boldsymbol{z}-\int_{\boldsymbol{z}} q(\boldsymbol{z})\log p(\boldsymbol{x},\boldsymbol{z})\mathrm{d}\boldsymbol{z}
\end{aligned} \quad (12\text{-}50)$$

由此可得到：

$$\begin{aligned}
\log p(\boldsymbol{x})&=D_{\mathrm{KL}}(q(\boldsymbol{z}) \mid\mid p(\boldsymbol{z} \mid \boldsymbol{x}))-\int_{\boldsymbol{z}} q(\boldsymbol{z})\log q(\boldsymbol{z})\mathrm{d}\boldsymbol{z}+\int_{\boldsymbol{z}} q(\boldsymbol{z})\log p(\boldsymbol{x},\boldsymbol{z})\mathrm{d}\boldsymbol{z}\\
&=D_{\mathrm{KL}}(q(\boldsymbol{z}) \mid\mid p(\boldsymbol{z} \mid \boldsymbol{x}))+\int_{\boldsymbol{z}} q(\boldsymbol{z})\log\frac{p(\boldsymbol{x},\boldsymbol{z})}{q(\boldsymbol{z})}\mathrm{d}\boldsymbol{z}
\end{aligned} \quad (12\text{-}51)$$

由于

$$D_{\mathrm{KL}}(q(\boldsymbol{z}) \mid\mid p(\boldsymbol{z} \mid \boldsymbol{x}))\geqslant 0$$

因此

$$\log p(\boldsymbol{x})\geqslant\int_{\boldsymbol{z}} q(\boldsymbol{z})\log\frac{p(\boldsymbol{x},\boldsymbol{z})}{q(\boldsymbol{z})}\mathrm{d}\boldsymbol{z} \quad (12\text{-}52)$$

其中

$$L(q)\triangleq\int_{\boldsymbol{z}} q(\boldsymbol{z})\log\frac{p(\boldsymbol{x},\boldsymbol{z})}{q(\boldsymbol{z})}\mathrm{d}\boldsymbol{z} \quad (12\text{-}53)$$

称作 $\log p(\boldsymbol{x})$ 的变分下界。当且仅当 $D_{\mathrm{KL}}(q(\boldsymbol{z})||p(\boldsymbol{z}|\boldsymbol{x}))=0$ 即 $q(\boldsymbol{z})=p(\boldsymbol{z}|\boldsymbol{x}))$ 时，$\log p(\boldsymbol{x})=L(q)$。

因为 $\boldsymbol{x}$ 是观测数据，$\log p(\boldsymbol{x})$ 是数据对模型提供的对数证据，所以这个下界通常被称为证据下界(evidence lower bound)，通常简写为 ELBO。

在式(12-51)中，相对于 $\boldsymbol{z}$ 来说 $\log p(\boldsymbol{x})$ 是常量，最大化证据下界 ELBO 即等价于最小化引入的变分函数与隐含变量密度函数之间的 KL 散度。

把 $L(q)$ 中的联合概率分解，可以得到

$$L(q)=\int_z q(\boldsymbol{z})\log p(\boldsymbol{x} \mid \boldsymbol{z})\mathrm{d}\boldsymbol{z}+\int_z q(\boldsymbol{z})\log\frac{p(\boldsymbol{z})}{q(\boldsymbol{z})}\mathrm{d}\boldsymbol{z}$$
$$=E_{z\sim q(z)}\log p(\boldsymbol{x} \mid \boldsymbol{z})-D_{\mathrm{KL}}(q(\boldsymbol{z}) \,||\, p(\boldsymbol{z})) \tag{12-54}$$

其中，公式右边第一项是模型对样本的似然函数的期望，第二项是变分密度函数与隐含变量的先验密度函数 $p(\boldsymbol{z})$ 的 KL 散度。变分推断就是最大化证据下界 ELBO，这一最大化一方面使隐含变量解释观测数据的似然函数尽可能大，另一方面使变分函数尽可能靠近隐含变量的先验密度函数（KL 散度尽可能小）。

变分推断是一种一般性的方法，在图 12-27 的概率图模型中，选择不同类型的概率密度函数模型，可以得到不同的具体方法。也有人把变分推断用于模型选择问题。变分自编码器是把变分推断与自编码器结合起来，用神经网络来实现概率图模型。

在上面的变分推断中，$q(\boldsymbol{z})$ 是在观测样本下从给定函数族中求解的概率密度函数，因此可以看作是从 $\boldsymbol{x}$ 到 $\boldsymbol{z}$ 的条件密度 $q(\boldsymbol{z}|\boldsymbol{x})$。下面我们看如何用类似自编码器结构的神经网络来实现 $q(\boldsymbol{z}|\boldsymbol{x})$ 和 $p(\boldsymbol{x}|\boldsymbol{z})$，前者是从输入到隐层的映射（对应于编码器），后者是从隐层到输出的映射（对应于解码器）。与传统神经网络模型不同的是，这里的映射不是多层感知器和自编码器那样的确定性映射，而是由条件概率定义的随机性映射。

如图 12-28 所示，我们用类似自编码器中的编码层来实现 $q(\boldsymbol{z}|\boldsymbol{x})$，用解码层来实现 $p(\boldsymbol{x}|\boldsymbol{z})$。从概念上，我们可以用最大化式(12-54)定义的 ELBO 作为目标来训练这个特殊的自编码器，即

$$\max L(q)=E_{z\sim q(z)}\log p(\boldsymbol{x} \mid \boldsymbol{z})-D_{\mathrm{KL}}(q(\boldsymbol{z} \mid \boldsymbol{x}) \,||\, p(\boldsymbol{z})) \tag{12-55}$$

这里，公式右边第一项反映了模型对样本重构的程度，重构误差越小则此项越大；第二项是要求自编码器的编码层节点尽量符合一个给定的概率密度函数 $p(\boldsymbol{z})$，例如通常可以选为元素间独立的多元正态分布 $N(\mu,\sigma^2)$。

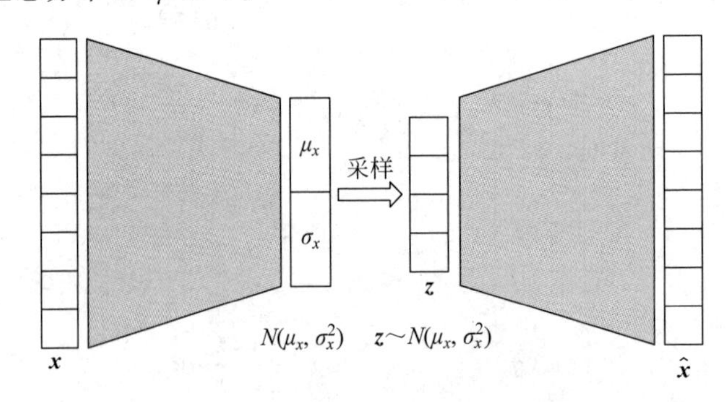

图 12-28 变分自编码器示意图

与自编码器相比，变分自编码器多了一个目标，就是要求训练样本在隐层节点的编码符合给定的概率密度函数。从直观上可以这样理解：如果不对隐层节点加任何约束，虽然自编码器能够实现把训练样本编码后再解码出接近输入样本的输出，但编码在隐层节点所在的空间中的分布是随意的，如果在隐层空间中任意给定一个向量作为编码，很可能不对应任

何有意义的样本；变分自编码器通过强制隐节点变量符合给定概率密度函数，约束了编码在隐层空间中的分布，我们按照隐节点概率密度函数采样编码向量，就可以产生出与训练样本相似的新样本。

可以证明，如果我们指定隐层概率密度函数为各项独立的多元正态分布 $N(\mu,\sigma^2)$，式(12-55)的目标函数等价于

$$\min \quad \|\boldsymbol{x}-\hat{\boldsymbol{x}}\|^2+D_{\mathrm{KL}}(q(\boldsymbol{z}\mid\boldsymbol{x})\,||\,N(\boldsymbol{\mu},\boldsymbol{\sigma}^2)) \tag{12-56}$$

其中 $\hat{\boldsymbol{x}}$ 是变分自编码器的输出向量。也就是说，变分自编码器的学习目标相当于在普通自编码器最小化重构误差的基础上增加了一个对隐节点的正则化约束。

但是，式(12-56)的目标函数并不能像在上一节的自编码器中那样进行训练，原因是自编码器实现的是确定性的映射，无法体现对隐层节点概率密度函数的约束。

变分自编码器在隐层节点上的运算与普通的自编码器非常不同。如图 12-28 所示，变分自编码器并不直接把 $\boldsymbol{z}$ 向量作为编码层的隐节点输出，而是把编码层和解码层分开，把编码向量 $\boldsymbol{z}$ 的概率密度函数参数作为编码层神经网络的输出节点，在正态分布情况下就是 μ 和 σ^2。解码层神经网络的输入是编码向量 $\boldsymbol{z}$，它不是从编码层神经网络直接计算出来的，而是用编码层神经网络输出的参数构造概率密度函数，从这个概率密度函数中采样得到的编码向量作为解码层网络的输入，再经过解码层神经网络产生对输入样本的重构。

作为生成式模型使用时，对于训练好的变分自编码器，得到隐含变量的概率密度函数参数后就不再需要编码层神经网络。我们只需要按照隐含变量概率密度函数采样编码向量，即可用解码器产生新的样本向量。

由于变分自编码器从编码层网络到解码层网络之间存在一个采样的步骤，目标函数的梯度无法反向传播到编码层。我们需要消除训练过程中的这一随机因素才可能用梯度下降法进行训练。所用的方法被称作“再参数化技巧”(reparameterization trick)。

在上面介绍的变分自编码器中，在编码层得到隐层概率密度函数参数 μ 和 σ^2 后，需要从相应的多元正态分布中采样获得解码层的输入向量 $\boldsymbol{z}$：

$$\boldsymbol{z}\mid\boldsymbol{x}\sim N(\mu_x,\sigma_x^2) \tag{12-57}$$

其中 μ 和 σ^2 带下标 x 以示是在输入样本 $\boldsymbol{x}$ 下编码层输出的隐变量概率密度参数。再参数化技巧用下面的方法来替代这个采样过程：从单位正态分布中采样一个与隐变量维数相同的随机样本 ε，用隐变量分布的均值 μ 对 ε 进行平移，再用隐变量分布的方差 σ^2 改变其尺度，即

$$\boldsymbol{z}\mid\boldsymbol{x}=\mu_x+\sigma_x^2\odot\varepsilon,\quad \varepsilon\sim N(0,I) \tag{12-58}$$

如图 12-29 所示，其中“$\odot$”表示两个维数相同的向量对应位置的元素相乘(即“按位相乘”，有时也用“$\otimes$”表示)。

如果不用再参数化技巧，从编码层得到的概率密度参数到解码层输入这个环节是随机采样，训练时误差梯度无法传播；但改为这样的再参数化步骤后，解码层的输入是编码层输出直接进行确定性计算得到的，只是计算中有一个从单位正态分布采样得到的系数 ε。这个系数保持了解码层输入中需要有的随机性，但它不是需要训练的参数，对于需要训练的参数来说从编码层到解码层都变成了确定性计算，可以通过误差反向传播算法进行梯度下降训练。

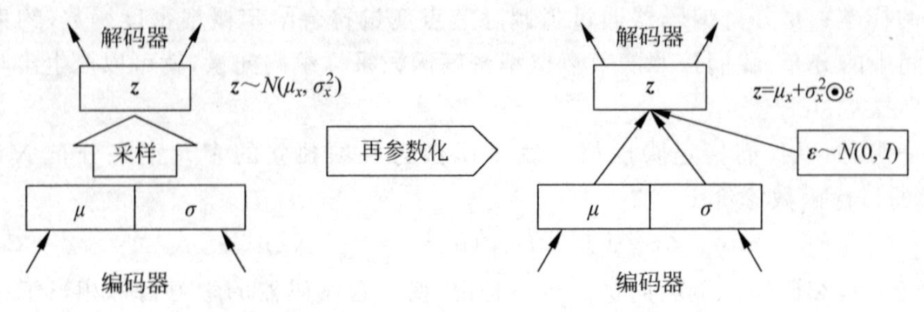

图 12-29 VAE 训练中的隐节点再参数化技巧

变分自编码器是人们研究和使用最多的生成式模型之一，被成功地应用于产生图像、视频等样本，很多情况下已经能达到几乎以假乱真的效果。除了用于生成新样本，变分自编码器还在很多领域中被用来从高维数据中提取嵌入的低维流形。

12.7.2 生成对抗网络（GAN）

2014 年，Goodfellow 等提出一种崭新的生成式模型，命名为生成对抗网络（generative adversarial nets，GAN）①。由于其具有创新性的思想和出色的实验效果，在机器学习领域迅速刮起了一阵旋风，大大推动了生成模型研究的发展，并催生了很多全新的应用。

生成对抗网络的目标是让网络能够产生出与训练样本具有相同特性的新样本，例如用一个手写数字图片的数据库训练生成对抗网络，让它能产生出新的类似手写数字的图片；用一个人脸图像的数据库训练生成对抗网络，希望它能产生出与训练样本具有类似风格但不同于训练样本中任何实例的人脸图像，即产生现实世界中并不存在的人的“肖像”。

生成对抗网络包含两个神经网络，一个是生成器（generator），另一个是判别器（discriminator），通过两个网络的博弈实现让生成器学会生成新样本的目标。其中，生成器的任务是在一定的隐变量控制下生成新样本，判别器的任务是对真实训练样本和生成器生成的“假样本”进行判别。所谓“对抗”，就是指生成对抗网络在训练过程中，一方面训练判别器，使之尽可能准确地区分真样本和假样本；另一方面训练生成器，使之产生的假样本尽量不会被判别器识别出来。通过对这两个相互矛盾的目标交替优化，最终使生成器生成的样本能以假乱真。

图 12-30 示意了一个生成对抗网络的基本结构。其中，生成器神经网络记作 $G(\boldsymbol{z})$，其中 $\boldsymbol{z}$ 是网络的隐变量，任给一个随机向量 $\boldsymbol{z}$，$G(\boldsymbol{z})$ 生成一个样本，$\boldsymbol{z}$ 的先验概率密度为 $p(\boldsymbol{z})$。真实的训练样本记作 $\boldsymbol{x}$，它服从概率密度函数 $p_{\text{data}}(\boldsymbol{x})$。判别器神经网络记为 $D(\boldsymbol{x})$，它以真实样本 $\boldsymbol{x}$ 或生成样本 $G(\boldsymbol{z})$ 为输入，而输出端通过一个 Sigmoid 函数判断输入为真实样本（1）还是生成样本（0）。

---

① I. J. Goodfellow, J. Pouget-Abadie, M. Mirza, B. Xu, D. Warde-Farley, S. Ozair, A. Courville, Y. Bengio, Generative adversarial nets, *Proceedings of the 27th International Conference on Neural Information Processing Systems*, Montreal, Canada, 2: 2672-2680, 2014 (https://arxiv.org/abs/1406.2661).

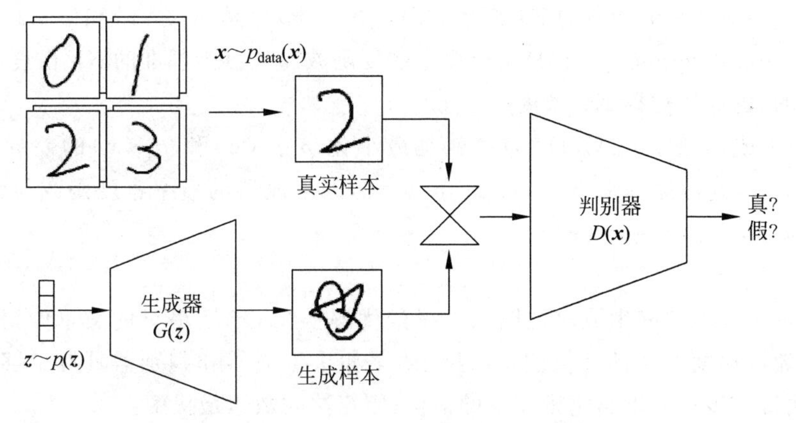

图 12-30 生成对抗网络示意图

网络 $D(\boldsymbol{x})$和 $G(\boldsymbol{z})$中的参数都要从数据中学习，学习的目标是：

$$\min_{G}\max_{D} V(D,G)=E_{\boldsymbol{x}\sim p_{\text{data}}(\boldsymbol{x})}[\log D(\boldsymbol{x})]+E_{\boldsymbol{z}\sim p_{z}(\boldsymbol{z})}[\log(1-D(G(\boldsymbol{z})))] \tag{12-59}$$

即，对于判别器来说要使该目标函数最大化，对生成器来说要使判别函数最小化。

我们来分析一下这个目标函数的最优解情况。对固定的生成器，式(12-59)中的目标函数可以写成

$$\begin{aligned}V(D,G)&=\int_{\boldsymbol{x}}p_{\text{data}}(\boldsymbol{x})\log(D(\boldsymbol{x}))\mathrm{d}\boldsymbol{x}+\int_{\boldsymbol{z}}p_{z}(\boldsymbol{z})\log(1-D(G(\boldsymbol{z})))\mathrm{d}\boldsymbol{z}\\&=\int_{\boldsymbol{x}}p_{\text{data}}(\boldsymbol{x})\log(D(\boldsymbol{x}))\mathrm{d}\boldsymbol{x}+\int_{\boldsymbol{x}}p_{g}(\boldsymbol{x})\log(1-D(\boldsymbol{x}))\mathrm{d}\boldsymbol{x}\\&=\int_{\boldsymbol{x}}(p_{\text{data}}(\boldsymbol{x})\log(D(\boldsymbol{x}))+p_{g}(\boldsymbol{x})\log(1-D(\boldsymbol{x})))\mathrm{d}\boldsymbol{x}\end{aligned} \tag{12-60}$$

对判别器求 $V(D,G)$最大，最优解需满足

$$\frac{\partial}{\partial D(\boldsymbol{x})}(p_{\text{data}}(\boldsymbol{x})\log(D(\boldsymbol{x}))+p_{g}(\boldsymbol{x})\log(1-D(\boldsymbol{x})))=0 \tag{12-61}$$

可得最优判别器 $D^{*}(\boldsymbol{x})$为

$$D^{*}(\boldsymbol{x})=\frac{p_{\text{data}}(\boldsymbol{x})}{p_{\text{data}}(\boldsymbol{x})+p_{g}(\boldsymbol{x})} \tag{12-62}$$

对于固定的判别器，需要对生成器求 $V(D,G)$最小。把式(12-62)代入式(12-59)中，得

$$V(D^{*},G)=E_{\boldsymbol{x}\sim p_{\text{data}}}\left[\log\frac{p_{\text{data}}(\boldsymbol{x})}{p_{\text{data}}(\boldsymbol{x})+p_{g}(\boldsymbol{x})}\right]+E_{\boldsymbol{x}\sim p_{g}}\left[\log\frac{p_{g}(\boldsymbol{x})}{p_{\text{data}}(\boldsymbol{x})+p_{g}(\boldsymbol{x})}\right] \tag{12-63}$$

进一步推导可得

$$V(D^{*},G)=-\log(4)+\mathrm{KL}\left(p_{\text{data}}\,||\,\frac{p_{\text{data}}+p_{g}}{2}\right)+\mathrm{KL}\left(p_{g}\,||\,\frac{p_{\text{data}}+p_{g}}{2}\right) \tag{12-64}$$

即

$$V(D^{*},G)=-\log(4)+2\mathrm{JSD}(p_{\text{data}}\,||\,p_{g}) \tag{12-65}$$

其中，$KL(\cdot||\cdot)$是两个函数的KL散度，$JSD(p_{data}||p_g)$是$p_{data}(\boldsymbol{x})$和$p_g(\boldsymbol{x})$的JS散度(Jensen-Shannon divergence)，它是两个概率密度函数以各自为基准的KL散度的平均。JS散度是对称的，也称作对称KL散度。

可见，对生成器最小化$V(D^*,G)$就是最小化$p_{data}(\boldsymbol{x})$和$p_g(\boldsymbol{x})$的差异，即最小化$JSD(p_{data}||p_g)$，其最优解是$JSD(p_{data}||p_g)=0$，即生成器的概率密度函数与数据的概率密度函数相同，$p_g(\boldsymbol{x})=p_{data}(\boldsymbol{x})$。

如何通过用样本训练生成对抗网络求得最优解？在GAN最早的文章中，作者提出了下面的分批随机梯度下降训练算法，并且证明了如果生成器和判别器具有足够的能力(容量)且在算法每一步均寻求给定模型下的最优，则算法收敛于最优解。

【GAN分批随机梯度下降训练算法】

对每一轮训练：{

(1) 对判别器进行k步优化(其中k为需要设置的超参数)，对其中每一步：

a) 从生成器隐变量先验密度$p_g(\boldsymbol{z})$中采样生成一批m个生成样本$\{\boldsymbol{z}^{(1)},\cdots,\boldsymbol{z}^{(m)}\}$

b) 从训练样本集中采样一批m个真实样本$\{\boldsymbol{x}^{(1)},\cdots,\boldsymbol{x}^{(m)}\}$

c) 对判别器的参数θ_D求目标函数的梯度

$$\nabla_{\theta_D}\frac{1}{m}\sum_{i=1}^{m}(\log D(\boldsymbol{x}^{(1)})+\log(1-D(G(\boldsymbol{x}^{(l)}))))$$

用该梯度上升的方向更新判别器参数θ_D，即

$$\theta_D\leftarrow\theta_D+\eta\nabla_{\theta_D}\frac{1}{m}\sum_{i=1}^{m}(\log D(\boldsymbol{x}^{(1)})+\log(1-D(G(\boldsymbol{x}^{(l)}))))$$

其中η为步长即学习率。

(2) 对生成器进行优化

a) 从生成器的隐变量概率密度$p_g(\boldsymbol{x})$中采样生成一批m个生成样本$\{\boldsymbol{z}^{(1)},\cdots,\boldsymbol{z}^{(m)}\}$

b) 对生成器参数θ_G求目标函数的梯度

$$\nabla_{\theta_G}\frac{1}{m}\sum_{i=1}^{m}\log(1-D(G(\boldsymbol{z}^{(1)})))$$

用该梯度下降的方向更新生成器参数θ_G，即

$$\theta_G\leftarrow\theta_G-\eta\nabla_{\theta_G}\frac{1}{m}\sum_{i=1}^{m}\log(1-D(G(\boldsymbol{z}^{(1)})))$$

}

如此往复迭代训练，直到达到预设训练次数。

以生成对抗网络和变分自编码器为代表的生成模型，能产生与训练样本具有同样特性但又不同于训练样本集中任何实例的新样本。这种能力显示出了极大的应用潜力，改变了机器学习只能用于识别和预测的状况，使学习机器能够在学会“认识事物”的基础上模拟“创造新事物”。

例如,生成模型可以让机器写出“手写”数字或文字、用机器生成不属于任何人的人像。把生成对抗网络与其他方法相结合,还可以实现用一幅人像生成出保持一定的原人像特征但又赋予其新特征的假造人像,例如把男子人像变成面容相似的女子人像,把风景照片变成某种风格的油画作品,等等。更进一步,人们可以用不同的训练样本集得到对图像的隐变量表示,在隐变量空间中对图像进行“语义运算”,用得到的新的隐变量表示生成新图像,由此实现诸如“戴眼镜男子图片－不戴眼镜男子图片＋不戴眼镜女子图片＝戴眼镜女子图片”的效果。有人甚至尝试用此类技术利用照片把政治人物替换到视频中,生成出假的视频。这种应用技术上充满趣味,但也有人开始担心相关技术的发展和应用可能会对媒体和公众舆论产生巨大的影响,彻底改变人们“眼见为实”的基本假定。

12.8 综合应用举例

12.8.1 中文病历文本生成

与卷积神经网络方法在模式识别中的应用主要集中在图像识别领域类似,变分自编码器和生成对抗网络的主要应用和展示也集中在人工生成图像方面。如果把它们直接应用到文本的生成会遇到一些困难,主要原因是文本变量的取值本质上是离散值,无法进行梯度运算和传递。人们对如何把生成对抗网络用到自然语言处理领域进行了很多研究,一种思路是通过设计特殊的分布函数来解决自然语言变量的问题,另一种思路是把文本生成问题建模为强化学习(Reinforcement Learning)的问题。本节简要介绍我们实验室通过采用强化学习的生成对抗网络实现按病种产生仿真的中文病历文本的尝试,其中也综合了长短时记忆神经网络 LSTM 模型和卷积神经网络 CNN 模型。

强化学习是机器学习中的一个新分支,与监督学习、非监督学习并列。强化学习研究的是一个主体(agent,可以是机器、动物或人等)如何在环境中通过一系列行动达到一定的目标。这个问题在很多其他领域中都有研究,例如在控制和工程领域的近似动态规划问题,在经济学领域的博弈决策问题等。在几乎家喻户晓的 AlphaGO 机器围棋手中,强化学习技术在其中发挥了重要作用。

强化学习的基本思想是,主体并没有一个监督学习的目标去追求,也不是非监督地去探索数据中可能存在的规律,而是要在一定的环境中通过一系列动作完成一定的任务。这一系列动作可以描述为一个马尔可夫过程,当前的动作依赖于之前的动作和状态。每一步动作并没有直接的结果,而是在完成一系列动作后,环境会对动作的成果做出一定的判断,得到所谓“奖励信号”。强化学习就是要通过学习一定的策略来最大化所得奖励。

强化学习中有四个基本概念:策略(policy)、状态(state)、动作(action)、奖励(award)。我们把主题与环境的关系建模为一系列需要决策的动作与受动作影响的状态。策略决定了主体的行为方式,是从状态到动作的函数,刻画了对特定状态采取各种动作的概率。奖励评估了一套动作和状态在特定环境中的表现。学习的过程就是根据奖励调整策略的过程。

强化学习的整个过程就好比人在不了解规则的情况下玩游戏：开始时根据盲目的随机策略进行动作，每完成一套动作后会得到不同的奖励。聪明的玩家可以不断改进策略，逐渐实现奖励最大化。实际上，人对环境的适应，人学会很多复杂的技能，都可以看作是根据环境的反馈不断进行策略优化的强化学习过程，例如在复杂道路上开车、制作复杂的手工、完成复杂社会任务、组织大型活动甚至炒菜做饭等。从整体上理解，强化学习系统类似于控制系统，根据反馈来调整系统，使之达到预定的目标。与控制系统不同的是，强化学习中的反馈对动作来说通常并不是实时的，也不是一对一的，而是在一个动作的序列之后才会知道奖励的大小。

我们提出的用生成对抗网络进行病例文本生成的方法叫做 mtGAN（medical text generative adversarial network）[①]，如图 12-31a 所示。

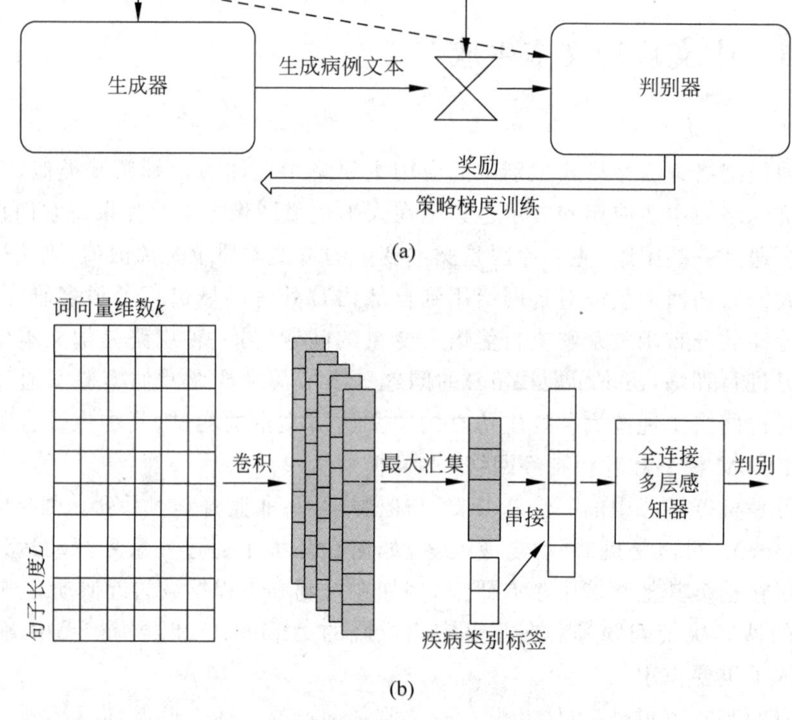

图 12-31　生成对抗网络进行病例文本生成的方法 mtGAN

(a) mtGAN 的基本结构；(b) mtGAN 中的判别器模型

我们把生成器 G 看作是强化学习中的策略，由它对动作进行决策，动作就是下一步要产生的词（记作 $\boldsymbol{x}_t$），而状态就是当前已经生成的文本片段 $\boldsymbol{x}_{1:t-1}$。奖励就是对于由生成器 G 生成的句子，判别器把它判定为真实样本的概率 P。

通常情况下，当 G 生成一个完整句子后判别器才对它进行判别，但在训练过程中，经常

---

① Jiaqi Guan，Runzhe Li，Sheng Yu，Xuegong Zhang，A method for generating synthetic electronic medical record text，*IEEE/ACM TCBB*，vol. 18，no. 1，pp. 173-182，2021.

出现句子中大部分文字比较合理而个别片段不合理的情况,例如句子前半段通顺而后半段出现混乱。这时,如果笼统地对整个句子进行奖励或惩罚,学习过程会非常慢,因为产生器无法定位错误出在哪里。我们采用蒙特卡洛搜索方法对句子的部分片段进行多次采样,用判别器给这样得到的多个例句的打分作为对句子中共享部分的打分,实现对句子片段产生策略的有效学习。用这样得到的打分作为对生成器的奖励信号,在训练时用奖励信号梯度增加方向替代标准生成对抗网络中生成器误差梯度下降的方向。

为了产生能够模拟不同疾病类型的病例文本,我们采用了 GAN 的一个变种:条件生成对抗网络(conditional generative adversarial network,CondGAN 或 cGAN),其基本思想就是引入标识疾病类型的标签变量 y,把式(12-59)中的两个概率 $D(\boldsymbol{x})$ 和 $G(\boldsymbol{z})$ 变为条件概率 $D(\boldsymbol{x}|y)$ 和 $G(\boldsymbol{z}|y)$。

我们选用在 12.5 节中介绍的长短时记忆(LSTM)神经网络作为 mtGAN 中的生成器模型。在自然语言处理领域中,已经有很多公开的工作用 word2vec 方法在大量文本素材上把常见字词编码成了词向量,在 mtGAN 中我们就是使用这样的词向量来编码每个词。在 mtGAN 的 LSTM 模型中,输入和输出的词都是词向量。为了产生不同基本类型的文本,输入端除了词向量外还包括类别标签 y。

mtGAN 的判别器我们选用了卷积神经网络(CNN)模型,如图 12-31(b)所示。用 k 维词向量表示每个词后,一个长度为 L 的句子就可以表示为一个 $k \times L$ 矩阵,类似一个图像的形式,所以可以用 CNN 对输入句子是真病历文本还是假病历文本进行分类。我们把疾病类型的标签 y 作为额外的输入加到最大汇集(max-pooling)层中,实现对不同疾病类型文本的分别判断。

在我们的实验中,mtGAN 通过用一组普通肺炎和肺癌两种疾病的病人病历中的病人自述文本部分进行训练,实现了能用算法生成类似的具有两类疾病标签的仿真中文病历文本。方法和训练过程的细节涉及较多自然语言处理的步骤,在此次不再赘述。下面给出算法产生的仿真文本的两个例子:

肺炎例子:"患者于 1 周前无明显诱因出现咳嗽,咳白色粘痰,伴活动后加重,休息后可缓解,间断服用镇咳药物等治疗,未行正规诊治。"

肺癌例子:"患者 10 多年前开始出现咳嗽、咳痰,痰中带血,当地医院查胸部 CT 示纵隔肿大淋巴结,右肺下叶结节,后行气管镜时治疗收入院。"

实验中的训练样本包括两千多段来自真实病例的文本片段。产生的大部分仿真文本效果如上述两个例子,读起来较通顺并看上去有基本的合理性,但也有小部分文本具有明显的语法错误或逻辑错误。我们在这个模型中没有引入任何语法知识或疾病相关的专业知识对产生文本进行控制,如果能有效结合一些这方面的控制和约束,预期可以得到更好的效果。另外,目前模型产生的文本还限制在如上面两例这样比较短的句子上,仿真出的陈述在医学上的合理性和有效性尚未经过专业探讨。本小节的目的是希望通过这个例子展示除了直接的模式识别任务外,如何通过对多种机器学习方法的综合应用,探索解决更复杂的问题。

12.8.2 人工基因调控元件的生成

除图像领域与自然语言处理领域的应用之外,近年来科研工作者们对深度生成式模型在其他专业领域的交叉应用进行了探索。事实上，专业领域的问题往往具有自己的特色，且前人也在该领域进行了深入的探索，已经累积了丰富的模型、数据与见解。因此，研究者需要利用前人所获得的丰富知识，综合考虑深度生成式模型与领域知识的双重特性，建立适应领域的生成式模型，以期在专业领域的某个特定问题上做出探索。

下面简要介绍一个我们在人工基因调控元件设计上所做的一个尝试①，这里重点应用了12.7.2节介绍的生成对抗网络。

基因调控元件作为搭建合成生物系统的基石，在代谢工程、基因治疗等领域有广泛用途。包括人工驯化、太空育种、以及2018年获得诺贝尔奖的定向进化技术等，都是为了获得性能更好的基因元件。但通过自然进化获得新元件需要漫长的时间，而通过随机突变加筛选的方式一方面成功率低，另一方面通常只能获得与天然序列非常相似的元件，难以发现全新的调控元件。以100碱基长度的序列为例，其潜在的序列组合达到了 4^{100} 种可能，但天然的元件仅占其中很小一部分，潜在的序列空间组合远超目前生物实验所能够筛选的能力。如何能用计算设计来代替掉绝大部分低效盲目的实验筛选，发现新的功能元件，对于基因工程研究具有重要意义。

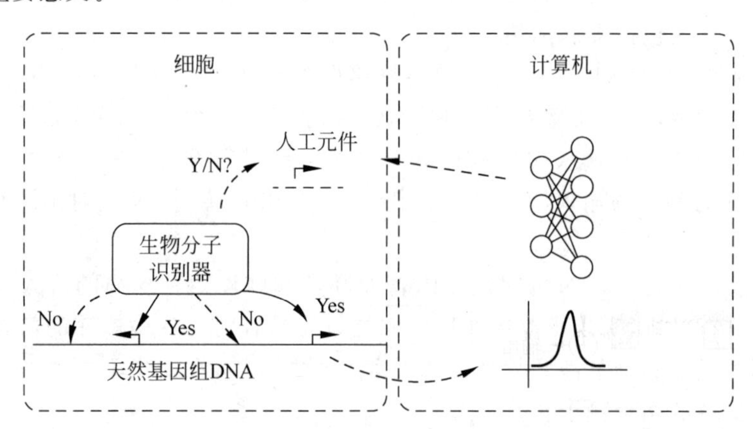

图12-32 基因调控元件的分布估计与生成的基本原理

图12-32示意了我们如何从模式识别分类器的视角来思考这个问题。细胞内的蛋白质分子机器不断在DNA序列上做“识别分类”：判断哪个地方是有功能的调控序列，哪里不是。而要让人工设计的基因调控元件发挥作用，就需要它能够被细胞内的分子“识别器”识别为有功能的元件。因此，我们把它建模为一个分布估计与采样的问题：利用天然生物基因组中的已知元件作为训练样本，通过机器学习来学习这些样本的概率分布模型，当学习到分布之后，我们就可以从该中抽样来产生全新的、能够被细胞识别的人工基因元件。

基因调控元件包含复杂的特征和约束关系，人们对其机理的认识还远不足以建立起定量的知识和规则体系，也难以对进行显式的概率分布建模。而生成对抗网络GAN为我们提供了直接从数据出发建立隐含模型的可能。

我们采用的整体模型结构如图12-33所示。具体训练过程如下，首先将低维随机隐变

① Ye Wang, Haochen Wang, Lei Wei, Shuailin Li, Liyang Liu, Xiaowo Wang, Synthetic promoter design in *Escherichia coli* based on a deep generative network, *Nucleic Acids Research*, 48(12): 6403-6412, 2020.

量送入生成器中，产生独热编码形式的序列编码，同时将天然序列使用独热编码方式送入模型。判别器需要尽量区分生成器产生的序列以及天然的序列，以此进行梯度优化；而生成器则需要通过梯度优化，尽量产生更加接近天然序列的样本，以此欺骗判别器。通过生成器与判别器的对抗学习，使得生成器逐渐学习天然序列的分布。最终我们从分布中抽样产生新的基因调控序列。

彩图 12-33

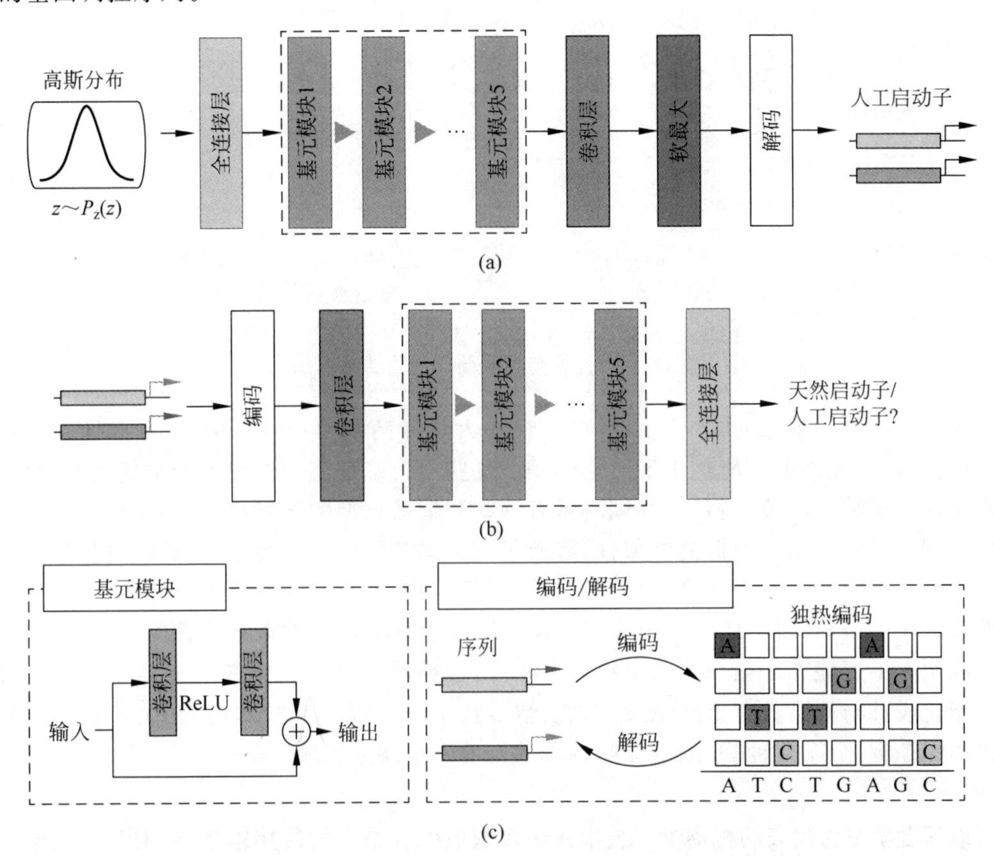

图 12-33 用生成对抗网络进行人工启动子生成的方法示意图

(a) 生成器结构；(b) 判别器结构；(c) 残差块(Resblock)结构与编码解码方式

不同于图片对象，DNA 序列生成的效果非常不直观。而深度模型的学习过程又存在很多不确定性。因此在模型学习过程中，我们用很多生物学的先验知识来监控模型的学习过程，例如基因调控元件的词频偏好、蛋白质结合位点的位置偏好等等。一方面要保证模型学习到天然样本的分布规律，同时也要保证生成样本的多样性，以便能探索发现新的生物元件。研究中，我们在这个具体问题中得到了一些算法上的新认识，例如，在模型的优化目标中使用所谓搬土距离(Earth Mover's Distance)代替经典的 JS 散度，对算法的收敛性与训练的稳定性具有优势；使用 12.3.4 节介绍的残差结构可以显著提升模型的效果。

在生成模型之后，我们加入了一个回归模型对生成样本进行筛选。该模型用 DNA 序列作为输入，其预测输出为该调控元件的功能活性，如它所调控的下游蛋白质的产出量。通过这种方式在计算上筛选出潜在具有较高生物活性的样本，增加实验成功率。

最后，我们将虚拟设计的样本合成为 DNA，通过生物学装载到细胞内进行观测，并根据实验结果对模型进行循环优化。从而完成了从物理一虚拟-物理世界的这样一个循环映射过程(图 12-34)。

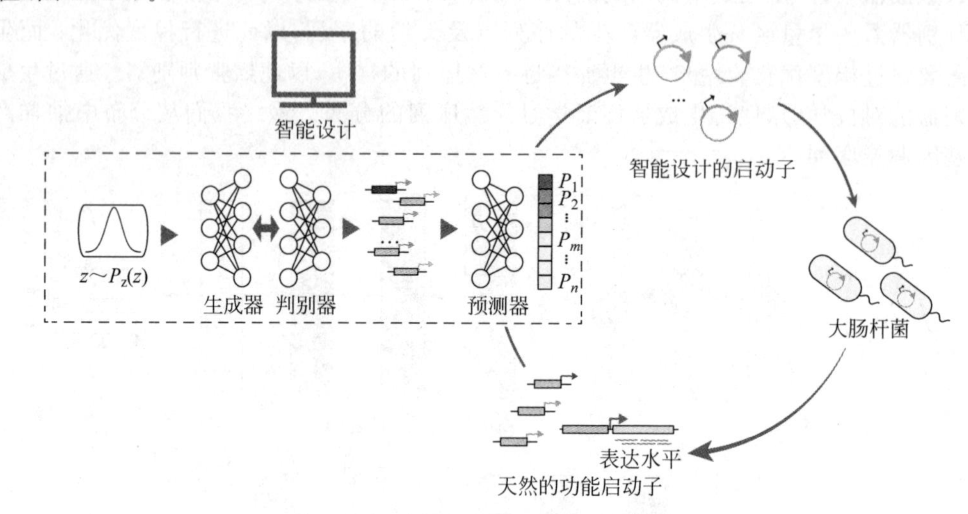

彩图 12-34

图 12-34　计算与实验循环优化的示意图

我们的实验结果表明,使用该策略设计的大肠杆菌基因启动子有 70%都具有生物活性,且其中部分元件的性能优于天然启动子。这些由人工智能方法设计的全新元件,具备了天然元件关键特征的统计特性,并同时具有一些非天然典型的序列模体,在整体序列排布上可以做到与天然启动子很低的相似性,降低了与天然基因组的同源重组风险。同时,优化后的人工元件可以具备比天然序列更高的转录活性。理论上,该方法可以产生数量远远超过天然启动子的全新元件,极大地丰富了可用于工程生物学研究的调控元件库。

利用人工智能方法创造全新生物调控元件,对推动工程生物系统更加高效、安全、可控的智能化设计与构建具有重要意义。人工智能技术与工程生物技术的交叉,未来将可能对促进代谢工程、分子育种、基因治疗等领域的发展产生深远影响。

以深度学习为代表的机器学习技术在很多领域中有重大的应用前景,但对于广大学习者来说,所看到的大部分研究都是在图像、视频、自然语言等常见对象开展的,对国际上一些大规模模式识别问题的竞赛非常关注。本节介绍了我们近年来自己的研究工作中的两个小例子,它们本身可能并不是非常成熟,但希望通过这些例子,启发读者开拓思路,把机器学习前沿方法更好地与各行各业中的实际问题相结合,并在实际问题推动下敢于改进现有方法和发展新方法。

12.9　深度学习算法中的部分常用技巧

各种深度学习方法最后都会转换为一定的优化问题。在确定了神经网络的结构和训练样本的情况下,深度学习的核心问题就是优化算法问题。其中,大部分方法都是通过反向传播算法(BP 算法)把目标函数对参数的梯度传播到模型中的所有待学习参数,沿梯度下降方向对参数进行调整。

本质上,所有这些方法都属于贪婪算法,每一步学习都向目标更优方向更新,在模型复杂时无法保证算法会收敛到目标函数的全局最优解,甚至无法保证算法会收敛。但人们也意识到，在很多实际应用中，我们并无须追求目标的全局最优解，通常得到适当的局部最优解已经足以在应用问题上得到满意的表现。也有人把深度学习的关键问题看作是在适当的计算量下如何有效得到较好的局部最优解的问题。

各种深度学习模型在训练算法上都受到一些挑战，其中很多挑战是具有共性的，人们在研究过程中逐步总结出了一些行之有效的策略，它们可以在包括传统神经网络和深度神经网络等很多模型的学习算法上都有效或者有借鉴意义，本节对其中一些有代表性的策略和技巧进行简要介绍。

训练顺序

在训练过程中训练样本的施加顺序是影响学习算法性能的一个重要因素，有几种常见的做法。一是整体梯度下降，即每轮训练要用所有样本的梯度平均进行梯度下降，这样可以保证参数的每步移动都必定能优化目标函数，但当样本较多时这种做法的梯度计算耗时长，在深度学习中已较少采用。

较多采用的是随机梯度下降(stochastic gradient descent，SGD)法，每次随机选取一个样本计算梯度，速度快而且有一定的跳出局部最优的能力，在深度学习中被广泛采用。但随机梯度下降可能会导致目标函数波动剧烈，有时需要配合其他措施来改进训练性能，例如引入了动量(momentum)机制，使参数本次调整的方向不但受当前的误差梯度方向影响，而且受上一次调整的方向影响，即

$$\boldsymbol{w}(t+1)=\boldsymbol{w}(t)+(1-\alpha)\Delta\boldsymbol{w}_{bp}(t)+\alpha(\boldsymbol{w}(t)-\boldsymbol{w}(t-1)) \tag{12-66}$$

这样就增加了学习过程的平滑性，防止过度波动。类似于小球滚下山坡，方向相似的梯度能够让动量快速积累且参 数更新方向不太发生变化，有利于目标函数的收敛。

另一种常用的策略是批量训练，也称作批量梯度下降。它综合了整体梯度下降和随机梯度下降的优点，每轮训练从训练集中选取一批样本计算梯度，可以取得比较好的结果。在实际应用中，需要注意训练样本批次的划分要有较好的随机性，批次的大小也需要根据情况确定，必要时可以进行试算。

学习率

参数更新的步长即学习率的设定是影响梯度下降类算法性能的一个很重要的因素。学习率过低算法收敛过慢或过早陷入局部最优解(有文献称作“早熟”)，而学习率过高则可能引起学习过程振荡，导致不收敛。人们总结了一些经验性的准则来帮助确定合适的步长，例如用目标函数对参数二阶导数的倒数作为较佳的步长选择，但这些经验只适用于部分目标函数。另一种通过调整学习率改进训练过程的方法是让学习率在训练过程中进行动态变化，例如开始用较大的学习率，而随着训练的进行让它逐步减小，也有人发展了根据训练情况自动调整学习率的方法，称作自适应梯度下降法。

人们在梯度下降算法的基础上发展了多种二阶优化算法，它们考虑目标函数的二阶导数信息，也就是目标函数在当前参数附近的曲率，使得参数的更新方向估计得更加准确，在某些问题上能够求解一阶优化算法不能解决的问题。经典的二阶优化算法包括牛顿法、共轭梯度法等，人们也发展了多种新方法。各种二阶优化算法的主要差别体现在海森矩阵(Hessian matrix，即多元函数的二阶偏导数矩阵)逆矩阵的计算或近似上，也有文章采用不

估计海森矩阵的二阶优化算法，并在自编码机、递归神经网络上取得了较好的效果。

初始化

网络参数的初值设置也经常会对网络的训练带来影响，通常的做法是在一个给定的范围内对参数进行随机初始化。条件允许时尝试不同的初始参数对网络进行训练，观察训练的过程和结果，有利于达到更好的训练效果。早期的神经网络在结构稍复杂时就无法保证推广性 能，一大原因是初始值选取缺乏有效方法，本章前面介绍的采用非监督学习方法进行参数预训练，也可以看作精心设计的参数初始化方法，使深度神经网络训练的问题有了较好的解决方案。

非线性激活函数

神经元的非线性激活函数即传递函数是对训练算法影响很大的因素，对模型的性能、收敛速度都有着很大影响。Sigmoid、ReLU、tanh 等函数有相似的作用但各有不同的性质，它们的作用在很多深度学习的文献中被称作"挤压"，是神经网络实现非线性映射的基础。早期被广泛使用的激活函数是 Sigmoid 函数，由于其在两侧的导数趋近于 0，也被称为软饱和函数。软饱和性会使得深度网络的梯度难以向回传播，当网络后面几层（接近输出端的层）很快收敛到饱和区后，网络前几层仍然停留在随机初始化的状态而得不到训练，造成网络的推广性能较差。双曲正切函数 tanh 同样是一种软饱和的激活函数，相比 Sigmoid 函数，由于其输出的均值比 Sigmoid 函数更接近于 0，随机梯度下降能够更趋近于自然梯度，在很多情况下收敛速度可以更快。

与经典的多层感知器神经网络相比，很多深度神经网络的一个突破点是采用了 ReLU 函数，这是深度神经网络中使用最广泛的激活函数。ReLU 函数在 $s>0$ 处导数恒定为 1，故梯度不会衰减，从而缓解梯度消散现象；ReLU 还能使得神经网络具有稀疏表达的能力，可以提升网络性能。但它在 $s<0$ 处梯度硬饱和，权重无法更新，存在所谓"神经元死亡"现象。而且，ReLU 函数的均值恒定大于 0，也可能会影响网络的收敛性。为了解决神经元死亡问题，人们发展了一些改进形式的 ReLU 函数，使它在 $s<0$ 区域内也有梯度，且输出均值更接近于 0，可以使网络具有更好的收敛性能。

随机舍弃

在小样本学习中，过拟合或过学习问题是人们非常关心的一个问题，第 7 章介绍的统计学习理论对这个问题进行了深入的研究。对于深度学习方法，坊间存在一种误解，即由于有大数据训练样本，过学习问题不再是深度学习中的一个主要矛盾。这种理解是错误的。实际上，过学习问题在深度学习中同样存在，是影响神经网络类方法推广能力的主要原因。从本章前面几节的介绍中我们已经看到，各种深度神经网络的很多结构设计和算法设计，都是为了更好地解决和避免过学习问题。

在深度学习中，2012 年 Hinton 等提出的所谓随机"舍弃法"（dropout）是一种有效的避免过拟合方法[①]，已经被很多深度神经网络方法采用。舍弃法是指在每轮训练过程中，随机

---

① G. E. Hinton, N. Srivastava, A. Krizhevsky, I. Sutskever, R. R. Salakhutdinov, Improving neural networks by preventing co-adaptation of feature detectors, http://arxiv.org/abs/1207.0580, 2012.

A. Krizhevsky, I. Sutskever, G. E. Hinton, ImageNet classification with deep convolutional neural networks, *Advances in Neural Information Processing* 25, pp. 1097-1105, 2012.

地让网络的部分隐节点不工作，即以概率 p 将隐节点的输出置零，这些隐节点的参数也暂时不更新。这种训练方法实际上也属于一种正则化方法。每轮训练的网络结构有所不同，最终进行分类时使用整个网络进行分类，相当于对不同分类器取平均，与第8章介绍的集成学习中的自举类方法有异曲同工之妙，与随机森林等方法也有共通的思想。

使用舍弃训练使网络避免某些神经元共同激活，削弱了神经元之间的关联适应性，可以增强推广能力。也有观点认为，舍弃训练可以理解为数据增强的一种形式。用舍弃法训练会降低网络有效节点的数目，所以应用时往往需要相应地增加网络宽度，这可能会使在样本数目较少时表现不佳。另外，应用舍弃法训练也会使得网络的训练时间上升为原来的2～3倍左右。

除了舍弃法外，还有一些类似的方法或改进方法，通过对隐节点随机置零等技巧获得等价于多个模型平均的效果。

归一化

对输入样本和神经网络各层输出值的归一化或标准化，是另一个可能对训练过程有重要影响的因素。在卷积神经网络中人们引入了批次归一化等方法，能够有效地提高训练效果。对输入数据本身的标准化是人们经常忽略的因素，当我们处理的数据不是图像、视频、文本等常见的模式识别研究对象时，样本向量取值的动态范围可能有很大差异，需要设计一定的预处理方法把输入数据的取值标准化到适合所用的神经网络输入的范围内。

对神经网络权值的大小进行适度约束，也是改进训练算法的一种常见策略。例如引入权值衰减，避免个别权值过大。这种做法等价于对网络的目标函数增加一定的正则化约束，有利于避免网络陷入过学习。

2015年，Loffe和Szegedy提出了批量归一化(batch normalization)算法①。使用该方法可以选择较大的初始学习率使网络快速收敛，同时可以提高网络的推广性能，一定程度上可以代替舍弃训练等正则化方法。算法的核心思想是在批量梯度下降中设法使每一批数据的分布相同，消除深度学习中经常遇到的所谓协变量漂移(covariate shift)现象，使网络在每一批次学习时不必去适应学习每轮不同的输入数据分布，从而提升训练速度。

如果我们通过预处理对样本进行归一化，只有输入层能满足分布相同的条件，经非线性变换之后，隐含层的输入分布就不再稳定，受之前各层参数影响。批量归一化的做法是，使神经网络每一层输入都拥有相同的分布，即对每层输入做下面的归一化运算：

$$\hat{x}_i = \frac{x_i - \mu_x}{\sqrt{\sigma_x^2}} \tag{12-67}$$

式中，均值 μ_x 和方差 σ_x^2 由批量梯度下降中所选取的本批样本进行估计。

这样对隐层归一化可能会使得特征的表达能力减弱，例如原本数据的分布是在Sigmoid函数的两端，有较强的判别能力，经归一化之后变为分布在0附近的线性区域，相当于前一层的学习结果被抹消了。为弥补这个问题，还需经过一次变换

① S. Loffe, C. Szegedy, Batch normalization: accelerating deep network training by reducing internal covariate shift, Proc. of 32th ICML, vol. 37, pp. 448-456, 2015(https://arxiv.org/abs/1502.03167v3).

$$y_i = \gamma \hat{x}_i + \beta \tag{12-68}$$

对特征进行尺度调整和平移，其中 γ 和 β 是需要学习的两个参数。经过式(12-67)、式(12-68)两步变换，就完成了一次批量归一化。这个步骤通常添加在神经元的激活函数之前，用以解决神经网络训练速度慢、梯度爆炸等问题。

数据增强和辅助目标

除了对算法本身采取各种技巧进行优化(俗称“调参”)，还可以对训练样本甚至学习问题本身采取一些措施来改进算法的性能。例如，AlexNet 卷积神经网络对图像样本进行了大量的裁剪重采样，使训练样本数目增加了两千倍，不但有效提高了推广能力，而且通过图像裁剪使神经网络能学习到图像中目标的位置不变性。这种方法被称作“数据增强”(data augmentation)。

又例如，在较早的神经网络研究中，人们就发现在监督学习问题中，可以通过人为增加提示性的辅助学习目标的做法来改善方法的性能。具体做法是，在学习的目标之外人为设定几个比较容易实现的学习目标，与原本的目标一起之外神经网络的预期输出，作为对原目标学习的辅助，也就是为新目标增加神经网络的输出节点。在训练中，由于辅助目标学习比较简单，可以较快地引导参数到达比较合适的区域，在隐层形成对样本比较有效的特征表示，有利于其他节点对其他目标的学习。

辅助目标可以陪伴原有目标完成全部训练过程，也可以在训练的一定阶段撤出，起到一定的预训练作用。这种做法与机器学习中近年来比较流行的“迁移学习”(transfer learning)有一些共通的思路，我们认为，把这种简单的思想在结合实际场景中进行巧妙运用，还有很大的发展空间。

终止条件

影响各种神经网络学习效果的另一个因素是算法的终止条件。很多方法原则上都是希望算法在训练到梯度为零或很小时停止，但这样做有很大的过学习风险。如果样本条件允许，人们通常会把一部分训练样本拿出来作为验证样本集，在训练的同时随时关注网络在训练样本上的表现和在验证集上的表现，当训练误差继续减小但验证误差不再改进或开始恶化时，就提示系统可能出现了过学习现象，应该提前停止。如果在训练误差和验证误差很很不满意时就已经出现这种现象，通常提示网络结构或算法中存在问题，需要返回去进行调整和优化。所谓的深度神经网络“调参”，并不是设置各种参数后等到最后看结果，如果结果不满意再重新设置各种参数，而是应该设法观察神经网络训练的全过程，在过程中发现参数不够优化的迹象并进行有针对地改进。

12.10 讨论

21世纪的前二十年，深度学习在模型、算法、程序框架和应用实践中都取得了长足的发展，推动了机器学习乃至整个人工智能领域的发展。但我们从本章讨论中也可以看到，很多深度学习方法是基于直观的原理，或者基于对高维空间数据表示和函数优化问题的技术，对学习问题本身的理论研究较少讨论，一些流行的算法的理论性质也没有被充分证明。这一特点使深度学习遭到了一部分人的诟病，认为深度学习取得成功的关键是一系列经验技巧，大都缺乏严格的理论支持。

应当说，这种认识并不完全符合实际。深度学习本身不论在理论、方法还是实现技术上，都比经典神经网络有很大进展。尤其是，近年来深度学习中越来越把概率学习与深度神经网络的确定性学习相结合，在理论上有很多新发展。但整个机器学习领域的理论研究尚滞后于技术发展，这依然是当前的基本情况。而且，在深度学习时代，出现了多个非常方便使用的机器学习软件开放平台，使大量用户可以在对方法原理没有充分了解的情况下，就能够通过几行代码实现复杂的深度学习算法，甚至在很多应用问题上取得不错的结果。这种情况，一方面大大促进了机器学习的普及和发展，尤其是在图像识别类任务上的各种应用；另一方面，也导致部分技术人员和研究者把更多注意力集中到"调参"上，缺少对方法及其背后的理论进行深入钻研的动力，这也是深度学习被外界误认为缺乏理论深度的一个原因。如果这种现象长期存在，将可能导致机器学习的前沿技术越来越集中于较少的引领者，大部分人只能跟在后面学习、应用和进行小幅度改进。这种现象是我们需要避免的。

深度学习中很多算法的收敛性质已经得到了数学上的研究，部分算法已经得到证明，但对于深度学习模型的样本表示能力和学习推广能力的研究，目前仍较多地停留在定性描述和说明阶段。与此相对照，一些"浅层"的机器学习方法则在理论上有较系统的研究，在一定条件下它们的性能有严格的理论保障。例如第 7 章介绍的统计学习理论，为支持向量机等浅层方法提供了理论支撑，其中部分思想可以推广到深度学习领域，但又并非能够完全照搬。多种深度学习模型在很多问题上的出色性能是有目共睹的，同样它们存在的很多问题也已被然人们认识到。如何集各门派之长对包括深度学习在内的机器学习方法进行更深入的理论研究，是机器学习未来发展道路上的重要任务。我们看到，近年来投入相关理论研究的研究人员已经显著增加，并已经不断有新的理论突破。

第13章 模式识别系统的评价

13.1 引言

模式识别和机器学习是一门方法性很强的学科。在从数据中学习和发现规律这一总目标下，针对各种不同的数据和背后不同的规律，人们发展了很多不同的方法。这些方法表面上看好像是归于不同学派，实际上是采用了对数据及其背后规律不同的认识和假设，以及采用了不同的数学工具。在这个意义上，不同类型的方法之间并没有绝对的优劣之分，而是不同方法各自有各自最适用的范围，也可能有各自的弱项。如果某种方法所采用的数学模型或假设比较符合实际数据情况，方法的效果就会好；反之，方法就可能失败。

针对一个复杂的实际问题，尤其是从现实中提取出来的新问题，而不是人们早已设计好的用于各类竞赛的标准问题，我们往往很难事先知道什么是最好的方法，需要通过适当的实验来评估方法的性能和在不同方法之间进行比较。

在前面各章的介绍中，在多处都涉及了分类错误率等评估方法性能的指标，但并未进行系统的介绍。事实上，很多学者也认为如何评价模式识别和机器学习方法的表现是一件很简单的事，不需要专门进行研究。这种认识其实在很多情况下是有问题的。本章将尝试比较系统地介绍机器学习中评估监督模式识别和非监督模式识别方法性能的基本问题和常用方法，并讨论其中需要特别注意的问题。我们将会看到，在很多情况下，不恰当的评估方式可能会导致假象和错误结论。

13.2 监督模式识别的错误率估计

监督模式识别有确定的分类目标，即把每一个样本划分到若干目标类别中的一个类，并希望这种划分相对于样本真实所属的类别来说错误率尽可能小。这里的错误率就是错误的决策在全部决策中所占比例的数学期望。在 2.6 节中，已经介绍了在正态分布情况下错误率的理论分析方法，一般情况下，这种理论分析很难做到，人们更多的是采用实验方法来估计分类器的错误率。这里来介绍几种典型的做法。

13.2.1 训练错误率

最简单的错误率估计方法是在分类器设计完成后，用分类器来对全部训练样本进行分类，统计其中分类错误的样本占总样本数的比例，用这个比例作为错误率的估计。这个错误率叫做训练错误率(training error rate 或简称 training error)，在统计上也被叫做视在错误率(apparent error)或重代入错误率(re-substitution error)。

显然，这种做法是偏乐观的，因为分类器设计过程中已经用到了所有样本的信息，因此这种训练错误率不能忠实地反映分类器在未来样本上的表现，即不能反映分类器的推广能力。例如在极端情况下，分类器可以通过记忆把每个训练样本的类别都记住，只要没有特征完全相同的样本分属于不同类，这样就能够做到训练错误率为 0，但是显然这种 0 错误率不能反映分类器对未来的样本是否能分类正确。

训练错误率就是第 7 章中讨论的经验风险。这个错误率虽然偏乐观，但也并不是完全没有用，当学习机器设计合理和训练样本满足一定条件时，经验风险能够一定程度上反映机器的推广能力，这也就是为什么很多采用经验风险最小化原则训练的分类器仍然有较好表现的原因。统计学习理论系统地研究了经验风险与期望风险的关系，说明了要使经验风险最小化的解收敛于期望风险最小化的解(即学习过程一致)的充分必要条件，给出了有限数目的样本下期望风险与经验风险之间差的上界，提出了所谓"结构风险最小化"准则，并在此准则下发展出了支持向量机这种具有较好推广能力的学习机器。

在实际应用中，虽然人们一般不把训练错误率当作评价分类器性能的指标，但训练错误率仍然可以帮助粗略判断分类器的效果、模型的适合程度或数据的可分性。

13.2.2 测试错误率

如果实际问题中的样本可以划分出一部分来用作独立的测试集(也称做检验集或考试集)，或者可以在目前已有样本之外有条件采集更多的样本，那么就可以用测试集数据来估计分类器性能。这样得到的错误率估计叫做测试错误率。从测试的角度看，这种估计也可以叫做已设计好分类器情况下错误率的估计问题。

假定测试集中有 N 个样本，直观上可以用测试集中被分错的样本在 N 中的比例作为测试错误率。但是，这种估计有理论依据吗？估计量的性质如何？测试集的样本数目是否影响估计的准确性？

下面分两种情况来讨论这些问题。这里只讨论两类分类情况。

1. 先验概率 $P(\omega_1)$，$P(\omega_2)$ 未知——随机抽样

当不知道先验概率 $P(\omega_i)$，$i=1,2$ 时，可以简单地随机抽取 N 个样本作为检验集，样本的这种抽取方法叫随机抽样。

假如对 N 个样本进行考试，结果错分了 k 个，k 是一个离散随机变量，用 ε 表示真实错误率，在给定 ε 后，k 的密度函数为二项分布

$$P(k)=C_N^k\varepsilon^k(1-\varepsilon)^{N-k} \tag{13-1}$$

其中

$$C_N^k=\frac{N!}{k!\,(N-k)!}$$

ε 的最大似然估计 $\hat{\varepsilon}$ 就是下列方程的解

$$\frac{\partial\ln P(k)}{\partial\varepsilon}=\frac{k}{\varepsilon}-\frac{N-k}{1-\varepsilon}=0 \tag{13-2}$$

解之得

$$\hat{\varepsilon}=\frac{k}{N} \tag{13-3}$$

也就是被错分的样本数 k 与总考试样本数之比给出了错误率 ε 的最大似然估计 $\hat{\varepsilon}$，它的意义是很直观的。

由于 $\hat{\varepsilon}$ 是一个估计量，考试集中的样本是随机抽取的，错分样本数 k 也是随机变量，作为 k 的函数的 $\hat{\varepsilon}$ 也是随机变量。所以有必要就 $\hat{\varepsilon}$ 的期望，方差和置信区间进行讨论。

二项分布的特征函数、期望和方差分别为

$$\varphi(t)=[\varepsilon e^{jt}+(1-\varepsilon)]^N \tag{13-4}$$

$$E(k)=N\varepsilon \tag{13-5}$$

$$\mathrm{Var}(k)=N\varepsilon(1-\varepsilon) \tag{13-6}$$

因此，$\hat{\varepsilon}$ 的期望为

$$E(\hat{\varepsilon})=E\left[\frac{k}{N}\right]=E[k]/N=\frac{N\varepsilon}{N}=\varepsilon \tag{13-7}$$

方差为

$$\mathrm{Var}[\hat{\varepsilon}]=\mathrm{Var}[k]/N^2=\varepsilon(1-\varepsilon)/N \tag{13-8}$$

由式(13-7)可知，$\hat{\varepsilon}$ 是 ε 的无偏估计量。

Highleyman 给出了 95%置信系数下的置信区间$(\varepsilon_1,\varepsilon_2)$与 $\hat{\varepsilon}$ 和 N 的关系，见图 13-1。

$$P(\varepsilon_1\leqslant\varepsilon\leqslant\varepsilon_2)=1-\frac{\beta}{100}=0.95 \tag{13-9}$$

其中 β 为置信水平。

显然，考试样本数 N 越多，则估计出的错误率 ε 的置信区间越小。例如，在 50 个考试样本上未发生错分，即 $k=0$，则错误率的估计 $\hat{\varepsilon}=\frac{k}{N}=0$，而从图 13-1 看出真实错误的置信区间为 0～0.08，即 ε 在(0,0.08)内。又如，若考试样本数 $N=250$，考试结果 $k=0$，即 $\hat{\varepsilon}=0$，此时却可保证真实错误率 $\varepsilon\leqslant 0.02$。

2. 先验概率 $P(\omega_1)$,$P(\omega_2)$已知——选择性抽样

当知道两类的先验概率 $P(\omega_i)$，$i=1,2$ 时，可分别从类别 ω_1 和 ω_2 总体中抽取 $N_1=P(\omega_1)N$ 和 $N_2=P(\omega_2)N$ 个样本，并用 $N_1+N_2=N$ 个样本作为检验集。这样的抽取方法称为选择性抽样。

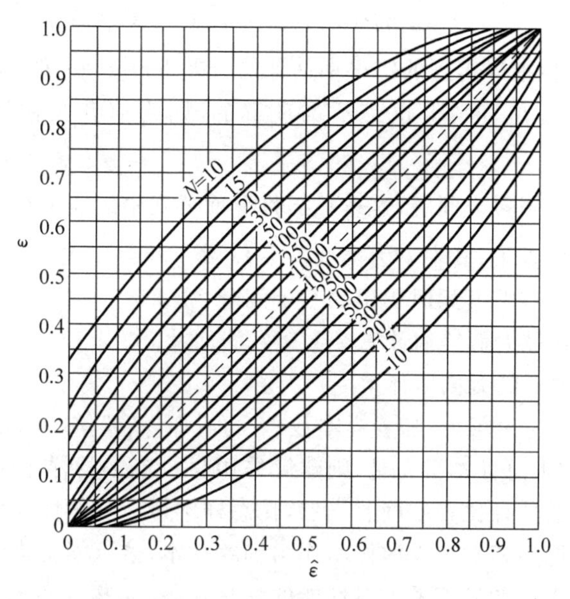

图 13-1 95%置信系数下的置信区间$(\varepsilon_1,\varepsilon_2)$与$\hat{\varepsilon}$和$N$的关系

设k_1和k_2分别为考试集中属于ω_1及ω_2类别但被错分的样本数，因k_1、k_2是相互独立的，故k_1、k_2的联合概率为

$$P(k_1,k_2)=P(k_1)P(k_2)=\prod_{i=1}^{2}C_{N_i}^{k_i}\varepsilon_i^{k_i}(1-\varepsilon_i)^{N_i-k_i} \tag{13-10}$$

其中ε_i为ω_i类别的真实错误率。

利用同样的方法可得出ε_i的最大似然估计为

$$\hat{\varepsilon}_i=\frac{k_i}{N_i},\quad i=1,2 \tag{13-11}$$

而总的错误率估计为

$$\hat{\varepsilon}'=P(\omega_1)\hat{\varepsilon}_1+P(\omega_2)\hat{\varepsilon}_2=\sum_{i=1}^{2}P(\omega_i)\hat{\varepsilon}_i \tag{13-12}$$

从而$\hat{\varepsilon}'$的期望和方差分别为

$$E[\hat{\varepsilon}']=P(\omega_1)E[\hat{\varepsilon}_1]+P(\omega_2)E[\hat{\varepsilon}_2]=P(\omega_1)\varepsilon_1+P(\omega_2)\varepsilon_2=\varepsilon \tag{13-13}$$

$$\mathrm{Var}[\hat{\varepsilon}']=\frac{1}{N}\sum_{i=1}^{2}P(\omega_i)\varepsilon_i(1-\varepsilon_i) \tag{13-14}$$

由式(13-13)和无偏估计量的定义可知，$\hat{\varepsilon}'$是ε的无偏估计量。

以上讨论了两种情况下的错误率估计，未知先验概率时得到的错误率ε的估计量$\hat{\varepsilon}$，与已知先验概率时得到的错误率ε的估计量$\hat{\varepsilon}$是有所不同的。因此，要分析究竟哪一种方法得到的错误率估计更好。

由于它们都是随机变量，无法就某个估计值来评价它们的好坏，而只能研究它们的统计特性，这里来比较方差间的差别。

$$\mathrm{Var}[\hat{\varepsilon}]-\mathrm{Var}[\hat{\varepsilon}']=[\varepsilon(1-\varepsilon)-P(\omega_1)\varepsilon_1(1-\varepsilon_1)-P(\omega_2)\varepsilon_2(1-\varepsilon_2)]/N$$

$$=[P(\omega_1)P(\omega_2)(\varepsilon_1-\varepsilon_2)^2]/N\geqslant 0 \tag{13-15}$$

式(10-15)说明用选择性抽样得到的错误率估计的方差 $\mathrm{Var}[\hat{\varepsilon}']$ 一般小于用随机抽样得到的错误率估计的方差。这在直观上也是不难理解的,因为前者在估计中利用了先验概率 $P(\omega_i)$ 的信息。

以上讨论可以推广到多类问题,这里只需将上面公式中的连乘符号 $\prod$ 和求和符号 $\sum$ 的上限从 2 改为 c 就可以了,其中 c 为类数。

现在我们可以回答本节开始时提出的三个问题:

(1) 这些估计是在最大似然估计意义上最好的估计。

(2) 它们是错误率 ε 的无偏估计量。

(3) 从置信区间的讨论可见,随着样本数 N 的增加,其置信区间相应的缩小。

在实际应用中,如果总样本量充足,则建议采用尽可能多的样本组成测试集,这样能够保证对分类器错误率的估计比较准确。当然,在总样本量一定的情况下,采用更多的样本作测试样本就意味着只能用相对更少的样本作为训练样本,这可能会降低分类器的性能,需要根据实际情况进行折中。如果不考虑对性能的评估,而是希望在现有样本情况下得到尽可能好的分类器,那么就应该尽可能充分利用所有样本来设计分类器。

13.2.3　交叉验证

当总的样本数目不是很大时,如果把其中一部分样本划分为测试集,则训练样本数目就大大减少,分类器性能可能会受到影响,这样得到的测试错误率不能反映将所有样本用来设计分类器所能得到的最好的性能;同时,由于测试集本身也不大,所以测试错误率估计的方差本身也可能较大。在这种两难的情况下,人们通常使用交叉验证(cross-validation,CV)法来估计分类器的性能。

交叉验证的基本思想就是在现有总样本不变的情况下,随机选用一部分样本作为临时的训练集,用剩余样本作为临时的测试集,得到一个错误率估计;然后随机选用另外一部分样本作为临时训练集,其余样本作为临时测试集,再得到一个错误率估计……如此反复多次,最后将各个错误率求平均,得到交叉验证错误率(cross-validation error rate,CV error)。在进行交叉验证时,一般让临时训练集较大,临时测试集较小,这样得到的错误率估计就更接近用全部样本作为训练样本时的错误率。而测试集过小带来的错误率估计方差大的问题通过多轮实验的平均可以得到一定的缓解。

交叉验证法的典型做法是所谓 n 倍交叉验证法(n-fold cross-validation),其做法是:把全部样本随机地划分为 n 个等份,在一轮实验中轮流抽出其中的 1 份样本作为测试样本,用其余 $(n-1)$ 份作为训练样本,得到 n 个错误率后进行平均,作为一轮交叉验证的错误率;由于对样本的一次划分是随意的,人们往往进行多轮这样的划分(例如 k 轮),得到多个交叉验证错误率估计,最后将多个估计再求平均。这种做法又称作 k 轮 n 倍交叉验证。图 13-2 给出了 k 轮 n 倍交叉验证法的示意图。人们经常用的 n 包括 3、5、10 等,分别称作三倍交叉验证(3-fold cross-validation)、五倍交叉验证(5-fold cross-validation)、十倍交叉验证(10-fold cross-validation)等。

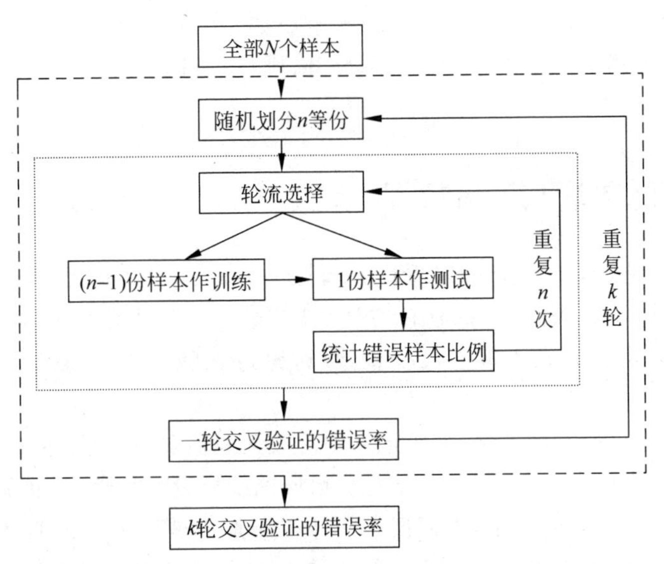

图 13-2 n 倍交叉验证示意图

交叉验证的一种特殊形式是所谓的留一法交叉验证(leave-one-out cross-validation，LOOCV)，这也是样本数较少时最常用的方法。它的做法是不把样本进行分组，而是每轮实验拿出一个样本来作为测试样本，用其余的 $N-1$ 个样本作为训练样本集，训练分类器，测试对留出的那个样本的分类是否正确；在下一轮实验中，把之前测试的样本放回，拿出另外一个样本作为测试样本，用剩余的 $N-1$ 个样本作训练，再对留出的样本作测试；依次类推，直到每个样本都被作为测试样本一次。全部 N 轮实验完成后，统计总共出现的测试错误数(不妨记作 m)，m 占总样本数的比例就是留一法交叉验证错误率。

可以证明，交叉验证法得到的估计是对错误率的一种最大似然估计。但是，当样本数有限时，这种估计是略微有偏的，偏差来源于每次测试的分类器是在 $N(1-1/n)$ 个样本(对于 n 倍交叉验证)或者 $N-1$ 个样本(对于留一法交叉验证)上训练得到的，因此最后的估计不是对 N 个样本上训练出的分类器的性能的估计。从这一角度看，留一法的估计偏差更小些，但是，由于每次只能用一个样本作测试，留一法错误率估计的方差要比 n 倍交叉验证估计的方差大一些。

除了用于评估分类器或分类算法的性能外，交叉验证还经常被用于分类器参数的选择。在很多应用中，可以首先用不同的参数在训练数据上用交叉验证进行试验，然后按照一定的步长调整参数，再进行交叉验证。如此反复多次后，就可以发现分类器在该数据或该类数据上用什么参数配置效果最好。确定这些参数后，再在所有样本上训练分类器。

在深度学习中，由于存在更多的超参数需要人为设定，当样本数目足够时，人们经常用交叉验证的方法帮助进行超参数选择。典型的做法是，如果问题中给定了训练集和测试集，测试集是在训练阶段无法使用的，人们往往把训练集再分出一部分来作为验证集，用验证集来评估在剩余训练样本上训练出来的方法效果，尝试不同的超参数以在验证集上取得最好的效果，然后用这样的超参数对所有训练样本进行训练，得到最终的分类器。如果训练样本数不足够多，也可以在训练样本集上用交叉验证的方法进行这种评估试验。

深度学习中另一种常见的用法是，在训练过程中实时观察当前训练结果在验证集上的表现，与训练过程中得到的训练错误率进行比较。如果发现学习过程中某个时刻训练错误率仍在下降，但验证集上的错误率开始不降反升，则往往可以提示开始出现了过学习现象，这时应该停止训练。

13.2.4 自举法与0.632估计

错误率的实验估计，本质上可以看作是有限样本下对某个参数的估计问题。自举法(bootstrap)是统计学中一种常用的估计方法，其基础是对样本集的自举采样，也有人翻译为“靴带法”。在第8章8.3.4节中，我们已经讨论过在随机森林方法中使用自举采样的策略。

设有一个大小为 N 的样本集，随机地从中有放回地抽取 N 个样本组成一个新样本集，这个新样本集就称作自举样本集。(由于是有放回的抽样，所以自举样本集中肯定会有一部分重复样本。)在一个实际问题中，人们拥有的样本集其实是某个未知的样本总体中一次采样的结果，如果只用这个样本集进行某个参数的估计，结果就难免带有偶然性。自举的基本思想是，从原始样本集中进行 B 次自举抽样，目的就是为了模仿从总体中得到多个同样大小的样本集，从每个自举样本集得到一个估计，用 B 个估计的平均作为最后的估计结果。统计学研究表明，这种自举估计能够有效提高估计量的性能。

用自举方法估计错误率，就是从原数据中抽取 B 个自举样本集，用每个自举样本集训练一个分类器，用它来预测在该自举样本集中没有被抽到的样本，统计预测错误率。将用 B 个自举样本集得到的预测错误率平均，就是自举法估计的错误率。

由于自举采样是有放回的抽样，通常其中会有重复样本。统计研究和实验表明，一个自举样本集中会包含原样本集中63.2%左右的样本。因此，与交叉验证方法类似，自举法估计的错误率也会偏保守。

考虑到训练错误率是对真实错误率偏乐观的估计，而自举错误率是偏保守的估计，人们提出可以将这两种估计按照一定的方式结合起来，例如Efron提出了下面的0.632估计

$$\mathrm{B.632} = 0.368 \times \mathrm{AE} + 0.632 \times \mathrm{B1} \tag{13-16}$$

其中，AE是在全部样本上的训练错误率(视在错误率)，B1是自举错误率。理论和实验研究表明，B.632是对错误率更好的估计。有关的理论和实验研究读者可以参考相关文献[①]。

13.3 有限样本下错误率的区间估计

13.3.1 问题的提出

根据有限数目的样本估计错误率，不论用以上哪种方法，得到的都是对错误率的一个点估计，没有考虑样本集本身的随机性对分类性能的影响。

---

① Efron B. Estimating the error rate of a prediction rule: improvement on cross-validation. *Journal of the American Statistical Association*, 1983, 78(382): 316-331.

例如，在某个固定的样本集上，比较两种分类器，都采取样本划分法划出一定数目的测试样本集，如果两种方法所得到的测试错误率分别是 0.05 和 0.04，那么能否有把握地说，后一种方法好于前一种方法？这微小的差别是否是在这个样本集上的偶然性？

又例如，如果在两个不同的医院采集了两组病人数据，用相同的方法在两组数据上分别做了相同的交叉验证测试，结果在两组数据上得到的分类正确率分别是 92%和 94%，那么能否有理由推断在第二组数据对应的病人上，所研究的问题具有更好的可分性？

再例如，SVM 的核函数类型选择是在面对一个实际应用时首先需要考虑的重要问题，如果在给定的数据上比较线性 SVM 和多项式核 SVM 的性能，那么，当采用一种核函数的实验性能比采用另外一种核函数高出多少时，才能确切判断用这种核函数的优势？

当样本数目比较有限时，单独靠对错误率的某个估计值（点估计）是无法回答上述问题的。

近年来，人们开始认识到，要系统地比较方法的优劣，不能单独靠性能指标的一个点估计来比较。因此，人们在对一些常用的标准数据集进行实验时，采用了把样本集进行多次划分的做法：事先把同一套数据做成若干个版本，每个版本的数据里又分成训练集和测试集。这种做法与交叉验证相似，不同的是，标准数据集是事先把样本进行了固定的划分，以便不同的人在使用这套数据时能够有统一的标准；另外一个不同是，在对每一套数据进行训练和测试后，不但要统计测试错误率的平均值，而且要统计各次的测试错误率分布的方差。图 13-3 给出了文献中用这种方法比较不同分类器的一个例子。其中，不但给出了各个分类器在不同数据上的平均错误率，而且给出了在多次实验中得到的错误率的标准差。

	SVM	KFD	RBF	AB	AB_R
Banana	11.5±0.07	10.8±0.05	10.8±0.06	12.3±0.07	10.9±0.04
B. Cancer	26.0±0.47	25.8±0.46	27.6±0.47	30.4±0.47	26.5±0.45
Diabetes	23.5±0.17	23.2±0.16	24.3±0.19	26.5±0.23	23.8±0.18
German	23.6±0.21	23.7±0.22	24.7±0.24	27.5±0.25	24.3±0.21
Heart	16.0±0.33	16.1±0.34	17.6±0.33	20.3±0.34	16.5±0.35
Image	3.0±0.06	3.3±0.06	3.3±0.06	2.7±0.07	2.7±0.06
Ringnorm	1.7±0.01	1.5±0.01	1.7±0.02	1.9±0.03	1.6±0.01
ESonar	32.4±0.18	33.2±0.17	34.4±0.20	35.7±0.18	34.2±0.22
Splice	10.9±0.07	10.5±0.06	10.0±0.10	10.1±0.05	9.5±0.07
Thyroid	4.8±0.22	4.2±0.21	4.5±0.21	4.4±0.22	4.6±0.22
Titanic	22.4±0.10	23.2±0.20	23.3±0.13	22.6±0.12	22.6±0.12
Twonorm	3.0±0.02	2.6±0.02	2.9±0.03	3.0±0.03	2.7±0.02
Waveform	9.9±0.04	9.9±0.04	10.7±0.11	10.8±0.06	9.8±0.08

图 13-3　通过样本划分估计错误率区间的例子（例子取自 Mika *et al*. *IEEE NNSP IX*, 1999）

与依靠点估计的性能评价相比，这种样本多次划分的方法在一定程度上考虑了样本随机性对评价结果的影响。但是，由于不同版本的数据只是训练数据和测试数据的划分不同，各个版本的训练数据之间以及测试数据之间存在一定的重合，因此，各次实验之间不是独立的，所估计出的错误率区间会偏小，当总样本数不是太大时尤其如此。事实上，人们已经证明，考虑样本随机性，如果仅基于交叉验证，不存在错误率估计量方差的无偏估计。Bengio

和 Gradvalet 指出，即使样本数相对较多，多重交叉验证样本划分所得错误率间的相关性也可能很大①。如何更好地评估错误率点估计的不确定性是一个在理论研究和实际应用中都值得关注的问题。

13.3.2 用扰动重采样估计 SVM 错误率的置信区间

之所以单纯靠样本划分或重采样无法获得对分类器错误率变换范围的无偏估计，是因为在划分或重采样得到的数据集之间存在不可避免的相关性。这一问题可以通过适当引入扰动的方法来解决。在对回归误差的置信区间分析中，Tian 等发展了一种利用扰动重采样(perturbation-resampling)的策略，并进行了系统的理论分析②。我们将这一思想发展到支持向量机的错误率方差估计上，下面对其基本原理进行简要介绍，详细的分析和证明读者可以参阅相关文献。

首先把所研究的问题形式化表述一下。

设有一组训练样本

$$(\boldsymbol{x}_1, y_1), (\boldsymbol{x}_2, y_2), \cdots, (\boldsymbol{x}_n, y_n) \tag{13-17}$$

其中，$\boldsymbol{x}$ 是样本的特征向量，y 是对应的类别标号。在这组样本上，训练一个线性的支持向量机，得到分类器 $f(\boldsymbol{x};\hat{\theta})$，其中 $\hat{\theta}$ 表示支持向量机训练得到的最优参数。

假设从与样本集式(13-17)相同的分布中独立抽取一个样本$(\boldsymbol{x}_0, y_0)$，在这个样本上分类器的输出是 $f(\boldsymbol{x}_0;\hat{\theta})$。定义期望绝对错误率

$$\varepsilon = E(|y_0 - f(\boldsymbol{x}_0;\hat{\theta})|) \tag{13-18}$$

这也就是要估计的错误率，其中，$E(\cdot)$表示求数学期望。

需要注意的是，通常只考虑对于未见到的所有可能样本的错误率，即式(13-18)中只对测试样本$(\boldsymbol{x}_0, y_0)$求数学期望，这样得到的错误率是对在给定的训练样本上得到的固定分类器的评价。实际上，训练样本本身也是从总体分布中的一次随机抽样，在对方法进行研究和比较时，需要考查的是方法在所研究的问题上而不是该特定数据上的性能，因此，式(13-18)中还应该对样本集式(13-17)求数学期望。

训练错误率即重代入错误率是对期望错误率的最简单的估计

$$\varepsilon_{\mathrm{re}} = \frac{1}{n}\sum_{i=1}^{n}|y_i - f(\boldsymbol{x}_i;\hat{\theta})| \tag{13-19}$$

正如本章开始讨论的，当样本数 n 不是充分大时，这种估计会偏乐观，即过低估计错误率。

13.2 节介绍的交叉验证法，就是把样本集随机地划分成 k 个子集进行 k 轮实验，在第 k 轮实验中，用除第 k 个子集外的样本训练分类器，得到参数 $\hat{\theta}_{(-k)}$，用所得的分类器得到在第 k 个子集上的错误率 $\varepsilon_{(k)}(\hat{\theta}_{(-k)})$，各轮实验的错误率的平均就是交叉验证错误率

---

① Bengio Y and Grandvalet Y. No unbiased estimator of the variance of k-fold cross-validation. *Journal of Machine Learning Research*, 2004, 5: 1089-1105.

② Tian L, Cai T, Goetghebeur E and Wei L J. Model evaluation based on the distribution of estimated absolute prediction error. *Biometrika*, 2007, 94: 297-311.

$$\varepsilon_{CV}=\frac{1}{K}\sum_{k=1}^{K}\varepsilon_{(k)}(\hat{\theta}_{(-k)}) \tag{13-20}$$

为了研究在考虑到训练和测试样本两方面的随机性的情况下，训练错误率、交叉验证错误率与期望错误率的关系，我们考查了统计量

$$W=n^{1/2}(\varepsilon_{re}-\varepsilon) \tag{13-21}$$

的分布情况，并且证明，该统计量渐近收敛于一个均值为 0 的正态分布。对于 K 倍交叉验证，当 K 固定且相对于样本数较小，同样可以证明，统计量

$$W_{CV}=n^{1/2}(\varepsilon_{CV}-\varepsilon) \tag{13-22}$$

在渐近意义下等价于 W，可以通过估计 W 的分布来近似 W_{CV} 的分布。

从理论上可以推导 W_{CV} 分布的方差，但是其估计需要计算未知非参数函数的梯度，尤其是当待定参数 θ 的维数较高时计算困难。为了克服这些困难，我们提出了一种扰动采样的方法来估计统计量 W_{CV} 的分布。

令$\{G_i,i=1,2,\cdots,n\}$为一组与观测数据相互独立且具有单位均值和方差的独立同分布正值随机数。实际应用中，可以用指数分布来产生这样的一组随机数。对于给定的一组随机数$\{G_i,i=1,2,\cdots,n\}$，定义目标函数

$$\hat{Q}_n^*(\theta)=\frac{1}{n}\sum_{l=1}^{n}G_i\{[1-y_if(\boldsymbol{x}_i,\theta)]_+ +\lambda_n\boldsymbol{w}\cdot\boldsymbol{w}\} \tag{13-23}$$

并令 θ^* 为最小化 $\hat{Q}_n^*(\theta)$的解。令

$$W^*=n^{1/2}\sum_{i=1}^{n}G_i\{|y_i-f(\boldsymbol{x}_i;\theta^*)|-\varepsilon_{re}\} \tag{13-24}$$

可以证明，在给定数据式(13-17)的条件下，式(13-24)中 W^* 的分布可以很好地近似 W_{CV} 的分布。

通过与支持向量机的目标函数比较可以看到，式(13-23)的目标函数具有与支持向量机目标函数相同的形式，其中第一项就是支持向量机中的松弛因子项，第二项就是分类间隔项。式(13-23)与支持向量机目标函数的区别，就是对每个训练样本都引入了一个随机的扰动因子 G_i。因此，这种方法称作扰动重采样法。

与标准的支持向量机相同，为了求解式(13-23)的优化问题，可以将它转化为对偶问题，即在约束条件

$$\sum_{i=1}^{n}\alpha_iy_i=0 \quad 和 \quad 0\leqslant\alpha_i\leqslant CG_i,\quad i=1,2,\cdots,n \tag{13-25a}$$

下，对对偶参数 $\alpha_i,i=1,\cdots,n$ 最大化目标函数

$$\sum_{i=1}^{n}\alpha_i-\frac{1}{2}\sum_{i,j=1}^{n}\alpha_iy_i(\boldsymbol{x}_i\cdot\boldsymbol{x}_j)y_j\alpha_j \tag{13-25b}$$

求得的原问题式(13-23)的解是

$$w^*=\frac{\sum_{i=1}^{n}\alpha_iy_i\boldsymbol{x}_i}{n^{-1}\sum_{i=1}^{n}G_i} \tag{13-26}$$

不难看出，这里与标准的支持向量机的唯一区别在于式(13-25a)的条件中对应每个样

本有一个随机数因子。

对一组随机扰动因子$\{G_i, i=1,2,\cdots,n\}$，求解式(13-25)的支持向量机，用得到的解就可以得到式(13-24)定义的W^*的一次实现值。由于W^*的分布能够近似W_{CV}的分布，我们可以通过产生多组随机扰动因子来得到大量W^*的取值，即对W^*分布的大量采样，利用这些数据就可以估计W_{CV}的分布，进而估计根据交叉验证错误率ε_{CV}给出对期望错误率ε的区间估计。例如，ε的$100(1-\alpha)\%$置信区间可以根据下式估计

$$[\varepsilon_{CV}-n^{-1/2}\hat{\xi}_{1-\alpha/2}, \varepsilon_{CV}+n^{-1/2}\hat{\xi}_{1-\alpha/2}] \tag{13-27}$$

其中，$\hat{\xi}_{1-\alpha/2}$是W^*的采样分布的α百分点。

下面给出采用扰动重采样法估计错误率的置信区间的基本过程：

(1) 用给定的数据式(13-17)训练支持向量机并用式(13-20)计算交叉验证错误率ε_{CV}。

(2) 事先设定重采样次数R，对每一次重采样：

① 用指数分布产生均值和方差为1的独立正随机数$\{G_i, i=1,2,\cdots,n\}$；

② 解扰动后的支持向量机式(13-25)，并根据式(13-24)计算W_r^*。

(3) 根据(2)中得到的$\{W_r^*, r=1,\cdots,R\}$估计W^*的采样分布。

(4) 根据式(13-27)估计错误率的置信区间；如果要对不同分类器作比较，还可以根据重采样分布对不同分类器的性能差别进行统计显著性分析。

扰动重采样方法估计错误率置信区间，不但考虑了测试样本的不确定性，而且考虑了现有训练样本的不确定性，能够得到对方法性能更全面的评价。这种方法可以在模型选择、分类器比较、特征选择及基于分类结果的统计推断等多个方面发挥作用。

在我们发表的文章[①]和蒋博的硕士学位论文[②]中，给出了对扰动重采样方法详细的理论推导和实验分析，以及一些应用的实例。

应当指出，有关扰动重采样方法的理论证明，是在样本数目趋于无穷大的渐近条件下给出的，在有限样本下的结论尚有待进一步研究。但是，大量的数值实验结果表明，在样本数有限的情况下，该方法仍然具有良好的性能。同时，目前关于此方法的结论都是针对线性核的支持向量机分类器的，如何推广到其他核函数以及更多类型的分类器，仍然是一个有待进一步研究的问题。

13.4 特征提取与选择对分类器性能估计的影响

在前面讨论错误率估计时，都只考虑了在固定特征集合的情况下对分类器错误率的估计。在很多实际问题中，特征选择是与分类器设计同样重要的一个环节，有时甚至比分类器设计更关键，因此，经常需要连同特征提取和选择一起来评价分类器的性能，即评价特征提

---

① Bo Jiang, Xuegong Zhang and Tianxi Cai. Estimating the confidence interval for prediction errors of support vector machine classifiers. *Journal of Machine Learning Research*, 2008, 9: 521-540.

② 蒋博。支持向量机在转录因子结合位点识别中的应用。清华大学自动化系工学硕士学位论文，北京，2008年5月。

取与选择和分类器组成的模式识别系统的性能，而不单纯评价是在确定的特征下分类器的性能，这个问题在传统模式识别研究中较少被单独拿出来讨论。

如果是把特征提取与选择和分类器看成是一个整体，那么前面介绍的任何方法都可以用来评价系统的性能。

但是，在一些实际应用中，由于特征选择和提取往往是一个单独的程序，人们有时倾向于在评价系统时忽略特征选择与提取过程，而只对系统中的分类器部分进行评价。经常见到的做法是，把所有样本都用来进行特征选择与提取，而后把所选择和提取的特征固定下来，再把样本分成训练集和测试集，或者采用交叉验证的方法来估计分类器性能。我们把采用这种方法进行交叉验证的做法称作 CV1。在一些应用中，这种做法可能会导致对分类性能的估计偏乐观，极端情况下可能会引导出错误的结论。

当样本数目比较多，而样本的初始特征维数并不是太高时，CV1 交叉验证一般不会暴露出明显的问题。但是，当初始特征维数很高，样本数目相对又很小时，即使很多特征中并不包含对实际分类有贡献的信息，但是由于样本的随机性，从大量特征中总能选择或变换出在有限样本上能把两类较好分开的一些特征，如果是在确定这些特征后再对分类器进行交叉验证，势必得到较高的分类正确率，而这并不能反映样本的真实情况。我们曾经做过试验，按照一定的概率模型产生一组 1000 维特征的 40 个样本，样本都是用同一个模型产生的，但是随意地指派它们为两个类别，即两个类是完全用同一个分布产生的，是两个假类别。但是，经过一系列特征选择后，我们能在 20 个特征上观察到分类器交叉验证错误率为 0，得到两类能完全可分的假象。这也可以理解为由特征选择或特征提取引起的过学习现象。如果基于这种交叉验证结果做结论，将导致与实际情况巨大的偏离。

导致这种现象的原因，是在特征选择或提取过程中的“信息泄露”。一个模式识别系统是由特征选择与提取和分类器共同组成的，CV1 方法在特征选择与提取时利用了全部样本，即在测试分类器性能前已经利用了来自将来测试样本的信息，因此导致最终对分类性能的过乐观估计。当样本数目较大和特征维数较低时，样本集中是否拿出一部分样本对特征选择和提取的影响不大，因此 CV1 交叉验证还是基本无偏的。但当样本数很少或维数很高时，这种信息泄露造成的估计偏差就会很严重。

严格的做法应该是，在对样本进行任何处理之前就把待测试的样本拿走，只用训练样本进行特征提取和选择，然后进行分类器设计，再用预留的测试样本对分类器进行测试。如果采用交叉验证，那就需要在未作任何特征选择与提取前把测试样本和训练样本分开，在每一轮里只用训练样本选择和提取特征，我们把这种策略称作 CV2。还是用上面提到的假类别数据进行实验，当采用 CV2 的交叉验证策略时，无论采取怎样的特征选择方法，最后得到的错误率总在 50%左右，反映了两类并不可分的真实状况。

采用 CV2 策略进行交叉验证，可以得到对包括特征选择与提取部分在内的模式识别系统性能的真实估计，但是却没有得到一组唯一的用于分类的特征。这是因为在交叉验证的每一轮运行中所选出的特征都有可能不同。这也从另一个方面说明了 CV1 的策略为什么会导致偏离的估计。如果样本数较大，每一轮所选择或变换出的特征会差别很小甚至相同；当样本数较小时，CV2 实际上得到了一组不同的特征选择或提取的方案。交叉验证只是为了估计模式识别系统的性能，而真正在未来的样本上应用时，还需要设计出一个唯一的、根据目前数据性能最好的特征和分类器方案。这时，一种做法是利用所有样本重新进行一次特征选择与提取，得到唯一的特征组合，用所有样本设计分类器；另外一种做法是，将CV2交叉验证中得到的各个特征组合方案进行综合，从中选择在各轮交叉验证中被选中次数最多的若干特征组成最后的特征集，用这些特征在所有样本上设计分类器。这两种做法都是行之有效的经验性做法，尚缺乏严格的理论分析。更多讨论读者可以参考相关文献①。实际上，有限样本下模式识别系统的性能估计和特征选择与提取的可重复性问题是一个仍然需要深入研究的开放领域。

13.5 用分类性能进行关系推断

在概论中我们讨论过，要把一个问题描述成模式识别问题，基本的前提是特征和分类之间存在依赖关系，即图1-3中的系统 S 是存在的，虽然人们并不知道。然而，在一些实际问题中，尤其是在一些数据挖掘(即从大量数据中寻找规律和知识)问题中，有时只能假设或者猜测某些特征与某种分类间可能有关系，此时，应用模式识别方法的目的之一就是通过分类的效果来判断特征与分类间是否的确存在可以用于预测的关系。

例如，科学家知道很多癌症都是与细胞中基因的某些变化有关的，因此，人们用基因芯片或高通量测序等手段来研究很多癌症及其不同的病理性质，例如研究基因表达数据对某种癌症亚型分类的作用，这叫做癌症的分子分型。典型的做法是，采集一些分别属于两种亚型的病例样本，用基因芯片来检测每个样本的成千上万个基因的表达，组成初始的高维特征向量 $\boldsymbol{x}$，亚型就是类别标号 y，利用这些已知样本来进行特征选择、提取和训练分类器。这看上去很像一个典型的模式识别问题。

但是，这种问题与传统的模式识别问题相比至少有两个重要的区别。一个区别是，这类问题中的初始特征维数特别高，而样本却非常少，通常只有几十到几百个。这种情况给特征选择与提取带来了很大的挑战，也向分类器算法提出了很大挑战。近十几年来，人们发展了多种针对这种情况的特征选择和分类器设计方法，第9章9.6节提到的R-SVM和SVM-RFE方法都是在这种背景下提出的，还有一些方法结合了一定的生物背景研究特征选择问题，有兴趣的读者可以阅读相关参考文献。

另一个区别是，在这类问题中，$\boldsymbol{x}$ 与 y 之间的系统 S 往往是完全未知的，其存在性本身就是一个未知：虽然人们知道癌症的发生和发展中会涉及很多基因层面上的变化，但是，对利用基因芯片或其他技术得到的基因在mRNA水平上的表达是否与所研究的特定癌症分型有关系，人们并没有充分的认识。在这种情形下，如果采用上述的模式识别策略得到了很高的分类精度，例如交叉验证正确率(CV2策略下)或独立测试集上的测试正确率达到90%或更高，那么基本可以判定所用的基因表达特征与这种癌症分型有很强的联系。但是，如果正确率只是70%，那么还能否得出同样的结论？如果是80%或60%呢？

这里讨论的就是一个新的问题，即，如何根据分类器在实际数据上取得的性能，来推断

---

① 例如 Xuegong Zhang, Xin Lu, Qian Shi, Xiu-qin Xu, Hon-chiu E Leung, Lyndsay N Harris, James D Iglehart, Alexander Miron, Jun S Liu and Wing H Wong. Recursive SVM feature selection and sample classification for mass-spectrometry and microarray data, *BMC Bioinformatics*, 2006, 7: 197.

特征与分类间是否存在函数依赖关系？利用统计检验的语言，就是要研究所得到的分类错误率(或正确率)的统计显著性问题。为了回答这一问题，我们需要考查：如果特征与分类间不存在函数依赖关系，即样本的类别标号与样本特征之间的关系是随机的，那么我们有多少机会得到这样的错误率(或正确率)？这个机会就是假设检验中的 P 值。

由于无法知道分类器在任意样本集上分类性能的分布，因此无法定义一个显式的统计量来进行这种检验。一种有效的方法是随机置换(permutation)法，即在保持已知样本集中两类样本比例不变的情况下，随机地打乱样本的类别标号。这样，即使原样本集上特征与分类之间存在依赖关系，随机置换过程也把这种关系完全打破了。此时，用同样的特征选择、提取和分类方法进行分类，得到的分类性能就反映了这样的模式识别方法在无分类信息的数据上的表现。多次重新随机置换样本类别标号，就可以统计出在没有分类信息情况下模式识别分类性能的空分布，然后把在真实数据上得到的性能估计与这个空分布进行比较，得到分类器性能的随机置换 P 值。如果该 P 值很小(通常以小于 0.05 为参考)，则说明在原样本集上得到的分类性能具有统计显著性，初步推断系统 S 很可能真实存在。

13.6 非监督模式识别系统性能的评价

作为非监督学习的聚类分析，也需要进行性能的评估，但是，由于非监督学习本身的性质决定了人们无法得到已知答案的训练样本，因此无法利用类似分类器性能估计的方法估计聚类的错误率。

在一些关于聚类分析方法的文献中，人们也使用一些有标准答案的数据集来测试聚类方法的“错误率”，并借以比较不同的方法。这种评价属于外部评价。从严格的意义上讲，这样做已经偏离了非监督学习问题的性质，因为需要一定数量的类别已知的样本。这种策略得到的评价，很大程度上依赖于所用的特征和聚类准则是否符合已知类别定义，对于一个完全没有先验认识的非监督学习问题，无法使用这种策略进行性能估计。

对于一个真正非监督学习问题来说，人们通常依靠人工的主观判断来考查聚类分析结果的意义，这一过程依赖于对研究对象相关领域的认识，无法从数学上进行一般性研究。需要特别注意的是，当人们用聚类分析作为一种手段来探索未知的科学问题时，这种主观的判断有时会在无意识中加强研究者本来的猜测，或者加强人们之前已经看到或猜想过的规律，而忽略未事先想象到或与以前认识不符的现象，从而导致错过发现新规律和新模式的机会。

13.6.1 聚类质量的评价

为评估聚类质量，人们发展了一些评价聚类性能的数学指标，希望这些指标可以帮助人们客观地理解和解释所得的聚类结果，也可以作为一种比较不同聚类方法的基础。进一步，聚类的目的是发现数据中自然存在的类别结构，但是，即使数据中不存在这样的类别，多数聚类方法仍然会给出聚类结果，这样就需要有一定的准则来判断所得结果的显著性(即类别结构是否真实存在)。这种评价称作内部评价。本节对一些常见的聚类评价指标进行简要介绍，更详细的内容可以查阅相关文献。

第一种评价指标是紧致性(compactness)或一致性(homogeneity)。最常见的指标是类内方差或者平方误差和,即 C 均值算法所局部优化的目标。除此之外,还有很多其他类型的类内一致性度量,例如类内两两样本之间的平均或最大距离、平均或最大的基于质心的相似度,或基于图理论的紧致性度量等。例如,可以采用下面的指标

$$V(C)=\sqrt{\frac{1}{N}\sum_{C_k\in C}\sum_{i\in C_k}\delta(i,\mu_k)} \tag{13-28}$$

其中,N 是样本数目,C 是所有聚类的集合,μ_k 是聚类 C_k 的质心,$\delta(\cdot,\cdot)$是所采用的距离度量。这个指标越小,说明聚类效果越好,其取值范围是$[0,\infty)$。

第二种评价指标是连接性质(connectedness),它衡量了聚类是否遵循了样本的局部密度分布及相邻的样本是否被划分到同一类。这类指标中有代表性的是连接度(connectivity),即样本中相邻的数据点被划分到同一个聚类中的程度。公式如下

$$\text{Conn}(C)=\sum_{i=1}^{N}\sum_{j=1}^{L}x_{i,nn_{i(j)}} \tag{13-29}$$

其中,N 是样本数目,L 控制有多少个近邻样本参与连接度计算,$x_{i,nn_{i(j)}}$ 取值为:如果第 i 个样本与其第 j 个近邻不在同一个聚类中,则 $x_{i,nn_{i(j)}}=\frac{1}{j}$,否则为0。也就是,连接度Conn($C$)描述了各个样本的 L 个近邻中不在同一聚类内的程度。在评价一个算法的结果时,这个连接度指标越小越好,其取值范围是$[0,\infty)$。

第三种评价指标是分离度(separation),包括各种衡量聚类间分离程度的度量,例如平均或最小类间距离等。可用两类中心间的距离或两类最近样本之间的距离来计算两类间的距离。分离度指标越大则各类间分离越好。

上面三种指标描述了“自然的”聚类所应该具有的一般性质,但是,如果只关注其中某一方面,可能会导致平凡的聚类。因此,人们将某些指标组合,定义出一些能反映多方面综合性质的评价准则。例如,紧致性与分离度是两个极端,如果不断增加聚类数目,紧致性将会随之增加,但分离度也会相应的减小。

因此,正如在Fisher线性判别和特征选择时考虑的那样,可以将这两个指标组合起来,定义能同时反映类内距离和类间距离的新指标,例如

$$S(i)=\frac{b_i-a_i}{\max(b_i,a_i)} \tag{13-30}$$

其中,a_i 代表样本 i 到和它同类的所有样本的平均距离,b_i 表示样本 i 到其他聚类中最近一个聚类的所有样本的平均距离,这样定义的 $S(i)$ 叫做 Silhouette 值,所有样本的 Silhouette 值的平均称作 Silhouette 宽度(Silhouette width),其取值在$[-1,1]$之间。Silhouette 宽度越大,则聚类效果越好。

Dunn 指数(Dunn index)是另外一个类似的指标

$$D(C)=\min_{C_k\in C}\left(\min_{C_l\in C}\frac{\text{dist}(C_k,C_l)}{\max\limits_{C_m\in C}\text{diam}(C_m)}\right) \tag{13-31}$$

其中,diam(C_m)是聚类 C_m 中最大的类内距离,dist(C_k,C_l)是 C_k 和 C_j 两类中相邻最近的样本对间的距离。$D(C)$的取值范围是$[0,\infty)$,此指数的目标是最大化。

显然,由于没有先验认识,非监督学习的目标是多样的,无论采用什么方法混合多个指

标，都不可避免地导致某些方面信息的损失。另外一种不同的策略是，同时评价各个指标，并且当且仅当一个方法在某一个指标上超出另一个方法、同时在所有指标上都等同于或超出另一方法时，才断定该方法在聚类性能上胜过另一方法。这是个多目标优化的问题。人们可以用多目标优化的方法，来寻找在多个指标上都优胜的聚类方法，或确定方法中的可变参数。这部分内容已经超出了本教材范畴，读者需要时可以查阅相关文献。

除了上述描述聚类自身性质的指标，评价一个非监督模式识别系统的另外一个重要方面是其稳定性，即其结果的可重复性。不管一种聚类方法得到的结果在上述指标上如何，如果在样本有微小变化时聚类结果会有很大差别，则这种聚类结果就很难让人接受，更无法依据这样的结果做出任何可靠的推断。

因此，人们研究了一些评价聚类方法可靠性的方法，典型思想是，采用重复地随机重采样或者对样本加入随机扰动等方法获得多个不同的样本集，在不同的样本集上实施同样的聚类算法，定义某个统计量来衡量在这些重采样或扰动的样本集上得到的聚类结果的一致性，用它来评价从原始的数据上得到的聚类结果的显著性。

例如，Tibshirani 等定义了一个叫做“预测效力”(predictive power)的指标[①]，用来衡量聚类结果的可靠性。具体做法是：将样本随机地划分成两份，两份样本上都各自进行聚类；然后用其中一份中得到的聚类结果作为临时训练样本，对另外一份中的样本实行最近邻法分类，比较这样的分类与直接在这份样本上的聚类划分之间的重合程度，重合程度越大则聚类结果越稳定。实际应用中，这样的实验通常需要多次重复进行，最后以指标的平均值来作为稳定性的度量。

在讨论对非监督模式识别系统的评价时，需要意识到，在非监督学习问题中，没有明确的学习目标，因此不同的方法采取了对学习目标的不同假定。同样的道理，这里讨论的评价准则也反映了对学习结果应该具有的性质的一些假定。评价的目的并不单纯是为了比较不同方法的优劣，更重要的是判断所研究的数据中是否存在聚类结果所反映出的分类模式。而在一个实际问题中，所使用的特征和聚类方法能否有效地发现有意义的聚类、所采用的评价准则能否有效地检验聚类的显著性，首要地取决于对非监督学习目标的假定是否适合所研究的问题。

13.6.2 聚类结果的比较

除了以上讨论的对聚类结果性质的评价外，在聚类分析中我们经常还遇到需要比较两套聚类结果，或者把聚类结果与已知或预期的划分方案进行比较的问题。在有些做非监督学习的文献中，用“错误率”把聚类结果与预期结果相比较，这种做法实际上是不完全妥当的，因为当以错误率为目标时，问题本身的性质变成了监督学习，只是没有使用监督学习的方法而已。

混淆矩阵

把聚类结果与已知的分类方案比较，或者比较两种不同的聚类结果或分类方案，人们经常用混淆矩阵(confusion matrix)来汇总两套分类方案直接的对应关系。在两类情况下，混

① Tibshirani R, Walther G, Botstein D and Brown P. *Cluster validation by prediction strength*. Technical report, Department of Statistics, Stanford University, 2001.

淆矩阵如第 2 章表 2-3 所示。在多类情况下，我们可以用类似的方式来直观展示两套类别划分方案之间的关系，如图 13-4 的例子所示。

方案 1 / 方案 2	C1	C2	C3	C4
S1	23	38	122	0
S2	309	12	0	13
S3	0	0	3	98

图 13-4 比较两套类别划分方案的混淆矩阵示例

在图 13-4 的例子中，方案 1 给出了 4 个类别，而方案 2 给出了 3 个类别，混淆矩阵中的数值是对应两个方案对应位置上的样本数量，例如方案 1 中划分到 C1 类的样本和方案 2 中划分的 S1 类的样本有 23 个重合，依此类推。在非监督学习场景下，通常聚类方法给出的类别顺序是随意的，所以两个方案中的类别对应关系事先也是没有定义的，需要根据混淆矩阵找到它们之间可能存在的对应。在这个例子中，我们可以看到，方案 2 的 S1 类样本相对比较多与方案 1 的 C3 类重合，可以推断 S1 类可能对应 C3 类，同理，S2 类可能对应 C1 类，

S3 类可能对应 C4 类，但显然这种对应并不完美。有时人们为了显示效果明显，人工根据对应关系把类别顺序进行调整，使重合样本数目最大的数字出现在矩阵对角线位置上。

混淆矩阵直观地展示了两套划分方案之间的关系，要对两套方案进行定量比较，常用的度量有：

F 度量

F 度量(F-measure)实际上是第 2 章 2.4 节中介绍的 F 度量在多类情况下的推广。设方案 1 的类别为 $C_k, k=1,\cdots,K$，每类的样本数为 N_k；方案 2 的类别为 $S_t, t=1,\cdots,T$，每类的样本数为 N_t，C_k 和 S_t 共有的样本数为 N_{tk}。我们分别用 $P(S_t,C_k)=\dfrac{N_{tk}}{N_k}$ 和 $R(S_t,C_k)=\dfrac{N_{tk}}{N_t}$ 来表示站在方案 1 角度和方案 2 角度看有多大比例的样本与另外方案中的类重合。根据第 2 章 2.4 节中的定义，某一对 C_k 和 S_t 比较的 F 度量是

$$F(S_t,C_k)=\frac{2P(S_t,C_k)R(S_t,C_k)}{P(S_t,C_k)+R(S_t,C_k)}$$

如果我们认为 S_t 是期望的答案或用来比较的标准，则可以通过一个加权系数 b 来调整 F 度量：

$$F(S_t,C_k)=\frac{(b^2+1)P(S_t,C_k)R(S_t,C_k)}{b^2P(S_t,C_k)+R(S_t,C_k)} \tag{13-32}$$

计算两套方案中所有两两类之间的 F 度量，寻找最大的对应类，并对标准中的各类进行求和，就得到方案 1 与方案 2 相比的总的 F 度量：

$$F(C)=\sum_{t=1,\cdots,T}\frac{N_t}{N}\max_{k=1,\cdots,K}F(S_t,C_k) \tag{13-33}$$

其中，N 是总样本数。

F 度量的取值范围是[0,1]，取值越大则两套方案越接近。

Rand 指数和 ARI

Rand 指数(Rand Index)是基于对两套方案中具有相同类别关系的样本对所占比例定义的比较两套方案的方法。设计数 a、b、c、d 分别记录了所有 n 个样本在两套方案 U 和 V 中具有不同类别关系情况样本对数目：a 是在两套方案中都被分在一起的样本对的数目，b 是在两套方案中都被分开的样本对数目，c 是在方案 1 中在一起但在方案 2 中被分开的样本对数目，d 是在方案 1 中被分开但在方案 2 中在一起的样本对数目。Rand 指数定义为：

$$R(U,V)=\frac{a+b}{a+b+c+d}=\frac{a+b}{\binom{n}{2}} \tag{13-34}$$

Rand 指数的取值范围为[0,1]，取值越大则两套方案越接近。但是，如果对样本集有两套随机划分，它们之间的 Rand 指数的期望并不是一个常数(例如 0)，尤其是当类别数较多时，由于大部分样本对都会不在同一个类别中，所以两套随机的划分方案也可能得到接近 1 的 Rand 指数。所以这个指数不易用来评估两套方案的重合程度与随机方案有多大差别。

为解决这个问题，Hubert 和 Arabie 提出了调整的 Rand 指数 ARI(Adjusted Rand Index)①。他们用广义超几何分布作为随机模型的分布，考虑在随机划分情况下 Rand 指数的期望，把 ARI 定义为

$$\frac{\text{实际指数}-\text{期望指数}}{\text{最大指数}-\text{期望指数}}$$

它的上界为 1，下界为 0，当实际指数等于随机划分下的期望指数时取得。在随机划分是广义超几何分布的假设下，可以证明，比较划分方案 U 和 V 的 ARI 指标为：

$$ARI(U,V)=\frac{\sum_{lk}\binom{n_{lk}}{2}-\frac{\left[\sum_{l}\binom{n_{l.}}{2}\sum_{k}\binom{n_{.k}}{2}\right]}{\binom{n}{2}}}{\frac{1}{2}\left[\sum_{l}\binom{n_{l.}}{2}+\sum_{k}\binom{n_{.k}}{2}\right]-\frac{\left[\sum_{l}\binom{n_{l.}}{2}\sum_{k}\binom{n_{.k}}{2}\right]}{\binom{n}{2}}} \tag{13-35}$$

其中，n_{lk} 表示所有样本中被划分到 U 方案的 l 类和 V 方案的 k 类的样本数，$n_{l.}$ 表示所有样本中被划分到 U 方案的 l 类的样本数，余类推。

F 度量和 ARI 是比较常用的比较两套划分方案的方法，也还有其他方法可以采用。例如，如果把在划分方案 U 中所有样本是否属于同一类表示为一个矩阵，同属一类的样本在矩阵交叉点元素上取值为 1，不同属一类的样本交叉点元素取值 0，则对每一套划分方案就形成了一个矩阵 C_U，称作共表型矩阵(cophenetic matrix)。可以两套方案的共表型矩阵之间的归一化明可夫斯基距离(Minkowski Distance)来作为两套方案差异程度的度量，

① L. Hubert & P. Arabie, Comparing partitions, *Journal of Classification*, 193-218, 1985.

$$M(U,V)=\frac{\|C_U-C_V\|}{\|C_U\|} \tag{13-36}$$

称作明可夫斯基打分(Minkowski Score),其取值范围为$[0,\infty)$,分值越小则两套方案越接近,完全相同的两套方案分值为0。

13.7 讨论

在第1章最后谈到人们学习的目的应该是为了掌握知识和提高技能,而不是为了应付某种考试。同样,机器学习和模式识别的目的也是为了让机器能够从数据中总结或发现规律,而不是为了一味追求某种指标。但是,要评价学习的效果,采用适当的方法进行测试是必需的,正如学生学习时需要考试一样。

从本章的讨论可以看到,评价模式识别系统性能的方法有多种,每种方法都有各自的特点和适用范围,当人们学习一种模式识别方法或者自己提出一种新的方法时,需要认真、客观地对待评价指标,选择能够反映问题本质的测试方法。应该指出,在一些已发表的文献中,作者有时会有意无意地采用一些对自己的方法有利的评价指标或测试方法,这时他们所得到的结论就不一定准确。大家在学习时需要注意这一点,同时在自己的工作中也需要注意这种可能的问题。

由于不同的模式识别方法有不同的前提和假设,而不同的数据又有不同的特点,所以,要想脱离实际问题而一般性地比较方法的性能往往是不现实的。在一个实际问题中,最好的模式识别方法是那些能够最好地适应数据特点的方法。

另一方面,本章所讨论的模式识别系统的评价,都是对系统分类结果的评价,没有讨论对过程的评价。实际上,除了分类和聚类效果外,不同的方法还有很多不同的计算上的特点,导致方法的计算效率、内存开销等可能很不相同,实现不同方法的难易程度也不同,这也是实际问题中需要考虑的。我们在介绍部分方法时对它们计算上的特点有些简单的讨论,如果要对这方面进行深入学习,读者可以参考关于算法复杂度分析的教材和文献。

第 14 章
常用模式识别与机器学习软件平台

14.1 引言

随着模式识别技术的飞速发展,各类常用编程语言也都发展出各自的模式识别与机器学习工具包,方便用户的使用。本节我们将对 Python、MATLAB 和 R 三种常用的科学计算语言中的模式识别与机器学习工具做简单介绍,并通过简单的回归和分类问题示例,向读者展示在这些平台上基本的软件编程方法。

14.2 Python 中的模式识别工具包

Python 作为一种面向对象的、跨平台的计算机语言,被广泛应用于模式识别与机器学习等领域。尤其是近年来随着深度学习的快速发展,Python 已成为最受欢迎的程序设计语言之一。Python 语言简洁易读,并拥有大量第三方扩展,方便用户使用。

英文中 python 一词的含义是蟒蛇。很多读者可能感觉 Python 是最近一些年新出现的计算机语言,其实这种语言的历史已经有三十多年。Python 语言的创造者是荷兰的软件工程师 Guido van Rossum,他从 20 世纪 80 年代末在他先前设计的 ABC 语言基础上创建一种新的计算机语言,1989 年推出了 Python 语言,1991 年正式发布。他把这种语言命名为 Python 的原因,据说是他是英国经典的喜剧团体 Monty Python(巨蟒)的爱好者,在创造 Python 语言的同时正在看《巨蟒的飞行马戏团》的剧本,认为这种新的计算机语言具有与《巨蟒》系列喜剧相通的特点,例如简洁易懂、丰富多彩、超然脱俗、功能强大、无所不及等。

本节我们将就其中的 scikit-learn 模块的部分功能做介绍。

scikit-learn,简称 sklearn,已经成为 Python 重要的机器学习库。它集成了包含分类、回归、降维、模型选择等在内的大量机器学习、模式识别算法，已经被广泛应用于数据挖掘和数据分析领域。下面，我们将基于 Python 3.6.9 展示如何使用 sklearn 解决回归和分类问题。

14.2.1 sklearn 中的回归方法使用举例

回归是一种监督的模式识别问题。在 sklearn 中，开发者提供了众多解决回归问题的方法，其中包括本书第5章5.2节讲到的最小二乘法和第7章7.7.4节讲到的 Lasso、弹性网(Elastic-Net)等。回归问题一般需要对数据有一定的了解，否则所选的模型将会有比较大的偏差。这里我们以最简单的一元一次方程为例，讲解如何使用 sklearn 中的 LinearRegression 函数，采用最小二乘方法解决回归问题。

假设我们的模型是线性模型，满足下式

$$y = wx$$

那么对于最小二乘法来说，我们的目的就是令观测值和预测值之间的均方误差最小，即

$$\min_{\omega} \| wx - y \|_2^2$$

现在，我们按照 $y = 2x$ 来生成数据，然后加入噪声，并使用 sklearn 中的 LinearRegression 方法求解该回归问题：

a) 导入需要的 Python 模块：这里主要用到 numpy、sklearn 和 matplotlib 这三个模块。其中 numpy 用于生成数据，matplotlib 用于画图，sklearn 用于求解回归问题。

b) 使用 numpy 生成变量 x，然后根据 $y=2x$ 生成 y，并加入噪声 $\varepsilon \in N(0,2)$，即

$$y = 2x + \varepsilon, \quad \varepsilon \in N(0,2)$$

```
1.  # 导入需要的模块
2.  import numpy as np
3.  from sklearn.linear_model import LinearRegression
4.  import matplotlib.pyplot as plt
5.
6.  # 生成仿真数据,为保证可重复性,设置随机数 seed 为 1
7.  np.random.seed(1)
8.  x = np.arange(20).reshape((20, 1))
9.  y = 2 * x + np.random.normal(loc = 0, scale = 2, size = (20, 1))
```

c) 调用 sklearn 中的 LinearRegression 类，并使用 fit 方法对生成的 x 和 y 来进行拟合，得到回归器 reg。这里 reg 仍然是一个 LinearRegression 类，并保存了回归得到的各种参数。

d) 得到 LinearRegression 类，并在样本点 x 上应用 predict 函数，求出预测值并绘图比较。

```
10.  # 进行线性拟合
11.  reg = LinearRegression().fit(x, y)
12.
13.  # 输出预测参数和相关系数
14.  print(reg.coef_)
15.  print(reg.score(x, y))
```

```
16.
17.  # 使用线性模型进行预测
18.  y_ = reg.predict(x)
19.
20.  # 绘制出真实点与预测直线
21.  plt.scatter(x, y)
22.  plt.plot(x, y_)
23.  plt.xlabel("x")
24.  plt.ylabel("y")
```

e) 通过上面的代码，我们可以得到拟合的参数为 1.98，样本点与拟合直线如图 14-1 所示。

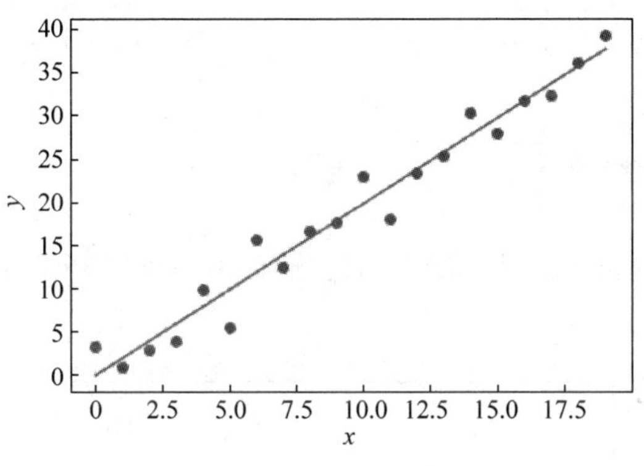

图 14-1 线性回归的例子

彩图 14-1

14.2.2 sklearn 中的分类方法使用举例

分类也是一种监督学习的模式识别问题。在 sklearn 中，分类的方法包括前面各章介绍的 K 近邻法、支持向量机、决策树等等。本小节示例使用 sklearn 中的 K 近邻方法，对两类二维正态分布随机数进行分类。具体步骤如下：

a) 依据以下均值和协方差信息生成 2 类二维正态分布随机点，每类随机点各 500 个。两类的下标分别为 1 和 2，采用相同的协方差矩阵。

$$m_1=[2,0]$$

$$m_2=[-2,0]$$

$$\text{cov}=\begin{bmatrix}1 & 0\\0 & 1\end{bmatrix}$$

```
1.  # 导入需要的模块
2.  import numpy as np
3.  from sklearn.neighbors import KNeighborsClassifier
4.  from sklearn.utils import shuffle
5.  from sklearn.model_selection import train_test_split
6.  from sklearn.metrics import accuracy_score
7.  import matplotlib.pyplot as plt
```

```
8.
9.  # 二维正态分布均值与协方差矩阵
10. mean1 = [2, 0]
11. mean2 = [-2, 0]
12. cov = [[1, 0],
13.     [0, 1]]
14.
15. # 产生500个数据点
16. np.random.seed(1)
17. x1 = np.random.multivariate_normal(mean1, cov, (500, ))
18. x2 = np.random.multivariate_normal(mean2, cov, (500, ))
19.
20. # 绘制散点图
21. plt.scatter(x = x1[: , 0], y = x1[: , 1], c = "b", marker = ".")
22. plt.scatter(x = x2[: , 0], y = x2[: , 1], c = "r", marker = "*")
23. plt.xlim(-6, 6)
24. plt.ylim(-6, 6)
25. plt.xlabel("dimension 1")
26. plt.ylabel("dimension 2")
```

这里,我们绘制出这两类点在二维空间的分布,第一类用“•”表示,第二类用“★”表示,如图14-2所示。

彩图14-2

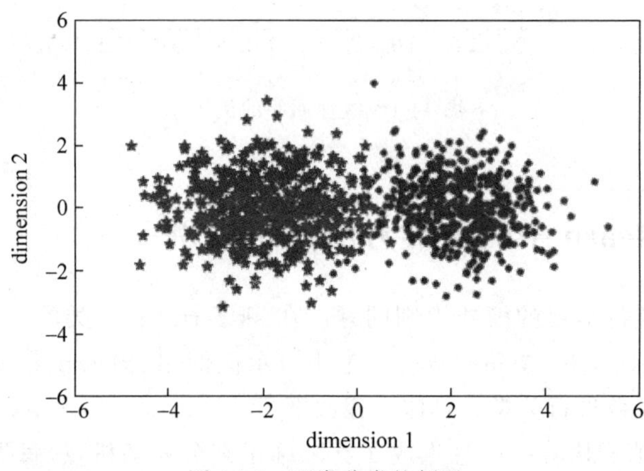

图14-2　两类分类的例子

上面的图像中,两类点的分布有一部分是交叠在一起的。因此在不知道真实标签的基础上,我们很难区分交叠部分的点究竟属于哪一类,即交叠部分的点不可分。

b) 给予这两类点不同的标签,“•”对应的标签为1,“⋆”对应的标签为“−1”。并把这些点划分为训练集和测试集,使用训练集训练K近邻分类器,并对测试集进行预测,给出分类的正确率。

```
27. x = np.concatenate((x1, x2), axis = 0)
28. y = np.concatenate((np.repeat(1, 500), np.repeat(-1, 500)), axis = 0)
29. x, y = shuffle(x, y)
30.
31. # 划分数据集
32. x_train, x_test, y_train, y_test = train_test_split(x, y, test_size = 0.3)
```

```
33.
34.  # 训练 K 近邻模型
35.  neigh = KNeighborsClassifier(n_neighbors = 2).fit(x_train, y_train)
36.
37.  # 对测试集数据进行分类,并输出分类正确率
38.  y_ = neigh.predict(x_test)
39.  print(accuracy_score(y_true = y_test, y_pred = y_))
```

c）运行上述代码,可以得到在测试集上的正确率为 0.97。有兴趣的读者可以尝试计算出理论的错误率,并采用不同的分类器进行测试和比较,判断不同分类器的优劣。

14.2.3 Python 下的深度学习编程举例

TensorFlow 和 PyTorch 都是基于 Python 的深度学习开源平台,或称为深度学习框架,分别由谷歌公司和脸书公司的团队开发,可以用于快速构建深度神经网络。它们集成了基于深度神经网络的训练、验证、预测及可视化等单元,可以实现 GPU 算法加速。深度学习中的典型神经网络,包括全连接神经网络、卷积神经网络、循环神经网络、对抗生成网络等,皆可使用该类模块搭建。同时,用户可以通过调用模块内部的基本类进行自定义深度学习构建。

Keras 早期是另一个独立的机器学习框架,支持众多的深度学习后端(如 TensorFlow、Theano 等),致力于提供用户友好的深度神经网络构建平台。2017 年,谷歌 TensorFlow 团队决定将 Keras 纳入 TensorFlow 核心框架,作为高阶 API 提供给用户。在已经发布的 TensorFlow 2.0 版本中,用户可以直接调用 Keras 进行深度神经网络的构建和训练,而不需要单独安装 Keras 模块。

2018 年,数据科学网站 KDnuggets 发布的调查显示,在深度学习框架方面,TensorFlow 和 Keras 分别占据了 29.9%和 22.2%的使用率,PyTorch 仅占据 6.4%。但随着 PyTorch 的进一步发展,越来越多的科研工作者选择 PyTorch 作为其生产工具。

在神经网络处理机器学习问题的过程中,通常需要进行四个步骤:数据载入和预处理、基本神经网络搭建、损失函数及优化方式设置、网络训练和测试。下面,我们将以 MNIST 手写字符数据集为例,按照上述四个步骤分别说明如何用 Pytorch 和 TensorFlow 这两个框架构建卷积神经网络进行字符识别。

MNIST 是美国标准和技术研究所(NIST)收集的一个手写数字图像数据集,是在模式识别中最常用的数据集之一。数据集包含从 0～9 的手写体数字,共 60 000 个用于训练的样本和 10 000 个用于测试的样本。图 14-3 是数据集中 0～9 的数字图片样例。

我们首先以 Pytorch 为例,说明如何进行基于卷积神经网络的手写体数字分类。

a）数据的载入及预处理:通过 torchvision 载入 MNIST 数据集,通过 DataLoader 构建数据载入方式。

```
1.  # 导入需要的模块
2.  import torch
3.  import torch.nn as nn
4.  import torchvision
5.  import torchvision.transforms as transforms
```

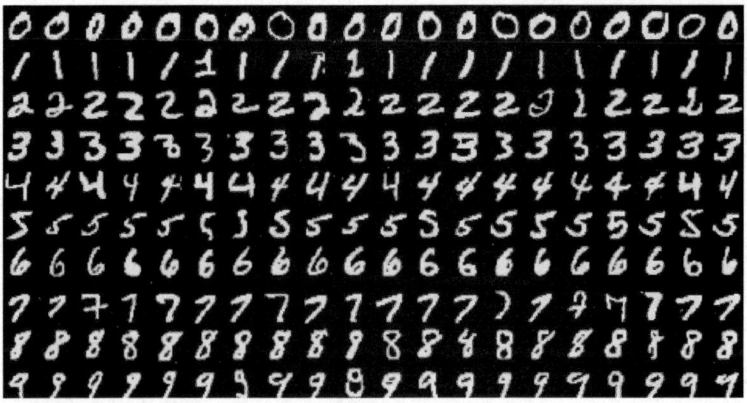

图 14-3 MNIST 数据集中的数字样例

```
6.
7.  # 超参数的设置:涉及之后会使用的一些超参数
8.  num_epochs = 5
9.  batch_size = 512
10. learning_rate = 0.001
11.
12. # CPU/GPU 运行设置:如果该机器已经成功配置 cuda 模块,则运用 gpu 方式运行,否则运用 cpu
    方式运行
13. device = torch.device("cuda: 0" if torch.cuda.is_available() else "cpu")
14.
15. # 载入 MNIST 数据集:需要指定数据集的存储目录以及格式转换等参数
16. train_dataset = torchvision.datasets.MNIST(
17.     root = "./data/", train = True, transform = transforms.ToTensor(), download = True)
18. test_dataset = torchvision.datasets.MNIST(
19.     root = "./data/", train = False, transform = transforms.ToTensor())
20.
21. # 配置 Data loader:构建数据的载入方式,一次训练载入一个 batch_size 的数据
22. train_loader = torch.utils.data.DataLoader(
23.     dataset = train_dataset, batch_size = batch_size, shuffle = True)
24. test_loader = torch.utils.data.DataLoader(
25.     dataset = test_dataset, batch_size = batch_size, shuffle = False)
```

b) 基本神经网络的搭建:定义卷积神经网络类 ConvNet,该网络由两个自定义卷积模块和一个全连接模块构成。其中卷积模块包括卷积(convolution)层、批量归一化(batch normalization)层、ReLU 激活函数层以及最大汇聚(max pooling)层。全连接模块包括一个全连接层,该全连接层的输出节点个数为分类的类别数量,其中输出最大的节点即为该样本所属类别。

```
26. # 卷积神经网络(两个卷积层与一个全连接层)
27. class ConvNet(nn.Module):
28.     def __init__(self, num_classes = 10):
29.         super(ConvNet, self).__init__()
30.         #定义卷积模块 self_layer1 及 self_layer2
31.         self.layer1 = nn.Sequential(
32.             nn.Conv2d(1, 16, kernel_size = 5, stride = 1, padding = 2), # 输入卷积核个数
```

```
    为 1,输出为 16,卷积核大小为 5 * 5,且使用 2 个单位的边衬(padding).
33.                nn.BatchNorm2d(16),                        # 批量归一化层
34.                nn.ReLU(),                                 # 激活函数层
35.                nn.MaxPool2d(kernel_size = 2, stride = 2), # 最大汇聚层
36.            )
37.            self.layer2 = nn.Sequential(
38.                nn.Conv2d(16, 32, kernel_size = 5, stride = 1, padding = 2), # 输入卷积核个数
    为 16,输出为 32,卷积核大小为 5 * 5,且使用 2 个单位的边衬(padding).
39.                nn.BatchNorm2d(32),
40.                nn.ReLU(),
41.                nn.MaxPool2d(kernel_size = 2, stride = 2),
42.            )
43.            self.fc = nn.Linear(7 * 7 * 32, num_classes) # 定义全连接模块,输出为类别数量
44.
45.        def forward(self, x):                          # 搭建神经网络
46.            out = self.layer1(x)
47.            out = self.layer2(out)
48.            out = out.reshape(out.size(0), - 1)
49.            out = self.fc(out)
50.            return out
51.
52.model = ConvNet().to(device)                          # model 即为搭建的神经网络
```

c) 损失函数及优化方式的设置：由于是多分类问题,采用交叉熵损失[①](Cross-Entropy Loss)；并选用 Adam(adaptive moment estimation)梯度下降算法,对神经网络参数作出优化。

```
53.# Loss and optimizer
54.criterion = nn.CrossEntropyLoss()
55.optimizer = torch.optim.Adam(model.parameters(), lr = learning_rate)
```

d) 模型的训练与测试：在训练过程中,需要自定义前向传播过程与梯度反向优化方式；在测试过程中,将图片输入训练好的神经网络中,最大输出即为图片的类别。通过与真实类别相匹配,得到网络分类正确率。经过模型训练,该神经网络在 MNIST 数据集上获得了 98.75%的分类正确率。图 14-4 给出了几个错分样本的例子,可以看出,除了部分难以区分的样本,网络能基本区分大多数手写体数字。

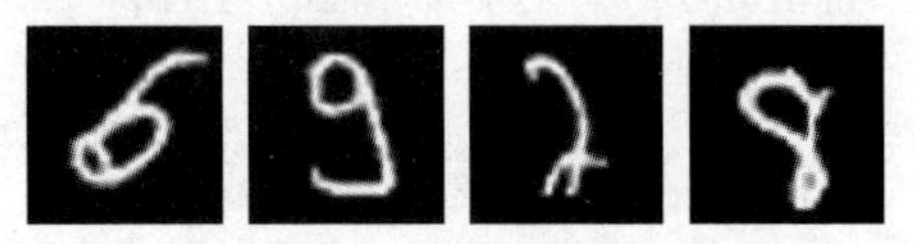

图 14-4　部分被错分的样本

① 交叉熵(Cross-Entropy)是信息论中用来度量对随机事件概率估计情况的一个指标,如果随机事件的真实概率分布是 $p(x)$,对它的估计是 $q(x)$,则交叉熵定义为 $H(p,q)=-\sum p(x)\log q(x)$。注意与 KL 散度类似,交叉熵不是对称函数,所以不是距离度量。在多类分类中,交叉熵损失(Cross-Entropy Loss)的定义是 $CE=-\sum_{k=1}^{C} t_k \log s_k$,其中 t_k 样本正确类别标签对应的神经元输出值(如采用独热编码则样本所属类别为 1 其余为 0),s_k 是神经网络实际输出值,C 为类别数。有人把交叉熵损失称作罗杰斯特损失(Logistic loss)或多项罗杰斯特损失(multinomial Logistic loss),实际上是等价的。

```
56. # 训练模型
57. total_step = len(train_loader)
58. for epoch in range(num_epochs):
59.     for i, (images, labels) in enumerate(train_loader):
60.         images = images.to(device)
61.         labels = labels.to(device)
62.
63.         # 前向传播
64.         outputs = model(images)
65.         loss = criterion(outputs, labels)
66.
67.         # 反向优化
68.         optimizer.zero_grad()
69.         loss.backward()
70.         optimizer.step()
71.
72.         if (i + 1) % 100 == 0:                    #每100次训练打印一次结果
73.             print(
74.                 "Epoch [{}/{}], Step [{}/{}], Loss: {:.4f}".format(
75.                     epoch + 1, num_epochs, i + 1, total_step, loss.item()
76.                 )
77.             )
78.
79. # 测试模型效果
80. model.eval()                                      # 模型转为测试模式
81. with torch.no_grad():
82.     correct = 0
83.     total = 0
84.     for images, labels in test_loader:
85.         images = images.to(device)
86.         labels = labels.to(device)
87.         outputs = model(images)                   #模型的输出
88.         _, predicted = torch.max(outputs.data, 1) #图片的预测标签
89.         total += labels.size(0)
90.         correct += (predicted == labels).sum().item()
91.
92.     print(
93.         "Test Accuracy of the model on the 10000 test images: {} %".format(
94.             100 * correct / total
95.         )
96.     )
```

下面给出一个基于 Tensorflow 的 MNIST 手写体分类问题示例，其基本逻辑与 Pytorch 版本相同，也将分四个步骤进行讲解：

a) 数据的载入及预处理：通过 tf.keras 载入 MNIST 数据集，及通过 tf.data 构建数据载入方式。

```
1. from __future__ import absolute_import, division, print_function, unicode_literals
2. import tensorflow as tf
3. from tensorflow.keras.layers import Dense, Flatten, Conv2D
```

```
4. from tensorflow.keras import Model
5.
6. # 载入数据并进行预处理
7. mnist = tf.keras.datasets.mnist
8. (x_train, y_train), (x_test, y_test) = mnist.load_data()
9. x_train, x_test = x_train / 255.0, x_test / 255.0
10.
11. # 加入一个新的维度
12. x_train = x_train[..., tf.newaxis]
13. x_test = x_test[..., tf.newaxis]
14.
15. # 构建训练与测试数据集
16. train_ds = (
17.     tf.data.Dataset.from_tensor_slices((x_train, y_train)).shuffle(10000).batch(32)
18. )
19. test_ds = tf.data.Dataset.from_tensor_slices((x_test, y_test)).batch(32)
```

b) 损失函数及优化方式的设置：定义卷积神经网络类 Mymodel，该网络由一个卷积层以及两个全连接层构成；卷积层中卷积核的大小为 3×3，卷积核数量为 32。

```
20. # 通过 tensorflow 的顶层 APIkeras 搭建神经网络
21. class MyModel(Model):
22.     def __init__(self):
23.         super(MyModel, self).__init__()
24.         self.conv1 = Conv2D(32, 3, activation = "relu")
25.         self.flatten = Flatten()
26.         self.d1 = Dense(128, activation = "relu")
27.         self.d2 = Dense(10, activation = "softmax")
28.
29.     def call(self, x):
30.         x = self.conv1(x)
31.         x = self.flatten(x)
32.         x = self.d1(x)
33.         return self.d2(x)
34. #类实例化
35. model = MyModel()
```

c) 损失函数与优化方式的设置：这里依旧选用交叉熵为损失函数与 Adam 为优化器；除此之外，我们引入了监测指标，衡量模型的学习效果。

```
36. # 选择优化器与损失函数
37. loss_object = tf.keras.losses.SparseCategoricalCrossentropy()
38. optimizer = tf.keras.optimizers.Adam()
39.
40. # 选择监测模型效果的指标
41. train_loss = tf.keras.metrics.Mean(name = "train_loss")
42. train_accuracy = tf.keras.metrics.SparseCategoricalAccuracy(name = "train_accuracy")
43.
44. test_loss = tf.keras.metrics.Mean(name = "test_loss")
45. test_accuracy = tf.keras.metrics.SparseCategoricalAccuracy(name = "test_accuracy")
```

d）模型的训练与测试：在训练过程中，通过前向传播计算损失，并根据梯度优化算法进行梯度更新；同时，加入模型损失与正确率两个指标，对训练过程进行监测；测试过程中，同样进行前向传播与计算损失，并通过模型损失与正确率，对测试过程进行监测。经过模型训练，该神经网络在MNIST数据集上获得了98.28%的分类正确率。

```
46.# 模型训练
47.def train_step(images, labels):
48.    with tf.GradientTape() as tape:
49.        predictions = model(images)                    #前向传播
50.        loss = loss_object(labels, predictions)        #计算损失
51.    gradients = tape.gradient(loss, model.trainable_variables) #计算梯度
52.    optimizer.apply_gradients(zip(gradients, model.trainable_variables)) #梯度优化
53.    train_loss(loss)                                   #监测指标1：模型损失
54.    train_accuracy(labels, predictions)                #监测指标2：模型正确率
55.
56.# 模型测试
57.def test_step(images, labels):
58.    predictions = model(images)                        #测试集输出结果
59.    t_loss = loss_object(labels, predictions)          #计算损失
60.    test_loss(t_loss)                                  #监测指标1：模型损失
61.    test_accuracy(labels, predictions)                 #监测指标2：模型正确率
62.
63.#执行训练与测试过程
64.EPOCHS = 5
65.
66.for epoch in range(EPOCHS):
67.    for images, labels in train_ds:
68.        train_step(images, labels)                     #模型训练
69.
70.    for test_images, test_labels in test_ds:
71.        test_step(test_images, test_labels)            #模型测试
72.
73.    #输出训练集与测试集监测指标
74.    template = "Epoch {}, Loss: {}, Accuracy: {}, Test Loss: {}, Test Accuracy: {}"
75.    print(
76.        template.format(
77.            epoch + 1,
78.            train_loss.result(),
79.            train_accuracy.result() * 100,
80.            test_loss.result(),
81.            test_accuracy.result() * 100,
82.        )
83.    )
84.    # 重置监测指标
85.    train_loss.reset_states()
86.    train_accuracy.reset_states()
87.    test_loss.reset_states()
88.    test_accuracy.reset_states()
```

综上，我们介绍了卷积神经网络在MNIST分类问题中的使用。通过使用一种通用深

度学习框架，读者可以完成任意深度网络的构建。有兴趣的读者可以对 TensorFlow 与 PyTorch 作进一步的了解，它们的官方网站分别是 https：//www. tensorflow. org/和 https：//pytorch. org/。

14.2.4 国内研发的深度学习平台简介

除国外发布的几个深度学习框架之外，近年来国内高校、研究所以及大型互联网企业在深度学习框架的研发方面也做出了不少努力。典型的代表有清华大学计算机系图形学研究室开发的计图（Jittor）深度学习框架，以及由百度公司主导研发的"飞桨"PaddlePaddle 框架等。当然，国内的深度学习框架不止上述两种，这里仅就这两个代表性的框架作一简要介绍。

飞桨 PaddlePaddle 是近年来百度公司推出的工业级深度学习框架，于 2016 年正式开源，是中国第一个开源深度学习开发框架，其官网是 https：//www. paddlepaddle. org. cn/。该产品前端采用 Python 实现，底层实现则采用 C++，保证运算高效。框架兼容静态图与动态图编程范式，且支持多机并行架构，具有稳定性强，文档完善，功能完备等优势。近年来，百度公司不断更新优化该框架，与众多高校签订了教育合作伙伴计划，已经有很多成功的应用案例。读者也可以从百度百科的飞桨或 PaddlePaddle 词条中获得对该框架更全面的介绍。

计图（Jittor）是清华大学于 2020 年 3 月发布的开源的深度学习框架，它采用元算子表达神经网络计算单元，完全基于动态编译。该框架的前端部分采用 Python 实现，整体语法与 PyTorch 接近，能够与 PyTorch 的代码一键转换。该框架将神经网络所需的基本运算定义为元算子，并能够通过互相融合构成深度学习所需的各项运算。另外，该框架融合了静态计算图与动态计算图的诸多优点，提供了高性能的优化策略；与同类型框架相比，Jittor 在收敛精度一致情况下，推理速度取得了 10%～50% 的性能提升。这是中国首个高校自研深度学习训练框架，其未来值得期待。Jittor 的介绍网页地址是 https：//cg. cs. tsinghua. edu. cn/jittor/，GitHub 网页地址是 https：//github. com/Jittor/Jittor，其中包括了比较详细的中英文文档和示例。

14.3 MATLAB 中的模式识别工具包

MATLAB 是由 MathWorks 公司出品的商用数值计算软件，既是有交互式应用界面的计算、分析、展示和仿真软件，也是一种数学计算语言和开发平台，在很多教学、科研和工程中都有广泛的应用。MATLAB 的基本数据单元是矩阵，针对矩阵运算进行了大量优化。MATLAB 语法简单，可以方便地进行矩阵计算、非线性动态系统的建模和仿真等功能，已经被广泛应用到信号与图像处理、金融建模设计与分析等领域。

MATLAB 中已经集成了很多机器学习方法。本节我们使用 2019a 版本的 MATLAB，给出回归和分类两大机器学习问题的基础示例。

MATLAB 中，模式识别中的主流算法有两种实现方式：一种是依据 MATLAB 内部已经写好的函数,例如polyfit、polyval、PCA等,通过写程序的方式来对数据进行操作;另一种则是利用MATLAB中集成好的应用,手动导入数据,采用图形界面对数据进行操作。第一种方式和Python中的用法类似,需要读者查阅MATLAB的用户手册,找到相应的函数,然后编程实现。我们主要介绍后一种方法。

14.3.1 MATLAB中的回归方法使用举例

在MATLAB的图形界面的最上方,可以看到许多主选项,包括主页、绘图和APP等。我们需要的模式识别工具就已经集成在了选项卡APP里,如图14-5所示。APP中"机器学习和深度学习"子选项中,涵盖了分类、回归、深度学习网络等模式识别常用应用。

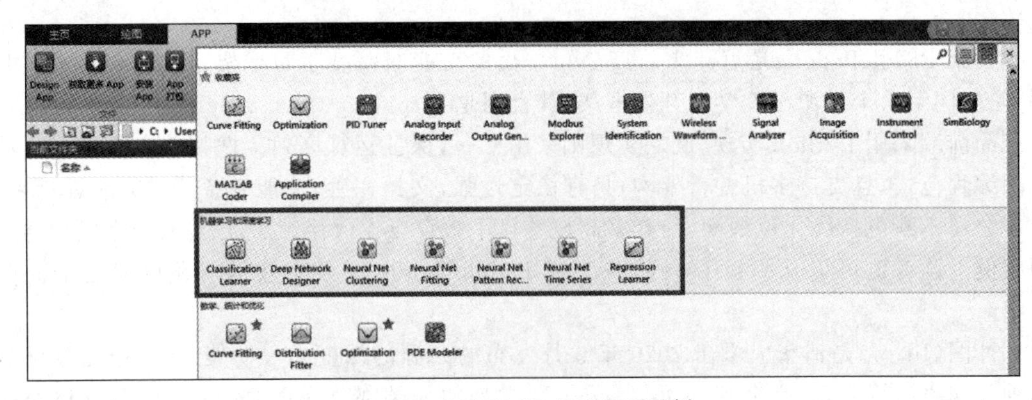

图14-5　MATLAB界面选项示例

下面以使用MATLAB的Regression Learner为例说明其应用过程:

a) 导入所需的数据。这里选用MATLAB中自带的accidents数据集为例,该数据集中记录了美国51个州的人口数量和事故数量数据。

```
1. load accidents
2. % 第一列为州人口数据,第二列为州事故数据
3. data = hwydata(: ,[14, 4]);
```

b) 打开MATLAB中的Regression Learner,点击New Session→From WorkSpace。在Workspace Variable中选中变量data,选择Use columns as variable,选择回归的响应变量和解释变量:Response选column_2,Predictors中选column_1,即分别以州人口数据为解释变量(自变量)、州事故数据为响应变量(因变量),右侧选择No Validation即不作验证,如图14-6(a)所示。随后点击Start Session。

c) 点击Start Session后,会回到Regression Learner界面。从该界面中,我们处在一个叫做Fine Tree的模型中,而不是回归模型。因此,我们在LINEAR REGRESSION MODEL中选择Linear,如图14-6(b)所示。

d) 点击上方的Train按钮进行训练,左下角的Current Model框中记录了训练的结果。如图14-6(c)所示,当前的模型已经训练完成,RMSE为336.89,相关系数为0.84。

e) 点击上方的Predict vs. Actual Plot,可以看到真实值与预测值的图像,如图14-6(d)所示。

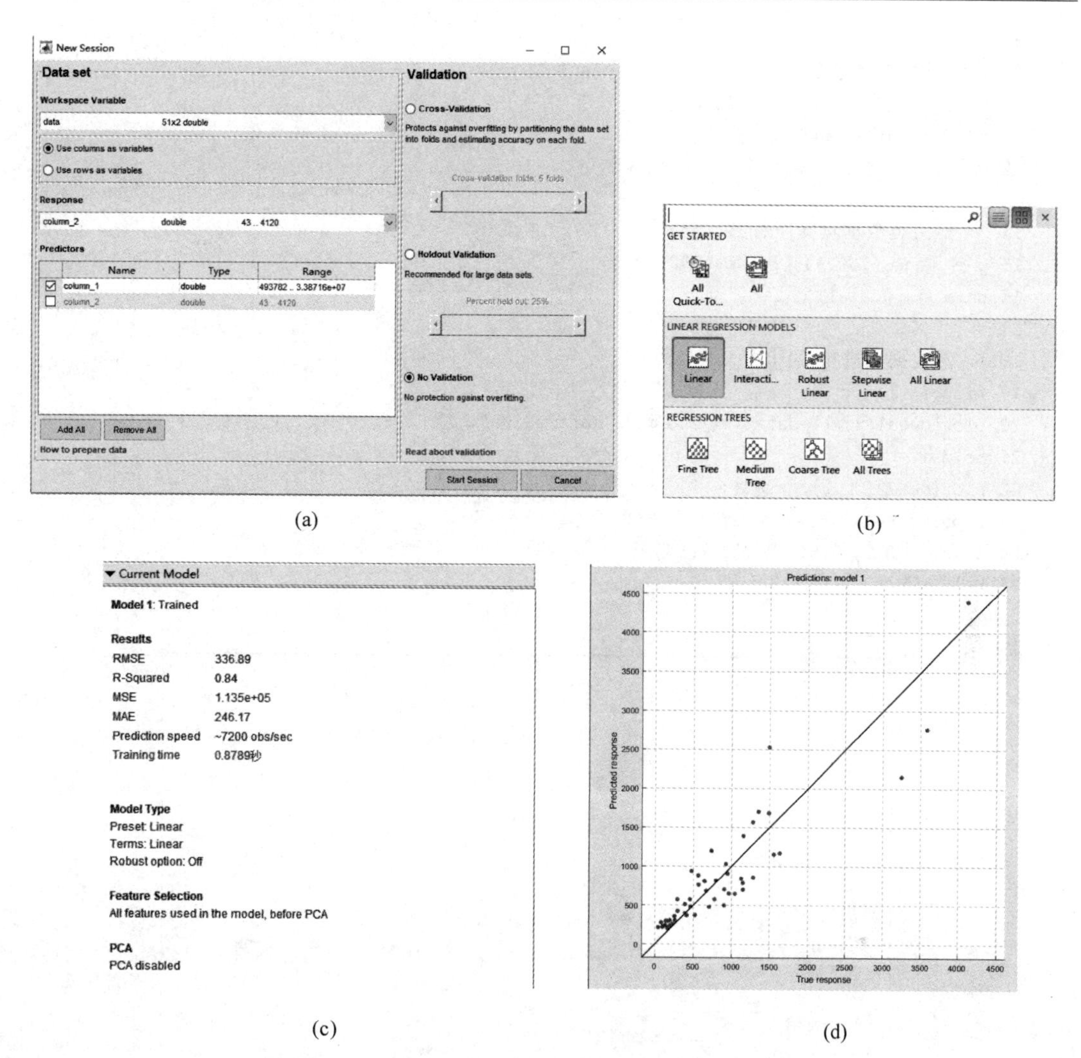

(a) (b) (c) (d)

图 14-6 用 MATLAB 图形界面做线性回归的例子截屏

14.3.2 MATLAB 中的分类方法使用举例

下面用一个简单的例子来介绍如何用 MATLAB 来生成一定的仿真数据、并用其中 APP 保护的分类方法进行分类。

a) 生成两个圆盘数据集，如图 14-7 所示。其中，设圆内部的数据点类别标签为 1，环绕它的数据点类别标签为−1。

```
1.clc, clear
2. % 设置随机数种子
3.rng(1);
4. % 生成第一类数据点
5.r = sqrt(rand(100,1));
6.t = 2 * pi * rand(100,1);
7.data1 = [r. * cos(t), r. * sin(t)];
```

```
8.
9. % 生成第二类数据点
10.r2 = sqrt(3 * rand(100,1) + 1);
11.t2 = 2 * pi * rand(100,1);
12.data2 = [r2. * cos(t2), r2. * sin(t2)];
13.
14. % 给两类数据点赋予标签,第一类为1,第二类为 - 1
15.y = [ones(100,1); - ones(100,1)];
16.data = [[data1; data2], y];
17.
18. % 对数据点进行画图
19.figure;
20.plot(data1(: ,1),data1(: ,2),'r.','MarkerSize',15)
21.hold on
22.plot(data2(: ,1),data2(: ,2),'b * ','MarkerSize',15)
23.ezpolar(@(x)1);ezpolar(@(x)2);
24.axis([ - 2.5, 2.5, - 2.5, 2.5])
25.hold off
```

彩图 14-7

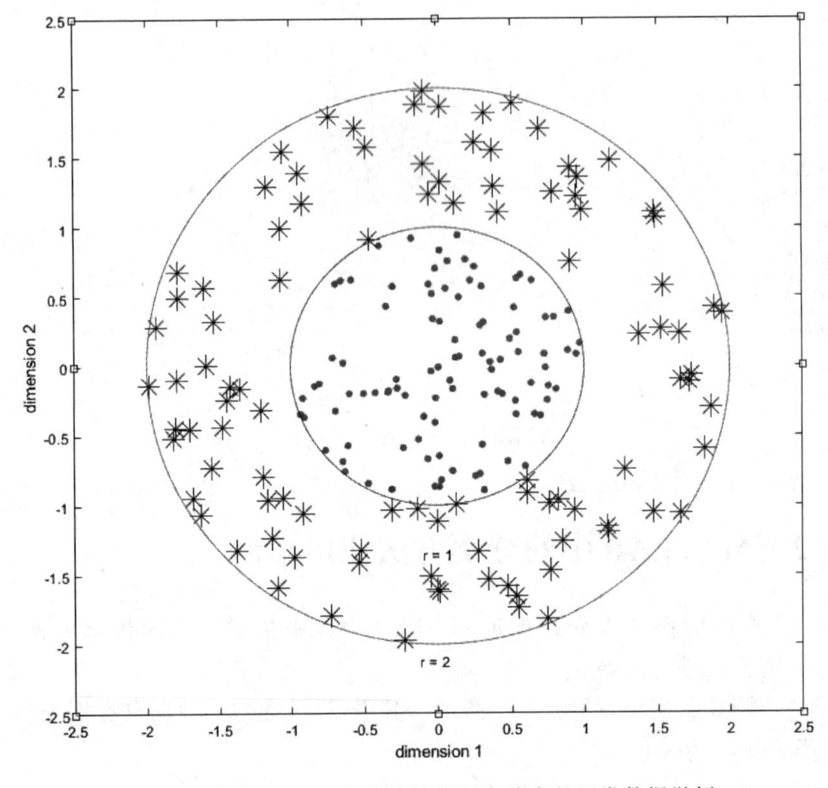

图 14-7　用 MATLAB 生成的按圆盘分布的两类数据举例

b）选取 APP 中的 Classification Learner，并采用 14.3.1 节中方法导入变量 data。变量 data 的前两列为每个数据点的两维信息，最后一列为标签。这里我们选取 5 倍交叉验证，如图 14-8(a)所示。

c）点击 Start Session，进入 Classification Learner 界面。选择 NEAREST NEIGHBOR

CLASSIFIERS 中的 WEIGHTED KNN 模型，这是 MATLAB 中提供的 k 近邻法的一种改进形式。点击 Train 按钮进行模型的训练。同样，我们可以在左下角看到模型的训练结果，例如测试集正确率为 97%。此外，绘图框中直接画出了我们的数据点，如图 14-8(b)所示，其中标记为"X"的数据点即在交叉验证中被错分的样本。

有兴趣的读者可以尝试使用多种模型对该数据进行分类，观察正确率的变化。

彩图 14-8

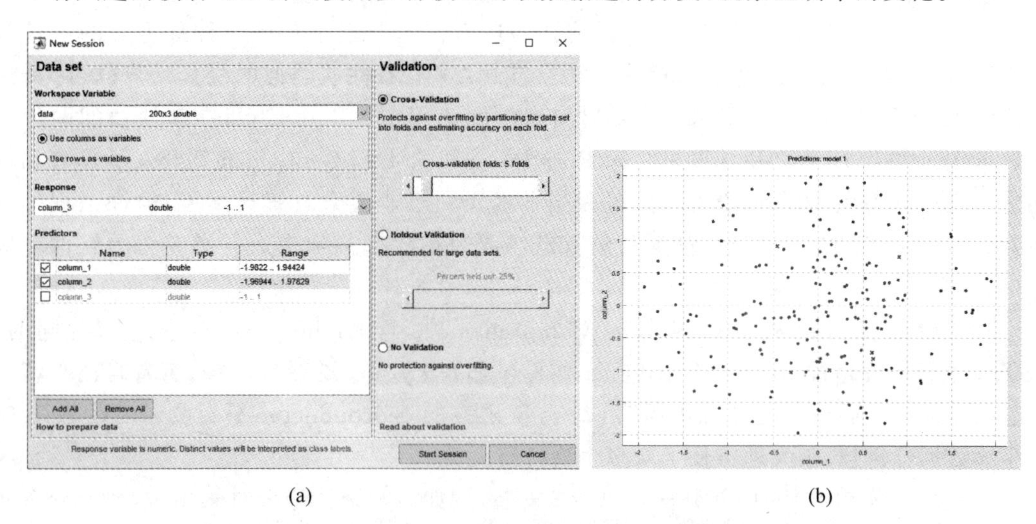

(a) (b)

图 14-8 用 MATLAB 图形界面进行分类实验的例子截屏

从这两个例子可以看出，只要理解了所用机器学习方法的原理，用 MATLAB 可以在自己不写代码的情况下对数据进行分析和实验，非常方便。

需要特别注意的是，因为这种软件提供了如此强大的"傻瓜式"应用程序，可以让用户在不了解或很粗浅了解方法原理的情况下就能轻松地使用很多方法进行实验，甚至可能得出有意义的结果，这在一定程度上"毒害"了用户对学习掌握方法原理的积极性，这在表面上看是提高了学习和工作效率，但却埋下了很大的隐患。通过前面各章我们可以看到，机器学习中每一种方法都是在一定的前提下提出来的，各自有其最适合和不适合的应用范围，应用中也有大量需要针对实际问题进行调试或定制的因素，如果在对方法原理没有充分了解的情况下盲目使用傻瓜式软件，有可能导致具有误导性的结果，使研究者得出错误的结论。

同时还要看到，与 14.2 节介绍的机器学习平台和语言不同，MATLAB 是商业化产品而不是开源软件，用户需要支付高额的使用费，且其使用受到开发商和供应商所在国法律的约束。有一个与 MATLAB 功能类似的开源软件 GNU Octave，它是在 GNU 开放软件框架下开发的类 MATLAB 软件，可以替代 MATLAB 的大多数功能，可以在多种操作系统下运行。由于是完全免费和开源的软件，GNU Octave 在界面设计和其他一些性能方面与 MATLAB 还有一定差距，但它也有占用空间小、同时可以运行 MATLAB 代码等优势，随着越来越多的人使用开源软件，势必有更大的发展空间。

14.4 R中的模式识别工具包

R语言是一种免费的开源计算机语言和软件环境，主要用于统计分析和绘图，在统计学、金融学、医药卫生等领域有极广泛的应用。R语言起源于早年的一种称为S的统计学编程语言，该语言后来被公司买断并开发了与MATLAB性质类似的统计计算软件，虽然功能强大、界面友好，但要使用它需要付出高额的使用费。于是，当年在新西兰的两位名字以R开头的统计学家和计算机学家Ross Ihaka和Robert Gentleman就开发了具有相似功能但完全开源免费的R语言。经过多年学术界和产业界大量统计学家、软件工程师和机器学习研究者的集体努力，现在R语言已经成为在数据科学中最具影响力的软件环境之一。

R平台软件可以从CRAN(The Comprehensive R Archive Network)下载，同时，CRAN也管理着超过10,000个R包，每个R包都和Python的模块一样，有着自己独特的功能。作为一个通用型统计分析语言，基于R语言的Bioconductor平台收录着超过1800款生物数据分析包，极大地方便了众多生物科研人员。

在安装R平台软件时，部分核心包会被安装，例如涉及统计分析的stats，包含有众多数据集的datasets等。这保证用户在安装好R的同时即可以上手编程进行数据分析。此外，R语言自身有着包管理框架，可以实现一句命令安装R包，方便用户使用。

14.4.1 R中的回归方法使用举例

R中有许多包可以实现回归模型，这里以R中默认安装的stats包中的lm函数为例，介绍如何在R中实现线性回归：

a）首先，调用datasets包中的“cars”数据集作为例子，该数据集中保存的是19世纪20年代测量的刹车距离和速度的数据。该数据集中包含有两组数据，分别是表示车辆速度的speed组和表示刹车距离的dist组。

```
1.# 导入并查看 cars 数据集
2.data(cars)
3.head(cars, n = 5)
4.
5.# cars 数据集部分数据展示
6.# speed dist
7.# 1    4  2
8.# 2    4  10
9.# 3    7  4
10.# 4   7  22
11.# 5   8  16
```

b）使用speed作为自变量，dist作为因变量，使用lm函数对该线性模型进行建模，并使用回归模型对dist重新预测。

```
1.# 通过 lm 构建回归模型,通过~来定义自变量和因变量
2.LR <- lm(dist ~ speed, data = cars)
3.
4.# 输出模型参数
5.print(LR)
6.
7.# 输出结果如下
8.# Call:
9.#     lm(formula = dist ~ speed, data = cars)
10.#
11.# Coefficients:
12.#     (Intercept)     speed
13.#     -17.579       3.932
14.
15.# 使用 speed 重新预测 dist
16.dist_pred <- predict(LR, cars)
17.
18.# 绘制 speed 和 dist 的图像
19.plot(x = cars$speed, y = cars$dist, type = "p", col = "blue",
20.    xlab = "speed", ylab = "dist")
21.lines(x = cars$speed, y = dist_pred, type = "l", lwd = 2)
```

c) 通过上面的编程实例,可以发现R语言的语法十分简洁,一句话就可以实现模型的训练。预测结果如图14-9所示。

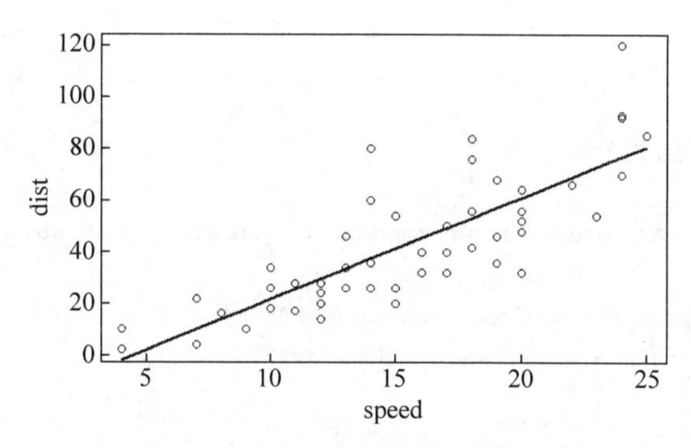

图14-9 用R语言实现的回归结果举例

14.4.2 R中的分类方法使用举例

R中集成了众多的分类算法。由于是全球学者共同开发和贡献,所以几乎所有主流的经典模式识别与机器学习算法都有相应的R包。作为例子,这里我们使用rpart包中的决策树方法在kyphosis数据集上对脊柱矫正手术后儿童是否仍会存在驼背进行分类。

a) 在使用rpart包之前,用户可能需要安装rpart和与其相关的绘图工具包rpart.plot,通过以下命令进行安装:

```
1.# 通过 install.packages 命令进行包的安装
2.install.packages(c("rpart", "rpart.plot", "caret"))
```

b）等待进度条完成后，调用已经安装包并导入数据。kyphosis 是描述儿童纠正脊柱手术数据集，包含了驼背、年龄、编号、开始时间信息。在 R 中可以通过关键字“? kyphosis”对该数据集的每一维特征进行了解。

```
1. # 载入 rpart 包
2. library(rpart)
3. library(rpart.plot)
4. library(caret)
5.
6. # 载入 kyphosis 数据集
7. data(kyphosis)
8. head(kyphosis)
9.
10. # kyphosis 数据集部分数据展示
11. # Kyphosis Age Number Start
12. # 1 absent 71      3      5
13. # 2 absent 158     3      14
14. # 3 present 128     4      5
15. # 4 absent 2       5      1
16. # 5 absent 1       4      15
17. # 6 absent 1       2      16
```

c）接下来划分数据集并通过 rpart 构建决策树，输出测试集准确率。模型结果以树的形式绘制出来，结果如图 14-10 所示。

```
1. # 设置随机数种子，划分数据集
2. set.seed(542321)
3. trainIndex <- createDataPartition(kyphosis$Kyphosis, p = 0.80, list = FALSE)
4.
5. trainData <- kyphosis[trainIndex, , drop = FALSE]
6. testData <- kyphosis[-trainIndex, , drop = FALSE]
7.
8. # 训练 Tree 模型
9. fit <- rpart(Kyphosis ~ Age + Number + Start,
10.          method = "class", data = trainData)
11.
12. # 画出树
13. rpart.plot(fit, uniform = TRUE, main = "Classification Tree for Kyphosis")
14.
15. # 输出正确率
16. pred <- rpart.predict(fit, testData, type = "class")
17. confMat <- table(testData$Kyphosis, pred)
18. accuracy <- sum(diag(confMat))/sum(confMat)
19. print(accuracy)
```

d）最后得到测试集正确率为 80%。从图 14-10 中可以看到树的深度及每个节点上的区分元素。

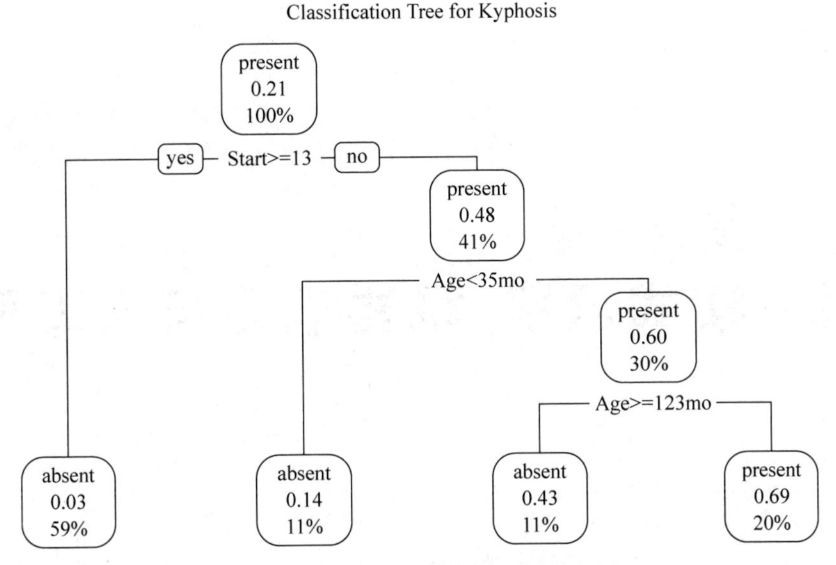

图 14-10 用 R 语言实现的决策树举例

14.5 讨论

多种计算机高级语言和各种数学计算软件包的发展，尤其是近年来出现的多种深度学习软件框架，在模式识别和机器学习方法的发展和应用中发挥了重要作用。本章列举了这一领域最常用的几种平台，通过几个简单的示例初步展示类似软件平台的使用方法。由于本书范围和篇幅所限，不能也没有必要对各种平台进行深入介绍。读者在需要时可以利用相关软件平台的文档和网络上可以获取的大量资料进行学习。

需要再次指出的是，机器学习软件平台的发展是一把“双刃剑”，一方面极大地缩短了从方法学习和研究到实际应用的距离，大大推动了机器学习在很多领域中的应用，也大大扩展了机器学习研究者群体的规模；但另一方面，也使真正研究发展机器学习理论和方法的人成为机器学习研究者中的极少数，很多人容易把机器学习的关键误以为是对各种现有软件及其参数调整技巧的掌握，这种倾向不利于机器学习领域的未来发展。

因此，我们建议，模式识别和机器学习的研究者和学生一方面要善于充分利用各种软件平台，另一方面要对模式识别和机器学习相关的理论和方法进行深入的学习和研究，做到知其然更知其所以然，善于发现已有方法在理论和实践上可能存在的问题并加以研究解决。

除了机器学习的软件平台外，人们也认识到，很多机器学习方法的运算具有自身的特点，尤其是各种深度学习方法，它们往往需要庞大的计算量，但同时所涉及的计算类型又相对比较单一。因此，人们已经开始发展针对深度学习方法的专用计算结构和芯片，并探索借用人脑信息处理的机理来设计更高效的类脑计算方法和设备，以及用光电结合的方式来突破现有计算技术的瓶颈。

第 15 章

讨论：模式识别、机器学习与人工智能

有人说，“科学技术发展中一个很大的问题是，人们经常用不同的术语来描述同一件事情，而一个更大的问题是，经常有人用同样的术语描述不同的事情。”这一现象在模式识别与机器学习相关的领域中也表现得非常突出。在此，我们尝试对模式识别、机器学习、人工智能这三个概念的含义、关系和历史演化进行一个梳理，以此作为本书的总结。

15.1 模式识别

“模式识别”一词有两重含义，一是指模式识别的任务，即对数据中规律和模式的自动识别。从对外界的观测中识别对自己有利或有害的模式和规律，是人和很多动物都具有的能力，可以说是人和动物最基本的智能行为。我们所说的模式识别任务，是希望由一定的人造系统来完成。我们把能够完成一定功能的人造系统统称为机器，模式识别就是让机器具有智能行为能力的一个基本任务。我们在本书前面各章中已经看到了大量不同类型的模式识别任务，它们广泛存在于各种领域中。

要实现模式识别的任务，可以有不同的方法，例如基于知识与规则的方法和基于数据的方法。“模式识别”一词的另外一重含义是指基于数据完成模式识别任务的方法，尤其是统计模式识别方法。

通常，人对模式和规律的认识是通过分类来进行的。我们认识一个人，虽然语言上有时候说“记住了他的长相”，但实际上，他的长相在我们视觉系统里输入的图像数据是千变万化的，我们并不是记忆了这些千变万化的图像，而是“记住”了所有来自他的图像所共有的规律，也就是在大脑中为属于他的图像建立了一个类。再次见到他时我们能认出来，是把看到的新图像分类到了他的这一类中。模式识别任务和模式识别方法往往特指对以类别形式存在的模式和规律的识别，也叫做模式分类。

在人和高等动物从外界接收的各种信号中，视觉信号占据大部分。对各种对象的视觉识别也是人和动物模式识别中最基本的方面。因此，对图像中字符和物体的识别，从一开始就成了模式识别的主要研究对象，并且一直持续到现在。图像识别、计算机视觉是模式识别应用最活跃的场景，也是目前应用最成功的场景，因此很多人甚至把模式识别误解为专指图像识别方向。而事实上，模式识别的研究对象已经超出人自身能感知的图像、声音等范畴，深入到工业、农业、医学、生物学、国防、地学、环境、气象、天文、经济、社会、文化等各个领域。

一般认为，模式识别方法的研究是从 20 世纪 30 年代开始的，代表性的工作是早期的 Fisher 线性判别，开启了“判别分析”这一以自动分类为目的的研究方向。而这一时期，也是人们开始感兴趣用电子线路解决数学和逻辑问题的时期。1950—1960 年，现代意义上的电子计算机的诞生，大大激发了人们对用计算机完成模式识别任务的兴趣。在这些因素的共同影响下，20 世纪 70 年代模式识别相关理论和方法得到很大发展。由于“模式识别”这个词的本义就是对数据中模式的识别，并不是专门创造的术语，现在很难追溯最早把模式识别作为一个学科的名称是什么时候开始的。1972 年 Keinosuke Fukunaga 所著的 *Introduction to Statistical Pattern Recognition*（CA：Academic Press）、1973 年 Richard O. Duda 和 Peter E. Hart 合著的 *Pattern Recognition and Scene Analysis*（NY：Wiley Interscience）和 1974 年 Tzay Y. Yong、Thomas W. Calvert 合著的 *Classification, Estimation, and Pattern Recognition*（NY：American Elsevier Publishing）是系统地阐述模式识别理论与方法的早期著作，其中很多内容在今天仍然非常有价值。在 20 世纪 70 年代模式识别发展的黄金时期，很可惜我国正处在“文革”中，科学研究工作基本处在全面停滞状态。80 年代初，清华大学常迥教授认识到模式识别学科的重要性，推动我国在控制科学与工程一级学科下建立了“模式识别与智能控制”二级学科，后更名为“模式识别与智能系统”，并与北京大学程民德教授一起倡导建立了清华、北大和中科院自动化所组成的智能信息处理研究“金三角”，分别建立了智能科学与技术国家重点实验室、听觉与视觉信息处理国家重点实验室和模式识别国家重点实验室。八十年代中期，清华大学边肇祺教授牵头组织当时清华自动化系模式识别与信息处理教研组的阎平凡、杨存荣、高林、刘松盛、汤之永等多位教师编写了我国第一本《模式识别》教材，于 1988 年出版，也就是本教材的第一版。同时，边肇祺、阎平凡教授等还组织教师和研究生用 FORTRAN 语言编写了模式识别算法软件库，包含了教材第一版中的大部分算法，为当时我国模式识别学科发展和科学研究发挥了重要作用，但很可惜这个软件库后来没有能够持续维护和发展。

15.2 机器学习

“机器学习”与“模式识别”的关系和区别是经常有人问的问题。咬文嚼字来分析，模式识别落脚在“识别”这个目标上，而机器学习落脚在“学习”这个过程上。所谓学习，是指获得新的理解、知识、能力等的过程，是人和很多动物都具有的一种能力。对人来说，我们关注的学习活动大都是对人类积累的知识的学习，但实际上，从经验和观察进行学习，是我们学习书本知识之前早就具有的能力，从出生后就几乎无时无刻不在进行着这种学习。机器学习强调的是用机器来进行学习。

"机器学习"一词据认为是最早由IBM的研究者Arthur Samuel从1959年开始使用的，他是计算机博弈和人工智能的先驱之一，他说自己把格子棋(checkers，也译作国际跳棋)作为研究机器学习的模型，就像生物学家把果蝇用作研究遗传学的模型一样。1965年，Nils Nilsson在McGraw-Hill出版社的系统科学系列图书中出版了标题为*Learning Machines：Foundations of Trainable Pattern-Classifying Systems*，从副标题可以看出，当时的"机器学习"的概念就是指可训练的解决模式识别问题的系统。

现在被普遍接受的认识是，学习机器是指能够通过经验自动改进其完成某种任务的性能的计算机算法，而机器学习就是研究与这样的算法相关的理论、方法和技术问题的学问。最常见的机器学习任务是模式识别，也包括对样本的连续属性的判断或预测。广义来讲，机器学习可以面对各种任务，只要这种任务的性能或目标明确且可以通过学习来改进。近年来快速发展的增强学习(reinforcement learning)就是把机器在某种任务中的表现或对环境的适应程度定义为一定的奖励指标，机器学习的目标就是通过不断的学习来追求最大化奖励。

可以看到，模式识别和机器学习一直是伴随发展和混合使用的概念，并没有明确的分界线，只是不同学者在不同语境下的使用习惯不同。从文字上，模式识别更侧重任务的目标，而本身并没有限定目标一定要通过学习来实现，也可以通过一定的知识或模型设计机器，直接完成识别的任务。

例如，早年的句法模式识别(syntactic pattern recognition，也译作结构模式识别)设法把对象分解成简单的子模式(称作基元)，把对象看作是用基元按照一定的规则构成的结构，就像是一种语言中各种词按照一定的句法构成句子，通过识别这种结构来识别对象的类别。识别的过程就类似于计算机形式语言中对代码的解析，如果按照某类的句法能够通过解析就判定为该类。句法模式识别在20世纪七八十年代是模式识别中重要的流派，与统计模式识别并列。这一学派后来被业界很多人逐渐淡忘，现在说模式识别方法大都是指统计模式识别，感兴趣的读者可以寻找一下当年的经典文献[①]。普度大学的华人学者傅京孙(King Sun Fu)教授是当年句法模式识别和整个模式识别领域的代表性学者，也为我国模式识别学科的起步和发展做出了重要贡献，前面提到的80年代中关村"金三角"的多位模式识别界前辈，如中科院自动化所戴汝为教授(院士)、清华大学边肇祺教授和已故北京大学石青云教授(院士)等，都是在他指导下进入模式识别领域的。同时，傅京孙教授也是智能控制学科的奠基人。

又如第2章介绍的贝叶斯决策，是模式识别方法体系中的基础方法，但如果数据的概率模型和参数已知，则模式识别就是用贝叶斯公式计算后验概率后进行决策，严格来说并不涉及"学习"的过程；如果概率模型需要从数据中进行估计，尤其是需要通过迭代的方式不断改进这种估计，在此基础上进行贝叶斯决策，则这种做法就成为机器学习。实际上，在贝叶斯决策和更复杂的贝叶斯网络、概率图模型等产生式模型中，从数据中学习模型或模型的参数是关键性的任务，所以人们自然把这些方法都看作是机器学习的一部分，是其中一个重要的分支。

---

① 如K. S. Fu, *Statistical Methods in Pattern Recognition*, Elsevier Science, 1974; K. S. Fu, *Syntactic Pattern Recognition, Applications*, Springer-Verlag, 1977.

从更大的视野来看，人们对“从数据中自动发现规律”的研究可以追溯到至少200年之前，这就是我们在第5章5.2节介绍的线性回归；我们在第10章10.3节介绍的主成分分析是诞生于100多年前的发现高维数据中内在低维规律的方法，应该是最早体现非监督学习思想的工作。现在很多监督和非监督机器学习方法的基本原理可以分别追溯到线性回归和主成分分析，但严格来说经典的线性回归和主成分分析本身并不具有机器学习方法的特性，因为它们从数据中发现规律是通过确定的数学方法一次性计算出来的，并没有一个“训练”或“学习”的不断改进的过程。而后来发展起来的用训练的方法求解线性回归或等效求解主成分分析的方法，当然就属于机器学习的范畴。

理解了各种术语的本来含义，我们就容易知道，刻意追问模式识别与机器学习的区别，或某种方法是模式识别方法还是机器学习方法，这种问题是没有意义的。两者在大多数语境下是可以互换的概念。机器学习是解决模式识别问题的主要方法，在这个意义下模式识别方法就是机器学习方法；而同时，模式识别任务还可以用其他非机器学习类的方法来完成，机器学习方法也可以用来完成其他非模式识别类的任务。

15.3 多元分析

从本书前面各章的内容里可以看到，模式识别和机器学习中大量使用概率与统计的概念、原理和方法，很多模式识别与机器学习方法的基本思想也是起源于统计学。

多元分析是统计学中的一个重要分支，是专门研究多维数据内在规律的学科，其中重要的内容就是从数据中发现多维变量之间的关系，并利用这些关系进行一定的预测。这与模式识别的目标是一致的。模式识别和机器学习中重要的基础，如回归、判别分析、主成分分析、聚类等等，都是多元统计分析中的核心内容。有人夸张地说，机器学习就是多元分析在计算机科学中的翻版，这种说法非常不准确，但却也体现出来这两个学科紧密的联系。

作为统计学的一个分支，多元分析的理论体系和研究方法有其自身的特点，更关注的是对数据中的规律进行总结、描述、估计和预测的统计学方法，以及方法的理论性质。模式识别和机器学习更关注的是方法的算法实现和在各种实际问题上的工程应用。早期的模式识别和机器学习方法与多元分析关系密切，人们在一段时间内把这些方法统称作统计模式识别方法。以各种神经网络为代表的机器学习尤其是深度学习方法，已经大大超出了多元统计分析的范畴，伴随着的是对很多方法理论性质认识的缺乏。统计学习理论为把较浅层的机器学习方法与统计学结合起来提供了一个很好的框架，但对于大部分深度学习方法来说，类似的理论框架尚未出现，等待着人们去发展。

15.4 人工智能

最后我们来谈一下“人工智能”，即AI(artificial intelligence)。

严格来说，人们使用的“人工智能”一词其实有两种不同含义，一种是广义的含义，另一种是狭义的含义。广义的含义也可以叫做机器智能(machine intelligence)，指任何由机器或程序实现的智能行为；狭义的含义则是只从1956年发展起来的以符号主义为主的人工智能，简称AI。现在这两种含义的界限已经变得越来越模糊。

人工智能的诞生和发展与自动控制是紧密联系的。

1948年，维纳（Norbert Wiener）出版了他著名的著作《控制论》[①]，英文标题是Cybernetics，其副标题是“动物和机器中的控制与通信”。根据维纳的自传[②]和其他人的回忆文章，维纳在1935—1936年应清华大学工学院院长兼电机系主任顾毓琇、李郁荣教授和数学系主任熊庆来教授邀请来到清华大学工作，在那时他实现了数学与电机工程的结合，并在与李郁荣教授的合作中产生了对自动装置的兴趣，开始了对控制论的研究。在1943年维纳与另外两位学者合作发表的文章中[③]，已经展现出控制论的一些基本思想。Cybernetics一词源自希腊语，其含义比“控制”(control)更广泛，是指对一个系统进行操纵、导航、管理的全部方面。在20世纪40年代，维纳等的工作掀起了控制论研究的热潮，控制论成为一个连接很多学科领域的交叉学科，包括控制系统、电子电路、机械工程、逻辑、进化生物学、神经生物学、人类学和心理学等等。尤其是，大量神经生理学家和数学家、电子工程学家思想碰撞，研究自然智能的数学模型和建立人工智能系统的方法。

从20世纪30年代起，图灵(Alan Turing)开创了可计算理论，指出，一个能够对0、1符号进行任意操作的机器能够仿真出任何可以想象的数学演绎过程，这告诉人们，数字计算机理论上可以实现任意的形式推理过程。这一结论被称作丘奇-图灵论题(Church-Turing Thesis)。这一结论和当时的神经生物学进展、香农(Claude Shannon)的信息论、维纳的控制论一起，激发了研究者去研究“电子大脑”，即尝试用电子网络来实现智能，也就是现在所说的机器智能或人工智能。

与图灵基于符号操作的计算思想不同，维纳在对人和自动机器进行比较研究后认为，智能系统应该是通过“尝试—检验—调整”的迭代来获取新知识和完成智能任务的[④]，也就是把反馈控制的思路推广到了智能体的学习过程中，这其实就是现代机器学习的基础思想。在这一方向上，1943年神经生物学家McCulloch和Pitts提出的描述单个神经元计算过程的阈值逻辑单元模型[⑤](McCulloch-Pitts模型)是最有影响的工作，现在通常被看作是人工智能最早的工作，尽管那时“人工智能”这个词还没有被创造出来。我们在第5章5.5节和第6章6.4节已经看到，20世纪50年代，Frank Rosenblatt在McCulloch-Pitts模型基础上

---

① Norbert Wiener, *Cybernetics: Or Control and Communication in the Animal and the Machine*, MIT Press, 1948.

② Norbert Wiener, *I am a Mathematician*, London: Gollancz, 1956.

③ A. Rosenblueth, N. Wiener, J. Bigelow, *Behavior, Purpose and Teleology*, Philosophy of Science, 10: S.18-24, 1943.

④ Li Li, Nan-Ning Zheng, Fei-Yue Wang, On the crossroad of artificial intelligence: a revisit to Alan Turing and Norbert Wiener, *IEEE Transactions on Cybernetics*, 49(10): 3618-3626, 2019.

⑤ Warren S. McCulloch & Walter Pitts, A logical calculus of the ideas immanent in nervous activity, *Bulletin of Mathematical Biophysics*, 5: 115-133, 1943.

建立了感知器[①]。当时的感知器并不是一个用计算机软件实现的算法软件(当时的计算机还非常初级),而是用电子电路搭建起来的执行感知器学习算法的机器,当时已经可以实现用肖像照片识别性别。这是最早的学习机器,因此感知器算法也被公认为最早的机器学习算法。

狭义的人工智能(AI)研究是从1956年在美国达特茅斯学院(Dartmouth College)召开的一个暑期会议开始的,人们通常把这个会议叫做达特茅斯会议,并把它看作是人工智能的诞生。会议的发起者之一、LISP语言的发明者John McCarthy在1955年提议这次会议时创造了"Artificial Intelligence"(人工智能)这个词,以此与控制论领域对机器智能的研究"划清界限"[②]。参加达特茅斯会议的学者包括卡内基梅隆大学的Allen Newell和Herbert Simon,达特茅斯学院的John McCarthy,麻省理工学院的Marvin Minsky以及IBM公司的Arthur Sameul,他们被认为是人工智能的奠基人。

这一学派的人工智能研究者强烈地认为,人工智能研究应该基于对问题、逻辑和搜索的高级符号表示和处理。这一学派后来被称作"符号人工智能"(Symbolic AI)或"符号主义"(Symbolism),其中,知识表示和知识工程是核心。在从20世纪70年代到90年代的相当长时间里,人们说AI就是指这一学派的人工智能,并不包括本书中大部分模式识别与机器学习方法,后来有人称之为"美好的老式AI"(good old-fashioned AI,简称GOFAI)。

达特茅斯会议之后,20世纪60年代符号人工智能取得了很大发展,实现了一系列"高级"的推理功能,包括自动定理证明、计算机下棋和专家系统(Expert Systems)等。1972年斯坦福大学研发的医疗专家系统MYCIN是AI最有代表性的成果之一,它集成了大约600条产生式逻辑规则,可以辨识严重感染病人的致病细菌类型并推荐抗生素及其合适的剂量。1980年代,匹兹堡大学研发的专家系统CADUCEUS集成了大量医学知识,能够通过AI推理实现超过1000种疾病的诊断。从Arthur Sameul开始研究用计算机下棋开始,挑战人类下棋的智能一直是人工智能关注的一个重要方向,1997年,IBM公司的"深蓝"计算机战胜了国际象棋的世界冠军,是人工智能发展史上一个重要的标志性事件。

在20世纪50年代末和20世纪60年代,以Minsky和Papert为代表的AI学者否定了以Rosenblatt的感知器为代表的人工神经网络研究思路,他们认为那是一条完全行不通的路线,并通过各种方式传播他们的观点。这一系列工作使得对人工神经网络的研究迅速消退,几乎退出了历史舞台[③]。我们在6.4.2小节对其中的一个重要技术原因进行了介绍。

---

① Frank Rosenblatt, *The Perceptron-a perceiving and recognizing automaton*, Report 85-460-1, Cornell Aeronautical Laboratory, Jan. 1957.

② 引自Wikipedia中Artificial Intelligence词条中的注释: McCarthy, John (1988). "Review of *The Question of Artificial Intelligence*". *Annals of the History of Computing*. 10(3): 224-229., collected in McCarthy, John (1996). "10. Review of *The Question of Artificial Intelligence*". *Defending AI Research: A Collection of Essays and Reviews*. CSLI., p. 73, "[O]ne of the reasons for inventing the term "artificial intelligence" was to escape association with "cybernetics". Its concentration on analog feedback seemed misguided, and I wished to avoid having either to accept Norbert (not Robert) Wiener as a guru or having to argue with him."

③ M. Olazaran, A sociological study of the official history of the perceptron controversy, *Social Studies of Science*, 1996.

直到在80年代中期以采用反向传播算法的多层感知器、Hopfield网络和自组织映射神经网络为代表的方法取得重要发展，使人工神经网络的研究复活并掀起了高潮。在人工神经网络快速发展的80年代到90年代，“机器学习”一词在有些文献中被使用但并不广泛，人们倾向于直接用“人工神经网络”来指代这一领域，并把它看作是模式识别与机器学习方法家族中的最新成员。与现在很多人追逐深度学习的热潮一样，当时很多学科中都争先恐后地探索把神经网络结合到本学科中来。

这里需要说明一下，部分学者在回顾人工智能与机器学习发展历史时，把20世纪50年代前后称作人工智能发展的第一个高潮，八九十年代作为第二个高潮，而把21世纪开始到现在深度学习大发展的阶段称作第三个高潮。根据以上的历史回顾，我们看到这种总结并不妥当。事实是，狭义的人工智能与机器学习在历史上曾经是两大并不相容的学派，而机器学习中又包含几个交替发展的分支，有些方向此消彼长，也有些方向在并未收到普遍关注的情况下一直持续发展，但整体上人们对机器智能的研究一直在不断深入发展。直到进入21世纪尤其是第二个十年后，人们才倾向于把各学派都统称为人工智能，也就是我们开始说的广义的人工智能。

15.5 展望

回顾这些历史过程和各种术语在不同阶段的含义，我们可以看到，人类在对制造智能机器的追求中出现过多种学术思想和技术路线。了解这些思想和它们的演化，有助于加深对模式识别与机器学习中各种方法原理更深刻的认识，也包括它们各种的前提假设和可能的局限性，也有助于对未来发展方向进行更深刻的思考。

需要说明的是，我们在此并没有试图全面地回顾机器学习和模式识别的发展历史，例如以上讨论中没有提及以聚类分析为代表的各种非监督学习方法的发展历程，对监督学习中的概率学习和统计学习理论两个重要分支的历史也没有在此讨论，感兴趣的读者可以去追溯这些领域中的历史文献。

人类进入21世纪20年代，如果从30年代Fisher线性判别时期算起的话，模式识别与机器学习已经发展了近90年。今天，模式识别的应用已经深入社会的各个方面，从手机拍照时的人脸自动检测、刷脸支付、语音转文字、机器翻译，到在2020年Covid-19新冠疫情中发挥重要作用的各种场景下的自动监控技术，再到已经被发达国家应用到军事领域的各种目标识别技术等等。1958年Rosenblatt在美国海军新闻发布会上曾预言[①]，基于人工神经网络的智能系统将可以“走路、说话、看见、书写、复制自我并有自我意识”、将“能够认出人并叫出他们名字、把说话从一种语言即时翻译成另外一种语言”，等等，在当时被很多人认为是言过其实，今天已有很大一部分都已实现，只有其中“有自我意识”可能还相距甚远。

随着机器学习和人工智能在模式识别等任务上的出色表现，人们也越来越深入地探讨

---

① M. Olazaran, A sociological study of the official history of the perceptron controversy, *Social Studies of Science*, 1996.

什么是"智能"的本质。当我们去分析自然界生物的行为时,可以看到,即使是最简单的单细胞生物,它们在环境中也经常表现出惊人的"智慧",能够有效地"识别"外界环境、趋利避害。同时,近年来对多种动物行为的研究也越来越多地揭示出一些具有非常高级智能性质的动物行为。"智能"和"非智能"的边界变得越来越模糊。当人们通过模式识别与机器学习算法能够让机器完成原本只有人能完成的很多任务后,人们开始探索能否让机器和算法完成更具挑战的智力任务。

这其中非常重要的一方面是因果关系推断。人从小就非常善于从个例中推断因果关系,虽然这种推断有可能出错,但随着经验积累、判断力提高,这种推断越来越准确,这也是我们认识客观世界的重要方式。类似的能力在某些动物中也可以被观察到。相比之下,各种模式识别和机器学习方法,从数据中学习得到的都是关联关系,无法确定甚至无法推测因果关系,这是机器智能与人类智能的一个重要区别。研究从观察数据中推断因果关系的方法,是机器学习当前和未来发展的一个重要前沿方向,这一领域当前的很多研究与贝叶斯网络有千丝万缕的联系。

特别的,在人类智能的众多独特方面中,人类进行科学研究、能从观察中得到对客观世界的认识,是一个非常突出的特性。机器智能将来有没有可能具有类似的能力?这是一个带有科幻色彩的有趣的问题。最近,我们应用最基本的非监督学习和监督学习方法的组合,尝试在尽可能少使用生物学先验知识的情况下,从单细胞基因组学数据中自动"发现"人类早期干细胞分化过程中一个小片段的知识,取得了初步的成功①。无独有偶,有物理学家尝试设计神经网络方法,从大量观测数据中自动推测"是地球绕着太阳转还是太阳绕着地球转"这样的最原始的科学问题,得到了很有意思的结果②,被评论为"人工智能哥白尼"③。这些用机器获得的"科学发现",早已是人类已知的常识,但在几乎不使用人类已有知识的情况下,能够对这些知识进行"再发现",为我们提供了很大的想象空间:人类获取对大自然认识的科学知识的过程能否用数学原理和算法来实现?未来的机器有没有可能发现人自身无法发现的新知识、学习出人类认识不到的新规律?

这些问题给了我们无限的想象空间,吸引着我们对模式识别和机器学习进行越来越深入的研究。通过这些研究,我们清醒地认识到,虽然人们在模式识别、机器学习和人工智能领域已经取得很大成就,但机器智能与人类甚至很多动物的智能相比还非常弱。从所能完成的任务的性质上,目前监督机器学习方法实现的都是模仿性学习任务,是人类自身能够完成的任务,如景物识别、汽车驾驶等;非监督机器学习方法可以自主地发现数据中存在的聚类、流形等规律,但尚不能发现高阶的关联或因果关系,例如无法对发现的聚类赋予含义。由于计算机强大的数据处理能力,机器学习在某些任务上已经超过人类,但人类强大的学习能力体现在小样本学习和探索性学习:一方面,人能够从极少个例中学会识别、判断和推

---

① Najeebullah Shah, Jiaqi Li, Fanhong Li, Wenchang Chen, Haoxiang Gao, Sijie Chen, Kui Hua and Xuegong Zhang, An experiment on *ab initio* discovery of biological knowledge from scRNA-seq data using machine learning, *Patterns*, 1: 100071, 2020 (https://doi.org/10.1016/j.patter.2020.100071).

② R. Iten, T. Metger, H. Wilming, L. Del Rio, and R. Renner, Discovering physical concepts with neural networks. *Physical Review Letters*, 124: 010508, 2020.

③ D. Castelvecchi, AI Copernicus "discovers" that Earth orbits the Sun, *Nature*, 575: 266-267, 2019.

测，这是目前机器学习方法所远远不能及的；另一方面，人能透过对现象的观察得到对背后科学规律的认识，发现其“然”并理解其“所以然”，这是现有机器学习研究尚未面对的任务。人之所以具有这样强大的学习能力，一个重要的原因是，人的学习一方面是基于经验数据，是基于数据的学习；另一方面是基于知识，包括从后天获得的大量知识，也包括在漫长的生物进化过程中积累在人类基因中的“本能”。如果把人类比为学习机器，这个“机器”的模型设计和参数设置已经通过亿万年漫长的遗传变异和自然选择过程进行了充分的“结构优化”和“超参数试错”，而人类发展出来的语言、文字、数学等工具，又赋予了人类对无法观测的事物进行预判、假说推断、抽象推理和知识积累的强大能力。要使机器学习从模仿性学习迈向探索性学习，需要更有效地借鉴人类思维的特点，把数据、知识和假说推理有机结合起来，让学习机器真正具有类似人类的能发现新知识的能力，这是未来机器学习一个重要的发展方向。我们对模式识别和机器学习的美好未来充满了期待，也期待本书能为广大学者和青年学生对美好未来的探索提供一块基石。

参 考 文 献

[1] 边肇祺,等.模式识别[M].北京：清华大学出版社,1988.

[2] 边肇祺,张学工,等.模式识别[M].2版.北京：清华大学出版社,2000.

[3] 张学工.模式识别[M].3版.北京：清华大学出版社,2010.

[4] Richard O,Duda,Peter E,Hart,David G,Stork,Pattern Classification[M]. 2nd edition. New York: John Wiley & Sons Inc. ,2001.

[5] Andrew Webb. Statistical Pattern Recognition[M]. West Sussex: John Wiley & Sons Ltd. ,2002.

[6] Vladimir N Vapnik.统计学习理论的本质[M].张学工,译.北京：清华大学出版社,2000.

[7] Vladimir Cherkassky,Filip Mulier. Learning from Data: Concepts,Theory and Methods[M]. New York: John Wiley & Sons,Inc. ,1997.

[8] 维基百科：http://www.wikipedia.org/.

[9] Christopher M. Bishop. Pattern Recognition and Machine Learning[M]. Berlin: Springer,2006.

[10] Trevor Hastie,Robert Tibshirani,Jerome Friedman. The Elements of Statistical Learning[M]. 2nd edition. Berlin: Springer,2016.

[11] Sebastian Raschka,Vahid Mirjalili. Python Machine Learning[M]. 2nd edition. Birmingham: Packt Publishing,2017.

[12] Ian Goodfellow, Yoshua Bengio, Aaron Courville. Deep Learning[M]. Massachusetts: The MIT Press,2017.

[13] Kevin P. Murphy. Machine Learning: A Probabilistic Perspective[M]. Massachusetts: The MIT Press,2012.

后　记

2021 年 3 月 28 日，当我们正在与出版社进行本书的第三轮校对时，我国模式识别学科的主要奠基人之一、牵头编写本书第一版的前辈边肇祺教授离我们而去了。噩耗传来，我忍不住失声痛哭。我正计划待校对完毕后带着书稿去看望边老师，没想到竟晚了一步。那天，北京正刮着沙尘暴，我在路上听到噩耗后立在风中久久不能移步，一边痛悔为什么没有早一点去看望边老师，一边禁不住回想起了从自己本科时开始跟随边老师学习模式识别的一幕幕场景。

1988 年春，我还是大四的学生（当时清华本科是五年制），上了边老师开设的研究生和高年级本科生混班《统计模式识别》课。我们是有幸用上这本《模式识别》教材的第一批同学，但边老师开这门课应是至少从 1981 年就开始了（我现在还保存着边老师传下来的 1981 年该课一位同学的优秀笔记和作业）。那年我们是在中央主楼六楼一间教室里上课，研究生和本科生共二三十人。当时还没有选修制度，这门课是自动化系信号处理与模式识别教研组的专业课。让我们印象深刻的是边老师认真的态度、清晰的逻辑，更是我们加倍努力才能跟上的思维节奏。有一次，边老师在黑板上写出一个公式，说：这个公式很重要但很简单，我们课上就不讲了，“大家回去花几秒钟推一下”。于是，“几秒钟推公式”，成了同学们中广为流传的一段佳话。

也是在那一年，边老师和教研组其他老师组织多位研究生用 FORTRAN 语言编写了《模式识别》第 1 版中大部分算法的程序库，我们本科生也打一点下手。这个项目的后续发展我已经不记得，现在回想起来，这在当时应该是国际上最早的模式识别软件库之一了。前两年听到美国某数学软件公司限制我国一些高校使用的时候，我想，当初如果有一支力量把边老师等前辈们开始的工作发展起来，现在我们应该也有自己的专业数学软件了。

1996 年，我接触到了当时国际机器学习领域的最新成果——支持向量机方法。当我深入探寻这种新方法背后的统计学习理论时，惊喜地发现，其早期核心理论成果已经包括在 1988 年出版的《模式识别》（第 1 版）第 7 章“经验风险最小化与有序风险最小化”中。这部分内容在同时代的英文教材中是完全没有的，边肇祺老师和阎平凡老师是参考 1974 年的俄文文献撰写的这一章内容，足见两位前辈对机器学习理论研究的远见卓识。

在较全面了解了统计学习理论的发展脉络后，我认识到这是模式识别与机器学习的重要理论框架和未来方向。1997 年，我向刚退休的边肇祺老师介绍了支持向量机方法与统计学习理论，汇报了我对这一领域的看法。边老师非常赞同我的判断，鼓励我申请了我的第一个自然科学基金项目“基于统计学习理论的模式识别方法研究”，支持我把这一前沿尽快推介到国内。1998 年，边老师鼓励我牵头组织《模式识别》第 2 版的修订和撰写，在其中增加人工神经网络、支持向量机和统计学习理论等重要新内容，于 2000 年出版。2007 年，当我提议再次修订这本教材时，边老师鼓励我放手自己编写，这对我是巨大的荣誉，更是巨大的责任和压力。经过两年多的修订，《模式识别》（第 3 版）于 2010 年出版。

又十年过去了，在《模式识别》（第 4 版）即将面世的时候，一代宗师却登仙而去。我怀着万分悲痛和感激的心情写下这段有些杂乱的后记，谨以此追思边老师治学不倦、淡泊名利的高尚品格和对我国模式识别学科的奠基性贡献。但望吾辈能不负重托，把先贤的精神和事业传承、发扬。

张学工

2021年3月30日

索　　引

续表

续表

续表

续表

续表

续表

续表

续表

续表

续表